内蒙古成矿地质环境分析

——黄金重要矿床与找矿

雷国伟　韩国安　王博峰　杨再红
　　　　杨旭升　汪振涌　张学贵　编著

科学出版社
北京

内 容 简 介

本书重点分析西伯利亚与华北板块碰撞带地体与成矿关系；阐述大兴安岭、白云鄂博区域的成矿环境与成矿特点；介绍内蒙古重要黄金矿床；建立层控型、造山型、火山-次火山岩浆黄金矿床多源地质信息找矿模式；重点介绍多源地质信息找矿模式思维方式与应用方法，并列举多个应用实例。

本书尤其适于从事有色金属资源类地质勘查、地质调查、地质研究的野外工作人员阅读，也可作为地质类专业研究生的参考用书。

图书在版编目(CIP)数据

内蒙古成矿地质环境分析：黄金重要矿床与找矿/雷国伟等编著.—北京：科学出版社，2016.5
ISBN 978-7-03-048320-1

Ⅰ.①内… Ⅱ.①雷… Ⅲ.①金矿床－成矿地质－地质环境－分析－内蒙古 Ⅳ.①P618.51

中国版本图书馆 CIP 数据核字（2016）第 108930 号

责任编辑：杨向萍　张晓娟　乔丽维／责任校对：蒋　萍
责任印制：张　倩／封面设计：左　讯

科学出版社 出版
北京东黄城根北街16号
邮政编码：100717
http://www.sciencep.com

中国科学院印刷厂 印刷
科学出版社发行　各地新华书店经销

*

2016年5月第　一　版　开本：787×1092　1/16
2016年5月第一次印刷　印张：31 1/4
字数：741 000

定价：235.00元
（如有印装质量问题，我社负责调换）

序　一

现代地质成矿理论是将矿产放在地球运动体系中来研究成矿的时间与空间，用壳-幔运动理论来研究物质的分布规律与就位机理。

现代地质找矿方法主要是应用板块成矿理论思想，分析所在区域地质演化历史，预测大地构造演化过程中形成的不同时代、不同构造环境、不同类型的矿床，进而应用卫星遥感方法定位靶区，应用物探、化探技术寻找矿化异常体，用地质方法揭露异常体，使用地质工程勘查矿体，这是《内蒙古成矿地质环境分析——黄金重要矿床与找矿》一书重点论述的找矿思想、方法。该书重点介绍这一方法在内蒙古地质找矿中的应用。

该书将内蒙古主要黄金矿床归类为造山型、层控变质型、火山-次火山岩浆型，将矿床的地质、化探、物探、遥感模型相联系建立多源地质信息找矿模式。通过已知矿床建立多源地质找矿模型，从已知到未知判断矿产富集条件、矿床可能赋存部位，确定找矿靶区，为寻找地下矿产大大缩小了空间、缩短了时间，这对在广阔地域找矿具有很重要的探索实用性。该书对研究内蒙古成矿规律、指导找矿具有重要的理论意义和实践价值。

我为作者创造性的劳动和所取得的成绩感到欣慰，为该书的出版表示由衷的祝贺！

张洪

2015 年 9 月 16 日

序　二

  内蒙古中部地区大地构造格架和构造单元主要是在古亚洲洋演化期间形成的。古亚洲洋是古生代期间发育于西伯利亚地台和华北地台之间的一个复杂的多岛洋，以大规模的岛弧体系发育和陆缘增生为特征。两陆块之间的多岛洋体制中，众多大陆亲缘性微块体和不断生长发育的岛弧体系相互汇聚拼贴，发育多边界缝合并相互转换改造，形成了以软碰撞造山为特征、多边界汇聚增生缝合的宽阔造山带。

  内蒙古造山带是在一个复合型的造山作用过程中，以连续性演化形式形成的，单纯用海西运动、印支运动或燕山运动等某一造山运动是无法阐明的。因此，用完整的时间演化序列来认识造山带的造山作用过程是十分必要的。在这种大地构造环境下形成的矿产具有多过程、多期次、多世代、多类型复杂成因特点。找矿工作必然要先分析成矿地质环境，才能锁定找矿目标，部署相应的地质勘探工作。《内蒙古成矿地质环境分析——黄金重要矿床与找矿》一书作者的第一主题"成矿地质环境分析"，切合了找矿工作需要。

  该书论述了板块构造运动与成矿关系；论述了西伯利亚板块和中朝-塔里木板块间存在的数条古板块俯冲碰撞带及增生带、混杂岩带以及相应的矿产；论述了白云鄂博、渣尔泰一带裂谷、林西一带二叠系裂隙槽、大兴安岭火山盆地及成矿特点。

  书中将内蒙古主要内生金矿主要归类为层控型、造山型、火山-次火山岩浆型矿床。建立了这种三类型矿床的地质、遥感、化探、物探多源信息找矿模式。

  书中提出的"多源地质信息找矿模式"是应用遥感方法缩小找矿区域，确定找矿靶区，应用化探、物探方法寻找矿化异常体，使用地质探矿工程找矿探矿，并列举多个应用实例，具有可操作性。

  当前，地质找矿工作要求地质专业人员具备现代找矿的理论知识，熟练掌握地质、遥感、化探、物探等综合方法，以求达到快速、准确找矿的目的，这是时代对地质工作者的要求。该书的技术路线、科学快捷的找矿思维方法显现了这种时代先进性。

  该书对研究内蒙古成矿找矿规律具有重要的理论意义，对找矿工作具有实际的指导意义。

  我为该书的正式出版表示热烈的祝贺。

2015 年 9 月 16 日

前　言

近代地质科学的发展，使多分支学科之间相互渗透，出现了一些具有理论意义和应用价值的渗透性学科。本书应用现代板块运动与成矿理论，分析内蒙古中生代前板块汇聚、洋脊扩张等构造环境下形成的矿床；应用现代卫星遥感找矿方法大幅缩小找矿区域，定位靶区，用物化探技术寻找矿化异常体，用地质方法和探矿工程勘查矿体，这是多源地质信息模式的找矿思想、方法。本书重点介绍这一方法在内蒙古地质找矿中的应用。

全书共十章。第一章简述内蒙古自然地理及矿产资源状况；第二章简述中国大地构造演化与成矿；第三章论述内蒙古区域地质简况以及西伯利亚板块与华北板块碰撞对接带的认识存在的争议；第四章论述板块构造与成矿；第五章论述内蒙古中部板块构造演化与成矿；第六章对大兴安岭、白云鄂博两个重要成矿区域进行找矿分析；第七章重点论述层控型、造山型、火山-次火山岩浆型重要黄金矿床；第八章简述卫星遥感技术地质找矿应用基础；第九章阐述多源地质信息找矿方法；第十章介绍多源地质信息技术在地质找矿工作中的应用。

本书编写安排如下：第一章张学贵（执笔）、雷国伟、韩国安；第二章雷国伟；第三章雷国伟（执笔）、韩国安；第四章雷国伟；第五章雷国伟；第六章雷国伟（执笔）、王博峰；第七章雷国伟（执笔）、王博峰；第八章雷国伟；第九章雷国伟（执笔）、韩国安、杨再红、杨旭升、汪正涌；第十章雷国伟（执笔）、韩国安、杨再红、杨旭升、汪正涌、张学贵。全书由雷国伟统稿，计算机清绘图由张家齐完成，部分表格文字由常志敏完成。

本书编写技术指导为赵宝胜先生和张鸿禧先生。

特别感谢张宏先生多年对多源地质信息找矿思路及方法提出指导性意见；感谢王剑民先生对内蒙古北部区域找矿提供思路、理论、实施方法的指导；对陈志勇先生对区域构造、找矿部署方面高屋建瓴的指导尤应表示谢意。

本书是作者多年来因所在单位对内蒙古进行资源整合需要而考察内蒙古及周边二百多个矿山矿点和承担多个中央地勘基金、内蒙古地勘基金找矿研究项目任务基础上完成的。本书参阅并引用了大量资料，感受到许多学者、地勘工作者为内蒙古矿产开发作出的贡献及取得的成果。值得强调的是：贾和义等（2003）、彭润民等（2000）、王辑等（1989）对白云鄂博、渣尔泰裂谷及矿产研究；张振法等（2001）、王东方等（1986，1993）、白登海等（1993）、王荃（1986）、曹从周（1983）等对板块俯冲碰撞带及成矿研究；聂凤军等

(2007)对阿拉善北山地区成矿研究；赵一鸣等（1994）对内蒙古东南部成矿规律研究；刘建明（2009）等对林西一带裂隙槽及喷流型矿床成矿研究；王之田等（1991）对大兴安岭北部区域成矿研究；陈衍景（2009）等对造山型金矿床研究等。

不少博士研究生论文对内蒙古地质及矿床研究的影响是深远的。为此强调的是：王瑜（1994）对内蒙燕山地区晚古生代晚期-中生代的造山作用过程研究；武广等（2003）对得尔布干成矿带找矿研究；李俊建（2006）对阿拉善地块成矿系统研究；王长顺（2009）对大兴安岭中南段成矿研究；章咏梅（2012）对哈达门沟金矿床研究；侯万荣（2011）对金厂沟梁金矿床研究等。

感谢参加相关工作的同事及帮助过我们的朋友；感谢内蒙古自治区地质勘查基金管理中心的专家给予的指导；对书中引用的文献资料作者表示感谢。

由于作者水平有限，不妥之处敬请读者批评指正。

作 者

2015年9月16日

目 录

序一
序二
前言

第一章　内蒙古经济地理资源自然状态 ··········· 1
　第一节　自然地理概况 ··········· 1
　第二节　基础地质工作 ··········· 1
　第三节　经济矿产资源简况 ··········· 2

第二章　中国大地构造演化与成矿 ··········· 4

第三章　内蒙古区域基础地质及板块碰撞对接构造位置 ··········· 12
　第一节　区域基础地质 ··········· 12
　第二节　区域地球物理和地球化学 ··········· 26
　第三节　华北地台北缘内蒙古区域的有色金属矿产 ··········· 31
　第四节　西伯利亚板块与华北板块之间碰撞对接构造位置讨论 ··········· 33

第四章　板块构造与成矿分析 ··········· 49
　第一节　板块构造 ··········· 49
　第二节　板块碰撞 ··········· 51
　第三节　板块俯冲及陆缘增生 ··········· 67
　第四节　蛇绿岩套 ··········· 76
　第五节　板块伸展形成的裂谷 ··········· 81
　第六节　板块与成矿分析 ··········· 82

第五章　内蒙古中部古板块构造演化与成矿分析 ··········· 98
　第一节　内蒙古中部地区构造格局 ··········· 98
　第二节　俯冲带及增生地体与成矿 ··········· 108
　第三节　内蒙古中部造山韧性剪切带与金矿 ··········· 124

第六章　内蒙古两个重要区域地质成矿环境及矿床形成特点分析 ··········· 134
　第一节　大兴安岭北部地质成矿环境及矿床形成特点分析 ··········· 134
　第二节　大兴安岭中南段地质成矿环境及矿床形成特点分析 ··········· 151
　第三节　大兴安岭地区地质成矿特点分析 ··········· 164
　第四节　白云鄂博、渣尔泰裂谷矿床与地质成矿环境分析 ··········· 172

第七章　内蒙古黄金矿产重要矿床及成矿地质环境分析 ··········· 193
　第一节　内蒙古层控变质型黄金矿床及成矿地质环境 ··········· 195

第二节　造山型金矿床及成矿地质环境分析 ·················· 248
　　第三节　火山-次火山岩矿床及地质成矿环境分析 ················ 348
第八章　卫星遥感技术地质找矿应用基础 ························· 389
　　第一节　卫星遥感数据预处理 ····························· 389
　　第二节　卫星遥感地质信息的提取及处理 ····················· 394
　　第三节　地质构造遥感影像信息解译 ························ 400
第九章　多源地质信息找矿方法 ······························· 407
　　第一节　方法概述 ·································· 407
　　第二节　多光谱遥感矿化蚀变信息应用研究 ···················· 425
　　第三节　金厂沟梁、朱拉扎嘎金矿应用线性、环状、矿化蚀变遥感找矿信息研究
　　　　　　···································· 432
　　第四节　金矿找矿中的物探方法 ··························· 447
第十章　多源地质信息技术在地质找矿工作中的应用 ···················· 463
参考文献 ······································· 477

第一章　内蒙古经济地理资源自然状态

第一节　自然地理概况

内蒙古自治区位于中国北部,东、南、西三面与黑龙江、吉林、辽宁、河北、山西、陕西及宁夏、甘肃八省(区)毗邻,北部与蒙古、俄罗斯两国为邻。全区 EW 长 2400km,SN 宽 1700km,面积为 $118\times10^4 km^2$,占全国土地总面积的 1/8。内蒙古全区人口 2413 万,其中,蒙古族 436 万、汉族 1880 万,其他为达斡尔族、鄂温克族、鄂伦春族、朝鲜族、满族等少数民族。

内蒙古地形以高原为主,其次为山地和平原。大兴安岭、阴山、贺兰山蜿蜒相连,呈反"S"形横贯全区,与内蒙古高原、河套平原呈带状镶嵌排列。高原占全区面积的一半左右,海拔 1000m 以上。东北部著名的大兴安岭延伸 1400km,海拔 1000~1300m,最高峰 2034m,是内蒙古高原与松辽平原的分水岭。横亘内蒙古中部的阴山山脉由大青山、乌拉山、色尔腾山和狼山组成,绵延 1000km,海拔 1500~2000m,主峰海拔 2364m。贺兰山呈 SN 向耸立在本区西部,海拔 2000~2500m,最高峰海拔 3556m。

第二节　基础地质工作

一、区域地质调查

在内蒙古完成的主要区域地质调查如下。

(1)从 1957 年开始到 20 世纪 60 年代中期,内蒙古完成了 1:100 万区域地质调查。

(2)从 1956 年开始,内蒙古大部分地区完成了 1:20 万区域地质调查。1999 年开始的国土资源大调查重点开展了大兴安岭空白区 1:25 万区域地质调查。

(3)2005 年以来,以重点成矿区带为主,开展了 1:5 万区域地质调查,大比例尺区域地质调查工作程度明显提高。2001~2013 年,累计完成 1:5 万区域地质调查 746 图幅,面积 25.49 万平方公里,覆盖率达到 21.6%;完成 1:20 万区域地质调查 226 图幅,面积 104.5 万平方公里,覆盖率达 88.6%;完成 1:25 万区域地质调查 73 图幅,面积 65.34 万平方公里,覆盖率 55.3%;累计完成 1:5 万矿产地质专项调查 1035 图幅,面积 34.35 万平方公里;1:25 万矿产远景调查 1195 图幅,面积 41.98 万平方公里。

二、区域地球物理、地球化学调查

在内蒙古完成的主要区域地球物理、地球化学调查如下。

(1)1∶50万～1∶100万区域重力调查已实现全区覆盖。
(2)1∶50万～1∶100万区域航磁调查已实现全区覆盖。
(3)大部分地区1∶20万航空磁测和区域重力调查已完成。
(4)重点地区1∶5万～1∶10万航空磁测和重力调查已完成。
(5)全区1∶20万水系沉积物测量已完成。
(6)1999年开始国土资源大调查以来,全区除个别地区外,基本实现了1∶25万区域化探全覆盖。
(7)2001～2013年,完成1∶5万区域重力调查13图幅,面积9.38万平方公里;1∶5万区域航磁调查面积73.08万平方公里;1∶5万航空物探综合测量面积63.70万平方公里;1∶5万区域地球化学调查面积5.40万平方公里,275图幅;1∶5万区域地球化学调查面积13.23万平方公里,21图幅。

三、遥感地质调查

在内蒙古主要做过以下遥感地质调查工作。
(1)全区1∶100万遥感构造解译基本完成。
(2)重点成矿区带1∶5万～1∶20万遥感地质调查工作基本完成。
(3)2002年,包玉海进行了内蒙古自治区国土资源遥感综合调查。
(4)2006年,中国地质调查局国土资源航空物探遥感中心王永江等开展了内蒙古北山典型成矿带1∶10万遥感地质调查及遥感异常提取工作。
(5)2009年至今,中国黄金集团内蒙古金盛矿业开发有限公司雷国伟等开展了内蒙古兴安盟南部、阿拉善北部地区多金属矿产遥感调查靶区寻找及验证工作。

第三节 经济矿产资源简况

2013年,内蒙古自治区工业总产值20058.7亿元。矿产开采总产值6129.67亿元,占工业总产值的30.5%。其中,煤炭开采洗选业产值3945.5亿元,占工业总产值的19.67%;石油开采产值121.79亿元,占0.61%;有色金属开采洗选产值685.22亿元,占3.42%;黄金开采23.49t,产值62.275亿元,占0.37%。

内蒙古是矿床类型比较齐全的省区之一,现已发现各类矿床4100多处,种类达128种,其中,能源矿2种、金属矿32种、非金属矿49种上储量平衡表。全区现有大型矿产地106个、中型矿产地177个、小型矿产地501个。

煤炭累计资源量为8249.65亿t,全国第一;发现含油气盆地12个,面积44万平方公里,预测石油资源储量数十亿t,天然气资源量在万亿立方米以上;累计查明铅金属资源储量1482.58万t,查明锌金属资源储量2964.54万t,均居全国第一位;查明铜金属资源储量807.05万t,居全国第四位;查明金资源储量755.41t,居全国第六位;查明钼金属资源储量135.79万t,居全国第三位;查明银资源储量3.25万t,居全国第一位。稀土资源储量居世界之首。达拉特旗芒硝矿储量34亿t,是世界上最大的芒硝矿之一。

内蒙古已探明的黑色金属矿主要有铁、锰、铬,已发现大小铁矿产地254处,储量集中于包白和集二两条铁路沿线。白云鄂博以富有铁和稀土等多种金属共生矿而成为世界罕见的"宝山"。已知锰矿产地 35 处,有色金属资源已上储量表的矿种有铜、铅、锌、铝、镍、钴、钨、锡、铋、钼 10 种,其储量居全国前 10 位的有 6 种,矿产地 102 处。全区共发现金矿床、矿点 200 余处,探明储量的原生金矿产 28 处,保有各类黄金储量 127t。银矿产地 23 处,累计探明储量 4749t。

2013 年年底,内蒙古自治区共设立矿权 8744 个、探矿权 4050 个、采矿权 4694 个。其中,煤探矿权 399 个、铁 571 个、铜 638 个、铅锌 640 个、多金属 577 个、金 544 个、银 261 个、其他 420 个;能源矿产采矿权 587 个、黑色金属 392 个、有色金属 237 个、贵金属 172 个、稀有稀土 2 个、非金属 3267 个、水汽 37 个。

第二章 中国大地构造演化与成矿

一、大地构造与成矿区带

中国大陆经历了漫长地质演化历史(沈保丰等,2006;汤中立等,2002;程裕淇,1979),地壳演化主要表现为板内构造和板缘构造的发展,地壳岩石圈增厚导致有限俯冲,进而导致造山作用在构造上较弱的克拉通内或边缘活动带的形成,并以发育巨厚的沉积-火山堆积为特征,形成世界性的巨大的条带状含铁建造(苏必利尔型)及层状镁铁质侵入岩和辉绿岩墙群。在由地壳拉薄、甚至有限分离形成的许多裂谷带或"夭折的裂谷带"中有许多金属矿产形成。伴随着水平缩短,发生地壳楔的硅铝质堆积和推覆构造,即所谓的硅铝壳活动带型造山作用(ensialic mobile belt-type orogeny)。伴随板块的洋底消减(毕鸟夫型俯冲),沿俯冲带同样有许多金属矿产形成。内蒙古区域位于华北板块与西伯利亚板块之间古蒙古洋位置,地壳、岩石、矿产经历了上述地壳演化过程。

区域成矿作用是区域地质构造活动的一个组成部分,区域地质学中区域构造的演化是按地质年代顺序划分的构造旋回顺序标定的,若将它与区域成矿作用结合起来,则用"成矿旋回"的先后次序阐明区域成矿演化的轨迹。每个构造旋回出现相应的区域成矿作用,它的发生、发展和结束所形成的矿床分布在特定的区域成矿构造单元的特定空间范围内。

陈毓川等(2003)在中国重要成矿带矿产资源远景评价报告中,将全国划分为五大成矿域、17个Ⅱ级成矿带、73个Ⅲ级成矿区带。

翟裕生等(1999)在《区域成矿学》中,分出天山—兴蒙、塔里木—华北、秦岭—祁连山—昆仑山、扬子、华南和喜马拉雅—三江6个成矿域,并进一步分出27个成矿带。

内蒙古地处华北地台边缘造山褶皱带大地构造区域。了解中国大陆大地构造演化与成矿作用对深化内蒙古找矿地质认识有着密切的关系。2013年,国土资源部划分中国成矿区带见图2-1。

二、前寒武纪构造演化与成矿

中国太古宙地层出露不广,大部分太古宙基底被后来的地层覆盖。太古宙地层变质较深,其构造面貌较难恢复。在辽宁鞍山地区的古老变质岩中获得过3800Ma的同位素年龄(SHRIMP锆石U-Pb法;刘敦一等,1994)。以华北古陆为例,大约在3600Ma,曾发生海相环境中的基性-超基性岩浆火山活动,形成喷发-沉积岩。3500～3000Ma,广泛发育麻粒岩相变质作用,并有富钠花岗岩类侵位,形成了原始陆核。2800～2500Ma,新太古代期间(翟裕生等,2010),硅铝质陆壳逐渐增厚,陆地面积也随之扩大;与此同时,在裂解大陆边缘海中生成了鞍山式铁矿(相当于ALGOMA型BIF),是中国最重要的铁矿床类型,主要分布在辽

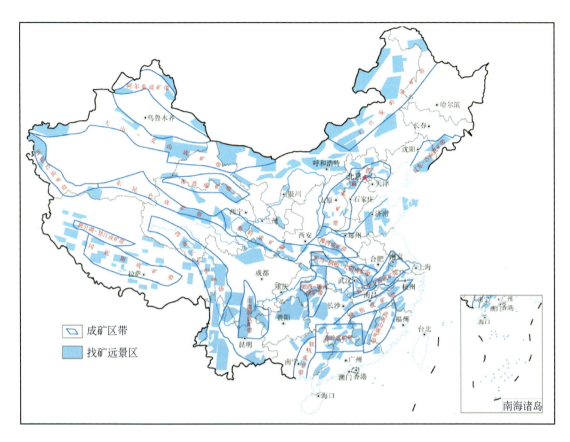

图 2-1 中国成矿区带示意图

宁、冀东一带。此外,绿岩带中的火山岩型铜矿和铜-锌-银矿床也有发育,如辽宁红透山铜矿床。在一些深变质岩相中还产生了石墨、白云母和磷矿床。

翟裕生等(2010)认为,元古宙阶段,华北、塔里木、扬子陆块已完全克拉通化。古元古代和中元古代时期,三个克拉通地块的内部和部分边缘区发育了裂陷槽和裂谷,显示了古老陆块的开裂扩张机制。在张裂性海盆中形成了与海相火山-沉积岩有关的 VMS 型铜-锌矿床;在火山活动不发育区则形成了以碳酸盐岩-泥质岩为主要容矿围岩的层状铅-锌矿床(SEDEX 型),构成了中国十分重要的成矿时期。有关的矿床基本上产在华北陆块的内部和边缘。著名的有辽宁青城子铅-锌矿、宽甸翁泉沟硼矿(2167Ma)、海城大石桥菱镁矿(>1900Ma),它们都位于辽宁古元古代裂陷槽内。另有胡家峪铜矿(2300~1800Ma)产在山西南部中条山裂谷中。大致在同一时期,在扬子克拉通西南缘的康滇地轴位置处的拗拉槽内(2000~1800Ma)生成四川会理拉拉厂和通安铜矿,以及其南部的大红山铜-铁矿床(1800~1700Ma)。在古元古宙期间,山西、冀北和辽吉裂陷槽内产有一些沉积变质铁矿,胶辽古陆区产有较重要的石墨矿和滑石矿,云 SE 川中元古代裂谷发育了由火山喷气、喷流作用形成的层状铜矿床,如东川式铜矿(程裕淇,1979)。

中元古代早期(1800~1400Ma),内蒙古北部的狼山—阴山地区在当时属于大陆斜坡断陷槽,其中发育了巨厚的渣尔泰群和白云鄂博群,前者产出了 SEDEX 型铅-锌-铜-硫矿床(东升庙、霍各乞等矿床),后者产出著名的超大型白云鄂博稀土-铌-铁矿床。近年在内蒙古渣尔泰群和白云鄂博群形成的大型金矿床被勘查出来(朱拉扎嘎、长山壕)。大体在同一时期,华北陆块东北缘的承德纬向深断裂带中侵位有斜长岩-苏长岩杂岩体及生成有关的铁-钒-钛-磷成矿系统(河北大庙-黑山矿田)。

中元古代后期,随着陆地范围的扩大和岩石刚度的增强,华北陆块边缘发育有深断裂带,陆块西南缘断裂带有幔源镁铁质-超镁铁质岩浆侵入并伴有铜-镍-铂成矿系统,形成著名的甘肃金川镍-铜矿曾获得1526~1500Ma的年龄(汤中立等,2002)。根据近年的精细成岩成矿年龄测定,金川矿床的成矿年龄为850Ma,新元古代震旦期,相当于罗迪尼亚大陆汇聚边缘的裂谷发育时期。

新元古代时期,相当于青白口纪和震旦纪,上扬子陆缘海中广泛发育硅质碎屑岩含磷建造,产有较多的磷矿床,构成中国南方的磷矿基地,代表矿床有湖北保康白竹矿床等。

总的看来,中国太古宙地层分布区尚未发现有重要价值的科马提岩系中的镍-铜-金矿床(如西澳和加拿大的克拉通内)。

元古宙时期,中国的克拉通面积虽有所扩大,但它在较长时期内处于不稳定状态,缺少像南非大陆中存在的巨型稳定克拉通盆地,似乎不具备威特沃特斯兰德型(含金-铀砾岩型)金矿的形成条件;也缺乏像西澳大利亚皮尔巴拉克拉通上稳定的古陆风化壳环境,难以形成Hamersley式的世界型富铁矿床。

沈保丰等(2006)较系统地研究了中国前寒武纪超大陆碰撞汇聚和裂解离散作用及有关的成矿区带和成矿系列,得出以下认识。

(1)前寒武纪超大陆增生碰撞汇聚环境下的成矿区带:产于活动大陆边缘环境,与海相火山岩系密切相关,形成了一批绿岩带型金、铁、铜、锌矿床及与蛇绿岩套有关的铁、铜、锌、金矿床等。这些成矿区带、成矿系列主要分布在华北陆块北缘、南缘,扬子陆块的西南缘、东南缘。

(2)前寒武纪超大陆裂解离散环境下的成矿区带:主要产于裂谷等拉伸构造环境下,形成一批铜、铁、镍、铅锌、金、石墨、菱镁矿、滑石、硫铁矿、磷等大型、特大型、超大型矿床。这些矿床广泛分布在各陆块边缘和陆内裂谷(或裂陷槽),尤以华北陆块北缘东段、西段,华北陆块南缘和西南缘,扬子陆块的西南缘、东南缘较为发育。

(3)在我国的前寒武纪成矿过程中也形成了一些超大型矿床,它们的大地构造背景和成矿时代和特征归纳如下。

①矿种有铁、铜、镍、钛、稀土、铅、锌、磷、硼等,铜矿床居多。稀土、硼、菱镁矿的成矿强度大,有世界级的超大型矿床,这是中国前寒武纪成矿的一个重要特色。

②成矿系统与矿床类型,以BIF、SEDEX、VMHS、岩浆分异型和陆缘沉积型为主。与其他国家的绿岩型金矿主要形成在前寒武纪不同,在我国,该时代形成的金矿规模较小,但绿岩带中某些岩层作为金的矿源层则有普遍意义,它们为后来的众多中生代岩浆-热液金矿形成过程提供了必要的矿源。

③成矿产出环境主要在陆缘及陆内裂谷和深断裂带中。到新元古代时古陆已经具有一定规模,广泛分布的陆缘海是磷、锰、铁等矿床的有利成矿环境。

④中国的前寒武纪陆块较小,也较分散,缺乏巨型克拉通中产有特大型金矿、铬铁矿、铁矿、铜矿的有利地质和构造-热动力条件。

需要指出的是,我国出露的前寒武纪地层面积不大,上述认识还是阶段性的。随着深部探测包括深部找矿的开展,将揭露出更多的古老变质基底及前寒武纪形成的矿床,这将对前寒武纪成矿特征有进一步的认识。

三、加里东期构造演化与成矿

经过晋宁期造山运动,华北和扬子两个陆块已经联合在一起,从新元古代开始接受盖层沉积,包括在前800～540Ma期间(刘敦一等,1994)形成的南华纪和震旦纪的巨厚沉积地层。发展到加里东(570～410Ma)初期,中国古陆重新解体为塔里木、华北和扬子诸陆块,陆块间发育了秦岭—祁连山—昆仑山、天山—北山等小洋盆或有限洋盆。到加里东运动晚期,广泛的加里东运动使中华陆块群又重新汇聚拼接。在华北陆块的北侧和南侧分别受到古蒙古洋板块向南和古秦岭洋板块向北的俯冲,形成了陆缘增生褶皱带。

在内蒙古的中部及东部一带,早寒武世发育的火山-沉积岩系,包括蛇绿岩套和放射虫硅质岩,可能代表着新元古代-早古生代的岛弧张裂环境。火山-沉积岩中的火山-热液矿床和火山-沉积矿床,经过俯冲热动力变质变形及后来花岗岩-闪长岩类的侵位、叠加和改造形成一系列大型矿床。代表性矿床有白乃庙铜-金-钼矿床和温都尔庙铁矿床等。据任英忱等(1994)的同位素年龄测定,白云鄂博矿床的碳酸岩及有关的稀土元素矿化也是加里东期的产物。在阿尔泰造山带则生成了稀有金属和白云母的大型矿床。

在华北陆块的南缘,由于古秦岭洋板块向北俯冲消减,北祁连—秦岭一线成为活动大陆边缘,寒武纪和奥陶纪强烈的海相火山活动与岩浆侵入活动形成了多种类型的金属矿床,最有代表性的是黄铁矿型块状硫化物铜-铅-锌-金-银矿床。例如,与细碧角斑岩建造有关的甘肃白银厂铜-多金属矿床,以及与超镁铁质岩有关的铬矿和镍矿。

加里东期(570～410Ma)的华南陆块表现为陆内造山运动,华夏地块向NW方向运动并与扬子板块汇聚。扬子板块北缘沿现今的南秦岭山脉,在寒武纪沉积了一套富炭黑色页岩建造,是中国南方重要的富含钒-铀-铂-稀土的金属矿源层,对华南地区后来的成矿事件起了重要作用。扬子板块东南边缘为持续发展的岛弧-海槽沉积,并褶皱递次上升为陆,至晚志留纪闭合,形成大面积华南加里东褶皱带,广泛伴有造山花岗岩侵位,其中有一些断层和花岗岩联合控制的钨-锑-金矿床。在扬子板块西南缘则有大面积的磷矿床形成。

总之,早古生代时期,中国的构造-岩浆-成矿作用主要集中在北祁连和秦岭地区的古陆边缘裂陷带中。加里东成矿期是北祁连等区的结束时期,也是阿尔泰、天山、南秦岭和东北广大地区海西成矿期的孕育期。加里东期已经生成的一些内生矿床,也可在海西或更晚期褶皱带的古老陆块中找到。

加里东构造期中国境内的成矿特征如下。

(1)金属矿床以铜、铅、锌、金、银、稀土、铁、铀等为代表;非金属矿产以磷块岩、重晶石和石膏等较重要。

(2)矿床类型以VMHS、SEDEX、生物沉积型和剪切带型为主。寒武纪以发育含多种金属的黑色页岩建造为特征,虽未发现大规模矿床,却是很重要的金属矿源层。

(3)成矿环境有大陆边缘裂谷、岛弧和弧后盆地、大陆架、褶皱带变质岩块中发育的剪切带等。

加里东运动期形成的主要矿带有:

(1)阿尔泰加里东晚期与变质-深熔作用有关的稀有金属-白云母成矿带(新疆三号伟晶

岩脉等)。

(2) 华北陆块西北缘早古生代喷流-沉积型稀土-铁-铌-金成矿带(白云鄂博矿床的一个成矿阶段)。

(3) 华北陆块东部陆内深断裂带的金伯利岩型金刚石成矿带(山东蒙阴、辽宁瓦房子)。

(4) 北祁连加里东早-中期沟-弧-盆环境的 VMHS 铜铅锌(白银厂)、钨、钼、金成矿带。

(5) 扬子陆块西缘早寒武世陆缘海磷成矿带(云南、贵州)。

(6) 扬子陆块北缘早寒武世深海环境黑色岩系钒-钼-铀-稀土和重晶石成矿带(广东大河边等)。

四、海西-印支期构造演化与成矿

与加里东期比较,海西期(410~250Ma)-印支期(250~195Ma)是中国的重要成矿时间。海西运动往往与印支运动不易显示分开,在中国南部和中部更是如此。根据王鸿祯等(1996)研究,这一阶段的总特征是分散的巨型陆块向统一的联合古陆发展。华北板块与西伯利亚板块在早二叠世时靠近,并在二连浩特—贺根山一线碰撞对接,导致重大构造热事件和大规模成矿作用,形成广阔的内蒙古—天山海西褶皱带,成为中亚构造成矿域的组成部分。在阿尔泰、东天山、北秦岭以及大兴安岭一带的泥盆纪-石炭纪-二叠纪地层中,生成数量不等的海相或海陆交互相火山岩及火山沉积岩,其中赋存有铜、金、铅、锌、铁等重要矿床。例如,林西大井铜多金属矿、黄岗梁铁锡矿、天山的阿希金矿,吉林的小西南岔铜-金矿床。

中国海西运动阶段的另一特点是环特提斯大洋的大陆边缘裂解。在伸张构造动力作用下,扬子板块可能与澳大利亚板块移离并向北迁移。晚二叠世时,在其西缘的康滇、黔西一带大规模开裂(王鸿祯等,1996),有由地幔柱引发的大规模大陆玄武岩溢流(峨眉山玄武岩),并在攀西裂谷区产有与镁铁质岩相关的铁、钛、钒矿床,规模巨大,矿种繁多,有重大的经济社会价值。

在南秦岭和扬子板块东南缘的广大被动陆缘,发育了自泥盆系到中三叠统的海相沉积岩。一些次级断陷海沟(台沟)中发育了热水沉积型矿床,如广西大厂锡-多金属矿田中的层状矿体。还有盆地演化后期的密西西比河谷型铅-锌矿,如广东凡口铅-锌矿床。在广东大宝山地区还形成了火山-沉积型铁-铜-多金属矿床。在上述矿床的形成过程中,含矿盆地中发育的大型同生断层起了重要作用。

长江中下游地区,上泥盆统五通组石英砂岩之上、中石炭世石灰岩层之下广泛分布的同生黄铁矿层和赤铁矿层也是海西期热水活动的产物,作为矿层或矿胚,为该区后来的中生代大规模成矿作用打下一定的物质基础,并提供了丰富的铁、硫等成矿组分。

中国的印支运动阶段大致相当于三叠纪,是中国大地构造发展的一个重大转折期。此时,华北与扬子两大板块对接形成统一陆块,川西、松潘、甘孜及巴颜喀拉山一带广大印支褶皱带形成,伴有若干铁、铜、镍、稀有元素、石棉、云母矿床。在华南加里东褶皱带的东南侧,华南陆块又向SE方向扩展增生,直到沿海岸带发育了海西期和印支期褶皱带,形成了华南统一大陆。

在基本形成中国大陆的基础上,古构造线方向发生了重大变化,由印支期前的近纬向构造系统为主转变为NE向和NNE向为主的构造系统,并陆续出现了一系列内陆盆地,产生了重要的煤、石油、天然气、石膏和盐类矿床。

总之,经过加里东期地体增生以后,塔里木—华北联合陆块刚性增强,陆壳厚度加大,成为EW向贯通的大陆骨架,其北缘和南缘的构造-岩浆带成为海西期的主要成矿带,其次是扬子、华夏两陆块拼接后形成华南陆块上的几个成矿带。

翟裕生等(2010)总结海西-印支期成矿主要特征如下。

(1)矿床种类多样,主要有铜、镍、钴、金、铅、锌、铁、钒、钛、铝等。

(2)矿床类型较多,有岩浆型、VMHS、MVT SEDEX、斑岩型、含金石英脉型、陆缘海沉积型、红土风化型等,其中,斑岩型和红土风化型矿床在中国更早的成矿时期中少见。

(3)成矿构造环境包括增生的大陆边缘带、陆缘深断裂带、花岗-绿岩带、陆缘裂谷带、陆缘浅海盆地和陆缘岛弧带等。

海西-印支期的主要成矿区带有:

(1)阿尔泰—西准噶尔铜-镍-铁-锌-铅-金成矿带(喀拉通克等)。
(2)北天山金-铜-铁-钼成矿带(雅满苏、土屋、黄山等)。
(3)大兴安岭铜-金-钼成矿带(多宝山等)。
(4)华北陆块东北缘铜-金-镍成矿带(红旗岭等)。
(5)南秦岭泥盆纪铅-锌成矿带。
(6)晋豫陆缘石炭纪铝土矿-煤成矿带。
(7)攀西裂谷铁-钛-钒成矿带(攀枝花等)。
(8)桂粤锡-金-锑-铅-锌-铜成矿带(大厂、戈塘等)。
(9)粤北晚古生代铅-锌-铁-铜成矿带(凡口、大宝山等)。
(10)滇东特提斯区铅-锌成矿带(会泽等)。
(11)松潘—甘孜及附近的铜-钴-锌-镍成矿带(丹巴、德尔尼等)。

五、燕山-喜马拉雅期构造演化与成矿

印支运动以后(燕山期,195~65Ma),中国的地质构造格局发生显著变化,以贺兰山—康滇隆起一线为界,可将中国分为差异明显的EW两大部分。东部地区,由于东亚大陆与西太平洋板块间的相互作用不断加强,导致滨太平洋构造带发生强烈的火山-侵入活动,而在大陆内部则发育各类沉积盆地。在大陆的西部地区,从冈瓦纳大陆母体移离的青藏诸地块则逐次向北运移,最终与属于欧亚板块的中国北方大陆碰撞结合为一个整体。

中国东部构造域的西带,中生代时发育有内陆断陷盆地,如鄂尔多斯盆地和四川盆地,其中蕴藏了丰富的煤层、石油和天然气。在大陆的中带和东带,发育有近海盆地,如松辽、华北和江汉等,其中,松辽盆地以白垩系深水湖相沉积物为主,形成大型的大庆、辽河等油田。

中国东部构造域的东带,以发育大量火山岩为特征,伴有丰富的斑岩型、夕卡岩型和浅成低温热液型矿床,有三条火山岩带呈NNE-SSW向作雁行状排列。其西北带为大兴安岭富碱火山岩带,伴有金-铅-锌-锡-铁矿成矿系统;中带是基本沿郯庐断裂延伸的偏碱性安山质火山岩,它从胶辽东部经山东、苏北一直延伸到下扬子地区,燕山期花岗岩类包括钾玄岩(shoshonite)在此带内广泛出露,以发育铜-铁-金-硫矿床为特征,如著名的长江中下游成矿

带。东南边的闽、浙陆缘火山岩带北延与朝鲜半岛南部地区相接,以安山岩和流纹岩类为主,广泛形成中低温热液型铅-锌-银-铜-金矿床,代表性的有紫金山金-铜矿床,以及偏西北侧的元古宙浅变质基底中的铜厂-银山的铜-金-银矿集区。

中国东部地区,由于华北地块和扬子地块的演化历史和物质组成的明显差异,形成印支期后不同的区域地球化学块体和成矿带。在华北地区,以华北地块边缘的大规模金-钼成矿为特征,如地块北缘的杨家杖子、涞源等钼矿和冀北金矿(东坪、金厂峪等),地块南缘的小秦岭金矿和钼矿(文峪、金堆城等)和胶东金矿。而在华南地区,由于受到印度板块和西太平洋板块的双重推挤,原先的华南加里东增生褶皱带发育强烈的构造热事件,软流圈和下地壳的深源物质上涌,中深部的硅铝质地壳部分熔融,形成大规模的重熔花岗岩,它们沿深断裂和热穹窿广泛分布,伴有一系列重要的钨-锡-铋-稀土矿床,如柿竹园矿床和西华山矿床。

就铜矿而言,华北和扬子地块上均有大型矿床分布,但在秦岭区则相对缺少。

中国金矿主要形成在燕山期,多分布在前寒武纪花岗-绿岩带。太古宙和元古宙地层中的变基性火山岩为含金矿源层,经历多次改造富集,主要是受到燕山期花岗岩浆活动的影响而高度富集成矿,这与世界上其他古老变质岩区金成矿时代集中在前寒武纪是明显不同的。

中国西部的巨大盆岭系统由断块山脉与大型山间盆地相间排列构成,可以将阿尔金巨型走滑断裂分为西北部的塔里木—天山区和东南部的昆仑山—祁连山区。其中,塔里木盆地经历复杂的历史,盆地边缘及其内部蕴藏了丰富的石油和天然气资源。在柴达木盆地则有大量的石油、石盐、钾和硼矿资源。

喜马拉雅运动期(65~60Ma),印度板块与欧亚板块开始碰撞对接,青藏地区大部隆升(王鸿祯等,1996)。在喜马拉雅褶皱带,发育有蛇绿岩套中的铬铁矿床(如罗布莎);在冈底斯构造带,发育了巨型斑岩型铜-钼-金成矿带,已发现多个大型铜矿床,如驱龙,其金属储量已近千万吨。在三江地区的对接消减带中,发育了与钙碱性花岗岩有关的斑岩铜矿带(如玉龙铜矿)、与构造混杂岩带有关的金矿带(如老王寨金矿),以及陆相断陷盆地碎屑岩中的铅-锌矿床(如兰坪金顶矿)。在中国台湾北部,受西太平洋板块俯冲带直接影响,产出有著名的火山岩系中的浅成低温热液型金矿(金瓜石矿床)。

中国的东北和华北地区有陆内裂谷型的古近纪、新近纪玄武岩发育,伴有刚玉(蓝宝石)等矿产。

翟裕生等(2010)认为,燕山期成矿在中国大陆上尤其是东部地区广泛发育,成矿强度大,是中国多数金属矿产的主要形成时代。其特征如下。

(1)矿床种类多。金属矿有金、银、铜、铁、钨、锡、钼、铋、铅、锌、汞、锑、铍、铌、钽等;非金属矿有萤石、明矾石、叶蜡石、重晶石、水晶、石棉等;能源有石油、天然气、煤、铀等。

(2)矿床类型多。有蚀变花岗岩型、云英岩型、夕卡岩型、斑岩型、热液脉型、浅成低温热液型、蚀变-剪切带型、次火山-矿浆贯入型、沉积和生物沉积型等。

(3)成矿环境以大陆板内构造活化带为主,有大陆边缘及内部的构造-岩浆带、火山-次火山岩带、陆内断褶带、俯冲带、陆缘剪切带、陆内拗陷带、陆内深断裂带以及陆内断陷盆地等。

成矿带主要集中在中国东部构造域,包括下列的成矿区带:①大兴安岭—太行山铁-铜-钼-金-铅-锌成矿带;②郯庐断裂铜-金-金刚石成矿带;③华北陆块北缘铁-稀土-铅-锌-金-银-铜成矿带;④小秦岭金成矿带;⑤豫西金-钼-钨-铁-铜-锑成矿带;⑥长江中下游铁-铜-金

-硫成矿带；⑦东南沿海火山岩铅-锌-金-银成矿带；⑧湘中钨-锡-铅-锌成矿带；⑨南岭钨-锡-铋-铌-钽-稀土成矿带；⑩扬子陆块西南缘汞-锑-砷-金成矿带。

燕山期成矿带或是发育在前寒武纪变质结晶基底中，或是叠加在古生代构造层之上，或是叠加在早中生代-三叠纪地层之上，总体上是受中国大陆东部岩石圈-软流圈的强烈扰动而发生的岩浆、流体、盆地沉积作用控制的。

喜马拉雅构造运动主要发育在中国西南地区，由于印度洋板块向喜马拉雅-特提斯地体的推挤，造成青藏高原及三江区域的多个构造-岩浆-成矿带，矿产资源丰富，潜力巨大。此外，近年来在川西地区也发现喜马拉雅期的岩浆活动与金属矿床。

喜马拉雅期成矿主要表现出壳-幔成矿系统的特色。

(1)矿床种类包括金、铜、铅、锌、银、铬等，喜马拉雅期碱性玄武岩中有橄榄石、红宝石、蓝宝石等。

(2)矿床类型有斑岩铜-钼矿、夕卡岩型铁铜矿、岩浆型铬矿、剪切带型金矿、火山-次火山岩型金矿、热泉型金矿以及广泛分布的红土风化壳矿床及各类河海砂矿。

(3)成矿环境有造山带、裂谷、地堑及裂陷盆地、内陆湖盆及滨海岸带等。

喜马拉雅期的主要成矿区带有：①雅鲁藏布江超镁铁质岩铬铁矿成矿带；②冈底斯中酸性岩铜-钼-金成矿带；③三江特提斯铜-金-钨-锡多金属成矿带；④川西构造-岩浆铜多金属成矿带；⑤东北-华北碱性玄武岩类宝石成矿带；⑥台湾金瓜石金-铜成矿带。

以往对喜马拉雅期成矿作用研究不够，近年来有关喜马拉雅期矿床的多处发现，说明中国喜马拉雅期成矿可能具有较大的强度，尤其在西南区、西北区和东南沿海区，应引起重视。全面研究区域地貌景观和岩石被剥蚀程度对找寻喜马拉雅期矿床很有意义。

第三章 内蒙古区域基础地质及板块碰撞对接构造位置

第一节 区域基础地质

内蒙古所处地质构造部位跨越两种性质完全不同的大地构造单元。以阿拉善右旗高家窑—乌拉特后旗—化德—赤峰深大断裂为界,南部为地台区,北部为地槽区。西南角为秦昆地槽区的一小部分(图 3-1)。

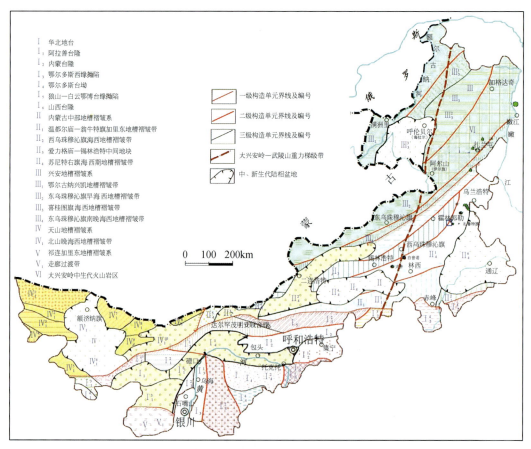

图 3-1 内蒙古大地构造分区略图(内蒙古自治区地质矿产局,1991)

南部地台区属华北地台,具有同华北地台本部大致相同的发展历史。在太古代-早元古代漫长的地质历史中,经历了由初始陆核—陆核增长扩大—陆壳固结等地台基底的形成过程,其间发生了多旋回的沉积作用、岩浆活动、构造变动和区域变质作用。进入地台发展阶段后,本区仍表现出相对活动的特点:中、晚元古代,沿着地台北缘和贺兰山—桌子山一带,发生了巨大的线型拗陷,沉积了巨厚的盖层或准盖层性质的建造;古生代,本区进一步分化为长期隆起区(阿拉善台隆)、相对稳定区(鄂尔多斯台坳)和强烈沉降区(鄂尔多斯西缘拗陷)等构造单元;中生代及以后,沿着稳定的鄂尔多斯台坳周缘,发生了强烈的水平挤压运动,导致褶皱、冲断、逆掩和推覆构造的产生。

北部地槽位于西伯利亚地台和华北地台之间。它经历了兴凯、加里东和海西三个旋回过程。在其发展过程中,既有陆壳转化为洋壳,又有洋壳转化为陆壳的构造旋回。洋壳转化为陆壳,总体显示了离陆向洋增生的规律。增生的陆壳,即不同时期回返的地槽褶皱带,具有大致平行于原始陆缘呈带状展布的特点。

一、构造旋回

根据地质历史发展特征、地壳运动和沉积环境的综合分析,内蒙古地壳演化过程可划分为集宁旋回、乌拉山旋回、色尔腾山旋回、白云鄂博旋回、什那干旋回、扬子旋回、兴凯旋回、加里东旋回和西旋回。其中,某些旋回又可分为亚旋回。

1. 集宁旋回

该旋回是本区地质历史中最早的构造旋回。其物质纪录是由上、下集宁群及相当地层单位组成的上、下两个构造层。

下构造层由下集宁群和建平群下部的麻粒岩相变质岩系组成,具有强烈混合岩化作用。混合岩化作用的早期是以钠质交代为主,晚期是以钾质交代为主。这种变化特点显然与原始大陆的演化密切相关。下集宁群的原岩恢复表明,本群主体岩石是拉斑玄武岩、钙碱质火山岩、火山碎屑岩和含铁石英岩,属基性-中酸性火山岩建造、铁硅质岩建造。从早期至晚期,火山活动渐次减弱,正常碎屑的堆积逐渐增加,自下而上构成了火山喷溢、喷发到正常碎屑沉积完整的喷发-沉积旋回。部分拉斑玄武岩的化学成分特征揭示了岩浆的幔源性质和早期演化特点。

上构造层由上集宁群、下阿拉善群下部、红旗营子群、千里山群下部等组成。岩石以夕线石榴钾长片麻岩为主。混合岩化作用十分发育。原岩为一套含碳质的半黏土岩、泥质(或凝灰质)砂岩,夹中基性和钙碱质火山岩及碳酸盐岩组合,属于海相陆源富铝黏土岩建造和基性-中酸性火山岩建造。构成了太古代早期的又一喷发-沉积旋回。与下构造层不同的是,火山岩的碱性成分和正常碎屑物质增多,标志着集宁旋回晚期地壳成熟度的提高,当时已有了陆壳和洋壳的构造分异。

2. 乌拉山旋回

构成本旋回构造层的有乌拉山群和与其相当的建平群上部、千里山群上部和下阿拉善群上部。

乌拉山群和下阿拉善群上部是乌拉山构造层具有代表性的构造-岩性单位。下部以角闪质片麻岩、斜长角闪片麻岩和斜长角闪岩为主,局部夹有超基性熔岩-科马提岩;上部由石墨片麻岩、透辉大理岩、石英砂岩夹中基性火山岩组成。原岩为基性-中基性火山岩、火山碎屑岩、含碳质砂泥质岩、碳酸盐岩和铁硅质岩。总体构成了一个完整的喷发-沉积旋回,具有绿岩建造的特点。乌拉山旋回是地壳深部物质剧烈活动的时期。原始的薄地壳拉开破裂，地幔物质沿着构造软弱带上涌，形成太古代晚期绿岩建造。

乌拉山旋回造山运动使乌拉山群、下阿拉善群上部及与其相当的地层强烈地褶皱变质，并伴有强烈的幔源和陆壳改造型的岩浆侵入活动以及混合岩化作用发生。褶皱构造既有大型复式背向斜，又有次一级倒转、平卧褶皱及多期变动引起的构造置换和叠加褶皱，形成一些形态各异的紧密程度不等的背、向形构造。断裂构造一般为走向逆断层和正断层，规模较大。

经过乌拉山旋回之后，几个互不相连的初始陆核-岛链状硅镁质、硅铝质陆块增生、扩大和焊接成一个整体，奠定了华北地台的雏形。

3. 色尔腾山旋回

该旋回是在华北地台初具规模的基础上发生和发展起来的，时限相当于早元古代，分为早色尔腾山旋回和晚色尔腾山旋回。

1）早色尔腾山旋回

本旋回构造层以分布于乌拉山、大青山一带的色尔腾山群为代表。岩石以混合岩、混合质片麻岩、云母石英片岩、角闪斜长片岩、绿片岩为主，夹变粒岩和磁铁石英岩。原岩为镁铁质拉斑玄武岩系列、钙碱性火山熔岩，夹数层超镁铁质熔岩、硅铁质岩，上部出现正常碎屑岩和碳酸盐岩沉积，自下而上构成一个完整的喷发-沉积旋回。属海相基性-中基性-中酸性火山岩、火山碎屑岩建造、含铁建造，具有典型绿岩建造特点。

2）晚色尔腾山旋回

本旋回构造层以二道凹群为代表，主要分布于太古代陆缘区。其下部为绢云绿泥片岩、角闪斜长片岩，夹磁铁石英岩和片麻岩；中部为云母石英片岩和透闪石化、蛇纹石化大理岩；上部为黑云石英片岩、绿帘角闪片岩、石英钠长片岩，夹碳酸盐岩。属海相火山岩建造、类复理石建造和碳酸盐建造。自下而上构成又一完整的喷发-沉积旋回。

色尔腾山旋回每一亚旋回早期火山活动强烈，晚期则为正常陆源碎屑沉积。两个亚旋回构成早元古代的巨型喷发-沉积旋回。色尔腾山旋回在内蒙古对华北地台的形成具有划时代的意义。这一旋回所造成的陆壳增生远远超出了现今华北地台的范围，向北至少抵达宝音图隆起一带。色尔腾山运动及其相伴随的岩浆活动，使华北地台基本固结和稳定。这一旋回也是内蒙古"鞍山式"铁矿重要的成矿期。

4. 白云鄂博旋回

该旋回是在华北地台基本固结和稳定后发育的构造旋回。该旋回初期，在华北地台北缘，沿着新生的、薄的克拉通之上的构造软弱带，产生了大规模的EW向线型拗陷。这一拗陷，西起龙首山，向东经雅布赖山、巴音诺尔公山、狼山、渣尔泰山，直达白云鄂博及化德一带。在这一拗陷带的东段，即狼山—白云鄂博一带，表现出一定的SN向拉张性质，地壳的活动性明显增强。其构造层为渣尔泰山群、白云鄂博群的准盖层性质建造。

渣尔泰山群主要为含砾石英砂岩、石英岩、碳酸盐岩、碳质板岩，自下而上构成一个完整的海进序列沉积旋回。整体建造特点相当于外壳岩层序的石英岩-碳酸盐岩-页岩组合。

在线型拗陷的西段，地壳处于相对稳定状态，沉积了墩子沟群下部和诺尔公群的复陆屑建造,具有典型盖层性质的特点。其岩性为石英砂岩、硅质碳质板岩、页岩,沉积韵律明显,总体构成一个较大的沉积旋回。属浅海相石英砂岩建造、泥页岩建造。此外,具有相同盖层沉积特点的地层还见于北山地区,那里的白湖群同样是滨海相砂页岩建造。

5. 什那干旋回

什那干旋回发生于稳定的陆壳之上并继承了前期旋回的 EW 向、SN 向拗陷的特点。拗陷盆地内沉积什那干群、巴音西别群、王全口群、平头山群等单陆屑或内源建造。

什那干群分布于阴山东段以北,岩性为条带状硅质白云岩、灰岩,属浅海相碳酸盐建造;巴音西别群分布于巴音西别一带,岩性为白云岩和白云质灰岩,属滞流环境下的海湾相镁质碳酸盐建造;王全口群为白云质灰岩,属浅海相镁质碳酸盐建造;平头山群为白云岩、灰岩,夹粉砂岩、白云质粉砂岩,属浅海潮坪相镁质碳酸盐建造。

什那干旋回末期的构造运动是抬升性质的造陆运动。在渣尔泰山、贺兰山、桌子山、巴音诺尔公山一带,普遍造成了蓟县系与上覆地层的假整合接触关系。

6. 扬子旋回

该旋回是稳定的地台盖层性质的沉积。其沉积盆地与白云鄂博旋回线型拗陷具有某些继承性质。但沉积范围已显著变小,只局限于拗陷的某些区段。构造层主要由巴音诺尔公山的乌兰哈夏群、北山地区的大豁落山群、红山口群、贺兰山地区的镇木关组和龙首山地区的韩母山群等构成。

7. 兴凯旋回

额尔古纳河流域的兴凯旋回构造层为晚元古代的加疙瘩群和早寒武世的额尔古纳河群。前者为云母石英片岩、角闪片岩、绿片岩等;后者为连续沉积的泥页岩和大理岩,部分变质为片岩、浅粒岩。总体属岛弧优地槽型沉积的火山岩建造、类复理石建造。

早寒武世的造山运动结束了兴凯期优地槽的发展历史,使岛弧和边缘海沉积物褶皱隆起,焊接或增生于西伯利亚陆台之上。

8. 加里东旋回

该旋回在天山、内蒙古中部和兴安地槽的发生、发展中居重要地位。它在整个发展时期,既有地槽转化为稳定的地台,又有地台转化成地槽活动带,即所谓洋壳转化为陆壳和陆壳转化为洋壳的过程。

1)早加里东旋回

该旋回构造层由不同构造环境下的寒武系构成。可能还包括开始于晚元古代的内蒙古中部—兴安海槽以拉张为构造背景的洋壳扩展增生阶段所形成的温都尔庙群的蛇绿岩套。这一时期,海槽的南侧发育了大西洋式被动陆缘,华北地台可能为大陆或浅海平台以陡峭的大陆斜坡与加里东海槽相连,斜坡上沉积了半深海滞流环境下的黑色页岩建造;西伯利亚地台南侧则由晚元古代的岛弧逐渐演化为广阔的浅海陆棚区,其上堆积了冒地槽的类复理石建造、碳酸盐建造。

2) 中加里东旋回

早加里东旋回之后，内蒙古中部—兴安海槽由拉张转为以水平侧向挤压为主的洋壳俯冲消减作用，并由此而产生岛弧型和弧后盆地沉积，这是本旋回构造层的主要特点。

南部活动陆缘的构造格架显示了完整的沟-弧-盆体系。其中，岛弧型沉积分布在白乃庙、巴特敖包和西拉木伦河一带。白乃庙接近海沟，岛弧火山岩更趋发育，由一套浅变质的绿片岩组成，原岩为海底火山喷发的基性-中酸性火山熔岩、凝灰岩及少量次火山岩。

3) 晚加里东旋回

晚加里东旋回，内蒙古中部—兴安地槽处于优地槽之后的冒地槽阶段。地壳的活动方式为整体下降或抬升的频繁振荡。在北部兴安地槽区，构造层仅发育上末志留统，岩性为灰绿色硬砂岩、硬砂质石英砂岩夹板岩，属浅海相类复理石建造。在南部温都尔庙—翁牛特旗加里东地槽褶皱带，构造层由中志留统组成，岩性为砂岩、千枚岩、绢云石英片岩、石英岩夹结晶灰岩、生物碎屑灰岩，属浅海相类复理石建造。向东至赛乌苏一带，中志留统为浅海相碳酸盐建造。

加里东旋回以其强烈的多期次构造变形和褶皱叠加以及岩浆侵入活动完成了地壳的增厚、熟化和固结的演化过程。末志留统西别河组磨拉石建造和成熟度较高的碎屑岩盖层沉积不整合在中志留统之上，从而使加里东地槽褶皱带增生焊接于华北地台之北缘。在走廊过渡带，也由于这次造山运动结束了槽台过渡性质的冒地槽型沉积，从而进入陆相拗陷盆地的发展阶段。

加里东旋回经历了拉张—收敛—平静三个发展阶段，最终以陆壳的增生和地槽的向洋迁移完成其演化。

9. 海西旋回

加里东旋回之后，在西伯利亚地台和华北地台之间仍发育着广阔的海西海槽。这一海槽，经过海西多旋回构造运动和离陆向洋迁移，于早二叠世末期由西向东逐步封闭。因此，海西旋回是天山—内蒙古—兴安地槽的主旋回。

1) 早海西旋回

早海西旋回，内蒙古中部—兴安海槽又处在以拉张为主要活动方式的大洋扩展阶段。

早海西海槽的北部陆缘区，即增生的西伯利亚地台南缘，发育着一个大西洋式被动大陆边缘。构造层中、下泥盆统由北向南依次为浅海陆棚冒地槽沉积和冒地槽向优地槽过渡类型的沉积。

早海西旋回末期的造山运动，以北山地区泥盆系清河沟组与下石炭统绿条山组的角度不整合为代表。在东乌珠穆沁旗一带，泥盆纪之后上升隆起，缺失早石炭世沉积，上石炭统宝力格庙组直接不整合覆盖于上泥盆统安格尔音乌拉组之上。其他地区，如大兴安岭中、北部和贺根山以南地区，泥盆系与石炭系一般表现为连续沉积。

2) 中海西旋回

由于东乌珠穆沁旗早海西地槽褶皱带的隆起，把内蒙古中部—兴安地槽分割为南、北两个地槽活动带，即北部的喜桂图旗中海西地槽和南部的内蒙古中部海西地槽（二连浩特—贺根山及其以南）。

中海西旋回早期，喜桂图旗中海西海槽继续了晚泥盆世的拉张活动。在拉张海盆中，早石炭世沉积,下部为灰绿色砂岩、粉砂岩、凝灰岩、生物碎屑礁灰岩;向上火山物质成分增加,出现细碧岩和放射虫硅质岩等,自下而上构成一个完整的沉积-喷发旋回,属浅海-次深海相类复理石建造、火山岩建造。

中海西旋回晚期,爱力格庙—锡林浩特中间地块以北的二连浩特—贺根山海槽由于持续地挤压收敛,洋壳不断向北侧陆壳之下俯冲消减,在仰冲板块一侧发育了陆相中基性火山岩。到石炭纪末,俯冲作用基本停止,海槽封闭或仅发育残留海湾。

爱力格庙—锡林浩特中间地块以南的海西海槽,则处于拉张为主的构造环境中。晚石炭世为优地槽沉积,并可能形成代表大洋扩展阶段的蛇绿岩套。这次海侵活动不仅涉及温都尔庙—翁牛特旗加里东地槽褶皱带,也波及了长期处于上升隆起状态的华北地台。

3)晚海西旋回

该旋回地槽活动仅限于爱力格庙—锡林浩特中间地块南、北两侧的海域中,以南部索伦山—林西海槽规模较大。总体处于一个挤压的应力体制中。

由于中海西旋回时期的拉张活动,此时南部海槽仍为相当规模的洋盆。其深海部分隔绝了两岸生物的交流,以致使南、北两侧生物群落迥异。早二叠世早期,海槽北缘下二叠统为酸性火山岩、火山碎屑岩,夹硅泥质板岩、生物碎屑灰岩,属岛弧型火山岩、火山碎屑岩建造;海槽南缘及加里东地槽褶皱带上广泛分布的早二叠世沉积,下部为砾岩、硬砂岩、长石砂岩、板岩夹灰岩,属浅海相砂页岩建造,上部为砂岩、页岩夹灰岩,属湖相砂页岩建造。早二叠世晚期,海西海槽迅速收敛,海盆大幅度缩小。在狭长的带状海盆中,普遍沉积了浅海相碎屑岩建造。早二叠世末,晚海西海槽封闭,海域基本消失,进入了陆相磨拉石建造和残留海湾相、潟湖相泥页岩建造的盖层发展阶段。

晚海西旋回的造山运动发生于早二叠世末期。这一造山运动的发生、发展是由西向东迁移的,地槽的封闭也是由西向东逐步完成的。地槽封闭和造山运动这一同向迁移的特点,同晚海西海洋板块由西向东逐渐碰合对接有关。

内蒙古北部地槽封闭之后,南部地台和北部地槽间的差异缩小。但是,由于太平洋板块对亚洲大陆的挤压和俯冲作用,使中国东部大陆边缘活动性显著增强。南、北统一之后的内蒙古大地构造也明显地受到大陆边缘活动的影响,显示出"活化"特征。大陆边缘活动阶段也即阿尔卑斯旋回全过程(略)。

内蒙古在大地构造位置上,跨越华北地台和天山地槽褶皱系、内蒙古中部地槽褶皱系、兴安地槽褶皱系等大地构造单元。以阿拉善右旗高家窑—乌拉特后旗—化德—赤峰深大断裂为界,南部为地台区,北部为地槽区。西南角为秦昆地槽区的一小部分,东北部为大兴安岭中生代火山岩区。内蒙古有色金属矿产资源集中区主要分布在华北地台区、天山地槽区、内蒙古中部地槽区以及兴安地槽和大兴安岭中生代火山岩区。

二、华北地台区

华北地台区前寒武纪地层发育。太古界与下元古界构成地台褶皱基底,中、上元古界和古生界为沉积盖层。

1. 主要构造单元

1)阿拉善台隆(I_1)

该台隆的褶皱基底由太古界和下元古界变质岩系构成。中、上元古界为盖层性质的沉积。元古代以后,整体处于长期上升隆起剥蚀阶段,侏罗系往往直接覆盖在褶皱基底或元古界盖层之上,仅二叠系见有火山岩发育,但分布极为局限。次一级的构造单元有雅布赖山断隆(I_1^1)、巴音诺尔公断隆(I_1^2)、潮水断陷(I_1^3)、龙首山断隆(I_1^4)、雅布赖断陷(I_1^5)和吉兰泰断陷(I_1^6)。

2)内蒙古台隆(I_2)

位于狼山—白云鄂博台缘拗陷以南,鄂尔多斯台坳、山西台隆以北,以深断裂与上述诸单元相接。本区是华北地台早前寒武纪变质基底岩系出露最集中地段,晚元古界及古生界稳定盖层直接不整合其上。除其东南部凉城一带长期处于稳定上升和保留 NE 向展布的构造线外,其他如阴山地区在古生代末及其以后曾处在长期的活动状态,构造线近 EW 向。印支亚旋回以后,经燕山亚旋回、喜马拉雅亚旋回的阶段性上隆抬升,形成今日横亘于内蒙古中部的崇山峻岭地貌景观。次一级的构造单元有凉城断隆(I_2^1)、阴山断隆(I_2^2)、冀北断陷(I_2^3)和喀喇沁断隆(I_2^4)。

3)鄂尔多斯西缘拗陷(I_3)

位于阿拉善台隆和鄂尔多斯台坳之间,东、西两侧被大断裂分割。总体由桌子山、贺兰山和六盘山构成,是华北地台古生代强烈沉降地带。次一级的构造单元有桌子山褶断束(I_3^1)和贺兰山褶断束(I_3^2)。

4)鄂尔多斯台坳(I_4)

本区四面为群山环绕,现代地貌为海拔 800~2000m 的高原地带,因而亦被称为鄂尔多斯高原。其四周以深大断裂分别与北部的内蒙古台隆、南面的秦岭地轴、东面的山西台隆和西面的鄂尔多斯西缘拗陷相接。总体呈 NNE 向的矩形。该构造单元是一个基底硬化程度很高、比较标准的稳定地块。次一级的构造单元有河套断陷(I_4^1)、东胜凸起(I_4^2)、赛乌苏拗陷(I_4^3)和伊陕斜坡(I_4^4)。

5)狼山—白云鄂博台缘拗陷(I_5)

位于华北地台最北缘。西起狼山西南端,向东经渣尔泰山、白云鄂博、四子王旗至化德县一带,EW 长约 800km,SN 宽 40~120km。台缘拗陷西段的狼山和渣尔泰山一带,呈向 NW 突出的弧形。主体构造线方向为 NE 向,常形成紧密的线型褶皱、倒转平卧褶皱,局部地区则为穹窿或构造盆地。经多期构造变动,褶皱、断裂发育。褶皱构造既有早期的、岩层塑性较大的层理揉皱,又有形成区域构造线的大型复式褶皱。断裂构造以其规模大、延续时间长、活动强烈及多次反复活动为特点。台缘拗陷的东段,西起乌拉特中旗,向东至化德县一带。断裂构造十分发育,以白云鄂博北最为典型。断裂具有多期活动的特点,燕山期乃至喜马拉雅期仍可见其活动踪迹。由于复杂的构造应力场的联合作用,在白云鄂博南巴嘎乌德一带形成了独特的扭动构造。沿着张扭性裂隙,规则地侵入辉长岩脉和花岗岩脉。次一级的构造单元有狼山—渣尔泰山褶断束(I_5^1)和白云鄂博褶断束(I_5^2)。

6)山西台隆(I_6)

主体在山西省,本区仅占其西北一隅。在本区,三级构造单元称清水河凸起,构造变动轻微。本区在印支旋回时期逐渐抬升。

2. 主要断裂特征

内蒙古主要构造断裂分布见图 3-2。

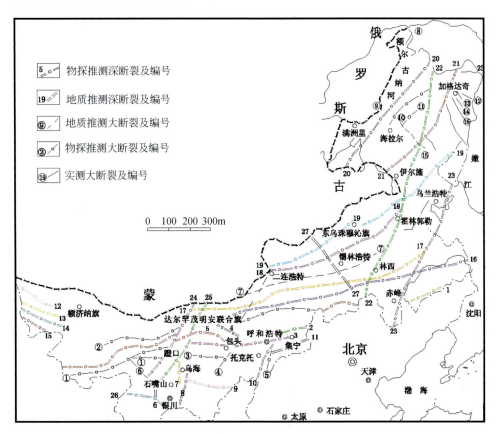

图 3-2　内蒙古深大断裂分布示意图

1) 高家窑—乌拉特后旗—化德—赤峰深大断裂带

该断裂呈近 EW 走向，出露长约 2000km，构成地台和地槽的分界线，对两侧地质构造的演变起着明显的控制作用。西段西起北大山南，东至口子井一带，呈 EW 向直线状延伸。挤压破碎带宽 1～2km，断面倾向北，倾角 50°～70°。中段断裂西部从狼山北侧通过，向 NE 延伸至川井一带，经白云鄂博北、化德县延入河北省境内，与康保—围场深断裂相接，区内长达 720km。东段自河北围场北延入内蒙古，经赤峰、平庄、查尔台等地，向东延入辽宁省，区内长约 490km，总体呈 EW 向展布。本段破碎带走向呈波状弯曲，倾向多变，倾角陡立，一般在 70°～80°。破碎带宽窄不一，从数百米至数公里。带内有大量压碎岩、糜棱岩及千糜岩，形成大量挤压片理和构造扁豆体。

2) 临河—集宁深断裂

西起临河北，向东经乌拉特前旗北、武川县、察哈尔右翼中旗至集宁市，再向东则延入河北省境内，与尚义—平泉深断裂相连接，区内长约 570km。其中，沿大青山北侧延伸至察哈尔右翼中旗的区段，由数条近 EW 向断层和糜棱岩带组成断裂束或大破碎带。

3）乌拉特前旗—呼和浩特深断裂

该断裂西起乌拉特前旗，向东经包头、呼和浩特，沿乌拉山和大青山南麓呈 EW 向延伸，长度为 370km。该深断裂构成山脉与平原之间的天然分界，最大高差可达千余米。

4）巴音乌拉山—狼山—色尔腾山南缘深断裂

自西向东大致沿巴音乌拉山、狼山、色尔腾山的南缘伸展，平面上呈向北突出的弧形，总长度约 5000km。

5）贺兰山西缘深断裂

呈 NNE 向展布于贺兰山西缘，向南延入宁夏境内。在科学山一带，地表显露破碎带。在大战场西侧，一系列由中寒武统香山群形成的孤立山包，大体沿 NNE 15°～20°方向排列。卫星照片上线性要素清晰。

6）卓资山东缘深断裂

北起磴口以南的巴汗图，向南经阿尔巴斯、上海庙牧场，然后延入宁夏境内，大致沿卓资山东麓作 SN 向延伸。区内长度为 220km。卫星照片上呈较明显的线状。

7）乌审旗深断裂

西端起自桌子山东麓阿尔巴斯以南，向 SEE 经鄂托克旗至乌审旗北，然后折为 NEE 向延入山西省境内，终止于河曲县附近，呈向南突出的弧形展布，在内蒙古长约 239km。其隐伏于中、新生界覆盖层之下，为一条物探资料推测的深断裂。

8）阿拉善右旗—雅布赖—迭布斯格大断裂

西端由甘肃省延入内蒙古，经阿拉善右旗、雅布赖山南缘，在巴音诺尔公一带向东分为南、北两支：北支向东经迭布斯格山一带与巴音乌拉山—狼山—色尔腾山南缘深断裂汇为一体；南支在德斯特乌拉一带与上述深断裂相接。总体呈 NE-SW 向延伸，区内长约 500km。大断裂由数条冲断层和断裂破碎带组成。断裂带宽 7～10km，带内构造透镜体发育，沿断裂带有若干基性岩小侵入体分布，并控制加里东、海西及印支亚旋回岩浆活动。

9）查干楚鲁特—达南托隆大断裂

西起阿拉善左旗查干楚鲁特南，向东经乌力图、哈尔陶勒盖、达南托隆等地，再往东则隐伏于第四系之下。总体呈 NE-近 EW 向展布，长 290km。该断裂由数条规模较大的区域性逆断层组成。破碎带宽 1～3km，断裂西段倾向南，倾角 50°～80°，显压扭性质；中、东段断裂线平直如刀切，断面倾向北，倾角 40°～60°，具有明显的逆冲兼右行扭动特征。

10）巴音乌苏—清水河大断裂

该断裂沿鄂尔多斯高原北缘展布，走向近 EW，长 440km，构成河套断陷与东胜凸起的界线。

11）包头大断裂

北起包头，向 SW 经昭君坟，终止于宿亥图一带。呈 NE-SW 向延伸，长约 90km，是综合物探资料推断的大断裂。

三、兴安地槽和大兴安岭中生代火山岩区

兴安地槽位于锡林郭勒盟北部、兴安盟西北部和呼伦贝尔盟。出露地层主要为古生界及中、新生界地层。寒武系下统在大兴安岭地区为绿片岩、变质砂岩、结晶灰岩、大理岩；奥陶系分布广泛，以碎屑岩和灰岩为主，中、下统夹火山岩。泥盆系主要为滨、浅海相碎屑岩和

灰岩，上统顶部为陆相沉积。石炭系发育齐全，分布广泛。下统至上统下部主要为滨、浅海相-海陆交互相碎屑岩和灰岩，局部夹中性火山岩。

1. 主要构造单元

1) 额尔古纳兴凯地槽褶皱带（III_1）

位于内蒙古最北部，西北以额尔古纳河与俄罗斯、蒙古接壤，东南以德尔布干深断裂与海西褶皱带相连。本区断裂构造极发育，若干 NE 向和近 EW 向断裂将该区分割成众多断块。其中，NE 向断裂一般规模较大，活动时间长，并造成强烈的构造破碎或糜棱岩化带。褶皱构造以兴凯期的 NW 向至 NNE 向紧密线型和倒转褶皱为主。盖层褶皱为 NE 向或 NNE 向宽缓的短轴状背、向斜。地槽期后，以海西中期的深成岩浆侵入活动最强烈，形成大面积的花岗岩基，该期岩浆活动以及后期断裂对本区总体构造格局起了巨大的改造作用。

2) 东乌珠穆沁旗早海西地槽褶皱带（III_2）

位于查干敖包—阿荣旗深断裂以北，头道桥—鄂伦春自治旗断裂以南，西与蒙古戈壁—兴安岭拗陷相连。本区构造变动较强烈，褶皱和断裂发育。基底褶皱以紧密线型的复式背、向斜为主，轴向 NE 或 NEE；盖层褶皱继承先期褶皱构造方向，但形态比较开阔；断裂构造以 NE 向压扭性断裂最发育，其次为 NNE 向压性和 NW 向张性断裂，少数断裂具有明显的继承性和多期活动性；喜马拉雅期沿 NW 向断裂有大量玄武岩浆喷溢。

3) 喜桂图旗海西地槽褶皱带（III_3）

位于兴凯地槽褶皱带和早海西地槽褶皱带之间。本区构造变动以断裂构造最发育，褶皱构造由于断裂的破坏和中生代地层的掩盖而难以观其全貌。燕山期以断块构造为其特点，表现为区域性的倾斜和地堑发育。次一级的构造单元有三河复向斜（III_3^1）、喜桂图旗复背斜（III_3^2）和海拉尔拗陷（III_3^3）。

4) 东乌珠穆沁旗南晚海西地槽褶皱带（III_4）

位于东乌珠穆沁旗早海西地槽褶皱带之南，以二连浩特—贺根山深断裂与西乌珠穆沁旗晚海西地槽褶皱带相邻。本区褶皱构造和断裂构造同等发育，所显示的构造线方向以 NE 或 NEE 向为主。岩浆活动以海西晚期和燕山早期最发育。

5) 大兴安岭中生代火山岩区（Ⅵ）

该区是一个 NNE 向的上叠于华北地台北缘和古生代褶皱基底之上的构造单元。它由北向南纵贯八个二级大地构造单元。火山岩区广泛地发育了燕山旋回钙碱性火山岩和中-浅成侵入岩。火山活动从早期基性岩浆喷发开始，经中期酸性岩浆喷发，到晚期的基性-中基性岩浆喷发结束。其成因可能是太平洋板块向亚洲大陆俯冲而产生了类似弧后扩张，在类裂谷带的构造背景下导致岩浆上涌。该带构造线方向为 NNE 向。在总体隆起的背景下发育一系列 NE、NNE 向断裂和小型隆、坳相间的垒-堑构造体系。大兴安岭主脊断裂纵贯全区，以左旋剪切为主，对构造、岩浆活动起了显著的控制作用。NW 向张扭性断裂晚于前者，并往往成为喜马拉雅亚旋回玄武岩浆喷溢的通道。褶皱构造以火山岩系的宽缓短轴背、向斜为主，轴向 NNE。强烈而频繁的火山活动和发育的断裂构造，为本区丰富的金属和非金属矿产的形成提供了有利条件。

2. 主要断裂特征

1）查干敖包—阿荣旗深断裂带

西端自蒙古境内延入内蒙古，向 NE 经查干敖包、东乌珠穆沁旗至阿荣旗南，呈 NE 向延伸。区内长达 1000km 以上。东部被大兴安岭主脊—林西深断裂所截，构成东乌旗早海西地槽褶皱带与东乌旗南晚海西地槽褶皱带的分界线。卫星照片上线性要素较清晰。

2）德尔布干深断裂带

两端自蒙古延入内蒙古，大致从呼伦湖东岸经黑山头，沿德尔布干河及金河河谷呈 NE 向伸展。区内长约 660km。该断裂带构成了北侧兴凯褶皱带与南侧海西海槽的重要分界线。在德尔布干一带，断裂 NW 盘出现一系列近于平行排列的次生弧形断裂。这些弧形断裂是受 NW－SE 向挤压应力作用而产生的张性断裂，呈带状 NW 向展布。

3）头道桥—鄂伦春自治旗深断裂

SW 端自蒙古延入内蒙古，向 NE 经头道桥、伊利克得、鄂伦春治旗，再向 NE 延入黑龙江省，总体呈 NE－NNE 向展布。区内长度为 620km。在头道桥—伊利克得一带，由数条呈 NE 向展布的逆断层组成断裂带。断裂通过之处，地表可见 1.5～2km 宽的破碎带。

4）大兴安岭主脊—林西深断裂带

沿大兴安岭主峰及其两侧分布，向南延入河北省境内，与上黄旗—乌龙沟深断裂连为一体，呈 NNE 向延伸千余公里。断裂总体向东倾斜，倾角在 60°～80°。

5）嫩江—八里罕深断裂带

位于大兴安岭的东缘。北端自黑龙江呼玛一带延入内蒙古，向南沿嫩江流域到莫力达瓦旗，经黑龙江省、吉林省再入内蒙古境内，由扎鲁特旗以东的白音诺尔、奈曼旗西、平庄、八里罕，再向南延入河北省。呈 NNE 向延伸，长度在 1200km 以上。为自晚侏罗世至新生代长期活动的西抬东降正断裂。断裂北段大致沿嫩江河谷延伸，由两条互相平行的区域性大断裂组成。断裂倾向东，倾角 60°～80°，显张性特点。多处被 NW 向大断裂及区域性断裂所截，并产生位移。断裂南段扎鲁特旗—八里罕一带，长 720km，大部地段为第四系所覆，只在平庄—八里罕一线显露地表，为一断面东倾的正断层。该断裂在开鲁西部截断 EW 向温都尔庙—西拉木伦河深断裂带，显示左行张扭性质。

6）额尔古纳大断裂

位于中俄边境，沿额尔古纳河延伸，总体呈 NNE 向展布，区内长 350km。断裂东侧古生界构造线及中-晚海西旋回岩浆岩带的展布方向与断裂走向一致。沿断裂带岩石均遭破碎，形成 2.5km 宽的挤压破碎带。断裂倾向西，倾角 40°～50°，为一东抬西降兼左行扭动的压扭性断裂。

四、内蒙古中部地槽区

南以阴山北麓为界，北至中蒙边界，包括巴彦淖尔市北部、乌兰察布市北部、锡林郭勒盟、赤峰市北部、通辽市和兴安盟南部的广大地区。出露地层以古生界及中、新生界为主，元古界零星出露。

1. 主要构造单元

1)温都尔庙—翁牛特旗加里东地槽褶皱带(II_1)

位于华北地台北侧,西起达茂旗嘎少庙,东至敖汉旗下洼一带,为一西窄东宽的狭长地带。褶皱带西段区域构造方向为 NE 或 NEE 向,与 EW 向展布的褶皱带及华北地台呈一定的夹角,褶皱构造以温都尔庙地区的温都尔庙群表现最为强烈。NE 向、NW 向或近 EW 向断裂和挤压破碎带发育。其中,EW 向断裂规模大,呈强烈揉皱片理化、糜棱岩化,并具有韧性剪切带的某些特征。褶皱带东端褶皱和断裂发育。加里东期和海西期为紧密线型褶皱,轴向 NEE。与其相伴生的逆断层通常由南向北叠瓦状逆冲。次一级的构造单元有多伦复背斜(II_1^1)和敖汉旗复向斜(II_1^2)。

2)西乌珠穆沁旗晚海西地槽褶皱带(II_2)

位于二连浩特至西乌珠穆沁旗一带。褶皱构造和断裂构造同等发育,所显示的构造线方向以 NE 向或 NEE 向为主。海西晚期,褶皱多呈复式紧密线状,一般核部形态较简单,翼部被发育的次级褶曲复杂化,岩层陡倾。后生同向断裂多发生在翼部,以逆断层为主,它们或者从两翼向核部逆冲,呈对冲式背斜,或者向同一方向逆冲,呈叠瓦状构造。燕山期褶皱多为 NE 向短轴和开阔型。断裂构造一般继承早期断裂发育(也有新生者),它们主要是一些 EW 向或 NE 向逆断层和低缓角度的推覆构造。

3)爱力格庙—锡林浩特中间地块(II_3)

这是一个发育于中亚—蒙古地槽内部的中间地块。它向西与蒙古的托托尚山隆起相连,南、北两侧为晚海西地槽。地块内构造除 NEE 向的紧密线型褶皱和断裂发育外,从西部爱力格庙起,向东至苏尼特左旗、红格尔马场、锡林浩特、西乌珠穆沁旗北大山一带,发育了长约 500km 的挤压破碎带,卷入挤压带的不仅有古老地质体,还有燕山期花岗岩体等,其规模之大,在地槽区内当居首位。其中甚至可能发育有韧性推覆构造等。

4)苏尼特右旗晚海西地槽褶皱带(II_4)

位于内蒙古中部地槽的南部,由 6 个次一级的构造单元构成。

(1)哲斯—林西复向斜(II_4^1)。

构成晚海西地槽褶皱带的主体,为晚古生代强烈拗陷地带。西部地区以紧密线型和倒转褶皱为主,褶皱轴与区域构造线方向一致,一般为 NEE 向。断裂构造多为 NE 向逆断层。东部地区以线型褶皱为主,轴向为 NE 和 NEE。

(2)二连浩特拗陷(II_4^2)。

二连浩特至东乌珠穆沁旗以南、苏尼特左旗毛登以北的 NE、NNE 向狭长带状盆地,受区域性断裂控制,由一系列 NE 或 NNE 向的凹陷和凸起构成。

(3)桑根达来拗陷(II_4^3)。

宝音图隆起以东,索伦敖包至阿腾红格尔以南的 EW 向狭长盆地。盆地内基底起伏,次一级隆起和凹陷长轴也呈近 EW 向,并为 EW 向断裂所隔。盆地西部和北部边界为大断裂所控制,推测属于北断南超型的箕状断陷盆地。

(4)浑善达克拗陷(II_4^4)。

该拗陷西起赛汗塔拉,东至达来诺尔,EW 长 260km,SN 宽 70~80km,是一个叠置于 NE 向晚侏罗-早白垩世拗陷盆地之上的新生代拗陷盆地。盆地西段拗陷较深,最深可达

2000m，而东段拗陷较浅，至那日图以东已经可见基岩。盆地北界为断层所截，南部边界则无断层迹象，是一个北断南超的单断型盆地。

(5)宝音图隆起（II_4^5）。

位于褶皱带最西部。其北面被近 EW 向断裂所截，南部与华北地台大致为断层相隔，东、西两侧被大断裂围限。隆起区构造线呈 NE 向，同方向的褶皱、断裂发育。褶皱构造除控制本区总体构造格局的复向斜外，次一级的从属褶皱，如倒转褶皱、纵弯褶皱、尖棱褶皱等均较发育。后期断裂和岩体的侵入破坏了构造的完整性。

(6)开鲁拗陷（II_4^6）。

开鲁拗陷是一个在晚海西褶皱基底上发育起来的中、新生代断陷、拗陷盆地。由于不均衡的升降活动，在开鲁至舍伯吐一线构成两坳夹一隆的构造格局。

2. 主要断裂特征

1）温都尔庙—西拉木伦河深断裂带

西起达茂旗嘎少庙一带，向东经温都尔庙，沿西拉木伦河河谷伸展，再向东延入吉林省。总体近 EW 向延伸，区内长达 1100km 以上。影响宽度大于 10km，最宽可达 30～40km。断裂在嘎少庙至温都尔庙地区特征显示清楚。岩石普遍具揉皱片理化、碎裂岩化及糜棱岩化，摩擦镜面、擦痕及膝折构造比比可见，表现出韧性剪切带的特征。

2）索伦敖包—阿鲁科尔沁旗深断裂带

西起索伦敖包，向东经查干诺尔、达里诺尔、阿鲁科尔沁旗，直抵扎鲁特旗东部。总体呈近 EW - NE 走向，东段于巴林右旗南部一带逐渐向 NE 延伸，长达 1180km 以上。其东、西端均被 NNE 向深断裂所截。西段断裂在索伦敖包—满都拉一带沿索伦山南缘分布，呈 EW 走向。沿线分布有蛇绿岩带和混杂堆积，深断裂具有俯冲带的某些特点。中段断裂在满都拉东—查干诺尔—浑善达克盆地一带大部分隐伏于中、新生代盆地之下。东段断裂于达里诺尔湖畔出露后，经巴林右旗、阿鲁科尔沁旗，直抵扎鲁特旗东部，被嫩江—八里罕深断裂所截。该段总体呈 NE 向伸展，略显向 SE 突出的弧形。

3）二连浩特—贺根山深断裂带

西端由蒙古境内延入内蒙古，向东经苏尼特左旗北、贺根山，再向东时隐时现，直抵大兴安岭附近。总体呈 NE 向延伸，长达 680km。东端被中、新生代火山岩掩盖和 NNE 向大兴安岭主脊—林西深断裂所截。断裂带岩石破碎，糜棱岩发育，在钠长角闪片岩中碱镁闪石的出现，说明这里曾有过高压的构造环境。该断裂是一条超岩石圈断裂，在地球物理场及卫星影像等方面均有所显示。

4）宝音图隆起西缘深断裂

属隐伏断裂。NE 端由蒙古延入内蒙古，经巴音查干至宝音图，SW 端切割华北地台北缘深大断裂。走向 NNE，推测倾向西，显示压扭性质。区内长约 240km，构成北山晚海西地槽褶皱带与苏尼特右旗晚海西地槽褶皱带的分界线。

5）宝音图隆起东缘深断裂

与西缘断裂平行展布，长约 150km，NE 端由蒙古延入内蒙古，经索伦山南缘德日斯至杭盖戈壁，SW 端被巴音乌拉山—狼山—色尔腾山南缘深断裂所截。该断裂 NE 段为隐伏断裂。在地貌上形成山地和断陷盆地的界线。SW 段显露地表，由数条呈 NNE 向展布、断面倾向 NW 的逆断层组成断裂带,并有一条呈 NNE 向展布的糜棱岩带与深断裂的位置相吻合。糜棱岩带宽 1km,带内岩石强烈碎裂岩化、糜棱岩化。

6)西里庙—达青牧场挤压破碎带

西端自蒙古延入内蒙古,经西里庙、爱力格庙,遂被中、新生界掩盖,向东又在苏尼特左旗南显露,经查干诺尔、锡林浩特南、红格尔、北大山,东端终止于迪彦庙林场一带。总体走向为 NEE-NE 向,区内长度 610km。破碎带自西向东表现为强烈的挤压破碎:西段于西里庙—爱力格庙一线,破碎带宽 5~10km,下二叠统西里庙组酸性火山岩普遍遭受动力变质,表现为强片理化及糜棱岩化;中段在苏尼特左旗南、红格尔一带地表显露,为宽 3~5km 的糜棱岩带;东段在北大山、达青牧场一带,破碎带宽 6km,岩石以碎裂岩化为主,局部表现为糜棱岩及千糜岩化。

7)二连浩特—达茂旗大断裂

该断裂 NE 端起自二连浩特,向 SW 经爱力格庙、达茂旗西北、合教,直至老羊壕一带,再向 SW 可能继续延伸。整体呈 NNE 向展布,全长约 320km。断裂延伸长而且连续、稳定。在 SW 段老羊壕—羊油房一线为一 NNE 向隐伏大断裂;中段即巴特敖包东,为一组 NNE 向的实测断裂,断裂面倾向 NW;NE 段表现为中、新生代江岸—爱力格庙沉降盆地西缘的挤压碎破带,可见长度大于 40km,宽数百米至 2km。沿该挤压碎破带的岩石普遍发生了动力变质,杆状构造及窗棂构造十分发育。沿断裂带有海西期、燕山期岩浆岩侵入。

五、天山地槽区

天山地槽区主要包括额济纳旗、阿拉善右旗大部以及阿拉善左旗北部。

1. 主要构造单元

该褶皱系位于中国西北部,与天山山链的位置大致相当。内蒙古范围内的天山地槽褶皱系仅属其东延部分,称北山晚海西地槽褶皱带(IV_1)。

该带位于北山、居延海盆地及其东部巴丹吉林一带。北山地槽是在色尔腾山旋回形成的古老地台基础上,经历了中、晚元古代和寒武纪盖层发展阶段,早加里东构造运动之后解体而成为古生代地槽活动带,因而具有再生地槽的性质。本区海西中期岩浆岩最发育,有斜长花岗岩、二长花岗岩、花岗闪长岩、石英闪长岩等;晚期岩浆岩分布在巴丹吉林地区,主要有花岗闪长岩、二长花岗岩、钾长花岗岩等,通常为大型岩基产出。本区构造变动强烈,以规模巨大的断裂和紧密线状褶皱交织成醒目的 NW 向和 NE 向构造格局。次一级构造单元有六驼山复背斜(IV_1^1)、北山隆起(IV_1^2)、黑大山复背斜(IV_1^3)、红柳大泉复向斜(IV_1^4)、合黎山—北大山西段隆起(IV_1^5)、居延海拗陷(IV_1^6)、雅干复背斜(IV_1^7)、杭乌拉隆起(IV_1^8)、巴音毛道复向斜(IV_1^9)和乌兰呼海拗陷(IV_1^{10})。

2. 主要断裂特征

1)甜水井—六驼山深断裂

西端自甘肃省的红石山延入内蒙古,经甜水井、黑鹰山、哈珠一带,沿六驼山南缘至路井,向东隐伏于巴丹吉林沙漠之下。西段呈 EW 向展布,由 3~4 组互为平行、断面南倾的逆冲断层组成断裂带,并形成几百米至几公里宽的挤压破碎带。沿断裂带早石炭世火山岩锥体和海西旋回中期基性、超基性岩块呈串珠状分布。该段断裂走向平行于地层走向,南盘除沿断裂面向北逆冲外,并向西平推,将早石炭世地层逆覆于中泥盆世地层之上。两盘相对位移量可达20km。东段呈EW-NWW向延伸,由数条走向大致平行的压性、压扭性断裂构成断裂带。断面倾向忽南忽北,以北倾者居多,倾角50°～60°。断裂带西窄东宽,一般在10km左右,六驼山南缘断裂带宽度可达20km以上。

2) 石板井—小黄山深断裂

西端自甘肃省延入内蒙古,经石板井、小黄山一带,向东隐伏于巴丹吉林沙漠之下,呈NWW-SEE向延伸。区内长度在200km以上。断裂在石板井一带,由5条呈NWW向延伸,相互平行的压性断裂组成,宽2～5km。挤压破碎带发育。在断裂附近以糜棱岩化最突出,沿挤压带分布的侵入岩多具碎裂结构。沿断裂带形成300～500m宽的挤压破碎带。断裂倾向南,倾角60°～70°。

3) 白云山—月牙山—湖西新村深断裂

西端自甘肃省延入内蒙古,向东经黄山、白云山、月牙山、洗肠井直至湖西新村一带,再向东被沙漠及现代湖积物掩盖。总体为NW-SE向,区内长度在240km以上。黄山北至白云山南一带,由3～4组断面南倾的逆断层组成断裂带。岩石破碎,多具片理化,断面倾角60°～65°。白云山东—麻黄沟西一带,断裂被中、新生界掩盖。东段由4条规模较大、断面南倾、倾角在50°～70°的逆断层组成断裂带。断裂带西窄东宽,一般为2～3km,最宽达5km以上,常形成300～500m宽的挤压破碎带。带内岩石破碎,糜棱岩、构造角砾岩、断层泥、滑动镜面及压扭性劈理发育。

第二节 区域地球物理和地球化学

一、北山地区—阿拉善地区

1. 区域地层磁性特征

中、新生界以正常沉积岩为主的地层,呈无磁或微磁特征,磁化率平均值分别为 $156\times10^{-6}4\pi SI$ 和 $51\times10^{-6}4\pi SI$,剩余磁化强度分别是 $356\times10^{-3}A/m$ 和 $111\times10^{-3}A/m$。中生界正常沉积岩磁化率值为 $156\times10^{-6}4\pi SI$,而火山(沉积)岩则为 $(1660\sim4000)\times10^{-6}4\pi SI$,且剩磁大于感磁。各古生界岩石磁化率常见值数量级为 $(1080\sim7090)\times10^{-6}4\pi SI$,且感磁大于剩磁。古生界中石炭系岩石磁性最强,磁化率平均值为 $7090\times10^{-6}4\pi SI$。古生界正常沉积岩地层磁性相对弱些,且彼此之间相差不大。元古界由于受区域动力变质作用及构造-岩浆活动的影响,磁性变化很大,规律性不明显,其磁化率为 $(620\sim3060)\times10^{-6}4\pi SI$(内蒙古自治区地质矿产勘查开发局,1991)。

2. 各类岩石磁性特征

沉积岩磁性较低或无磁性,变质岩磁性变化较大。一般来讲,原岩为泥质粉砂岩、灰岩或酸性岩浆岩且不含磁性矿物的变质岩磁性较低，原岩为中基性岩的变质岩磁性普遍较强。岩浆岩中以镁铁质侵入岩体磁性最强，磁化率均值为 $2790\times10^{-6}4\pi SI$，中、酸性侵入岩磁化强度小于镁铁质岩石，平均值为 $n\times10^{-4}4\pi SI$，属中等磁性岩类。一般来讲，上述岩石类型尤其是酸性岩的磁性变化较大，可以从弱磁性到中等磁性，由于这类侵入岩体规模较大，分布面积广，可产生一定范围的正磁力高异常（内蒙古自治区地质矿产局，1991）。

3. 北山地区重磁场特征

北山地区布格重力异常均为负值。大部分异常和梯级带呈近 EW 向或 NW 向，与区域地层、构造和岩浆岩展布方向大致相同，重力异常场总体变化趋势是东高西低。近 EW 向或 NW 向的重力梯级带将重力场分为几个异常区，与大地构造分区基本一致，也是深大断裂构造带的反映。包括黑鹰山—乌珠尔嘎顺构造区、公婆泉—石板井—木吉湖构造区和石板墩—梧桐沟构造区。

4. 阿拉善地区重力异常、磁场特征

本区布格重力异常均为负值，异常多呈团块状，异常轴向呈 EW 向，异常梯级带呈 NE 或近 EW 走向，反映了区域地层、构造和岩浆岩的分布特点，重力异常场总体变化趋势是北高南低。区域磁场为低缓的负磁背景异常，反映了元古宇正常沉积岩的磁场特点。正磁异常多为镁铁质火山岩和中-酸性侵入岩体引起，叠加在背景异常上。根据本区重、磁场特征，可将本区划分为额济纳旗构造区、好比如山—宝音图构造区、巴丹吉林—乌力吉—乌拉特后旗构造区和阿拉善右旗—吉兰泰构造区。

5. 深大断裂地球物理特征

1）近 EW 向区域深大断裂

雀儿山—黑鹰山—额济纳旗深断裂带：该深断裂带重力场特征为紧密的梯级带，梯级带两侧重力场特征截然不同，其北侧重力场以正重力高值异常为主，场值为区内最高。在磁场特征上，断裂带北侧为正强磁场分布区，其南侧则为负磁异常带。

石板井—小黄山深断裂带：该断裂带构成不同磁场特征的分界线，其北侧以正磁场为主，南侧在负磁背景上叠加正磁异常。沿断裂带，重力场总体上为不太紧密的梯级带。

牛圈子—红柳大泉深断裂带：断裂基本沿梯度带展布，是不同区域重力场特征的分区界线。断裂带处于正、负磁异常带接合处，北侧为正磁异常带，南侧为负磁异常带。

后红泉—梧桐沟深断裂带：断裂带北侧，几处强度大和面积广阔的局部重力低异常组成一条近 EW 向的重力低值带。断裂带南侧，高峰值的带状重力高异常沿断裂带方向展布。断裂带北侧负磁场南侧背景上叠加有中酸性岩体引起的局部高磁异常，为较宽缓的负磁异常。

2）NE 向区域深大断裂

音凹峡—三道明水—哈珠断裂带：该断裂带由两条平行的断裂组成，其重力场特征是一条 NE 向狭长的重力低值带，NE 段窄，SW 段宽。航磁场在龙岗—音凹峡一带是 NE 向展布的正磁力高异常带，但从异常带 EW 两侧磁场特征看，正磁力高异常带与区内基底磁场特征不一致，推断是中新生界沉积岩下的隐伏中酸性岩体（花岗岩）所致。

湖西新村西—乌珠尔嘎顺东断裂带：断裂带位于巴丹吉林沙漠西缘，断裂带西侧出露晚古生代-中生代地层，东侧为巴丹吉林沙漠区。断裂带两侧重、磁异常特征均有明显差异。

6. 主要成矿元素的区域展布趋势

(1)金。金的高背景及较高背景主要位于白垩系、第四系及太古宇与海西期花岗岩接触带边部，与后期发育的褐铁矿化石英脉、硅质岩脉及围岩热液蚀变关系密切。

(2)银、铜、锌、铅。高背景及较高背景带集中分布于元古宙渣尔泰山群中。其异常的长轴方向与地层走向一致，当地层被岩体侵入或受断裂控制出现转折时，异常形态、走向也随之变化，明显受地层控制。

(3)钨、钼。高背景值及较高背景值区主要分布在太古宇、元古宇出露区。在太古宙地层内，高值区与地层和岩浆热液活动密切相关。在元古宙地层内，高值区受地层断裂控制明显。

(4)铁族元素。高背景值区及较高背景值区主要分布于太古宇、元古宇出露区，呈宽带状展布。其异常严格受中基性岩体或岩脉控制。

7. 地球化学异常带的主要特征

根据区域岩石的元素地球化学特征，本区由北向南可以划分3个地球化学异常带：阿拉善北部异常带以铜、金、钼异常为主，NW向分布；阿拉善中部异常带以金、铜、锑、铀异常为主，NE向分布；阿拉善南部异常带以金、铜、铋异常为主，NE向分布。

二、二连浩特—东乌珠穆沁旗地区

1. 区域地层磁性特征

中、新生界主要磁性岩层是侏罗系火山岩和新生界玄武岩，具有中等强磁性，磁化率平均值为$(450\sim2350)\times10^{-6}4\pi SI$，剩余磁化强度是感应磁化强度的2~3倍，且磁性不均匀，常形成正负频繁交替、幅值变化剧烈的杂乱磁场异常。以正常沉积岩为主的地层则呈无磁或微磁特征，磁化率和剩余磁化强度平均值分别为$(50\sim120)\times10^{-6}4\pi SI$ 和$(60\sim95)\times10^{-3}A/m$，表现为平静的负磁背景异常。古生界的沉积岩一般为无磁或弱磁性浅变质岩系，岩石磁化率常见值为$(n\times10)\times10^{-6}4\pi SI$。但古生代地层中分布的中酸性-中基性火山沉积岩夹层则多具中等强度磁性，常形成大面积、不规则的片状低缓正磁异常。元古宙地层中，古元古界以绿片岩为主，具较强磁性，并强于中新元古界，通常形成磁力高异常。中新元古界的中、低级变质岩系呈无磁或弱磁特征，常产生平静负磁背景异常。太古宙地层磁性均值高于区内所有地层，但由于原岩成分十分复杂，受区域动力变质作用及构造、岩浆活动的影响，变质程度不一，其磁性变化较大，规律性不明显。其磁化率为$(100\sim3000)\times10^{-6}4\pi SI$(内蒙古自治区地质矿产勘查开发局，1991)。

2. 区域岩浆岩磁性特征

花岗岩类磁性特征：Ⅰ型磁性花岗岩磁化率平均值可达$1600\times10^{-6}4\pi SI$；S型无磁性花

岗岩一般不具磁性。Ⅰ型花岗岩可产生正磁异常,如乌兰敖包、红格尔和格勒敖包岩体等。蛇绿岩的磁性特征:蛇绿岩具有很强的磁性,磁化率为 $2000\times10^{-6}4\pi SI$,剩余磁化强度为 $2300\times10^{-3}A/m$。当具一定规模时,可产生非常明显的局部正高磁异常和局部高重力异常(内蒙古自治区地质矿产勘查开发局,1991)。

3. 重磁场特征

东部是纵贯我国 SN 的 NNE 向巨型梯级带,即大兴安岭南段梯级带,这种巨型梯级带是深部巨大构造变异带——莫霍面陡变带的反映。受 NEE 向的温都尔庙—西拉木伦断裂带影响,梯级带在跨越西拉木伦河时向西扭转。区内布格重力异常均为负值,其变化趋势为由东向西逐渐降低。大部分异常和梯级带呈 NE 或近 EW 走向,与区域地层、构造和岩浆岩的分布大致相同。磁背景场为较低缓的负磁异常,反映了自元古宙以来正常沉积岩的磁场特点。正磁异常多为镁铁质火山岩、中-酸性侵入岩以及沿深大断裂分布的蛇绿岩引起,它们多呈近 EW 条带状展布,叠加在背景异常上。根据重、磁异常总体特征,本区可划分为查干敖包—东乌旗构造区、苏尼特左旗—贺根山构造区、苏木查干敖包—锡林浩特构造区、苏尼特右旗—达来诺尔镇构造区、阿尔山—克什克腾旗构造区和翁牛特旗—巴林左旗构造区。

4. 深大断裂的地球物理特征

(1) 二连浩特—东乌旗深断裂带。该断裂带在磁场上表现为异常特征截然不同的两种磁场的分界线。其北侧为 NE 向展布的由面积较大的正磁异常所组成的相对低缓的正磁异常带,南侧则为近 EW 向延伸的正负相间排列的狭长带状异常和较为规整的块状高值异常。断裂带处于重力异常过渡带。北侧异常较为低缓,对应低缓正磁异常,而南侧为近 EW 向转为 NE 向的局部重力高值带,异常幅值高、梯度大,对应梯度大的高磁异常带。

(2) 二连浩特—贺根山深断裂带。该断裂带以强烈的线状正磁异常和高重力异常带为显著特征,其北侧为较强烈变化的正磁场,SE 侧为变化的负磁场区,表现为局部高重力异常带。

(3) 温都尔庙—西拉木伦河深断裂带。该断裂带两侧磁场特征截然不同。克什克腾旗以西,断裂带处在正负异常带的交界处,其南侧为呈近 EW 向的低缓正磁异常带,北侧为平静的正磁异常区。克什克腾旗以东,断裂带呈一明显的近 EW 向延伸的狭长负磁异常带,其北侧局部异常轴呈 NE 向,与西拉木伦河斜交。克什克腾以西,为一明显的近 EW 向断续延伸的重力梯级带,其北侧为 EW 向相间排列的紧密线状或波状异常,南侧为一明显的呈 EW 展布的重力低值带。

5. 主要成矿元素的区域展布趋势

(1) 银、铜、锌、镉。这些元素相关性较好,高值区位于中奥陶统变质粉砂岩、粉砂质板岩和变泥岩出露区。钨钼族元素、铁族元素、锂、铍、氟在该带上也形成了高值区。

(2) 铅。较高背景带呈 NE 向大面积分布于海西期花岗岩、燕山期花岗岩出露区。

(3) 金。高值区主要位于中下泥盆统泥鳅河组变质砂岩、二叠统碳质板岩和中酸性火山岩区。

(4) 钨、钼、锡、铋。高值区主要分布于二叠统中酸性火山岩及砂岩、砾岩、粉砂岩地层中,铜、锌、银、镉、铁族元素和岩浆射气元素在该区也形成高背景带。

(5)铁族元素。与铜、铌、锌、磷、锶、氟、镉、金、汞呈正相关。高值区位于二叠统中酸性火山岩、海西期超镁铁质岩体及第四系玄武岩出露区内。

6. 地球化学异常带的主要特征

根据区域岩石地球中元素地球化学特征,由北向南可以划分为两个区域地球化学异常带:①二连浩特—东乌旗异常带,奥陶系包尔汉图群富集了金、锑、铜、铬、砷、镉等元素;上志留统-泥盆系富集了金、砷、银、锑、铜、锌、钼、钨等元素,上侏罗统富集了银、钼、铋、铅、铀等元素。②红格尔—锡林浩特—西乌旗异常带,温都尔庙群富集了金、锑、砷、铜、铬等元素,上志留统富集了硒、锑、砷、金、铜、锌、镉等元素,下二叠统大石寨组富集了锑、砷、钨、锡、铋、铀、银、锌、铜等元素,上侏罗统富集了铀、锡、铅、铋、硼等元素。

三、大兴安岭地区

1. 区域地层、岩浆岩密度特征

该地区主要出露的老地层有太古宇乌拉山岩群、元古宇加疙瘩岩群和古生界,以上地层的密度为 $(2.67\sim2.73)\times10^3\,\mathrm{kg/m^3}$,广泛分布的古生界和中生界岩浆岩密度为 $(2.5\sim2.6)\times10^3\,\mathrm{kg/m^3}$;地层和岩浆岩的密度差为 $(0.1\sim0.2)\times10^3\,\mathrm{kg/m^3}$。由此可见,当中-酸性岩体和侏罗系火山岩侵入或沿老地层喷发,并且具有一定的规模时,表现为重力低异常,它们大多呈 NE 走向。

2. 区域重力、磁场特征

大兴安岭重力异常梯级带位于大兴安岭东坡,主要特征是延续长、范围宽和变化梯度大。具体分布在通辽—乌兰浩特—甘南一线以西地区,总体上呈一个巨大的 NE 走向的负异常区。包括海拉尔—额尔古纳区、兴安岭异常区和大兴安岭重力梯度带区。

本区磁场特征与底层分布、岩浆活动及构造运动等密切相关,不同地区具有不同的磁场特征。兴安剧烈变化磁场区主要包括大兴安岭及其以西地区。该区大部分异常呈紧密排列,局部异常轴向 NE,异常强度和梯度变化都比较大,不同地段异常特点有一定差别。漠河一带为正、负交替异常,异常走向 NWW。西侧嵯岗、满洲里附近为 NNE 向、负背景、局部正异常的狭长条带状异常分布,相当于德尔布干断裂所处的位置。嵯岗到牙克石之间有一EW 向正常带,似为岩浆岩的影响。在牙克石与甘南之间为正、负交替的跳动磁场区,它相当于中生代火山岩及花岗岩分布区,甘南、龙江经大杨树—嫩江一线有一近 SN 向剧烈跳度异常带,峰值较高,极值达 2000nT 以上,异常梯度变化大。它相当于大杨树拗陷内分布的中生代强磁性火山岩区。

3. 主要深大断裂重磁场特征

(1)德尔布干断裂。该断裂在区域航测异常上主要表现为两种不同磁场的分界线,断裂的NW 侧为强烈升高的线性磁异常带;SE 侧磁场强度明显降低,且无明显走向。重力场上,南段满洲里东侧为一条明显的重力梯级带;北段碧水、塔河一带沿断裂产生强烈的向 SW 方向扭曲。莫霍面等深在断裂处形成"S"形的同形弯曲并在通过断裂后骤然改变分布方向。

(2)车吴—额尔古纳断裂。该断裂位于 NE 向升高的磁场带内,沿断裂有一系列的局部负异常断续分布。在区域重力场上,该断裂位于大兴安岭重力梯级带的西侧,是两种重力异常形态明显的分界线,其东侧异常呈由低向高增加的梯级带形态分布;而其西侧异常呈形态不一、大小不一的圈闭形态分布。

(3)大兴安岭断裂。分布于大兴安岭中轴部位,呈 NNE 走向。区域重力场为一条明显的梯级带。沿断裂有多期基性至酸性岩浆岩分布。该断裂磁场特征不明显。

(4)西拉木伦断裂。该断裂在重力场上通辽以西沿重力梯级带展布;以东表现为两种不同形态重力异常的分界线。

4. 地球化学异常带的主要特征

根据区域岩石元素地球化学特征,额尔古纳成矿带区域地球化学异常带南段以铜钼、银铅锌铜、铅锌银多元素组合异常为主,中段以铅银、铅锌银铜、铜钼、铅锌银、铅锌多元素组合异常为主,北段以银铅锌、砷锑金银、砷铜银锑金、金银砷锑、金铜砷锑、金铜锌铅锑砷银、铅锌金锑铜砷银多元素组合异常为主。

第三节 华北地台北缘内蒙古区域的有色金属矿产

内蒙古有色金属矿产非常丰富,前些年由于自然气候寒冷,森林、草原、沙漠覆盖,交通条件靠骆驼马背,自然环境严酷,国家科学技术水平、装备条件限制,加上近三十年地缘政治的原因,全面的矿产勘查未展开。近三十年国家综合实力极大发展,勘查水平大大提高,内蒙古四通八达,大量矿床被陆续勘查出来。正是在这样的基础上,本章对内蒙古有色金属矿床进行总结归纳,引用了不少矿产工作者、学者的研究成果,在此致以衷心的感谢。

1. 内蒙古造山区域

《内蒙古自治区区域地质志》(内蒙古自治区地质矿产勘查开发局,1991)大地构造单元划分方案将内蒙古从南向北分为:①华北地台北缘,I_1 阿拉善台隆、I_2 内蒙古台隆、I_3 鄂尔多斯台缘拗陷、I_4 鄂尔多斯台坳、I_5 狼山—白云鄂博台缘拗陷、I_6 山西台隆;②内蒙古中部地槽褶皱系,包括 II_1 温都尔庙—翁牛特旗加里东地槽褶皱带、II_2 西乌珠穆沁旗晚海西地槽褶皱带;③兴安地槽褶皱系,包括 III_1 额尔古纳兴凯地槽褶皱带、III_2 东乌珠穆沁旗早海西地槽褶皱带、III_3 喜桂图旗海西地槽褶皱带;④天山地槽褶皱系,包括 IV_1 北山晚海西地槽褶皱带;⑤祁连加里东地槽褶皱系;⑥大兴安岭中生代火山岩区,主要矿产分布见图 3-3。

余宏全等(2009)所叙述的额尔古纳地块、鄂伦春晚海西褶皱带、东乌珠旗早海西褶皱带、东乌旗南晚海西褶皱带范围及邵积东(1998)所叙述的板块构造分区的西伯利亚东南大陆边缘区域范围大致在其中。

2. 兴安地槽褶皱系与大兴安岭中生代火山岩区

在成矿带划分上,一般称为大兴安岭北成矿带。有色金属矿床呈 NE 向带状分布,已

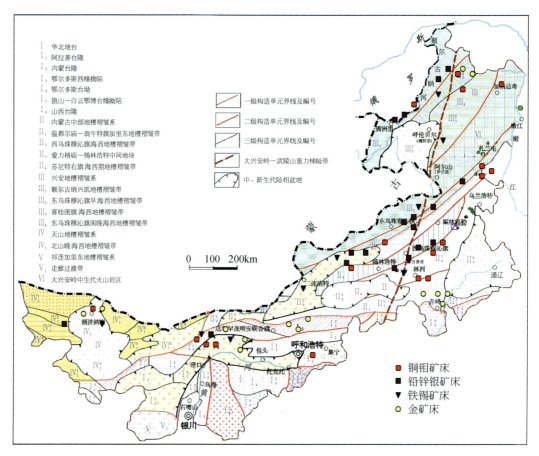

图 3-3 内蒙古大地构造分区及有色金属矿产分布示意图

发现的主要矿床有乌奴格吐山斑岩型铜钼矿(超大型)、甲乌拉热液型银多金属矿(大型)、八大关斑岩型铜钼矿(小型)、罕达盖夕卡岩铁铜矿(小型)、三河火山热液型铅锌矿(中型)、二道河子陆相火山热液型铅锌矿(中型)、太平川斑岩钼矿(中-大型)、比利亚谷陆相火山热液型铅锌矿(大型)、大平沟斑岩钼矿(大型)、查干布拉根热液型银铅锌矿(大型)、砂宝斯热液型金矿(大型)、虎拉林隐爆岩砾岩金矿(小型)、梨子山夕卡岩型铁钼矿(小型)、架子山斑岩型钼矿(中型)、激流河火山热液型钼矿(中型)、额仁陶勒盖热液型银矿(大型)等 140 多处大、中、小矿床。额尔古纳地区大、中、小型砂金矿 20 世纪已大量开采,为保护森林现已禁采。

3. 内蒙古中部地槽褶皱系

这一构造分区区域相当于板块构造分区的二级构造单元(邵积东,1998)华北北部大陆边缘分区范围,大致属于白大明(1996)所研论的黄岗梁—乌兰浩特铜多金属成矿带的范围。

在这一区域已发现的主要矿床有黄岗梁夕卡岩型铁锡锌矿床(大型)、朝不楞夕卡岩型铁铅多金属矿(大型)、吉林宝力热液型铅锌多金属矿(中型)、德尔布欣热液型金矿(小型)、毛登爆破角砾岩(斑岩)钼锡铜矿(中型)、大井火山热液型铜锡矿(大型)、敖包山夕卡岩型铅锌矿(小型)、浩布高夕卡岩型铜多金属矿(中型)、布敦花热液型铜矿(中型)、闹牛山热液型铜矿(大型)、莲花山热液型铜银矿(中型)、小东沟斑岩型钼矿(中型)、红山子火山热液型钼(铀)矿(中型)、车户沟斑岩型钼矿(中型)、元宝山斑岩型钼矿(小型)、碾子沟斑岩型钼矿(小型)、迪彦钦阿木火山热液型钼矿(大型)、敖仑花斑岩钼矿(大型)、宝格大山热液型铅锌矿(小型)、扎木欣热液型铅锌矿(大型)、花敖包特热液型银铅锌矿(大型)、拜仁大坝热液型银铅锌矿(超大型)、维拉斯脱热液型银多金属矿(大型)、羊蹄子山层控变质型钛矿床(中型)、乌兰得勒斑岩型钼矿床(中型)、乌日尾图斑岩型铜钼矿床(中型)、乌兰敖包斑岩型钼矿床(小型)、准苏吉花斑岩型铜钼矿床等。

4. 华北地台北缘、天山地槽褶皱系与祁连加里东地槽褶皱系内蒙古构造单元区域

这一构造分区区域大致为板块构造分区的华北地块、华 NW 部大陆边缘内蒙古构造区域范围。

在这一区域已经存在的矿床有霍各乞层控变质型铜多金属矿(大型)、炭窑口层控变质型铜多金属矿(大型)、东升庙层控变质型铜多金属矿(大型)、克布岩浆岩型铜镍矿床、白乃庙斑岩型铜金矿床(大型)、白马沟热液型铜矿床(小型)、小南山岩浆岩型铜镍矿床(小型)、别鲁乌图海相火山型铜矿(小型)、宫胡洞夕卡岩型铜矿床(小型)、东伙房热液型金铜矿(小型)、索索井夕卡岩型铁铜矿床(小型)、沙拉西别夕卡岩铜铁矿型(小型)、库里吐斑岩型铜钼矿床(中型)、大苏计斑岩型钼矿床(大型)、流沙山斑岩型钼矿(中型)、小狐狸山斑岩型铅锌钼矿(中型)、七一山热液型钨钼矿(小型)、红花沟热液型金矿(中型)、金厂沟梁热液型金矿(大型)、哈达门沟热液蚀变型金矿(大型)、柳坝沟热液蚀变型金矿(大型)、长山壕层控变质型金矿(超大型)、朱拉扎嘎层控变质型金矿(大型)、哈拉沁层控变质型金矿(中)、巴音杭盖热液型金矿(中型)、毕力赫斑岩型金矿(大型)。

第四节　西伯利亚板块与华北板块之间碰撞对接构造位置讨论

一、大地构造演化(内蒙古区域)

在 3500Ma 内蒙古兴和一带为高热流区,由于地幔物质的上涌,形成陆壳孤岛,有了陆壳和洋壳之分。晚太古界(3000~2500Ma),在集宁陆核北缘海洋沉积了乌拉山群绿岩建造,西自阿拉善右旗经狼山、乌拉山、大青山至赤峰,向东延伸到河北等省,构成了萌地台。2500Ma 发生了乌拉山运动,使乌拉山群褶皱并伴随有岩浆活动。1900Ma 发生了色腾尔山运动,在萌地台基础上增生,形成了雏地台并形成华北地台基底(马杏垣等,1987)。

之后,高家窑—乌拉特后旗—化德—赤峰深大断裂活动主要发生拉伸作用,使北部地块分裂,脱离了地台,萌地台部分分解,北部地块分解成宝音图隆起、北山地块、爱力格庙—锡林浩特中间地块,爱力格庙—锡林浩特地块的规模比现在的华北地台要大些,分裂的地块与南部的华北地台间产生了新的窄海洋(图 3-4)。

在西伯利亚板块与华北地台之间的大洋称为古亚洲洋或蒙古洋,当时两个地台间隔比目前的距离要大得多。2500~1900Ma 的早元古代间,内蒙古海域非常广阔,存在两个背离扩张洋中脊带：一是高家窑—乌拉特后旗—化德—赤峰深大断裂北侧西拉木伦附近的背离扩张带，二是贺根山附近的背离扩张带。同时存在华北地台北侧的板块汇聚带、锡林浩特中间地块两侧的板块汇聚带以及德尔布干断裂带南侧的板块汇聚带(图3-4)。

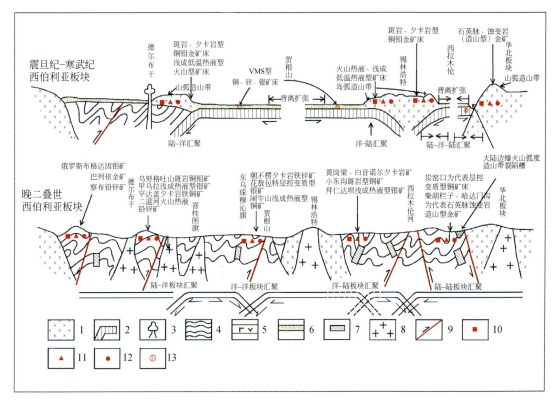

图 3-4 内蒙古板块构造演化及矿产分布示意图

1. 前寒武纪板块；2. 俯冲洋壳；3. 火山喷发带；4. 褶皱地层；5. 火山熔层；6. 沉积物；7. 推测洋壳；
8. 黄岗岩类；9. 深大断裂；10. 斑岩型矿床；11. 夕卡岩型矿庆；12. 浅成热液型矿床；13. VMS型矿床

早寒武世末发生的兴凯运动使早元古代-晚元古代的兴安洋壳沿德尔布干深断裂向北俯冲，沿俯冲带有超基性岩侵位于地表，存在岛弧型火山；爱力格庙—锡林浩特中间地块两侧的深海域形成含铁硅火山岩建造和蛇绿岩套的温都尔庙群。晚寒武世形成的洋壳向南部地台下俯冲，在北乃庙一带有岛弧基性火山熔岩喷发，产有岛弧背景下的斑岩铜金钼矿床，如白乃庙斑岩铜金矿床。

在色尔腾山一带发生裂陷(裂谷)，地幔物质上涌，沉积了原岩主要为拉斑玄武岩、基性硅铁质岩及砂泥岩等的色腾尔群，赋有多层磁铁矿，形成大中型矿床。

中元古代白云鄂博地区已具刚性的地台，经色腾尔山运动后，其边缘地壳处于拉张环境，从而产生近EW向的断陷带并形成狭长的断陷盆地(或裂谷带)，盆地之间有西斗铺水下隆起，南部为渣尔泰山盆地，北部为白云鄂博盆地。长城纪中期，由于西下铺水下隆起的阻隔，使渣尔泰山盆地形成半封闭的海湾，黑色含碳泥页岩建造中，丰富的硫铁矿及铅锌铜等硫化物经后期弱改造形成甲生盘、东升庙、炭窑口、霍各乞等大型层控多金属矿床。矿层中的铅同位素年龄为1600Ma，代表了成矿成岩的时代。同期，白云鄂博盆地形成了元素、矿物种类繁多，成因复杂的特大型铁-稀土矿床。在石哈河地区形成了大型沉积磷矿，近年又发现裂谷底砾岩砂金矿(雷国伟等,2012)。

早泥盆世的兴安地区处于拉伸状态,由于洋壳的拉张,随之有中基性岩浆沿洋中脊喷发,形成拉斑玄武岩、安山熔岩、放射虫硅泥质沉积而成蛇绿岩套。在晚泥盆世末,洋壳在二连浩特—贺根山一带已经开始向北俯冲,形成了东乌珠沁旗早海西褶皱带。

早石炭世二连浩特以NW乌珠沁旗一带可能是海沟。东乌珠沁旗发育的宝力格组陆相火山岩可视为洋壳俯冲熔融后在岛弧背景下喷发的产物(内蒙古自治区地矿勘查开发局,1991)。在晚古生代的西乌珠沁旗—东乌珠沁旗—兴安一带形成了统一的"沟-弧-盆"体系。

早二叠世早期,优地槽回返,并有超基性岩侵位,爱力格庙—锡林浩特中间地块及西乌珠沁旗晚海西褶皱带与西伯利亚增生的板块东乌珠沁旗南海西褶皱带对接缝合。西伯利亚地台与华北地台基底自早元古代形成以来,陆壳不断增生,经过1600Ma的发展历程,在晚古生代末期对接(图3-4),成为统一的古亚洲大陆(马杏恒等,1987)。

西伯利亚板块与华北板块之间并非简单的大洋消减和陆壳增生的历史。其间有板块的破裂和再生洋的形成,并包括了板块分裂后地块之间的缝合拼接、洋壳的伸张与汇聚俯冲、地幔物质上涌。

二、古蒙古洋消减、板块对接争论

1. 对接位置争论

在西伯利亚地台和中朝—塔里木地台间的天山—兴安地槽褶皱系中存在数条古俯冲断裂带(图3-5)。由北向南分布有德尔布干—乌里亚斯太蛇绿岩带、鄂伦春—伊尔施—阿尔曼太蛇绿混杂岩带、贺根山—二连浩特—克拉麦里蛇绿岩带、西拉木伦—居延海—康古尔塔格—依连哈比尔尕构造混杂岩带,这些混杂蛇绿岩带都赋存在俯冲带附近。究竟哪一条俯冲带代表消失了的"古蒙古洋"最后碰撞位置呢?主要存在以下观点(图3-6):①西拉木伦河一线(李春昱等,1981,1982,1983;王鸿祯,1981;黄汲清等,1977);②居延海—林西八棱山一线(李鹏武等,2006;王荃,1986);③二连浩特—贺根山一线(雷国伟等,2012;内蒙古自治区地矿勘查开发局,1991;曹从周,1983);④蒙古—鄂霍次克(刘长安等,1979;马醒华,1993)。

从古地磁数据分析蒙古—鄂霍次克一线作为板块向缝合线较合理;从蛇绿岩套组成的大洋中脊特征等来看,二连浩特—贺根山的蛇绿岩具有大洋中脊的特点;从古生物地理区系来看,安加拉动植物越过贺根山到达锡林浩特,西拉木伦—康古尔塔格—依连哈比尔尕一线以北在古生代以西伯利亚-北冰洋动物区为主,西伯利亚地台南缘各地体的生物地理面貌与哈萨克斯坦-准噶尔生物区相似,泥盆纪以图瓦贝动物群为特色,晚古生代属安哥拉植物群。而南部属中朝-塔里木板块的澳大利亚-太平洋动物群和华夏植物群(欧美型)。说明晚元古-古生代期间逾越3000~4000km之遥的古蒙古洋冷暖动植物分区应位于西拉木伦一线。

西拉木伦河一带是最早确定西拉木伦河为板块向缝合线位置,但未发现有深断裂存在的证据(白登海等,1993);索伦—林西八棱山一线物探、地质依据看来较充分(王荃,1986)。但有学者认为,从SN蛇绿岩对称分布及古地理特征来看,板块向缝合线还得北移至西乌旗南锡林浩林—巴林右旗北一线地带(孙德有等,2004)。

争论本身说明,两大板块之间并非简单的大洋消减、碰撞、对接的历史。其间有板块

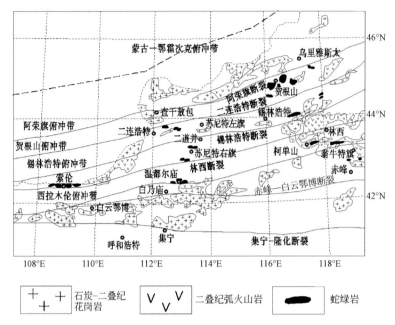

图 3-5 贺根山或林西一线划为板块缝合线构造位置及蛇绿岩分布示意图

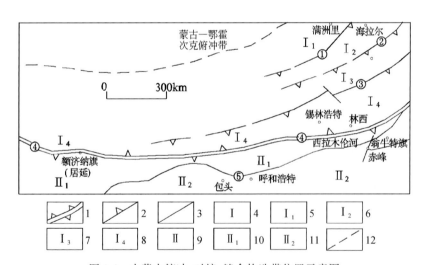

图 3-6 内蒙古俯冲、对接、缝合构造带位置示意图

1.古板块对接碰撞带;2.地体拼贴带;3.一般断裂带;4.西伯利亚板块;5.额尔古纳地体;6.喜桂图旗地体;
7.东乌珠尔沁旗地体;8.内蒙古中部地体;9.中朝—塔里木板块;10.温都尔庙地体;11.华北地台;
12.蛇绿岩带编号

的破裂和再生洋的形成,并包括板块分裂后地块之间的缝合拼接、洋壳的伸张与汇聚俯冲、地幔物质上涌、板块增生。对上述问题的讨论有助于分析构造位置,以及分清板块构造演化中的二级、三级构造的存在形式及存在位置。同时,有助于分析成矿构造及形成成矿带的构造基础。

2. 蛇绿岩分布

1）贺根山—阿尔登格勒庙蛇绿岩带

它是北部的一条蛇绿岩带，西起二连浩特东北的阿尔登格勒庙，向东北经过一片掩盖区，在贺根山则大面积出露，再向东北仅在窝棚特附近有零星露头。全长近600km，宽1～40km。在西段的阿尔登格勒庙一带，已发现百余个大小不等的蛇绿岩块，它们侵位于向NW倾斜的石炭系复理石建造中。组成岩石主要为变质橄榄岩、辉长岩质堆积岩和基性岩，出露面积总计约315km²，据航磁圈定（包括为新生界所掩盖区）范围总计约2000km²（图3-7）。比较完整的蛇绿岩层序出露于贺根山铁矿区，其组成自下而上为方辉橄榄岩、纯橄榄熔岩及硅质岩等。

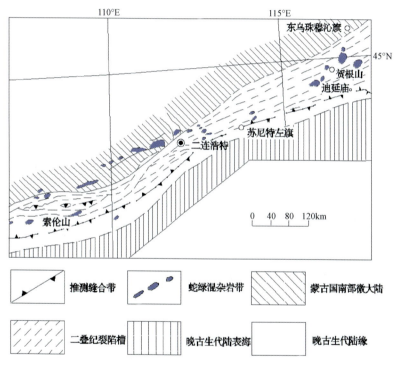

图3-7 内蒙古北部贺根山一线蛇绿岩混杂岩带分布示意图

在东段的贺根山地区，蛇绿岩具有变质的构造组构，绝大部分已变为蛇纹岩，其中含有豆荚状铬铁矿；超镁铁质和镁铁质堆积杂岩，包括橄长岩、橄榄辉长岩及辉长岩等，具堆积构造；基性熔岩，其顶部有少量硅质岩及碧玉岩，总厚度在5km以上。方辉橄榄岩的原生矿物有镁橄榄石、顽火辉石、少量透辉石及铬尖晶石。经常含有少量铬铁矿的纯橄榄岩呈脉状或扁豆状产于方辉橄榄岩之中。堆积岩的原生矿物大部分变为次生矿物。贺根山矿区的蛇绿岩剖面中未发现席状辉绿岩岩墙群。由拉斑玄武岩、细碧岩及角斑岩组成的基性熔岩直接推覆于堆积岩之上，二者间为断层接触。蛇绿岩套位于薄层状硅质岩及碧玉岩之下。

黄本宏（1983）发现了远海放射虫化石，其中 *Entactinia* sp. 及 *Tewentactina* sp. 的时代为泥盆纪。内蒙古第一区调队（内蒙古自治区地质矿产勘查开发局，1991）在推覆于蛇绿岩之上的灰岩夹层中，发现中、晚泥盆世的珊瑚化石，有 *Thomnopora beliakovi Dubato-lov*、

Pachypora sp.、*Siriatopora* sp.、*Favosites* sp. 等。说明此地的蛇绿岩具有远洋洋中脊成因的因素，推断贺根山蛇绿岩的形成时代为早泥盆世或志留纪。在贺根山北部的小坝梁，蛇绿岩岩片为富含腕足类化石的早二叠世地层不整合覆盖，后者尚含有超基性岩砾石。贺根山蛇绿岩的构造侵位时代可能是石炭纪。

该带的蛇绿岩具 350Ma 的年龄纪录（刘家义，1983），逆冲推覆于 P_1 岛弧火山岩、陆相-海相碎屑岩之上（也有人认为属于石炭-二叠纪早期），大部分被早二叠世晚期或者晚二叠世早期的哲斯组（P_1^2z）不整合覆盖。有别于其他任何一个带的蛇绿岩的特征是，该处的蛇绿岩套自下而上为变质橄榄岩、蛇纹石化橄榄岩、方辉-单辉-二辉橄榄岩、辉长岩、橄长岩，以及辉绿岩岩墙群、玄武熔岩、硅质岩，出露较完整的大洋中脊蛇绿岩组合。岩石化学特征表明，贺根山蛇绿岩为 Ti 值高索伦山蛇绿岩为 Ti 值低的亏损型上地幔物质（表 3-1）。而此后区内再没有发现过比这新的洋中脊岩石，并且自此海水逐渐退出，到晚二叠系中期时全部退出。

表 3-1 蛇绿岩主要成分（刘家义，1983）

岩石名称	变质橄榄岩系		辉长岩、玄武岩	蛇绿岩类型
	Na_2O+K_2O	$MgO/(MgO+FeO)$	TiO_2	
北山蛇绿岩	0.41/23	0.83/23	0.51/7	低钛蛇绿岩
索伦山蛇绿岩	0.20/20	0.85/20	1.08/4	低钛蛇绿岩
贺根山蛇绿岩	0.025/13	0.84/13	1.6/10	低钛蛇绿岩
世界其他蛇绿岩	0.13	0.85	0.5~2	高钛蛇绿岩

2) 满莱庙—好尔图庙蛇绿岩带

该带西起苏尼特左旗北部的满莱庙，向 NEE 延展，经锡林浩特北部和好尔图庙，东至西乌珠穆沁旗东南的迪彦庙，长达 300 余公里。中间大部覆盖，露头甚少，是研究程度最低的一条蛇绿岩带。其组成岩石主要有变质橄榄岩（包括方辉橄榄岩和纯橄榄岩）、辉长岩以及基性枕状熔岩等。迄今，尚未发现完整的蛇绿岩序列。在满莱庙、好尔图庙及迪彦庙等地所见，该带蛇绿岩多呈板片状岩块侵位于早二叠世复理式沉积岩中。

3) 索伦山—松多尔蛇绿岩带

该蛇绿岩带位于白云鄂博以北约 90km 的中蒙边界附近，西起哈布特盖，向东经索伦敖包、阿布盖敖包、乌珠尔、哈尔陶勒盖至松多尔，呈 EW 向断续延长 160km，宽 10～20km。蛇绿岩通常以构造混杂体形式侵位中石炭纪统本巴图组复理式沉积岩之中，岩块规模不等。索伦山岩块最大，面积大于 90km²，小者仅数米。整个蛇绿岩带由数百个外来岩块构成，岩块与围岩间一般为断层接触，并有挤压破碎现象。蛇绿岩的组成以变质橄榄岩和基性枕状熔岩为主，辉长岩较少，辉绿岩极为少见。变质橄榄岩主要是方辉橄榄岩，次为纯橄榄岩，另有少量二辉橄榄岩。组成矿物为镁橄榄石、顽火辉石-透辉石、磁铁矿及铬尖晶石等，现已普遍蛇纹石化。辉长岩有条带状和块状两种类型，呈堆积构造。基性熔岩为拉斑玄武岩、球粒玄武岩及气孔玄武岩等。下部具块状构造，上部具枕状构造，枕状体长轴为 0.5～1m，枕间无充填物。

蛇绿岩及外来岩块侵入的地层产蜓科化石，时代为中石炭系。该区的蛇绿岩及石炭系地层一同受到强烈挤压，发育一系列逆冲断层和同斜褶皱，冲断面及褶皱轴面多向南倾斜。早二叠系海相磨拉石建造不整合于蛇绿岩及石炭系之上。据此推测蛇绿岩的侵位时期在早二叠系以前，岩石形成时间应该是在石炭系之前。

4）林西蛇绿岩带

断续出露于克什克腾旗北部的五道石门、黄岗梁及林西北部的盖家店、二八地一带，呈NEE向延伸，长约80km。蛇绿岩呈块状或板片状侵位于下二叠统黄岗梁组的复理石建造中，在区域上沿着一复背斜构造的轴部产出。

在林西北部的二八地可以见到比较完整的蛇绿岩层序，厚1100m。蛇绿岩层下部是超镁铁质和镁铁质堆积岩，由闪石化辉岩及条带状辉长岩组成，厚300~500m，顶部常见有辉绿岩墙穿插。中部是辉绿岩席状岩墙群，呈层状，厚约200m。岩墙内部具辉绿结构，边部具显微辉绿结构及隐晶质结构，后者显然是冷凝边。堆积岩及辉绿岩层状体均以高角度向SE陡倾，二者产状近似。堆积岩上部为细碧岩和拉斑玄武岩，其中夹少量基性角砾熔岩，未见枕状构造。该蛇绿岩块的顶底均以逆冲断层与黄岗梁组接触。

五道石门及黄岗梁地区蛇绿岩块体只见有辉绿岩和细碧岩，后者具有完好的枕状构造。据王荃等（1981）研究，在五道石门和二八地蛇绿岩套的硅质岩中，含有孔虫 *Ammodiscus* sp.、小腕足类 *Acrotretidal*、放射虫 *Sphaere-llari*、牙形石 *Panderodus* sp.，认为是奥陶纪的产物。在此基础上，发现一批徼体化石，认为其时代属元古代末至早寒武世。沿林西蛇绿岩带，迄今尚未发现变质橄榄岩。

在林西县北盖家店蛇绿岩带以北约500m处，有一与之平行的晚期蛇绿岩带。后者呈NE走向，倾向NW，厚约1km。下部为辉长岩，厚180m。其上为辉绿岩层状体，厚约80m，海底喷溢的熔岩是该蛇绿岩套的主体，由细碧岩、细碧玢岩、石英角斑岩及硅质岩等组成，细碧岩具枕状构造，火山岩总厚740m。蛇绿岩块体的顶底均以断层关系与黄岗梁组接触。岩石化学的研究表明，该带岩石的碱组分及铁含量相对偏高，与岛弧区的岩石相似，其Rb-Sr等时线年龄为262Ma（王荃等，1981）。

5）柯丹山—九井子蛇绿岩带

该蛇绿岩带东起西拉木伦河北侧的九井子，经杏树洼和柯单山，向西可达二连浩特东南的巴彦敖包，呈NEE向断续延长约600km。蛇绿岩呈孤立的构造块体侵位于志留系浅变质岩中，通常见不到完整的层序。蛇绿岩带的各种岩石之间、不同岩片之间以及岩块与围岩之间以断层接触。该蛇绿岩带的组成岩石主要有变质方辉橄榄岩和纯橄榄岩、辉长岩质堆积岩、席状辉绿岩、拉斑玄武岩和细碧岩、远海沉积的硅质岩及碧玉岩。这些岩石与围岩一起均受到强烈挤压，片理化和角砾岩化十分发育。柯单山蛇绿岩的硅质岩中含许多微体化石，如 *Asteropylores cruciporus* Wang(MS)、*Pyto-sphaera* sp. 等，其时代为早古生代早期。红格尔庙一带的硅质岩中亦含类似的徼体化石。柯单山的硅质岩和石灰岩中，发现有介形虫等徼体化石，有奥陶系的 *Ecfoprimitia* sp.。鉴于上述研究，该带蛇绿岩的形成时代应不晚于奥陶纪（张旗等，2001）。

在巴彦敖包—红格尔庙蛇绿岩带北侧，发育一条由一系列平行分布的逆掩断层组成的挤压变形带，蓝片岩即产于其中。在巴彦敖包地区，蓝片岩厚达40m，组成矿物有青铝闪石、绿帘石、黑硬绿泥石、钠长石、迪尔石及铁滑石等。包括蛇绿岩和蓝片岩在内的这套地层，被上泥盆统—下石炭统不整合覆盖。据此，推测蓝片岩的形成时代可能为早中泥盆世或志留纪。

6) 温都尔庙蛇绿岩带

出露于朱日和附近的温都尔庙、武艺台及图林凯一带，EW 长百余公里，SN 宽 25km，EW 两侧均被中、新生界掩盖。蛇绿岩套由变质的方辉橄榄岩、辉长岩质堆积岩、岩床状辉绿岩、镁铁质枕状熔岩及深海相沉积岩等组成。这些岩石通常呈独立的构造块体呈现，在温都尔庙能见到厚约 1800m 的蛇绿岩套完整层序，其岩相组成示意于图 3-8。堆积辉长岩的底部与下伏岩石间一般均为构造接触。蛇绿岩套的顶部常产有远海沉积的硅质岩，其中发现小壳化石、海绵骨针、单板类、古孢子、软舌螺以及放射虫等，其时代为晚前寒武纪和寒武纪。蛇绿岩及远海硅质岩为含有珊瑚化石的上志留统不整合覆盖。蛇绿岩套的变质辉长岩中，角闪石的 K-Ar 年龄为 632~626Ma，它可能代表蛇绿岩形成后洋底的变质年龄（张旗等，2001；高坪仙，2000）。据此，认为温都尔庙蛇绿岩套的时代很可能属晚前寒武纪。

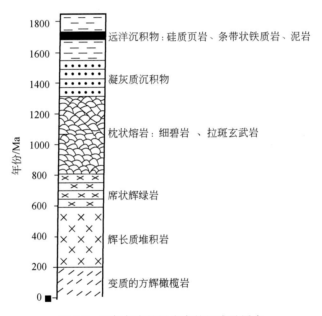

图 3-8 温都尔庙蛇绿岩套的组成及层序

温都尔庙蛇绿岩套及其邻近岩石除堆集的辉长岩变质角闪岩相外，其余大部分受到绿片岩相或蓝闪石片岩相的变质作用。各类绿片岩常含有阳起石＋绿泥石＋绿帘石＋方解石＋钠长石，以及绢云母＋绿泥石＋钠长石＋石英等矿物组合。

在所有绿色片岩相岩石中均发现黑硬绿泥石，而未见黑云母。温都尔庙地区的蓝片岩的变质矿物为青铝闪石、镁钠闪石、硬柱石、多硅白云母、黑硬绿泥石、文石、红帘石及迪尔石等。与板块俯冲有关的蓝片岩的变质年龄为 (435 ± 61) Ma，大致相当于奥陶纪至早中志留世。

这条带曾被认为是西伯利亚板块与中朝板块之间碰撞的缝合线（李春昱等，1982；王鸿祯，1981）。蛇绿岩套（带）就位于早古生代中晚期（O、S）海相地层、岛弧火山岩之中。蛇绿岩中具有奥陶纪的放射虫化石。更为重要的是，白乃庙岛弧系列的火山岩具早古生代中晚期形成的证据（年龄值 500Ma 左右），并且此岛弧里火山岩及蛇绿岩套发生了与区域上具普遍存在的晚古生代晚期前的区域绿片岩相-高绿片岩相的变质作用（胡晓等，1991）。所以其属于早古生代已经结束了的俯冲作用过程。

三、板块碰撞对接地理位置争论依据

1. 索伦—林西断裂是板块对接缝合带依据

索伦敖包—林西板块缝合线西起索伦敖包,向东经查干诺尔、达里诺尔、林西阿鲁科尔沁旗,直抵扎鲁特旗东部。总体呈近 EW - NE 走向,东段于巴林右旗南部一带逐渐向 NE 延伸,长达 1180km 以上。其东、西端均被 NNE 向深断裂所截。

西段断裂在索伦敖包—满都拉一带沿索伦山南缘分布,呈 EW 走向。沿线分布有蛇绿岩带和混杂堆积。蛇绿岩带主要分布在索伦敖包、察汗哈达庙及满都拉以南地区,证明深断裂具有俯冲带的某些特点。在区域磁场中,于索伦敖包—二道井以南,在一片负磁场的背景中,出现近 EW 向断续分布的正磁异常窄带,总体呈线状排列。重力场中,在索伦山南缘有近 EW 向延伸的重力异常带。此外,在察汗哈达庙一带,卫星照片上线性影像特征明显。

中段断裂在满都拉东—查干诺尔—浑善达克盆地一带大部分隐伏于中、新生代盆地之下。该段在区域磁场中显示为中间负、两侧正的近 EW 向低磁异常带。在重力场中,反映为一系列 EW 向重力梯度带。

东段断裂于达里诺尔湖畔出露后,经巴林右旗、阿鲁科尔沁旗,直抵扎鲁特旗东部,被嫩江—八里罕深断裂所截。该段总体呈 NE 向伸展,略显向 SE 突出的弧形。断裂以南,石炭纪早期为海相碳酸盐建造、砂页岩建造夹植物层,晚期为海陆交互相砂页岩建造、碳酸盐建造。二叠纪为浅海-滨海相砂页岩建造,含华夏植物群分子。断裂北侧,石炭纪为海相火山岩建造、碳酸盐建造,早二叠世早期为岛弧型火山岩建造和弧后碳酸盐建造,含冷水型动物化石。深断裂方向与二叠纪岛弧平行一致。岛弧的形成机制与沿深断裂洋壳向北俯冲作用有关。深断裂两侧并有蛇绿岩套的构造侵位。上述东段的这一特征在中段和西段也有所反映。断裂北侧也较为广泛地发育了早二叠世岛弧型火山岩建造,如下二叠统西里庙组,并以含冷水型动物群为其特征;断裂南侧虽大部为中、新生界掩盖,但从更南部的加里东褶皱带上的生物面貌观之,其同期生物则以暖水型动物和华夏植物群为其特征。因此,该断裂是华北增生板块与早先分裂出去的爱力格庙—锡林浩特中间地块于早二叠系晚期碰撞、缝合的位置。

(1)从古生界的空间分布可以看出,自中朝地台边缘向北所出露的地层时代由老变新;从内蒙古北部的东乌珠穆沁旗往南,地层时代同样存在由老变新的趋势。最晚的上二叠统则主要见于内蒙古中部的克什克腾旗、林西、林东至阿鲁科尔沁旗一带。该沿线与本区 SN 两大古生代生物地理区系的分界基本一致。中朝与西伯利亚两大板块间的缝合线位于这个带上。

(2)林西 SN 的古生代地层有对称分布的特点,从华北北缘向北地层时代依次变新,从西伯利亚南缘向南地层时代也存在依次变新的趋势,说明内蒙古造山带的最后记录在中部,根据沉积建造,时代为石炭-二叠纪。石炭系沉积按岩相可分为 3 个带(胡晓等,1991):南带位于白云鄂博—西拉木伦河以南,以陆相沉积为主,夹少量海相和海陆交互相沉积,发育岛弧型火山岩;北带位于二连浩特—西乌珠穆沁旗以北地区,由海相和陆相碎屑岩以及岛弧火山岩构成；界于南带和北带之间的中带主要是海相沉积。区内二叠纪地层出露广泛，化石丰富，南部和北部，即华北地块北缘白云鄂博—赤峰以南和二连浩特以北至东乌珠穆沁旗—中蒙边境，早二叠世为陆相沉积，分别属于华夏和安加拉不同的植物区，并含有岛弧型火山岩；从南向中部，沉积从浅海相向深海相过渡；晚二叠世全区为陆相沉积，并出现华夏和安加拉植物群混生，反映二叠纪是洋盆削减的重要时期(张泓，1988)。根据古地磁数据，早二叠世(275Ma)，华北和西伯利亚地块的洋盆纬度宽度达到最大，纬度宽度约39°，近4000km，随后纬度宽度逐渐变小。

在索伦山—林西—长春—延吉缝合带周围，遍布全区的海相沉积在晚二叠世和早三叠世变为陆相沉积。同时，伴随安加拉植物群向华北北部扩展，造成这一时期华夏和安加拉植物群的混生(彭向东等，1998；张泓，1988)，正如石光荣(1988)指出的那样，在晚二叠世晚期，华北地块与西伯利亚地块可能正处于碰撞上升阶段，海水已全部从该地区退出，由于两地块拼合，其间的洋闭合使得安加拉植物群与华夏植物群在对接带附近相互渗透并形成混生植物群带。同时，在苏尼特左旗等地哲斯组顶部的陆相磨拉石沉积以及一些地区晚二叠世和三叠纪地层的缺失或为陆相沉积，也说明晚二叠世发生过隆升而海水退出。

(3) 林西相邻产出两条蛇绿岩带。林西县西北约20km的盖家店附近，发现有两条相邻产出的蛇绿岩带(图3-9)，侵位于早二叠世复理石建造中。它们呈NE-SW走向，往西可延至克什克腾旗部的黄岗梁—五道石门；往东或NE则见南带可达巴林右旗的幸福之路，北带可至巴林左旗的碧流台附近。断续延长约180km。北带蛇绿岩厚约1000m，倾向NW，自下而上分为三层(图3-9)。下部为辉长岩质堆积岩，厚180m；其上为辉绿岩层状体，厚约80m；海底喷溢的基性熔岩是本蛇绿岩的主体，它由细碧岩、细碧玢岩、少量石英角斑岩及硅质岩夹层等组成，近顶部可见保存完好的枕状构造，火山岩总厚约740 m。蛇绿岩底部以逆断层关系推覆于含化石的黄岗梁组之上。

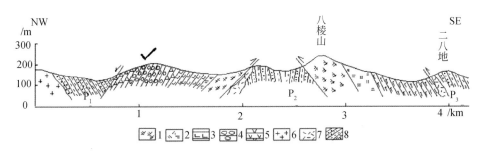

图3-9 林西县盖家店八棱山蛇绿岩带地质剖面图(王荃，1986)

1. 镁铁质、超镁铁质堆积杂岩；2. 辉绿岩席状岩墙群；3. 细碧岩，拉斑玄武岩；4. 具枕状构造的细碧岩；5. 石英角斑岩；6. 后期花岗岩；7. 后期的长英质脉岩；8. 下二叠统黄岗梁组砂岩、板岩

据近年研究，西拉木伦河北岸的志留系中尚有蛇绿岩，呈近EW方向延伸，向南倾斜。西乌珠穆沁旗好尔图庙至迪彦庙一带的石炭、二叠系也有蛇绿岩侵位，该带往西南可延至苏尼特左旗，地层多向NW倾斜。北部的贺根山、乌斯尼黑一带，则见蛇绿岩侵位于泥盆系。从宏观上看，内蒙古中段计有五条蛇绿岩带，盖家店—八棱山出露的则是侵位地层和侵位时代最晚的两条。因此，可以认为，林西县盖家店—八棱山一带就是西伯利亚与中朝古板块的最终拼接界线所在(王荃，1986)。

2. 二连浩特—贺根山断裂是板块对接缝合带依据

二连浩特—贺根山深断裂带西端由蒙古境内延入内蒙古,向东经苏尼特左旗北、贺根山,再向东时隐时现,直抵大兴安岭附近。总体呈 NE 向延伸,长达 680km。东端被中、新生代火山岩掩盖和 NNE 向大兴安岭主脊—林西深断裂所截。断裂带岩石破碎,糜棱岩发育,在钠长角闪片岩中碱镁闪石的出现说明这里曾有过高压的构造环境。该断裂是一条超岩石圈断裂,在地球物理场及卫星影像等方面均有所显示(董学斌,1993)。

贺根山区的蛇绿岩剖面中未发现席状辉绿岩岩墙群。由拉斑玄武岩、细碧岩及角斑岩组成的基性熔岩直接覆于堆积岩之上,二者间为断层接触。蛇绿岩套顶部的薄层状硅质岩及碧玉岩中,曾发现远海的放射虫化石,有 *Entactinia* sp. 及 *Teirentactina* sp.,时代为泥盆纪。内蒙古第一区调队在推覆于蛇绿岩之上的灰岩夹层中发现中、晚泥盆世的珊瑚化石,有 *Thomnopora beliakovi Dubatatolov*、*Pachvpora* sp.、*Striatopora* sp.、*Favosites* sp. 等(张泓,1988)。据此,推测贺根山蛇绿岩的时代为早泥盆世或志留纪。测得蛇绿岩 Rb-Sr 等时线年龄为 430Ma,Sm-Nd 等时线年龄为 (403 ± 27)Ma,应该是泥盆纪时期的产物。在贺根山北部的小坝梁,蛇绿岩岩片为富含腕足类化石的早二叠世地层不整合覆盖,后者含有超基性岩砾石,贺根山蛇绿岩的构造侵位时代可能是志留系(邵济安,1991)。

该带的蛇绿岩形成 430~350Ma 年龄,逆冲推覆于 P_1 岛弧火山岩,一部分在陆相-海相碎屑岩之上(也有人认为属于石炭-二叠纪早期),而这些被早二叠世晚期或者晚二叠世早期的哲斯组(P_1^2)不整合覆盖。

上述研究表明,以贺根山—索伦山为界,其 SN 蛇绿岩(套)带是对称分布的;在时间演化系列上也是对称分布的[从南始,西拉木伦蛇绿岩蛇绿岩套(带)就位于早古生代中晚期(O,S)海相地层、岛弧火山岩之中]。白乃庙岛弧系列的火山岩具早古生代中晚期形成的证据(年龄值 500Ma 左右)(李春昱等,1982;王鸿祯,1981);林西一带蛇绿岩的形成时代应不晚于奥陶纪(张旗等,2001);贺根山蛇绿岩的构造侵位时代可能是志留系(邵济安,1991),显然西伯利亚板块和中朝板块之间逐渐向贺根山造山带核部渐次演化;从蛇绿岩套来看,索伦山—贺根山的蛇绿岩具大洋中脊的特点。

这条板块内的缝合带最后的遗迹表现为二连浩特—贺根山深断裂带。沿断裂带有蛇绿岩套呈带状分布,以贺根山地区最发育。在朝克乌拉地区的蛇绿岩套中,地表显露为大规模叠瓦状构造,叶蛇纹石化的二辉辉橄岩推覆岛条带辉长岩之上,而条带辉长岩又推覆于斜长角闪岩之上。

二连浩特—贺根山深断裂带是一条瞩目的超岩石圈断裂。多数地质工作者认为是一条古板块缝合线,有的认为这是西伯利亚板块和华北板块之间的唯一的缝合线。研究后认为,在二叠纪之前,这里曾处在西伯利亚增生板块褶皱带(包括东乌珠穆沁旗早海西地槽褶皱带之内)和爱力格庙—锡林浩特中间地块之间,曾是一个较宽阔的海槽。由于从石炭纪开始的水平侧向挤压和海槽收敛活动于早二叠世早期末海槽封闭,从西伯利亚增生板块与爱力格庙—锡林浩特之间地块对接缝合于此,并导致蛇绿岩套的构造侵位、高压变质带的产生和混杂堆积。中生代期间,沿断裂东段有岩浆侵入和中酸性火山熔岩喷发活动。由于处于水平侧向挤压的应力体制中,晚侏罗世的推覆构造十分发育。该断裂在地球物理场及卫星影像等方面均有所显示(内蒙古自治区地质矿产勘查开发局,1991)。作者对西伯利亚、中朝板块内最后碰撞缝合线位置倾向上述看法。

3. 西拉木伦河与贺根山之间存在板块对接缝合带依据

西伯利亚与中朝板块两活动大陆边缘已经形成岛弧火山岩、沉积火山碎屑岩带，碰撞发生在活动大陆边缘弧-弧之间。

西伯利亚与中朝板块之间的洋壳俯冲消减是一个双向俯冲作用过程，是从寒武-奥陶-石炭-二叠的一个连续的演化过程，是不同时期洋壳、地体及洋盆产物拼贴、消减、侵位的过程。不同时代侵位于不同地段上的蛇绿岩代表了上述过程某阶段的作用过程记录，况且蛇绿岩还要经历侵位后的后期改造。

现代地质、地球物理资料表明，中朝块体基底的北界只达到内蒙古的赤峰以北—西拉木伦河南的翁牛特旗稍南，远离苏左旗—锡林浩特—西乌旗碰撞带，可见两大陆板块之间没有直接发生碰撞，没有发生过陆块与陆块之间的拆离俯冲。碰撞是发生在活动大陆边缘弧-弧之间，位置在西拉木伦河与二连浩特-贺根山之间(孙德有等，2004)。

4. 西拉木伦河断裂是板块对接缝合线依据

温都尔庙—西拉木伦河深断裂带西起达尔罕茂明安联合旗嘎少庙一带，向东经温都尔庙，沿西拉木伦河河谷伸展，再向东延入吉林省。总体近EW向延伸，区内长达1100km以上。影响宽度大于10km，最宽可达30~40km。

断裂在嘎少庙至温都尔庙地区特征显示清楚。岩石普遍具揉皱片理化、碎裂岩化及糜棱岩化，摩擦镜面、擦痕及膝折构造比比可见，表现出韧性剪切带的特征。在区域重力场中，温都尔庙与镶黄旗之间有近EW向展布的莫霍面等深线梯级带：北部莫霍面深度为41km，南部为43km，北隆南坳，落差2km。在区域磁场中，总体显示近EW向负异常或磁力低值带。在区域重力场中，沿西拉木伦河两岸，反映较连续的近EW向重力梯度带，布格重力异常等值线有规律地向西作同向弯曲。断裂东段具明显的左行扭动特征，南、北两侧之上古生界及下元古界宝音图群、燕山旋回岩浆岩带均呈左行错位达几十公里。温都尔庙—西拉木伦河深断裂带是一条规模宏伟、具长期发展和多次活动特点的超岩石圈断裂(李春昱等，1982；王鸿祯，1981)。

西拉木伦河断裂带被认为是西伯利亚板块与中朝板块之间碰撞的缝合线(李春昱等，1982；王鸿祯，1981)。蛇绿岩套(带)就位于早古生代中晚期(O、S)海相地层、岛弧火山岩之中。蛇绿岩中具有奥陶纪的放射虫化石。更为重要的是，白乃庙岛弧系列的火山岩具早古生代中晚期形成的证据(年龄值500Ma左右)。并且此岛弧里火山岩及蛇绿岩套发生了与区域上具普遍存在的晚古生代晚期前的区域绿片岩相-高绿片岩相的变质作用(胡晓等，1991)，所以其属于早古生代已经结束了的俯冲作用过程。

5. 蒙古—鄂霍次克断裂是板块对接缝合带依据

近年来的研究进一步发现，西伯利亚板块的南缘存在着一条重要的缝合线(马醒华，1993；Zhao et al.，1990；刘海山，1987；刘长安等，1979)，分隔着中亚褶皱带与西伯利亚板块，其时代很可能为侏罗纪。

关于华北板块与西伯利亚板块之间演化相对位置研究，以西伯利亚板块的古地磁资料的综合视极移曲线(图 3-10)为基础,选取华北地块中 37°N、117°E 的一点为参考点,利用球面三角关系,由稳定欧亚大陆各时代的古地磁极推算华北地块该参考点各时代的古纬度数值,连成一条曲线,并将这一曲线与根据我们实测到的华北地块的古地数据换算的同一参考点相应时代的古纬度变化曲线(图 3-11)相对比,可以看出,西伯利亚板块与华北地块之间在晚三叠世以前(213Ma 以前)存在着巨大的纬向差(大于 40°,相当于约 400km);晚三叠世以后,两地块之间的纬度差逐渐缩小,直至早白垩世(约 130Ma)时这一纬度差才基本消失(马醒华,1993)。由此说明华北地块与西伯利亚板块的最终拼合时间应大致在早白垩世期间。

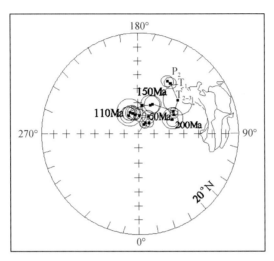

图 3-10 稳定的欧亚大陆晚二叠系以来的视极移曲线(马醒华,1993)

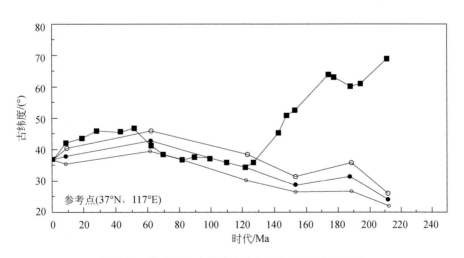

图 3-11 华北地块古纬度变化的对比(马醒华,1993)

实测值以圆点表示;根据 Besse 等合成的稳定欧亚在陆视极移曲线推算的华北地块古纬度变化用方块表示

根据 Zhao 等(1990)和刘海山(1987)在蒙古褶皱带上所做的古地磁研究结果可以看出,蒙古褶皱带与华北地块晚二叠世的古地磁极是基本一致的,这表明两者在晚二叠世时已基本上完全拼合成为一个整体。而蒙古褶皱带与西伯利亚板块之间,此时还保持着很大距离,此时的西伯利亚板块仍处于 60°N 的高纬度地区。因此,将华北地块与西伯利亚板块的最后拼合边界定在西拉木伦河一带是值得商榷的，看来应该将这一边界向北推移至蒙古—鄂霍次克一带，甚至更北边的西伯利亚南缘断裂带。

6. 其他认识

张振法等(2001)用地球物理方法研究内蒙古东部槽台区域地壳结构，得出两个认识。

1) 西拉木伦河应该是槽台接触界面

(1) 地球物理依据。图 3-12 为东乌珠穆沁旗—赤峰布格重力异常和航磁异常剖面图。图 3-12 中，西拉木伦河南侧，布格重力异常值为 $(-80\sim-30)\times10^{-5}\text{m/s}^2$，北侧为 $(-110\sim-90)\times10^{-5}\text{m/s}^2$，异常值南高北低，差异很大。南侧为宽缓正磁异常带，北侧为正负相伴的磁异常区，沿断裂带为重力梯级带和负磁异常带，SN 明显存在异常差异。

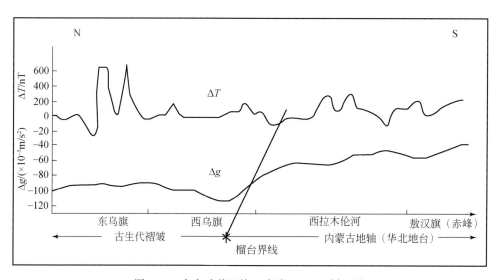

图 3-12 东乌珠穆沁旗—赤峰 Δg、ΔT 剖面图

从图 3-13 可以看出，西拉木伦河以南的中新生界盖层之下，上地壳 $V_p=6.1\sim6.3\text{km/s}$；中地壳 $V_p=5.5\sim6.1\text{km/s}$，为壳内低速层；下地壳 $V_p=6.4\sim7.3\text{km/s}$；莫霍面 $V_p=8.0\text{km/s}$，属华北地台型陆壳结构。西拉木伦河以北，上地壳和中地壳 $V_p=6.1\sim6.2\text{km/s}$，厚度约 30km，中地壳未见低速层和康腊面；下地壳 $V_p=6.4\sim7.9\text{km/s}$；莫霍面 $V_p=8.1\text{km/s}$。显然属于地槽褶皱系陆壳结构。

上述情况说明西拉木伦河断裂构成了华北地台与兴安古生代地槽褶皱带的分界线。

(2) 地质依据。西拉木伦河北岸双井—后大岭 EW 向构造带由新太古代变质表壳岩和古元古代变质深成侵入岩组成，长约 55km，宽约 13km。其中古元古代变质深成侵入岩年龄值为 2258Ma；新太古代黑云斜长片麻岩年龄值为 2473Ma，局部见有早二叠世二长花岗岩和早白垩世花岗岩侵入。

西拉木伦河南岸，新太古代变质表壳岩和新元古代变质深成侵入岩大面积断续分布。侵入绿片岩的深成体锆石 U-Pb 年龄值为 2490Ma，其中 2500Ma 的年龄值较多。

上述地质资料与地球物理场特征、莫霍面特征、地震测深和大地电磁测深结果的一致性说明，西拉木伦河深大断裂带（双井—后大岭古陆北界）是槽台界线。

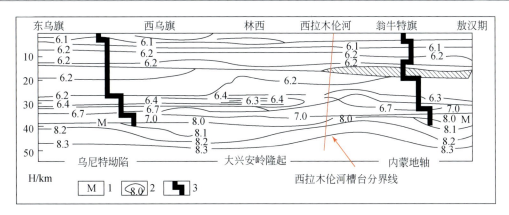

图 3-13 敖汉旗—东乌旗地壳结构剖面示意图(张振法等,2001)

1. 莫霍面;2.V_p 速度线,km/s;3. 地壳层速度垂向模式

2)大地电磁测深几个认识

白登海等(1993)做了从赤峰到东乌珠穆沁旗(以下简称东乌旗,全长约 1000km)的大地电磁测探观测剖面,沿侧线在不同地质单元共布设了 14 个测点,研究深部背景和相互关系(图 3-14)从构造上讲,工作区 SN 两端分属中朝块体北缘和西伯利亚块体南缘,中部是两个块体拼合的区域。

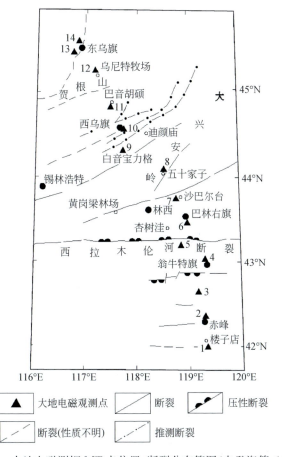

图 3-14 大地电磁测探 MT 点位置、断裂分布简图(白登海等,1993)

赤峰—西拉木伦河之间沉积物主要为湖积、冲积物，厚100～1000m，实测地表电阻率为5～10Ω·m；西拉木伦河—白音宝力格之间主要为河道冲积物，沉积层很薄或缺失，实测地表电阻率为4～6Ω·m。西乌珠穆沁旗（以下简称西乌旗）—东乌旗之间是大面积的第三纪、第四纪覆盖，沉积层厚100～200m，实测地表电阻率为10Ω·m。

视电阻率相位、感应函数的分布特点如下。

(1)大兴安岭地区地下是一个不均匀界面上隆的相对低阻值区，SN两侧是两个相对高阻值区。

(2)图3-14第9点下面是一个"根"很深的高阻体，这里在地质上属于锡林浩特杂岩带，由穿透深度估计其底部延伸到100km多的深处。

(3)西拉木伦河一带从翁牛特旗到沙巴台之间约100km宽的范围内在10s以上是一个连续的高阻块体。

(4)西拉木伦河—巴林右旗之间，其下面有一个高阻的窄带，底部埋深约40km，这里正是杏树洼一带加里东期基性、超基性岩出露的地方，这一高阻体可能反映了出露岩石具有较深的"根"。

(5)西乌旗—东乌旗之间（贺根山地区）是一个结构相对简单的区域，10s以上和1000s左右分别有两个高阻层，100s附近则是一个发育较好的低阻层。

(6)翁牛特旗SN两侧差异较大，反映了一个可能的断裂或地质界线。

(7)所有测点的视电阻率曲线在1000s以上均呈下降趋势，反映了全区上地幔软流层的存在。

(8)赤峰—西拉木伦河之间100s附近存在一个相对的低阻区。

(9)西拉木伦河北侧约60km处和西乌旗南表现出很强的电性梯级变化，初步认为它们分别代表了中朝和西伯利亚块体在早古生代和晚古生代的缝合位置。

视电阻率和相位及感应函数显示出：①巴林右旗和西乌旗以北是两个相对的高阻值区，剖面中部的大兴安岭地区是相对的低阻值区；②视电阻率曲线在周期大于1000s时普遍呈下降趋势，相应的相位则呈上升趋势，反映了该区上地幔高导层的存在；③西拉木伦河北侧的早古生代蛇绿混杂岩带和锡林浩特杂岩带表现出横向上强的电性梯级变化，结合地质资料，初步认为上述两个电性梯级带是两个可能的地质分界线，分别对应中朝块体和西伯利亚块体早古生代和晚古生代的缝合带；④东乌旗—西乌旗之间中地壳有一发育较好的高导层，观测中没有发现贺根山地区具有较深的"根"；⑤赤峰—翁牛特旗之间电性存在较大差异，有可能表征了一个较大的断裂或地质界限。

3)西伯利亚板块与华北板块之间缝合线实际是兴蒙褶皱系内褶皱之间界线

西伯利亚地台和华北地台是前寒武就已经形成刚性陆壳的古板块，兴蒙古生代地槽褶皱系是古生代才由塑性洋壳逐渐转化为陆壳板块的，两者在陆壳形成时代、地壳结构、物质组成、演化过程、变质过程、物化特征等方面差异极大。

板块观点者把西伯利亚地台加上兴蒙古生代地槽褶皱系的大部分称为西伯利亚板块；把华北地台加上兴蒙古生代地槽褶皱系的少部分称为华北板块，然后在两大板块之间寻找缝合位置。在西伯利亚地台和华北地台之间，发现有早古生代缝合带、中古生代缝合带和晚古生代缝合带，在两大地台东缘之间（大兴安岭以东）还发现有中生代缝合带。进一步研究后发现，早、中、晚古生代缝合带和中生代缝合带，原来就是加里东褶皱系、海西褶皱系以及中生代褶皱系之间或内部的界线。因此，单用一种观点去解决所有的地质问题和构造问题显然是不切实际的。

第四章 板块构造与成矿分析

研究板块与成矿的关系,是从现代板块演化研究着手,得出现代板块成矿地质规律的认识和理论。根据今天留下的残缺不全的板块运动痕迹及遗迹,应用现代板块构造的理论去推演中生代前的板块成矿作用及生成的矿床。

应用现代板块运动形成的地质现象及成矿规律去推论远古发生的、生成并经受后期改造的矿床及其规律。以将今论古方式去推论、论证和寻找内蒙古中朝板块北缘矿产赋存形式、成矿规律、赋存位置,从而勘查出更多、更大矿产是本书的指导思想和目的。

所谓板块是岩石圈被一些构造活动带分割成的相互独立的构造单元。全球板块初步划分出12个大区域性构造板块(图4-1)。这里说的构造活动带是指大洋中脊和裂谷、海沟、大的断层和山脉等。这些地方都是地质活动比较频繁的地区,火山、地震经常发生。

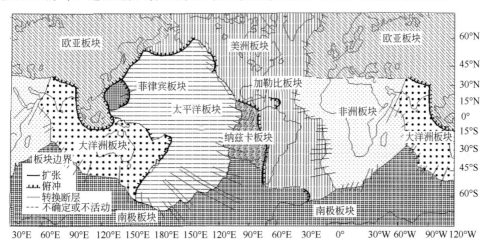

图 4-1 全球板块构造分区图(Runcorn,1962)

各个板块之间也有界限,而且类型比较复杂,但总起来说可分为三种类型,即扩张型边界,也叫增生型边界;俯冲型边界,也叫汇聚边界,其中亚类有岛弧海沟型边界、地缝合线型边界;转换断层型边界(次生型边界)。

第一节 板 块 构 造

一、板块边缘构造

1. 板块汇聚带

板块汇聚带不仅是板块运动的重要边界,也是全球最主要的多金属成矿带。世界上绝大多数热液型金矿床都集中分布于各类汇聚型板块边缘及其造山带内。根据矿床的形成深度,将热液金矿床分为浅成低温型矿床及斑岩型矿床。近20年来利用板块构造理论在环太平洋周边发现了大量大型、特大型浅成低温及中深成热液型金矿床,相应的金矿成矿理论和成矿模式已趋于成熟。

环太平洋周边是全球最典型和研究程度最高的汇聚型板块边缘,在剖面上其主要构造单元可分为洋壳、板块边缘的造山带、岛弧岩浆、弧后盆地及大陆裂谷、陆壳中的内陆盆地(图4-2)。

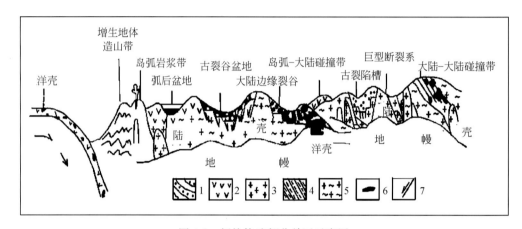

图 4-2 板块构造部分单元示意图
1. 沉积岩;2. 火山岩;3. 花岗岩;4. 变质岩;5. 陆壳;6. 蛇绿岩;7. 断层

太平洋周边的大部分 Au-Cu 矿化与古近-新近纪俯冲作用导致的火山侵入活动有关,并常位于汇聚边缘边界的岛弧中,该类板块边缘的汇聚方式可分为正汇聚(正碰撞)或斜汇聚(斜碰撞),并可形成弧间裂谷和弧后拉伸(盆地)等张性构造单元。

正汇聚(正碰撞)的特点是板块正碰撞并在上盘形成岛弧,这些地质体中的热流体限于侵入体中,故只有斑岩型铜-金矿床,脉系矿床不发育,如智利北部、班达弧、印度尼西亚、新不列颠等的矿床。

斜汇聚(斜碰撞)是板块之间互相走滑,形成重要的横断层体系,如菲律宾断层、阿尔卑斯断层、印度尼西亚的 Sumatran 断层和 Queen Charlotte 断层。这些地质体处于以走滑变形为主的张性构造环境,在这些部位以斑岩为热源的上升流体与向下流动的大气水混合,产生与斑岩有关的中深成热液金矿化。实例包括巴布亚新几内亚的 Misima 金矿床、印尼的 Lombok Tandai 金矿床、新西兰的 Thames Goldfield 金矿床(郭令智等,1981)。

2. 弧间裂谷

弧间裂谷代表了地壳减薄及发生火山作用的地方,主要发育与高侵位长英质火山岩有关的浅成低温热液型金矿和中深成热液型金矿。日本许多中新世到上新世浅成低温热液型金矿床赋存于大规模拉伸地堑中的绿色凝灰岩中。许多矿床受基底围岩中的区域构造控制,如 Hishikari、RubeshibeBek、Taupo 火山岩带的浅成低温热液型金-银矿床、Mulolo 地堑中的 Morobe Goldfild 金矿都是研究较多的实例(郭令智等,1981)。

3. 弧后拉伸

弧后拉伸是深部熔融碱性岩浆侵入的部位，拉伸构造促使熔融碱性岩浆侵入升高就位形成矿床。弧后拉伸部位成矿典型的金-银矿床有日本的 Emperor 金矿。

二、板块构造边缘盆地

上覆大陆板块向着俯冲带方向移动，大陆板块推掩于俯冲带之上，可形成安第斯型大陆边缘（图 4-3 中 B）。在许多情况下，岛弧微板块的前方以海沟浅震带为界。

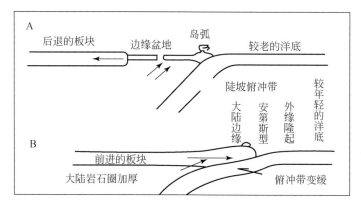

图 4-3　上覆板块与俯冲带之间运动（金性春，1982）
当上覆板块退离俯冲带时（A），边缘盆地张开；当上覆板块向俯冲带推进时（B），形成安第斯型大陆边缘

太平洋东缘俯冲板块比较年轻（距东太平洋海隆较近），其浮力较大，不容易沉入软流圈，俯冲带比较平缓；太平洋西缘俯冲的板块比较古老（距东太平洋海隆较远），古老而冷的洋底板块较为致密，俯冲作用主要在自重作用下发生，俯冲带倾斜较陡。当大洋板块在自重作用下沉潜陷落时，会促使海沟连同岛弧向海洋方向迁移，移动之后有助于形成边缘盆地。在盆地边缘，沿岛弧发生的火山活动有利形成盆地边缘裂张带。

边缘盆地的扩张机制，第一类机制强调地幔物质的上涌是主动的，它是边缘盆地扩张的动力，称为主动扩张机制；第二类机制认为地幔物质的上涌是被动的，强调上覆板块与岛弧-海沟系之间的分离为扩张作用提供了空间，促进了地幔物质上涌，称为被动扩张机制。

上覆板块与岛弧-海沟系之间的分离运动是边缘盆地得以形成的重要因素，如果分离运动动量弱，有些俯冲带后方就不能形成边缘盆地，这就是有的俯冲带后方形不成边缘盆地的原因。岛弧与上覆板块之间的张裂可能沿俯冲带火山活动带（薄弱带）发生发展；一旦张裂发生，引起热地幔物质上涌，又进一步促进了边缘盆地的扩张。

第二节　板块碰撞

一、洋壳与大陆碰撞带

南美安第斯大陆边缘是洋壳直接碰撞到大陆而形成的碰撞带，具有以下特征。

(1)浊流沉积特征。其中可有富含石英的陆源物质,从而能见到成熟型浊流沉积;但大量的还是火山碎屑物质,该地陆缘窄陡,陆源物质在搬运过程中所受的搬运磨圆作用有限,常见未成熟型浊流沉积物。随着板块的俯冲,洋底和海沟的远海沉积和浊流沉积可能会转变为海沟陆侧的增生杂岩体。由于坡度陡,滑塌堆积或类复理式沉积在陆坡与海沟区相当发育。在近岸地带,以礁灰岩和浅水沉积为主。

(2)有的陆缘山系(如安第斯山)蒙受强烈的块断抬升,地势十分高峻,剥蚀作用极发育。安山质和硅质火山岩、侵入岩、变质岩等碎屑物质除输往海区外,也搬运至内陆侧广阔的山前地区(前陆盆地)及山间盆地中,构成山前冲积扇、坡积物和河流沉积。由于地形切割强烈,这些沉积物在矿物成分上多是不成熟的。前陆盆地和山间盆地中充填的磨拉石建造,与不时喷出的火山岩交织在一起。磨拉石建造是安第斯型造山带的重要特征之一,前已述及在岛弧-海沟系中磨拉石是难得见到的。

(3)安第斯型大陆边缘的沉积物,在成分和成熟度上大致界于岛弧和大西洋型大陆边缘之间,其中,石英的含量高于岛弧而低于大西洋型陆缘,火山碎屑的含量则低于岛弧而高于大西洋型陆缘,火山碎屑中的酸性组分通常要高于岛弧。

二、弧背盆地及 A 型俯冲带

自俯冲带上升的岩浆及其所伴随的高热流,在一定程度上破坏了上覆岩石圈的完整性。火山-深成岩浆活动带有如一张"热帘",仿佛把仰冲岩石圈分成两个次板块或地块(图 4-4 中的 L_1 和 L_2)。在不同的区域应力场中,火山弧与弧后地区(相当于次板块 L_1 和 L_2)之间可出现扩张、挤压或平移等不同形式的相对运动。

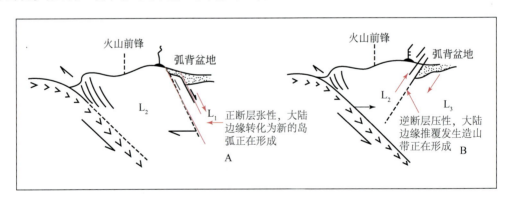

图 4-4 次板块之间相对运动示意图
A. 火山弧(L_2)与弧后盆地(L_1)分离,岛弧正在形成;
B. 火山弧(L_2)与弧后盆地(L_1)汇聚、L_2 推覆造山带正在形成

山弧后方与稳定大陆之间的沉积盆地称弧背盆地。当火山弧趋向于与弧后稳定大陆分离,火山弧沿正断层与弧背盆地分隔开(图 4-4 中 A),陆缘山系后方处于扩张状态,这种分离拉张类似于大陆裂谷环境,近似可视为边缘盆地形成的"先驱",即安第斯型大陆边缘转化为海沟-岛弧-边缘盆地的开始。

若地块 L_1 与 L_2 之间发生汇聚挤压,则热而较轻的火山弧逆掩仰冲于冷而较重的稳定大陆岩石圈之上,或者说,弧背盆地所在的岩石圈俯冲于火山弧之下(图4-4中B)。这种发生于大陆岩石圈内的俯冲带也叫A型俯冲带,它导致陆缘山系后方的挤压和地壳缩短。

沿A型俯冲带出现叠瓦状逆断层带和复杂的推覆体,它们成了弧背盆地岩屑岩块的主要来源。A型俯冲带及被其逆掩的弧背盆地的沉积中心存在随时间逐渐向稳定大陆一侧推移的趋势。这样,安第斯型造山带可受俯冲带冲击挤夹而抬升。一侧是洋缘的B型俯冲带,另一侧是陆内的A型俯冲带。前者是原生的,规模宏大,代表主板块间的边界;后者则是次生的,可能由前者产生的挤压应力所派生,其活动规模和涉及的深度相对较小,处于主板块的内部。A型俯冲带的发生往往晚于B型俯冲带,或与它同时发生。在南美安第斯山系东缘,以及北美西部中生代造山带东缘的科迪勒拉前陆,均发现活动造山带向东俯冲于地台之上,一部分大陆地台基底看来已潜没于A型俯冲带之下(金性春,1982)。

三、大西洋型大陆边缘转化为安第斯型大陆边缘

安第斯型大陆边缘是如何形成的?不外乎两种途径:一是大西洋型大陆边缘转化而来;二是岛弧与大西洋型大陆边缘碰撞,演化为安第斯型大陆边缘。大西洋型大陆边缘一边退离大洋中脊,一边沉降接受沉积的过程。

在大西洋型大陆边缘演化的末期,相邻的洋底(它形成于幼年洋阶段)已完全冷却,并向下沉陷,大洋岩石圈的密度超过了软流圈的密度。大陆岩石圈与大洋岩石圈的交接处曾是板块边界,为岩石圈薄弱地带。一旦在挤压作用下岩石圈沿该带发生破裂,大洋岩石圈就能够俯冲至软流圈中,于是开始了转化为安第斯型大陆边缘的过程。

沿大西洋型大陆边缘附近,当大洋岩石圈折断并向下俯冲时,随之出现新海沟和新俯冲,在新海沟内壁有向大洋侧逆推的洋壳楔,并接受复理石沉积,其厚度向大洋方向增大,在海沟内壁还形成了夹有蓝片岩的混杂岩(图4-5中A)。当大洋板块下插超过100公里的深度时,玄武岩质和安山岩质岩浆上升,火山喷发,热流值升高;随之形成了以上升着的辉长岩和花岗闪长岩为核心的穹窿,这便是雏形的造山带(图4-5中B)。随着穹窿的扩展,原大陆麓下部的沉积层,以及大陆裂谷阶段形成的粗碎屑沉积和火山岩,开始遭到高温变质和变形。当这个造山穹窿升出海面之后,沉积物不但可以向大洋侧搬运,在火山前缘与海沟之间起复理石层,而且还开始向大陆一侧输送,沉积物充填于造山带与大陆边缘之间的拗陷地。从造山带向陆侧,还可以出现重力作用形成的叠瓦状层次和野复理石(图4-5中C)。

原陆麓沉积物进一步挤压变形。继之,随着造山带的扩展,出现向大陆一侧的逆掩推移,原陆架上的浅水地层也卷入冲断和褶皱作用中,并在拗陷中堆积起巨厚的河流沉积磨拉石建造(图4-5中D)。进而还有大规模花岗岩体的形成和上侵(图4-5中E)。

这就是大西洋型大陆边缘转化为安第斯型大陆边缘过程的梗概。在这一过程中,构造环境发生了深刻的变化:引张转化为挤压,正断层变成逆断层,沉陷的地块变成了逆冲的推覆体,细粒的海相沉积被粗粒陆相(或浅海相)碎屑物所不整合覆盖。地槽转化成为安第斯型造山带,在逆掩断层的推移方向上是两侧对称的。向大洋侧逆推的逆掩断层发生在早期阶段,出现于火山前锋向洋一侧地区及海沟内壁,其形成与B型俯冲带有关;向大陆侧逆推的逆掩断层发生于较晚期阶段,出现于造山带陆侧,涉及的深度往往不大,其发生与A型俯冲带有关。安第斯型造山带的复理石也有双极性,既向大洋侧搬运,也向大陆侧输送,其间

的物源地与高温变质的轴部或造山带轴部一致(金性春,1982)。

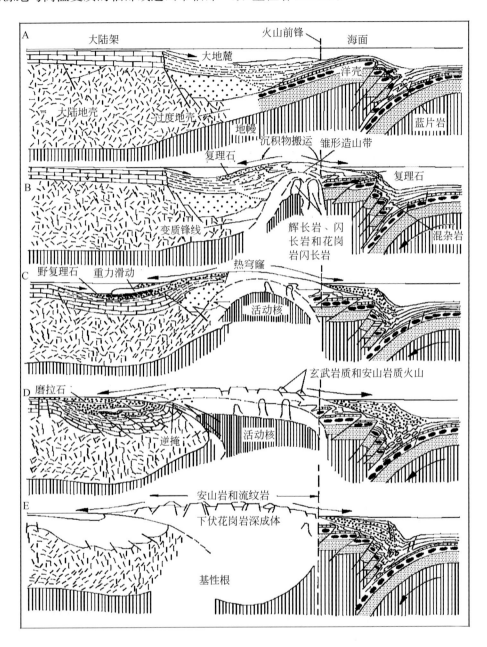

图 4-5 大西洋型大陆边缘转化为安第斯型大陆边缘的模式(金性春,1982)

四、岛弧-大陆碰撞带

1. 岛弧与大陆碰撞方式

(1)岛弧与被动大陆边缘碰撞,这时总是岛弧仰冲于被动大陆边缘之上(图 4-6 中 A)被动大陆边缘与岛弧之间原先可被大洋盆地所隔,该岛弧属极性正常的岛弧。例如,向北漂移的澳大利亚大陆正向印度尼西亚岛弧靠拢,澳大利亚北缘(被动陆缘)开始嵌入帝坟岛的增生楔形体之下(科瓦列夫,1980)。

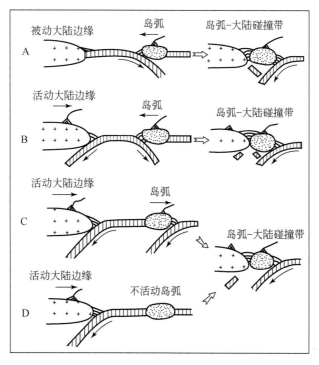

图 4-6　岛弧与大陆碰撞的方式(郭令智等,1981)

(2)岛弧与活动大陆边缘之间的相发冲撞,碰撞前存在着相背倾斜的一对俯冲带(图 4-6 中 B),其间可以是边缘盆地或大洋盆地。

(3)活动大陆边缘从后面追上岛弧与其相撞,碰撞前有倾向相同的一对俯冲带(图 4-6 中 C),其间所夹的一般是边缘盆地,活动陆缘处的俯冲消亡作用导致边缘盆地收缩关闭。

(4)活动大陆边缘与不活动岛弧之间的碰撞(图 4-6 中 D)。不活动岛弧随大洋板块向陆侧推移,直至与活动大陆边缘碰撞,碰撞后俯冲带转移到原不活动岛弧的洋侧,俯冲带的倾向保持不变。大洋板块上的微型陆块、洋底高原等也都可以通过这种方式与活动大陆边缘碰撞,导致大陆增生。

2. 岛弧-大陆碰撞带构造单元

岛弧与大陆碰撞以岛弧仰冲于被动大陆边缘上较为重要。随着岛弧与大陆接触碰撞,海盆复理石和被动陆缘大陆麓上的巨厚沉积物在俯冲带前受挤褶皱,以至发生逆掩推覆(图 4-7 中 C)。由于大陆岩石圈不能顺利地俯冲下去,出现一系列向内陆方向推挤的叠瓦状逆掩断层,夹杂有蓝片岩或蛇绿岩的混杂岩体又可以推覆于被动陆缘的变形地层之上。一方面厚而轻的大陆岩石圈在洋底俯冲殆尽后难以跟着俯冲下去,另一方面挤压作用仍在继续,这样,岛弧另一侧的洋底岩石圈终将破裂,形成倾向相反的新俯冲带(及海沟),这种现象叫做俯冲带的反弹,或称俯冲带极性的反转。新俯冲带可沿循与原俯冲带共轭的、倾向相反的断裂带发生(图4-7中D)。俯冲带的反弹意味着原岛弧演化阶段的终结,也是新生安第斯型大陆边缘发展的开始。碰撞作用结束,新俯冲带形成后,展现在我们面前的岛弧-大陆碰撞带,从陆向洋有以下几个单元(图4-8)。

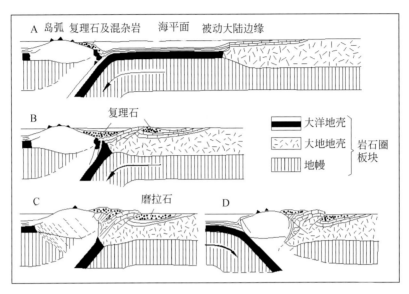

图4-7 岛弧-大陆碰撞过程示意图

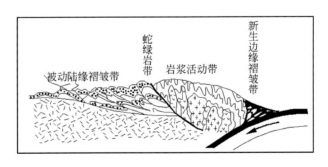

图4-8 岛弧-大陆碰撞带的结构图

(1)被动陆缘地层褶皱系。本单元缺失岩浆活动,相当于冒地槽带。其上褶皱变形的强度靠洋侧较强,可出现扇形褶皱、倒转褶皱、逆掩断层和推覆体,褶皱倒转的方向以及逆掩断层逆推的方向总是指向大陆;向内陆方向,变形强度渐趋减弱,褶皱变得平缓,以至消失,并过渡为大陆地台区。

(2)蛇绿岩带。包括被推覆上来的蛇绿混杂岩体;另一种情况,如果俯冲活动未曾发生过蛇绿岩逆冲,而岛弧又是发育于陆壳基底上的边缘弧,那么,在这种岛弧-大陆碰撞带上,蛇绿岩带不发育或完全缺失。

(3)岩浆活动带。长期发育钙碱性为主的火山活动,且伴有高温变质作用。由于被动陆缘的大量沉积物陷入俯冲带被熔化,故在碰撞阶段可形成酸性岩浆,出现大型花岗岩体。

(4)新生边缘褶皱系。它是新俯冲带活动的产物,火山-沉积地层的变形和逆掩推覆的方向指向大洋一侧,与被动陆缘地层褶皱系的变形方向恰好相反。就整个岛弧-大陆碰撞带而论,两缘褶皱系的变形方向分别指向外侧,即呈现为背驰的双侧逆冲构造。后三个单元大致相当于优地槽带。

五、大陆-大陆碰撞带

研究华北地台北缘板块碰撞机制及其与矿产关系,重要的是研究大陆与大陆碰撞形成机制。此外,西伯利亚板块与中朝板块碰撞是一个不断从 SN 对向不断增生的碰撞过程,碰撞的地质遗迹又经太平洋板块域碰撞改造,许多地方已经面目全非。我们只有从研究现代大陆的陆-陆碰撞的机理中才可以以此为基础分析和揭开西伯利亚板块与中朝板块碰撞过程,寻找在板块碰撞过程中形成的矿床,进一步分析它们受后期改造或未被改造所赋存的位置,才有可能用适当的勘查方法和手段找到它们。

板块的扩张和汇聚,带动着其上的大陆漂来漂去。洋底的俯冲与板块的汇聚,终将导致两侧大陆相遇汇合,此时,大规模的俯冲作用停止,碰撞开始,俯冲带转化为缝合带。

1. 大陆-大陆碰撞带的形成

大陆与大陆碰撞一般是被动大陆边缘与安第斯型大陆边缘碰撞,后者仰冲于前者之上(图 4-9 中 A),喜马拉雅山的形成是这种大陆碰撞的典例,它记录了印度与亚洲主体间的碰撞。

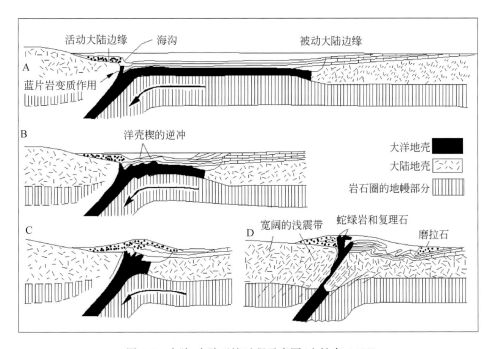

图 4-9 大陆-大陆碰撞过程示意图(金性春,1982)

图 4-9 展示了一个被动大陆边缘与安第斯型大陆边缘碰撞的发展过程。其发展初期与岛弧-大陆碰撞带类似。当两陆相接时,被动陆缘的巨厚沉积以及安第斯型陆缘的复理石沉积均受挤强烈变形,并向被动大陆边缘一侧逆掩推移。当下插的大洋岩石圈俯冲已尽时,由

于大陆岩石圈难以整体下潜,代之以出现遍及碰撞带的断裂与逆冲作用。随着逆冲挤压作用加剧,地体向上隆升,顺坡的重力滑动可使一些推覆体进一步向前推进,并形成类复理石。在这里,重力滑动发生在逆掩推覆作用开始之后。在碰撞发生前,可能有一些蛇绿岩被逆冲到陆缘上。原先发育于俯冲带处的蛇绿混杂岩体也可以在碰撞时被推挤出来,成为碰撞缝合线的标志。扎格罗斯断裂带便是阿拉伯地盾与伊朗高原相撞(图4-9),大陆-大陆的缝合线含蛇绿岩、硅质页岩、复理石和混杂岩体,华北地台北缘有类似缝合线存在。

碰撞前,其间有古地中海相隔,阿拉伯地盾北缘是被动陆缘,伊朗高原南缘发育海沟,为活动陆缘。如果蛇绿岩、混杂岩体等皆被推挤至近地表的地壳上层,缝合带仿佛向下尖灭,在深处退化成为狭窄的强应变带,称为隐秘缝合线。在古老的大陆碰撞带,若位于上层的蛇绿混杂岩体等被侵蚀作用扫荡一空,则遗留下难以辨识的隐秘缝合线。若蛇绿混杂岩体等在碰撞时向下楔入仰冲板块的岩石之下,不能为人所见,则此种缝合线称为隐匿(hidden)缝合线。

随着大陆地壳楔的逆推和地壳的强烈缩短,沿大陆-大陆碰撞带,板块汇聚所受的阻力越来越大。大陆的冲撞挤压不可能无止境地延续下去。就像岛弧-大陆碰撞时会沿岛远弧另一侧形成新俯冲带一样,大陆与大陆的碰撞最终也会沿大陆的另一缘形成新的海沟侧新的俯冲带,甚至导致板块运动的全球性调整。随着板块边界的调整,大陆-大陆碰撞带不再是板块的边界,大陆碰撞与挤压逆冲作用亦随之停息。这实际上意味着活动的造山带将转化为稳定的地台(图4-10)。

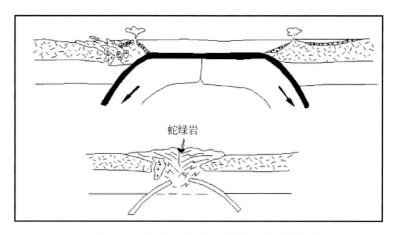

图4-10 活动大陆边缘与活动大陆边缘之间的碰撞

2. 岩石圈上层的拆离与板片构造

在洋底岩石和陆上蛇绿岩套中,常见到莫霍面附近的岩石带有强烈揉皱和滑移的遗迹。图4-11为大陆碰撞过程中引起的拆离作用,黑色表示大洋壳,十字表示大陆壳,点线表示岩石圈底部。

大陆碰撞所激起的强大应力,特别有利于大陆岩石圈的拆离作用。南阿巴拉契亚大规模的基底滑移现象发生在联合古陆形成前,古生代的前阿巴拉契亚洋关闭之时,随着古北美大陆与皮德蒙特等微型陆块相撞,原属子皮德蒙特等陆块的上部地壳层被拆离开来,仰冲推

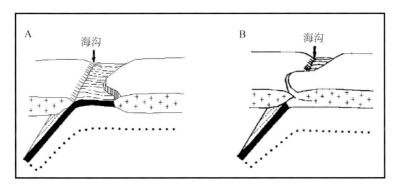

图 4-11 大陆碰撞引起的折离作用示意图

覆于古北美大陆之上,形成了今日所见的宏伟推覆体。外来的推覆体由变质的前寒武系和古生界组成,其下已发现基本上未变质的古生代北美大陆的古生代原地沉积岩系(金性春,1982)。

岩石圈在碰撞时被拆离开来,所形成的地壳板片相互冲掩推覆,这种独特的构造作用被称为板片构造。当两大陆彼此逼近时,大陆的突出地段比相邻地段先到达俯冲带,这里最有利于发生板片的拆离,拆离作用从碰撞接触点向后方推进(图 4-11)。上部地壳的脱离导致地壳的总浮力降低,这样,较轻的上部地壳板片拆离下来成为推覆体,较重的下部地壳则随地幔盖层俯冲潜没(A 型俯冲作用)。

大陆碰撞过程中伴随着薄地壳楔的相互叠覆、掩冲。上推的大陆块为超叠地壳楔,下推的大陆块为俯冲地壳楔。近年来,我国一些学者在深入研究青藏高原,特别是喜马拉雅地区的构造后指出,大陆地壳裂成薄片,并相互冲掩堆叠,是印度与亚洲大陆碰撞变形的主要表现形式。这种地壳楔的相互冲掩作用也叫薄壳构造(或薄皮构造)。

3. 大陆-大陆碰撞带的基本特征

地壳年轻的大陆-大陆碰撞带总是构成宏伟的褶皱山系,一方面地势高耸,另一方面莫霍面下凹,形成山根,故地壳厚度显著增大。青藏高原地壳厚达 60~70km,为地球上地壳最厚的区域。有的学者曾以板块的俯冲和叠置造成双层地壳来解释青藏高原的巨厚地壳。可是,即使大陆岩石圈板块能下潜插入仰冲板块之下,也只能引起双层岩石圈结构,而不是双层的地壳;只有前述的地壳板片的拆离和相互叠覆才足以引起大陆地壳的加厚。此外,大陆碰撞带的沉积地层发生最紧密的褶皱;在地壳下层,也可能发生地壳物质的聚合作用。总之,大陆碰撞的基本趋势是板块敛合、地壳短缩。随着地壳面积的缩小,势必导致地壳厚度增大。

犁形断层可切割至地壳较深部,地块的掀斜倾倒使得部分地壳深部物质推移到比较接近地表的部位。当这些地块被逆推遭受剥蚀时,地壳较深部的麻粒岩相为主的高级变质者可出露于碰撞带。一些板片的拆离面则可以深抵地幔的上部,上冲的岩石圈板片伴随着地壳下部乃至地幔部分(板片底部)的上楔。在长期侵蚀作用下,这种大陆下的超镁铁质地幔物质也可能出露于碰撞带。深部麻粒岩和超镁铁质岩的暴露可视为碰撞型山系的重要标志。

在青藏高原地区,地壳及上地幔一些层位的横波波速降低,瑞利波的研究也表明高原之下隐伏着低密度的局部熔融层次。这种局部熔融的发生可能与地壳板片之间的推覆滑动剪切生热有关。同时也导致大陆碰撞带的热流值往往偏高,尤其在那些出现火山活动和热泉的地方。重力异常,由于地壳厚度大,大陆碰撞带的布格异常出现明显的负值。青藏高原布格异常低达-500~-400mGal(李春昱等,1981)。

岩浆活动与变质作用。大陆碰撞带地壳巨厚、山根极深,有利于地壳硅铝物质重熔或形成再生花岗岩岩基。喜马拉雅山系所产的新生代花岗岩,年龄为40~10Ma,从花岗岩的特征,特别是锶同位素初始比值颇高(>0.7)分析,这些花岗岩应是地壳板片冲掩程中地壳重熔的产物。碰撞带还可出现中酸性、中基性火山喷发。在西藏地区,近代火山的遗迹举目可见。但碰撞带的火山活动比岛弧及活动陆缘逊色。这可能与碰撞带缺乏大规模的深抵软流圈的俯冲作用有关;另外,碰撞带处于强烈的挤压应力场,张性断裂较少,也不利于岩浆通达地表。沿大陆-大陆碰撞带,由于板片冲掩、剪切生热,以及花岗岩浆的形成,可导致中压和低压变质作用,雅鲁藏布江南侧的拉轨岗日变质带可能是这种变质作用的产物。在碰撞带大规模基底推覆体底下,有时可见到蓝片岩变质作用。在大陆-大陆碰撞带,成对变质带一般不甚发育。一些地段所见的成对变质带,看来是碰撞之前形成于岛弧或活动大陆边缘的变质带沉积作用(郭令智等,1981)。

大陆-大陆碰撞带作为大洋关闭的结果,常见大陆边缘(包括岛弧-海沟-边缘海)以及大洋区的各种沉积物。大部分洋底沉积物可能已在俯冲过程中潜没消失了,那些未俯冲潜没的洋底沉积物多以混杂岩形式赋存于缝合带上。雄伟的褶皱山系主要由巨厚大陆边缘沉积物挤压抬升而成,这些沉积物形成于碰撞之前。在大陆碰撞阶段,典型沉积作用主要发生在褶皱山系的山前盆地和山间盆地中。滨缘盆地是褶皱山系前的山前盆地,位于俯冲带被向下拖拽的陆块上,它的一侧是正断层靠近稳定大陆,另一侧是大型逆断层邻接造山系(图4-12)。

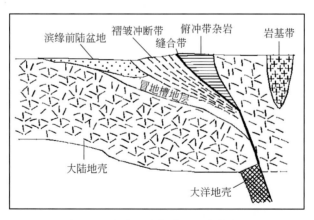

图4-12 大陆碰撞带附近的滨缘盆地

随着褶皱山系的强烈抬升,剥蚀作用盛行,这样,年轻山系必然被巨厚的磨拉石沉积所环绕,在山麓地带发育成磨拉石盆地。在沉积物负载引起的均衡调整作用下,磨拉石盆地逐渐下沉。磨拉石层的皱靠近大山比较紧密,甚至向山外倒转;随着远离山系,褶皱逐渐平缓,可见,褶皱山系有向山前盆地逆冲推挤之势。

4. 大陆碰撞与板块缝合

终极缝合与非终极缝合，如果说大陆裂谷、大西洋型大陆边缘是大洋打开和扩展的产物，岛弧-海沟系、安第斯型大陆边缘是大洋俯冲收缩的产物，那么，大陆-大陆碰撞带便是大洋长期演化的结果，是大洋关闭过程中的最终产物。它比起上述任何一种大地构造环境都更为错综复杂。试看现代印度尼西亚海区，岛弧迭布，边缘盆地杂陈。当澳大利亚向北推进与亚洲东南部碰撞缝合时，将使其间的许多岛弧、微型陆块彼此镶接、集拢并强烈变形(科瓦列夫，1980)。因而，在大陆最终碰撞之前，可能发生过多次岛弧与岛弧(或微型陆块)与大陆之间的碰撞缝合。导致大洋最终闭合的大陆与大陆的碰撞缝合，称为终极缝合；而发生于终极缝合之前的那些局部小规模的碰撞缝合，则可称为非终极缝合。推移至俯冲带，从而出现小规模的碰撞缝合。在板块俯冲、大洋关闭的历程中，那些散布于大洋中的洋底高原被推移至俯冲带，从而出现小规模的碰撞与缝合。小规模的碰撞缝合导致弧间盆地、弧后盆地或部分洋盆闭合，于是留下一些不规则的蛇绿岩带(非终极缝合线)。在大陆碰撞的终极缝合阶段，这些非终极缝合线在强烈的撞击下遭到变形和扰乱，显得错杂而变化多端，从而为复原大洋关闭、大陆碰撞的历史设置了障碍。显然，华北地台北缘东段从东乌旗贺根山到林西县西拉木伦河大致 EW 向散布的不规则的蛇绿岩带说明了西伯利亚板块与华北板块碰撞与缝合不是一次成型的，在大陆最终碰撞之前，可能发生过多次岛弧与岛弧(或微型陆块)与大陆之间的非终极碰撞缝合。许多学者从不同角度论证碰撞与缝合带的位置的差异性，充分说明了西伯利亚板块与华北板块碰撞缝合的复杂性，可以看出内蒙古矿产的赋存位置与空间显得更加复杂和找矿领域的广阔(雷国伟，2014)。

5. 逆冲断层的向外迁移和构造极性的倒转

在大陆碰撞缝合过程中，推覆体和逆冲断层逐渐由缝合带向前陆方向迁移，即向前陆一侧依次形成越来越新的推覆体和逆冲断层(图 4-13 中 C~G)，这标志了造山运动从褶皱山系内带向外带迁移，伴随着发生复理石、磨拉石堆积向外带迁移，在喜马拉雅地区，基底推覆体和逆冲断层自印度河—雅鲁藏布江缝合线向南往恒河平原方向迁移。

在前陆中形成了广阔的逆冲断层和推覆带，沿缝合线方向逐渐蔓延的方式延续下来(图 4-14)。被逆冲断层分割的一个个地壳楔形体通常难以顺利地俯冲潜没，在汇聚挤压作用下逐渐缩短、旋转成 S 形(图 4-13 中 D、E、F、G)。碰撞后不久即停止俯冲的缝合带在这种收缩、旋转作用下成为旋转带，缝合带陡立起来，可出现与原俯冲方向相反的反向逆冲作用(图 4-13 中 F、G)，于是在一个狭窄地带出现上层的构造极性倒转。目前，印度河—雅鲁藏布江缝合带主要由向南陡倾的单元构成，其间一些冲断层向北逆冲，根据蛇绿岩带和高压变质带在南、花岗岩带和低压变质带在北的排列方式，以及喜马拉雅山系呈向南突出的弧形轮廓，可知沿该带的俯冲作用主要是向北的。现今所见向南陡倾的表象可能是后期压缩变形的结果。

6. 早期缝合与晚期缝合

大陆碰撞作用的复杂性还与大陆轮廓的不规则性有关。由于大陆往往以三联裂谷方式破裂，大陆边缘常呈犬牙交错外形，凹入部可能有废弃裂谷发育。只有当相对的两大陆边缘

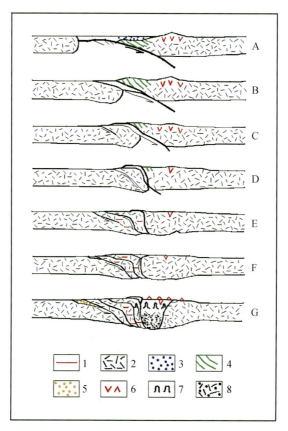

图 4-13 大陆碰撞汇聚过程中逆冲断层推覆向前陆及 S 形变形示意图（科瓦列夫，1980）
1. 大洋地壳；2. 大陆地壳；3. 弧沟间沉积；4. 俯冲增生楔形体；5. 前陆拗陷沉积物；
6. 岛弧火山岩；7. 花岗岩；8. 大陆地壳部分熔融

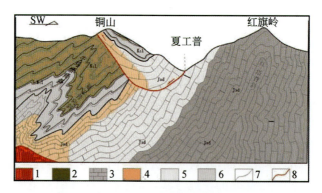

图 4-14 甲玛矿区推-滑覆构造控矿示意图
1. 隐伏斑岩；2. 板岩；3. 灰岩；4. 夕卡岩化；5. 大理岩化；6. 角岩化；7. 地层界线；8. 滑覆断裂

轮廓恰好彼此匹配，大陆板块相互汇聚的方向又严密地符合要求，才有可能导致两大陆边缘沿整个长度同时发生碰撞。显然，在通常的情况下，大范围的大陆碰撞必然是先后发生的。当一对大陆彼此逼近时，大陆的突出段落首当其冲，先开始碰撞缝合的过程。而突出地段两侧的凹入部，大洋壳依然留存，洋底的俯冲仍在发生。残留的洋盆接受了浊流沉积和三角洲沉积,沉积物主要源于已缝合的高地。在现代,喜马拉雅与青藏高原相当于已缝合的高地,印度洋东北缘的孟加拉湾类似于残留洋盆。孟加拉深海扇的规模与沉积物数量在世界大洋中首屈一指,其后期发育与高峻的喜马拉雅山的强烈剥蚀作用有关。由此看来,从碰撞山带沿纵向输入残留洋盆的巨厚浊流沉积,以后将成为褶皱山系中复理石的重要组成部分。

随着大陆进一步靠拢,已缝合地段逐渐加长,未缝合地段愈益退缩,直至缝合全部完成。有时一些有限的洋壳地段可能残存下来。随着洋盆闭合和缝合成山,磨拉石地层覆于原残留洋盆的浊流沉积、复理石之上。较早期的浊流沉积以平行于褶皱山系的纵向古水流为轮廓不规则的两大陆之间的碰撞特征,较晚期的磨拉石则主要由横过山带的古水流带来。总之,大陆碰撞并非同时发生。突出地段早期缝合,变形强烈,有时发育与缝合带高角度相交的撞击裂谷;凹入部分则晚期缝合,变形较弱,可能发育与缝合带高角度相交的拗拉槽。板块的碰撞和造山作用沿着造山带走向可发生纵向迁移和扩展。

六、大洋-大陆间的构造

1. 构造单元

由洋侧向陆侧,可见到下列构造或地貌单元:①外缘隆起;②海沟;③非火山外弧;④弧沟间隙(其中发育了弧前盆地);⑤火山内弧;⑥弧后盆地或弧间盆地(图4-15)。

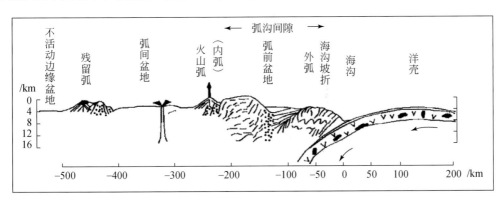

图4-15 岛弧-海沟系横剖面示意图

2. 弧的类型及其演化

"弧"不仅指岛弧,也包括安第斯型大陆边缘。一般将弧沟系分为两大类,即陆缘弧沟系和洋内弧沟系,称陆缘弧和洋内弧。陆缘弧镶接在大陆地块的边缘,火山弧与大陆之间没有大洋地壳的深海盆地把它们隔开。洋内弧的后方有大洋地壳的边缘盆地与大陆分隔开。陆缘弧又可分为山弧的裾弧两种类型,安第斯型大陆边缘,直接是大陆地块的组成部分;另外,岛弧与大陆之间,隔以大陆地壳的陆架浅海,如苏门答腊、爪哇。一些学者将安第斯型大陆边缘称为山弧,而将苏门答腊、爪哇等称为裾弧(科瓦列夫,1980)。

根据弧的地壳结构、地壳厚度、火山岩系列及年龄等特征,弧可分为以下几种。

(1) 未成熟岛弧。通常由小岛组成,年龄不老于古近纪或白垩纪,缺失或极少大陆型基底岩石,地壳厚 10～20km,火山岩以拉斑玄武岩为主,如汤加、克马德克弧、中千岛弧、马里亚纳弧等。

(2)成熟岛弧。多由大岛组成,其年龄为中生代或更老,由大陆型地壳组成,地壳厚 25～40km,火山岩包括拉斑玄武岩和钙碱性系列的安山岩等,如日本弧、菲律宾弧等。

(3)陆缘火山弧。为大陆地块的边缘山系,年代较老,拥有厚的大陆地壳(30～70km),火山岩以钙碱性系列为主岩石,如中安第斯山系。

据研究,在未成熟岛弧中,钙碱性系列岩石在所有火山岩中仅占 0～40%;在成熟岛弧中,钙碱性系列岩石可占 40%～80%;至于陆缘火山弧中,钙碱性系列岩石可达 80%～100%。这样,在未成熟岛弧中,玄武岩是主要的;在成熟岛弧中,则以安山岩占主导地位。从未成熟岛弧到成熟岛弧,随着大陆型地壳的渐进发展,岛弧中钙碱性系列岩石所占的比例以及所有火山岩中 SiO_2 的平均含量均逐渐增加(金性春,1982)。

两种弧的演化系列:陆缘弧系列和洋内弧系列。陆缘系列的弧或是展布于大陆侧缘,或是从大陆侧缘分离出来。洋内系列的弧则发育于大洋地壳之上。有五类性质不同的弧归属这两支演化系列中,现将有关性质和实例列于表 4-1 中。

表 4-1 弧的演化系列和类型

演化系列	弧的类型	弧后区性别	实例
Ⅰ.陆缘弧系列	Ⅰ-A 山弧、Ⅰ-B 裾弧 Ⅰ-C 边缘弧	陆地、陆架浅海 张裂型弧后盆地	安第斯山、爪哇弧、日本弧
Ⅱ.洋内弧系列	Ⅱ-A 原地弧、Ⅱ-B 漂移弧	残留型弧后盆地 弧间盆地	阿留申弧 马里亚纳弧

陆缘系列弧多由安山岩和英安岩质岩石组成,尚有陆相火山碎屑岩层,伴生的深成岩体以花岗岩岩基为主,还可有少量辉长岩和闪长岩质岩体。该系列弧一般年代较老,如日本列岛有前寒武纪年龄的变质岩。它们往往有比较古老的地块核心,在地质历史中遭受多次褶皱、变质和花岗岩活动,表现为新、老岩浆弧的交切和重叠。琉球弧、菲律宾弧、苏门答腊和爪哇弧也具有较老的地块核心,被新生代和现代地槽型地层所环绕。

洋内弧演化系列:在这一演化系列中,板块俯冲带总是发育于离陆缘一定距离的洋盆中。当该处大洋岩石圈断裂时(图 4-16 中 A)一侧大洋板块俯冲于另一侧大洋板块之下,海沟逐渐形成。随着俯冲作用的深入,仰冲侧出现海底火山活动(图 4-16 中 B),初始阶段以拉斑玄武岩为主。由于火山岩的堆积及上翘抬升,海底火山露出水面(图 4-16 中 C),并逐渐发育起弧沟间隙、海沟坡折等结构单元。这种岛弧位于原始俯冲带上,相对于弧后地区并未发生过位移,故称为原地弧。

原地弧或漂移弧发育于洋壳基底之上,其上叠置大量玄武质火山岩。洋内弧发育的前期,深成岩体通常较小,以辉长岩和闪长岩质为主,很少有花岗岩体。前已述及未成熟洋内弧的岩石组合带有蛇绿岩性质。由于俯冲带的火山活动和岩浆侵入,洋内弧的地壳逐渐增厚,它们多属过渡型地壳。在这种过渡型地壳的下部,往往有很高的地震纵波速度(约 7.5km/s)和密度(约 3.0g/cm³),以致莫霍面不甚分明。

在洋内岛弧与岛弧碰撞则产生二类洋内褶皱系。一是单向俯冲产生的洋内褶皱,二是相向俯冲的洋绿褶皱系(图 4-17A、B)。

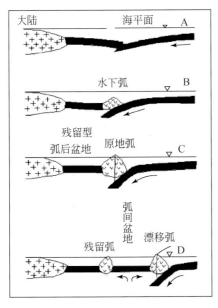

图 4-16 洋内弧系列演化示意

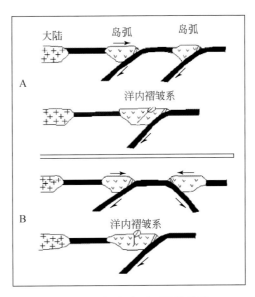

图 4-17 岛弧-岛弧碰撞的形式

3. 海沟

海沟的宽度在数十千米至 100km,长数百至数千公里不等,深度一般在 6000m 以上,最大深度(马里亚纳海沟)达 11022m。海沟洋侧斜坡比较平缓(平均坡度为 2°～5°),它无疑是大洋板块的直接延伸,大洋板块顺坡进一步插入岛弧(或大陆)之下。洋侧坡与外缘隆起相延续,多显示拉张性质。海沟陆侧坡比较陡峭,平均坡度为 10°～20°。海沟横剖面呈现不对称的 V 字形。海沟纵剖面上,沟底波状起伏,由一系列深洼地和其间的鞍部组成。海沟内覆有远海沉积、浊流沉积等,一般厚不过数百米。有的海沟由沉积物充填而呈现较平坦的沟底。浊流可从陆侧坡注入海沟,然后顺海沟纵向搬运。在平面上,海沟多呈弧形(少数呈直线形),与岛弧平行展布。正因为海沟作弧形弯曲(图 4-18),板块的俯冲方向便不可能处处与海沟相垂直,海沟的某些段落与板块运动方向斜交,甚至接近平行。

4. 非火山外弧

海沟较陡的内壁(陆侧坡)与其上较缓的岛弧斜坡之间有一明显转折,叫海沟坡折。海沟内壁是板块俯冲造成的增生楔形体发育的场所。当增生楔形体增长扩展时,海沟坡折呈现为纵长岭脊,局部可突露水面构成外弧(或称第一弧)。与火山成因的内弧相对,外弧是非火山性的,具低热流值,它是板块俯冲作用下各种沉积物、岩石混杂堆积的产物,或由较老基岩组成。许多岛弧是内、外弧均有发育的双弧型,如琉球弧,东侧较大的岛屿(冲绳岛等)属非火山性外弧,西侧小火山岛和海底火山构成火山内弧。

5. 弧沟间隙

海沟坡折与伴生火山弧之间的无火山地带叫做弧沟间隙(图 4-15)。它位于火山前峰的大洋一侧,热流值偏低。弧沟间隙在地貌上包括陆架、陆坡、深海阶地、海槽,局部有块断高

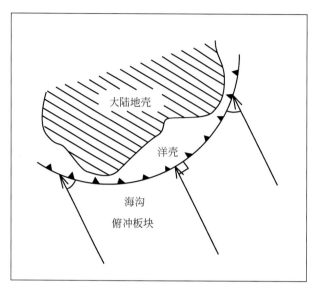

图 4-18　板块俯冲方向与海沟弧型相交关系示意图

地以至抬升的山脊。弧沟间隙内往往发育弧前盆地。弧前盆地的外侧是海沟坡折或外弧，可成为拦截沉积物的堤坝。

弧前盆地（图 4-15）的沉积物厚达数公里，包括海岸三角洲沉积、陆架陆坡沉积、海底扇沉积等，浊流沉积及水下滑塌沉积占相当比例。沉积物主要来自火山弧，也有来自外弧及局部高地，故岩屑成分是不成熟的，含安山岩和安山-玄武岩成分的火成碎屑岩。当沉积物供应不足时，弧沟间隙中发育成较深的海槽；当沉积物充分供应时，弧前盆地被填满，可构成宽阔的陆架或深海阶地。弧前盆地沉积层虽有一些褶皱和断层，但通常无强烈的变形，这与前方增生楔形体的强烈变形和杂乱堆积形成鲜明的对照；弧前盆地也未遭受强烈的岩浆活动和变质作用，从而与后方的火山弧有显著差别。弧前盆地沉积可不整合地覆盖于增生楔形体侧翼和火山弧侧翼之上。

6. 火山内弧

火山性内弧亦称第二弧，包括正在活动的火山链，也包括现代火山活动已熄灭的一些地区。火山弧地壳之下，往往下垫着地震波速偏低、缺乏震源的异常地幔层。火山弧由火山-深成岩系组成。熔岩以安山岩为主，尚伴生玄武岩、英安岩、流纹岩等。除陆上熔岩外，也有水下喷发的枕状熔岩。深成岩有花岗岩类、闪长岩质和辉长岩质岩石。若剥蚀程度较深，则深成岩与变质岩（主要是高温低压变质岩）出露地表。火山弧上可发育以断层为界的张性盆地，叫弧内盆地，充填了火山碎屑地层、陆相红层等。当弧内盆地淹于海下时，可充填海相地层。弧内盆地的形成可能与岛弧地区岩浆活动所导致的表面引张有关，亦可能代表弧间盆地发育的初始阶段。

7. 弧后盆地或弧间盆地

弧后地区有弧后盆地或弧间盆地（图 4-15）发育。弧间盆地后缘为残留弧，也叫第三弧。距大陆较远的弧间盆地通常覆以薄层远海沉积，深海平原上有钙质软泥（浅于碳酸盐补偿深度的海区)、深海黏土等。火山碎屑沉积主要见于前薄弧陆侧斜坡或残留弧陆侧斜坡。在弧后盆地的靠陆侧，可接受三角洲及浅水陆架沉积，大陆坡麓部则有成熟型浊流沉积及滑塌沉积，这些特征颇类似于大西洋型大陆边缘的沉积物，但弧后盆地中多有来自岛弧的火山物质。在弧后盆地近岛弧侧，停积了成分不成熟的浊流沉积及岛弧喷出的凝灰岩。若盆地规模较大，则中部深海平原上可承受远海沉积物。有时，来自大陆的陆源物质可与来自岛弧的海沉积成互层。

第三节　板块俯冲及陆缘增生

一、增生楔形成和混杂岩体

1. 俯冲物质的去向

当大洋板块俯冲时，其组成物质有三种去路：①俯冲至地下，返回地幔之中；②潜入贝尼奥夫带被熔化，从深部补给岛弧的岩浆活动(图 4-19)；③在俯冲时被刮下来，加积于海沟的陆侧坡，组成增生楔形体。

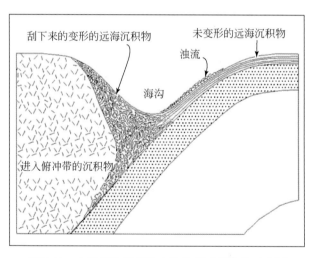

图 4-19　大洋板块沉积物在海沟形成增生楔示意图

大洋板块表面所覆盖的沉积物主要是远海的钙质沉积(有孔虫、颗石软泥等)、硅质沉积(放射虫、硅藻软泥等)以及深海红黏土，推移至海沟附近尚可承受浊流沉积。这些沉积物固结程度较差，特别是新生代沉积层多未成岩，在俯冲时看来容易被刮下来，与俯冲板块的基底脱离，形成增生楔。

2. 混杂岩体

增生楔形体主要由混杂岩体(或称混杂堆积)组成。所谓混杂岩体，是指成分、性质不同的岩石相互混杂组成的变形岩体，它包括基质、原地和外来岩块(或碎片)，大小悬殊、具棱角的原地和外来岩块紊乱地混杂于柔性的细粒基质中。有的巨大岩块延伸达数百米以至数公里。基质以泥质为主(也有蛇纹岩质等),广泛遭受剪切。

在古老造山带中,混杂岩带常与深大断裂相伴生,出现于逆掩的推覆构造前缘。

沿板块俯冲带,下插板块上的远海生物沉积、红黏土、浊流沉积物及蛇绿岩被刮下来,上覆板块上的岩块则在重力和水流作用下顺坡而下,蓝片岩等高压低温变质岩也混杂其间,这些性质迥异的沉积物和岩石在俯冲带浅部遭到强烈剪切和变形,构成了俯冲带混杂岩体(即增生杂岩体)。这种混杂岩体常含有蛇绿岩碎块,故又称蛇绿混杂岩体。它是古海沟或板块缝合线的重要标志。它由砂砾岩、页岩、有孔虫碳酸盐岩、放射虫硅质岩、基性超基性岩、蛇纹岩及其他变质岩组成。

混杂岩体又可分为构造混杂岩体和沉积混杂岩体两种。俯冲带混杂岩体是典型的构造混杂岩体。沉积混杂岩体即滑塌堆积,它是水下滑坡、坍塌或泥石流作用形成的一种杂乱堆积,也有巨大的岩块混杂于粉砂-泥质基质中。事实上,在海沟环境,由于边坡较陡,滑塌堆积也相当常见。一些混杂岩体可能就是蒙受强烈剪切的滑塌堆积。当然,滑塌堆积并不直接指示板块的俯冲。

3. 增生楔形体生成模式

反射地震勘探通过复杂的信息处理,揭示了海沟和增生楔形体的结构。海沟内侧坡以下平缓倾斜的反射面被解释为下潜的大洋壳基底层(第二层)的顶面,其上增生楔形体中广泛发育了叠瓦状冲断层和同斜褶皱,断层面和同斜褶皱轴面皆倾向大陆一侧,断层面向下变平,呈凹面向上的弧形。海沟内壁增生楔形体的形成模式表述如下:当板块俯冲沿海沟内壁底部,依次挤入一个又一个沉积层楔;在挤压作用下,新的沉积楔推挤老沉积楔逐渐向上拱起并变形(图4-20),直至形成扇形构造(在内蒙古锡林浩特朱日和镇区域这种推挤、上拱地质现象明显存在)。按照这一模式,越向内壁上部(向大陆一侧),叠瓦状构造层次越陡,年代越古老;越靠近内壁底部,其层次比较平缓,年代也越年轻(图4-21)。

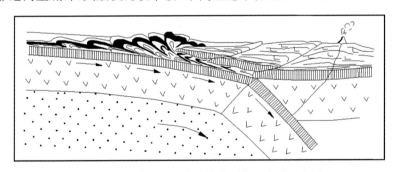

图4-20 俯冲板块上俯冲带前受挤压变形示意图

同时,陆侧较老的曾下冲较深且遭受重结晶的混杂岩体,逆冲于洋侧较年轻的弱重结晶的混杂岩体之上。随着新的层次不断从下面楔入,遭受重结晶的较老混杂岩体逐渐抬升、出露并蒙受侵蚀(图4-22)。

在一些构成外弧的岛屿上,出露海面的上升礁和浪蚀阶地显示了抬升作用。沿陡峭的海沟内壁,混杂岩体可发生滑塌或发生由滑塌物质所补给的浊流活动,返回海沟的沉积物又会重新卷入从下方楔进然后向上提升的再旋回。从这种意义上可以说,增生楔形体是一同沉积的逆断层带。

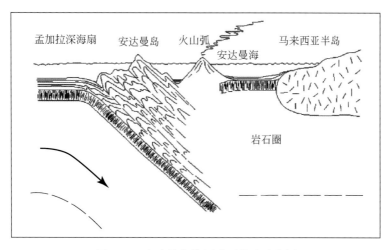

图 4-21　安达曼岛挤压迭瓦构造示意图

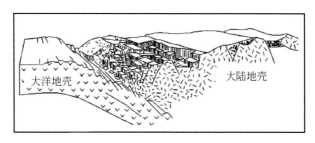

图 4-22　混杂岩逆冲上升后遭受风化侵蚀示意图（科瓦列夫，1980）

二、岛弧岩浆岩

岛弧岩浆的源地主要位于俯冲板块的洋壳中。当洋壳俯冲至大约 80km 的深度时，在含水的条件下，洋壳的玄武岩-辉长岩组分被熔化，即可形成拉斑玄武岩浆；当洋壳俯冲至更大的深度时，熔融程度降低，主要是较轻的易熔组分被熔化，从而析离出钙碱性岩浆，以至碱性岩浆。镁铁质洋壳在俯冲过程中相变为石英榴辉岩，至 100~150km 深处，石英榴辉岩部分熔融，形成安山岩-英安岩岩浆上升至地表（图 4-23）。

俯冲带岩浆演化的两个阶段模式，解释了拉斑玄武岩系列和钙碱性系列岩浆的形成。

第一阶段，当大洋板块俯冲到 80~100km 的深度（温度小于 65℃，压力 30~40kbar）时，由于含水量不足，洋壳中的玄武岩-辉长岩、角闪岩并未熔化，而是在固态条件下转变为石英榴辉岩，并释出水；释出的水导致上覆板块的上地幔岩石局部熔融，这种熔化发生于贝尼奥夫带上方的地幔楔形区中；分熔出的岩浆向上涌升；至较浅部位，由于水压（P_{H_2O}）下降，橄榄石从岩浆中结晶出来，随着岩浆的分异，可生成拉斑玄武岩岩浆，后者在岛弧的火山前锋附近喷出地表。在这一图式中，原始岩浆的源地位于上覆板块的地幔楔形区，拉斑玄武岩浆是原始岩浆分异后的产物，生成于地幔的较浅处。

第二阶段，当大洋板块俯冲至更深处（100~150km）时，由于蛇纹岩的脱水作用，在俯冲

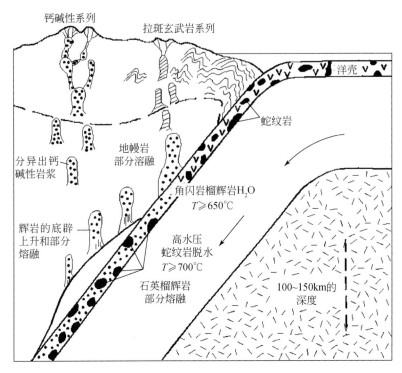

图 4-23 板块俯冲带拉斑玄武岩、钙碱岩浆岩形成示意图(金性春,1982)

块表面出现更高的 H_2O。当温度超过 700℃时,洋壳的石英榴辉岩开始部分熔化,析出富硅的岩浆;这种岩浆升腾至上覆地幔楔形区,即与那里的橄榄岩发生广泛的反应,使橄榄岩转成为辉岩;生成的辉岩比上覆橄榄岩略轻,含水的辉岩呈底辟形式上升,并在上升过程中(在60~100km 深处)部分熔化,又可泌析出新的岩浆;当这种岩浆上升至较浅部位时,随着温度和 P_{H_2O} 的下降,石榴子石和辉石从岩浆中结晶出来,使岩浆的含钾量上升,含铁量下降,最终可在较浅处生成钙碱性岩浆(科瓦列夫,1980)。

除了拉斑玄武岩系列、钙碱性系列、碱性系列火山岩外,在陆壳性质的成熟岛弧及活动陆边缘,尚可出现酸性系列岩石。该系列以流纹岩、流纹英安岩占优势,中性岩特别是基岩退居次要地位;并伴有成分相当的侵入岩类。例如,我国东部一些地区的中生代火山岩有大量酸性系列岩类。与分异指数相似的钙碱性系列岩石相比,酸性系列岩石中大离子亲石元素的含量较高,有时还有轻稀土元素、银同位素比值的升高。酸性系列的形成多与地壳深部的熔融有关;或者是来自俯冲带的流体上升到地壳下部,导致地壳部分熔融;或者是由于俯冲带的脱水作用导致上方地幔楔形区部分熔融,形成的岩浆和流体上涌至地壳下部,引起地壳熔融,形成酸性为主的岩浆。

三、陆壳增生与花岗岩形成

岛弧与活动陆缘的岩浆活动不仅有基性的玄武岩浆,也有中酸性的岩浆。钙碱性的安山岩是岛弧与活动陆缘的特征性火山岩。大陆地壳的生长在某种程度上与安山岩浆的生成有关。人们相信,通过俯冲带的岩浆活动,中酸性物质不断添加到岛弧或活动大陆边缘上,从而导致大陆地壳的生长和增殖。岛弧或活动陆缘岩浆的生成,从根本上说是消耗地幔的结果,这种岩浆或者直接导源于板块俯冲带上方的地幔楔形区,来自俯冲洋壳的局部熔融,但归根到底,洋壳又是中洋脊轴部地幔物质部分熔融的产物,这就是说,首先是从地幔生成洋壳(在生长边界),然后是从洋壳生成安山岩等在俯冲边界转化成为陆壳。俯冲板块中较重难熔组分部分熔融后的残余组分则继续下潜俯冲,生新返回地幔之中。图4-24中沿俯冲带发生脱水、去硅和去碱作用花岗岩大都形成于较大的深度,是地壳物质深熔作用的产物,也可能有部分花岗岩是通过热液交代作用使原岩发生花岗岩化所致。

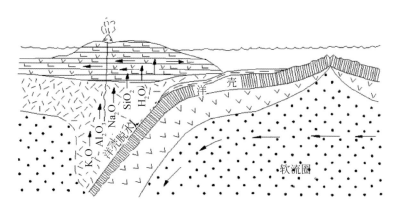

图 4-24 俯冲带发生的脱水、去硅、去碱作用示意图

然而,要使原岩发生大规模的再生重熔或深变质,必须解决热液和能量的来源问题,还应当解决花岗岩中之所以富含钾以及其他活泼元素的机制。地幔中不含或很少含有水;地幔中钾的含量大约是 0.012%,而花岗岩中钾的含量高达 3%,二者相差 250 倍之多。这就是说,如果钾依赖地幔来供给,那么,必须要改造 250 份地幔物质才足以形成一份花岗岩。关于钾的来源和富集的机制,以及热流体的来源问题,在以往任何一种花岗岩成因假说中均未获得圆满的解决。目前看来,正是板块的俯冲带具备了促使花岗岩形成的各种物质和能量条件。大洋板块好似一条巨大的传送带,它不断潜入岛弧或活动大陆边缘之下,为俯冲带源源不绝地送来了 H_2O、K_2O 等组分。在洋壳中,K、Na、SiO_2 以及其他一些亲石元素易熔,且比较活泼,随着温度升高,逐渐从俯冲板块处析离出来,并富集起来。换句话说,沿俯冲带,发生着强烈的脱水、去碱和去硅等作用(图4-24)。在俯冲带强大压力作用下,这些饱含碱和 SiO_2 的流体被逐出俯冲带,升腾至上覆板块处。岛弧或活动陆缘的沉积层、火山-沉积层被来自俯冲带的热流体所浸润,发生深刻的交代和改造,于是被花岗岩化,形成变质成因的花岗岩(科瓦列夫,1980)。

如果俯冲带的上覆板块是大陆板块(安第斯型大陆边缘),大陆地壳的下部可处于俯冲带的摩擦增热地带中,加上沿俯冲带上升的岩浆或热流体的作用,大陆壳物质可遭到重熔。其中,由火成物质重熔形成者称 I 型花岗岩类;由沉积物质重熔形成者称 S 型花岗岩类。南美安第斯山的花岗岩便是与板块俯冲活动有关的深熔花岗岩。华南地区广布几个时期的花岗岩,很可能也发生于不同时代的俯冲带环境中,在俯冲带热流体作用下,使沉积岩或其他岩石发生花岗岩化,或形成重熔花岗岩。内蒙古哈达门沟金矿沙德盖花岗岩(印支期)与成矿相关、赤峰金厂沟梁金矿与对面沟花岗岩(燕山期)成矿相关,尽管成矿时代、地理位置不同,但都处在板块俯冲带区域,显然与绿岩含金地层重熔形成的S型花岗岩成矿关系密切。

如果说构成洋壳的玄武岩浆形成于板块的分离扩张带,那么,构成陆壳的花岗岩浆则形成于板块的汇聚挤压带。在经典的地槽-造山学说中,基性超基性岩是地槽发展早期阶段的产物,花岗岩活动则出现于地槽发展的造山阶段。玄武岩浆是不饱和水的岩浆,在拉张环境下,随着压力降低,有利于玄武岩浆的生成和喷溢。花岗岩浆多是形成于俯冲带环境的饱水岩浆,压力越高,水在岩浆中的溶解度越高,岩浆内 P_{H_2O} 越高,其熔点反而降低,因而,挤压环境反而有利于花岗岩浆的生成和活动。当花岗岩浆上升至压力较低的地壳浅处时,伴随着水的逸出,P_{H_2O} 降低,导致熔点升高,花岗岩浆易于凝固结晶,因此,花岗岩浆往往在地下数公里至十余公里处固结成宏大的岩基。只有少量温度特高的岩浆(多生成于地壳下部)才得以上升至近地表浅处,或喷出地表构成流纹岩体。

综上所述,板块的俯冲活动不仅为安山岩浆的生成,而且为花岗岩浆的生成创造了极为有利的环境。事实上,只有板块的俯冲带,才足以提供巨大的能量,也才足以产生最强大的饱含二氧化硅和碱质的热液。

四、变质作用与变质带

岩石圈板块活动所伴随的地球动力作用是变质作用的一个基本控制因素。在板块生长带的俯冲带,发生着规模宏大的变质作用。大洋中脊(生长带)的变质作用叫做洋底变质作用;俯冲带的变质作用属区域变质作用,或称造山变质作用。

1)洋底变质作用

大洋地壳在中洋脊轴部形成后,可蒙受变质作用,这可能与岩浆不断沿脊轴上侵、有较高地热梯度(图4-25扩张中心地热梯度线)及热液作用有关。洋底变质岩主要是变质的基性岩和超基性岩。洋壳下部温度高达400~500℃以上时会发生角闪岩相变质作用;若温度为200~400℃时(金性春,1982),可发生绿片岩相变质作用;接近地表,在温度较低的条件下发生沸石相变质作用。角闪岩在中洋脊有广泛的分布,它主要由辉长岩变质而成,是组成洋壳第三层的重要岩石。绿片岩相的变质程度较低,包括变玄武岩、细碧岩和绿片岩等。变玄武岩可保存原有岩浆岩的构造,出现一些次生的低温矿物,其变质程度甚低。顺着倾斜的俯冲带,从洋侧向内陆方向可依次出现沸石相、绿片岩-蓝片岩相、角闪岩相等,变质程度逐渐加深。沸石相岩石是在海沟附近低温和很浅的深度上形成的,绿片岩-蓝片岩相形成于俯冲带更大的深度上,角闪岩相则形成于岛弧及弧前地区以下的地壳中。

变质相是指一个变质地体所对应的温度和压力范围往往较宽,从而不限于一个变质相。一个变质地体可以用一系列的变质相来表达,这就是变质相系。根据压力及温度条件,划分出三种主要的相系,相应地有高压型、低压型、中压型三种变质作用类型。

(1)高压变质作用。其特征性矿物为蓝闪石、硬玉或硬玉质辉石、硬柱石、文石及多硅白云母,常见矿物有铁铝榴石、冻蓝闪石和黑硬绿泥石。由于蓝闪石分布较广,含蓝闪石的变质杂岩在变质相上属于蓝闪石片岩相(或称蓝片岩相),所以高压型变质作用也叫蓝片岩相变质作用。常见的高压相系为葡萄石-绿纤石相-蓝片岩相-绿片岩相;局部可能有榴辉岩相。

(2)低压变质作用。其特征矿物为红柱石,在温度较高时还可出现硅线石;常见堇青石、

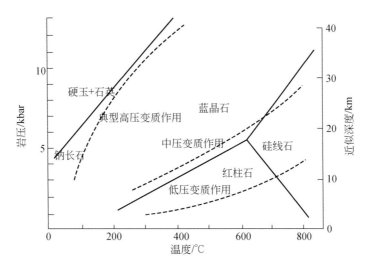

图 4-25　硬玉等硅酸盐矿物 P-T 稳定区及地热梯度曲线示意图（金性春,1982）

十字石和黑云母。当压力升高到 5kbar 以上,红柱石即趋于不稳定。这类变质作用发育于高地热梯度（大于 40℃/km）的环境,故也称低压高温变质作用。变质所需的高热能除通过简单的热传导获得外,更可能与上升的中酸性岩浆和高温流体有关,它们是热能的出色媒介。常见的低压相系为沸石相-葡萄石-绿纤石相-绿片岩相-角闪岩相-麻粒岩相。

（3）中压变质作用。其特征矿物是蓝晶石、硅线石,前者产在较低温部位,后者产在较高温部位。常见矿物有铁铝榴石、十字石、黑云母,而童青石一般缺失。在温度-压力图中,中压变质作用区界于高压变质作用区和低压变质作用区之间,其典型的地热梯度为 20℃/km 左右。由于蓝晶石有时也见于高压变质带,仅在缺失高压变质矿物（硬柱石、蓝闪石等）而又出现蓝晶石时,才能断定其确属中压变质作用。常见的中压相系为沸石相-葡萄石-绿纤石相-绿片岩相-角闪岩相-麻粒岩相。可见,变质作用类型的划分主要不是根据压力本身的高低,而是基于地热梯度的高低（金性春,1982）。

2）成对变质带

都城秋穗（1979）研究了日本及太平洋周缘的板块变质带。当岩石圈板块下潜俯冲时,由于冷板块变热的过程远远跟不上板块俯冲作用,地下的等温面随着下潜板块向下急剧弯曲。在 400km 深处,俯冲板块内部的温度大约比同一深度相邻软流圈的温度低 1000℃。这样,在海沟和海沟内壁附近,出现很低的地热梯度和热流值,从而为这里发生高压低温变质作用提供了有利条件。在火山岛弧地区,板块俯冲导致活跃的火山和岩浆活动,其热流值与地热梯度相当高,从而为这里出现低压高温变质作用创造了合适的环境。

事实上,在日本及太平洋周缘其他一些地区,并列地展布着高压低温变质带和低压高温变质带（图 4-26）,构成了成对变质带（或称双变质带）,两带时代大致相同,而性质迥异。

（1）高压低温变质带。

从地表向下,温度与压力同时升高,在一般地区,很难达到高压低温的条件。只有在低热流的海沟附近,其下才可能出现高 P/T 环境。对于形成蓝闪石的温度和压力条件,尚没有确切的了解。有人估计它出现于 200~350℃ 及 5~7kbar。板块俯冲带上所承受的压力,一是上覆板块的荷压,二是板块相互作用的动压力。假如仅考虑前者,那么,当板块俯冲至

20～30km 的深处，便受到大约 5kbar 以上的压力；由于热流值低，在这一深度，温度达 200～300℃。这一压力和温度值恰好相当于蓝闪石的形成条件。若进一步考虑到板块沿边界的动压力，那么，蓝闪石可形成于更浅一些的深度（如 15km 左右）。

图 4-26　日本岛弧的三对高压、低压变质带（都城秋穗，1979）

高压变质作用可发生在俯冲板块的表层（俯冲带下盘），也见于俯冲带上盘海沟内壁的俯冲带混杂岩中，其变质程度及沉积物的年龄均向大陆一侧递增。

有的高压变质带尚伴有中压变质作用，后者可能在小于高压变质的深度上形成。由于高压变质带展布于海沟部位，该带经常与蛇绿岩伴生，却绝少和花岗岩在一起。既然蓝闪石片岩形成于 15 公里上下的深处，现代的高压变质带应隐伏于海沟之下。不过，蓝闪石形成之后也难长期保存在地下深处，如果那里的地温梯度升高，或者蓝闪石被推移至地下更深处，蓝闪石便会遭到破坏。所以，蓝片岩相的出露，暗示它曾在形成后不久受抬升作用，蓝闪石主要分布在较年轻的造山带中（图 4-27）。产于俯冲带混杂岩中的蓝片岩（位于海沟内壁），可在冲断作用下被逆推至高处。如果板块俯冲活动减缓或停止，海沟地带会在地壳均衡代偿作用下向上隆升，经一定时期剥蚀之后，蓝闪石也可能出露地表。最后，大洋在俯冲作用下关闭起来，两侧大陆汇合碰撞，也会导致抬升和剥蚀作用。

（2）低压高温变质带。

一般分布在高压变质带的陆侧，见于火山弧部位，常伴有丰富的花岗岩、花岗闪长岩以及中酸性火山岩。低压变质带略呈对称的结构，变质强度自"热轴"（温度最高的线）向两侧递降，与变质作用大致同时形成的花岗岩带多沿"热轴"展布。低压变质作用主要发生在地表以下超过 10km 的深处，因而，该带的出露亦有赖于导致强烈侵蚀的抬升运动。

图 4-28 为环太平洋地区的 14 对变质带，虚线表示高压变质带，实线表示低压变质带。

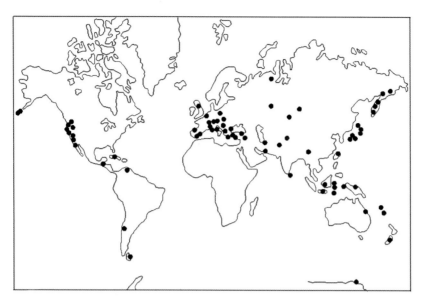

图 4-27 沿板块高压带周边蓝闪石分布示意图(都城秋穗,1979)

在环太平洋地区,高压变质带和低压变质带成对出现,发育较佳的有 14 对之多,其年龄大多属中生代和古近纪,中新世以来的新变质带目前尚未出露。根据变质带所处的构造位置,将其分为三类。

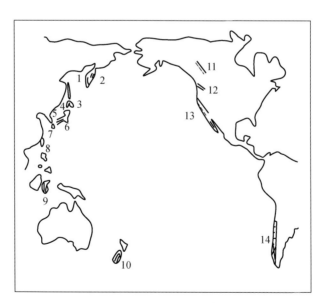

图 4-28 环太平洋 14 对变质带示意图

1、2. 日本领家-三波川双变质带;3～9. 印度尼西亚区未命名变质带;10. 新西兰 Wakatipu 变质带;
11、12. 华盛顿州 Shuksan 与 Skagit 变质带;13. 加州 Fraciscan 与 Sierra Nevada 变质带;14. 智利 Pechilemu 变质带

(1)陆缘成对变质带。目前可能正形成于南美西缘的安第斯大陆边缘。在弗兰西斯科和内华达山脉有一对中生代变质带;在智利,则展布着一对晚古生代变质带。

(2)正常岛弧成对变质带。目前可能正在东北日本弧和千岛弧之下形成,在那里大洋板块消亡于岛弧之下。西南日本的晚古生代和中生代成对变质带可能原形成于活动大陆边缘,后随日本海的张开,向洋漂移,成为岛弧的成对变质带。

(3)反向岛弧成对变质带。在那里边缘海板块潜没于反向弧(如新赫布里底)之下。北海道的一对变质带亦属这一类型,古近纪时,西侧的边缘海板块可能曾向东俯冲于萨哈林弧之下,这一边缘海现已关闭。

前两类成对变质带皆是高压变质带位于大洋一侧,低压变质带位于大陆一侧。相反,反向岛弧成对变质带却是高压带位于陆侧,低压带位于洋侧。成对变质带的排列反映了海沟、岛弧的位置关系,即标出了古岛弧海沟系的极性。

由于火山前峰距海沟有一段距离,在火山弧与海沟之间有一间隔(称弧沟间隙),相应地,产于海沟附近的高压变质带与产于火山弧下的低压变质带之间应有 50~200km 的间隔。在加利福尼亚和北海道,两变质带之间确实被一条未变质的岩带隔开。但有些成对变质带,如西南日本的三波川高压变质带与领家低压变质带相互直接接触,这可能与后期的断裂变动或地块的平移错动有关。事实上,一些高压变质带与低压变质带(如三波川与领家变质带)之间便是沿断裂带邻接的。

除环太平洋的岛弧-海沟系与活动大陆边缘外,成对变质带有时也见于大陆内部的造山带,如苏格兰的加里东褶皱山系、乌拉尔及阿尔卑斯褶皱山系(科瓦列夫,1980)。在大陆尚未相遇碰撞之前,两侧大陆之间曾有古大洋相隔。大陆碰撞前古大洋的俯冲可形成双变质带。例如,雅鲁藏布江变质带(高压或中-高压相系)与冈底斯变质带(低压相系)可能组成一对双变质带。这一对变质带应是印度和西藏碰撞前特提斯洋底板块向北俯冲于冈底斯之下的产物。

3)不成对变质带

在欧洲及大西洋周缘地区,许多变质带是不成对的。一般来说,如果存在着标志板块俯冲的高压变质带,那么,理应有相伴的低压变质带存在,因为俯冲带的岩浆活动(及高热流)应导致低压变质作用。但阿尔卑斯的佩宁带有一条高压变质带,却无低压变质带与它配对。推测相应的低压变质带可能隐伏在南面的花岗岩、安山岩和流纹岩带之下(都城秋穗,1977)。如果板块俯冲带逐渐向洋侧迁移,则在先前高压变质带的部位上,继而发生低压高温变质作用(属于较新时期的成对变质带),或发生花岗岩侵位,从而使高压变质带蒙受重结晶而遭破坏。

值得指出的是,不应当把蓝闪石片岩以及所有的区域变质作用都解释为板块俯冲的结果。造山带的区域变质作用也可能发生在大陆碰撞阶段;在转换断层(特别是压性转换断层),能否在高应力作用下形成蓝片岩,也有待进一步研究。在褶皱山系和陆缘地区,基底推覆体以下高压型变质岩是常见的。最后,在接触变质作用中,也有红柱石等形成,不能把这种变质岩与岛弧的低压高温变质带混为一谈,后者属于大规模的区域变质作用。

第四节 蛇绿岩套

一、大洋地壳与蛇绿岩套

1905 年,德国地质学家在研究阿尔卑斯褶皱带时注意到,那里的蛇纹石化橄榄岩、辉长岩、辉绿-细碧岩与深水的硅质岩(放射虫岩)等有规律地组合在一起,这一套岩石被称为蛇绿岩套(都城秋穗,1977)。蛇绿岩套广泛出露于不同时代的地槽褶皱带中。

通常认为,蛇绿岩套在层序上(由下至上)包括超镁铁质岩、辉长岩、辉绿岩直至覆有深海沉积层的玄武质熔岩。主要有以下几种。

(1) 底部的变质超镁铁质杂岩。有纯橄榄岩、斜辉橄榄岩等,往往遭受多期变形和变质,形成蛇纹石化橄榄岩或蛇纹岩。

(2) 堆积杂岩。是岩浆结晶分异作用所造成的"晶体堆积体",下部为堆积的橄榄岩,向上为堆积的辉长岩。橄榄岩、单斜辉石岩和辉长岩也可交互产出,主体是辉长岩。沿剖面向上,辉长岩越占优势,其上部几乎全是辉长岩(也包括不具堆积结构的辉长岩)。有时,尚有英云闪长岩、斜长花岗岩等淡色岩类与之共生,它们多产于辉长岩层顶部,应是基性岩浆结晶分异作用的最终产物。

(3) 席状岩墙群。多为细粒的辉绿岩,尚有角斑岩成分。这些岩墙相互平行,相邻岩墙在接触处出现不对称的冷凝边,可见一系列平行岩墙是岩浆沿张性裂隙先后依次贯入而成。这些岩墙也是岩浆喷溢的通道,喷出的熔岩便覆于辉绿岩岩墙之上。

(4) 枕状熔岩。属海底喷发,以拉斑玄武岩为主,常有细碧岩。一般认为,细碧岩是玄武岩和辉绿岩在海水渗入环境下被钠质交代的产物。枕状熔岩顶部与深海沉积物呈互层,向上则被深海沉积物所覆。后者包括放射虫硅质岩、含钙质超微化石的灰岩、页岩和硬砂岩等。超镁铁质岩、辉长岩、辉绿岩岩墙和枕状玄武岩之间,可呈犬牙交错、相互过渡关系。在枕状熔岩下部,熔岩与岩墙共生在一起,向下岩墙所占比例越来越多,最后转变为全由岩墙构成。有时,蛇绿岩套所出现的层序并不完整,可缺失某一层次(如缺失席状岩墙群);甚至由于强烈的构造变动,蛇绿岩被一条或数条断层切割得非常破碎,蛇绿岩套的层序被完全破坏。

都城秋穗(1977)指出,古代地槽褶皱带中的蛇绿岩套,实际上就是大洋地壳(及上地幔)的碎片。其主要论据是:①层序上的相似性(图4-29),蛇绿岩套中的深海沉积物相当于洋壳的第一层,枕状熔岩(可能还有部分岩墙)大致相当于洋壳第二层,席状岩墙群和辉长岩(可能包括部分超镁铁质岩)相当于洋壳的第三层,超镁铁质岩石则相当于洋底的上地幔;②对特罗多斯及纽芬兰蛇绿岩套样品的地震波速测定表明,蛇绿岩套体波走时的分布类似于洋壳和上地幔;③蛇绿岩套中堆积杂岩的$^{87}Sr/^{86}Sr$值(0.7040~0.7065)与上部枕状熔岩及席状岩墙的$^{87}Sr/^{86}Sr$值相当,斜长花岗岩也有类似的$^{87}Sr/^{86}Sr$值(0.7045~0.7059),表明它们属于同源岩浆结晶分异的产物;但蛇绿岩套剖面底部变质的超镁铁质岩具有很高的$^{87}Sr/^{86}Sr$值(可达0.7078~0.7156),应是岩浆分熔出去后的地幔残留体,这些特征可以用洋底岩石圈形成于中脊轴部的模式来解释;④蛇绿岩套中的基性岩因受蚀变,其K、Rb、Cs、Sr、Ba的含量及$^{87}Sr/^{86}Sr$值高于新鲜的中洋脊拉斑玄武岩,但可与蚀变了的洋底拉斑玄武岩相比;⑤蛇绿岩的熔岩具枕状构造,上覆深海沉积层,足见其形成于深海大洋环境;辉绿岩岩墙群的存在则是其形成于中脊轴带拉张环境的佐证;⑥有的蛇绿岩套上部的沉积层含铁锰矿床,其性质类似于现代大洋地壳上的含金属沉积物,蛇绿岩套的枕状熔岩中含热液成因的硫化物矿床,与红海轴部所发现的相当;⑦传统的看法认为,蛇绿岩套中的基性、超基性岩是岩浆侵入作用在原地生成的,但这些超基性岩与其围岩之间一般并没有证据确凿的高温接触变质带,其实,陆上褶皱带的蛇绿岩套都是外来的,它们均产于巨大的构造推覆体中,常与混杂岩体伴生,剪切变形的迹象举目可见,显然不是岩浆原地侵入的产物,蛇绿岩比起它们所侵位的褶皱带的年龄更老,也证明了这一点;⑧许多蛇绿岩套往往被推覆于碳酸盐岩、浊积岩等冒地槽型沉积物上,后者应产于大陆边缘环境;还有些蛇绿岩套推覆于岛弧型火山-沉积岩系之上,而岛弧也只能位于大洋的边缘。

以上均表明,蛇绿岩套的形成与海洋环境有关。蛇绿岩套原本是形成于海洋环境的大洋地壳,尔后,随着板块运动,在海洋关闭、大陆碰撞的过程中被推移卷入褶皱带中。

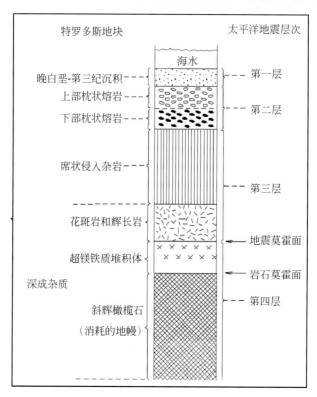

图 4-29　特罗多斯地块蛇绿岩套与太平洋地震层次对比(都城秋穗,1977)

由此可见,在分析蛇绿岩套的形成环境时,应区分这两种概念:一是蛇绿岩套的原生环境,即蛇绿岩套作为大洋地壳原先所处的构造环境;二是蛇绿岩套的构造侵位方式,即这些洋壳最终是如何被推覆到陆上的。相应地,在讨论蛇绿岩套的形成年龄时,也应有两种概念:一是蛇绿岩套的原生年龄,即这部分洋壳冷凝形成的年龄;二是蛇绿岩套的侵位年龄,指它被推覆至陆上的年代(在第 3 章专门讨论了内蒙古贺根山至西拉木伦河之间蛇绿岩带分布形成及时序、缝合带的形成问题,以利于找矿区域成矿条件判断)。

二、蛇绿岩套的原生环境

蛇绿岩套是大洋地壳的残片,其原生环境一般认为,蛇绿岩套形成于中洋脊环境。蛇绿岩套具有不同的类型,它们应产于不同的原生环境。

作为大洋地壳的蛇绿岩套,在未侵位至陆上以前,可出现于下列构造环境:①大洋中脊和大洋盆地(也包括狭窄的小洋盆);②弧后的边缘盆地;③未成熟岛弧。

大洋中脊和洋盆的地壳均形成于中脊环境,大洋岛或岛弧处的岩浆活动可叠加到原先形成于中脊的大洋壳上,因此,大洋岛和岛弧处的火成岩带有大洋岛拉斑玄武岩和碱性玄武岩类的成分,从而与纯粹产于中脊的洋壳有一定区别。至于边缘盆地的洋壳,其沉积层可能较厚,且含有较多安山岩类火成碎屑组分。在玄武岩的化学成分上,边缘盆地的玄武岩与中洋脊玄武岩之间可有程度不等的差别。

未成熟的洋内弧构筑于大洋壳的基底上,其发育时期短暂,尚未出现大陆型地壳。未成熟岛弧下垫的初始大洋壳亦应形成于大洋中脊。这类岛弧本身的岩浆活动主要是拉斑玄武岩系列的,故其岩石组合主要是基性岩和超基性岩,即属于蛇绿岩性质。在汤加、马里亚纳这些未成熟岛弧的水下斜坡上拖挖采样,所获得的岩样确是蛇绿岩质的。

根据蛇绿岩套所伴生的岩石组合,可以判断其原生环境。如果蛇绿岩与岛弧型钙碱性火山岩伴生,它可能属岛弧或边缘盆地环境;如果该蛇绿岩与大陆架(冒地槽)厚大碳酸盐地层相叠覆,常表明其产于开阔大洋。另外,倘若蛇绿岩的原生年龄与侵位年龄相当接近,这种蛇绿岩很可能产于边缘盆地(或小洋盆)。因为边缘盆地规模较小,有可能在较短时期内俯冲(或逆冲)而关闭,伴随着发生蛇绿岩的构造侵位。由于蛇绿岩套中的火成岩或多或少地遭受蚀变和交代作用,要恢复其原岩性质,追踪其原生环境,决非轻而易举之事。

三、蛇绿岩套的移置与侵位

将显生宙期间形成的大洋地壳总量与该时期构造侵位的蛇绿岩套数量进行对比,估计仅有不到十万分之一的大洋地壳免遭俯冲潜没,被移置于陆缘或陆上。产于陆缘或造山带中的蛇绿岩具有不同的侵位方式,以下侧重讨论俯冲带蛇绿岩(或称消减带蛇绿岩)和逆冲蛇绿岩两大类(图4-30)。

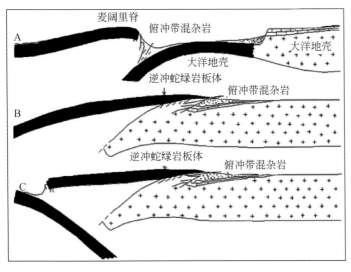

图4-30 麦阔里脊型蛇绿岩逆冲示意图(都城秋穗,1977)

1. 俯冲带蛇绿岩

这种蛇绿岩产于海沟陆侧坡的俯冲带混杂岩体中。当大洋板块沿海沟向下俯冲时,大洋地壳会遭受断裂而破碎洋壳碎块(图4-29),特别是洋底沉积层可能在俯冲过程中被刮落下来,添加于海沟的陆侧坡。它们与仰冲板块的岩石和沉积物混杂在一起,构成俯冲带混杂岩体。其中所混入的洋壳碎块,即是俯冲带蛇绿岩。当俯冲活动停止时,在地壳均衡调整作用下,海沟向上浮升,俯冲带混杂岩体和蛇绿岩可抬升至陆上。由于俯冲活动所引起的强烈形变和错断,在俯冲带蛇绿岩中,很难保留下规则的层序。

构成俯冲带蛇绿岩的洋壳碎块,其原生环境可以是中洋脊(以及大洋岛);也可以是边缘盆地(当边缘盆地洋壳俯冲于反向岛弧之下);或者曾是组成海沟内壁或弧前地区的洋壳,它们可被错断、逆冲至俯冲带混杂岩体中。俯冲带蛇绿岩可与岛弧蛇绿岩伴生,构成并列的两条蛇绿岩带。当大洋关闭、大陆与大陆碰撞时,俯冲带蛇绿岩可能被挤出来,出露于地缝合线上。

2. 逆冲蛇绿岩

当洋壳段落逆掩仰冲于大陆边缘或岛弧之上时(地中海型,图4-31),较重的洋壳段落反而上冲掩覆于较轻的过渡型或大陆型地壳之上,这种逆冲于陆缘或陆上的规模较大的洋壳和上地幔块体,便称为逆冲蛇绿岩,太平洋中脊型逆冲作用示意图见图4-32。

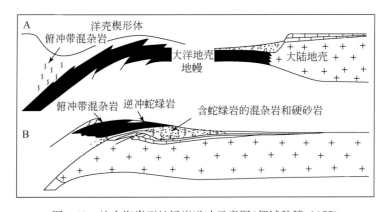

图4-31　地中海脊型蛇绿岩逆冲示意图(都城秋穗,1977)

在逆冲蛇绿岩中,有时可见到比较完整的蛇绿岩层序。逆冲蛇绿岩的原生年龄可据其中的火成岩或沉积层的年龄得出。原生年龄给出了构造侵位年龄的下限(构造侵位年龄只能小于原生年龄),被逆冲蛇绿岩掩覆的原地岩层的年龄同样给出了侵位年龄的下限。推覆于逆冲蛇绿岩之上的岩层(如海进地层)的年龄则提供了侵位年龄的上限。蛇绿岩的逆冲侵位作用较多地发生在白垩纪,可能与当时海底扩张速度加快有关。

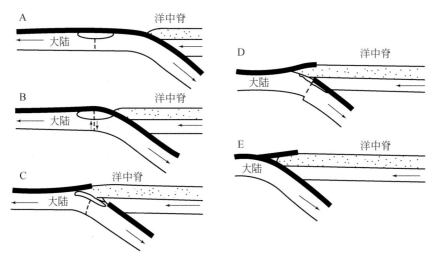

图 4-32 太平洋中脊型蛇绿岩逆冲示意图

A. 单侧洋中脊关闭；B. 洋中脊逼近海沟俯冲带；C. 洋中脊直冲岩石圈拆离；D、E. 拆离的岩石圈上层逆冲于大陆边缘，构成逆冲蛇绿岩板体

第五节　板块伸展形成的裂谷

大陆裂谷，裂谷指地壳上延伸很长、切割很深的张裂带。裂谷的定义有两个要点：一是规模大，所发育的断裂可切穿整个岩石圈；二是处于引张环境，从而区别于其他切过整个岩石圈的大型断裂（如转换断层、缝合带等）。裂谷在地形上表现为纵长的凹陷和谷地。发育于陆壳上的裂谷，即是大陆裂谷。它的两侧往往被一系列正断层所限，表现为单一的或复杂的地堑带。但有的裂谷仅在一侧有断裂发育。裂谷底多有深水湖泊展布。世界上最深的湖泊——贝加尔湖（深 1740m）便发育于贝加尔裂谷中。东非裂谷中的坦噶尼喀湖，既窄且长，深度在 1400m 以上。大陆裂谷还可被一系列横向断裂带切割。

地壳大陆裂谷轴部，地壳有所减薄，岩石圈亦明显变薄。莫霍面向上抬升，显示地幔物质沿轴带上涌。例如，莱因地堑南部，莫霍面向上抬起约 5km；利马涅地堑之下，莫霍面上升至距地面 24 公里的深处。东非裂谷地壳厚约 30km，而相邻正常地壳厚约 40km。地壳内可有一、二层低速层。地壳以下，常伏有震波速度为 7.4～7.6km/s 的异常地幔，亦称幔枕或幔垫，多分布在 20～50km 深处，推测是上侵的高温且低密度的地幔物质（金性春，1982）。

1. 热流和重力

在大陆诸构造单元中，大陆裂谷具有最大的热流值，可达 $2\sim 4\mu cal/(cm\cdot s)$，甚至更大，难与中洋脊的热流值相比。重力测量表明，大陆裂谷常具有布格负异常，如莱因地堑约为 $-30\times 10^{-3} m/s$。负异常是厚沉积层及低密度异常地幔的反映。有时在宽阔负异常的背景上叠加有小范围的正异常，这是来自地幔的高密度侵入岩体的反映。沿裂谷边界往往出现重力异常和磁异常的梯度带（金性春，1982）。

2. 地震

大陆裂谷的地震活动相当频繁,但一般不甚强烈,震源较浅,约在 45km 的深度以内。大地震常出现于边界断裂处。震源机制表明,地震属正断层型,显示垂直于裂谷走向的拉张作用。不过,大陆裂谷的扩张异常缓慢,大多在 1mm/年以下,少数达每年数毫米。

3. 岩浆活动

大陆裂谷大多伴有火山和深成岩浆活动,裂谷火山岩以玄武岩为主,多见拉斑玄武岩、碱性玄武岩,尚有碱性花岗岩、碱性-超基性杂岩及双峰系列(或称双模式系列)火山岩。双峰系列中岩石成分差异明显,基性岩浆与酸性岩浆大致同时喷发,却几乎缺失过渡的中性成分岩类,包括玄武岩-流纹岩组合及碱性玄武岩-粗面岩组合,以碱性较高的后者常见。一般,基性组分在数量上明显地超过酸性组分。其中基性岩浆显然来自地幔,与裂谷下底辟上涌的物质的局部熔融有关;酸性组分则可能属地壳起源,或受到地壳物质的混杂。缺乏中性岩类的双峰系列与中性岩类占优势的钙碱性系列造成明显的对照。大陆裂谷的花岗岩属非造山型花岗岩(也称 A 型花岗岩),多为碱性花岗岩,常与碱性杂岩共生。裂谷带花岗岩可以是碱性玄武岩浆分异的产物,也可以是在来自地幔的热或岩浆的作用的地壳深部物质遭受熔融或部分熔融的结果。

在横向上,从大陆裂谷中心向两侧,岩浆中碱性组分升高。在扩张作用较显著的埃塞俄比亚裂谷,轴部以拉斑玄武岩为主,两缘则发育碱性玄武岩类,后者常沿横向断裂带(类似于转换断层)展布。在裂谷周缘地带,还见到双峰系列火山岩、碱性杂岩、金伯利岩、岩浆成因的碳酸岩等。在扩张微弱的大陆裂谷段,碱性和双峰系列岩浆活动广布于整个区域,也见于裂谷的轴带。

第六节 板块与成矿分析

一、现代板块构造与成矿

1. 主弧带形成的矿床

主弧带是俯冲带靠近大洋的火山-岩浆岩活动带,是岩浆活动最剧烈的带,在走向上连续分布,距深部源区最近,以钙碱性岩浆成分为主,主要源于洋壳成分。在俯冲带倾角为中等到陡倾时,主弧带的分布宽度相对狭窄,岩浆活动更为集中,俯冲带倾角平缓时,主弧带会变宽和分散。

张性弧和压性弧对应的成矿类型有明显区别,张性弧形成洋内弧,按其形成时间的长短分为不成熟弧(以拉斑系列岩浆活动为主)和成熟弧(以钙碱系列岩浆活动为主),但也可以是从陆缘分离出来的洋内弧,具有陆壳性质(如日本弧),压性弧为陆缘弧。张性弧对应陡倾俯冲带,压性弧对应缓倾俯冲带,中性弧对应中等倾角俯冲带。

主弧带成矿以铜、铁和贵金属矿床为主,次为钨钼矿化,矿床类型有斑岩铜矿、块状磁铁矿、夕卡岩矿床、平卧型铜矿、深成脉状矿床、浅成热液金银矿床等。斑岩铜矿是主弧带最有代表性矿床，但限于压性弧中，张性弧中不存在，岛弧环境的斑岩铜矿富金贫钼，而边缘弧环境的斑岩铜矿富钼贫金，但有明显的例外。这说明主弧带的矿床成矿元素主要受其共有的岩浆演化和地壳厚度控制，其次受不同地区岩性差异影响，地壳厚度的影响如科迪勒拉弧系中产有钨矿床，且斑岩铜矿规模大，是因为它的地壳厚度大于洋内弧的地壳厚度。

2. 俯冲主弧带矿床

1) 斑岩型矿床

斑岩铜矿床基本上分布在俯冲带钙碱性线状火山深成弧上，以挤压弧为主，环太平洋带和阿尔卑斯-喜马拉雅带是现代和近代活动的俯冲带，也是斑岩铜矿床全球集中分布的带，古亚洲域（苏联）和东澳大利亚斑岩铜矿床则属古生代俯冲带。

斑岩矿床的金属矿物来源于大洋岩石圈，当大洋岩石圈俯冲于软流圈发生部分熔融时，金属矿物随钙碱性岩浆上升，在分异的热液中富集，充填于斑岩裂隙中成矿。智利萨尔瓦多铜矿是研究最详细的斑岩铜矿床，可知其成矿条件是：①斑岩岩浆的含水量必须足够高（2%～3%），能使斑岩体上升到2～6km深度发生固化，使其形成角闪石和黑云母斑晶，并使含矿热液能导致岩石形成大量含矿裂隙；②岩浆温度要足够高（>800℃），才能使熔浆上升到4km的浅部；③岩浆中含形成铜硫化物所需的金属、硫和氯化物，岩浆有较高的氧化态，保证硫和金属氯化物的搬运。这些条件正是主弧带的次火山杂岩才能具备的，俯冲带可将大量水带入深部，主弧的岩浆活动强烈，直接来自源区，侵位浅，同时高温岩浆热液与低温大气水叠加的作用形成了发育的蚀变分带（科瓦列夫，1980）。

2) 脉状矿床

主弧带脉状矿床是与主弧期钙碱性岩浆侵入体的热液活动相关的矿床，以贵金属矿床为主。重要的一类是浅成热液贵金属矿床，矿床围岩为主弧安山质火山岩，这类矿床已经总结为一种理想模式，在古地表浅部数百米深度内成矿，金矿为脉状，其深部可变为脉状贱金属硫化物矿床，成矿裂隙系统通达地表形成热泉喷口。矿床形成于大气水对流系统中，由深部岩浆热源驱动热液运动，金属来源于岩体或围岩，金属沉淀成矿多与热液的沸腾作用有关。矿床垂向分布范围有限，仅几百米，但在平面上可广泛分布达几公里。当金矿脉靠近地表时，与古热泉密切共生，成为热泉型金矿床。

主弧带浅成热液金矿床中有一类是交代碳酸盐形成的浸染状矿床，称为卡林型金矿床，是一类有价值的矿床，矿床成因仍是与主弧岩浆活动有关，由大气水对流系统成矿，特殊的条件仅是碳酸盐岩的围岩为含矿母岩，以及十分发育的裂隙系统，从交代成矿成因看，卡林型矿床可作为含金夕卡岩的远端低温相。

浅成低温和热泉型金矿在美国西部、墨西哥和菲律宾等地区较为典型，广泛分布脉金矿床，是金矿的重要产区。

3) 夕卡岩矿床

主弧带具有夕卡岩矿床形成的良好条件，夕卡岩矿床多形成于中浅层的中酸性岩浆岩，主要为钙碱性系列，这是主弧带岩浆岩的特点，围岩为各种碳酸盐岩石，这在主弧带具有陆基的早期冒地槽期都有广泛发育，如在边缘弧中夕卡岩矿床更发育。

主弧带夕卡岩矿床主要为钨、锌、铜的矿床,它们具有不同的形成深度,钨矿床深度最大,锌矿居中,铜矿最浅,钨矿形成于早期夕卡岩阶段,而贱金属矿床还可发生晚期硫化物阶段,许多情况下贱金属夕卡岩矿床是斑岩铜矿的过渡相,它们的成矿条件十分类似,由相同的含矿质岩浆流体在不同的围岩条件下形成。

3. 主弧带内侧矿床

对于缓倾角的俯冲带,在主弧带内侧靠陆一侧很宽的范围内,分布孤立的岩株状侵入体,与此伴生的矿床即主弧带内侧矿床,它们不同于主弧带矿床。在缓倾角俯冲带上有明显的成矿分带性,与岩浆岩分带性相对应,在主弧带上为钙碱性岩浆和相关的斑岩铜钼矿床等,在内侧带上为中酸性和酸性侵入岩,产出的矿床有中部的铜铅锌银矿床和内侧的钨锡矿床及稀土矿床等。成矿元素分带性的概略解释是主弧带上俯冲带处于浅部使易熔组分先分离出来成矿,而与内带对应的是俯冲带的深部,难熔元素这时才分离出来成矿。对应内带的岩浆岩分两类,即I型和S型花岗岩,分别为地幔来源和地壳重熔来源。内弧带以侵入体为主,主弧则发育火山岩。

1) 接触交代矿床

内弧带上接触交代矿床主要为岩株与碳酸盐岩接触交代形成的铜铅锌银夕卡岩型矿床。岩株以花岗闪长岩和石英二长岩为主,碳酸盐岩为较早期的陆缘冒地槽或地台沉积形成。矿床常为筒状、层状等,分布不规则,勘探难度大。有时以岩株为中心有矿化分带,中心为斑岩铜矿,向边部转为夕卡岩型铜矿,外围是夕卡岩型铅锌银矿,也可不具分带,但铅锌与铜的夕卡岩矿化常是分离的,多筒状矿体由裂隙构造与层理双重控制。秘鲁的产于火山口环境的大型交代矿床为硫铁矿床,也发育铜和铅锌交代矿体,属内带型矿床,表明内带也有火山活动,且其规模更大。

内弧带与主弧带的夕卡岩矿床形成条件是相似的,差别在于俯冲带的深度分带性引起的岩浆岩和金属组合的变化。

2) 锡钨矿床

在内弧带上锡钨矿床更靠向大陆内部,成矿环境为内弧型,与石英二长岩和花岗岩伴生,有I型和S型两种。矿床有锡矿床、钨矿床或钨锡矿床,类型有夕卡岩型、筒状、脉状及斑岩型等,单独讨论是因为它很重要,且是单独分带的。典型产区有安底斯山带、著名的东南亚锡带(缅甸、泰国、马来西亚,长1400km)和中国东南部中生代花岗岩带的钨锡矿带,以S型为主,还有澳大利亚东部锡矿带。

矿床类型虽然复杂多样,但总是与长英质岩浆活动有关,是内弧带矿化共同因素,只是局部地层、构造及成矿物化条件有差异。这类矿床中也有斑岩型矿床,如玻利维亚的Llallagua斑岩锡矿,规模巨大(50万t锡金属量),它们与主弧带的斑岩铜矿成矿特点相似,只是成分上的分带。矿床在I型和S型花岗岩都有产出,表明了成因上的差异,二者之间是否有某种联系尚不清楚(郭令智等,1981)。

4. 弧后带矿床

弧后带是指弧后盆地带,处于主弧靠大陆一侧,是在引张作用下形成的盆地或裂谷带,这是在总体为挤压作用下形成的局部张裂带,由于弧后张裂的原因不同,所形成的弧后盆地及其成矿有不同的面貌。弧后带与内弧带都处于主弧后侧,但应力状态不同,构造型式和成岩成矿有很大差异。

弧后盆地与陡倾斜俯冲带关系密切,这时弧后为张应力体制,弧系拉张形成裂谷,并可发展到弧后洋盆,如日本海属此成因,这里形成的典型矿床是黑矿型块状硫化物矿床。美国西部则形成另一种弧后扩张机制,这里属于安底斯型俯冲带,为缓倾角俯冲带,但在距海岸1000多公里的大陆内出现裂谷带,其成因与板片俯冲速度由快速到慢速的变化有关,俯冲减速后深部俯冲板片下沉,导致地壳下陷形成盆地,深部岩浆底辟上升,形成新的成矿条件,形成大型斑岩钼矿床。

1) 黑矿型矿床

典型黑矿型块状硫化物矿床产于日本北海道和本州东北部,在日本岛西侧靠日本海一线,矿床产于长英质火山岩中整合分布的多金属透镜体矿层,矿床形成于中新世,这期间是日本海盆地引张活动的一期,发生新的火山活动,形成相应的黑矿型矿床。日本的黑矿型矿床因为形成时间晚,未受构造运动改造,它的构造背景十分清楚,从而成为一种基本矿床类型,成为全世界对比研究的范例,但这类矿床也可以产于大陆张性裂谷中,不一定有弧后扩张背景,而且可与双峰式火山岩共生,表明一般陆内裂谷特征。因此黑矿型矿床研究的意义十分重要,特别对于古构造背景中的这类矿床的鉴别,对认识古构造带性质提供证据。

黑矿型矿床是张性弧的特征性矿床,产于弧后盆地中,这里的主弧中不出现斑岩型铜矿床,后者产于压性弧中,那里不会有黑矿型矿床,二者不共生。这两类矿床有鉴别岛弧构造性质的意义。黑矿型矿床常与另外两类块状硫化物矿床矿床别子型和塞浦路斯型矿床一起放在俯冲带的完整剖面的不同构造位置,作为成矿系列,但从板块构造背景看是完全不同的(郭令智等,1981)。

2) 绿岩带块状硫化物矿床

产于太古代,主要是指产于太古代的绿岩型金矿(省略)。

3) 斑岩钼矿床

在美国西部的安底斯型俯冲带的弧后扩张带中形成大型斑岩钼矿床,即克莱马克斯型钼矿床,产于高硅富碱的流纹斑岩岩株中,含亲岩元素钨锡铀铌钽等,不含铜。这类矿床的成因与其弧后裂谷机制有关,如上所述,当俯冲板片减速后下沉,倾角增大,地幔基性岩浆上升,新的热活动使地壳重熔,分异成流纹质岩浆并富含亲岩元素,通过底辟作用上升形成斑岩体和矿化。

显然弧后裂谷中斑岩钼矿床不同于主弧中的斑岩铜矿床,它们的构造位置、岩浆岩类型和金属元素组合是明显不同的。不过美国西部安底斯型俯冲带的这种构造性质是有其特殊性和复杂性的,它原本属于缓倾角俯冲带的压性弧,由于俯冲减速而改变成张性弧,形成大陆内部的裂谷盆地,不同于日本弧的弧后海盆地。这种环境及其矿床在其他地区的再现还不普遍,需注意观察。

5. 洋壳环境的形成矿床

洋壳形成于洋中脊,是主要的板块离散边界,全球有5万多公里长,是岩浆活动最强烈的带,在这里形成镁铁质的蛇绿岩套,并从中脊向两侧迁移,洋脊扩张的速度在各处不同,可发生变化。

洋中脊不仅是岩浆活动的地带,也是热液活动地区,热液活动造成洋底玄武岩蚀变是普遍现象,热液富含金属元素并上升到海底,就会沉积下来形成矿床,这要求洋壳岩石有高渗透性,总体上看洋脊上的成矿作用并不发育。扩张脊上热液活动可分强弱两种类型,弱型热液活动可在玄武岩上形成富锰和富铁两种皮壳,就是海底铁锰结核的来源。强型热液活动形成黑烟囱和白烟囱,就是热液在海底的喷口,其中黑烟囱形成硫化物矿化,以铜和锌矿化为主,这是洋脊主要成矿活动。洋壳成矿的意义还在于它们可以被迁移进入大陆成矿带中,其次,洋壳含矿是弧系成矿的重要来源。

塞浦路斯型矿。特罗多斯蛇绿岩形成于洋中脊环境,是板块俯冲而被抬升至大陆的,块状硫化物矿床都产在下部枕状熔岩的顶端或内部,有90多个矿床,规模较小,矿石以黄铁矿为主,含铜和锌矿化。塞浦路斯型矿床有广泛分布,但重要的是鉴定它形成于洋中脊环境。但是塞浦路斯型矿床是否就是海底黑烟囱成矿的结果,也有些疑问,如黑烟囱含丰富磁黄铁矿,而塞浦路斯型矿床则不含,不过多数地质特征相似(郭令智等,1981)。

6. 大陆内部热点形成的矿床

板块构造与成矿的关系大多发生在板块边缘上,或由边缘活动引起的附近地带,而大陆内部的热点活动与成矿却与板缘无关,它是由地幔柱的活动引起的,与太平洋中夏威夷群岛的成因相似。当大陆板块从地幔柱上漂过时,就会留下一串活动的轨迹,如东澳大利亚新生代玄武质火山熔岩,如果相对运动很小,地幔热柱在大陆固定点长期停留,会形成更强烈岩浆活动,包括玄武岩、镁铁质岩和长英质岩的多种火成岩组合,碱性高,有来自地幔的和地壳重熔的成分。这些大陆内的岩浆活动及伴生的金属矿产没有裂谷构造和造山构造的表现,具体地质特征的多样性和复杂性则是由地幔热点的活动性、大陆壳的特点、热点持续时间长短、岩浆上升路线等因素引起。但地幔热点的成矿规模可以非常巨大,所以有很重要的意义。

1)花岗岩锡矿床

由地幔热点形成的花岗岩锡矿床的实例有西非乔斯高原环状花岗岩锡矿、巴西西部朗多尼亚花岗岩带锡矿、南非元古代布什维尔德花岗岩锡矿等,前二者呈带状,后者为点状杂岩体,都具有大规模矿化,全球其余地区有许多中小规模的花岗岩锡矿。这些花岗岩为碱性,多为地壳成因,包括锡矿化,也可含地幔来源物质,花岗岩锡矿床呈线状分布表明热点活动轨迹,为区域成矿规律。

2)斜长岩铁钛矿床、层状镁铁质杂岩矿床

它们是以玄武岩质为主的镁铁质杂岩体及矿床,典型实例有南非元古代布什维尔德火成杂岩体中层状镁铁质岩,伴生铬铁矿、铂族元素、钒磁铁矿;美国蒙大拿州太古代层状镁铁质杂岩铂矿床;加拿大安大略省萨德伯里太古代侵入体铜镍矿床等。这些矿床都有十分巨大的规模,将它们归入热点矿床成因是因为没有裂谷活动证据,有人还提出陨石撞击成因,也可能是诱发成因之一。

二、古板块构造中的大陆边缘构造成矿

古板块构造中的大陆边缘经历了漫长的地质作用,是壳幔作用活跃、构造运动复杂、各层圈的物质及能量交换频繁、成矿作用显著的大地构造单元。全球范围内许多大型、超大型矿床分布在现今大陆和古大陆边缘,跨区域地质界线的边缘。深入研究不同古陆边缘的构造演化和成矿系统,有助于认识中国大地构造特点和矿床分布规律。

古板块大陆边缘多经历过造山运动,是长期地质作用的累积产物,常有多个不同时代的地体增生拼贴,其中保留了大量的地质记录。但是由于古大陆边缘经历了复杂的变形、变质和变位,相当数量的古老岩层、构造(包括其中的矿床)已被破坏和改造。依据残留部分恢复其整体是很困难的,需要进行多学科的系统研究,层层解析,全面对比,研究其地质作用随时间的演化,即成矿环境和背景的演化过程。这中间一个重要内容是如何将对现今板块边缘系统的认识合理地运用到大陆内部古板块边缘的分析,来研究古大陆边缘的成矿规律,并将构造体系和成矿系统分析结合起来,服务于找矿。

古板块构造中陆边缘在漫长的地史演化中,一般都经历了各种构造格局的演变,包括多次"开"、"合"作用过程。按照古陆边缘的构造动力学特征,划分为离散型、会聚型和走滑型三类基本大陆边缘系统。

1. 离散型陆缘构造成矿

离散型陆缘是在伸展构造作用下大陆破裂解离的产物。由于热地幔柱上升,地壳拉张减薄裂解,软流圈物质上涌,向岩石圈浅部和地表运移和汇集;同时,陆源长期风化产物也向大幅度沉降的槽谷内堆积,这就构成深源和表生物质大规模汇集的构造环境。这些环境包括大陆边缘裂谷、裂陷槽和坳拉谷等。在这些构造中,有丰富的成矿物质,有很高的地热流,促成成矿物质的溶解运移;有多种来源和性质的流体(包括热卤水),有火山喷出物和蒸发岩层可提供硫、氟等矿化剂,有利于在还原条件下金属硫化物的堆积;有同生断层等构造作为流体运移的良好通道;封闭好的局部拗陷则可保持矿质不流失和持续堆积;裂谷盆地后期的沉积层又可覆盖已成的矿层,起到屏蔽保护作用。正是由于这些成矿基本因素集中于裂谷等拉张构造环境,构成集约化的成矿系统,因而能产出相当多的矿床类型,包括 SEDEX 型、VMS 型、镁铁质-超镁铁质岩中的铜、镍、铂矿床类型以及沉积型铁、锰、磷、铝等矿床类型,有很重要的经济价值。依据对华北陆块北缘狼山-渣尔泰山中元古代裂谷和杨子南块北缘南秦岭裂陷槽中大型矿床(东升庙、霍各乞、厂坝等)的研究,彭润民等(2000)将与伸展构造有关的 SEDEX 成矿系统的基本特征作如下表述。

(1)成矿海盆属于被动大陆边缘伸展构造环境下的槽型断陷盆地(裂谷、裂陷槽、大型台沟等)。矿化集中在它们的局部次级海底洼地中,这些洼地封闭性好、沉积不补偿、有机质含量高、还原性好,是成矿的良好化学封闭。

(2)含矿建造为陆源碎屑岩-碳酸盐岩建造和类复理石建造。在东升庙等矿床中的含矿岩系中还发现"双峰式"火山岩夹层;说明其确属裂谷环境,在成矿过程中有明显的、间歇性的海底火山喷发,矿床的形成与海底火山活动有关。这也表明有些被动陆缘也发育有火山活动。

(3)同沉积构造体系完整且长期活动。同沉积构造包括同生断层、生长背斜、滑塌构造、同生角砾岩等,它们既是裂谷等构造的组成因素,又是沟通矿源场、中介场和储矿场的纽带,为含矿热水的运移提供了通道和场地。

(4)具备长期存在的地热异常场,有较完整的热事件演化史,它来源于上涌的岩浆或热流体,其根源可能为上升的地幔热柱。强大的热场足以促成和保持长期稳定存在的热水对流系统,是形成大型、超大型热水沉积矿床的一个重要条件。含矿地层中的火山岩夹层、以硫化物矿石为代表的热液矿物、各种火成岩脉、热变质角岩类,以及硅质岩、钠长岩等热水沉积岩的产出,都是区域构造-热事件的记录。

(5)发育完整的热水对流系统和稳定持续的热水沉积作用是形成 SEDEX 矿床的先决条件。近年的研究表明,热水沉积是一种相当普遍的成矿作用。热水沉积的规模大、持续时间长、热水中成矿元素含量高、热水作用集中于同生断层和次级局部洼地等是形成金属巨量富集的基本因素,而热水沸腾、水爆、同生角砾化和硅化交代等对促进热水中矿质沉淀有重要作用。

(6)高丰度成矿元素矿源层的存在是热水成矿的前提,裂谷等构造中巨厚的沉积柱和变质岩基底均可作为某些元素的矿源层。矿源层中的成矿元素本底固然必要,但更重要的是成矿元素的赋存状态及其被活化、汲出所需的能量大小。在具备高热流值和大量流体(包括热卤水)作用的条件下,其影响范围内岩石中的多种元素(铜、铅、锌、铁……)容易被活化析出。硅铝质陆壳长期剥蚀风化产物中的铅、锌等物质进入海盆中,也是矿质来源的一个组成部分。

(7)当裂谷等构造发展到终结阶段,由伸展状态转变为挤压状态时,盆地逐渐闭合进而发展到褶皱隆升造山。原来的硫化物矿层被卷入造山带,经历了热力变质、晚期变形等,矿体的形态、产状、组成和品位发生了一系列的变化,包括叠加成矿和改造成矿等作用,这些后继的地质作用有可能使原热水沉积成的汞、锑、金、银矿化层等再富集成为矿床。

总体来看,在陆缘伸展构造中热水成矿系统占重要地位,其矿化呈区域性带状分布,延长可达数百千米;在成矿带中,大中小型矿床星罗棋布,有些呈等距分布;矿化的水平分带性较明显;成矿物质的集约度很高,聚矿能力强,矿石储量大,大型和超大型矿床常有产出。

已知这类成矿系统在全球范围内主要发生在元古宙和泥盆纪,成矿时代处在古大陆演化过程的裂解晚期向聚合初期的构造转变阶段并认为这有一定的全球背景。

2. 会聚型陆缘构造成矿

古板块大陆边缘处于挤压状态时,形成不同于离散陆缘的构造系统和成矿作用。这种会聚型陆缘有两种:一是大陆板块与大洋板块会聚,洋壳削减俯冲;二是两个陆块碰撞对接。在地质历史上,这两种作用常表现为一个大的运动过程的两阶段,即先期的洋壳俯冲削减及尔后的陆-陆碰撞造山。

当大陆板块与大洋板块碰撞时,密度较大的洋壳俯冲到较轻的陆壳之下。洋壳中富含水和金属的沉积物被带入俯冲带深处,经加热局部熔融,形成以钙碱性成分为主的岩浆岩及热液系统,沿深断裂进入地壳浅部或喷出地表,使幔源和壳源的成矿物质在岛弧区和弧后盆地的局部地段富集形成矿床。随着俯冲深度的增大,矿源(或深层)物质加多,岩浆、热流及矿质成分发生系统的变化,沿垂直俯冲带的方向矿化作有规律的分带展布。对现代板块俯冲带的研究表明，它的影响可扩展到距岛弧区内侧上千米处，常表现为平行大陆边缘的区域构造-成岩-成矿带。

环太平洋构造带是中新生代活动陆缘的成矿带，以火山岛弧链成矿系统和大陆边缘弧成矿系统最为发育，铜、金、银、锌、钼、锡、钨等为主要成矿金属，矿床类型有斑岩型、黑矿型、浅成低温热液型、火山热液型、接触交代型、热泉型等，其中占目前世界铜矿产量一半以上的斑岩铜矿就产于陆缘岩浆弧中。

陆-陆碰撞型构造-成矿系统是在挤压动力条件下，两个分开的陆块相向运动，直到碰撞对接，产出构造混杂岩、大型推覆构造、大型逆冲断层，以至隆升造山、岩层变质、局部地壳重熔及同构造期火成岩侵位等。在这些作用下，加剧了对原有地壳的活化和改造，大陆物质经过重组，提供了有用物质重新运动和富集的机会。以华北陆块南缘为例，在南秦岭区晚古生代（350Ma）开始华北陆块与扬子陆块的陆-陆碰撞，造成地层挤压褶皱、变质隆起，以及大规模碰撞型花岗岩类岩浆活动，使泥盆纪时海盆中形成的同生-准同生铅-锌矿层受到了后期的热动力改造形成层控铅-锌矿床，并使前泥盆系矿源层中的铜、汞、金、钼等受到岩浆热液和(或)构造热液的叠加改造而形成微细浸染型金矿和层控热液型铜、金、铁、钼矿床等。

陆缘挤压构造环境的成矿以岩浆热液成矿系统为主，矿床类型多样；矿化也呈区域性带状分布，有较宽的分带。成矿空间结构的集约度高、聚矿能力强、矿床规模大中小均有，成矿后因造山隆升而使浅部矿床受剥蚀的概率较大，因而其古老成矿系统被保存下来的可能性不如拉伸构造环境下的成矿系统。

3. 走滑型陆缘构造成矿

走滑大陆边缘或称转换边缘(transform margin)，即大陆与大洋板块间或陆-陆间相对的水平运动，以走滑构造带相接，常形成宽且复杂的构造变形带。据分析，在板块边界构造网络中，走滑边界在总的板块边界长度中占有很大的比例，相当长的板块边界由大型走滑断层系组成。这些规模巨大的走滑断层深切上地幔，有明显的热动力异常，伴有普遍的流体运动，可诱发岩石圈不同壳层物质的熔融，造成花岗岩类、煌斑岩类岩浆的上侵，并常伴有铜、金等成矿作用。走滑断层的局部转折处可产生拉分盆地，它们常与油气田分布有密切关系。世界上著名的大型走滑断裂有北美的圣安德列斯断裂系和中国的郯庐断裂系。圣安德列斯断裂系邻近太平洋板块和北美板块的边界，属右行走滑性质；郯庐断裂系位于欧亚板块东缘与太平洋板块的毗邻地域，系左行走滑性质。这两个巨大走滑断层系自中生代以来有显著活动，水平位移量均为400~500km，对区域的岩石圈结构和物质运动均有重大影响。与圣安德列斯断裂系有关的有新近纪油田和正在进行热卤水成矿的索尔顿海。而沿着郯庐断裂系，中新生代火山岩浆活动频繁，发育与白垩纪富钾火山岩系(粗安岩系)有关的铜-金成矿系统。著名的胶东北绿岩带金成矿系统和白垩纪-古近纪含油盆地均与郯庐断裂系的构造-岩浆-热动力背景密切相关(中国科学院地质研究所等，1980)。

类似的走滑断层系有发育在智利境内的近SN走向的右行走滑断层带，它位于东太平洋板块与南美板块的界限，是在白垩纪-古近纪、白垩纪-新近纪发育的构造-岩浆-成矿带，形成著名的斑岩成矿系统，有多个世界级铜矿床，成矿时间在50~40Ma，是环太平洋矿带中矿化最富集的地段之一。类似的情况有我国川藏交界的玉龙斑岩铜矿带位于

NNW-SSE向的走滑断层系统,以及西北地区的阿尔金走滑断层系及有关矿床(李春昱等,1981)。

关于前寒武纪古陆边缘走滑构造及其控矿作用,目前所知甚少,需要进一步研究。

以上分别简要讨论了离散型、会聚型和走滑型三类大陆边缘构造-成矿特征,这三种陆缘构造型式互相关联,彼此间或递变或复合。对一个古陆来说,其不同边缘可有不同的动力状态,同一时期中,可同时存在两种或三种构造型式。例如,印度板块向欧亚板块推挤俯冲时,其EW两侧地域就发生了走滑断层系,如东侧的红河断层就处在扬子陆块的西南缘,产出有哀牢山构造带的古近纪、新近纪金矿系统。再有,在同一个大陆边缘的不同演化阶段,其构造动力状态也是有转变的;例如,东亚大陆边缘自中生代以来,经历了三个地球动力学演化的阶段:从被动陆缘(230~150Ma),到剪切(转换)陆缘(150~110Ma),再到活动大陆边缘,后者先是斜向俯冲(110~45Ma)后又转变为正面俯冲(45Ma),这说明欧亚大陆东部边缘有着相当复杂的演变过程,在研究其构造-成矿特征时,应充分考虑其多样性和复杂性(中国科学院地质研究所等,1980)。

三、板块构造运动形成的两类特别矿床

在内蒙古满洲里地区发现了乌奴格吐山斑岩型铜钼矿床等,在赤峰林西一带发现了大井、花敖包特、渣尔泰山地区的东升庙等海相火山喷流矿床。它们的成因与板块运动成矿密切相关,有必要将两类矿床在此专门介绍。

1. 斑岩型矿床

1)斑岩型矿床成矿地质环境

斑岩铜矿床基本上分布在俯冲带钙碱性线状火山深成弧上,以挤压弧为主,斑岩矿床的金属矿物来源于大洋岩石圈,当大洋岩石圈俯冲到软流圈发生部分熔融时,金属矿物随钙碱性岩浆上升,在分异的热液中富集,充填于斑岩裂隙中成矿。主弧的岩浆活动强烈,直接来自源区,侵位浅(图4-33),同时高温岩浆热液与低温大气水叠加的作用形成了发育的蚀变分带。

斑岩型矿床是指产在斑岩体及附近大范围分布的浸染状和细脉浸染状矿床,是十分重要的金属矿床类型,之所以重要是因为:①它是世界上铜和钼的主要来源;②巨大矿床多,矿石品位虽然较低,但资源量巨大,经济价值大;③产出地段较浅,易于勘查和露天开采。除斑岩型铜、钼、金矿床外,还发现斑岩型锡矿和斑岩型钨矿。

斑岩型矿床大多产于与大洋板块俯冲有关的岛弧和安第斯型陆缘岩浆弧的构造背景中,其模式图见图4-33,侵入岩为钙碱性系列(岛弧)和橄榄粗玄岩系列(弧后)。近年来,在青藏高原等陆-陆碰撞造山构造环境中,也发现了重要的斑岩型矿床,如冈底斯带的驱龙斑岩铜-钼矿床,其储量已超过1000万t,是在陆-陆碰撞期后的构造-岩浆带中产出的,且众多同类型矿床呈带状分布,有重大的经济价值,这说明斑岩型矿床可发生在多种构造环境中。侯增谦(2010)研究了在中国的大陆环境下形成的斑岩型矿床,见表4-2。

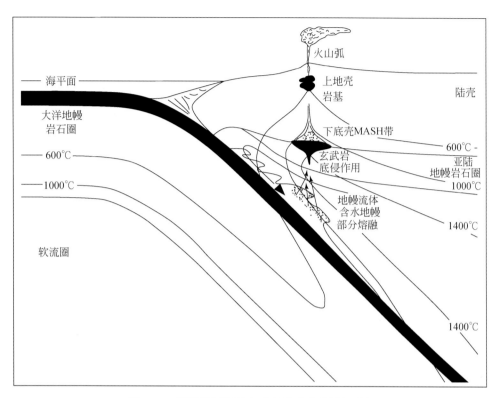

图 4-33 岩浆弧环境下含矿斑岩形成的深部过程

表 4-2 中国大陆环境斑岩型矿床(侯增谦,2010)

构造位置	阶段	构造环境	成矿带	矿床例子
大洋俯冲	增生造山期	岛弧/陆缘弧	安第斯	安第斯斑岩铜矿带
大陆碰撞	碰撞造山期	主碰撞	喜马拉雅	—
		晚碰撞	西藏高原	玉龙斑岩铜矿带 玉龙、多霞松多
		后碰撞	西藏高原	冈底斯斑岩铜矿带 曲龙、甲马
陆内伸展	陆内造山期	板内	中国东部	德兴斑岩铜矿田
	后造山期	板内	中国东部	长江中下游斑岩铜矿 秦岭斑岩钼矿带 内蒙古斑岩型金矿

以斑岩型铜矿为代表的斑岩型矿床具有一些重要特点。

(1)与成矿有关的岩浆岩为中酸性浅成-超浅成斑岩类,大多数属钙碱性系列,即石英二长岩-花岗闪长岩-石英闪长岩,少数属碱性系列,即闪长岩-二长岩-正长岩;有些地区侵入岩体还与成分相当的火山岩共生。

(2)岩体多为小型,出露面积近于或小于 $1km^2$;形态多为岩株状,岩石经常具斑状结构;岩体内外伴有角砾岩带,有的矿化角砾岩筒是主要的开采对象(图 4-34)。

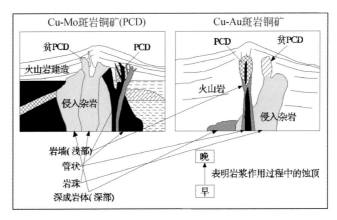

图 4-34　斑岩铜矿侵入体的几何形状（PCD 为斑岩铜矿）

(3) 普遍具有强烈围岩蚀变，其分布范围常超出岩体延伸到外围的火山岩或其他围岩，并形成以岩株为中心的蚀变分带，典型的分带从内向外发育钾化带、石英绢云母化带、泥化带及青磐岩化带。

(4) 金属矿化分布在体内或部分在岩体外围岩中；石英绢云母化带常是主要矿化带，在有些矿床中金属硫化物种类、含量也表现有分带性（图 4-35）。

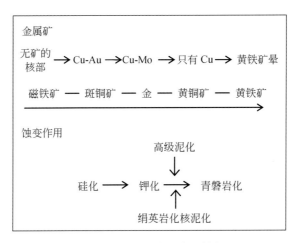

图 4-35　斑岩矿床的带状结构

(5) 矿石具典型浸染状或细网脉状构造，金属硫化物微细粒集合体呈星点状散布在蚀变岩石中或分布在石英、碳酸盐类矿物的微细脉组中；矿化地段整体上具有弥散性特点。

(6) 矿石具典型浸染状或细网脉状构造，金属硫化物微细粒集合体呈星点状散布在蚀变岩石中或分布在石英、碳酸盐类矿物的微细脉组中；矿化地段整体上具有弥散性特点。

(7) 斑岩型矿床中有单金属的，如单一铜或单一钼矿；也有两种或更多金属可综合利用的，如斑岩铜钼矿以 Cu 为主的，Cu(Cu+Mo)>74%；以 Mo 为主的，Cu(Cu+Mo)<5%。有的斑岩铜矿含金甚至富金。

(8) 在气候和地形条件适合的地区，原生低品位铜矿石可经氧化和次生富集提高品位，提升其矿床的经济价值，如美国西部和智利的一些斑岩铜矿因次生富集而得以优先开采。

从以上基本特点可以看出,这类矿床的形成与中酸性岩浆浅成-超浅成侵位的特定地质环境有关,但成矿作用主要发生在岩浆期后,是一类有特色的热液矿床。斑岩型矿床的成因有如下特点。

(1)板块俯冲作用产生的富集金属和热流体的岩浆。

(2)在挤压作用下,岩浆难以上升侵位,而能在地壳底部进行较充分的化学反应。

(3)当由挤压向伸展转换,即构造活动转变为中等应力状态时,岩浆能侵位到浅部,抬升并导致上覆岩层的侵蚀。

(4)上升到浅表环境,岩浆结晶作用和上覆物质的移去,导致岩浆中挥发组分的饱和。

(5)岩浆侵入体外壳的超压震裂,使流体逃逸受限于一定空间。

(6)温度、压力下降,使金属硫化物地裂隙系统内沉淀。

总的认为,斑岩矿床产于适当的构造环境包括应力释放和相应的隆升,应力释放导致岩浆快速上升到浅部就位呈岩株状,强烈隆升致使浅部位处在低压条件,促使流体饱和。所以低压环境和流体饱和是斑岩矿床形成的基本条件。

2)斑岩型矿床特征

斑岩铜矿床的特征为:①矿体品位低($<1\%Cu$);②规模大($>100Mt$矿石量);③与斑岩体有关;④浅成;⑤网脉状、浸染状矿化;⑥热液蚀变规模大。

3)斑岩型矿床分类

斑岩型矿床分为:①根据矿床与侵入岩的空间关系,分为花岗斑岩型、深成岩型、火山岩型;②根据成矿主岩的化学性质,分为碱质型、钙-碱质型(图 4-36);③据岩浆所确定的金属元素组合,分为 Cu、Mo、Au、Sn、U 矿床,以及斑岩 Cu-Au、Cu-Mo、Cu-Mo-Au 等过渡类型矿床。

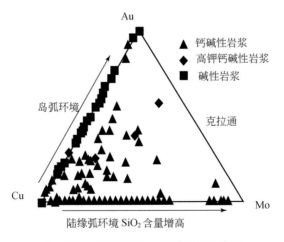

图 4-36　斑岩型矿床与岩浆关系示意图

4)斑岩型矿床板块构造控矿模式

对斑岩型铜矿床与板块俯冲带的关系进行系统分析,认为俯冲洋壳的部分熔融是斑岩及成矿元素的主要来源。斑岩型矿床主要产于岩浆弧(倾向于压性弧),其次产于大陆边缘及成熟岛弧的后弧区。通常,产于岛弧环境的斑岩型铜矿床一般含金较高,而产于大陆边缘造山带的斑岩型铜矿床含钼较高,石英二长斑岩型钼矿床与斑岩型铜矿床主要形成于岩浆弧,花岗斑岩(Climax 型)型钼矿床主要产于后弧区的张性裂谷环境(双模式岩浆);一般斑岩型金矿床与斑岩型钼矿床产于岩浆弧和后弧区的张性环境(图4-37)。

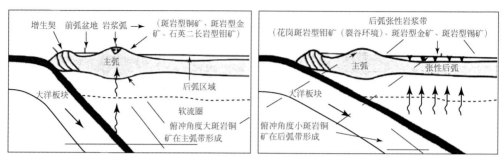

图 4-37　陆缘构造部位与不同斑岩矿床关系示意图

构造单元是某一板块的俯冲阶段。注意洋壳俯冲角度的陡、缓。岩浆弧向大洋方向新和老,不同构造单元可以相互叠加。岩浆弧呈带状分布,后弧区岩浆呈面状分布,有时二者界线不清

2. 海相火山喷流型矿床

浅部在沉积岩和火山岩接触面上形成厚大透镜状、层状矿体,深部围绕次火山岩体形成脉状、浸染状矿体,呈蘑菇状。在造山带,由于构造变动常见浅部出现脉状浸染矿体,在火山岩和沉积岩接触面存在隐伏似层状矿体,其矿化类型存在显著的上层下脉的二元结构模式。我国此类型的矿床主要分布在造山带,由于强烈的区域构造运动,在平面上形成典型的左右结构,火山岩和沉积岩接触面上形成层状、似层状矿体,火山岩一侧则常见次火山岩体及脉状矿体,如新疆卡拉塔克铜锌矿、阿舍勒铜锌矿、四川呷村铅锌矿等。

海相火山喷流矿床的热包括多种矿床类型:SEDEX 型、MVT 型、Carlin 型等。

海底热水成矿的矿质来源和成矿机制简述如下(图4-38):海水下渗后逐渐被加热,其热源是洋底火山喷发余热、洋中脊和热柱有关的热流等。加热后有较高的活化运移能力。海水下渗流经玄武岩时也会使海水的 pH、Eh 等发生变化,更加大了它的溶解能力,能将玄武

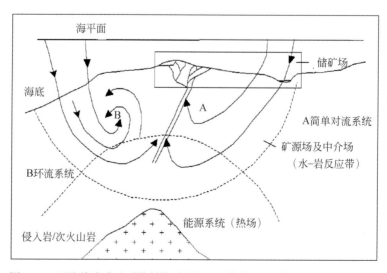

图 4-38　环流热液成矿系统结构略图(中国科学院地质研究所等,1980)

岩及其他岩石中富含的 Cu、Pb、Zn、Fe 等元素活化(溶解)运移。由于压力差等因素的驱动,携带大量溶解了成矿物质的海水热液在洋中脊等处冒出洋底。由于突然减压、与较冷海水遭遇等原因,冒出洋底的热液中的金属及硅质等便沉淀聚集。洋底热液的温度可高达 400℃,具有很强的交代能力。在深海中以这种方式形成的矿床具有沉积矿床的组构特征,如层纹、层理、韵律等。

喷流-沉积矿床(SEDEX 矿床)指在细碎屑岩为主的沉积岩中成层产出,以发育块状具条带层纹状的富硫化物矿石为特征的一类矿床。它们多产于裂谷盆地中,研究盆地规模的水文模型是认识 SEDEX 型成矿的基础条件。据研究,沉积压实模型(图 4-39)和自由环流模型(图 4-40)比较有代表型。

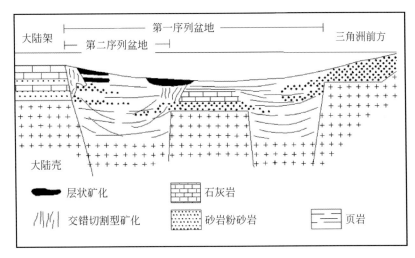

图 4-39 沉积压实成岩模型

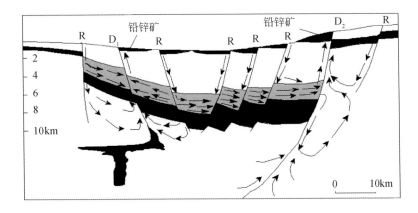

图 4-40 SEDEX 矿床流体自由环流状态示意图

这类矿床不仅是铅锌的最重要来源之一,而且也是铜、金、银、锰、重晶石、萤石的重要来源或部分来源。世界有五个重要分布地区,包括:①中国北方,如南秦岭的厂坝、铅铜山、银铜子-大西沟,狼山-渣尔泰山的东升庙、霍各乞,中条山的胡家峪-篦子沟;②澳大利亚东北部,如麦克阿瑟河(Mcarther River)、芒特艾萨(Mount Isa)和布罗肯希尔(Broken Hill);

③北美西部,如加拿大的 Howards Pass、Suilivan、Tom;④欧洲西北部,如德国的 Meggen 铅锌重晶石矿床和 Rammelsberg 铅锌矿床、爱尔兰的 Silvermines;⑤南部非洲,包括南非和津巴布韦。

彭润民等(2000)、郭令智等(1981)、李春昱等(1981)、科瓦列夫(1980)认为,喷流-沉积型矿床的形成在一个大地构造区域内不一定是同时的,但常常大致属于同一时代,中元古宙(17亿～14亿年)和古生代早中期(4.5亿～3亿年)是最为重要的成矿时代;成矿环境为裂谷或被动大陆边缘受陆缘裂陷控制的盆地,盆地形成于造山前的一次非造山性构造事件中。

矿床由一个或多个层状、似层状或透镜状硫化物矿体组成,层位稳定。矿床规模大型者较多,矿体厚度可达几十米,延长延深从几百米到 1km 以上。有的矿床虽受后期构造强烈改造而使矿体发生褶皱变形,但与围岩是同步的,两者产状仍保持一致。在层状矿体的下面或附近往往可见到网脉状或脉状矿体和硅化、黄铁矿化、钠长石化等热液蚀变,这种网脉-蚀变矿化带被理解为盆地下源区成矿物质上升的通道。含矿层多是粉矿岩、页岩、碳酸盐岩等,而含矿层内直接容矿岩石往往是热水沉积岩类,如硅质岩、钠长石岩、重晶石岩、镁铁碳酸盐岩、电气石岩等。

喷流-深积型矿床的矿石以简单硫化物组合为特点,常见有黄铁矿、闪锌矿、方铅矿,其次为磁黄铁矿或白铁矿、黄铜矿、毒砂,偶有硫酸盐类矿物。矿石以块状、条带状、层纹状构造为主,网脉蚀变矿石为裂隙充填、细脉和角砾状,部分矿石因受后生改造可出现新的矿山构造。喷流-深积型矿床具明显矿化分带,平面上,从喷流中心向外依次为 $Cu-Pb-Zn-SiO_2-BaSO_4(Fe)$ 等的硫化物、氧化物和硫酸盐,铜矿石在核部,铅和锌矿石分布更广,边缘为硅质岩和重晶石,有时有赤角矿;垂向上,自下而上通常为 $Cu、Zn、Pb、(Ba)$。矿物气液包裹体均一温度一般为 150～300℃,盐度一般为 7%～22%(NaCl)。

SEDEX 矿床的成因及控制因素有以下几个。

(1)一个成矿序列:矿源—含水层—隔热层—断裂—圈闭。

(2)具有大量的一定温度的流体,并处在不断自由环流状态。

(3)大规模的同生断层(同沉积断层)作为主要通道,对流体从含水层中的卸载,以及对海水的再补给都是必需的,对矿床形成起到重要作用。

(4)热源:古地热梯度,或是深部岩浆加热作用。

(5)三级或更次级断陷盆地,处于半封闭、还原状态。

阿拉斯加的 Red Dog 层状 Pb-Zn 矿床是 SEDEX 型交代矿床,成矿时代为石炭纪(338±5)Ma。它产在陆缘蒸发盆地中(类似深湖相环境),其下渗卤水经白云岩化后,在 5km 以下深度又沿海滨同生断层向上流动,在适宜沉积层中形成 SEDEX 矿石(科瓦列夫,1980)。

需要指出的是,除 SEDEX 型矿床外,在盆地系统中产生的矿床多种多样,与火山作用直接相关的有火山岩型块状硫化物矿床,即 VMS 型(如白银厂),介于 VMS 与 SEDEX 矿床之间的有 BHT 型(Broken Hill 型)矿床,处在海相盆地与陆相盆地(MVT)之间的有爱尔兰型的沉积层控矿床,它们之间的谱系关系如图 4-41 所示。

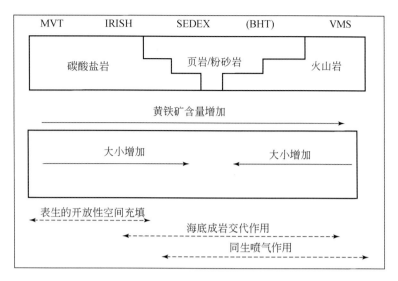

图 4-41 从沉积岩到火山岩为容矿围岩锌矿谱系示意图

第五章　内蒙古中部古板块构造演化与成矿分析

第一节　内蒙古中部地区构造格局

1. 构造格局特点

内蒙古中部地区大地构造格架和构造单元布局(图5-1和图5-2)主要是在古蒙古洋演化期间形成的(芮宗瑶,1994)。古蒙古洋是古生代期间发育于西伯利亚地台和华北地台之间的一个复杂的多岛洋,以大规模的岛弧体系发育和陆缘增生为特征(任纪舜等,1999),可大致看成SN两大陆块边缘相向增生的同时,华北陆块相对向北漂移。而两陆块之间的多岛洋体制中,众多大陆亲缘性微块体和不断生长发育的岛弧体系相互汇聚拼贴(陆-陆、弧-陆、弧-弧),从而带来了同时发育多边界缝合并相互转换改造的复杂情形,结果形成了目前所见以软碰撞造山为特征、多边界汇聚缝合的宽阔造山带。由于受向南凸出的蒙古弧的影响(Zhang et al.,1989),各构造单元和主构造线的方位从南往北由近EW向转为NEE向、NE向,直至最北部的德尔布干构造带转为NNE向(图5-1)。

内蒙古中部造山带构造演化可分为两个大的阶段:新元古代至晚古生代末古蒙古洋盆形成与闭合阶段;中生代-新生代滨西太平洋大陆边缘板内构造发育阶段。

新元古代至晚古生代末古蒙古洋盆形成与闭合阶段,关于内蒙古中东部造山带古蒙古洋盆闭合的时限目前有五种主要观点:①晚泥盆世(曹从周等,1987);②石炭纪末期(白登海等,1993;李锦轶,1986);③晚泥盆世-早石炭世(邵济安,1991;Zhang et al.,1989);④三叠纪开始碰撞(李双林等,1998),最终固结时间为晚侏罗世-早白垩世(Shao,1989);⑤晚泥盆世-早二叠世(任收麦等,2002)。

华北板块与西伯利亚板块最后碰撞的缝合线位置尽管存在较大的争议,仍暂且将二连浩特—贺根山构造带作为古蒙古洋演化的最后的主缝合构造带(图5-1),时间大致在二叠纪。其南以赤峰—开源断裂为界分为华北地台北(外)缘EW向的早古生代增生造山带和NE向晚古生代增生造山带(图5-2断裂1)。二连浩特—贺根山构造带以北则是西伯利亚地台向南的增生带,包括大兴安岭北段的NE向晚古生代增生造山带以及德尔布干断裂带NW侧额尔古纳河流域的兴凯期(新元古代)增生造山带(图5-2)。

就找矿而言,重点关注西伯利亚与华北板块之间形成的五条俯冲带(图5-1)及其间的增生带;关注华北板块北缘的渣尔泰、白云鄂博两个裂谷带;关注林西一带二叠裂陷槽;关注大兴安岭火山盆地;同时要重新考虑蒙古—鄂霍次克碰撞带对大兴安岭北部成矿域的影响,这就是所谓的内蒙古找矿思路"五带、二谷、一槽、一盆(区)、一考虑"(雷国伟,2014)。因为不同构造域成矿物质来源、成矿形式、成矿时间是不同的,进而对成矿理论应用、找矿思路确立、找矿方法、勘查手段应用的选择、勘查结果的判断、勘探方法的选择是不尽相同的。这就是本书重点讨论板块构造、构造格局、成矿环境的思想所在。

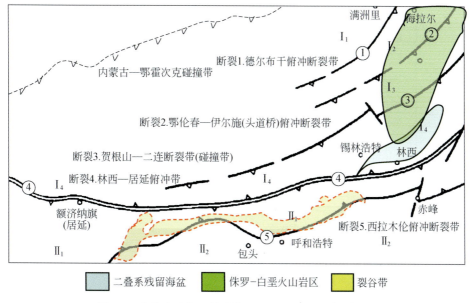

图 5-1　内蒙古及邻区构造单元及重要断裂带分布示意图

2. 俯冲作用特点

尽管对西伯利亚与中朝大陆之间的古蒙古大洋消失,两大古陆对接缝合带位置存在多种观点。暂以贺根山—索伦山为中心,阐述两大古陆演化特点。

以贺根山—索伦山为界,其 SN 蛇绿岩(套)带是对称分布的,在时间演化系列上也是对称分布的,并自西伯利亚板块和中朝板块之间逐渐向造山带核部渐次演化;从岛弧火山岩的特征来看,具有类似一致的特点;从蛇绿岩套来看,只有中间贺根山—索伦山的蛇绿岩具大洋中脊的特点,而其他位置的蛇绿岩仅具洋内山或边缘海的洋壳的物质特征。

世界其他类似碰撞多数是主动大陆与被动大陆的碰撞,很少见如西伯利亚与中朝板块增生带之间的碰撞。事实上,两活动大陆边缘已经形成大规模的岛弧火山岩-沉积火山碎屑岩增生带,从而发生的是活动大陆边缘与活动大陆边缘之间的弧-弧、增生带碰撞。西伯利亚—中蒙之间的古蒙古洋壳的消失可能是对称地向两侧俯冲,而最后在中部消减的(图 5-3)。

俯冲是一种作用过程,结果是一定的时间段、地域范围的概念。遗留于不同地域带上、不同时代侵位的蛇绿岩,并不全是指示不同的碰撞带,往往是从寒武-奥陶纪到石炭纪-早二叠世连续俯冲演化中海洋板块逐渐消减、陆缘不断扩大的产物。中蒙之间的蛇绿岩套及其所代表的洋壳的俯冲消减是双向俯冲过程,是不同时期洋壳、洋盆消减侵位增生弧范围不断扩大的结果。无论俯冲还是碰撞都不是一次事件,而具有过程特点。因此,把这类造山过程统归为弧-弧碰撞过程中的变形-沉积-岩浆热作用过程。

地球物理资料说明(白登海等,1993;卢造勋等,1993)中朝板块基底的北界在内蒙古赤峰以北、西拉木伦河以南翁牛特旗稍南的地方。两大陆板块之间并没有直接发生碰撞,没有发生过陆块与陆块之间的拆离俯冲碰撞。显然,内蒙古造山带是在一个复合型造山作用过

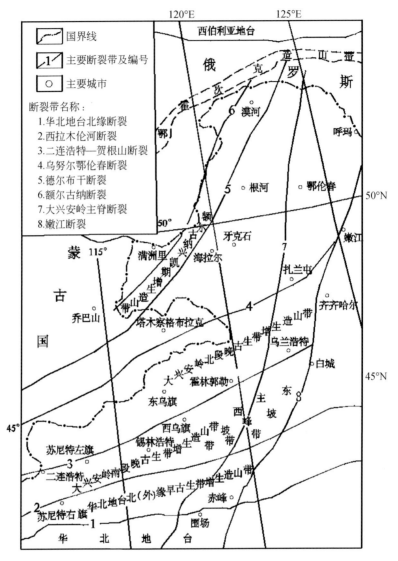

图 5-2 大兴安岭地区主要断裂及构造单元略图

程中形成的,是板块连续演化的产物。显然,不是某一次构造事件(构造运动)或岩浆热事件的产物,因而单纯用海西运动、印支运动或燕山运动等某一造山运动或期次是无法阐明清楚的。因此,用一个完整的时间演化序列来分析造山带形成的造山作用过程是科学可取的方法。

西伯利亚-中朝陆块之间造山带的形成和演化过程一直延续到中侏罗世。早侏罗与中侏罗世之间,曾发生大规模的逆冲推覆、地壳缩短作用(王瑜,1994);在晚二叠-中三叠世(240～220Ma)时的韧性剪切作用和延续到中侏罗世逆冲推覆,使华北北缘元古代中晚期之前形成的中下地壳的片麻岩、麻粒岩逆冲到地表,可见到几十到上百公里延伸的低角度逆冲-逆掩断层。

碰撞观点认为,在洋壳消失陆块间或陆块与弧增生体间的对接或碰撞之后,发生的造山作用划为碰撞后造山或陆内造山。显然内蒙古造山带是复合型作用造山带。

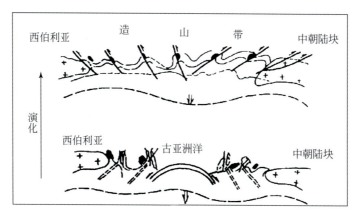

图 5-3 西伯利亚-中朝古陆板块俯冲、碰撞特征模式(王瑜,1994)

3. 增生带及地质特征

内蒙古中部褶皱造山带伴随碰撞带、俯冲带生长,与碰撞、俯冲、大断裂带共生。增生带背离大陆(板块)生长,由俯冲过程来完成。中蒙之间的增生带是双向俯冲过程,是不同时期洋壳、洋盆产物消减、侵位使增生带范围不断北由西伯利亚板块、南由中朝板块对向扩大。到二叠系时期内蒙古中东部增生带发展已经接近尾声,其二叠系增生带、岛弧花岗岩分布见图 5-4。

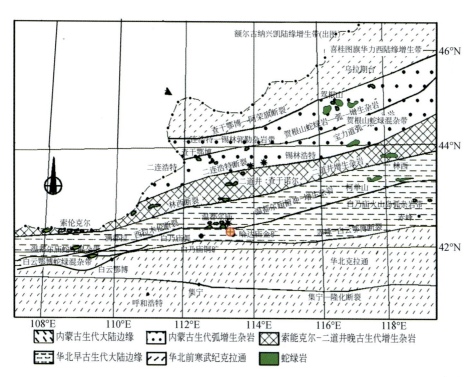

图 5-4 内蒙古中东部增生带岛弧杂岩分布示意图

1)俯冲断裂带及重要断裂带

增生带发生在下列俯冲断裂带间。

(1)德尔布干俯冲断裂带。

(2)鄂伦春—伊尔施(头道桥)俯冲断裂带。

(3)二连浩特—贺根山断裂带。为西伯利亚板块和华北板块在中蒙边境地区的碰撞缝合带。

(4)林西—居延断裂带。沿断裂带蛇绿岩及混杂堆积广泛分布,表明其具有俯冲带的性质。

(5)温都尔庙—西拉木伦俯冲断裂带。位于白云鄂博以北包尔汗图—温都尔庙—西拉木伦河一线,柯单山与巴林右旗等地出露有早古生代蛇绿岩、蛇绿混杂岩带、岛弧火山岩以及蓝闪石片岩断续分布。

(6)白云鄂博—赤峰—开源断裂带。南侧为华北地台陆架区,多发育早古生大陆边缘复理石沉积和台坪相沉积,北侧以发育晚古生代陆缘弧增生杂岩为主,一般认为是槽台分界断裂带。

2)增生带

(1)额尔古纳兴凯陆缘增生带。

位于内蒙古最北部,西北以额尔古纳河与蒙古、俄罗斯接壤,东南以德尔布干深断裂与海西陆缘增生带分界。

本区出露的最老地层为新元古界海相中基性-酸性火山岩建造、类复理式建造,属活动型沉积。下寒武统与其呈连续沉积,为一套浅变质的浅海相类复理式、碳酸岩盐建造。志留系为海相砂页岩建造,构造线方向与 NE 向的寒武系截然不同,属盖层沉积。区内以海西中期侵入岩较发育,形成大面积的花岗岩基。该期燕山期岩浆活动以及后期断裂对本区总体构造格局起了巨大的改造作用。

(2)喜桂图旗海西陆缘增生带。

位于德尔布干深断裂之南,头道桥—鄂伦春自治旗深断裂之北,处于额尔古纳兴凯陆缘增生带与东乌旗海西陆缘增生带之间,向 SW 延入蒙古。

该陆缘增生带被 NNE 向的大兴安岭火山岩带强烈叠加改造,古生界分布零星。下古生界主要出露下中奥陶系碎屑岩、火山岩夹灰岩。上古生界为活动大陆边缘建造。本区以蛇绿岩的构造侵位和海西早、中期岩浆侵入活动最发育。蛇绿岩套分布于头道桥、伊利克得、鄂伦春自治旗一带,主要为超基性岩、基性-超基性杂岩堆积体,其次是辉长岩、基性熔岩和硅质岩。海西早期主要是石英闪长岩和花岗岩。

(3)东乌珠穆沁旗海西陆缘增生带。

位于贺根山—二连浩特超基性岩带之北,头道桥—鄂伦春自治旗深断裂之南(图 5-4),中西部跨入蒙古国。

区内早古生代多为稳定的浅海相砂页岩、碳酸盐岩及笔石页岩建造,唯中奥陶统在东部发育岛弧型火山岩建造。晚古生代以泥盆系最为发育,分布广泛,主要为火山碎屑岩-碎屑岩-碳酸盐岩系。发育志留纪 Tourneau 动物群(邵济安,1991),显示为西伯利亚(北方)生物区的标志。石炭、二叠系分布零星,为过渡类型的中酸性火山岩-碎屑岩-碳酸盐岩系。

本区构造活动强烈,褶皱和断裂发育,构造线呈 NE 向。海西早期岩浆侵入活动比较轻微,仅东部有花岗岩侵入,强烈的侵入活动发生在海西晚期和燕山期。

(4)二连浩特—贺根山增生混杂带(弧后盆地)。

该带位于索伦山—贺根山深断裂带南,该混杂带是位于苏尼特左—锡林浩特旗火山岛弧北部的一条蛇绿混杂岩带,在内蒙古境内西起二连浩特北的索伦山,向东可延伸到乌兰浩特一带,呈近 EW-NNE 向展布,长约 500km,宽 30~40km,该蛇绿岩带在贺根山地区出露完好,岩石组合较齐全,有二辉橄榄岩、斜辉辉橄岩、纯橄岩、含长纯橄岩、橄长岩、辉绿岩、玄武岩、硅质岩及斜长花岗岩等。

大型的外来岩块混杂于复理石相沉积基质中。复理石底部为砾岩和角砾岩,其中有下伏蛇绿岩和放射虫硅质岩的角砾和砾石,表明复理式沉积岩的源区为隆起的蛇绿混杂带增生楔。贺根山蛇绿混杂带的形成时代暂定于晚泥盆世,这是由在贺根山蛇绿混杂带中的硅质岩和灰岩中采集到的放射虫、腔肠动物门栉水母和珊瑚所确定的。贺根山地区二辉橄榄岩和乌斯尼黑的斜辉辉橄岩的全岩 K-Are 同位素年龄为 380~346Ma(曹从周等,1986),与古生物确定的年代基本符合。

中、上石炭统的碎屑岩和碳酸盐建造及下二叠统的钙碱性火山岩不整合地覆于蛇绿混杂岩之上,由此可以认为该弧后盆地的消亡时间应为晚泥盆世至早石炭世,即晚古生代的早、中期。贺根山南麓有一条低温高压的蓝闪片岩带,蛇绿岩体中见有低温高压条件下形成的蓝闪石类矿物,此地的蛇绿岩块体受到强烈剪切,形成 4~5 条大的近 EW 向的断裂破碎带,成为蛇纹石片岩和绿泥石片岩,是盆地消减碰撞的产物。

一般认为,该带是中朝地块与西伯利亚(或中蒙)地块对接带,对接时代主要为晚泥盆世-早石炭世;或石炭纪至早二叠世(张振法等,2001)。

(5)锡林浩特增生带。

长 200km、宽约 20km,志留-泥盆世混杂堆积发育。以各种云英片岩为基底,包括蛇绿岩各组分、硅质岩外来岩块构造。杂岩体内凝灰质泥质被强烈剪切揉皱,发生高压低温变质,为强烈的洋壳俯冲作用的反映。

(6)南部二道井—查干诺尔增生带。

长达 230km、宽约 25km,志留-泥盆世混杂堆积发育。包括蛇绿岩各组分、硅质岩外来岩块构造,杂岩体发生高压低温变质作用,指示发生强烈的洋壳俯冲过程。

3)构造岩浆混杂带

(1)白云鄂博蛇绿混杂带(弧后盆地)。

白云鄂博弧后盆地从内蒙古西部的白云鄂博向东经达尔罕茂明安联合旗、四子王旗一直延伸到太仆寺一带,长约 500km,宽 20~50km(图 5-4)。该弧后盆地南界由一条大的逆冲推覆断裂带,即固阳—武川—集宁—尚义断裂带与华北微大陆相接。北界由川井—布鲁台沟—四子王旗—化德巨大推覆断裂与其北面的白乃庙火山岛弧杂岩带相接。该带 SN 两侧各有一条蛇绿混杂岩亚带。

南亚带沿固阳东温屹乞,经上岔沁、西二分子和村空山呈近 EW 向展布,总体产状 160°∠55°,向南倾。混杂带中的超基性岩主要由斜辉橄榄岩、纯橄岩及橄辉岩组成,呈大大小小的块体混杂于泥砂质沉积岩基质中,其中村空山超基性岩体达 1000m×200m。在区域上,超基性与变质辉长岩、堆积辉长岩、榴闪岩、基性熔岩及含铁石英岩等组合产出。在西二分子、村空山,超基性岩与辉长岩、灰岩及硅质岩呈混杂堆积。固阳北前兔沟超基性岩与斜长角闪岩

(变玄武岩)、堆积辉长岩、含铁石英岩的组合构成较典型的蛇绿混杂岩(王东方等,1993)。

北亚带西起白银朱儒和,向东经白云鄂博的呼和恩格尔及比鲁特、大巴音查干到达尔罕茂明安联合旗,西部呈 NWW 向展布,东部呈 NEE 向展布,总体上呈 EW 向微向南凸的弧形展布。该带基本上分布在白云鄂博弧后盆地和白乃庙之间的分界断裂的南侧(王长尧1993)。混杂岩包括成分复杂的不同岩性、不同时代的外来岩块和原地岩块。外来岩块主要包括超基性岩、基性熔岩、硅质岩及深海沉积岩等,如在比鲁特见到的辉石橄榄岩,呼和恩格尔见到的堆积辉长岩、辉石玄武岩等。原地岩块包括在弧后盆地形成的各种沉积岩,即原来所称的白云鄂博群中的各种类型的岩石。外来岩块一般呈大小不一、形状各异的透镜状包围在由细碎屑岩-泥质岩组成的浊积岩基质中。岩块和基质均遭受了不同程度的碎裂和剪切,广泛发育有背驮式叠瓦状推覆构造。尤其是在比鲁特地区见有一长约 300m、宽 120~279m 的蛇绿混杂岩,其走向近 EW,呈带状展布,总体产状 340°∠35°,北倾,与南亚带的南倾形成鲜明的对照。表明弧后盆地 SN 两侧分别向南和向北两个不同的方向消减。

在该蛇绿混杂带中的白云鄂博北、宽沟中白石山附近及东白石山,发育有低温高压相的蓝闪片岩(王长尧,1993),在宽沟至熊包子有一条韧性剪切带,由变形的超糜棱岩、糜棱岩、初糜棱岩和碎裂岩组成,进一步证明了弧后盆地消减碰撞带的存在。

南、北两条混杂岩亚带之间为一套浅变质沉积岩夹火山岩及火山碎屑沉积岩,即原来所称的白云鄂博群。浅变质沉积岩的岩性包括浅变质的杂砂砾岩、变质长石石英砂岩、石英岩、板岩、碳酸盐岩、火山岩及火山沉积碎屑岩。岩系厚度变化十分剧烈,南部由砂砾岩、长石石英砂岩和粉砂岩组成。中部由细碎屑岩和碳酸盐岩组成,细碎屑岩中发育水平纹细层理、小型微细斜层理、包卷层理、槽膜、沟膜、砂枕等深水及浊流沉积的构造特征。

白云鄂博盆地消亡后,华北微大陆—白云鄂博残余盆地和白乃庙弧连成一体,构成一个新的微大陆,在其后的温都尔庙盆地俯冲时接受古生代的岩浆侵入,致使 γ_3-γ_4 的岩浆活动极其强烈,多数为大型岩基出露于合教—白云鄂博之间,岩体侵入于原称的白云鄂博群中。而在原微大陆一侧已远离新形成的盆地俯冲带,其早古生代侵入体的分布则较少。

由于能够确定时代的化石罕见,区内地质构造复杂,该盆地的形成时代一直存有争议,20 世纪 70~80 年代根据原称作白云鄂博群中测得的同位素年龄值及变质程度、叠层石的存在及岩性对比,多数人将其归于中元古界。王东方等(1993)在其中发现了大量的小壳生物化石带,王长尧(1993)发现了多门类微体动物化石和微古植物化石。从而将该盆地定为始于晚元古消亡于早古生界。

(2)白乃庙火山岛弧杂岩带。

该杂岩带西起白云鄂博北的布龙山、哈拉向东经白乃庙可一直延伸到化德,呈近 EW 向展布,长约 300km。由三套岩性、时代均不相同的岩石构成,基底为变质较深的片岩、片麻岩和斜长角闪岩类的岩石组合,其岩性、变质和变形程度大致与华北大陆出露的前寒武纪基底变质岩相当,构成白乃庙火山岛弧的陆壳基底。这一变质基底可能是在白云鄂博盆地形成时从华北北部微大陆上撕裂开来的一部分。

中部为中基性及中酸性火山岩夹火山-碎屑沉积岩,称为白乃庙群,是白乃庙火山岛弧杂岩带的主体,包括安山质凝灰岩、凝灰质粉砂岩、安山玄武岩、流纹英安质晶屑凝灰岩、凝灰质细-粉砂岩,以角度不整合覆于变质基底之上。

上部为浅变质的砂砾岩、千枚岩和结晶灰岩等,具有发育的韵律结构和复理式沉积相特征,是火山弧杂岩的沉积盖层,称为徐尼乌苏组。在这套地层之上不整合地覆盖着一套由复杂粗砂砾岩、硬砂岩夹泥灰岩组成的磨拉石沉积,这套磨拉石沉积地层含有丰富的中晚志留世珊瑚化石,据其推断白乃庙岛弧前陆盆地的时代应为早古生代晚期。关于岛弧火山作用的时代,暂定为早古生代的中期,这是由于在中部的中基性火山岩包含物中采集到了早奥陶世的笔石化石所确定的(胡晓等,1990;徐冬葵,1987)。在中部层序的火山碎屑沉积岩系中,产有岩株或岩床状变质闪长玢岩和花岗闪长斑岩。这一套花岗岩类岩体基本上未侵入徐尼乌苏组的层位。表明盆地的俯冲消减作用在中古生代的中期已基本停止。

(3)温都尔庙蛇绿混杂带(弧后盆地)。

该岩带西自内蒙古的巴彦敖包向东经温都尔庙,一直可延伸到林西县黄岗梁和克什克腾旗柯单山一带,呈近EW向展布,延长近50km,由变质程度不一的火成岩和沉积岩组成,其中包含大大小小的蛇绿岩外来岩块,构成了一条非常典型的蛇绿岩混杂带。在武艺台、汗白庙、白音诺尔、孙德拉图和图林凯等地出露的蛇绿混杂岩,含有大大小小的蛇绿岩外来岩块、原地沉积岩基质的块体等,大者长达几十米,小者仅有几厘米或更小。蛇绿混杂岩由变质橄榄岩(蛇纹岩)、斜长角闪片麻岩、斜长角闪岩、斜长花岗岩、枕状玄武岩、石英片岩和硅质岩组成。在温都尔庙地区,外来岩块的绿片岩系中还普遍发育有蓝闪片岩,这些蓝闪片岩基本上构成了EW向延伸的SN两带。南带出露长度约40km,分布于大敖包—小敖包—乌兰敖包—白音诺尔一线。蓝闪片岩的同位素年龄值为600~400Ma(胡晓等,1990)。混杂带中的放射虫硅质岩和含铁硅质岩岩块中含有寒武纪小壳生物化石,据此推定,其形成时代为早古生代寒武纪到早志留世(王东方等1993;内蒙古自治区地质矿产勘查开发局,1991),代表了弧后盆地的年龄。温都尔庙杂岩之上不整合地覆盖着洪格尔庙前陆磨拉石沉积,这些沉积为石炭-二叠系地层,由砂岩、页岩、灰岩和火山岩组成,代表了碰撞后前陆盆地中最老的沉积。加上同位素年龄证据,表明温都尔庙弧后盆地在古生代中期(石炭纪以前)已经消亡。下古生界绿片岩被古生代中期花岗岩(450~350Ma)侵入,这些侵入体与弧后俯冲有关,而盆地的消亡时间应为晚古生代(内蒙古自治区地质矿产勘查开发局,1991)。

(4)贺根山蛇绿混杂带(弧后盆地)。

该混杂带是位于苏尼特左—锡林浩特旗火山岛弧北部的一条蛇绿混杂岩带,在内蒙古境内西起二连浩特北的索伦山,经本巴图、满来庙、贺根山、乌斯尼黑和梅劳特乌拉向东可延伸到乌兰浩特一带,呈近EW - NNE向展布,长约500km,宽30~40km。该蛇绿岩带在贺根山地区出露完好,岩石组合较齐全,有二辉橄榄岩、斜辉辉橄岩、纯橄岩、含长纯橄岩、橄长岩、辉绿岩、玄武岩、硅质岩及斜长花岗岩等。

大型的外来岩块混杂于复理石相沉积基质中。复理石底部为砾岩和角砾岩,其中有下伏蛇绿岩和放射虫硅质岩的角砾和砾石。表明复理石的源区为隆起的蛇绿混杂带增生楔。贺根山蛇绿混杂带的形成时代暂定于晚泥盆世,这是由在贺根山蛇绿混杂带中的硅质岩和灰岩中采集到的放射虫、腔肠动物门栉水母和珊瑚所确定的。贺根山地区二辉橄榄岩和乌斯尼黑斜辉辉橄岩的全岩K-Are同位素年龄为380~346Ma(曹从周,1987),与古生物确定的年代基本符合。

中、上石炭统的碎屑岩和碳酸盐建造及下二叠统的钙碱性火山岩不整合地覆于蛇绿混杂岩之上,由此可以认为该弧后盆地的消亡时间应为晚泥盆世至早石炭世,即晚古生代的早、中期。贺根山南麓有一条低温高压的蓝闪片岩带,蛇绿岩体中见有低温高压条件下形成的蓝闪石类矿物,此地的蛇绿岩块体受到强烈剪切,形成 5 条大的近 EW 向的断裂破碎带,成为蛇纹石片岩和绿泥石片岩,是盆地消减碰撞的产物。

(5)二连浩特—锡林郭勒杂岩带。

该岛弧火山岩带是归属于西伯利亚板块,还是归属于华北板块,争论较大(胡晓等,1991)。根据区域对比,华北板块和西伯利亚板块的分界线西起准噶尔盆地,向东经北山盆地至南蒙古大洋、北天山混杂带。北山混杂带和蒙古人民共和国南部的南蒙古混杂带代表两大陆碰撞拼合时形成的碰撞混杂带。南侧的天山弧、北山弧和二连浩特—锡林郭勒弧属于北部中国板块北缘的岩浆前锋。元古界的片岩、片麻岩、斜长角闪岩和石英岩在该区沿 SWW-NEE 方向自二连浩特至锡林郭勒断断续续有所出露,寒武系至二叠系地层覆于其上,构成了具前寒武纪基底的陆壳残块。在该带的东乌珠穆沁旗及其以北地区出露的寒武系地层为灰岩、粉砂岩。中奥陶统汗乌拉组、中下志留统和中下泥盆统以粉砂岩、细砂岩和泥质页岩为主,属复理石建造。上泥盆统以砂岩和粉砂岩为主,属海陆交互相。中上泥盆统和二叠系分别为浅海相、海陆交互相和陆相沉积。这些陆壳为岛弧火山岩带的基底,其岩性、变形和变质特征与南侧的基底大致相似(任纪舜等,1999;徐备等,2000)。该带的中奥陶统至下二叠统的地层中发育了大量的火山岩。在东乌珠穆沁旗东北约 10km 处的汗乌拉的中、上奥陶统发育了厚度达 2670m 的凝灰质熔岩、凝灰岩、凝灰质板岩、凝灰质粉砂岩和安山岩。志留系夹粗面岩和粗面凝灰岩,志留纪末期有基性、中性和酸性岩浆的侵入。厚达数千米的泥盆系由砂岩、细砂岩、凝灰岩组成。石炭纪是另一次火山作用的强烈喷发期,宝力格至东乌珠穆沁旗西山一带为本区火山喷发的中心,有大量的熔岩和火山角砾岩堆积,正常碎屑岩较少,EW 两侧为互层状的陆源碎屑岩和火山岩,夹浅海相灰岩;二叠系下统发育有安山岩、凝灰岩、凝灰质碎屑岩等。花岗岩的年代为古生代至中生代,古生代花岗岩之上覆盖着泥盆系的长石石英砂岩。中生代的花岗岩侵入石炭、二叠系的地层层位中。岩浆弧杂岩之上不整合地覆盖着侏罗系的陆相磨拉石碎屑岩沉积建造。表明西伯利亚和华北大陆的拼合完成于晚古生代晚期,从此多岛海中的海盆基本消失,诸岛弧连成一体形成了一个统一的大陆(图 5-4)。

4)岛弧构造演化、残留海盆

(1)多岛弧构造演化认识。

内蒙古中部大陆经过了长期复杂的构造演化,最终形成今天所见到的这种构造样式(图 5-5)。华北板块早元古代以前为一个古大陆,由华北古陆和边缘海组成。在中、晚元古代,华北古陆边缘形成白乃庙弧和白云鄂博弧后盆地,同时在华北古陆边缘形成了狼山—渣尔泰山裂谷系。在元古代的晚期到早古生代的早期,白乃庙弧和华北古陆拼合在一起,形成一个新的古大陆,在白云鄂博盆地消减过程中,分别在华北古陆的北缘和白乃庙弧上形成花岗岩和火山作用。古生代早、中期白乃庙弧发生裂解形成温都尔庙盆地和苏尼特左—锡林浩特旗火山弧。古生代晚期苏尼特左—锡林浩特旗弧发生裂解,形成贺根山弧后盆地和东乌旗乌里雅斯太火山弧,与此同时,温都尔庙盆地衰萎并消亡。到古生代末期至中生代由于西伯利亚板块和华北板块发生碰撞拼合在一起,形成了一个统一的大陆(图 5-5)。由前寒武纪晚期至晚古生代造山带组成内蒙古中西部克拉通地壳是由活动岛屿弧系和碰撞带的发育方式演化而成。

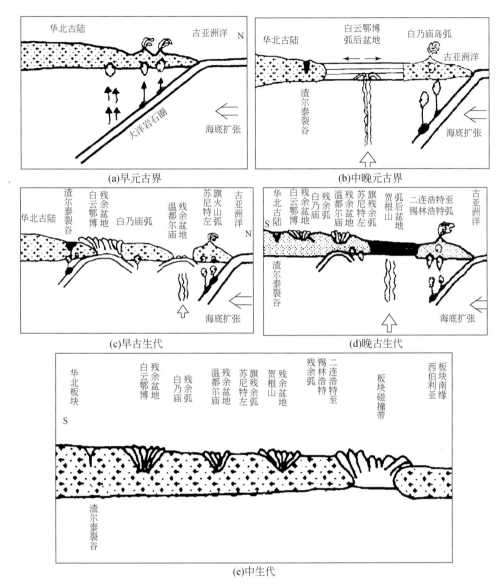

图 5-5 古蒙古洋多岛拼合演化系列示意图(古蒙古洋又称古亚洲洋)

(2)残余海盆。

晚古生代,西拉木伦—林西地区有残余弧后盆地[有人认为是裂隙槽(雷国伟,2014)]发育,其为一套浊流沉积。锡林浩特地区发育有磨拉石沉积及白音宝力道埃达克岩(479~464Ma),表明其与古蒙古洋的俯冲有关(王瑜,1994)。一种观点认为,它为古蒙古洋内前寒武纪古中间地块(任纪舜,1991);另一种观点认为,是来自于 SN 陆缘的增生杂岩堆积,其内的岩浆岩形成于弧后环境。宝力道辉长闪长岩(310±3Ma)和哈拉图碰撞型花岗岩(237±7Ma)对古蒙古洋的俯冲增生,起到较好的限制作用(胡晓等,1991)。该增生带南、北两侧的增生过程是自西向东逐渐进行的(雷国伟,2014)。在索伦山以西,于晚古代早期结束增生,而东段的东乌旗一带仍处于弧后盆地环境。

(3)内蒙古南部隆升褶皱带。

华北板块逆冲褶皱隆升带:赤峰—白云鄂博断裂以南为华北板块逆冲褶皱隆升带,并又以尚义—赤城—古北口—平泉断裂为界,分为北部的内蒙古隆起(内蒙古地轴)和南部燕山陆内造山带两个次级构造单元。内蒙古隆起带为一条长达1200km的近EW基底隆起带。在隆起带内,前寒武纪高级变质岩广泛出露。由于受北侧兴蒙造山褶皱系的影响,带内广泛发育古生代构造、岩浆与成矿作用,具有安第斯型活动陆缘弧性质。

5)大兴安岭中生代火山岩带

位于内蒙古东北部,为一个NNE向的上叠于华北陆块北缘和古生代陆缘增生带之上的构造单元,由北向南纵贯八个二级大地构造单元,北部延入黑龙江省,南部达河北省的张家口—承德一带。

区内广泛发育了燕山旋回钙碱性火山岩和中-浅成侵入岩。喷发间歇期夹有河湖相碎屑岩沉积和煤层。侵入岩以小岩株、岩枝和中、小型岩基为主,岩石类型主要为花岗岩和花岗闪长岩。

该带构造线方向为NNE向。在总体隆起的背景下发育了一系列NE、NNE向断裂和小型隆拗相间的垒-堑构造体系。大兴安岭主脊断裂纵贯全区,以左旋剪切为主,对构造、岩浆活动起了显著的控制作用。NW向平移断裂晚于前者,并往往成为喜马拉雅旋回玄武岩浆喷溢的通道。褶皱构造以火山岩系的宽缓短轴背、向斜为主,轴向为NNE向。紧密褶皱只是表现在裹挟于其中的前中生代构造层中,它们往往显示出NE向或近EW向的构造特征,呈现一种大角度的交叉关系。

第二节 俯冲带及增生地体与成矿

1. 俯冲带成矿一般概念

1)概述

俯冲带是会聚板块边界类型,主要发生在靠近大陆边缘的大洋区或陆缘内部,当俯冲板片进入软流圈时发生岩浆活动,向上方侵位或喷发,产生相应的成矿作用。在俯冲带上可以划分出不同的侧向分带,分带平行于俯冲带,不同分带的成岩成矿特征有明显差别,它们与深部构造活动方式有关。俯冲带活动的方式存在不同的变化方式,俯冲速度的快慢、俯冲带倾角的大小、俯冲板片的热成熟度高低、俯冲方向的正偏、俯冲会聚应力的强弱等,它们对俯冲带成矿条件及形成的矿床有很大影响。

下面论述的是典型和单一成矿地质条件下矿床的形成条件及成矿特征。华北板块北缘的矿床最终就位是多期、多次、多种成矿方式成矿环境的产物,导致了在成矿理论应用需要采取多维思考,找矿方法选择采取多种方式联合使用。当然华北板块北缘矿床形成条件的复杂性,更需要从典型矿床形成条件着手,将复杂叠加的矿床成因逐一剥离,还原其形成过程,建立模式,逐步展开勘查找矿。

2)俯冲带成矿

(1)俯冲带分类。

俯冲带又以弧系来分带,根据弧系中相对运动方向可分为张性弧、中性弧和压性弧,它们在岩浆、沉积和构造方面有着不同的弧系特征,如张性弧以玄武质-安山质岩浆活动为主,地形高差小,剥蚀沉积不发育,以偏基性火山碎屑沉积为主。压性弧因地壳增厚,以安山质-英安质-流纹质岩浆活动为主,地形高差大,剥蚀沉积发育,以偏长英质沉积为主。

根据侧向分带将俯冲带分为主弧、主弧内侧和弧后带,分别介绍它们的构造和成矿特征。

(2)主弧带及成矿。

主弧带及成矿特征阐述见第四章第六节。

(3)主弧带内侧及成矿。

对于缓倾角的俯冲带,在主弧带内侧(靠陆一侧)很宽的范围内,分布孤立的岩株状侵入体,与此伴生的有中部的铜铅锌银矿床和内侧的钨锡矿床及稀土矿床等。

对应内带的岩浆岩分两类,即Ⅰ型和S型花岗岩,分别为地幔来源和地壳重熔来源。内弧带以侵入体为主,主弧内侧发育火山岩。

主弧带内侧的夕卡岩型矿床。岩株与碳酸盐岩接触交代形成的夕卡岩型矿床为铜铅锌银等矿种,岩株以花岗闪长岩和石英二长岩为主,碳酸盐岩为较早期的陆缘冒地槽或地台沉积形成,矿床常为筒状、层状等,筒状矿体是裂隙构造与层理双重控制,分布不规则,勘探难度大。

主弧带内侧的脉状矿床。内弧脉状矿床以银-铅-锌及铜为主,在空间上与上述夕卡岩矿床共生或混合产出,矿种相近,矿化沿裂隙充填,可延伸较远。脉矿床中贱金属和贵金属为成矿系列,有时二者分离,很可能是远端矿化,有浅成低温热液矿床特征。脉状矿矿质来源于岩浆热液,成矿时有大气水的加入,为混合热液。

(4)弧后带及成矿。

弧后带是指弧后盆地带,靠大陆一侧,是在引张作用下形成的盆地或裂谷带,是在总体挤压作用下局部形成的张裂带。深部岩浆底辟上升,形成大型斑岩钼矿床。

弧后带黑矿型矿床。典型黑矿型块状硫化物矿床产于日本北海道和本州东北部,发生火山活动,矿床产于长英质火山岩中的多金属透镜体矿层-黑矿型矿床。

黑矿型矿床是张性弧的特征性矿床,产于弧后盆地中,这里不出现产于压性弧中的斑岩型铜矿床,二者不共生。

绿岩带块状硫化物矿床也属此类型,产于太古代。

弧后带斑岩钼矿床。在美国西部的安第斯型俯冲带的弧后扩张带中形成大型斑岩钼矿床,即克莱马克斯型钼矿床,产于高硅富碱的流纹斑岩岩株中,含亲岩元素钨锡铀铌钽等,不含铜。这类矿床的成因与其弧后裂谷机制有关,显然弧后裂谷中斑岩钼矿床不同于主弧中的斑岩铜矿床,它们的构造位置,岩浆岩类型和金属元素组合是明显不同的。这种环境及其矿床在其他地区的再现还不普遍,应注意观察。

(5)洋壳环境及成矿。

洋壳环境及成矿特征阐述见第四章第六节。

2. 古板块俯冲带与成矿

1)西伯利亚板块-中朝板块之间俯冲带、增生带分布

(1)蒙古—鄂霍次克碰撞带(俄罗斯)。

南侧,萨彦—额尔古纳地体(兴凯褶皱系)。

(2)德尔布干俯冲断裂带。

南侧,兴安—喜桂图旗地体(中海西褶皱系)。

(3)鄂伦春—头道桥俯冲断裂带。

南侧,兴安—东乌珠沁旗褶皱带(早海西褶皱系,西伯利亚)。

(4)贺根山—二连浩特俯冲(碰撞)断裂带。

南侧,内蒙古中部地体(中海西褶皱系)。贺根山增生杂岩带;西乌珠穆沁旗晚海西陆缘增生带(宝力道—锡林浩特弧增生杂岩带);林西—苏尼特右旗晚海西陆缘增生带(二道井—林西增生杂岩带);达茂旗—翁牛特旗早古生代陆缘增生带;温都尔庙中晚元古代陆缘增生杂岩带。

(5)西拉木伦—白云鄂博-居延海碰撞(俯冲)带。

南侧,赤峰—白云鄂博增生带、哈达庙增生杂岩带。

(6)赤峰—包头台槽断裂带。

南侧,华北陆块。

2)蛇绿岩杂岩带分布

在西伯利亚地台和中朝-塔里木地台间的天山—兴安地槽褶皱系中存在数条古俯冲断裂带而附生的蛇绿岩、混杂岩带。由北而南为:德尔布干—大博格多—额尔齐斯蛇绿岩带;鄂伦春—伊尔施—阿尔曼太蛇绿混杂岩带(交其尔蛇绿岩杂岩花岗闪长岩。刘家义,1983);贺根山—二连浩特—克拉麦里蛇绿岩带(贺根山蛇绿岩堆晶辉岩。曹从周,1987);西拉木伦—居延海—康古尔塔格—依连哈比尔尕构造混杂岩带(柯单山蛇绿岩杂岩堆晶辉长岩);白乃庙弧—温都尔庙增生杂岩带(温都尔庙蛇绿岩杂岩。曹从周,1987)。

3)地体拼贴

西伯利亚板块和中朝板块间最后碰撞拼合构造位置存在争议,第一种观点碰撞拼合最后位置在贺根山一线,这样二连浩特至贺根山断裂北部增生带属西伯利亚板块往南增生部分,断裂南部增生带属于华北板块增生部分。第二种观点认为碰撞拼合位置在西拉木伦河林西一带,这样西拉木伦断裂北部增生带属西伯利亚板块增生部分。两种观点争论的原因及依据在本书第三章作了论述。为了更全面阐述板块演化过程及成矿规律,以下论述引用西拉木伦河一线为最后碰撞拼合位置(暂以冷暖动植物分界为界线)加以论述,以供讨论。

内蒙古中部地体主要由上古生界石炭系和二叠系组成,其中二叠系为其主体部分,石炭系为海相碳酸盐-碎屑岩和火山岩建造;下二叠统为海相碳酸盐-岛弧火山岩和海陆交互相的复理式沉积建造,二者组成该地体的基底,而其上堆积造山期后的上二叠统陆相磨拉石建造基底岩石均有低绿片岩相的变质。地体南缘为下二叠统岛弧火山岩带,由安山岩-拉斑玄武岩-流纹岩-火山碎屑岩等组成。代表地体南缘板块俯冲作用的产物。

俯冲作用始于早古生代,结束于晚海西期。沿带代表俯冲作用产物的蛇绿混杂岩到处可见,由构造侵位的基性-超基性岩体、海相喷溢的基性熔岩、弧前海沟的混杂堆积和蓝闪片岩等高压变质带构成。表明其间曾被大洋所分割。断裂带南侧的华北地台北缘为加里东地槽褶皱带;而北侧内蒙古中部地体则为晚海西地槽褶皱带,在地质构造演化史上有着不同的背景。

(1)兴凯—加里东—海西期。

该阶段西伯利亚板块向南增生、地体拼贴、"古蒙古洋"关闭,并与中朝-塔里木板块对接碰撞形成中蒙地槽褶皱系和统一的欧亚板块。据区域地质、古生物地理、古地磁和地球物理等资料，西伯利亚古陆块(地台)和中期-塔里木古陆块(地台)在晚元古代业已形成，两者各峙一方，分别控制着中国北部的地质构造发展演化。两者地理位置相差甚远，其间为"古蒙古洋"所阻隔，其位置大致位于延吉、林西、白云鄂博、居延海一线。当时大洋宽度可达3000~4000km之遥(殷鸿福等，1988)。在西伯利亚古板块的南缘发育有众多的离散性地体，它们残留于"古蒙古洋"北域。围绕这些地体(或微板块)边缘和地体之间发育着一些地方型地槽(海槽)——即额尔古纳地槽、兴安地槽和内蒙古中部地槽等，这就是晚元古时期的基本地理面貌和构造格局。

在此基础上，随着南部中朝板块的向北、北部西伯利亚板块的相对向南运动，"古亚洲洋"板块向西伯利亚陆块发生俯冲，大洋逐渐缩小至关闭，使"古亚洲洋"北部的这些离散型地体(微板块)逐个拼贴于西伯利亚板块南缘(图5-2)。这种拼贴和增生作用出现于晚元古-古生代期间，并可划分以下几次拼贴作用阶段(王道永等，1998)。

兴凯期——德尔布干断裂带俯冲、喜桂图旗地体拼贴和额尔古纳褶皱系(造山带)的形成。兴凯期，随着"古蒙古洋"的向北俯冲，在西伯利亚板块南缘与喜桂图旗地体间的额尔古纳海槽不断缩小，于西伯利亚板块南缘形成活动大陆边缘造山带，堆积一套地槽型的海相复理式建造和岛弧型的海相中基-中酸性火山岩建造；而在喜桂图旗地体，代表此时沉积却以冒地槽相的碎屑岩建造为特征，说明晚元古时期，德尔布干断裂两侧的构造背景完全不一致。兴凯运动，西伯利亚板块和喜桂图旗地体间的海槽关闭，洋壳消失，由俯冲作用形成的德尔布干俯冲断裂带取代额尔古纳海槽。进入早寒武世，逐渐进入造山期后发展阶段——加丹加(Katanga)构造旋回(李春昱等，1983)，形成的山间洼地环境下的磨拉石建造(Mamakan)，并伴有中高温的变质作用发生。

据此可以认为，兴凯期是西伯利亚板块与喜桂图旗地体拼贴—额尔古纳海槽关闭的时期，拼贴作用形成德尔布干俯冲断裂带和萨彦—额尔古纳造山带(褶皱系)。而早寒武世已进入造山期后的发展。兴凯运动后，喜桂图旗地体已成为西伯利亚板块的一部分；而板块的南界已移至兴安地槽即鄂伦春至头道桥一线(雷国伟，2014)。

(2)加里东期—鄂伦春—头道桥俯冲带的形成与活动。

奥陶纪，由于"古蒙古洋"的快速扩张或中朝板块的迅速北移作用，在西伯利亚板块南缘地壳产生新的破裂；并于中奥陶世形成海沟开始第二次俯冲，使鄂伦春—头道桥—巴日图一线由被动大陆边缘转化为活动边缘，形成岛弧和海沟。随着俯冲作用的发生，产生了至少5次基性-中酸性火山喷发旋回(Shao et al.，1989)，形成以细碧岩-石英角斑岩-岛弧拉斑玄武岩系列为组合的岛弧火山岩建造和复理石建造。

晚奥陶世，南部洋壳向西伯利亚陆块俯冲作用相对减弱，此时火山活动宁静，代之为浅海相的碎屑岩-碳酸盐沉积。这种稳定一直持续至晚志留世。

加里东运动，南部兴安地槽和内蒙古中部地槽均产生向北俯冲，在西伯利亚南缘和东乌珠穆沁旗地体南缘产生强烈的造山作用，使下泥盆统超覆于早古生代地层之上，同时伴有加里东晚期的钙碱性石英闪长岩(I型)的侵入和中酸性火山岩的喷出。不难看出，加里东旋回在本区板块运动中仍有强烈的活动，但地体拼贴和大陆增生作用相对稳定。

(3)海西早-中期东乌珠穆沁旗早华力褶皱系的形成、喜桂图旗弧后盆地的扩张和东乌珠穆沁旗地体拼贴。

泥盆纪-早石炭世，由于兴安海槽和内蒙古中部海槽的扩张作用的加剧，在东乌珠穆沁旗地体中形成早海西褶皱带（造山带）；北部于西伯利亚板块南缘的喜桂图旗则产生扩张而发展成弧后盆地（边缘海），至此，西伯利亚板块南缘形成沟-弧-盆的基本格局。

早石炭世是喜桂图旗弧后扩张的鼎盛阶段，强烈的拉张使弧后盆地的大陆地壳变薄，海水加深。沉积分别来自于岛弧的火山碎屑物（特别是凝灰质的）和来自宽广而稳定的西伯利亚陆块的比较成熟的碎屑物、化学沉积物。弧后盆地沉积的另一个特点是含有大量深色薄层状含放射虫硅质岩，反映强烈拉张造成海盆变深，致使物源的供给不足而呈饥饿状态。弧后拉张作用造成海底火山活动频繁，并与深海相硅质岩互层组成细碧角斑岩建造。不难看出弧后扩张使陆壳变薄形成边缘海盆的演化作用过程。弧后扩张与鄂伦春—头道桥一线的弧前挤压俯冲形成鲜明对比，早-中海西期基性-中性-酸性岩浆强烈活动形成岛弧构造岩浆岩带，沿海沟形成弧前构造混杂堆积。

早石炭世末，由于兴安海槽的不断萎缩和西伯利亚陆块的迅速向南增生，喜桂图旗弧后边缘海盆也由扩张转变为强烈挤压收缩；同时兴安地槽也逐渐缩小，东乌珠穆沁旗地体拼贴于喜桂图旗地体南缘，海水由 NW 向 SE 退出。受强烈拼贴挤压作用形成北部喜桂图旗中海西地槽褶皱带和南部东乌珠穆沁旗早-中海西地槽褶皱带，两地体和喜桂图旗弧后海盆结束了其大陆边缘造山带的发展演化历史。

晚石炭世，喜桂图旗地体和东乌珠穆沁旗地体基本结束了海相环境（除在 NE 部哈达图隆起南侧局部残留海槽外）转入陆相。此时，增生后的西伯利亚板块的南缘已移至乌珠穆沁旗南缘的二连浩特—贺根山—线。

(4)海西晚期内蒙古中部地体拼贴"古蒙古洋"关闭。

西伯利亚板块和中朝板块的对接碰撞晚石炭世-二叠纪，随着中朝板块的北移，位于增生后的西伯利亚板块南缘与内蒙古中部地体间的海槽随之关闭，并形成贺根山—二连浩特蛇绿岩带，地体的拼贴使西伯利亚板块的南缘移至内蒙古中部地体的南缘。进入二叠纪，增生后的西伯利亚板块和中朝板块间的"古蒙古洋"仍沿内蒙古中部地体南缘不断地向北俯冲，形成内蒙古中部地槽褶皱系（边缘造山带）；另一方面，来自俯冲的挤压应力传递至北部，使各地体间的拼贴俯冲带再次强烈活动形成挤压构造带，甚至产生陆内的俯冲（A 型）和推覆，促使海西中-晚期陆壳改造型（S 型）岩浆侵入和钙碱性系列的陆相中基-中酸性火山喷发。

海西运动，位于 SN 两大陆块间的"古亚洲洋"关闭，西伯利亚板块和中朝-塔里木板块对接碰撞形成横亘于中亚北部的西拉木伦—居延海—康古尔塔格—依连哈比尔尕—裴伟线混杂蛇绿岩带。至此，SN 两大板块结合成统一的欧亚板块。

综上所述，位于西伯利亚地台和中朝-塔里木板块间的中蒙地槽是在晚元古-古生代期间，经历至少三次地体拼贴作用所形成的大陆边缘造山带，每次拼贴以地体间的海槽（洋壳）俯冲消减作用方式进行；所以每次拼贴作用不但形成相应的大陆边缘造山带（地槽褶皱带），同时伴有规模巨大的岩石圈断裂（蛇绿混杂岩带）的形成。

4)古蒙古洋洋壳俯冲、消减作用与成矿

古蒙古洋向蒙古板块和华北板块发生双向俯冲、消减（邵济安，1991；Shao，1989），在板块消减俯冲带形成与残余洋壳有关的铬铁矿床(贺根山、乌珠尔、索伦山、阿布格等铬铁矿床),蛇绿岩构造侵位时间为晚泥盆世-早石炭世(肖序常等,1991),构成研究区内第一成矿系列,即索伦山—贺根山晚泥盆世-早石炭世与残余洋壳超基性-基性岩(蛇绿岩)有关的岩浆岩型铬、铁矿床成矿系列。

在板块削减俯冲过程中,伴随大量中酸性岩浆侵位,在南蒙古地区形成斑岩型铜-钼、铜-金矿床,例如,欧玉陶勒盖斑岩型铜-金矿床、查干苏布尔加铜-钼矿床、修提恩铜-金矿化区等,成矿年龄为 370~320Ma(张义等,2003;Perello et al.,2001),构成研究区内第二成矿系列,即南蒙古地区晚泥盆世-早石炭世与洋壳有关中酸性侵入岩相关的铜、钼、金矿床成矿系列。

研究表明(任纪舜等,1990,1991),163~136Ma 可能是中国东部地球动力过程调整时期及构造体制大转换时期。自印支末期以来,中国东部持续受到 SN 向挤压的同时,又出现特提斯-古太平洋板块在印支晚期向古亚洲大陆下消减,燕山期中国东部及邻区环太平洋的构造越演越烈,以至于中国东部的构造发展逐步成为环太洋构造的一部分,形成了中国东部 NE - NNE 向的构造体系,并铸造了亚洲东缘宏伟的燕山褶皱带。

3. 二连浩特—贺根山古俯冲带南侧增生地体与成矿

位于西伯利亚板块东南缘查干敖包—奥尤特—朝不楞晚古生代和中生代构造-岩浆岩带东段,其东南侧就是西伯利亚板块与华北板块的缝合带——二连浩特—贺根山深大断裂带。主干断裂为 NE 向二连浩特—贺根山深断裂和查干敖包—东乌旗深大断裂。褶皱构造发育,褶皱轴向与区域主干断裂一致,表现为一系列的 NE 向复式背斜和向斜。古生界火山-沉积岩地层中 NE 向复式背斜和复式向斜构造亦比较发育,其中个别向斜的翼部就是赋矿的有利部位。

1) 地质成矿特点

该成矿区域主要金属矿床(点)大体划分为 5 种类型:①斑岩型金属矿床(点),以迪彦钦阿木钼矿床(靠陆缘地壳)为代表;②夕卡岩型金属矿床(点),以朝不楞铁多金属矿床和查干敖包铁锌矿床为代表;③与花岗岩类侵入岩有关的金属矿床(点),以沙麦钨矿床为代表;④与镁铁质-超镁铁质侵入岩有关的金属矿床(点),以小坝梁铜金矿床为代表;⑤火山-沉积岩为容矿围岩金属矿床(点),以吉林宝力格银多金属矿床和阿尔哈达银多金属矿床为代表,本区多金属矿床、矿点和矿化点成带。

空间展布具有以下 3 大特征:①以东乌旗—伊和沙巴尔深大断裂为界,断裂西侧主要为与花岗岩类侵入岩有关的铜、钨矿床,断裂东侧主要为铁、铅、锌、银、金等夕卡岩型或中低温热液型矿床;②铜矿点主要分布在额仁高毕复式向斜的核部,如准昂嘎尔铜矿点、乌兰陶勒盖小型铜矿床、额尔登陶勒盖铜矿点等;③在白云呼布尔—满都宝力格大断裂和朝不楞西—乌拉盖断裂的交汇部位,矿床(点)分布密集,产出有朝不楞、查干敖包和曼特敖包等中型矿床,且朝不楞矿床与查干敖包矿床和曼特敖包矿床相对于断裂交汇点呈对称分布。

地层控矿作用特点。东乌珠穆沁旗地区绝大多数多金属矿床(点)大都集中在泥盆系和石炭系中。具有工业价值的多金属矿床如朝不楞铁多金属矿床、查干敖包铁-锌矿床、阿尔哈达铅锌银多金属矿床、吉林宝力格银多金属矿床等产于上泥盆统安格尔音乌拉组和石炭系宝力格庙组中。奥陶系和二叠系中也有部分金属矿(化)点分布,但尚未发现具有工业意义的多金属矿床。上述现象虽然不能表明本区多金属矿化受某一时代地层的严格控制,但具有工业意义的多金属矿床主要产于上泥盆统安格尔音乌拉组和石炭系宝力格庙组中。这一事实说明上泥盆统安格尔音乌拉组和石炭系宝力格庙组是本区多金属矿床的主要富矿地层,与多金属矿成矿作用关系十分密切。

2)构造对成矿控制作用

(1)二连浩特—贺根山深大断裂(F_1)(图3-1)位于二连浩特—贺根山一线,呈NEE-NE向展布,在我国境内经二连浩特、苏尼特左旗北、贺根山,向东被新生代岩(体)层所覆盖,并延至大兴安岭附近。二连浩特—贺根山深大断裂是华北陆块与西伯利亚板块之间的缝合带,是一条长逾1000km的深大断裂。深大断裂是源于地球内部深层次的大型区域构造,控制着地壳上部矿区、矿床,尤其是大型、超大型矿床的成矿作用。二连浩特—贺根山深大断裂线正是二连浩特—贺根山超基性岩带,也是更新世五道沟玄武岩主体岩带呈NEE向伸展的部位,断裂带控制了深源岩浆的侵入和喷溢。其形成时代最早可能是海西期,但至喜马拉雅期仍有活动。二连浩特—贺根山深大断裂对本区大地构造格局发展演化具有明显的控制作用。其沿线北侧形成广泛的中新生代盆地(包括玄武岩台地),是一个沉降区。盆地以北是古生代地层普遍出露的隆起区,盆地以南是另一个隆起区。二连浩特—贺根山大断裂不仅控制着二连浩特—贺根山超基性岩带的展布,也是重要的控矿导矿构造。

(2)白云呼布尔—满都宝力格大断裂(F_3),NE向,它通过控制本区的岩浆活动间接控制着矿产在时间、空间、类型上的分布规律(黄再兴等,2003),是区内成矿区带划分的主要依据。本区的侵入杂岩体平面形态的长轴方向均为NE向,与构造线方向一致,反映了受NE向断裂控制的特点。大量研究表明,古生代西伯利亚板块、古蒙古洋壳与华北板块之间的长时期和多阶段俯冲、碰撞和地壳抬升、褶皱挤压和隆起拉伸同时发生,受板块相互作用影响,这一时期不仅大量幔源岩浆上升至地表,还伴随大规模的变质作用和地幔去气作用;同时地幔流体携带大量成矿物质、流体沿深断裂带向上运移,激发、活化地壳中的成矿物质,促进浅部流体的循环对流,萃取更多的成矿物质,在地壳浅部由于物理化学条件的变化,成矿物质从流体中卸载,在构造有利部位形成矿体,沿白云呼布尔—满都宝力格大断裂形成朝不楞、吉林宝力格、查干敖包、阿尔哈达等大中型多金属矿床。

(3)NW-NWW向和NE向裂隙和小型断裂构造是区内主要的容矿构造,多呈规模不一的带状发育。NW向裂隙构造成矿以白音敖老铅银矿点和查干乌苏高吉格铜钼矿化点为代表;NWW向成矿小型构造以扎格乃努尔1129高地铀钍矿化点、花哈勒金1108高地铜银矿点为代表;NE向小型构造成矿以花那格特铅锌银矿点、洛格敦铁矿化点为代表。这些小型成矿构造中常有规模不一的石英脉岩或石英细脉贯入和矿化,各类矿化和蚀变现象发育。

(4)成矿后的断裂、裂隙构造对矿化体和矿化带起到了一定程度的破坏作用。例如,巴润必鲁特NE向断裂对巴润必鲁特铅锌银多金属矿点有明显的右型错断。

3)成矿演化阶段

从东乌旗及邻区现有的主要金属矿床的成矿年龄数据来看,该区内生金属矿床的形成时代大致可划分为三个主要成矿时期(黄再兴等,2003):海西成矿期(320~290Ma)、印支成矿期(240~210Ma)和燕山成矿期(150~130Ma)。

(1)海西成矿期(320~290Ma)。石炭纪时东乌旗一带及邻区大地构造格局自南向北依次为华北板块北缘白乃庙—温都尔庙沟-弧-盆体系、南蒙古洋盆地、白音宝力道岛弧带、北蒙古洋盆地和西伯利亚板块南缘乌力亚斯太沟-弧-盆体系。

无论在华北板块北缘还是沿西伯利亚板块南缘,古蒙古洋壳与古大陆块体发生多期次俯冲、碰撞和对接作用。受古板块相互作用影响,晚古生代早期,古大陆边缘构造-岩浆活动具有下述几个特点。

①大规模火山喷发和岩浆侵入活动,在古大陆边缘许多地段堆积有巨厚的中酸性火山-沉积岩和形成有众多的花岗岩类侵入岩体。

②强烈的SN向挤压应力将古洋壳残片转运至地壳浅部或推覆至地表,进而形成蛇绿混杂岩体,如贺根山、小坝梁和索伦山等蛇绿混杂岩(刘家义,1983)。

③受古洋壳与古陆块相互碰撞和对接作用影响,各大洋盆地内产出的一系列前寒武纪中间地块先后被拼贴到古大陆边缘。

④尽管在华北板块北缘尚未找到与这一地质时期构造-岩浆活动相对应的金属矿床,但是在西伯利亚板块南绕的查干敖包—奥尤特—朝不楞构造、岩浆岩带内产出有奥尤特铜、锌矿床,其形成时间为晚石炭世[(287±10)Ma],铜矿石绢云母^{40}Ar-^{39}Ar同位素法(聂凤军等,2007);吉林宝力格银、锌矿,其形成时间亦为晚石炭世[(314.8±8.8)Ma,黄再兴等,2003]。

(2)印支成矿期(240~210Ma)。二叠纪时东乌旗一带及邻区古大洋盆地先后闭合,华北板块与西伯利亚板块最终结合为一个整体。在此之后,开始进入一个崭新的地壳演化阶段,区域性张裂构造作用导致一系列断陷盆地的形成,并且伴随有一定规模的富碱性岩浆活动。早三叠世时的构造格局与二叠纪末期完全相似,基本处于陆内拉伸和裂陷状态。三叠纪中-晚期(印支期),受区域性深大断裂再次复活和大陆内部热值升高影响,古陆壳又开始显现出明显活化的迹象。首先,岩浆热液流体对早期花岗岩类侵入岩体及其围岩的交代和充填作用可在构造有利地段产出有一系列含矿石英脉;其次,岩浆热液流体对早期火山-沉积岩地层中的"矿源层"或"矿胚"进行淋滤与萃取,并且在构造有利部位形成一系列金属矿床(点),如查干敖包铁-锌矿床[(240±1.1)Ma]和曼特敖包锌矿床[(237±5)Ma]等(雷国伟等,2012)。

(3)燕山成矿期(150~130Ma)。侏罗纪开始的燕山运动进入滨太平洋板内构造演化阶段,在区内以断陷盆地和强烈的岩浆活动为特色。早侏罗世发生的燕山运动表现以地壳的差异性升降运动为主,在花那格特形成了一个NE向断陷湖盆,沉积了一套从砂砾岩到粉砂岩及泥岩的碎屑岩建造,后期沉降速度和沉积速率变小,气候温暖湿润,植物空前繁盛,形成了大量含碳质的碎屑岩和植物化石及其碎片。由于受滨太平洋板内构造演化的影响,在东乌旗地区形成了大面积分布的高钾钙碱系列花岗质岩石,以及正长斑岩脉、花岗斑岩脉等晚期岩脉的发育。同时在朝不楞地区是最为重要的花岗质岩浆活动和火山-次火山作用发育的地区,燕山期频繁的岩浆活动,为成矿提供了热动力条件,同时也是成矿物质的提供者。岩浆热液与古生代和中生代地层接触,产生了强烈的接触变质作用,形成了较大规模接触变质带和蚀变破碎带,是本区黑色、有色金属成矿有利地段,铁、钼、铅、锌异常和矿床的空间分布与岩体有着密切关系。如产于花岗岩体与围岩接触带的夕卡岩型朝不楞铁多金属矿床[(140.7±1.8)Ma]和产于侏罗系安山岩和凝灰岩中的迪彦钦阿木大型钼矿床(张万益等,2009)。中生代燕山期形成的金属矿床是目前为止乌珠穆沁旗成矿带中最具工业价值的矿床(雷国伟等,2012)。

4)成矿系列

二连浩特—贺根山俯冲带(碰撞带)南侧增生带有三个矿床成矿系列:索伦山—贺根山

晚泥盆世-早石炭世与洋壳超基性-基性岩(蛇绿岩)有关的岩浆岩型铬、铁矿床成矿系列(Ⅰ);南蒙古地区晚泥盆世—早石炭世与中酸性侵入岩有关的铜、钼、金矿床成矿系列(Ⅱ);二连浩特—东乌旗地区燕山期与花岗岩有关的铁、锌、铅、铜、金、钨、银矿床成矿系列(Ⅲ)。成矿系列Ⅱ与Ⅲ之间的界线除考虑上述划分方案所关注的因素外,主要参照了传统观点认为的中生代构造-岩浆活动所影响的范围(裴荣富等,1998),即东经113°以东地区强烈地叠加了中生代滨西太平洋构造-岩浆活动。

(1)索伦山—贺根山晚泥盆世-早石炭世与洋壳超基性-基性岩(蛇绿岩)有关的岩浆岩型铬、铁矿床成矿系列。

该类型分布于索伦山—贺根山一带,与板块俯冲带的残余洋壳有关,与成矿有关的超基性岩组合为纯橄榄岩-斜辉辉橄岩-橄长岩-辉长岩、纯橄岩-斜辉辉橄岩-二辉辉橄岩。铬铁矿与纯橄岩相关。索伦山铬铁矿区橄榄辉长岩中锆石U-Pb法表面年龄为(385.6 ± 1.7) Ma、(350 ± 1.3) Ma、(433.6 ± 3.6) Ma(曹从周,1983);贺根山矿区蛇绿岩套中6件不同岩石类型的全岩Sm-Nd等时线年龄为(403 ± 27) Ma,初始值为0.51256 ± 3,$\delta Nd(T)$为+8.7,表明其起源于亏损型上地幔,未受明显的地壳物质的混染,形成于大洋中脊环境(包志伟等,1994)。

已知有索伦山、乌珠尔、阿布格、贺根山等铬铁矿床,矿床规模前三者为小型,后者为大型,成矿元素组合为铬-铁。矿床受索伦—二连浩特—贺根山古板块缝合带(俯冲带)的控制,产于超基性-基性岩中。赋矿岩石类型及岩石地球化学特征见表5-1,所有岩石类型ΣREE总量极低,变化于$0.003\sim0.950\mu g/g$(包志伟等,1994),均具有幔源特征。乌珠尔岩体造矿铬尖晶石具双频分布,这表明乌珠尔岩体及铬铁矿床的成因与其相邻的阿布格和索伦山铬铁矿床并不完全相同。

表5-1 岩石及地球化学特征(陶继雄等,2003)

索伦山铬铁矿	索伦山岩体由纯橄岩与方辉橄榄岩组成。各岩体常量元素表明为富铬型岩体。具两种REE形式,一种是以方辉橄榄岩为代表的V形,另一种是以各种橄榄岩为代表的"烟斗"形,表明来自于地幔残余与流体的混合模式(王希斌等,1995)。陶继雄等(2004)研究表明,变质橄榄岩具有低Cr、Ti、Ca和高Mg的特征,MgO/(MgO+Fe*)值为$0.86\sim0.89$,各类岩体ΣREE总量极低,变化于$0.003\sim0.190$,LREE明显富集,Eu具体异常,镁铁质火山岩具有洋中脊拉斑玄武岩(MORB)的特征
阿布格铬铁床	阿布格岩体由纯橄岩与方辉橄榄岩(地幔橄榄岩)组成,岩石学特征同苏伦山岩体相似。稀土地球化学具有以下几个特点:①所有地幔橄榄岩的REE丰度均显强烈亏损($\Sigma REE<1\mu g/g$,变化于$0.389\sim0.950\mu g/g$),为球粒陨石的$0.03\sim0.7$倍;②地幔橄榄岩均具有相似的REE丰度及分配形式——烟斗形式,该形式是V(或U)形与LREE富集形式之间的一种过渡形式;③所有橄榄岩都具有强烈的负Eu异常出现,表明具有相似的成因背景,可能来自同亏损的幔源区受LREE富集流体的混合,并经历了高度的部分熔融
乌珠尔铬铁矿	该岩体由纯橄岩、低辉方辉橄榄岩、辉长岩、异剥岩组成。各类岩石的化学成分变化较窄。Mg/MgO+FeO为$0.82\sim0.84$。高辉方辉橄榄岩和含透辉方辉橄榄岩其ΣREE分别为$1.928\mu g/g$和$1.610\mu g/g$。纯橄岩和低辉方辉橄榄岩,其ΣREE均$<1\mu g/g$,变化于$0.44\sim0.682\mu g/g$,具有高度亏损的特征。各类橄榄岩多数都显示强烈的负Eu异常以及它们相似的REE分配形式表明,它们是来自同一源区的地幔岩

①贺根山铬铁矿。贺根山蛇绿岩中的铬铁矿主要产在纯橄岩体内,少量产在堆晶岩的下部,目前发现的工业矿床大多数产在纯橄岩中,如3756号产于下部斜辉辉橄岩相中的纯

橄岩脉里。较小的矿床和矿化除产在上述纯橄岩脉中以外,也产在中下部堆积杂岩带中。产在斜辉辉橄岩相的矿床有 3756、620、基东和 B265 号矿体等。

②索伦山、阿布格、乌珠尔铬铁矿地质地球化学特征见表 5-1。

(2)南蒙古(蒙古国南部,下同)地区晚泥盆世-早石炭世与中酸性侵入岩有关的铜、钼、金矿床。

该系列矿床位于南蒙古—东乌旗成矿带,呈 NEE-NE 向展布,主要分布于南蒙古—内蒙古东乌旗一带,向西延伸进入甘肃、新疆北部地区,向东进入内蒙古呼伦贝尔市。

中国、蒙古、俄罗斯三国地质工作者先后在研究区内及邻区发现各个地质时代的铜多金属矿床和矿化点数百处,大型、特大型铜、金多金属矿床(点)呈带状分布(张义等,2003)。代表性矿床有蒙古国欧玉陶勒盖(Oyu Tolgoi)斑岩铜(金)矿田(大型)、蒙古国查干苏布尔加(Tsagaan Suvraga)斑岩型铜(钼)矿床(大型)、蒙古国卡马戈泰(Kharmagtai)斑岩型铜(金)矿床。在蒙古国修提恩(Shuteen)地区也具很好的斑岩型铜(金)成矿条件,国内可以类比的矿床为新疆延东-土屋铜(钼)矿田、甘肃公婆泉铜多金属矿床等,表明该斑岩成矿带拥有巨大的找矿潜力。

该成矿系列的主要特征如下。

①产于岛弧环境。欧玉陶勒盖铜(金)矿田、查干苏布尔加铜(钼)矿床、卡马戈泰铜(金)矿床、修提恩铜(金)矿化区形成于中-晚古生代洋盆沉积和岛弧环境中。这与世界斑岩铜矿主要产于岛弧环境中的特点是一致的(芮宗瑶等,2002)。

②矿区广泛分布正长岩、中生代成矿。在 Oyu Tolgoi 矿区黑云母 K-Ar 年龄为(307 ± 4)Ma,Tsagaan Suvarga 矿区二长岩岩脉中云母 Ar-Ar 年龄为(313 ± 2.9)Ma(Perello et al.,2001;Lamb et al.,1998)。地体的东南边缘发育有富钠闪石球形花岗岩侵入体,其 K-Ar 年龄为(287 ± 2)Ma(Kovalenko et al.,1990)。但目前为止在所有的矿区中还没有发现铜-钼-金矿化与正长岩有关的直接证据。

③泥盆纪的中-酸性火山岛弧岩浆作用和斑岩型金-铜矿化。早石炭世为巨大的岩基,主要为 I 型花岗岩。蒙古南部以北地区主要以富钾钙碱性岩浆作用为主,早石炭世 I 型花岗岩发育斑岩型铜-金矿化,例如,修提恩侵入体即为 I 型花岗岩。据芮宗瑶等(2002)研究,世界斑岩铜矿的斑岩岩石主要属于 I 型花岗岩,少部分可能属于 M 型和 A 型花岗岩。

④斑岩型铜矿床受缝合带控制。南戈壁斑岩型铜矿床空间上受 NE 向东蒙古断裂控制,该缝合带形成于中古生代,为一个深的逆断层,中生代转化为一个走滑断层(Kirwin,2005),控制了泥盆纪-石炭纪闪长岩和二长闪长岩,构成了 Gurvansayhan 岩群的南部边界。据芮宗瑶等(2002)研究,几乎所有斑岩铜矿都与区域性断裂相伴,这些区域性断裂通常切入地幔,引发幔壳混合源的花岗质岩浆侵位和矿化。

⑤具有多个铜-金斑岩体矿化中心,时间上多次成矿。晚期富硫化物覆盖于先形成的铜-金斑岩矿化体系或叠加于其中。例如,卡马戈泰具有 Zesen Uul、Altan Tolgoi、Tsagan Sudal 和 Chun 四个矿化区;欧玉陶勒盖具有四个主要的铜-金斑岩和高硫化物系统,分别为南欧玉、西南欧玉、中欧玉、远北欧玉(后来更名为呼戈达米特 Hugo Dummett)四个矿化区(Kirwin,2005)。反映了多期次成矿作用相互叠加改造的特点,与岩浆多期次侵入活动是相互吻合的。

⑥矿床矿化规模大、埋藏浅、铜金品位高。蒙古查干苏布尔加斑岩铜-钼矿床(Tsagaan Suvarga),铜:130~104 万 t,品位:0.3%~1.5%;欧玉陶勒盖铜、金矿床,铜:225 万 t,品位:

0.480%；金：328t，品位：0.70g/t(Perello，et al.，2001)。

⑦矿体形态呈筒状，出现富金矿化带。电气石角砾岩筒广泛分布，富矿围岩主要为中性岩类。例如，欧玉陶勒盖铜-金矿体主要赋存于二长闪长岩和含网脉的闪长玢岩中，而卡马戈泰铜-金矿体主要赋存于闪长玢岩中。此外，角砾岩筒也是铜-金矿化的重要部位。

⑧斑岩体顶部外壳及围岩发育角砾岩筒、脉岩和网状微裂隙。通常角砾岩筒和网状微裂隙归结为水热爆破现象，而且水热爆破是多次的、反复的，为矿液沉淀提供了空间。

与超基性-基性侵入岩有关的铜、金矿床。该类型产于东乌旗南部，成矿时代为海西晚期，出露地层为晚古生代碎屑岩、火山岩，与成矿相关的岩浆岩为辉长岩和辉绿岩。

小坝梁铜、金矿大地构造位置位于华北板块与西伯利亚板块汇聚带的位置，矿区南部约20km处就是二连浩特—贺根山深大断裂的主断裂带，它形成于大洋中脊离散板块的边缘，其成岩成矿作用均发生在蛇绿岩套构造背景之上。含矿玄武岩下部150m左右钻孔岩芯显示的就是松根乌拉式含有斜方辉石的蛇绿岩套，小坝梁正是这套组合中的一部分。

小坝梁地区的Cu-Au矿化主要发生在成分为玄武质的蚀变凝灰岩、辉绿岩和火山角砾岩内。围岩蚀变类型主要为绿泥石化、绢云母化、硅化和碳酸盐化等，相当于青盘岩化。

小坝梁铜-金矿体通常呈脉状、透镜状或似层状，矿体以规模小和连续性差为特点，部分矿化沿辉绿岩与凝灰岩接触带呈扁豆状分布。铜金矿体大都呈楔状或漏斗状。矿体主要呈似层状、条带状、不规则团块状，矿石具有粉末状、羽毛状、放射状和胶状结构、块状构造为特征。硫化物型矿体位于淋滤带以下，矿体主要呈条带状、透镜状和不规则团块状，矿石具有它形粒状结构。

小坝梁铜、金矿区的蚀变辉绿岩 Rb-Sr 等时线年龄为 242Ma，锶同位素初始比值为 0.7047。辉绿岩含铜量高达 109×10^{-6}，金 160×10^{-9}，低 Rb/Sr(0.04)，高 Ba/Rb(3.07)值，$\sum REE$ 在 $(76.7\sim151.9)\times10^{-6}$，$\sum Ce/\sum Y=0.56\sim0.65$，$\delta Eu=0.48\sim0.91$（段明，2009），具有大洋拉斑玄武岩特点。这些特征表明，辉绿岩可能为来自上地幔玄武岩浆的堆积侵入体。矿石铅同位素($\mu=8.89$)与地幔铅演化曲线一致，也反映成矿金属组分具幔源特征。矿床成因为基性岩衍生热液成矿，构成与超基性-基性岩有关的铜、金矿床组合（陈德潜，1995）。

(3)二连浩特—东乌旗地区燕山期花岗岩有关的铁、锌、铅、多金属矿床。

主要成矿元素有铜、铁多金属、铜-锡、钨，典型矿床有朝不楞铁铜多金属矿床、奥尤特铜矿床、沙麦钨矿床、毛登锡钼矿床等。还有众多铜多金属矿床(点)，在空间上表现出与花岗岩具有密切的关系。矿床类型有热液型、夕卡岩型，具有以下特点。

①矿床受古板块俯冲带断裂控制。奥尤特铜矿床、沙麦钨矿床、朝不楞铁铜多金属矿床位于查干敖包—五叉沟断裂的北侧。此断裂为古板块俯冲带，北为伊尔施加里东褶皱带，南为早海西期褶皱带，控制着两侧燕山期花岗岩和断陷盆地的展布。毛登锡铜矿床位于二连浩特—贺根山断裂带南侧，该断裂带一般认为是华北板块与西伯利亚古板块缝合带（肖序常等，1991；任纪舜等，1990）。

②泥盆系、二叠系地层是赋矿层位。奥尤特锡铜钼矿床赋存于上泥盆统火山角砾岩中；朝不楞铁多金属矿床一、三矿带产于泥盆系地层层理或层间裂隙的夕卡岩内，四矿带在花岗岩与大理岩接触面夕卡岩中，西矿区矿体产于变质粉砂岩与大理岩接触层面，另一些小矿体沿构造裂隙充填；毛登铜(锡)矿床赋存于下二叠统杂砾岩、变质粉砂岩中。

③众多矿床受控于基底构造而呈 NE-NNE 向展布。进入中生代以后,该区进入滨西太平洋构造演化阶段,标志着 SN 两大板块对接历史的结束和环太平洋构造演化的开始。表现出以断陷作用为主导的构造活动,发生了强烈的火山喷发活动和盆岭构造样式组合(徐志刚,1997)。晚侏罗世-早白垩世是东亚大地构造转折时期,大兴安岭发生中生代壳-幔岩浆的混熔现象,在软流圈隆起背景下地壳底部存在大面积的底侵作用,使大兴安岭的地壳经历了一个垂向增生的过程,于晚中生代隆起成山。大兴安岭南段西坡发育了断陷盆地中巨厚的侏罗纪火山沉积岩系,断陷盆地受控于 NE-NNE 向基底断裂(如查干敖包—五叉沟断裂),形成 NE-NNE 斜列断陷带,其间的断隆带多被花岗岩体侵位,形成与花岗岩带相关的铜、银、铅、锌、钨、锡多金属矿床(刘伟等,2000)。

④矿床为造山后伸展环境混熔岩浆喷发、沉淀的产物。矿床为造山后伸展环境底劈作用下形成的一套壳-幔混熔岩浆发生侵位、喷发、流体运移和最终沉淀的产物。研究发现,从新疆北部经南蒙古到我国内蒙古东部发育一条巨型 A 型碱性花岗岩带,空间上同蛇绿岩带紧密共生,却几乎不发育正长岩,属后造山性质(洪大卫等,1994,2000)。该碱性花岗岩带呈 EW 向,以正 $\varepsilon(Nd,t)$ 值为特点,区别于世界其他地方的大多数花岗岩带。这些大面积的晚古生代-中生代碱性花岗岩具有高 Nd 初始比、低 Sr 初始比的特点,可能与古生代板块俯冲、碰撞之后出现的大规模拉伸体制有关(洪大卫等,2000)。

在碰撞造山和造山后伸展构造背景下,壳-幔岩浆侵入、喷发和流体活动频繁形成了一系列与不同时期岩浆活动有关的金属成矿作用。成岩时代主要为晚侏罗世-早白垩世,其成矿年龄可延续至 90Ma,表现出较大的成岩-成矿时差,达 47~95Ma(赵一鸣等,1994)。

4. 林西—黄岗—甘珠尔庙增生杂岩地体与成矿

黄岗—甘珠尔庙地区增生杂岩地体酸性-中酸性侵入岩有两个成矿系列。

1)锡、钨、铜、多金属矿床

矿床成矿系列位于黄岗—甘珠尔庙成矿带,与燕山期酸性-中酸性侵入岩有关,矿化强度大,矿化元素组合复杂。燕山期是黄岗—甘珠尔庙地区主要的成矿期,二叠纪地层既是主要容矿岩层,又是矿源层。NE 向黄岗—甘珠尔庙同沉积断层是主要的控矿构造,裂陷海槽北侧为碳酸盐岩相,南侧以碎屑岩相为主。中生代时,该同沉积断层又再度活动,控制区域花岗岩基、小岩体及金属矿床的形成和分布。该成矿系列分为断隆区和断陷区相互联系又相互制约的两个成矿构造区。例如,大井矿床和浩布高矿床就兼有两个矿床成矿亚系列的主要成矿元素铜、银、锡、铅、锌。成矿时代为 140Ma 左右,代表性矿床有黄岗铁-锡矿、大井铜-锡-铅-锌矿、白音诺铅-锌矿、浩布高铅-锌矿等(芮宗瑶,1994)。

矿床成因类型包括夕卡岩型(黄岗)、斑岩型(敖瑙达巴)、云英岩型(查木罕)、热液脉型(大井、白音皋)、花岗岩型(台莱花)和伟晶岩型(小莫古吐)。矿石建造包括铁、锡(钨、锌)建造(黄岗、富林)、锡、银、铜建造(敖瑙达巴、大井),钨、锡建造(查木罕),锡建造(白音皋),铌、钽、铍、锡建造(台莱花)等。

矿床成矿以中生代断隆区为构造背景,距区域性断裂带较远(距西拉木伦断裂带 60km 以上,距嫩江断裂带 100km 以上)。其围岩主要是下二叠统火山-碎屑岩夹大理岩,该地层单元中的海相火山岩具锡、砷高背景值,构成区域锡、钨、砷地球化学异常区。与锡钨矿化有关的花岗岩为燕山期(148~140Ma)(赵一鸣等,1994),起源于下地壳-上地幔并混染了上地壳物质的亚碱性花岗岩,酸度高、富碱,且 $K_2O>N_2O$,以钾长花岗(斑)岩为主。

据赵一鸣等(1994)研究,锡钨成岩成矿时差较小,一般为 20~40Ma,从黄岗—甘珠尔庙矿带 SW 往 NE,锡钨矿化年龄不仅有变新的趋势,且其成岩成矿时差也有逐渐增大的趋势。

2)铅、锌多金属矿床

与燕山期中-酸性火山-侵入杂岩有关的铅锌多金属矿床集中了铅锌工业储量的大部,主要分布于黄岗—甘珠尔庙锡铅锌成矿带的北部和东部。包括两种成因类型的矿床:夕卡岩型(锰钙夕卡岩建造)铅锌矿床(白音诺尔、浩布高)和热液脉型铅锌矿床(中段),成矿元素除铅、锌外,还有铜、银等。

该矿床成矿系列以中生代火山断陷区为构造背景,矿床一般分布于火山断陷区中的局部隆起部位(坳中隆)或火山断陷区的边部与断隆区交接部位的铅锌多金属地球化学异常区。矿床中常分布着一套火山岩-潜火山岩超浅成侵入体-浅成侵入体(火山-侵入杂岩)。火山-侵入杂岩中的超浅成-浅成小侵入体与成矿关系密切,其岩石组合主要为花岗闪长斑岩-石英正长斑岩(如白音诺尔矿床)和石英二长岩(或二长花岗岩)-钾长花岗岩(如浩布高矿床)。成岩时代主要为晚侏罗世-早白垩世,其成矿年龄可延续至 90Ma,表现出较大的成岩-成矿时差,达 47~95Ma(赵一鸣等,1994)。铅锌矿化开始早、结束得晚,显示出很大的成岩成矿时差,这是我国东部与中生代火山-侵入岩浆活动有关的铅锌矿床的普遍特征。这些矿床多属远成的、中生代大气降水热流成矿,从而使成矿过程有很强的滞后性。

总结起来,二连浩特—东乌旗古俯冲带、黄岗—甘珠尔庙地区增生杂岩地体矿床成矿除了受板块俯冲增生地体控制外,还具有以下控矿特征。

(1)矿床沿断裂带两侧呈线型带状分布。矿床受查干敖包—五叉沟断裂以及二连浩特—贺根山断裂的控制。黄岗—甘珠尔庙地区已知矿床受 EW 向构造与 NE 向构造的联合控制形成了"行"、"列"、"汇"的格局。

(2)与残余洋壳有关的铬铁矿床和基性岩浆有关的铜金矿床分布在板块碰撞缝合带内。

(3)古生代矿床近 EW 向分布,而中生代矿床则呈 NE 向展布。

(4)中生代矿床由于受基底 EW 向构造和 NE-NNE 向构造联合控制而呈 EW 向成行,NE-NNE 向呈带分布。黄岗—甘珠尔庙地区和二连浩特—东乌旗地区中生代矿床均呈 NE 向展布。

(5)矿床分布在隆起区与拗陷区过渡带靠隆起区一侧,或拗陷区内的局部隆起上,如黄岗铁锡矿床、毛登锡钼矿床分布地隆起区边部。白音诺尔、浩布高铅锌矿床分布拗陷区的局部隆起上。

上述矿床的空间分布规律表明,二连浩特—东乌旗地区、黄岗—甘珠尔庙地区中生代构造-岩浆岩带是矿床的集中分布区,而且中生代构造叠加在古生代构造之上的构造带是矿床最有利分布区。尤其是基底古海盆边缘与中生代构造-岩浆岩带的断隆带重合的构造部位是矿床最集中的分布区。例如,黄岗—甘珠尔庙中生代断隆带基本与早二迭世古海盆(裂隙槽)的边缘重合,所以该中生代断隆带分布了一批重要有色金属矿床。二连浩特—东乌旗北侧奥尤特—朝不楞亦是古生代海盆地的边缘与晚中生代断隆重迭区。

5. 内蒙古温都尔庙—白乃庙增生地体与成矿

中志留世-晚志留世,古亚洲洋自北向南的俯冲,在白乃庙一带形成早古生代沟-弧-盆体系(陆缘增生带),哈达庙地区地处内蒙古中部,大地构造位置位于中亚造山带东段之阿拉善右旗—乌拉特后旗—白云鄂博—化德—赤峰断裂以北,索伦—温都尔庙—西拉木伦河一线以南,中朝—华北克拉通北缘白乃庙—温都尔庙早古生代陆缘增生带。

1)蛇绿岩铁矿的成矿及矿带

同蛇绿岩套有关的温都尔庙式铁矿可分为南、北两带。南带分布在温都尔庙、哈日哈达、白音诺尔一带,北带分布于西苏旗二道井、卡巴、哈拉敖包、白音敖包及东苏旗的交其尔、红格尔庙、扎比敖包等地区。

所有铁矿床具有如下特征。

(1)矿体多呈层状或似层状、透镜状,与区域地层的产状基本一致,大部分产状向洋(向北)倾斜,部分因推覆挤压而成挠曲。

(2)铁矿层与蛇绿岩组合产出,在剖面上它们位于绿片岩(细碧岩)之上的凝灰质、远硅质沉积层中,以夹层出现。

(3)铁矿石主要为变质的沉积-火山岩成因,部分具熔离特征,矿石与硅质岩(碧玉铁质岩)均常具纹带状构造,矿石中铁的含量为25%~58.7%,工业矿石平均品位可达40%。锰的含量为0.2%~15%。在大敖包,存在厚度10~20cm的锰铁结核层(王东方,1986)。

(4)铁矿石及磁铁石英岩的变质程度与绿片岩的变质程度一致,南带与北带虽均属绿片岩相,但变质程度由南向北降低。南带以片岩类为主,主要含铁层为微晶含铁石英岩,北带以千枚岩类为主,其碧玉铁质岩的宏观特征十分清晰。

(5)矿石中常见褶皱构造,表明受强应力的挤压作用,宏观上与蛇绿岩套的逆冲构造密切相关。

(6)含铁矿建造中26个温都尔庙绿片岩的化学分析均值表明它们是细碧岩化的大洋拉斑玄武岩,其各项化学成分与150个大洋(中脊)斜长玄武岩的平均化学成分相近,也与118个大洋拉斑玄武岩的平均化学成分相近。在Al_2O_3-CaO-MgO图解上,温都尔庙绿片岩样品化学分析数据均落入大洋中脊拉斑玄武岩的范围,其平均值十分靠近世界大多数这类岩石的平均值。REE(稀土元素)属典型的平缓型或球粒陨石型。各稀土元素标准化后的加权值为12±4,与Coleman(1977)提供的大洋中脊熔岩和岩墙群的REE加权平均值(12±2)十分相似。含铁建造是在大洋中脊斜坡上形成的。在海底扩张中心附近,炽热的玄武岩浆及下伏地幔岩层与海水反应析出的铁正是铁的主要来源。巴甫洛夫的实验认为,暗色岩(玄武岩)与NaCl混合加热到90~120℃,铁便从暗色玄武岩中析出,它们经富集而成铁矿体(王东方,1986)。

温都尔庙式铁矿前述的几个特点与上述的铁质来源是密切相关的,可得出如下的结论:该类型铁矿是富铁大洋拉斑玄武岩在细碧岩化过程中熔离或析出的铁质在大洋中脊背景环境下堆积而成的。应属深海火山岩铁矿类型。

根据构造分析和成矿作用的研究,在温都尔庙地区,以朱日和—图林凯大断裂为界,其北是以温都尔庙式铁矿为特征的铁锰成矿作用,与蛇绿岩套的细碧质熔岩组合;其次是与超镁铁质岩石组合有成因联系的铁的成矿作用,构成区内南带和北带两条大的成矿带,包括十几处中小型铁矿。特别应指出的是,在S_3-D_1时代间发生的洋壳的逆向运动(逆冲)使含铁建造被迭瓦状推向地表。对铁矿的寻找应考虑这一构造因素。

铬的成矿作用及铬矿化带纬度42°N以北已知有三条超基性岩带,实际上也是三个蛇绿岩带。南带在朱日和—图林凯断裂带、北带在二道井—交其尔—红格尔庙一带,最外带在我国境内的索伦—二连浩特—贺根山一带。

按板块构造观点,侵位超基性岩是上地幔的物质,其形成时间在10亿年前,消减杂岩中的蛇纹岩是上地幔物质不断侵位最终达到的位置。南带和北带的超基性岩是在晚志留世之末和泥盆纪之前最终逆冲到现在的位置上。外带则可能在泥盆纪时侵位到现在的位置,表现出俯冲带步步向洋方向迁移的规律,也符合陆壳不断增长的事实。

中朝—塔里木板块与其北部的地槽带之间,巨大的古生代板块汇聚带引人瞩目。该带上断续分布的数百公里属于蛇绿岩第一组合侵位超基性岩带,也是一条铬镍矿化带。

2)铜矿的成矿及矿带

由温都尔庙向南30～40km,即西由四子王旗白乃庙—谷那乌苏一带向东,分布着许多铜矿点,包括已勘探的白乃庙斑岩铜金矿。铜的成矿主要与白乃庙群下部绿片岩以及岩床状产出的花岗闪长斑岩有密切关系。白乃庙铜、金含矿建造底部由晚前寒武纪斜长角闪岩、变质砂岩、黑云母片岩组成不含矿,其K-Ar年龄为632Ma;Rb-Sr模式年龄为693Ma(王东方等,1993)。上部为含矿岩段,由基性火山岩夹硅质、砂质沉积物变质的长英质片岩组成。在变质基性火山岩(绿片岩)中有变质花岗闪长斑岩和变质闪长玢岩。铜矿化即产于变质基性火山岩与变质花岗闪长斑岩之中,而与变质闪长玢岩及长英质片岩无关。白乃庙—谷那乌苏一带是温都尔庙消减带对应的古岛弧。在白乃庙群下部,绿片岩恰是消减岩系在岛弧带的火山喷发物。岛弧地体位于硅镁质洋壳上,即位于由大洋拉斑玄武岩(高级闪岩相岩石)组成的洋壳上,因而是不成熟型岛弧。变质基性火山岩(绿片岩)岩石化学成分属于岛弧安山-玄武岩类型。在硅镁壳之上的岛弧认为具备形成斑岩型铜矿床(含金),含金石英脉矿床条件,白乃庙岛弧恰好具备这类成矿作用。

未蚀变的安山-玄武岩(绿片岩)铜的平均含量为350ppm,与不含矿的岩石类型,如与斜长角闪岩、花岗闪长岩相比,高出10倍,与内蒙古自治区地质研究队(1991)所测1121个绿片岩平均含量314ppm接近,与铜直接有关的变质花岗闪长斑岩,铜的含量更高,其335个样品平均含量达480ppm,是绿片岩铜含量1.5倍,有相当高含量的金,平均可达0.74g/t。众所周知,产于岛弧的斑岩铜矿床普遍比大陆边缘造山带的铜矿床更富金而贫铂。

铜主要赋存在黄铜矿中,黄铜矿、黄铁矿含量是2:1关系,同典型的斑岩铜矿是一致的。铜矿化产在钾硅酸盐相中,白乃庙铜矿北矿带主要是钾长石化、硅化、青磐岩化;南矿带存在同样的蚀变,但黑云母化更强烈。钾化主要集中于矿体或含矿斑岩体附近,而青磐岩化蚀变带要较之宽数倍,并夹有石英平行细脉。近矿的钾长石、黑云母蚀变是该矿很特别的蚀变。芮宗瑶等(2002)在总结世界主要斑岩铜矿时指出,富金的斑岩铜矿钾硅酸盐蚀变以黑云母占优势,许多石英细脉呈平行的席状构造。

花岗闪长斑岩呈岩床产于绿片岩中,可以认为是岛弧背景下中浅成岩浆分异产物。绿片岩的Rb-Sr等时年龄为(428±17)Ma,斑岩的Rb-Sr模式年龄为386Ma,即后者比绿片岩形成时间略晚,属于加里东末期-海西早期的构造变动期。白乃庙矿区花岗闪长斑岩不但受到变质作用,所具有的挤压片理的产状与绿片岩中的相同,说明花岗闪长斑岩与绿片岩是同造山期的产物。它们所受到的强大挤压作用是在岛弧形成后,由于俯冲极的倒转,洋壳向陆壳和过渡壳逆冲的条件下发生的。矿化时间(蚀变带中黑云母K-Ar年龄测定)早期发生在380Ma,最晚期发生在328Ma(王东方,1986)。由于强烈的挤压主要来自洋侧(现今的北侧),使沿构造薄弱带上升的含矿流体只能沿 EW 向上升、渗透和流动,以致蚀变带和矿化也都沿片理走向分布。这就同单纯消减成因的岛弧斑岩铜矿环绕岩株及垂体分布的钾硅酸蚀变带有所差异,是白乃庙斑岩铜矿的特色。

3) 金矿的成矿作用及金矿带

白乃庙岛弧斑岩铜矿富含金,在斑岩铜金矿形成后,又形成了白乃庙金矿,两者以同一绿片岩为围岩,相距仅 500m。斑岩铜矿与金矿在同一地体中产生,正是岛弧成矿作用的特点。

斑岩铜矿床和金矿床中的铜和金与洋壳的改造有关,与花岗闪长岩浆和石英闪长岩浆的侵入有密切的成因关系。白乃庙金矿的形成时间要晚些,具明显的后成性质。可以解释,对应于俯冲带的高压变带(兰片岩、硬柱石片岩带)在古岛弧和弧后便有一个低压高温变质带。其高地温梯度由下伏地幔楔的热传递造成花岗岩浆及有关挥发物的上升。都城秋穗(1977)指出,如果花岗岩在 800℃时上升到 10km 深处,则花岗岩的平均地温梯度就是 80℃/km,因而低压变质带处就存在一个高温轴。显然这个高温轴不可能很快消失,它造成了花岗岩浆及其伴生物质的不断分异和侵入,如白乃庙矿区的岩浆活动便很复杂。从岩石地层剖面上看,绿片岩(430~420Ma)之后,热体制并未结束,绿片岩之上有厚达 500m 的熔结凝灰岩和含黄铁矿的凝灰碎屑岩,与此同时,变质花岗闪长斑岩发生分异(420~386Ma),形成斑岩铜矿及其伴生金(第一期金矿化)。之后,混合质钾长石化花岗闪长岩的侵入(S 型),此时期的构造断裂活动由 EW 向转成 NE 向,如白乃庙断裂,它们开始于加里东晚期,一直活动到海西晚期(石炭二叠纪有 I 型花岗闪长岩和白云母花岗岩的侵入)。

白乃庙金矿床产于海西早期,它是继斑岩铜矿形成之后接着发生的。早期为含金石英脉,可能是混合质花岗闪长岩的同期硅质分异物,与斑岩铜矿伴生,金矿源相同,是继承性的不断分异的产物。此后白乃庙断裂继续活动、压扭和平推,使生成的含金石英脉碎裂、角砾岩化和绿片岩的糜棱岩化。于是沿这些角砾化石英岩带、糜棱岩带以及破碎带的交汇部位出现了第三期含金热液活动。在此过程中,成矿温度由 210℃降到 160℃,实际观察可见到玉髓层的叠加,晚期细小的玉髓脉已不含金。从玉髓不断叠加可见第三期含金硅质溶液的沉淀具有热泉脉动喷溢的硅质泉华特点,矿体局限于固定层位的硅质角砾岩带中。主要蚀变是硅化、黄铁矿化、绢云母化。从总体来看,白乃庙矿区金的矿化作用,第一期是斑岩铜矿的伴生金,第二期是单独成矿的含金石英脉,第三期是破碎带含金硅质泉华。成矿作用是在能量递减的环境中形成的。它们与岛弧活动带岩浆活动强度递减性相适应,与造山作用逐渐从强烈转为宁静的趋势一致。斑岩铜矿和金矿是这一过程不同阶段的产物。在构造环境、成因和矿质来源上是统一过程的各个环带。岛弧岩浆型金矿床明显地同火山作用的某种形式伴生,矿石具后成特征,时代比较局限,常与火山单元的热液有关,许多斑岩铜矿区也是主要的金成矿区。

硫同位素资料证明白乃庙斑岩铜矿和金矿床的岛弧成因背景和物质来源的上地幔性质。与相毗邻的蒙古三个古生代铜矿床硫同位素特征也具有类似的情况。特别应指出的是,在蒙古中部和南部广泛分布的奥陶-志留纪蛇绿岩与本区的洋壳残片可能是同一时期、同一机制下的产物,因而矿床的硫同位素特征也是极为相似的。

应当指出,古板块汇聚作用所导致的铜-金矿化带是十分可观的(Coleman,1997),铜矿化作用不仅仅限于古岛弧带,在中朝克拉通地块边缘带也有所发现。仅在112°~114°经度时就有正南房子、小南山、五道湾、哈达庙等铜金矿床、矿点四十多处。它们多数都是造山作用热流体制延续到海西期成矿的。上述各成矿带沿42°N纬度线向东,蛇绿岩也不断出现,经西拉木伦河向东到吉林延边,铁、铬-镍、铜、金、锡沿带规律地出现。显然这是一条巨大的构造、岩浆、成矿作用矿带,是有前景的。

第三节 内蒙古中部造山韧性剪切带与金矿

1. 韧性剪切带特征、类型

1) 简述

韧性剪切带形成于碰撞、俯冲构造环境,存在一个地质应力长期作用的区带,在内蒙古中部褶皱造山带,它伴随碰撞带、俯冲带生长,与碰撞、俯冲、大断裂带共生并构成其组成部分。区域内的韧性剪切带是西伯利亚—中朝块体之间的碰撞过程中的产物,是地壳中甚至整个岩石圈中广泛分布的一种高应变带。除了一些褶皱所反映的特征外,主要是以一定深度范围的岩块-糜棱岩提供韧性剪切的强度、深度以及其演化的信息判别。深层次韧性剪切作用发生在中-下地壳形成的麻粒岩相与角闪岩相之中,具有非常明显的高温状态下的韧性变形的宏观、微观构造,以及变形变质结构和高温高压韧性状态下的变形变质矿物组合(沈保丰等,2006)。

剪切带是发育在地壳内部的一种狭长的板状、席状、面状或曲面状的由高应变岩石组成的构造带,即一条线性高应变带(图5-6)。根据不同构造层次、岩石变形特征,一般分为脆性剪切带、韧性剪切带和它们之间的过渡类型脆-韧性剪切带三大类型。脆性剪切带就是一般所称的断层,发生在地壳表层,属浅层次构造,它的形成环境是温度低、孔隙压力高,特点是应变速率高,发生地震式破裂。脆-韧性剪切带是过渡类型,在剪切带内既有脆性变形又有韧性变形,而且变形有一定的宽度和范围,它发生于地壳上部比较宽的深度范围,属脆-韧性过渡的变形域。韧性剪切带是一种强烈不均匀的单剪线性构造带。

图5-6 白云鄂博书记沟砂岩(贾和义等,2003)韧性剪切带S_c与S_s面理素描图

断层双层结构模型表明,一条理想的大型剪切带在垂向上由地表向深部的不同构造层次上表现出连续的脆性、脆-韧性和韧性的变形特征,相应的岩石变形产物为碎裂岩系列和

糜棱岩系列。对于长英质岩石,在正常地热梯度下,脆-韧性转换带的深度为10~15km(王辑等,1989)。根据剪切带产状及运动学特征,结合区域构造体制,大型剪切带一般可以分为平移(走滑)剪切带、逆冲推覆剪切带、剥离(滑脱)剪切带,后二者统称为倾滑剪切带。在自然界中更常见的是倾滑与走滑之间的过渡类型,即斜滑剪切带,此外还存在旋转滑动剪切带、剪切面近水平的圈层滑移剪切带。在大型剪切带的形成发育过程中常常派生出一些次级构造共同组成剪切构造系统,因此根据其主次关系和规模可分为主剪切带、次级剪切带。

韧性剪切带和脆性剪切带除了在同期变形中因构造层次不同发生空间转换外,还可以在不同变形期中相互叠加,如早期的韧性剪切带抬至地壳浅部后,可以叠加脆性变形裂隙。可将剪切带内的裂隙区分为剪裂隙和张裂隙。在陡倾逆冲剪切带内,剪裂隙产状近于竖直,主要位于剪切带的中部,上下盘沿剪裂隙发生滑移;张裂隙产状近于水平,是由上下盘岩石相对张开而形成的。

2)韧性剪切带类型

(1)逆冲或推覆韧性剪切带。大部分造山作用主要形成水平挤压下的构造组合。

(2)走滑式韧性剪切带。经常形成产状陡立,大而平直的较窄的线形条带。

(3)正断层式韧性剪切带。形成大陆伸展构造,形成和地层产状相近的剥离断层。根据我们目前接触典型矿床韧性剪切带型金矿,主要是挤压型构造带。

3)韧性剪切带基本特征

(1)由浅部脆性构造向深部逐渐过渡到塑性流变,直到塑性变形,两侧岩石发生了明显的位移,但是看不到明显的断层面,此种位移通过岩石流动而形成。

(2)形成糜棱岩类岩石,显示由面理组成的条纹状、条带状流动构造、拉伸线理、S型构造、残斑,常见丝带构造、核幔构造、云母鱼、碎斑、压力影等。糜棱岩系列岩石由碎裂岩过渡到糜棱岩化岩石、初糜岩、糜棱岩、超糜棱岩等组成(图5-7和图5-8)。

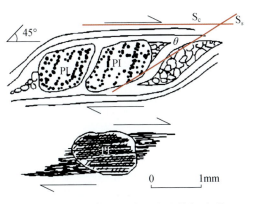

图5-7 眼球体长石碎斑发生剪切破裂

图5-8 锡林浩特贺根山剪切鱼状碎斑角闪质糜棱岩

(3)韧性剪切带岩石组构特征。韧性剪切带作为地壳中一定深度的构造型式,具有一系列宏观、微观构造和岩石学方面的特征。这些特征在野外能够识别,并在室内显微构造观察研究中得到证明。例如,成带分布的糜棱岩、变余糜棱岩、S型组构、A型褶皱、拉伸线理以及糜棱岩石、石英粒度由外带向内带逐渐过渡变化、核-幔构造、带状石英等,它们反映岩石变形处于塑性(图5-9)或准塑性状态。

图5-9　哈达门沟糜棱岩中高温流动褶皱(M形)

①韧性剪切带由边缘到中心的岩石类型。

糜棱岩化岩石:该类岩石糜棱叶理不发育,石英具微弱的重结晶,粒径可达2mm,在正交偏光下具变形纹、波状消光,根据原岩类型不同,可以形成不同类型的糜棱岩化岩石。

糜棱岩:该类岩石残碎斑晶含量约为30%,残斑由斜长石、石英及角闪石晶体构成。动态重结晶明显,由动态重结晶的石英小颗粒环绕大的石英残斑构成典型的核-幔构造,石英残斑呈椭圆形,内部显示波状消光。在该类岩石中,新生的石英晶粒常构成带状集合体或均匀条带,每个条带由伸长的或等粒度的重结晶晶粒组成。当带状石英遇到残碎斑晶时则发生环绕、颈缩或分隔现象。

变余糜棱岩:该类岩石经受强烈的韧性剪切变形(图5-8)及动态重结晶作用,石英已全部重结晶,呈带状平行排列。斜长石也发生重结晶,在斜长石细粒化部位发生选择性的微斜长石化(25%),形成微长石变斑晶,其粒度较粗,为1~5mm,微斜长石变斑晶被重结晶的细粒斜长石和带状石英所环绕。

上述几类岩石在韧性剪切带横剖面的不同地段呈规律分布,这表明剪切作用由剪切带边缘向中心有逐渐增强的趋势。从岩石地层单元考察,剪切带边缘主要为糜棱岩化岩石,中间强应变带主要为糜棱岩及变余糜棱岩类。韧性剪切作用可以使几套岩系构造强化一致,并受到后期构造叠加改造,形成协调褶皱。

②韧性剪切带的叶理类型。

在剪切带内发育有两种叶理:其一为剪切叶理,即糜棱岩面理(S_c),是由矿物颗粒或集合体长轴优选方位所显示的面状构造,其本身就是一种小尺度的剪切带,它与剪切带边界基本平行,是剪切带宏观上最发育的面状构造,相当于应变椭球体的剪切圆面;其二为剪切带内面理(S_s),是由石英、长石晶体颗粒及黑云母等定向排列构成的流劈理,相当于挤压面。这两种面理均为剪切带的初始面理,二者之间的锐夹角可以指示剪切带的剪切运动方向,其夹角θ的大小反映应变量。由剪切带边缘向中心,θ由大到小规律性地变化,图5-6为白云鄂博地区书记沟剪切带边缘到中心部位(700m距离间)的S_c与S_s关系素描图。S_c一般倾向为10°~30°,倾角45°~60°,θ由边缘的20°~23°至近中心部位为11°,这表明该韧性剪切带在书记沟其倾向为NNE。

由于韧性变形发生于地壳较深层次的高应变带,所以不可能直接成矿,其成矿作用一般发生在浅部向脆性转换部位或者其后期叠加的脆性构造之中。

成矿流体和成矿物质的迁移集聚主要和韧性剪切作用有关,它与其他各类地质作用性质有较大区别。韧性剪切作用不一定仅仅形成于区域变质作用之中,也形成于造山带之中。因此,我们将其从区域变质作用中独立为大型变形构造加以研究。

2. 内蒙古阴山—白云鄂博地区重要韧性剪切带

内蒙古阴山、白云鄂博地区主要韧性剪切带形成于碰撞、俯冲构造环境,在内蒙古中部褶皱造山带它伴随碰撞带、俯冲带生长,与碰撞、俯冲、大断裂带共生并构成其组成部分。

韧性剪切带是西伯利亚—中朝块体之间的碰撞过程中的产物、分布广泛(图5-10)。主要沿造山带区域(图5-10中Ⅰ)、碰撞带侧区域(图5-10中Ⅲ)分布。内蒙古集中分布在大青山—阴山区域、温都尔庙—西拉木伦一线区域、林西—贺根山范围的增生带。韧性剪切带规模大小不一、数量多、分布广,以下仅介绍两个区域韧性剪切带一般特征。

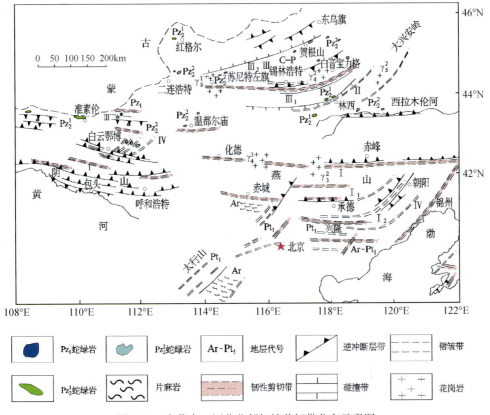

图5-10 内蒙古—河北北部韧性剪切带分布示意图

Ⅰ.造山带南缘;I_1.强烈褶皱带;I_2.褶皱抬升带;Ⅱ.弧后盆地、岛弧火山岩区;Ⅲ.碰撞带;
$Ⅲ_1$.弧-弧碰撞南带;$Ⅲ_2$.弧-弧碰撞北带;Ⅳ.旋转-滑脱带

1)内蒙古阴山地区逆冲推覆构造及高温韧性剪切带

剪切带与燕山岩浆带相连,是传统上所称的内蒙古地轴带。包头至白云鄂博地质剖面图见图 5-11,反映了这一区域剪切带分布状况。在狼山、大青山太古代的片麻岩、麻粒岩及二叠纪之前的岩体中发育有不同规模大小的韧性剪切带、不同类型的糜棱岩 EW 向展布,糜棱岩面理北倾,倾角较陡,如在呼和浩特的武川等地,韧性剪切带密集分布,产于太古代 Arc 中。在白云鄂博群中少见,即仅产于其下部,而在上部中、晚元古代地层(如渣尔泰群、化德群中)则不出现。

强烈的高温韧性变形特征,韧性剪切带中的"A"型褶皱发育,高温流动褶皱是由片麻角闪质的糜棱岩线理组成,角闪岩相、麻粒岩相的糜棱岩,其旋转碎斑以角闪石等为主,均发生后期的绿泥石化。韧性剪切带被后期 EW 向和 NEE 向延伸的逆冲断层所破坏。而且该带一直东延至集宁、化德以南等地。重要的事实是,糜棱岩带中夹有一些麻粒岩、片麻岩等的旋转透镜体,类似于旋转碎斑,且糜棱面理与片麻理不一致,韧性剪切带穿过处,未变形的麻粒岩、片麻岩及糜棱岩混杂于一起。这种特征在大青山西北的色尔腾山等广泛分布(刘喜山等,1989)。

内蒙古南缘的蒙古寺—固阳—小佘太一线断裂(逆冲断层)为重要的分界线,该线的西部地区 NE 或 NNE 向构造变形及环太平洋的晚中生代晚期花岗岩、大兴安岭火山岩等相对也较少,因而基本保持着中生代早期以来甚至以前的构造变形岩石面貌。

内蒙古西部,在固阳五分子、二分子、蒙古寺、北井沟等地,固阳西的色尔腾山北麓,渣尔泰群大都呈断层与晚太古宙色尔腾山群接触。在太阳山一带,这些断层又叠加了推覆构造,在以往所划分的内蒙古地轴之上具大量的逆冲-逆掩断层。并与前人所划的深大断裂或深断裂的位置相对应,如商都—乌中旗逆冲推覆断层带、太仆寺—白云鄂博逆冲推覆断层带、朱日和—乌兰宝力格逆冲推覆断层带、温都尔庙—赤峰韧性剪切—逆冲断层带(图 5-11)。

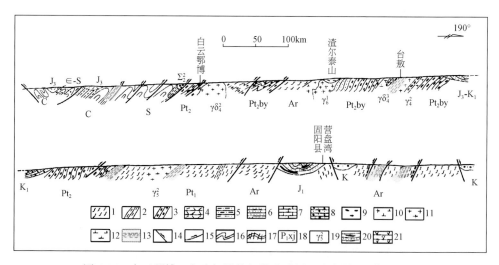

图 5-11 白云鄂博—包头韧性剪切带地质剖面示意图(王瑜,1994)

1. 片麻岩;2. 片岩;3. 缘泥石英片岩;4. 火山岩;5. 粉砂质泥岩;6. 砂岩;7. 灰岩;8. 砂砾岩;9. 蛇绿岩;10. 花岗闪长岩;11. 花岗岩;12. 闪长岩;13. 糜棱岩;14. 正断层;15. 逆冲断层;16. 褶皱;17. 褶皱中的劈理;18. 地层代号;19. 花岗岩代号;20. 含煤地层;21. 岩脉

区内韧性剪切带中,"A"型褶皱发育,并发育高温韧性流动褶皱,发育麻粒岩、片麻岩、未变质的花岗岩中的韧性剪切带。其层次结构清楚,糜棱面理北倾,部分地段 NNW 倾。

上述三者具有一致的糜棱岩产状特征。但三种类型的岩石以及其内部形成的糜棱岩等均被后期的逆冲断裂和褶皱变形作用而一起抬升到地表。并且"A"型褶皱的轴面平行于糜棱面理，逆冲断层均位于糜棱岩的产出部位或者大的褶皱的平行轴面的位置，一般产状较陡。而远离断裂带，糜棱岩及片麻理等产状较缓，脆性的断层碎裂岩混夹有糜棱岩。

2) 白云鄂博地区的韧性剪切带

韧性剪切带在本区基础岩系中十分发育，其规模大小不一，小者宽十几公分到几十公分，大者宽可达 2~3km，长数十公里，甚至数百公里。发育在渣尔泰山裂谷带内部的韧性剪切带，它不仅使太古宙花岗岩-绿岩带发生强烈韧性剪切变形，而且元古界渣尔泰群也发生了韧性剪切变形。上太古代花岗岩-绿岩带通过韧性剪切位移，推覆于渣尔泰群之上。该韧性剪切带在渣尔泰山红壕、山片沟、书记沟一线发育较好，故称之为红壕—书记沟韧性剪切带。

红壕—书记沟韧性剪切带由于后期构造，总体呈近 EW 向展布，EW 长大于 50km，SN 宽 2~3km，走向方位为 270°~300°，以糜棱岩、变余糜棱岩及糜棱岩化岩石所构成的高角度北倾强应变带为特征。带两侧均为渣尔泰群，除局部地段外，剪切带边界及内部没有明显的分划性不连续界面。

3. 乌拉山—大青山韧性剪切带与金矿成矿

内蒙古中部乌拉山—大青山一带太古宇变质岩主要为集宁群、乌拉山群和色尔腾群。集宁群主要由片麻岩类、大理岩类、浅粒岩类组成；乌拉山群根据其矿物组合、结构、构造等特征，可分为麻粒岩类、片麻岩类、大理岩类、片岩类和角闪石岩类。色尔腾群主要由糜棱岩化片岩、斜长角闪片岩、石英岩、大理岩、变粒岩等组成。前两者分布在石拐和东大青山中生代沉积盆地周围，后者主要分布在西北部。上述地层主要呈 EW 向展布，并且都遭受了较强烈变质变形作用，构造样式复杂。在中生代沉积盆地南侧，由于推覆作用，把太古宇变质岩推覆到古生代和中生代地层之上(图 5-12)。

乌拉山—大青山一带是早元古代中-高级变质岩系富铝片麻岩-大理岩组成的线性带状构造区。其东部为晚太古宙中-高级变质的深成侵入岩和层状上壳岩包体组成的线形卵状构造区；西部为中-低级变质的花岗岩-绿岩带组成的线性构造区。该线性构造区(带)展布 130~150km，规模较大，呈近 EW 向分布。SN 两个不同的结构单元以武川—固阳—太佘太 EW 向韧性剪切带分界(图 5-12)。沿剪切带普遍有钾长花岗岩的侵位发育，花岗岩体的边缘接触带内有糜棱岩捕获体，说明岩体侵位(同位素年龄为 2.04Ga)是在剪切带形成之后，剪切带形成于早元古代(内蒙古自治区地质矿产勘查开发局，1991)。

临河—集宁断裂带是华北板块北缘的一条重要断裂带，它西起临河，向东经乌拉特前旗北、武川至察哈尔右翼中旗。该断裂中部位于研究区北侧，呈近 EW 走向，总体沿北纬 41°左右展布，主要由韧性剪切带、韧脆性剪切带和推覆构造等构成。宽 5~10km，呈 EW 向延伸，该韧性剪切带由两期变形活动的糜棱岩组成。主体为早期角闪岩相-麻粒岩相高温韧性剪切带，在早期韧性剪切带北侧，固阳沙湾子村南为晚期绿片岩相低温韧性剪切带。剪切带在露头剖面上有北盘上升，南盘下降，平面上有左行运动的趋势，该韧性剪切带自边部向中心呈对称分布，糜棱岩石的粒径从边缘向中心递减，变形带内部发育糜棱叶理，并见石英等矿物拔丝现象、云母膝折等韧性变形之产物(高德臻等，2001)。

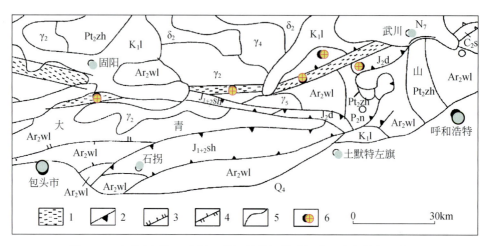

图 5-12 内蒙古固阳—武川一带韧性剪切带及相关金矿床分布示意图

Ar_2wl. 上太古代乌拉山岩群；Pt_2zh. 中元古代渣尔泰山群；C_2s. 上石炭统拴马桩组；P_2n. 上二叠统脑包沟组；$J_{1+2}sh$. 中、下侏罗统石拐群；J_2d. 中侏罗统大青山组；K_1l. 下白垩统李三沟组；N_2. 新近纪；Q_4. 第四系；δ_2. 元古宙闪长岩；γ_2. 元古宙花岗岩；γ_4. 海西期花岗岩；γ_5. 印支期-燕山期花岗岩；1. 韧性剪切带；2. 推覆构造；3. 正断层；4. 逆断层；5. 不整合面；6. 金、银矿床

该成矿带上发现数十处金(银)矿床(点)，其矿床类型主要有韧性剪切带型、石英脉型、沉积变质热液改造型、斑岩型矿床、次火山热液型等多种类型矿床。其中韧性剪切带型金矿床的找矿工作近年来有了突破性进展，韧性剪切带在糜棱岩化活动过程中，产生富含游离SiO_2、H_2O、CO 和碱质的流体，这种流体能从围岩中大量地萃取金、银及其他有用金属元素(蔡瑞清，2011)。研究区内前寒武系地层内多数岩石类型金含量高于地壳平均丰度值(4×10^{-9})几倍至数十倍，在韧性剪切带中金含量升高乃至形成矿体，因此韧性剪切带既提供了容矿空间，也是成矿物质的携带者，对金、银矿床的形成有重要控制作用，是重要找矿标志之一(刘志刚，2000)。

形成于岩浆侵入活动早期和同期的断裂构造是含矿热液运移的通道和聚集场所，控制了斑岩型、热液型矿床的形成，断裂交汇部位、复合部位是主要富矿体赋存的有利部位。该类断裂构造与韧性剪切带复合，有可能形成大型矿床。

临河—集宁断裂带主要由韧性剪切带、韧脆性剪切带和推覆构造等构成。推覆构造自南向北可分为叠瓦逆冲推覆构造带、紧闭褶皱-逆冲断层变形带、宽缓褶皱-断层转折褶皱带、滑脱褶皱-断层传播褶皱带 4 个变形带。这一地质事实说明：①反映了断裂带出露深度不同，从韧性到脆性表示了断裂活动由深部到浅部；②反映了断裂带由南到北活动强度有逐渐减弱的趋势。

大青山—乌拉山地区韧性剪切带具有以下特征。

(1) 剪切带组构和糜棱岩剪切带的东段(以固阳为界)由两条较大的剪切带以及所夹的未发生应变的构造残块组成。其北支由固阳到腮忽洞，南支为后脑包南—武川，两剪切带宽 0.2～0.5km。剪切带走向为 NE 向，向北陡倾斜；西段由三条较大的剪切带以及所夹的微弱应变构造残块组成。其北侧一条是从公义明—方进沟，中间一条从东官井—白云常合山，南侧一条是从银盘湾北—太余太。SN 剪切带出露宽 1.3～1.7km，走向 NWW，向北陡倾斜。剪切带总体近 EW 延伸达 100 余公里,并展现为略向南突出的弧形分布特征(图 5-12)。

这些剪切带内部普遍发育有糜棱岩。糜棱岩分带明显,从边部向剪切带中心,由糜棱岩化岩石-眼球状糜棱岩-石英拔丝糜棱岩-糜棱片岩组成。糜棱岩中多含碎斑粒径从边部向中心递减,碎斑含量也逐渐减少。糜棱岩中广泛发育的糜棱叶理由拔丝石英、长石碎斑长轴及片状和长柱状矿物定向排列构成。剪切叶理主要由片状绿泥石及云母类矿物等定向构成,它相当于递进变形过程中应变椭球体的一组剪切面。剪切叶理平行剪切带边界,剪切叶理切过糜棱叶理,剪切叶理形成在变形作用晚期。

(2)韧性剪切带与金矿(化)的关系表现为:对金矿的普查和勘探具有重要的指导意义和实际意义,为金矿成矿找矿在空间分布、构造控矿特征的依据。

由韧性剪切带控制的破碎蚀变岩与石英脉复合型金矿床这类矿床在该区发现较多,矿床主要由含金蚀变岩和含金石英脉复合而成。主要分布于包头—呼和浩特—集宁深断裂北侧与临河—武川—尚义深断裂 SN 两侧的乌拉山群、色尔腾山群、二道凹群的韧性剪切糜棱岩化带中,近矿围岩为斜长角闪岩、绿泥石英片岩、角闪斜长片岩和糜棱岩,如脑包沟、十八倾壕、梁前、哈达不气、十五号、后石花、东伙房、东河子、乌兰代、哈拉沁、红道巷、石人山、牛庆沟等小、中型金矿床。这些金矿床受次级 NE 向、NW 向、EW 近向构造裂隙和糜棱岩化(韧性剪切带)带控制明显,常呈带状成群出现(图 5-13)。

图 5-13 内蒙古大青山与韧性剪切带有关金矿床分布示意图

1. 太古宇乌拉山群;2. 太古宇集宁群(太古宇绿岩带);3. 中元古界;4. 下中元古界二道洼群—马家店群(元古界绿岩带);5. 中生代地层;6. 太古宙岩浆岩;7. 元古宙岩浆岩;8. 早古生代岩浆岩;9. 晚古生代岩浆岩;10. 中生代岩浆岩;11. 正断层;12. 逆断层;13. 断裂及推测断裂;14. 金矿床;15. 重要金矿床(点)位置及编号

4. 大青山韧性剪切带型金矿床

通过具体矿床总结内蒙大青山韧性剪切带与金矿(化)关系及成矿规律。

1)后石花金矿床

金矿位于剪切带东段南支,后石花村东侧。该处剪切带总体走向为 NEE 向,并有 NEE 向挤压片理化带叠加在剪切世带之上。矿体为含金石英脉和蚀变岩型两种,它们都产于糜棱岩中,在空间分布上变现为明显的一致性。金矿体产状 330°∠50°~60°,其与糜棱岩叶理产状一致。含金石脉在剪切带内呈扁豆状,叶理绕扁豆状分布。矿体受后期变形改造形成

NEE倒向转紧闭褶皱,矿区内Ⅰ号和Ⅱ号矿体分别赋存于褶皱两翼。褶皱西北翼的矿体受后期片理化的叠加而品位变富。矿体规模与强应变的糜棱片岩宽度有关。矿体最大宽度可达20m,剪切带边部矿体宽度约为5m。距主矿体不远东北方向上分布有松树贝花岗岩体。

蚀变岩型矿体与含金石英脉关系为:蚀变岩型矿体位于含金石英脉附近,较大的含金石英脉与蚀变岩型矿体之间发育网状含金石英脉,蚀变岩型矿体的宽度发育较窄;另一种是蚀变岩型矿体分布在含金石英脉两侧或周围,在含金石英脉规模较大的情况下,蚀变岩型矿体发育较宽。

后石花金矿床明显受到韧性剪切带的控制,从含金石英脉中的石英显示的塑性变形特征可得到说明。另外NEE向片理化带使剪切带内已经初步赋集的金元素再次活化在有利构造部位再次富集为成后石花金矿床成矿地质特征。

2)苦井忽洞金矿

金矿(化)位于剪切带东段北支,苦井忽洞村西南。矿化类型主要为石英脉型。含金石英脉产于剪切带由EW转为近SN方向的构造转折部位,实际上是膝折构造发育地段。其矿化围岩为角闪质糜棱岩。矿体沿着糜棱岩内部的破裂带分布。矿区内最主要的一条含金石英脉,走向N60°~70°E平面上断续延长达100m左右,宽约2m。矿体在剖面上呈板状,脉壁平直,壁面上发育近水平方向擦痕。主矿体东北约50m处,发育宽约1.5m,走向N80°E的片理化带,带内含石英脉呈透镜状,长5~20m不等,在剖面上呈斜列式展布。规模较小近SN向的石英脉,其展布方向与糜棱岩的叶理方向近于一致。所有含金石英脉在平面上呈斜列式,总体排列成NEE和近SN向,多数脉体斜切糜棱岩叶理。苦井忽洞金矿明显与糜棱岩形成后的膝折构造作用有关,膝折构造早于石英脉形成,并控制着裂隙系统和石英脉分布。后期构造作用易沿着膝折面容易滑动,其结果易成为含矿热液迁移的理想通道,在膝折作用扩张区为矿液的沉淀提供了良好场所,形成厚大矿体。矿化带的西北有中酸性小岩株侵位。

3)腮忽洞金矿

金矿(化)位于剪切带东段北支,腮忽洞村西侧。矿化为蚀变岩型,围岩是糜棱岩和剪切带北侧的黑云斜长片麻岩。矿体明显受控于后期断裂构造,控制矿体(化)的断裂有以下几组。

(1)NNE向矿化蚀变带。蚀变带南起三合心西,北达老张沟,长约300m。矿化蚀变带总体走向为N10°~15°E,倾向为SEE,倾角为70°~80°。发育的蚀变有硅化、钾化和黄铁矿化等。矿化沿着NNE向片理化带呈挤压构造透镜体,并经受后期构造叠加改造,矿体形成张性角砾岩。该矿化蚀变带明显表现出早期挤压、后期拉张的特点,矿化形成与挤压作用有关。

(2)NWW向矿化蚀变带。该矿化蚀变带是腮忽洞金矿主矿体,矿化蚀变带总体走向为N70°W。矿体形态不规则,矿化蚀变带宽度从3~50cm变化,延长约300m。矿体沿着早期NW向和NEE向两组剪切裂隙追踪,构成NWW向锯齿状矿脉。断裂面产状变化较大处,特别是断裂面倾角由陡变缓处,矿体厚度增大。NWW向断裂后期活动明显,充填于断裂带中的矿体被挤压形成构造透镜体,早期形成的黄铁矿晶体被挤压强烈变形。

4)十八倾壕金矿

十八倾壕金矿韧性剪切带的控矿意义。韧性剪切带形成早于赋存于剪切带中金矿床的成矿期。韧性剪切带是地壳中的软弱带,后期构造运动容易使之再活动为热液运移及矿物质沉淀提供通道和场所。韧性剪切带是矿床形成的基础构造。该韧性剪切带的控矿意义不仅如此,矿区附近及区域上的主要矿床、矿点和矿化点均位于剪切带中,其分布与剪切带强度有明显依存关系,样品分析结果表明,沿这条剪切带金含量较高,并分布稳定。在韧性剪切带形成过程中,沿剪切带形成了一条连续而稳定的金的矿化带。有如下一些现象说明。

(1)韧性剪切带形成过程中有石英脉形成,这些石英脉边部有时可见细粒黄铁矿。这期黄铁矿的分布与剪切强度成正比,并有一定程度的剪切变形。这表明韧性剪切变质作用过程中,不仅有热液活动,还有矿化作用。

(2)韧性剪切带两侧绿岩带地层中金含量较高,据内蒙古地质局 101 地质队(刘志刚,2000)的分析结果,金的平均含量为 $10.08×10^{-9}$,距韧性剪切带稍远为 $(17～25)×10^{-9}$,近韧性剪切带则降至 $(3～5)×10^{-9}$。说明围岩可为矿化带的形成提供物质来源,由于矿化的萃取使近矿围岩金含量降低,接近剪切带的贫化现象是成矿物质向剪切带方向运移所引起的。

(3)刘志刚(2000)根据蚀变岩型矿石中铅同位素组成特征计算矿石原岩年龄为 2073Ma,这与锆石 U-Pb 法测定的韧性剪切带的形成年龄相吻合。

(4)李树勋等(1987)将韧性剪切带分成Ⅳ型,并认为Ⅱ$_b$型 t 为 300～450℃ ,$P_总$ 为 0.25～0.4GPa 有利金矿化。

该剪切带亦属Ⅱ$_b$型,在韧性剪切带形成过程中,与退变质作用有关的热液在绿岩带中萃取金并在剪切带中沉淀形成了早期的金的矿化带,这为后来的蚀变岩型金矿以及含金石英脉的形成奠定了基础。糜棱岩型矿体是韧性剪切变质变形作用过程中形成的(2040Ma),受早元古代在地壳深部层次形成的韧性剪切带的控制;石英脉型矿体则与燕山期岩浆活动有关,受燕山期在 NWW-SEE 向区域挤压力作用下在地壳浅部层次形成的构造带中的张性断裂控制。十八倾壕金矿是两个地质时期两次不同性质的成矿作用叠加所致,受两类不同性质、不同层次形成的构造控制。矿石硫同位素的组成也反映出存在两种硫源。

晚太古代,区域变质作用使矿区附近的基性火山岩发生低角闪岩相的变质作用。约在 2040Ma,近 EW 方向顺层水平剪切作用形成控矿构造带-韧性剪切带。由于韧性剪切变质作用,剪切带中形成绿片岩相的糜棱岩化的糜棱岩及构造片岩。退变质作用使原岩中部分 Si 质和 Ca 质析出形成沿叶理分布的石英-碳酸盐脉。变质热液在韧性剪切带附近的矿源层中萃取金并在剪切带中沉淀形成金矿化带。这是一次发生在地壳深部层次的矿化作用。

在 2040～740Ma 发生近 SN 向挤压作用形成轴向近 EW 的大规模尖楞褶皱,此时形成的破劈理叠加在韧性剪切带上,成为劈理带(贾和义等,2003)。

约在 1740Ma,在 NWW-SEE 方向的挤压力作用下形成区域上平面共轭膝折带,在控矿构造带中形成了一系列反 S 型构造。膝折带与控矿构造带复合控制了钾长花岗岩侵入,并控制了蚀变岩型金矿的分布范围,其头部和尾部富集矿段中的主矿体,头部和尾部的弯曲处是富矿赋存部位。

NWW-SEE 向的挤压作用在区域上形成 NNE 向断层系统,它切割韧性剪切带及蚀变岩型矿体。但是它使控矿构造带张开,形成了石英脉带和含金石英脉,反映了地壳浅部的成矿作用。

第六章 内蒙古两个重要区域地质成矿环境及矿床形成特点分析

第一节 大兴安岭北部地质成矿环境及矿床形成特点分析

1. 地质成矿环境分析

大兴安岭北段位于西伯利亚板块东南缘,具有增生大陆边缘的性质和特征。出露最老的地层为新元古界加疟瘩群海相中基性-酸性火山岩建造和复理式沉积建造。古生代处于西伯利亚板块与中朝板块俯冲、碰撞及弧后裂解构造环境中,海西中期发生大面积花岗岩类侵位。中生代以来,大兴安岭北段受到滨西太平洋和蒙古—鄂霍次克洋的强烈影响,于侏罗纪、白垩纪形成了宏伟的 NNE 向大兴安岭火山侵入岩带。

大兴安岭北部位于蒙古—兴安造山带的东段,介于额尔齐斯—索伦—黑河缝合带与蒙古—鄂霍次克缝合带之间(图 6-1),由"两块一带一盆"组成,即由西部的额尔古纳地块、东部的北兴安地块和中部的鄂伦春晚古生代中期增生带及北部的上黑龙江盆地组成额尔古纳地块又划分为两个次一级构造单元,从北向南依次为额尔古纳隆起和满洲里—克鲁伦浅火山盆地。研究区在中生代又受到了滨西太平洋陆缘活化带的叠加。构造分区参阅图 6-2 和图 6-3。

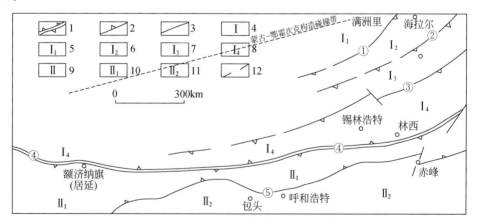

图 6-1 大兴安岭北部在内蒙古构造单元中关系示意图

1.古板块对接碰撞带;2.地体拼贴带;3.一般断裂带;4.西伯利亚板块;5.额尔古纳地体;6.喜桂图旗地体;7.东乌珠穆沁旗地体;8.内蒙古中部地体;9.中朝-塔里木板块;10.温都尔庙地体;11.华北地台;12.蛇绿岩带编号(①德尔布干俯冲断裂带,②鄂伦春—伊尔旗俯冲断裂带,③贺根山—二连浩特俯冲断裂带,④林西—居延海对接碰撞带,⑤温都尔庙—赤峰俯冲断裂带)

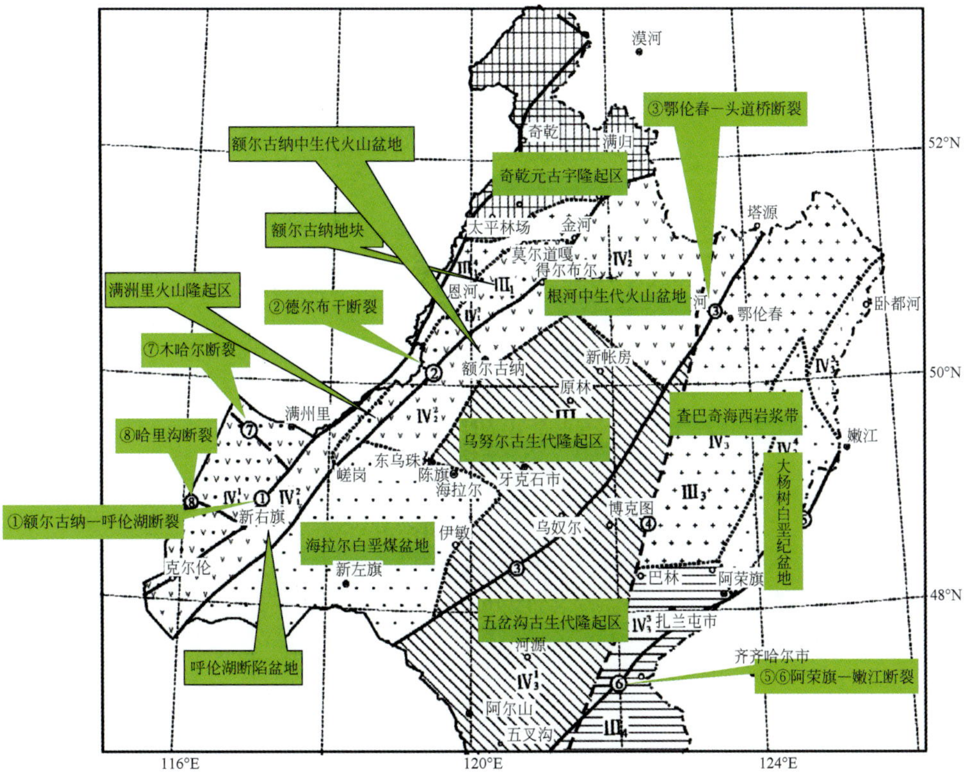

图 6-2 大兴安岭北部构造分区示意图

1) 构造分区

(1) 额尔古纳地块：古元古代末形成结晶基底，兴华渡口群、加格达群、黑龙江群，中南部的宝音图群等，以各类片麻岩、麻粒岩以及片岩为主。青白口纪-震旦纪形成早期盖层，古生代构成晚期盖层，晚侏罗世-早白垩世大兴安岭火山岩叠加在地块边缘之上。

额尔古纳地块划分为2个次一级构造单元，从北向南依次为：

额尔古纳隆起，结晶基底形成于古元古代，早期盖层形成于青白口纪-震旦纪，早古生代-晚古生代早石炭世期间，发育间断性沉积，构成晚期盖层，中石炭世进入隆起阶段。

满洲里克鲁伦浅火山盆地，晚侏罗世-早白垩世火山活动较强。

(2) 北兴安地块：古元古代末形成结晶基底，震旦纪-早寒武世又有裂陷活动发生。晚侏罗世-早白垩世构成大兴安岭火山岩带的组成部分。

(3) 鄂伦春晚古生代中期增生带：位于上述两地块之间，在早古生代-晚古生代早、中期形成了岛弧及深海盆地环境中的多宝山组、泥鳅河组、大民山组、莫尔根河组和红水泉组。中石炭世早期，洋盆闭合，形成了新伊根河组陆相地层，完成了从洋壳向陆壳的转化。

2) 断裂（图6-2）

深大断裂包括：NE向德尔布干断裂、NE向呼伦—额尔古纳断裂；塔源—乌奴耳断裂；蒙古—鄂霍次克断裂；大型断裂、剪切带主要有：NW向上黑龙江盆地南缘断裂；开库康—新华—白桦山断裂；近EW向老沟—二根河—双合站韧性剪切带；满归—西吉诺—塔河—十八站韧性剪切带；新林—兴隆—韩家园子韧性剪切带；塔源—四道沟韧性剪切带。

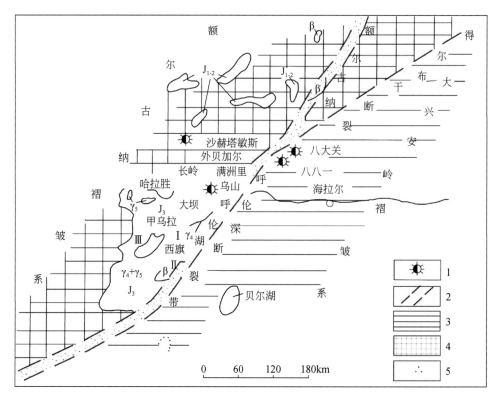

图 6-3　额尔古纳—呼伦深断裂地质构造略图

β. 玄武岩；γ_5. 燕山期花岗岩；γ_4. 海西期花岗岩；J_3. 晚侏罗世火山岩；J_{1-2}. 早、中侏罗世海相地层；1. 斑岩矿床；2. 断层；3. 海拉尔盆地沉陷区；4. 相对隆起区；5. 斑岩系列矿点；Ⅰ. 查干布拉根矿区；Ⅱ. 额仁陶勒盖；Ⅲ. 努其根乌拉

2. 成矿系列与矿床成因分析

大兴安岭北部及邻区矿床分布地质景观见图 6-4，分类论述。

1）与晚古生代火山-沉积盆地演化有关的海底热水喷流沉积矿床

矿床发现于鄂伦春中海西期增生带内，以六一牧场 VHMS 型含铜硫铁矿床和谢尔塔拉 VHMS 型铁锌矿床为代表。奥陶纪-石炭纪时期，在额尔古纳—兴华地块与松嫩地块之间存在陆间海槽沉积盆地，细碧角斑岩系发育，是块状硫化物矿床形成的有利部位（武殿英，1999）。在海拉尔地区，主要为泥盆系下-中统大民山组和石炭系下统莫尔根河组及红水泉组火山-沉积建造。大民山组主要由酸性凝灰熔岩、角砾凝灰熔岩、凝灰岩夹砂岩和灰岩组成；莫尔根河组由一套海底喷发的基-酸性火山岩组成；红水泉组位于莫尔根河组之上，为杂砂岩、砂板岩、碳酸盐岩和凝灰岩组成的海相碎屑岩建造。其中，莫尔根河组细碧角斑岩建造与该区的热水喷流沉积矿床关系密切。该成矿系列有两个矿床式：其一是六一牧场式，其二是谢尔塔拉式。

2）与晚古生代中酸性侵入活动有关的铁多金属矿床

该成矿系列的矿床发现于鄂伦春海西中期增生带内，主要为夕卡岩型铁多金属矿床。主要矿床有梨子山铁（钼、多金属）矿床和神山铁（铜、金）矿床。

鄂伦春海西中期增生带是西伯利亚板块与中朝古板块在早石炭世末期沿二连浩特—贺

第六章 内蒙古两个重要区域地质成矿环境及矿床形成特点分析

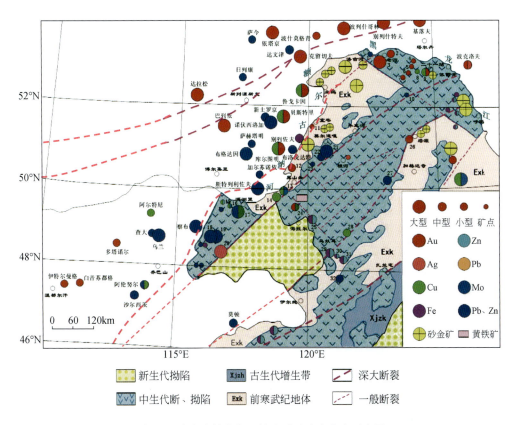

图 6-4 大兴安岭北部区域地质及矿产分布示意图

1. 洛古河(W、Sn、Mo);2. 老沟(Au);3. 砂宝斯(Au);4. 二根河(Au);5. 页索库(Au);6. 马大尔(Au);7. 奥拉齐(Au);8. 丘里巴赤(Cu);9. 二十一站(Cu、Au);10. 西吉诺山(Pb、Zn、Cu);11. 下吉宝沟(Au);12. 小伊诺盖沟(Au);13. 八大关(Cu、Mo);14. 八八一(Cu);15. 龙岭(Cu、Zn、Sn);16. 长岭(Cu、Mo);17. 乌努格吐山(Cu、Mo);18. 甲乌拉(Pb、Zn、Ag);19. 查干布拉根(Pb、Zn、Ag);20. 额仁陶勒盖(Ag);21. 得耳布尔(Pb、Zn);22. 二道河子(Pb、Zn);23. 下护林(Pb、Zn);24. 四五牧场(Au、Cu);25. 谢尔塔拉(Fe、Zn);26. 塔源(Au、Ag、Cu);27. 环宇(Pb、Zn);28. 煤窑沟(Cu);29. 梨子山(Fe、Zn);30. 中道山(Fe、Zn);31. 塔尔其(Fe、Zn);32. 柴河源(Pb、Zn)

根山—黑河一线碰撞形成的,该增生带南部地区于中石炭世又裂陷成海,早二叠世末的晚海西运动使该次生海槽闭合(范书义等,1997)。海西早期的花岗闪长岩、斜长花岗岩组合(375~350Ma)主要分布于乌奴耳和多宝山地区,前者形成于弧后盆地的引张环境,后者形成于火山弧环境;海西中期的花岗闪长岩-二长花岗岩组合(390~310Ma)主要分布于多宝山地区,形成于板块碰撞后的抬升环境;海西晚期的二长花岗岩-正长花岗岩组合(290~240Ma)形成于晚造山和后造山期的伸展环境(许文良等,1999)。当海西期花岗岩,尤其是海西晚期花岗岩类侵入下-中奥陶统多宝山组或下二叠统大理岩地层时,在两者接触带形成了夕卡岩型铁、多金属矿床。该类矿床一是梨子山式,二是神山式。

3)与中生代陆-陆碰撞有关的金、铜、钨、锡、钼、多金属矿床

该成矿系列的矿床主要分布于研究区北部的上黑龙江盆地区和额尔古纳地块及北兴安地块内,矿床的形成与中生代蒙古-鄂霍次克造山带的形成密切相关。矿床类型以造山型金矿为主,其次为斑岩型铜(金)矿及夕卡岩和中高温热液脉复合型钨、锡、钼、多金属矿床。典型矿床(点)有砂宝斯金矿、老沟金矿、小伊诺盖沟金矿、黑龙沟金矿、二十一站铜(金)矿和

洛古河钨锡钼多金属矿点。该类型是大兴安岭北部近年来新发现类型,具有较大的找矿前景。

蒙古—鄂霍次克造山带西部碰撞发生在晚三叠-早侏罗世,东部闭合在中侏罗世,代表北亚克拉通与黑龙江超地体及中朝克拉通的碰撞。陆-陆碰撞造山过程中及后碰撞阶段形成大量中酸性花岗岩类及逆冲-推覆构造和韧性剪切带。碰撞早期形成了中酸性侵入岩和花岗闪长斑岩,是斑岩型铜(金)矿的成矿母岩;岩浆演化到晚期阶段,酸性程度增高,形成钾长花岗岩,该期花岗岩有利于形成中高温热液脉型钨、锡、钼矿床;造山过程中的深大断裂为造山型金矿的形成提供了热液通道,其派生出的次级张性断裂和裂隙往往是造山型金矿的赋矿空间。该成矿系列包括 7 个矿床式(武广等,2004)。

砂宝斯式、老沟式造山型金矿床:矿床均位于上黑龙江中生代陆相沉积盆地内,主要以中生代陆相碎屑岩(额木尔河群)为容矿岩石,金矿与构造关系密切,NEE 向逆冲断层控制了矿带的展布,而矿体多赋存于 NEE 向逆断层派生的近 SN 向、NE 向张性和张剪性次级断裂中,主要矿化蚀变为硅化、绢云化和高岭土化,矿区内常见辉锑矿、锑华、辰砂和毒砂等金属矿物。两个矿床式之间的差别主要在于容矿构造和富矿地层的不同。砂宝斯式金矿的矿体主要赋存在张性断裂构造中;而老沟金矿与韧性剪切带关系更为密切,有些矿体就产于韧性剪切带中;砂宝斯林场金矿矿区内发育辉绿岩脉,金矿石既可产于砂岩的破碎带中,又可产于蚀变的辉绿岩脉中。

4)与中生代板内中、酸性侵入活动有关的铅、锌、银、铜、金矿床

在空间上,该成矿系列与燕山期岩浆作用有关。形成于燕山早期,主体上处于挤压或挤压向伸展转化的过渡阶段,主要为侵入岩浆作用,未发现火山岩。矿床主要为夕卡岩型矿床,可划分出龙岭式和下护林式。

(1)龙岭式夕卡岩型金、铜、多金属矿床。处于满洲里—克鲁伦浅火山盆地内的 NW 向哈尼沟成矿亚带的基底隆起中,矿体赋存于燕山期花岗岩与围岩泥盆系碳酸盐岩接触带内的夕卡岩型金、铜、多金属矿床。

(2)下护林式夕卡岩型铅、锌(银)矿床。处于德尔布干断裂的西北侧额尔古纳隆起边缘的次一级火山拗陷带部位,矿体赋存于中侏罗统万宝组含砾砂岩、凝灰质砂岩、泥岩及大理岩透镜体与燕山早期钾长花岗岩接触带中的夕卡岩型铅、锌(银)矿床。

5)中生代板内中酸性火山岩、次火山岩及斑岩有关的金、银、铜、铅、锌、钼矿床

该成矿系列形成于燕山晚期早阶段,矿床均受德尔布干断裂带控制,矿床产于中生代火山断陷盆地内的基底隆起边缘或隆起区边缘的火山断陷盆地中,矿化与火山活动晚期的次火山岩和斑岩关系密切。该成矿系列的矿种为铅、锌、银、铜、金和钼,矿床类型为热液脉型、斑岩型和浅成低温热液型。前人所称的"德尔布干成矿带"主要指该成矿系列,是大兴安岭北部最重要的成矿系列,具有较大的找矿潜力。该成矿系列划分出 7 个矿床式。

(1)甲乌拉式热液脉型铅、锌、银矿床。

甲乌拉式矿床产于德尔布干断裂带 NW 一侧中生代火山盆地与前中生代隆起的过渡部位,矿体呈脉状赋存于长石斑岩体、石英斑岩体边部及旁侧构造破碎带中。斑岩体常构成矿体的下盘,矿体的围岩为侏罗系中统南平组凝灰质砂岩、砂板岩和上侏罗统塔木兰沟组安山岩及下白垩统上库力组酸性火山岩。矿体以脉状产出,而且多赋存于 NW 向张扭性断裂破

碎带中。近矿围岩蚀变主要以绢英岩化和青盘岩化为主,金属矿化围绕次火山岩体呈现一定的水平和垂直分带,上部(或边部)以银为主,下部(或中部)以铅锌(或铜)为主。该类型矿床常形成大、中型铅锌银矿床,代表性矿床有甲乌拉、查干布拉根、得耳布尔和西吉诺等。

(2)乌努格吐山式斑岩型铜、钼矿床。

该矿床式主要分布于德尔布干成矿带 NW 侧,位于隆起区边缘或火山断陷带内的次级基底隆起区。典型矿床有乌努格吐山、八大关和八八一。乌努格吐山铜、钼矿床与浅成二长花岗斑岩有关;八大关和八八一矿床均为中深成相斑岩铜、钼矿床,其形成与花岗闪长斑岩密切相关,矿体主要赋存于燕山期花岗闪长斑岩与围岩内接触带中。

黄花菜沟铜钼区段。该区南邻乌山矿区,成矿构造环境与乌山相似,区内 NE 向、NW 向断裂发育,其交汇部位成为花岗闪长斑岩侵位和矿质运移的通道,有 4 处花岗闪长斑岩和英安质角砾岩出露,面积小于 $1km^2$,K_2O+Na_2O、$Al_2O_3/(K_2O+Na_2O)$ 及铝碱与 SiO_2 关系图上与乌山、江西德兴成矿斑岩相似。物探有自电异常和激电异常,尤其蚀变带,$Cu=2039ppm$,$Mo=87ppm$,$Ag=0.76ppm$ 等,外蚀变带 Pb、Zn 高。已施工的 4 个普查孔,见团状块、浸染状黄铁矿、黄铜矿、斑铜矿、辉钼矿等金属矿化。稀土元素特性,δEu 为 0.66,$\sum Ce/\sum y$ 为 3.4,微量元素 $S=23600ppm$,$CO_2=14800ppm$,$Cl=150ppm$,$F=1000ppm$,矿物包裹体特征与乌山矿床外带相似,以液相为主,也含气相,并富含晶质矿物,说明热液和矿化剂组分充足找矿潜力大(秦克章等,1990)。总之,乌奴格吐山—头道井铜钼这一找矿远景区面积可达 $300km^2$,该区具有较好的找矿前景。

(3)额仁陶勒盖式低硫化型浅成低温热液银(锰)矿床。

指处于满洲里—克鲁伦浅火山盆地中的基底隆起边缘的火山拗陷带和德尔布干断裂附近的 NW 向次一级断裂的旁侧,矿体赋存于上侏罗统塔木兰沟组安山质火山岩中的低硫化型浅成低温热液 Ag(Mn)矿床。矿化与燕山晚期花岗岩浆演化晚期的浅成侵入体(石英斑岩)有关。地表发育有隐晶质硅化带,以银为主,深部出现铅锌矿化,矿床总体表现出垂向分带。

(4)四五牧场式高硫化型浅成低温热液金(铜)矿床。

四五牧场金(铜)矿位于根河—海拉尔中生代火山盆地与晚古生代断隆之间的帕英湖—八一牧场断裂带的 NW 侧晚侏罗世-早白垩世火山断陷区。该类型矿床产出的地质环境为上侏罗统塔木兰沟组中基性火山岩和下白垩统上库力组酸性火山岩盆地,矿床具有上金(银)下铜的矿化分带,蚀变分带自上而下依次为:硅化带(硅帽)→石英→迪开石化带→石英-明矾石化带→绢英岩化带。金赋存于硅化带中,而铜、银则主要见于石英-明矾石化带内。该类型矿床成矿温度低,形成的深度最浅,因此也不易保留。

(5)莫尔道嘎式低硫化型浅成低温热液金(银)矿床。

处于根河—海拉尔断陷带与额尔古纳隆起过渡部位的莫尔道嘎次级火山拗陷中,矿体赋存于下白垩统上库力组流纹岩中的低硫化型浅成低温热液金(银)矿床。矿区内发育多期硅化,矿脉中见有叶片状方解石,上库力组(K_1s)流纹岩、流纹斑岩、流纹质熔结凝灰岩和流纹质角砾凝灰岩等构成赋矿层位。

(6)奥拉齐式低硫化型浅成低温热液金矿点。

指位于上黑龙江盆地南缘的 NNE 向东天山—交鲁山火山岩带西南端,矿体赋存于下白垩统上库力组流纹英安岩中的 Au 矿床。硅化带分布于 NNW 向主断裂带内及其两侧,以多期微细网脉状、不规则团块状、脉状及网脉状硅化为主,表现为玉髓状石英化、玉髓化、蛋白石化和浸染状黄铁矿化。泥化带分布于硅化带两侧,主要为高岭土化和绢云母化,矿物组合为高岭土-绢云母-蒙脱石-石英-黄铁矿。该矿床式目前尚未发现成型矿床,但在该 NNE 向火山岩带内已发现奥拉齐、马大尔和页索库等金矿点(田世良,1995)。

(7)塔源式高硫化型浅成低温热液金(银)、铜矿床。

矿床位于北兴安地块内近 EW 向塔源—四道沟基底韧性变形构造带和 SN 向大提场山脆性断裂带的叠加处,矿体赋存于早白垩世上库力组酸性火山碎屑岩与熔岩接合部位,为高硫化型浅成低温热液金(银)、铜矿床。成矿与早白垩世花岗闪长斑岩和花岗斑岩等浅成小岩体有关。矿体呈脉状和透镜状近 SN 向延伸,倾角陡,受控于晚期近 SN 向脆性构造破碎带和叠加于 EW 向倭勒根岩群糜棱岩带上的晚侏罗世-早白垩世火山机构。矿化蚀变主要为重晶石化、叶蜡石化、硅化、绢云母和黄铁矿化。

3. 矿床成因归类其同位素组成特征分析

据武广等(2004)、张炯飞等(2002)、陈祥(2000)对大兴安岭北部矿床硫同位素的研究,不同类型矿床的硫同位素特征如下。

1)不同类型矿床的硫同位素特征

不同成因类型矿床硫同位素组成特征见表 6-1。

表 6-1 不同成因类型矿床硫同位素组成特征表(武广等,2004)

矿床类型	矿床名称	样品号	岩矿石类型	矿物名称	$\delta^{34}S_{V-CDT}$‰	平均值/‰
造山型金矿	砂宝斯	Hj_1S_{1-1}	石英细脉状矿石	黄铁矿	2.2	3.6
		Hj_1S_{1-2}	硅化砂岩矿石	黄铁矿	9.6	
		Hj_1S_{1-3}	石英细脉状矿石	黄铁矿	4.3	
		16-1	块状辉锑矿	辉锑矿	−1.6	
	老沟	Hj_1L_{3-1}	石英细脉状矿石	黄铁矿	7.8	5.0
		Hj_1L_{4-9}	石英细脉状矿石	黄铁矿	4.0	
		17-3-1	石英细脉状矿石	黄铁矿	6.2	
	砂宝斯林场	Hj_1SLA	矿化辉绿岩	黄铁矿	2.9	3.0
		Hj_1SLB	矿化长石砂岩	黄铁矿	3.1	
	小伊诺盖沟	—	石英脉金矿石	黄铁矿	5.5	4.1
			石英脉金矿石	黄铁矿	2.6	
	二根河	$H_{22-1-(2)}$	块状辉锑矿	辉锑矿	0.6	−0.05
		$H_{22-1-(1)}$	块状辉锑矿	辉锑矿	−0.7	
	下吉宝沟	—	金矿石	黄铁矿	−5.2,−5.1,−5.2	−4.3
			金矿石	毒砂	−2.8,−3.4	

续表

矿床类型	矿床名称	样品号	岩矿石类型	矿物名称	$\delta^{34}S_{V-CDT}$‰	平均值/‰
斑岩型铜金矿	二十一站	H23-9-1	蚀变砂岩矿石	磁黄铁矿	1.7	1.7
		H23-10	蚀变砂岩矿石	黄铁矿	1.1	
		H25-1	铜矿石	黄铁矿	2.7	
		ZK81	铜矿石	黄铁矿	2.0	
		ZK65	铜矿石	黄铁矿	1.6	
		ZK82	铜矿石	黄铁矿	1.2	
	龙沟河	Hj$_2$L$_8$	石英脉	磁黄铁	3.9	3.9
热液脉型铅锌银矿	得耳布尔	7-7	铅锌矿石	磁黄铁	5.2、5.4、4.9、5.2	4.1
			铅锌矿石	方铅矿	3.3	
			铅锌矿石	方铅矿	2.9、3.6	
			铅锌矿石	闪锌矿	5.0、5.2	
			铅锌矿石	黄铁矿	1.6、2.5	
	西吉诺山	ZK6-04	铅锌矿石	黄铁矿	−4.2	−10
		ZK6-01	铅锌矿石	方铅矿	−10.7	
		ZK8-03	铅锌矿石	闪锌矿	−11.0	
		ZK8-02	铅锌矿石	闪锌矿	−14.1	
	白郎河拉河	ZK6-1	铅锌矿石	黄铁矿	2.8	2.3
		ZK6-2	铅锌矿石	黄铁矿	4.2	
		ZK3-3	铅锌矿石	黄铁矿	2.5	
		ZK3-4	铅锌矿石	黄铁矿	−0.2	
夕卡岩和中高温热液脉复合型钨锡钼多金属矿	洛古河	PD1	铜锌矿石	方铅矿	0.9	0.6
		ML-25	铜锌矿石	方铅矿	−1.9	
		ML-28	黄铜化闪长岩	黄铁矿	1.3	
		560Tc3B4	黄铁矿化花岗斑岩	黄铁矿	2.1	
		ML-30	黄铁矿化闪长岩	黄铁矿	2.6	
		03Tc2G3	黄铜矿化闪长岩	黄铁矿	−2.9	
		QJ5B5	铜锌矿化二长花岗岩	闪锌矿	2.3	

(1)造山型金矿硫同位素特征。

通过我国境内的砂宝斯、老沟和小伊诺盖沟金矿床地质特征研究及与俄罗斯东后贝加尔的达拉松和克留切夫等典型矿床的对比,探讨大兴安岭北部造山型金矿和蒙古—鄂霍次克成矿带中段金矿床成因类型及形成的构造背景。

砂宝斯金矿黄铁矿 $\delta^{34}S$ 值为 2.2‰~9.6‰,岩浆来源以深源为主,同时在上升的过程中有部分地壳物质加入。

(2)浅成低温热液型金银(铜)矿硫同位素特征。

四五牧场金(铜)矿黄铁矿和硫砷铜矿的 $\delta^{34}S$ 值为 −12.2‰~−6.4‰;额仁陶勒盖银矿黄铁矿、闪锌矿和方铅矿 $\delta^{34}S$ 值为 −3.960‰~4.451‰,众值为 1‰~3‰。$\delta^{34}S$ 离散度小,具有呈塔式分布的岩浆硫同位素特征(8件样品中14个硫同位素分析结果显示)。具有呈塔式分布的岩浆硫同位素特征,与深源岩浆来源的硫值相近。

(3)热液脉型铅锌银矿硫同位素特征。

得耳布尔铅锌(银)矿 δ^{34}S 值为 1.6‰～5.4‰;甲乌拉铅锌银矿床 δ^{34}S 值为 0～5‰;查干布拉根铅锌银矿 δ^{34}S 值也为 0～5‰;甲-查矿区硫主要来自下地壳或上地幔的深源岩浆。

(4)斑岩型铜钼(金)矿硫同位素特征。

二十一站铜(金)矿黄铁矿和磁黄铁矿 δ^{34}S 值为 1.1‰～2.7‰;乌努格吐山铜钼矿床 δ^{34}S 值为 -0.2‰～3.4‰;具深源岩浆硫同位素特征。

(5)夕卡岩与中高温热液脉复合型钨锡钼多金属矿硫同位素特征。

洛古河钨、锡、钼、多金属矿 δ^{34}S 值为 -2.9‰～2.6‰,平均为 0.6‰,基本达到分馏平衡条件,表现出了深源岩浆硫特点。

(6)热水喷流沉积铁多金属矿床硫同位素特征。

谢尔塔拉铁锌矿床硫同位素 δ^{34}S 值为 -5.6‰～13.4‰,硫来源亦较深,与火山喷发和热液作用有关。

2)不同类型矿床的氢氧同位素特点

造山型金矿、热液脉型铅锌银矿和斑岩型铜(金)矿更多地表现出了岩浆热液特征,而额仁陶勒盖银矿和莫尔道嘎金矿等浅成低温热液型矿床更多地表现出大气降水同位素特征(图 6-5)。

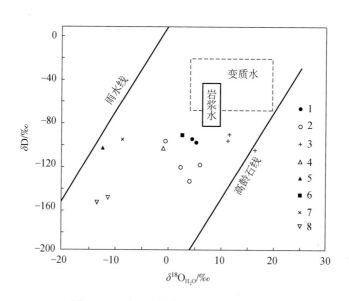

图 6-5 几个矿床氢氧同位素分布特征图

1. 小伊若盖金矿;2. 老沟金矿;3. 沙宝斯金矿;4. 得耳布尔铅锌矿;5. 莫尔道嘎金矿;
6. 二十一站金矿;7. 下吉宝沟金矿;8. 额仁陶勒盖银矿

3)不同类型矿床的铅同位素特征

武广等(2004)、张炯飞等(2002)、陈祥(2000)做了铅同位素研究。

砂宝斯、老沟、砂宝斯林场和二根河等造山型金矿的 ^{206}Pb/^{204}Pb 值变化于 17.624～18.58854;^{207}Pb/^{204}Pb 值变化于 15.476～15.723;^{208}Pb/^{204}Pb 值变化于 37.736～38.570。

样品投影点主要位于扎特曼—多伊模式中造山带演化线附近,表明造山型金矿的 Pb 为壳-幔混合成因。

额仁陶勒盖银矿 3 个方铅矿样品 ^{206}Pb/^{204}Pb 值变化于 18.4234~18.5676;^{207}Pb/^{204}Pb 值变化于 15.5676~15.8853;^{208}Pb/^{204}Pb 值变化于 38.3944~39.1587,变化范围较大,认为铅来自于地壳深部及上地幔,并受到了上地壳铅的混染。

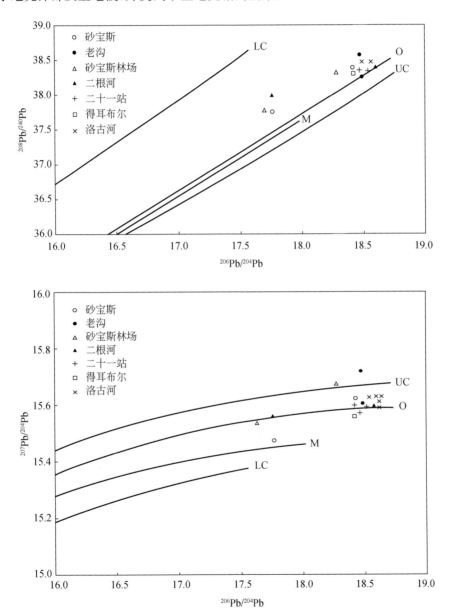

图 6-6　几个矿床铅同位素行为与生成环境关系图解(张炯飞等,2002)
M. 上地幔铅;LC. 下地壳铅;UC. 上地壳铅;O. 造山带铅

得耳布尔铅锌银矿的方铅矿样品 $^{206}Pb/^{204}Pb$ 值为 18.44133；$^{207}Pb/^{204}Pb$ 值为 15.57638；$^{208}Pb/^{204}Pb$ 值为 38.2811。在铅演化图(图 6-6)中,样品投影点位于扎特曼—多伊模式中造山带演化线附近,属壳-幔混合来源。

矿床 Pb 同位素组成及 Pb 的来源二十一站铜(金)矿 4 件样品的黄铁矿和磁黄铁矿 $^{206}Pb/^{204}Pb$ 值为 18.46703～18.5103；$^{207}Pb/^{204}Pb$ 值为 15.558661～15.5943；$^{208}Pb/^{204}Pb$ 值为 38.3313～38.3462。铅同位素投影带位于地幔与造山带演化线之间,更靠近造山带演化线。

洛古河钨锡钼多金属矿床金属硫化物的 $^{206}Pb/^{204}Pb$ 值为 18.57882～18.59187；$^{207}Pb/^{204}Pb$ 值为 15.59625～15.60404；$^{208}Pb/^{204}Pb$ 值为 38.3790～38.4135,该矿床铅同位素比值变化很小。在铅演化图(图 6-6)中,样品投影点集中分布于造山带与地壳演化线之间,更靠近造山带演化线。表明洛古河矿床的铅主要来自造山带,但有较多壳源物质加入。乌山铜钼矿床的铅同位素行为也具有同样特征,为壳幔混合铅。

4)矿床同位素特征小结

(1)火山-次火山岩热液矿床随成矿深度 $\delta^{34}S(‰)$ 下限值有增大趋势。

浅成低温热液型金银(铜)矿 S 同位素特征:四五牧场金(铜)矿黄铁矿和硫砷铜矿的 $\delta^{34}S(‰)$ 值为 $-12.2～-6.4$。

额仁陶勒盖银矿黄铁矿、闪锌矿和方铅矿 $\delta^{34}S(‰)$ 值为 $-3.960～4.451$,众值在 1～3。$\delta^{34}S$ 离散度小,具有呈塔式分布的岩浆硫同位素特征(8 件样品中 14 个硫同位素分析结果显示)。

热液脉型铅锌银矿 S 同位素特征:得耳布尔铅锌(银)矿 $\delta^{34}S(‰)$ 值为 1.6～5.4；甲乌拉铅锌银矿床 $\delta^{34}S(‰)$ 值为 0～5；查干布拉根铅锌银矿 $\delta^{34}S(‰)$ 值也为 0～5。

(2)浅成低温热液型矿床更多地表现出大气降水 H 和 O 同位素特征,如额仁陶勒盖银矿和莫尔道嘎金矿等;造山型金矿、热液脉型铅锌银矿和斑岩型铜(金)矿更多地表现出了岩浆热液特征。

4. 矿床成矿因素及分布特点分析

1)地层含金性分析

(1)塔木兰沟组 8 件中基性火山岩样品的 Au 平均值为 5.0×10^{-9},Ag 为 115.3×10^{-9},Cu 为 24.6×10^{-6},Pb 为 19.9×10^{-6},Zn 为 109.3×10^{-6},Mo 为 1.0×10^{-6},Bi 为 0.1×10^{-6},As 为 5.8×10^{-6},Sb 为 0.8×10^{-6},Hg 为 93.2×10^{-9},Mn 为 875.8×10^{-6},Co 为 18.8×10^{-6},Ni 为 20.3×10^{-6},Cr 为 45.5×10^{-6},V 为 129.8×10^{-6}。

上述数据与世界玄武岩微量元素含量(Turekian et al.,1961)相比,Au、Ag、Pb、Zn、Bi、As、Sb 和 Hg 含量高于玄武岩相应元素含量,对成矿有利;而 Cu、Mo、Mn、Co、Ni、Cr 和 V 含量低于 Turekian 等(1961)玄武岩相应元素含量。

(2)上库力组 7 件酸性火山岩样品的 Au 平均值为 2.3×10^{-9},Ag 为 122.1×10^{-9},Cu 为 13.2×10^{-6},Pb 为 33.1×10^{-6},Zn 为 88.9×10^{-6},Mo 为 1.0×10^{-6},Bi 为 0.2×10^{-6},As 为 8.8×10^{-6},Sb 为 1.2×10^{-6},Hg 为 150.8×10^{-9},Mn 为 707.0×10^{-6},Co 为 4.6×10^{-6},Ni 为 6.1×10^{-6},Cr 为 9.6×10^{-6},V 为 28.4×10^{-6}。

上述数据与世界酸性岩微量元素含量(Turekian et al.,1961)相比,Ag、Pb、Zn、Bi、As、

Sb、Hg 和 Mn 含量高于酸性岩相应元素含量;而 Au、Cu、Mo、Co、Ni、Cr 和 V 含量低于酸性岩相应元素含量。

(3)伊列克得组 4 件基性火山岩样品的 Au 平均值为 2.2×10^{-9},Ag 为 114.8×10^{-9},Cu 为 34.9×10^{-6},Pb 为 30.5×10^{-6},Zn 为 137.0×10^{-6},Mo 为 1.7×10^{-6},Bi 为 0.1×10^{-6},As 为 11.7×10^{-6},Sb 为 1.9×10^{-6},Hg 为 264.0×10^{-9},Mn 为 520.5×10^{-6},Co 为 19.6×10^{-6},Ni 为 27.3×10^{-6},Cr 为 48.3×10^{-6},V 为 120.0×10^{-6}。

上述数据与世界玄武岩微量元素含量(Turekian,et al.,1961)相比,Ag、Pb、Zn、Mo、Bi、As、Sb 和 Hg 含量高于玄武岩相应元素含量;而 Au、Cu、Mn、Co、Ni、Cr 和 V 含量低于玄武岩相应元素含量。

(4)找矿目标含矿地层分析。古元古界、下寒武系、泥盆系、侏罗系岩石含矿性分析见表 6-2~表 6-5。古元古界兴华渡口群(表 6-2)、新元古界佳疙瘩组、下-中泥盆系泥鳅河组(表 6-4)和上侏罗统塔木兰沟组(表 6-5)是本区金矿的矿源层;寒武系下统额尔古纳河组(表 6-3)和下-中奥陶统多宝山组是铜钼矿的矿源层;而研究区各时代地层中的铅锌银丰度均较高,为铅锌银矿的形成奠定了良好的物质基础。主要含矿地层见表 6-6。

表 6-2 古元古界兴华渡口群岩石微量元素含量(武广等,2003)

样号	岩性	层位	Au	Ag	Cu	Pb	Zn	Mo	Bi	As	Sb	Hg
C	地壳		4	70	55	12.5	70	1.5	0.17	1.8	0.2	80
HP24A	石榴子石斜长变粒岩	Pt_1xh	5.39	109	10.5	41.0	42.5	0.63	0.23	4.6	0.56	215.9
HP25	黑云斜长变粒岩	Pt_1xh	5.56	105	18.4	20.4	103.3	1.41	0.26	5.0	0.64	124.1
HP26A	斜长角闪岩	Pt_1xh	4.96	95	31.4	26.7	131.2	0.64	0.10	7.1	0.54	168.5
兴华渡口群岩石平均值(3)		—	5.30	103	20.1	29.4	92.3	0.89	0.20	5.6	0.58	169.5
平均浓度克拉克值		—	1.33	1.47	0.37	2.35	1.32	0.60	1.16	3.09	2.90	2.12

注:Au、Ag、Hg 单位为 10^{-9},其他元素单位为 10^{-6};括号中数字代表统计的样品数。

表 6-3 下寒武系额尔古纳河组岩石微量元素含量(田世良等,1995)

样号	岩性	层位	Au	Ag	Cu	Pb	Zn	Mo
C	地壳		4	7.0	55	12.5	70	1.5
610TC4B2	变砂岩	$\epsilon_1 e$	0.9	128	59	290	1025	3.32
560TC2B1	变砂岩	$\epsilon_1 e$	0.6	4250	915	1530	1578	7.83
ML-24	糖粒状大理岩	$\epsilon_1 e$	0.4	128	137	56	219	1.02
ML-26	变砂岩	$\epsilon_1 e$	1.3	1658	180	226	643	19.46
ML-27	中粒石英砂岩	$\epsilon_1 e$	0.7	1306	75	168	301	2.63
HJ1S1-5	硅质大理岩	$\epsilon_1 e$	9.2	80	3	5	9	0.31
HJ1S1-6	糖粒状大理岩	$\epsilon_1 e$	5.8	67	2	5	7	0.19
额尔古纳河组岩石品均值(7)		—	2.70	1088.14	195.86	29325.71	540.29	4.97
品均浓度克拉克值		—	0.68	15.54	3.56	26.06	7.72	3.31

注:样品由国土资源部廊坊物化探研究所实验室采用 ICP-MS 方法测定,其中 Au、Ag 和 Hg 单位为 10^{-9},其他元素单位为 10^{-6};括号中阿拉伯数字代表统计的样品数量。C. 据泰勒(1964)。

表 6-4 泥盆系泥鳅河组岩石微量元素含量（田世良等，2003）

样号	岩性	层位	Au	Ag	Cu	PB	Zn	Mo	Bi	As	Sb	Hg
HP53	灰岩	$D_{1-2}n$	5.92	1.68	6.4	4.8	18.6	0.47	0.05	3.6	0.52	127.6
HP54	片理化变粉砂岩	$D_{1-2}n$	8.4	396	9	20	25	2.76	0.18	5.4	0.41	209.9
HP55B	大理岩	$D_{1-2}n$	6.01	56	4.7	12.6	19.6	0.31	0.14	10.7	5.50	88.8
HP58	泥灰岩	$D_{1-2}n$	11.86	464	55.9	42.1	22.3	0.15	0.12	9.5	0.91	127.1
HP59B	灰岩	$D_{1-2}n$	1.00	20	7.7	5.2	15.5	1.37	0.05	8.3	0.72	105.4
PM3A	灰岩	$D_{1-2}n$	1.37	27	20.2	21.4	47.0	0.15	0.16	4.9	0.76	129.7
PM3B	挤压片岩	$D_{1-2}n$	1.75	131	19.9	19.4	61.1	0.59	0.30	9.8	1.24	90.8
PM3C	结晶灰岩	$D_{1-2}n$	5.89	118	5.6	7.1	11.1	0.10	0.09	11.7	0.39	65.6
本区泥盆系岩石平均值(8)		—	5.28	172.50	16.18	16.58	27.53	0.74	0.14	7.99	1.31	118.11
C		—	4	70	55	12.5	70	1.5	0.17	1.8	0.2	80
品均浓度克拉克值			1.32	2.46	0.29	1.33	0.39	0.49	0.80	4.44	6.53	1.48

注：样品由国土资源部廊坊物化探研究所实验室采用 ICP-MS 方法测定，其中 Au、Ag 和 Hg 单位为 10^{-9}，其他元素单位为 10^{-6}；括号中阿拉伯数字代表统计的样品数量。C. 据泰勒(1964)。

表 6-5 大兴安岭北部火山岩含矿性分析数据（武广等，2003）

岩性	层位	Au	Ag	Cu	Pb	Zn	Mo	Bi	As	Sb	Hg	Mn
安山岩		3.6	140	21.8	30	78	2.83	0.12	9.8	1.05	90.3	564
安山玄武岩		2.4	113	27	24	115	1.14	0.14	4.8	0.47	125.6	669
闪长玢岩		1.4	201	20.4	24	99	0.36	0.17	2.3	0.33	102.9	797
安山玄武岩	塔木兰沟组	1.2	61	10.5	18	143	0.58	0.05	6.3	1.40	54.0	669
深灰色气孔状玄武岩		4.2	53	31	12	125	0.63	—	—	—	—	1062
碳酸盐化安山岩		7.5	223	34	20	112	0.88	—	—	—	—	1116
安山岩		9.9	73	35	15	90	0.59	—	—	—	—	1062
玄武安山岩		9.7	58	17	16	112	1.2	—	—	—	—	1067
木兰沟组平均值(8)		5.0	115.3	24.6	19.9	109.3	1.0	0.1	5.8	0.8	93.2	875.8
玄武岩(涂和魏)		4	110	87	6	105	1.5	0.007	2	0.2	90	1500
平均浓度克拉克值		1.25	1.05	0.28	3.31	1.04	0.68	13.57	2.90	4.06	1.04	0.58
英安斑岩		2.3	85	12.4	18	51	0.19	0.41	10.1	2.92	147.3	357
流纹英安岩		3.2	140	14.6	42	153	1.53	0.08	8.3	0.68	97.9	546
安山岩		2.1	169	28.1	29	103	1.08	0.16	4.4	0.55	103.4	709
流纹岩	上库力组	0.8	82	7.1	34	62	0.76	0.11	2.3	0.28	88.8	1357
英安岩		3.5	114	10.2	38	67	0.88	0.10	21.7	1.28	380.9	218
流纹英安岩		3.1	176	11	39	89	1.1	0.10	5.8	0.48	165.5	516
英安岩		1.3	89	9.3	32	97	1.39	0.14	8.9	2.34	72.1	1246
上库力组平均值(7)		2.3	122.1	13.2	33.1	88.9	1.0	0.2	8.8	1.2	150.8	707.0
酸性岩(维)		4.5	50	20	20	60	1	0.01	1.5	0.26	80	600
平均浓度克拉克值		0.51	2.44	0.66	1.66	1.48	0.99	15.71	5.86	4.69	1.89	1.18

续表

岩性	层位	Au	Ag	Cu	Pb	Zn	Mo	Bi	As	Sb	Hg	Mn
安山玄武岩	伊列克得组	1.3	143	22.9	35	97	3.03	0.11	12.9	5.50	353.1	448
安山玄武岩		5.1	135	59.8	36	189	1.2	0.20	11.3	1.33	380.1	750
辉石玄武岩		0.7	79	34.5	18	141	1.49	0.08	18.1	0.47	242.2	483
石英粗面岩		1.8	102	22.4	33	121	1.01	0.17	4.4	0.43	80.7	401
伊列克得组平均值(4)		2.2	114.8	34.9	30.5	137.0	1.7	0.1	11.7	1.9	264.0	520.5
玄武岩(涂和魏)		4	110	87	6	105	1.5	0.007	2	0.2	90	1500
平均浓度克拉克值		0.55	1.04	0.40	5.08	1.30	1.12	20.00	5.84	9.66	2.93	0.35

注：Au 单位为 10^{-9}，其他元素单位为 10^{-6}。

表6-6 大兴安岭北部区域主要含矿地层简表

地层	岩性	分布特点	微量元素特片		矿源层	赋存矿床
			富集元素	亏损元素		
兴华渡口群 (Pt_1xh)	变粒岩斜长角闪岩	额尔古纳地块北兴安地块	Au、Ag、Pb、Zn、Bi、As 和 Sb	Cu 和 Mo	Au、Ag、Pb 和 Zn 矿源层	瓦拉里金矿 黑龙沟金矿
佳疙瘩组 (Qnj)	片岩夹大理岩	额尔古纳地块	Au	—	Au 矿源层	八道卡金矿
额尔古纳河组 (ϵ_1e)	变砂岩板岩和大理岩	额尔古纳地块上黑龙剑盆地	Pb、Zn、Ag、Cu 和 Mo	Au	Pb、Zn、Ag、Cu 和 Mo 矿源层	鲁戈卡因铜(金)矿 奇乾东铜(金)矿
多宝山组 ($O_{1-2}d$)	中酸性火山岩夹页岩、板岩	鄂伦春晚古生代中期增生带	Cu、Mo 和 Au	—	Cu、Mo 和 Au 矿源层	多宝山铜钼矿 梨子山铁多金属矿
泥鳅河组 ($D_{1-2}n$)	泥灰岩变粉砂岩	满洲里-克鲁伦和上黑龙江盆地	Au、Ag、Pb、As 和 Sb	Cu、Zn、Mo 和 Bi	Au、Ag 和 Pb 矿源层	—
莫尔根河组 (C_1m)	中基-中酸性火山岩	鄂伦春晚古生代中期增生带	Fe 和 Zn	—	Fe 和 Zn 矿源层	谢尔塔拉铁锌矿 六一牧场硫铁矿
额木尔河流 ($J_{1-2}e$)	含砾砂岩、砂岩、粉砂岩和泥岩	上黑龙江盆地	Ag、Pb、Bi、As 和 Sb	Cu 和 Mo	—	砂宝斯金矿 老沟金矿
塔木兰沟组 (J_3t)	玄武岩、玄武粗安岩和粗安岩	大兴安岭火山岩带	Au、Ag、Pb、Zn、Bi、As 和 Sb	Cu、Mo、Mn、Co、Ni、Cr 和 V	Au、Ag、Pb 和 Zn 矿源层	甲乌拉铅锌银矿 得耳布尔铅锌银矿 四五牧场金矿
上库力组 (K_1s)	英安岩和流纹岩	大兴安岭火山岩带	Ag、Pb、Zn、Bi、As、Sb 和 Mn	Au、Cu、Mn、Co、Ni、Cr 和 V	Ag、Pb 和 Zn 矿源层	额仁陶勒盖银(锰)矿
伊列克得组 (K_1y)	玄武粗安岩、粗安岩和粗面玄武岩	大兴安岭火山岩带	Ag、Pb、Zn、Mo、Bi、As 和 Sb	Au、Cu、Mn、Co、Ni、Cr 和 V	—	—

上述微量元素特征与大兴安岭北部成矿实际情况相符。多年的勘查和科研工作表明，德尔布干成矿带最主要的矿种为铅锌银，热液脉型矿床为最重要的矿床类型，已发现和探明的大中型矿床，如额仁陶勒盖、甲乌拉、查干布拉根和得耳布尔均为铅锌银矿床。

2) 地层、岩浆含矿性与成矿分析

(1) 地层、岩浆成矿专属性分析。

侵入岩成矿专属性研究结果表明，兴凯—萨拉伊尔期花岗岩类寻找 Ag、Cu、Pb、Zn 和 Mo 等矿产；海西-印支期花岗岩类寻找 Ag、Pb、Zn 和 Mo 等矿产；燕山期侵入岩寻找 Ag、Cu、Pb、Zn 和 Mo 等矿产。

通过岩浆岩成矿专属性和地层含矿性分析，几乎所有时代的地层和侵入岩都富集 Pb、Zn 和 Ag 元素，有理由认为大兴安岭北部易形成矿床的优势矿种是 Pb、Zn 和 Ag。例证是大型和中型矿床热液脉型甲乌拉铅锌银矿、查干布拉根铅锌银矿、得耳布尔铅锌银矿和额仁陶勒盖银矿等，显然，这种成矿专属性与地球化学分区专属性存在联系（雷国伟，1987，1989，1990）。

上元古界-下寒武统为本区古老基底。本区早加里东运动（早寒武世末）褶皱回返，镶嵌外延于西伯利亚地台边缘，古陆初创。至晚古生代，本区成为蒙古—鄂霍次克海的一部分。海西晚期额尔古纳—呼伦深断裂以板块挤压拼合运动为主，本区古海封闭，陆壳形成，出现中酸性火山-岩浆杂岩（K-Ar 年龄 271.2Ma）。深断裂东侧的大兴安岭海西褶皱系与本区拼接，形成统一古亚洲大陆。燕山早期至晚期，库拉—太平洋洋脊剧烈扩张波及本区，由 SE 向 NE 方向推挤，额—呼深断裂强烈活动，以挤压冲断运动为主。西北侧断隆即本区形成 NE 向广泛分布多旋回钙碱性系列中酸性火山-岩浆杂岩带[早期 K-Ar 年龄（187～135）Ma、晚期 K-Ar 年龄（138～93）Ma]及相应矿床（武广等，2004），东南侧断陷为陆相盆地（海拉尔盆地）沉积。中生代末期及新生代额—呼深断裂以拉伸引张运动为主，产生额尔古纳河—呼伦湖地堑盆地沉积和沿深断裂的大量玄武岩喷溢。

(2) 构造对成矿控制作用。

额呼深断裂控制着本区多金属成矿带的展布，其西南出境与中蒙古大断裂相连，在我国境内长逾 800km，具长期继承性活动的特点。区域地层的发育及火山岩浆活动均受控于这一特定的构造环境。本区地层，以中生代中侏罗统至下白垩统火山岩及火山沉积岩最发育，古生代地层仅见泥盆系中统、二叠系上统零星出露。在区域构造应力作用下，与区域主要构造相交接的 NW 向张扭性或张性断裂即横向构造，如北部哈尼沟断裂、南部木哈尔断裂（长度均超过 60km，进入蒙古境内），分别控制了区域两个主要矿田的形成。北部哈尼沟矿田有乌山斑岩型铜钼矿床、哈拉胜次火山热液型铅锌矿点等，南部木哈尔矿田有甲乌拉次火山热液铅锌银铜金矿床、查干次火山热液银铅锌金矿床、额仁陶勒盖次火山热液银矿床等。应指出，据蒙古重力异常图分析，靠近我国一侧有 NW 向地幔隆起带，与我国境内 NW 向构造相吻合，说明矿化作用与深部构造有联系。NW 向与 NE 向断裂复合处，往往是火山-岩浆活动中心。

(3) 不同地质深度成矿系列特点。

本区矿床类型主要有斑岩型、次火山热液脉型、夕卡岩型。矿种有 Cu、Mo、Pb、Zn、Ag、Au、Fe、Sn 等。它们为有成因联系的不同深度、不同环境下的产物（图 6-7）。距地表 1.5～2km 处形成斑岩型或夕卡岩型矿床，成矿温度为 370～450℃。距地表不深地方形成次火山

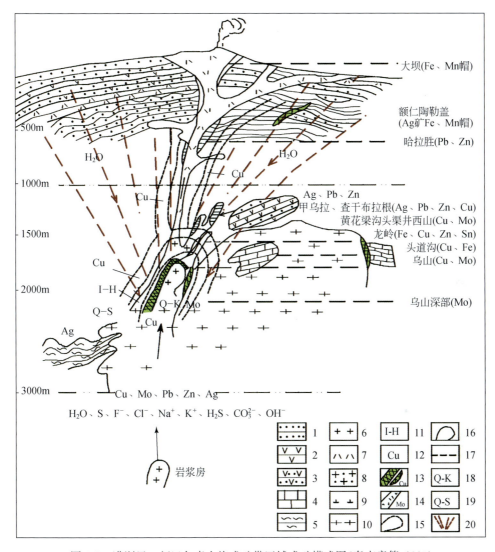

图 6-7 满洲里—新巴尔虎右旗成矿带区域成矿模式图(秦克章等,1990)

1.侏罗系火山岩;2.二叠系安山岩;3.二叠系砂岩、砂砾岩;4.泥盆系碳酸盐演夹砂岩;5.元古宇变质岩;6.花岗斑岩;7.酸性侵入岩;8.石英斑岩;9.中酸性侵入岩;10.成矿前花岗岩;11.伊利石-水白云母化;12.青磐岩化;13.Cu、Pb、Zn、Ag 矿体、矿脉;14.Mo 矿体;15.蚀变界线;16.地质界线;17.剥蚀线;18.石英-钾长石化;19.石英-绢云母化;20.断裂

热液脉型矿床,温度为 180～320℃。一般为多元素组合矿床,除主要成矿元素外,往往伴生其他元素,并因温度及其他物理化学条件不同而产生分带性。Mo 多处于中心较深部位,Cu 为其壳,向上向外依次为 Pb、Zn、Ag、Au、Fe、Sn 等。从成矿系列看,沿构造破碎带的次火山热液多金属矿脉属于系列上部,其中环状裂隙带的 Pb、Zn 矿化属系列最上部,如哈拉胜矿点。其远侧为破碎裂隙带中 Mn 质含 Ag 石英脉,如额仁陶勒盖大型矿床。往下为放射状破裂系统的 Pb、Zn、Ag、Au 矿脉属系列中浅部,如甲乌拉大型矿床。其邻侧为构造破碎带的 Ag、Pb、Zn、Au 矿脉,如查干大型矿床。花岗质次火山斑岩细脉浸染铜(钼)矿,一般属系列中部,如乌山大型矿床。似斑状花岗质岩石中的浸染状 Mo 矿属成矿系列下部。本区燕山

早期中深成花岗岩与碳酸盐岩接触部的夕卡岩 Cu、Fe 矿和 Cu、Zn、Sn 矿属成矿系列中部外侧，大坝处于木哈尔与哈尼沟横向断裂间的断陷位置，火山锥保留完好，相当本区成矿系列的顶部。

3) 找矿目标分析

(1) 古元古界兴华渡口群是大兴安岭北部重要的 Au、Ag、Pb 和 Zn 含矿及找矿目标元素，地层元素含量高出地壳平均值数倍。

(2) 下寒武统额尔古纳河组中 Ag、Cu、Pb、Zn 和 Mo 的丰度较高，是地壳含量的数倍至数十倍，是矿源层。

(3) 泥盆系泥鳅河组灰岩和变粉砂岩中 Au、Ag、Pb、As、Sb 和 Hg 的丰度较高，是地壳平均值数倍至数十倍。

(4) 地层中 Ag、Cu、Pb、Zn 明显高，北部地区应该形成上述四种元素矿床，也是重点找矿的对象。

(5) 侏罗系塔木兰沟组 Au、Ag、Pb、Zn、Bi 高于玄武岩相应元素含量，对成矿有利；Cu、Mo、Mn、Co、Ni、Cr 和 V 含量低于玄武岩相应元素含量。

(6) 侏罗系上库力组 Ag、Pb、Zn、Bi、含量高于酸性火山岩相应元素含量；而 Au、Cu、Mo、Co、Ni、Cr 含量低于酸性火山岩相应元素含量。

(7) 白垩系伊列克得组 Ag、Pb、Zn、Mo、Bi 含量高于玄武岩相应元素含量；而 Au、Cu、Mn、Co、Ni、Cr 含量低于玄武岩相应元素含量。

(8) 古元古界兴华渡口群、新元古界佳疙瘩组、下-中泥盆统泥鳅河组和上侏罗统塔木兰沟组是本区金矿的矿源层。

(9) 寒武系下统额尔古纳河组和下-中奥陶统多宝山组是铜钼矿的矿源层。

(10) 北部各时代地层及火山岩中的 Pb、Zn、Ag 丰度均较高，为铅锌银矿的形成奠定了良好的物质基础。

(11) 有理由认为大兴安岭北部易形成矿床的优势矿种是 Pb、Zn 和 Ag。例证是大型和中型矿床热液脉型甲乌拉铅锌银矿、查干布拉根铅锌银矿、得耳布尔铅锌银矿和额仁陶勒盖银矿等。

5. 成矿规律论述

兴华渡口群细粒花岗闪长岩和二云母石英片岩的 SHRIMP 锆石 U-Pb 年龄为 2600~2400Ma、(1888±85)Ma 和 (892±20)Ma，表明额尔古纳地块存在新太古代-古元古代结晶基底；发生在 (1888±85)Ma 左右的兴东运动使兴华渡口群褶皱回返，形成了额尔古纳地块；新元古代早期的晋宁运动(892±20)Ma 发生了陆壳生长运动，在西伯利亚地台东南缘形成了罗迪尼亚超大陆(张炯飞等，2002)。

额尔古纳地块北缘漠河地区后碰撞花岗岩类 SHRIMP 锆石 U-Pb 年龄为 517~504Ma (张炯飞等，2002)，确认了兴凯—萨拉伊尔造山运动在额尔古纳的存在，表明中蒙古—额尔古纳地块与西伯利亚地台之间的"前古亚洲洋"闭合于早古生代。

额尔古纳地块西北部发现了海西晚期-印支期花岗岩类，其 SHRIMP 锆石 U-Pb 年龄为 251~193Ma，主量、稀土和微量元素特征表明该期花岗岩类形成于蒙古—鄂霍次克造山带造山前—同造山阶段的岛弧到活动大陆边缘环境。上黑龙江盆地内 129.8Ma 的花岗岩表明蒙古—鄂霍次克造山带在早白垩世转入后碰撞阶段。中生代火山岩 $^{40}Ar/^{39}Ar$ 定年结果表明其主要形成于早白垩世(122.2～116.7Ma)(张炯飞等,2002),岩石-地球化学特征表明加厚的下地壳拆沉作用引起的软流圈上涌是本区中生代火山岩形成的根本原因,其成因与中生代蒙古—鄂霍次克造山带造山过程有关。

古元古界兴华渡口群、新元古界佳疙瘩组、下-中泥盆统泥鳅河组和上侏罗统塔木兰沟组是本区金矿的矿源层;寒武系下统额尔古纳河组和下-中奥陶统多宝山组是铜钼矿的矿源层;而研究区各时代地层中的铅锌银丰度均较高,为铅锌银矿的形成奠定了良好的物质基础。兴凯—萨拉伊尔期花岗岩类有利于形成 Ag、Cu、Pb、Zn 和 Mo 等矿产;海西-印支期花岗岩类对形成 Ag、Pb、Zn 和 Mo 等矿产有利;燕山期侵入岩是 Ag、Cu、Pb、Zn 和 Mo 等矿产的成矿母岩。

事实上,古生代-中生代期间,大兴安岭北部先后存在三个明显不同的动力学体系,相应地形成了三个时代不同、矿种各异和不同成因类型的成矿带:其一为古亚洲洋动力学体系控制的塔源—乌奴耳海西期-燕山期铁多金属成矿带,成矿时代主要为晚古生代,该成矿带与古亚洲洋裂解和造山作用有关,早石炭世时期形成海底热水喷流沉积 VHMS 型铁多金属矿床,海西晚期的碰撞造山阶段和后碰撞阶段形成夕卡岩型铁多金属矿床;其二为蒙古—鄂霍次克造山带东南缘燕山期金铜钨锡钼成矿带,形成于中生代蒙古—鄂霍次克碰撞、后碰撞造山阶段,矿床的形成多与造山晚期酸性-超酸性花岗岩类有关,常形成造山型金矿和高温热液脉型钨、锡、钼矿床,成矿时代为晚侏罗世(150.9～135.6Ma);其三为德尔布干燕山期铅锌银金铜钼铀成矿带,成矿时代为早白垩世(120Ma),带内矿床与中生代陆相火山-次火山岩密切相关(张炯飞等,2002),形成于板内伸展环境,主要形成热液脉型铅、锌、银矿床和浅成低温热液型金、银、铜矿床。

有色、贵金属矿床成矿时代为海西期和燕山期,尤以燕山期成矿最为重要;主要矿床类型有热液脉型铅锌银矿床、造山型金矿床、斑岩型铜钼(金)矿床、浅成低温热液型金银(铜)矿床、热水喷流沉积型铁多金属矿床、夕卡岩型铁多金属矿床和夕卡岩与中高温热液脉复合型钨锡钼多金属矿床 7 种矿床类型;主攻矿种为铅、锌、银、铜、钼、金和铁多金属。按照矿床成矿系列理论,在大兴安岭北部划分出 5 个矿床成矿系列:①与晚古生代火山-沉积盆地演化有关的海底热水喷流沉积成矿系列;②与晚古生代中酸性侵入活动有关的铁多金属成矿系列;③与中生代陆-陆碰撞有关的金、铜、钨、锡、钼、多金属成矿系列;④与中生代板内中、酸性侵入活动有关的铅、锌、银、铜、金成矿系列;⑤与中生代板内中酸性火山岩、次火山岩及浅成斑岩有关的金、银、铜、铅、锌、钼成矿系列。

第二节 大兴安岭中南段地质成矿环境及矿床形成特点分析

大兴安岭东南缘成矿集中区属大兴安岭褶皱系的中南段,东以嫩江深断裂与松辽拗陷分开,西以大兴安岭主脊深断裂为界,南接赤峰成矿集中区,北为大兴安岭褶皱系北段的多宝山成矿集中区,面积约 90000km²。本区带为叠加槽、台接合部靠近槽区上大兴安岭构造岩浆岩区的中亚带。

一、含矿地层及特征

元古界、古生界、中生界至新生界地层组成本区上部地壳三层结构,以中生界分布最广,二叠系和侏罗系是本区最主要地层,且分布广泛。已知铜多金属矿床赋存于二叠系,特别是下二叠统中广泛发育。

(1)元古宇宝音图群。见于西拉木伦河北岸、罕山林场及莲花山铜矿东侧一带,呈 EW 向展布。区内由中浅变质岩系组成,属冒地槽-滨海相沉积,为本区古老基底。已见厚度大于 7664m。主要岩性为云母片岩、云母石英片岩和石英岩,夹有阳起石片岩、碳质千枚岩及变质砂岩等。这些变质岩系的原岩建造为砂泥质岩石夹中基性岩,为一套正常的陆缘碎屑-砂、泥质沉积物。地层层理和韵律层发育(内蒙古自治区地质矿产勘查开发局,1991),是在海水平静、升降频率不高的条件下沉积的,属于海域不广的浅-滨海相建造。据统计 U-Pb 法、Rb-Sr 法、Sm-Nd 法所得大量数据均在 2650~1880Ma(徐备等,1994)。该地层 Au、Cu 丰度值较高,为赋存其中的 Au、Cu 多金属矿床提供了部分成矿物质。

(2)古生界奥陶系包尔汉图群。主要出露于解放营子北及柯单山一带,呈 EW 向展布。由细碧岩、玄武岩夹硅质岩等组成,厚度大于 1909m。

(3)志留系上统下碑组。见于西拉木伦河北岸敖尔盖一带,呈 EW 向出露。由灰岩夹板岩、砂岩组成,厚度大于 1297m。

(4)石炭系上统阿木山组、本巴图组、酒局子组、朝吐沟组等。主要分布于阿旗、克旗、赤峰市等地,呈 EW 向或 NE 向展布。主要由碎屑岩夹少量中基性火山岩、大理岩等组成,厚度大于 875m。

(5)二叠系呈 NE 向带状展布,于乌兰浩特—黄岗梁一带构成类岛弧沉积,表明当时处于小洋张开,构成海进、海退的层序。

底部青凤山组出露在碧流台、呼和哈德、察尔森一线,下部为杂砂砾岩、砂岩,上部粉砂岩、黑色板岩,夹灰岩和凝灰岩等,为一套浅海-滨海相的沉积,碎屑粒度由下而上由粗变细,反映了海水逐渐变深的环境,厚度大于 1480m。

中部为大石寨组,主要由浅海相的中基性-中酸性火山岩和陆源碎屑岩组成,厚度大于 4647m。大石寨组地层富集铅、锌、锡、银等金属元素,提供成矿物质来源。

上部为吴家屯组(西乌珠穆沁旗组),由砾岩、砂岩、硅质岩夹泥灰岩组成,厚 2237m。区内矿床或矿化集中区主要分布于早二叠世古海盆的边部。

下二叠统哲斯组为一套浅海滨海相陆源碎屑岩夹碳酸盐岩沉积,岩性为凝灰岩、板岩、灰岩、砂岩夹流纹岩。

二叠系上统林西组主要见于林西大井子、阿旗陶海营子等地。为陆相湖泊沉积,主要由板岩、砂岩夹泥灰岩组成,含低品位磷结核,为潟湖-湖泊相沉积,厚 699m。

(6)三叠系只在兴安盟五叉沟一带出露,岩性为安山岩、安山质角砾熔岩、凝灰岩、凝灰质砂砾岩、安山质-流纹质凝灰岩及凝灰熔岩夹页岩。

(7)中生界。

侏罗系下统红旗组。主要见于巨里黑、西沙拉、塔它营子、塔少大坝-平顶山等地,主要为NNE向串珠状断陷盆地控制,由砾岩、砂岩、泥岩夹可采煤层组成,厚171~1000m。

侏罗系中统万宝组(新民组)。见于黄花山、联合村葛家屯、布敦花等地,由含煤沉积夹酸性火山碎屑岩组成,厚2217m。

侏罗系上统。火山岩系厚7884m。火山岩同位素年龄为154~146Ma。

满克头鄂博组出露广泛,由流纹质熔岩及火山碎屑岩组成(160.26~154Ma,U-Pb年龄),有时上部夹有安山岩类,厚2348m。

玛尼吐组出露范围小于前者,主要由安山岩及中性火山碎屑岩组成(149Ma,Rb-Sr等时线年龄),厚3300m。

白音高老组出露远小于前二者,主要由流纹岩、酸性火山碎屑岩(146.29Ma,Rb-Sr等时线年龄)及凝灰质砂砾岩等组成,厚1402m。

梅勒图组主要为安山质-玄武质熔岩(146.32Ma,Rb-Sr等时线年龄),常呈帽状不整合覆于白音高老组之上,厚834m。

火山岩的岩石类型为玄武粗安岩、粗面安山岩、英安岩及粗面岩。玄武粗安岩为大陆板内拉斑玄武岩与火山弧玄武岩,粗面安山岩、英安岩和粗面岩为大陆板内碱性玄武岩。这些岩石形成于板内张性的构造环境。

(8)白垩系下统阜新组。主要见于平庄、元宝山两个含煤盆地,由砾岩、砂岩及黏土岩、煤层组成,厚1280m。

(9)新生界古近-新近纪昭乌达组。主要分布于赤峰地区,呈近EW向展布,由气孔状玄武岩、辉石玄武岩、橄榄玄武岩及砂砾岩等组成,厚435m。

(10)第四系。主要由坡积、残积、冲积、风积等物质组成,沿区内沟谷、山坡产出。

二、岩浆岩与成矿

本区岩浆侵入活动频繁,可分海西期和燕山期两期。初步统计大兴安岭中南段岩浆侵入体,出露面积大于$5km^2$的岩体有85个,分属于海西期(早、中、晚)、印支期和燕山期(早、晚)五个不同时代(表6-7)。

表6-7 大兴安岭中南段主要侵入岩体地质特征

时代		岩体名称	岩性	年龄/Ma	测试方法	资料来源
海西期	早	贺根山	超基性岩	346	K-Ar	赵一鸣等,1994
	中	达青牧场	角闪斜长花岗岩	337~314	U-Pb	内蒙古区调一队
		哈日根台	钾长花岗岩、石英二长岩	278	Rb-Sr	张德全等,1993
	晚	小坝梁	辉绿岩、辉长岩	242	Rb-Sr	赵一鸣等,1994
		建设屯	花岗闪长岩	279	K-Ar	内蒙古区调二队
		孟恩陶勒盖	斜长花岗岩	281	K-Ar	内蒙古区调二队
印支期		巴音花	花岗岩	211	K-Ar	内蒙古区调队

续表

时代		岩体名称	岩性	年龄/Ma	测试方法	资料来源
燕山期	早阶段	板山吐	花岗岩	169	K-Ar	权恒等,2002
		乌兰温多尔	花岗斑岩	173	K-Ar	内蒙古115地质队
		布敦化	花岗闪长斑岩	166	Rb-Sr	赵一鸣等,1994
		布敦化	花岗闪长岩	170	K-Ar	内蒙古115地质队
		陈台	花岗闪长斑岩	161	Rb-Sr	赵一鸣等,1994
		陈台	花岗闪长岩	171	K-Ar	内蒙古115地质队
		白音诺	花岗闪长斑岩	171	Rb-Sr	赵一鸣等,1994
		马鞍子	花岗岩	155	Rb-Sr	杨志达等,1997
		二零四	钾长花岗岩	140	Rb-Sr	沈逸民,2014
		朝阳沟	花岗岩	137	K-Ar	内蒙古区调二队
		敖瑙达巴	花岗斑岩	148	Rb-Sr	赵一鸣等,1994
		杜尔基	二长花岗岩	160	U-Pb	李鹤年等,1990
		达嘎音温多尔	花岗岩	141	K-Ar	内蒙古115地质队
		招哥营子	花岗岩	143	K-Ar	内蒙古115地质队
	晚阶段	巴尔哲	碱长花岗岩	127	Rb-Sr	张德全等,1993
		乌兰坝	钾长花岗岩	131	Rb-Sr	张德全等,1993
		东山湾	花岗斑岩	134	Rb-Sr	张德全等,1993
		好来宝	花岗闪长岩	114	K-Ar	内蒙古区调二队
		磨盘山	钾长花岗岩	122	U-Pb	内蒙古区调二队

注：内蒙古115地质队(1985)、内蒙古区调队(1991)、内蒙古区调一队(1989)、内蒙古区调二队(1991,1992)为内部资料。

1. 海西期岩浆岩

喷发活动主要集中在二叠纪大石寨组，由酸性-中酸性-中基性火山熔岩及其火山碎屑岩组成，形成于类岛弧环境。岩浆侵入主要形成 EW 向、NE 向岩带，如孟恩岩带、乌兰浩特-黄岗梁岩带。岩性包括黑云母花岗岩、白云母花岗岩、二云母花岗岩、花岗闪长岩、石英闪长岩等，属造山带花岗岩。

早海西期岩体出露极少，主要为超基性岩(346Ma，K-Ar 年龄；赵一鸣等，1994)，仅见贺根山一带，沿着二连浩特—贺根山早海西期板块对接带的 NEE 向深大断裂带呈底辟式侵入，并与同构造的玄武岩、安山岩等组成蛇绿岩带；在苏尼特左旗南和锡林浩特等地见岛弧型闪长岩带,更大区域见碰撞花岗岩带。

中海西期侵入体少见,出露碱性花岗岩带,如二连浩特—锡林浩特岩一带的米生庙石英闪长岩,U-Pb 年龄为 314 Ma(张德全等,1993),达青牧场英云闪长岩的 U-Pb 年龄为337Ma(李之彤等,1987);西伯利亚板块南缘的白音乌拉—东乌旗一带的格勒敖包花岗闪长岩的 K-Ar 年龄为 314Ma,屋花敖包二长花岗岩的 K-Ar 年龄为 300Ma,乌兰敖包二长花岗岩的 K-Ar 年龄为 315Ma(内蒙古自治区地质矿产勘查开发局,1991)。

晚海西期侵入岩体绝大多数属于花岗岩(赵一鸣等,1994),如哈日根台钾长花岗岩、石英二长岩岩体(278Ma,Rb-Sr 等时线年龄)、孟恩陶勒盖斜长花岗岩岩体(281Ma,K-Ar 年龄)、小坝梁辉绿岩和辉长岩岩体(242Ma,Rb-Sr 等时线年龄)。该岩带的中西段主要为花岗闪长岩,并有闪长岩-花岗闪长岩-花岗岩组合。该岩带的东段主要为花岗岩,有黑云母二长花岗岩-白云母花岗岩组合和二长花岗岩-正长花岗岩组合。

白音乌拉—东乌旗一带碱性花岗岩大部分为非造山花岗岩,少数为造山期后花岗岩。

锡林浩特—乌兰浩特一带的海西晚期花岗岩是中-晚海西地槽褶皱带中的火山-岩浆弧的重要组成部分。晚古生代强烈裂陷,大量类似于火山弧花岗岩形成,深部矿化元素被带到地表,造成该地区多金属元素高背景特点。

(1)岛弧闪长岩带。见于苏尼特左旗南和锡林浩特等地,在苏尼特左旗白音宝力道地区,该带呈近 EW 向展布,由角闪闪长岩、石英闪长岩、英云闪长岩和花岗闪长岩组成。岩石普遍受绿片岩相变质,其中英云闪长岩和花岗闪长岩 U-Pb 锆石年龄为 452Ma 和 447Ma,石英闪长岩 U-Pb 锆石年龄为 418Ma。9 个样品的微量元素分析数据投入 Pearce 花岗岩构造环境判别图中,大部分数据落入岛弧花岗岩范围,据此这些闪长岩具有岛弧深成岩浆作用的亲缘性,应与华北板块向北俯冲有关(唐克东等,1991),与该带相伴出现的是其北面二连浩特—东乌珠穆沁旗一带同时期的火山-沉积岩系,二者共同组成早古生代的弧-盆体系。

(2)同碰撞花岗岩带。与岛弧闪长岩带相比,同碰撞花岗岩带分布更广泛,在苏尼特左旗南、北和锡林浩特一带均可见及。唐克东等(1991)曾报道在苏尼特左旗南,该带由花岗闪长岩、二长花岗岩和钾长花岗岩组成,常见其侵入混杂岩带、前陆变形带和岛弧闪长岩带之中。苏尼特左旗南白音宝力道的花岗闪长岩 U-Pb 锆石年龄为 363Ma,苏尼特左旗南包尔汗喇嘛庙一带花岗岩中磷灰石 U-Pb 年龄 375Ma。9 个微量元素数据在 Pearce 花岗岩构造环境判别图中均落入同碰撞花岗岩范围内,与岛弧闪长岩有完全不同的构造环境。上述岩石类型、地球化学、侵入时间和构造背景方面的特征意味着该带可能与较晚的碰撞作用而不是与俯冲作用有关。

2. 燕山期岩浆岩

喷发活动始于中侏罗世中晚期至晚侏罗世中晚期,划分为五个旋回:新民旋回、满克头鄂博旋回、玛尼吐旋回、白音高老旋回(晚侏罗世中晚期、第二高峰)、梅勒图旋回。

满克头鄂博旋回和白音高老旋回均具明显的连续演化特征,构成偏碱质的钙碱性安山岩-英安岩-流纹岩套。每一喷发旋回末期均有岩浆侵入活动发生,主要为闪长岩-花岗闪长岩-花岗岩类。与铜多金属有关的中-中酸性火山-侵入杂岩主要岩石类型为闪长(玢)岩、花岗闪长(斑)岩、斜长花岗(斑)岩、二长花岗(斑)岩、二长(斑)岩和石英斑岩等,主要形成时代为燕山早期阶段,分布于本区的东部(图 6-8)。

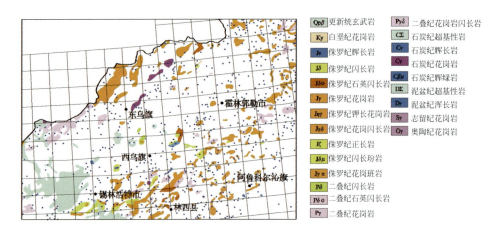

图 6-8 大兴安岭中南段岩浆岩分布示意图

与铅锌多金属矿有关的中酸性火山-侵入杂岩主要岩石类型为花岗闪长（斑）岩、石英正长（斑）岩、石英二长（斑）岩等，主要形成于燕山早期晚阶段，分布于本区的西部。

锡多金属矿化多与酸性岩浆作用有关。成岩时代主要为燕山早期晚阶段，主要分布于本区西南部。铌钇矿化与碱性花岗岩有关，成岩时代为燕山晚期早阶段（巴尔哲矿床，127Ma，$I_{Sr}=0.7071$），分布于本区西北侧（唐克东等，1991）。

与成矿有关的燕山期岩体 Cu、Pb、Zn 元素分别高于克拉克值 4～35 倍、13～15 倍、6～14 倍。铅同位素比值反映成矿物质来源于下地壳或上地幔。区内已有的 $^{87}Sr/^{86}Sr$ 初始值表明成矿岩体的岩浆来源于上地幔-下地壳，原始岩浆上升过程中，可能混入了上地壳物质，其 $^{87}Sr/^{86}Sr$ 初始值的高低与上地壳物质混入量的多少有直接关系（李之彤等，1987）。

(1) 燕山早期花岗岩。

燕山早期早阶段花岗岩多就位于断隆与火山喷发盆地过渡交接带之断隆一侧，区域上受嫩江深断裂控制，在大板—乌兰浩特火山喷发带的突泉中生代火山盆地的野马次级隆起西南缘的莲花山一带以及西北缘的闹牛山和布敦化一带皆有此系列岩体分布。常形成闪长玢岩-石英二长闪长岩组合和英云闪长斑岩-花岗闪长岩-花岗（斑）岩组合。典型岩体有布敦化岩体、莲花山岩体、闹牛山岩体、板山吐岩体等。

该期次花岗岩具有以下特征，属 $\omega(SiO_2)$ 弱饱和（53%～72%）、铝不饱和（A/CNK<1）、富 $\omega(MgO)$（1%～9%）、富 $\omega(FeO)$（2%～10%）、富碱 $\omega(Na_2O+K_2O)$（2.5%～7%）。花岗岩的主元素大多投影于 ACF 图解的 Hb-Pl-Bi 区，其中 A/CNK<1，以及岩石化学特征，较低的 REE 丰度，向左缓倾的 REE 球粒陨石标准化模型式，较高的 $Cr[(12.1～80.40)×10^{-6}]$、$Ni[(4.5～20.30)×10^{-6}]$ 含量，较低的 $^{87}Sr/^{86}Sr(0.7055～0.7065)$ 等，表明这个阶段的岩浆作用具有 I 型源区特征（祝洪臣等，2005）。

(2) 燕山晚期花岗岩。

燕山晚期花岗岩数量较少，常分布于断裂的最外侧，并形成正长花岗岩-碱长花岗岩和碱性花岗岩组合。燕山晚期花岗岩 $\omega(SiO_2)$ 平均为 73.74%，$\omega(Na_2O+K_2O)$ 为 8.55%，$\omega(Na_2O)/\omega(K_2O)$ 为 1.15，燕山晚期花岗岩明显地具有 S 型花岗岩的特点，其 REE 球粒陨石标准化模型式亦表明其具有地壳源区的特点。然而，它们具有较低的锶同位素初始比值

(0.7070～0.7096)和较低的$\delta^{18}O_{H_2O}$(<8‰),显示岩浆源区中有较多的地幔或洋壳成分,具Ⅰ型花岗岩的特征(王长顺,2009)。说明属于造山晚期花岗岩和非造山岩浆作用特点花岗岩类,受大陆边缘引张性深断裂控制。

三、断 裂 构 造

经历了两次板块构造运动影响。晚古生代,本区处于西伯利亚板块与华北板块的衔接部位,为古大陆的边缘过渡带。华北板块爱力格庙—锡林浩特古蒙古洋俯冲带大致在罕山—布敦花深大断裂附近,属华北板块的增生地体(徐志刚,1993)。

中生代,太平洋板块向亚洲板块俯冲,本区处于弧后引张区即亚洲大陆边缘裂陷带,致使古板块、古缝合带活化,而卷入太平洋西岸古陆边缘活动带形成大兴安岭火山岩带。

晚古生代构造线为EW-NE向,成为本区的基底,中生代构造叠加其上,为NNE向,发生以断块为主的构造活动,伴有强烈的火山侵入活动和铜多金属成矿作用。

化德—赤峰和西拉木伦深断裂从本区的南侧通过,嫩江—八里罕从东南侧通过,大兴安岭主脊深断裂从西北侧通过。

化德—赤峰深断裂,EW走向,形成于前寒武纪,为重力低值带、磁场变异带,是华北地台与大兴安岭古生代地槽褶皱系分界线。它控制着两侧不同发展历史。

西拉木伦深断裂,EW走向,为岩石圈深断裂,北侧为晚海西地槽褶皱系,南侧为加里东地槽褶皱系。重力资料表明,断裂位于西拉木伦河幔隆与林西幔阶间的幔坎上并截切中下地壳低速层。北侧为一重力场梯级带,是超岩石圈深大断裂。

嫩江—八里罕深断裂,NNE向,为从晚古生代至新生代长期活动的岩石圈深断裂。晚侏罗世向西倾,深切至下地壳或上地幔。至早白垩世晚期断裂东侧发生地幔上隆,在断裂不远处又形成一条断裂面东倾的正断层。西侧形成重力场梯级带,与莫霍面陡变带吻合。断裂以东呈现重力高,以西呈现重力低。即东为通辽幔隆,其莫霍面深度为36km,西为大兴安岭幔坎,宽约150km,接近大兴安岭主脊断裂处莫霍面深度约39km。再往西越出本区,进入东北幔阶,其莫霍面最大深度达46km(内蒙古自治区地质矿产勘查开发局,1991)。本区处于幔隆与幔阶过渡部位的幔坎上,即上地幔构造变异带上(图6-9)。

大兴安岭主脊岩石圈深断裂,NNE向,东倾,始于晚侏罗世。白垩纪时西降东抬,形成大兴安岭主峰地垒构造,为重力场梯级带。

嫩江断裂带西侧控制铜多金属矿化分布,大兴安岭主脊断裂带东侧控制铅锌及锡矿化分布,西拉木伦断裂北侧控制铜多金属矿化分布,往南靠近化德—赤峰断裂主要是金矿分布。上述矿化分布都处于同方向的重力梯级带,其局部重力异常扭曲部位往往是矿床或矿化集中区的产出部位。

三层构造层断裂系构成等距菱状网格构造系统。前寒武纪主要为EW向,古生代末为NE向和EW向,中生代则又产生了NNE向和与之配套的NWW向和SN向断裂,加上复活了前者EW向和NE向构造,将本区切割成菱网状块体。区内燕山早期次火山-斑杂岩带、矿化均沿此构造格局分布(图6-10)。已知铜多金属矿床主要分布在图6-9中局部隆起(正磁场)和断陷(负磁场)的交接部位的隆起一侧(正磁异常)或坳中隆的边缘(正磁异常)。

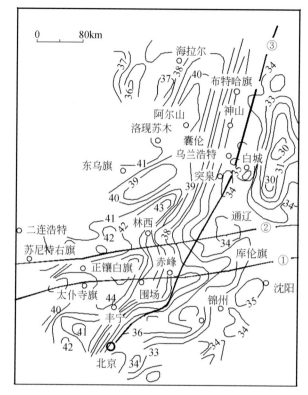

图 6-9　大兴安岭东南莫霍面等深线示意图

四、二叠系裂陷槽与成矿

1. 裂陷槽地层

(1) 下二叠统青凤山组。

二叠系下二叠统青凤山组是一套含腕足化石的浅海和滨海沉积的碎屑岩、夹灰岩、凝灰岩等。

(2) 下二叠统大石寨组。

二叠系下二叠统大石寨组为浅海相中基性-中酸性熔岩、凝灰熔岩夹板岩、细砂岩,该组地层层序由下而上如下。厚 1500～2800m。火山岩一般以安山岩为主,多为块状,常有杏仁状构造,至林西一带常见枕状构造,变成细碧岩。在二连浩特以西四子王旗北部的西里庙至巴彦敖包一带为酸性火山岩,包括流纹岩及凝灰岩。在西乌旗为石英角斑岩夹硅质岩。到黑龙江省爱辉县塔溪地区为酸性火山岩夹中性火山岩。所以实际上,大石寨组在其主体部位西乌旗—林西一带是细碧-角斑岩建造,向西变成以酸性为主,向北中酸性,向东南以中性为主。

(3) 中二叠统哲斯组。

哲斯组(是与达茂旗北部的满都拉苏木的哲斯敖包命名)由长石砂岩和粉砂岩、板岩的互层夹灰岩透镜体组成。灰岩透镜体可以很大,为生物碎屑灰岩和燧石灰岩,厚可达数十

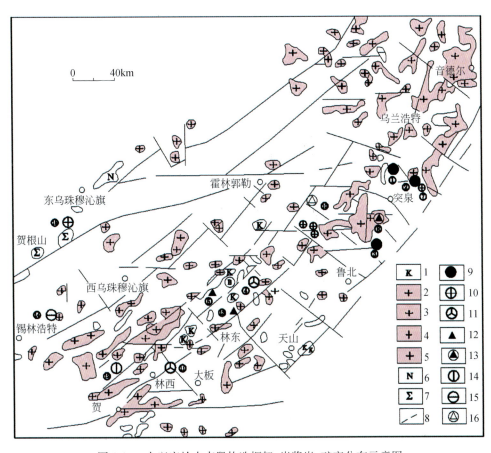

图 6-10　大兴安岭中南段构造框架、岩浆岩、矿产分布示意图

1～6. 花岗岩类，其中：1. 燕山晚期(γ_5^3)；2. 燕山早期晚阶段(γ_5^{2b})；3. 燕山早期极端(γ_5^{2a})；4. 印支期(γ_5^1)；5. 晚海西期(γ_4^2)；6. 中海西期(γ_4^1)；7. 超基性岩；8. 断裂；9～16. 矿床，其中：9. 矿床；10. 铜金；11. 银铜锡；12. 铅锌；13. 银铅锌；14. 锡铁；15. 锡铜；16. 铌钇矿

米，最长可达 1km 左右，厚 1200m。

内蒙古中、东部地区二叠纪地层分布零散，出露多不连续，主要集中在达尔罕茂明安联合旗北部、苏尼特左旗北部、锡林浩特市东部、西乌珠穆沁旗以及林西等地。以中二叠统的哲斯组分布最广，代表一套"以碎屑岩为主，夹灰岩透镜体"的沉积。中二叠统主体为浅海-深水海相沉积(陈斌，2011)。

(4)上二叠统林西组。

在林西县官地—翟家沟林西组由下部泥质页岩，中部粉砂质板岩夹硬砂岩和上部灰绿黄绿色粉砂质板岩夹细砂岩及灰紫色粉砂质板岩组成，厚 2900m。林西组在许多地方含有火山岩、凝灰岩、凝灰熔岩、流纹岩、安山岩、安山玢岩等。在西乌旗一带曾称西乌珠穆沁组，整合于大石寨组的石英角斑岩之上，由砂岩、粉砂岩夹多层含海绵骨针的硅质岩和含腕足的灰岩，有少量珊瑚 Tachylasma。下部砂砾岩夹层中有硅化木，上部有含植物 Pecopteris 和 Alethopteris 的粉砂岩，并夹有少量流纹岩。厚 1200m。

2. 裂隙槽特征

裂谷系统是大陆拉张形成大洋的开始,而裂陷槽是大洋闭合形成褶皱带基底上拉张而形成的长形槽盆,它的发展不形成大洋。

大石寨裂陷槽呈 NE 向延伸,在北部地区由于松辽盆地的覆盖而出露较窄,南部在内蒙古中部地区向西扩展,向南一直到华北地台边缘的赤峰—多伦—化德—四子王旗地区(图 6-11),在平面上形似一不等边三角形。整个裂陷槽跨越了不同时代的老褶皱基底。林西和大石寨区裂陷槽发育于早海西褶皱基底上、处于裂隙槽的火山岩带上,早期显示为张性构造环境。

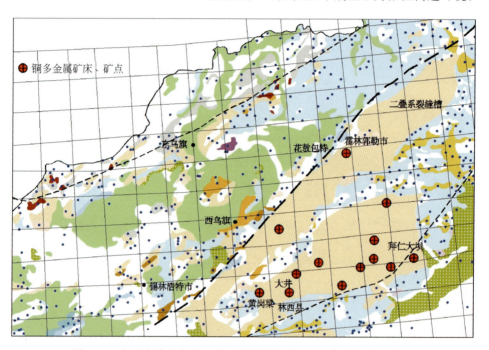

图 6-11　大兴安岭中南段二叠系裂隙槽铜多金属矿集中分布示意图

本区在泥盆纪晚期已成为统一的稳定大陆,不存在沟、弧、盆体系,也就没有洋中脊或弧后盆地之类的构造环境。细碧岩类的成分特点反映存在拉张构造性质裂陷槽。

出露于大石寨地区的玄武岩、玄武安山岩类的主元素和微量元素地球化学特征更多地反映了活动大陆边缘弧钙碱性玄武岩和玄武安山岩的成分特点(图 6-12)。本区在早二叠世已不存在活动大陆边缘构造环境,钙碱性玄武岩、玄武安山岩的这一成分特征反映了地壳物质的混染作用和地幔源区不同程度的部分熔融作用。细碧岩类和玄武岩、玄武安山岩类相似的微量元素分布模式和相近的 Nb/La(细碧岩平均值为 0.21;玄武岩、玄武安山岩类平均值为 0.22)及 Ce/Nb 比值(细碧岩平均值为 11.28;玄武岩、玄武安山岩类平均值为 11.68)反映了两者可能来自相似的熔融区(王长顺,2009)。林西黄岗地区的细碧岩层中夹有薄层状硅质岩,反映火山喷发作用发生在裂陷槽较深的位置,是地壳拉张强烈、厚度最薄的位置。大地构造位置上,林西地区位于华北地台北缘西拉木伦河断裂带附近,靠近华北地台底北侧,这种构造背景对于裂陷槽的最大程度的拉伸是有利的。大石寨组细碧岩类主元素表现为 N-MORB 成分特征,微量元素表现为岛弧拉斑玄武岩的地球化学特点(图 6-13)。具有上述双重成分特点的拉斑玄武岩类可出现于与洋脊俯冲作用有关的洋中脊张性构造环境或出现于由于弧后盆地的扩张而形成的张性构造环境。

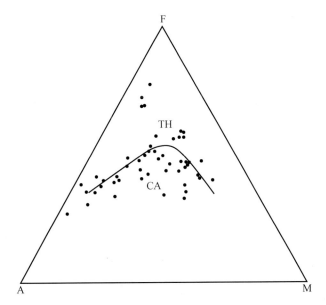

图 6-12　大兴安岭中南段早二叠系火山岩 AFM 图解（赵国龙等，1989）
TH. 拉斑玄武岩；CA. 钙碱性岩

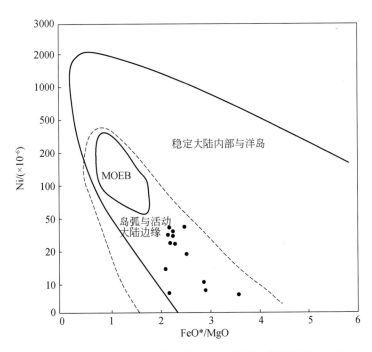

图 6-13　大兴安岭中南段早二叠系火山岩图解（赵国龙等，1989）

大石寨地区钙碱性玄武岩和玄武安山岩类位于早海西褶皱带基底之上，早期的造山作用使该区地壳急剧增厚。在裂陷槽的发育过程中，它处于裂陷槽拉张相对较浅的部位，且其地壳相对较厚。这种背景下形成的火山岩,在上升至地表的过程中受到上覆地壳物质的混染,大石寨地区玄武岩和玄武安山岩类具有活动大陆边缘钙碱性火山岩的成分特点。上述情况说明,林西与大石寨玄武岩和玄武安山岩类形成地质环境的差异导致成分略有差异的原因。

大石寨裂陷槽为早二叠世发育的大型裂陷槽,岩浆活动极其发育,有橄榄岩、纯橄榄岩侵位、拉斑玄武岩喷发、玄武岩、玄武安山岩及流纹岩等钙碱性火山岩喷发、碱性花岗岩的侵入。然而,就其岩石化学的总体成分而言,裂陷槽中火山岩主要以中基性为主,不具有裂谷环境下火山岩典型的"双峰式"分布特点,也没有在典型裂谷环境中普遍出现的碱性火山岩组合。虽然裂陷槽和裂谷同是大陆拉张构造环境的产物,并具有相似的力学机制,但从火山岩成分来看,它们还是有着本质上的区别。裂陷槽中火山岩独特的成分和组合特点反映了裂陷槽的形成是一个快速短暂浅层的拉张过程,地幔物质没有通道、足够的能量和时间形成大规模的碱性岩浆喷发。

本区进入晚古生代晚期,特别是到了二叠纪时期,由发育不十分齐全的早古生代和部分晚古生代早、中期形成的地层及花岗岩类侵入体而组成了陆壳基础。由于板块构造作用的影响,首先发生引张作用,迫使区内地壳发生破裂。在介于两条深大断裂之间的锡林浩特以东地区,地壳大幅度下降,形成了著名的"林西拗陷"海洋裂隙槽,断续沉积了巨厚的(近两万米)二叠系海底中基-中酸性火山碎屑岩。与海底火山喷发作用同时,给二叠纪地层带来了与上地幔物质有关的大量锡、铜、铅、锌等元素(吕志成等,2002)并分散其中而形成初始富含锡多金属的特殊条件。在锡林浩特以西则不同,当时陆壳破坏程度较差,地壳下降幅度也较小,留有甚为广泛分布的温都尔庙群或锡林郭勒朵岩群的志留-下泥盆统陆壳残块,突出海面裸露出来,形成一个个孤岛,整个地区组成一个岛弧型浅海景观条件。在这样一个特殊条件下的古地理环境中,除了正常碎屑沉积外,火山质成分很少,相应地层中锡元素含量极为贫乏。分布在贺根山—洮南深大断裂和二道井—西拉木伦深大断裂以南两区的上古生界早、中期和下古生界,几乎没有遭受多大的破坏作用,说明当时引张作用对它们影响更小,在这两个地区仅见部分二迭系地层呈零星分布。

3. 二叠纪地质环境与成矿

早二叠世大石寨裂陷盆地的火山岩有较大的变化,随着基底裂陷深度的差别而变化。西乌旗—林西地区为细碧岩-角斑岩建造,其他地方为中酸性火山岩,南部中性火山岩较多,北部酸性火山岩较多。在裂陷盆地的早期拗陷地段,火山岩常堆积于沉积岩之上。在西乌旗—林西地区火山岩底部,常可见到厚度在700～1500m的砂岩、粉砂岩和板岩夹灰岩透镜体。裂陷盆地发生于早二叠世,这些沉积地层应该是早二叠世早期,火山活动之前。不同地区火山堆积物厚度不同导致上部沉积物厚度不同,如扎赉特旗—布特哈旗一带火山岩台地上沉积厚层碳酸盐沉积;在西乌旗—林西地区裂陷较深的地方沉积硅质岩;在裂陷边缘地区有细砂泥质潮坪沉积(原吴家屯组)、类似被动陆缘的等深流复理式沉积(克什克腾旗庙台里一带)、于家北沟组海陆交互相的滨海沉积。

大石寨裂陷盆地二叠纪地层(图6-14)从下往上包括了青凤山组浅海相复理石建造;大石寨组以安山质为主的海相熔岩、凝灰岩、夹正常沉积碎屑岩,相变非常剧烈,在黄岗梁一带的大石寨组下部还有较厚的细碧岩(吕志成等,2002);哲斯组(黄岗梁组)砂板岩夹大理岩和凝灰岩;林西组陆相砂岩、粉砂岩、泥岩夹火山岩。沉积相变剧烈,各组之间不同地段的接触关系也随之变化,连续整合接触、沉积间断假整合,微角度不整合都存在。沉积相显示从海盆到湖盆连续演化过程,火山活动从早期到晚期逐渐减弱。

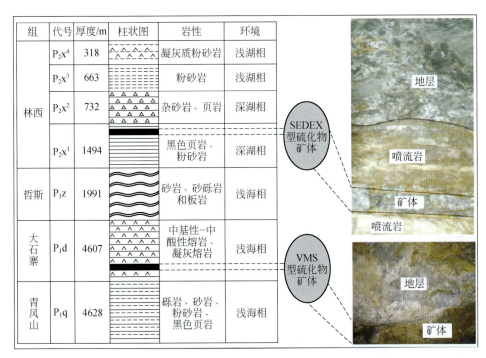

图 6-14 大兴安岭中南段二叠系地层及海底喷流硫化物沉积层示意图解

早二叠世大石寨裂陷盆地西乌旗—林西地区的细碧-角斑岩建造、晚二叠世大石寨裂陷盆地、西乌旗—林西地区的湖相沉积建造与成矿关系密切。

早二叠世大石寨裂陷盆地的火山岩地段变化较大,在西乌旗—林西地区为细碧岩-角斑岩建造,南部中性火山岩较多,北部酸性火山岩较多。不同的地区火山活动造成基底地形高度出现差别,扎赉特旗一带在火山岩厚地形抬升沉积碳酸盐;西乌旗—林西地区裂陷盆地深度大沉积有硅质岩。

晚二叠世时期海水已绝大部分退出大兴安岭中南部地区,但是在林西组上部和下部夹有凝灰质砂岩、凝灰质粉砂岩、安山质凝灰岩、英安岩,在林西组下部地层发现大量深水海相环境生物化石,发现浊流沉积物。说明晚大兴安岭南部二叠世林西组早期仍处于残余海盆环境,大陆边缘裂陷作用继续,火山喷流沉积作用继续发生。晚二叠世-早三叠世已经成为陆相地层,个别地区存在残留海水与淡水混合的半咸水沉积环境。

大约在 1900Ma 之后,在西伯利亚地台和中朝地台之间的古亚洲洋持续扩张,从晚元古代到奥陶世,古蒙古洋向 SN 两侧俯冲,分别在西伯利亚板块南缘和中朝板块北缘形成相应的沟-弧-盆体系。在晚泥盆世-早石炭世沿二连浩特—贺根山一线碰接、隆升后(任纪舜等,1990),于中石炭世复又裂陷成海。

早二叠世大兴安岭中南段火山裂陷盆地发育期。下部青凤山组为浅海相-滨海相碎屑岩夹碳酸盐岩;中部大石寨组为浅海相中基性-中酸性熔岩、凝灰熔岩夹板岩、细砂岩;黄岗梁组为浅海相细碎屑岩、板岩夹灰岩。

火山岩主要岩性为钙碱性玄武岩、玄武安山岩、安山岩、英安岩、流纹岩组合，在黄岗梁—碧流台一带有枕状熔岩和细碧角斑岩建造。二叠纪地层火山岩带中产有重要的铜、铅、锌、银、金等矿产。

大兴安岭中南段火山岩具有以下特征。

(1)大兴安岭中南段火山岩成分的分异指数柱状图解显示"双峰式"特点(徐志刚，1993)，同时在林西地区火山岩具有细碧岩-角斑岩类双峰式火山岩组合(张泰等，2002)，显示构造的拉张环境。

(2)大石寨组细碧岩类成分反映裂陷槽的拉张构造性质。

(3)与火山岩同时代的花岗岩组合在矿物学、岩石化学和稀土元素地球化学特征不同于非造山区的 A 型花岗岩，反映出拉张的构造环境。

表明这一时期本区曾处于一种陆缘的裂陷槽环境。并且，上二叠统林西组为潟湖-湖泊相沉积。林西组中存在有安山质凝灰岩和英安岩，林西组下部地层存在深水的海相环境生物遗迹化石。

从大石寨组、黄岗梁组到林西组，显示从海盆到湖盆连续演化的地质环境。大兴安岭中南段近许多矿床产在二叠纪地层中，受沉积相带控制。

二叠系沉积地层存在硅质岩、锰质岩、电气石岩和重晶石层等热水沉积岩，大兴安岭南段发现大井矿床菱铁绢云硅质岩是裂陷盆地与锡铜铅锌银多金属矿化有关的热水沉积岩、在这一区域的黄岗梁铁锡矿、大井多金属矿床、花奥包特银铅锌矿、小坝梁铜金矿床与二叠纪海底火山活动关系密切具有喷流沉积成因的特征。

第三节　大兴安岭地区地质成矿特点分析

1. 成矿地质环境分析

大兴安岭地区地质单元范围，南至华北地台北缘断裂，北界为蒙古—鄂霍次克褶皱系，东至 NNE 向的嫩江—白城断裂与松辽盆地为界，由此决定了大兴安岭东坡的宽度小、地形也较陡，地形上大兴安岭西坡远比东坡宽缓，因为大兴安岭西部边界则较模糊，因为在大地构造上大兴安岭属 EW 向延伸的天山—兴蒙褶皱系的东段，向西没有截然的构造边界。

在西伯利亚地台和华北地台之间，宽阔而复杂的东北亚造山带是古生代古亚洲构造成矿域与中生代环太平洋构造成矿域两个全球性构造成矿域强烈叠加的区域。我国的大兴安岭地区正是其中的一个重要组成部分。大兴安岭的大地构造格架和构造单元布局主要是在古蒙古洋演化期间形成的。以大规模的岛弧体系发育和陆缘增生为特征(王建平等，2002)。众多大陆亲缘性微块体和不断生长发育的岛弧体系相互汇聚拼贴(陆-陆、弧-陆、弧-弧)，发育多边界缝合并相互转换改造的复杂情形，形成了以软碰撞造山为特征，多时期多次多边界汇聚缝合的宽阔造山带。受向南凸出的蒙古弧的影响，大兴安岭各构造单元和主构造线的方位从南往北由近 EW 向转为 NEE 向、NE 向，直至最北部的德尔布干构造带转为 NNE 向(图 5-1)。尽管尚存在较大的争议，仍暂且将二连浩特—贺根山构造带作为大兴安岭地区古蒙古洋演化的最后的主缝合构造带，时间大致在二叠纪。其南以西拉木伦断裂为界分为华北地台北(外)缘，EW 向的早古生代增生造山带和大兴安岭南段 NE 向晚古生代增生造山带。二连浩特—贺根山构造带以北则是西伯利亚地台向南的增生带，包括大兴安岭北段的NE向晚古生代增生造山带。

(1)早古生代浅-微变质的火山沉积岩系，主要是各类片岩、砂板岩、大理岩以及安山岩等，显示大陆边缘增生体和岛弧增生体的特征，如北部伊尔施地区的寒武系苏中组、南部的包尔汗图群等。

(2)晚古生代(以二叠纪为主)浅-微变质的火山沉积岩系，主要岩石组合与早古生代类似，只是变质程度稍浅、出露面积广泛。

(3)燕山期侏罗系和白垩系的陆相中-酸性火山岩和陆相碎屑沉积岩。必须指出的是，绝大部分地区都是以晚古生代(尤其是二叠系)地层为基底，上覆侏罗系-白垩系的陆相火山岩，显示典型的二层结构。而早古生界，尤其是前寒武系的地层较少见。除地层中的火山岩外，区内的岩浆侵入岩主要属海西期和燕山期，尽管也有少数加里东期和兴凯期岩体出露。基性超基性岩体主要属海西期，而且多沿块体拼合构造带发育，相当一部分被解释为构造侵位的小型蛇绿岩残片。燕山期以大规模的中酸性岩浆侵入为特征，与同时代的陆相火山岩系构成了同源、同时、异相的火山侵入杂岩。与成矿关系最为密切的是二叠系的中基性火山岩和燕山期的中酸性火山侵入杂岩，其次是海西期花岗质(尤其是埃达克质)的侵入岩。前述的4个构造单元从北往南分别由EW向的华北地台北缘断裂带、近EW向的西拉木伦断裂带、NE向的二连浩特—贺根山断裂带和NNE向的德尔布干断裂带所分隔，这些结构复杂的断裂构造带乃是古亚洲构造域演化的产物，与古生代的岩浆活动关系密切，而且经常控制着古生代地层的走向和褶皱轴的延展方向。较晚生成的NNE向大兴安岭—太行山断裂带大致沿大兴安岭主脊纵贯全区，切割了所有的早期断裂，但没有出现大的位移，主要制约着燕山期大兴安岭火山岩带的发育。此外还有规模较小的NW向断裂发育。这几组断裂相互交切，分割出众多的菱形块体(图6-10)，控制了燕山期火山盆地、火山断隆以及大型花岗岩基的产出和分布。

2. 主要成矿区带

正由于古亚洲构造成矿域与环太平洋构造成矿域的叠加、复合和转换，大兴安岭地区的成矿地质条件优越，成矿期次多、强度大，矿床类型也复杂多样，区域成矿特征十分复杂。

大兴安岭地区可划分出3个成矿带，从南往北依次如下。

1)华北地台北(外)缘铅锌铜钼铀银成矿带

位于华北地台北(外)缘EW向的早古生代增生造山带，北和南分别以西拉木伦断裂和华北地台北缘断裂为界，向东被嫩江—白城断裂所截(图3-2)。区内已发现小营子铅锌银矿床、敖包山铅锌铜矿床、库里吐钼矿床等大中型矿床。本成矿带内有4套含矿岩石。

(1)沿EW向的少郎河断裂带断续出露的一套早古生代浅变质火山沉积岩系(志留系)，可能属于早古生代沟弧盆增生体系中弧后盆地的浅海碎屑岩和碳酸盐沉积，其中产出著名的小营子大型铅锌银矿床。

(2)敖汉旗中部—北部，紧靠华北地台北缘断裂有一套轻微变质的石炭系沉积岩系，以砂板岩间夹结晶灰岩(大理岩)为特征，最近发现其中产出具层控特征的铅锌银矿床，如敖汉旗的草房沟、银洞子等。

(3)侏罗纪中酸性火山岩次火山岩中产出具有浅成低温热液矿化特征的铅锌银矿床和

具有次火山热液成矿特征的铀钼矿床。前者如翁牛特旗的黄花沟,后者如克旗的红山子。

(4)小型花岗岩侵入体中产出热液脉型斑岩型钼矿床,如敖汉旗的库里吐。前两套岩石中产出的矿床显示海底热液喷流沉积成矿的特征,而后两套岩石所含的矿床则是典型的与火山侵入杂岩有关的浅成热液斑岩型矿床。

2)大兴安岭南段铅锌银铜锡铁成矿带本矿带

位于大兴安岭南段 NE 向晚古生代增生造山带,二连浩特—贺根山构造带和西拉木伦断裂带分别作为其北界和南界,往东被嫩江—白城断裂和松辽盆地所截。大兴安岭南段具有晚古生代(二叠纪为主)基底和燕山期盖层的两层结构模式,燕山期陆相中酸性火山岩、花岗质侵入岩广泛出露。本区在二叠纪时既具残留盆地性质,又显示活动大陆边缘火山岩浆弧的特征。二叠纪岛弧型火山岩广泛发育,NE 向延伸的弧间海槽和脊状隆起并列,沉积相变非常剧烈。二叠纪地层从整体上显示从海盆、残留海盆到湖相盆地连续演化的特征,火山活动也具向上减弱的变化趋势。区内矿床历来被认为是由燕山期岩浆活动有关的热液活动形成的(徐志刚,1993;内蒙古自治区地质矿产勘查开发局,1991),然而区内近 90% 的矿床却产在二叠纪地层中,且具有整合层状矿化和受沉积相带控制的特征,显示出与二叠纪沉积地层的密切联系。近年进行了黄岗铁锡矿床和大井锡多金属矿床研究,开展了与矿石密切共生的接触交代夕卡岩(黄岗梁矿区)和所谓的次火山相流纹斑岩(大井矿区)系统的地质学、岩相学、矿物学和组构学研究,结合必要的地球化学数据,得出了海底喷流热水沉积岩的认识,认为区内曾有一期与二叠纪盆地演化有关的海底热液喷流沉积成矿作用的发生。

大兴安岭南段目前的工作程度相对较高,可大致划分出 3 个各具特色的有色金属成矿亚带,从西向东包括如下。

(1)西坡——富铅锌富银铜成矿亚带。原认为资源贫瘠的大兴安岭南段西坡实现了重要的找矿突破,一种以富银、富铅锌为特色的块状硫化物矿床从赤峰克旗的拜仁达坝到锡林郭勒盟西乌旗的花敖包特,勾画出了一条 300 多千米长、百余千米宽的 NE 向矿带。既有断裂控矿的中生代热液脉型矿床,也有二叠纪形成的海底热液喷流沉积的块状硫化物矿床。目前已经有特大型矿床的显示。

(2)主峰——锡铅锌铁铜成矿亚带。沿大兴安岭南段主脊产出一条宽仅 20km、以锡为特色的矿带,是我国北方唯一的大型锡矿集中区,有白音诺尔铅锌矿床、黄岗锡铁矿床、大井锡银铜铅锌矿床等特大型-大型矿床。

(3)东坡——以铜为主的多金属成矿亚带。大兴安岭南段东坡众多铜多金属化探异常历来为人所瞩目。相继发现了莲花山、闹牛山、布敦化等铜多金属矿床,但都是中小型规模,没有大突破。最近发现,二叠纪海底喷流型铜多金属矿床以及与海西期和燕山期的埃达克质岩浆岩有关的斑岩型矿床可能是本区有突破前景的重要矿床类型。

3)大兴安岭北段铜钼铅锌铁成矿带

空间上与大兴安岭北段 NE 向的晚古生代增生造山带一致,位于二连浩特—贺根山构造带 NW 盘、德尔布干断裂带的 SE 盘,向北延入俄罗斯远东并被蒙古—鄂霍次克构造带所截,而向西南则进入蒙古国与其南戈壁成矿省相接。区内古生代,尤其是晚古生代具埃达克岩特征的中酸性岩浆活动相当强烈,花岗闪长岩、花岗岩及花岗斑岩极为发育,具有形成古生代大型斑岩型矿床的条件(王之田等,1991),如著名的黑龙江多宝山晚古生代斑岩型铜矿田,此外在内蒙古梨子山地区也发现极具找矿潜力的煤窑沟泥盆纪斑岩型铜矿点。

该矿带 SW 延伸部分的蒙古国南戈壁发现察干苏布尔加和欧玉陶勒盖大型-特大型斑岩铜金钼矿床。欧玉陶勒盖矿床初步控制的铜储量已达 2000 多万 t，超过了我国目前可采铜金属储量的总和。大兴安岭北段是寻找古生代大型斑岩型铜多金属矿床的有利地段。此外，在该矿带的北段还发现与上古生界细碧角斑岩有关的海相火山成因的块状硫化物矿床，如产于石炭系细碧角斑岩系中的六一牧场块状硫化物型硫铁矿床、产于泥盆系海相火山岩系中的三根河块状硫化物型铜矿。

3. 主要成矿期次

区内矿床通常被认为是由燕山期岩浆活动有关的热液形成的，然而区内许多矿床却产在古生代，尤其是晚古生代火山沉积地层中，且具有整合层状矿化和受沉积相带控制的特征，显示出与古生代地层的密切联系。近期的研究显示了大量与晚古生代（二叠纪）盆地演化有关的海底热液喷流沉积成矿作用的产物，包括喷流型矿床和热水沉积岩。这为全面、准确地认识本区的成矿作用和成矿期次提供了新的思路。

大兴安岭的主成矿期有两期，即海西期和燕山期。海西期主要形成与二叠纪火山沉积作用有关的海底热液喷流沉积型铅锌银铜锡铁矿床和与埃达克质侵入岩有关的斑岩型铜钼金矿床。燕山期则主要产出与陆相火山侵入杂岩有关的浅成热液型、斑岩型、夕卡岩型铅锌铜钼锡银金矿床。值得指出的是，许多矿床具有两期成矿叠加改造的复杂特征。众所周知，同属古亚洲成矿域的新疆，近 20 年发现了大量矿床，其绝大部分都是形成于晚古生代，而且与古亚洲洋演化和随后的双向增生造山过程有关。新疆没有受到环太平洋构造成矿域的改造，古生代的原始成矿特征保存较好。但在大兴安岭地区，由于中生代的强烈改造，古生代矿床的原始面貌不清，而且与大量的中生代矿床混杂在一起，给矿床辨认研究带来很大的困难。

4. 主要成矿系列、重要矿床类型

根据目前积累的资料，大兴安岭地区主要的内生金属矿床可以归入下述两大成矿系列。与古生代火山沉积盆地演化有关的海底热液喷流沉积成矿系列，以早二叠世成矿为主，部分也有晚二叠世、石炭纪、泥盆纪、甚至更老的早古生代成矿者。

与大陆地壳中酸性火山-岩浆侵入作用有关的成矿系列，包括热液脉型、浅成低温热液型、斑岩型、夕卡岩型，以中生代燕山期成矿为主，也有相当多的海西期成矿者。此外还有少量正岩浆矿床系列的实例，包括产在蛇绿岩套中超基性岩内的铬铁矿矿床（如锡林浩特贺根山和克旗柯单山铬铁矿矿床），碱性花岗岩中的稀有稀土矿床（如扎鲁特旗的 801 稀有稀土矿床）。

1）古生代火山沉积盆地海底热液喷流沉积成矿

海底热液喷流沉积成矿系列是指成矿热液在海底喷溢沉积而形成的矿床组合，又被称为喷流型或热水沉积矿床，包括火山岩熔矿的块状硫化物，也称为火山喷流型（volcanic hosted massive sulfide，VHMS）和沉积喷流型矿床。二者具有相同的矿石沉淀就位机制，但成矿盆地类型和矿床空间分布等方面都有所不同。

VHMS 型矿床产在具玄武质洋壳的大洋盆地或边缘海盆地中，火山活动强烈；盆地充填物以火山物质，尤其是玄武质火山物质为主，因此总是有火山岩共生。

SEDEX 型矿床则产在发育于大陆性地壳(或至少是过渡性地壳)基底之上的正常沉积盆地中,盆地充填物以正常沉积物为主,火山活动和火山沉积可有可无。这两类盆地沉积建造的最明显区别是前者通常不发育碳酸盐沉积,因此如果含矿地层中有较多的灰岩或白云岩,则通常是 SEDEX 型矿床。大陆地壳远比大洋地壳复杂,因此 SEDEX 型矿床远比 VHMS 型复杂,可能出现非常复杂的成矿金属共生组合和矿床特征。

在大兴安岭地区,除产于石炭系细碧角斑岩系中的六一牧场中型块状硫化物型硫铁矿床和小坝梁铜金矿床等可能属于典型的 VHSM 型矿床外,大兴安岭地区古生代的海底热液喷流沉积矿床大多形成于过渡型地壳之上,因此往往具有 SEDEX 型和 VHSM 型的过渡特征。特别值得指出的是,这些与地层同时生成的矿床经常受到燕山期构造岩浆热液活动的改造叠加,因此往往被误认为是单纯的燕山期热液矿床,如小营子、黄岗以及大井等矿床就是这样。

(1)翁牛特旗小营子铅锌矿床。

小营子铅锌矿床和多个中-小型铅锌矿床都沿 EW 向的少朗河断裂集中分布在零星出露的志留系片岩和大理岩地层中。矿体的直接围岩是一套绿帘绿泥片岩、绿帘透辉岩和阳起石岩,因此认为属燕山期成矿的夕卡岩型矿床。根据研究,该矿床很可能属于典型的海底喷流成因。主要证据有:矿化具有显著的层控性,矿床都产在志留系地层之中,而大面积分布的年轻火山岩和花岗岩中却贫矿;矿体呈层状,严格受志留系地层控制,产状与地层一致,且与围岩同步褶曲,在褶皱轴部增厚、翼部变薄;矿石具典型的条带状层纹状构造,且产状与地层整合一致;矿层共生典型的喷流岩(热水沉积岩)-层纹状硅质岩;矿体并非如典型的夕卡岩型矿床那样围绕花岗岩体展布,恰恰相反,岩体大都切穿了矿层和地层,表明侵入岩体是晚于矿体就位。与花岗岩有关的热液矿化也明显晚于层状矿化,呈石英脉和铅锌矿脉穿切层状矿体。

(2)林西县大井锡多金属矿床。

大井矿床 Sn-Ag-Pb-Zn-Cu 多种元素共生且均达大型规模。矿体呈薄脉状产在林西组黑色碎屑岩(细/粉砂岩、板岩)地层中,已控制 200 多条矿脉,长 20~600m、厚 0.2~3m 不等。矿脉的产状在矿床中部经常与地层产状大体一致,而向外则变为以穿层矿脉为主。同时,矿床中部以铜锡(银)矿化为主,向外则以铅锌为主。矿山认为的流纹斑岩实际上是热水沉积岩,厚 0.5~8m、长 20~300m、倾斜延深 10~240m。矿体及其顶板的热水沉积岩都呈层状且显示与林西组地层基本整合的产状(图 6-15),组合成具有一定规律的沉积序列,从下往上依次出现黑色粉砂岩-硫化物矿石-热水沉积岩-黑色粉砂岩。每一单元的顶界规则,而底界往往不规则。这种组合在地层柱中多次重复出现,其间往往有穿层矿脉相互连接,热水沉积作用具有多期次间隙式的特征(王长顺,2009)。

矿体呈薄脉状产在上二叠统林西组黑色细-粉砂岩、板岩地层中。矿区内无大的岩浆侵入体,但有很多燕山期次火山岩脉并被矿脉所穿切,因而被认为是次火山热液矿床(在后典型矿床介绍时仍然用次火山热液观点介绍)。尤其是矿床中部的 1 号和 10 号主矿体均以浅色流纹斑岩脉为直接顶板,且岩脉内也有矿化。然而,我们的研究确认这些流纹斑岩乃是与二叠系林西组含矿地层同时形成的热水沉积岩,这些热水沉积岩及其下伏的矿体都呈层状且与林西组地层基本整合(图 6-16)。大井矿床热水沉积岩的主要矿物相是石英,其次是菱铁矿和绢云母,因此称为"菱铁绢云硅质岩"(王长顺,2009)。矿石和菱铁绢云硅质岩均显示

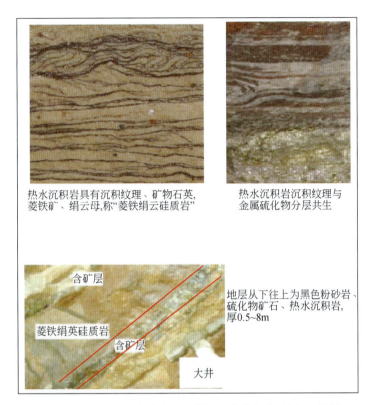

图 6-15　赤峰大井矿区海底热水沉积菱铁绢英岩与含矿层（王长顺，2009）

沉积成岩成因的完美组构特征。由于矿物组成和粒度发生变化而显现的层状层纹状组构、水下冲刷面、成岩软变形构造、同生沉积角砾构造，沉积粒序现象以及菱铁矿细层的压溶缝合线构造。在大井矿区确实存在一期流纹斑岩脉，它们穿切矿体，表明是晚于矿体就位，而且显示清晰的流纹构造和众多长石斑晶，岩相学特征明显有别于菱铁绢云硅质岩。

（3）花敖包特铅锌银矿。

矿区出露下二叠统寿山沟组深灰色板岩、砂板岩及蚀变火山碎屑岩和上侏罗统流纹质含角砾岩屑晶屑凝灰岩、安山岩、安山质岩屑晶屑凝灰岩。矿体产在二叠系地层中，侏罗系火山碎屑岩不整合覆盖了二叠系地层和其中的矿体。矿区产出两类相互直交的矿体：①NE向顺层整合产出的层状矿体，为主矿体，矿体厚大稳定（10～25m 厚），块状铅锌银硫化物矿石，品位极高，蚀变不强，主要是矿体下盘深灰色板岩的褪色化；②NW向脉状矿体产出在层状矿体的下盘，与层状矿体相交但不切穿它，强硅化，矿石具角砾状构造和网脉状构造，品位较低。层状矿体的下盘为板岩，而直接上盘则经常是一种白色岩石，以前被称为超浅成侵位的次流纹岩，被认为是侏罗纪火山岩浆活动的产物。但一些研究显示可能是一种以 SiO_2 为主的热水沉积岩，呈层状与地层和矿层整合，其上则是较纯的浅红色硅质岩（碧玉岩），也是一种典型的热水沉积岩。它们组合在一起构成了一个完整的海底热液喷流沉积成矿成岩系统，而产于层状矿体下盘的 NW 向脉状矿体则被解释为属于海底热液通道系统的产物。

2）燕山期和海西期火山岩浆热液成矿

深部炽热岩浆的上升使大陆地壳温度分布不均匀，形成许多地热异常区。热力驱动下

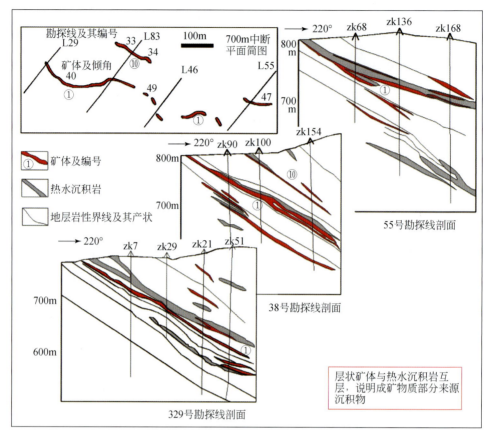

图 6-16　赤峰大井矿区矿层与热水沉积岩互层关系 700 中段平面、剖面示意图

就会产生水热流体的环(对)流,这种热水活动是地质历史上最常见的热液成矿系统之一。现代大陆地热系统在地表有热泉、喷泉、喷气孔、热淤泥池、热水塘、泥火山、水热爆炸产物、泉华、热液蚀变等表现形式,并经常伴有浅成热液型金属矿化的发生。研究表明,浅部热水大多源于大气降水,向深部则岩浆热液的活动越来越强。从地表向下可能出现如下的矿化分带:地表热泉型浅成热液金汞矿床、脉型浅成热液金银矿床及铅锌(银)矿床、斑岩型铜钼矿床、夕卡岩型铜铁铅锌矿床以及钨锡矿床、石英脉型和云英岩型钨锡矿床。上述矿化分带也可能表现为以热源为中心的水平分带。当然,由于具体的地质、地球化学条件不同,会发生某些带的缺失或位置改变。更经常的是由于剥蚀深度的不同而出露不同的矿化类型。大兴安岭地区属于本成矿系列的矿床很多,大多数是燕山期成矿,但也有相当一部分是海西期成矿,这已经有大量文献发表。如德尔布干成矿带的乌努格吐山斑岩型铜钼矿床、额仁陶勒盖浅成热液型银矿床,大兴安岭北段的多宝山斑岩型铜矿床,大兴安岭南段的浩布高夕卡岩型铜多金属矿床等,甚至在大兴安岭南段的黄岗梁地区还见有云英岩型石英脉型的锡石矿床(小型)。下面对几个潜力很大的矿床简单介绍。

(1)黄花沟铅锌银矿床。

浅成热液型铅锌银矿床产于翁牛特旗敖包梁燕山期破火山机构 SE 侧。矿区出露晚侏罗世中酸性火山岩,其外围的基底隆起则出露二叠系海相火山沉积地层。矿化与火山口相的晚侏罗世次火山岩及次流纹岩有关,矿体呈脉状受火山机构周边的断裂带控制。矿脉沿断裂充填,切割火山岩、次火山岩和二叠系地层。地表已发现铅锌银矿化蚀变带和铅锌银矿脉50余条,分成相互平行的几组,主体走向为近EW-NWW,向南陡倾。主要金属矿物有方铅矿、闪锌矿、黄铁矿,脉石矿物以石英、绢云母、长石、高岭石为主。矿脉两侧出现较强的硅化、绢云母化和泥化蚀变,地表出现强的铁锰染硅化带。矿石呈典型的开放空间充填的特征,显示角砾状、网脉状、条带状构造。

(2)闹牛山铜金多金属矿床。

闹牛山过去认为是一个小型的铜矿(李忠军,1995),近年有较大的突破,基本确定是一个具大型规模的铜金多金属矿床。矿化产于火山基底隆起与火山断陷盆地过渡部位的隐爆角砾岩带中。经地表工程控制,隐爆角砾岩带长达5700m,宽30~400m。矿区内出露上侏罗统安山质角砾凝灰岩、安山质熔岩,厚度大于1000m。中基性中酸性的小侵入岩、次火山岩脉随处可见,包括安山玢岩、闪长玢岩、斜长花岗岩等。在隐爆角砾岩带内的物化探异常中共发现了10条铜矿带,单个矿带长500~1656m,宽32~164m。富矿围岩为上侏罗统安山玢岩、安山质角砾凝灰岩以及闪长玢岩等。近矿围岩蚀变为硅化、绢云母化、绿泥石化以及碳酸盐化,在斜长花岗斑岩体内还见有钾长石化和硅化与钼铜矿化共生。目前揭露的闹牛山矿床是一个浅成热液的隐爆角砾岩型矿床,深部可能向斑岩型矿化过渡。

(3)拜仁达坝铅锌银矿床。

该矿是近年对1:20万化探异常进行1:5万化探加密测量及异常查证时发现的。矿区主要出露下元古界片麻岩系、海西期石英闪长岩及燕山早期花岗岩、花岗斑岩。目前已发现矿体33条,产于石英闪长岩中的Ⅰ号主矿体规模最大。矿体呈脉状,近EW向展布,控制长大于2000m,向北缓倾(倾角11°~40°),最大斜向延伸大于1000m,厚0.2~17m。仅根据目前的工程控制估算,Ⅰ号矿体金属资源量:Pb+Zn达155万t,Ag达4600t,规模已接近超大型。矿石中金属硫化物以磁黄铁矿、闪锌矿、方铅矿为主,主要脉石矿物为石英、绢云母等。近矿围岩蚀变以绢云母化、绿泥石化和碳酸盐化为主。对拜仁达坝矿床中的闪锌矿进行了Rb-Sr等时线定年研究,初步结果显示了燕山中晚期(116Ma)的成矿年龄(王之田等,1992),因此推测这类矿床是与燕山期岩浆活动有关的断裂充填型热液脉状矿床,在大兴安岭南段西坡具有很大的找矿潜力。

5. 成矿规律分析

(1)大兴安岭地区位于EW向古生代古亚洲构造成矿域与NNE向中新生代环太平洋构造成矿域强烈叠加、复合、转换的部位。古蒙古洋期间多块体拼贴、多边界缝合并移置转换,多期次软碰撞造山,多方式侧向增生,以及随后强烈叠加的中生代NNE向陆内火山岩浆构造成盆过程,最终交织成目前所见的复杂的构造格局,从而使区域成矿特征也十分复杂。

(2)大兴安岭地区相应的大地构造单元可划分成4个成矿带,从南往北包括:华北地台北(外)缘早古生代增生造山带—华北地台北(外)缘铅锌铜钼铀银成矿带;大兴安岭南段晚古生代增生造山带—大兴安岭南段铅锌银铜锡铁成矿带;大兴安岭北段晚古生代增生造山带—大兴安岭北段铜钼铅锌铁成矿带。

(3)区内矿床通常被认为是由燕山期岩浆活动有关的热液活动形成的,然而近期研究却表明,大兴安岭的主成矿期有两期,即海西期和燕山期。许多矿床具有两期成矿叠加改造的复杂特征。这为全面准确地认识本区的成矿作用并建立矿床勘查地质准则,提供了新的思路。

(4)区内主要的内生金属矿床可以归入下述两大成矿系列:与古生代火山沉积盆地演化有关的海底热液喷流沉积成矿系列,以早二叠世成矿为主,部分也有晚二叠世、石炭纪、泥盆纪,甚至更老的早古生代成矿者;与中酸性火山岩浆侵入作用有关的热液成矿系列,包括斑岩型、夕卡岩型、浅成低温热液型和热液脉型,以中生代燕山期成矿为主,也有相当多的海西期成矿者。

(5)长期复杂的地质演化历史和多期构造成矿作用的叠加复合,使大兴安岭地区的成矿地质条件优越,成矿期次多、强度大,矿床类型多样,资源前景良好。最近几年相继发现了一系列很有远景的新的矿产地,显示出巨大的找矿潜力。

第四节 白云鄂博、渣尔泰裂谷矿床与地质成矿环境分析

一、裂谷基本特征

1. 裂谷概况

大陆裂谷是在引张作用下,岩石圈发生断裂而产生的狭长裂缝凹陷,通常与地热点、地幔柱密切相关,裂谷具有与之相关的构造、岩石、地球物理和地球化学特征以及相应的矿产组合,是地壳、地幔构造、岩石、矿产复杂的综合地质体。

现代裂谷系地貌形态、结构直观,地球物理场和深部构造特征未经破坏保留完好,裂谷显现被引张断裂所限深陷的谷地,具带状展布的重力和磁异常;裂谷带下高热流活动、地震活动频繁。现代裂谷地貌、地球物理和地质特征明显,易于判定。

地球元古代以前遥远的古裂谷,由于其经历了长期的构造演化过程,其地质环境已经改变,地质地貌大部分已经遭到破坏,当时的地质面貌、地质特征已经面目皆非,其地球物理特征也不可能在裂谷作用停止后,地质环境的变故、后期地质作用的破坏而保存下来。

裂谷系位于内蒙古中部,西起狼山,经渣尔泰山、白云鄂博,东到太仆寺旗延绵起伏的低山丘陵,即阴山山脉和蒙古高原的过渡部位;在大地构造位置上,它处于华北地台北缘的西段(图6-17)。

区内地质构造复杂,岩浆活动频繁,矿产资源丰富,不仅具有地台的双层结构,广泛分布不同于地槽沉积、地台型盖层的中元古界白云鄂博群和渣尔泰群,界线清晰。裂谷内堆积了由陆相到海陆交互相及浅海相的沉积,伴有碱性、中基性火山喷发,并经历了韧性剪切、滑劈理褶皱和弯滑褶皱变形。同时,形成与裂谷作用相关的特大型铁、稀有、稀土矿床,以及大型多金属硫化物矿床、大型金矿床和铜、镍、金等矿产,矿产资源蕴藏丰富。近年来的研究工作表明,早元古代末,白云鄂博、渣尔泰裂谷是在中朝地台第二次克拉通化形成的原地台基础上,继承古元古代前早期的裂陷槽再次裂陷。渣尔泰、白云鄂博古裂谷系是在晚太古代绿岩-花

第六章　内蒙古两个重要区域地质成矿环境及矿床形成特点分析

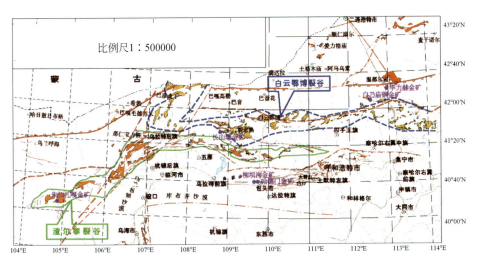

图 6-17　白云鄂博、渣尔泰裂谷分布示意图

岗岩地体基础上发展起来的,它继承了基础底构造走向方位,呈近 EW 向(现代裂谷方向)展布。裂谷系由两支大致平行的裂谷带——白云鄂博裂谷带、渣尔泰裂谷带组成。前者属大陆边缘裂谷,后者为陆内裂谷,裂谷活动的全盛时期在中元古代。

2. 裂谷系基本特征

1)白云鄂博、渣尔泰裂谷特点

著名的东非裂谷系、莱茵裂谷系及贝加尔裂谷带的两侧或一侧被一系列正断层切陷形成陡峭的边缘,地形上为纵长的凹陷谷地,多有深水湖泊串珠状沿裂谷带展布。东非裂谷中的坦噶尼湖窄长,深度在 1400m 以上;贝加尔裂谷带的贝加尔湖深 1740m(Sawkins,1983)。地球物理成果揭示,裂谷之下的上地幔表层隆起,地壳厚度减薄,地壳剖面具双凹透镜形态,裂谷带下具有最大热流值、布格负异常及磁异常;沿裂谷边界出现重力异常和磁异常的梯度带;浅源地震活动频繁等。这些是新生代和现代大陆裂谷的地质地貌、地球物理场及深部构造特征,一些文献中常常作为大陆裂谷的基本特征加以应用(贾和义等,2003)。事实上,发育在不同历史时期、不同构造环境中大陆裂谷大量存在,并且可以追溯到元古宙,也有人认为太古宙绿岩带是地球早期裂谷作用的产物。

裂谷均发育在以拉张构造为主导的构造环境中,现今活动的和古老的裂谷形成都和许多不同的张性板块活动作用有关。

由于后期重大构造变动或强烈岩浆活动,古裂谷带的地貌特征大部分已经遭到破坏,不可能再原样恢复全貌,裂谷作用阶段的边界断裂往往被改造而面目皆非,因此,上述地貌、地球物理特征对识辨古裂谷并没有直接意义,古大陆裂谷的基本特征尚需从裂谷作用遗留下的地质遗迹中寻求。

现代裂谷和古裂谷有共同性:①裂谷受构造引张作用力产生;②裂谷形成于威尔逊旋回的各个阶段;③裂谷一般沿先存的构造软弱带发生,在每一个构造幕中的一个特定区域断裂带具有引导作用,裂谷产生表现有明显的继承性。形成于不同时期、不同构造环境的裂谷具有这些基本共同性和特征,显现出裂谷共同的构造、岩石、沉积和矿产组合特征。

白云鄂博群、渣尔泰群下限是十分相近的，它们均以角度不整合覆于上太古界之上。尽管目前对下伏岩系的时代和划分还不统一，但下伏岩系的岩石组合、变质程度、变形特点均有许多相似之处。同位素年龄、岩浆活动特点几乎完全相同。下伏岩系同属上太古代绿岩地体，两支裂谷带是在同一基底上发育起来的。值得注意的是，无论白云鄂博群还是渣尔泰群，在角度不整合面之下，均发育有花岗岩侵入岩，其年龄值都为两组，其中一组集中于1999~1973Ma，该组年龄值是岩浆活动的年龄，代表一次热事件，说明白云鄂博、渣尔泰的下限应小于1973Ma，暂用1950Ma，也就是裂谷形成的开始时段（贾和义等，2003）。

2）裂谷演化

华北地台北缘西段的渣尔泰—白云鄂博裂谷系继承发生在早期已经存在的构造薄弱带，产生在太古宙原始大陆北缘绿岩断陷槽之上。晚太古代末绿岩带褶皱隆起，造山期花岗岩浆活动强烈，该区域长期处于隆起阶段。中元古代早期，由于异常地幔的持续活动，破坏了绿岩带相对稳定的平衡状态，继承基底的构造线方位，沿构造薄弱带产生近EW向延伸的线型破裂，形成地堑-地垒式凹陷和隆起，并堆积了巨厚的以碎屑岩、黏土岩为主，碳酸盐岩次之，夹有超基性-碳酸岩、碱性火山岩的白云鄂博群和渣尔泰群，两个地层群地层层序对比见表6-8。

古裂谷系历经多期构造运动、地壳升降、岩浆活动，构成裂谷的沉积岩系发生了强烈的褶皱变形和变质作用，裂谷的边界断裂及同沉积断裂已被改造而难以辨别。然而，呈带状展布的白云鄂博群、渣尔泰群及其沉积、岩石、矿产组合特征仍遗留下早期裂谷作用及依稀可辨的古裂谷面目。

色尔腾山运动结束了裂谷系的演化发展过程，应力状态也发生了根本的改变，SN向引张被挤压作用所取代。裂谷内巨厚的沉积物随着应力状态的改变，在地壳较深部分发生了显著的塑性变形和绿片岩相变质。同时，由于裂谷沉积岩系是在上太古代绿岩地体的基础上沉积的，渣尔泰山旋回不仅使裂谷系的岩层发生变形，而且使上太古代绿岩地体发生叠加变形。随着时间的推移和岩层所处深度、温压条件的变化，构成了较为清晰的构造变形序列。

第一世代变形发生于地壳较深部位，在温度、压力较高和简单剪切作用条件下形成了大规模的韧性剪切带，如红壕—书记沟韧性剪切带和相应的"A"型褶皱。韧性剪切带以糜棱岩、变余糜棱岩及糜棱岩化岩石为其特征，剪切带两侧围岩通过带内岩石的韧性变形而产生剪切位移。从拉伸线理及Sm与Sc的锐角指向来看，剪切带是由NE向南推移的，使早元古界五台群推覆于渣尔泰群上部岩层之上，造成地层的重复叠置。该期变形在本区还形成了普遍发育的剪切褶皱，出现层内紧密同斜褶皱，伴随着韧性剪切变形。使五台群发生了退变质作用。裂谷系岩层也发生绿片岩相变质，产生流劈理、板劈理等的轴面叶理。继第一世代次变形之后，随着所处深度递减，温度、压力下降，岩石的固结程度增高，塑性流动减弱为滑劈作用。来自SN向强烈的挤压应力使本区产生了大规模的滑劈褶皱，上太古代绿岩地体和裂谷系的渣尔泰群、白云鄂博群被卷入了这一期强变形，形成几乎遍布全区的缓倾伏同斜和直立褶皱。由于塑性流动已趋于停止，该期轴面叶理不发育，仅在褶皱近转折端处软硬岩层相间的部位发育与轴面近于平行的破劈理和次级小褶皱轴，破劈理呈正扇形。第二期褶皱与第一期褶皱叠加的重褶皱分布很普遍，两者叠加类型属兰姆赛分类的第二类存在形式，断面呈蘑菇状或新月状。该期褶皱变形构成了裂谷系乃至上太古代绿岩的主体构造格架。

表 6-8 白云鄂博(渣尔泰)群地层表

界	系	群	组	段	代号	厚度(m)	累厚(m)	岩性描述	其他
新元古界			白音布拉格组		Qnb¹	92		灰色变质粉砂岩,暗灰色粉砂质板岩,粉砂质绢云母板岩,局部夹有变质石英砂岩透镜体	
中元古界	蓟县系	白云鄂博群渣尔泰山群	比鲁特组	四段	Jxb⁴	860		深灰色(粉砂质)绢云母板岩,暗灰色绢云母板岩,含炭绢云母红柱石(粉砂)板岩夹暗灰色变质石英砂岩,绢云母石英砂岩透镜体。变质粉砂岩阳起石英砂岩顶部为灰白色层粉晶灰岩	
				三段	Jxb³	930	300	灰白色变质细粒石英砂岩夹变质中细粒石英砂岩,变质微粒石英砂岩及褐红色微粒石英砂岩	含炭质粉砂质绢云母板岩,含炭质板岩
				二段	Jxb²	>134		绢云母斑点板岩,变质粉砂岩,粉砂质绢云母板岩,变质细粒石英砂岩	
				一段	Jxb¹	>136		暗灰色变质微粒石英砂岩,含炭质硅质阳起石板岩,暗灰色硅质阳起石板岩	陆屑藻纹层灰岩,白云质灰岩等
			哈拉霍圪特组	三段	Jxh³	435	>256.3	暗灰色变质微粒石英砂岩,变质细粒石英杂砂岩,变质青灰色变质粉砂岩	含粉砂质细晶白云岩
				二段	Jxh²	337		暗灰色含粉砂绢云母板岩,藻礁灰岩,其间夹有薄层状白云岩	
				一段	Jxh¹	126	551.7	浅灰色(粉)泥晶灰岩,中细粒石英砂岩,其间夹钙质粉砂质板岩,含炭质泥粉砂岩	深灰色变质粉砂岩,黑色含炭质粉砂质绢云母板岩,含炭板岩
	长城系		增增隆昌组尖山组	三段	Chj³	>135		灰(含粉)质粗粒石英砂岩,中细粒石英砂岩,浅灰色变质杂砂岩,灰色变钙质粉晶灰岩	灰白云岩,砾屑白云岩及泥质条带白云岩,薄层泥灰岩,富叠层石
				二段	Chj²	>236	223.9	灰色变质中粒石英砂岩,变质中粒长石石英砂岩,灰色粉晶白云岩(Bdol)在底部呈透镜体产出	灰白色细粒石英砂岩,含炭质粉砂岩,绢云质粉砂岩和白云岩
				一段	Chj¹	>258	260.8	深灰色变质中细粒石英砂绢云母板岩,暗灰色变质中细粒长石(杂)砂岩,绢云母板岩等	深灰色中厚层变质细粒长石(杂)砂岩,变质粉砂岩,变质绢云质灰岩等
			都拉哈拉组书记沟组	二段	Chd²	369	>402.6	灰黑色变质硬砂质含砾粗粒长石石英砂岩,变质中细粒长石石英砂岩,浅灰色变质砾岩,顶部夹有变质中粗粒长石石英砂岩等	
				一段	Chd¹	225	>80.7	为暗灰色变质含砾粗粒长石石英砂岩,变质石英砂岩,变质粗粒石英砂岩等	含砾粗粒石英砂岩,变质粉砂质板岩
古元古界		宝音图岩群	二吉组		Ptby²				

裂谷系岩层的变形过程是由地球较深处的中构造层次逐渐向表壳构造层次过渡的过程。继第二次变形之后，这些变形的岩石继续上升而近于地表，SN 向挤压应力由于上升隆起，上覆岩层的压力逐渐缩小，产生近 SN 向引张、EW 向收缩，形成了本区广泛分布的轴向 NNW 向的陡倾伏圆柱状褶皱（周建波等，2002）。该期褶皱叠加于前两期褶皱之上，但由于该期褶皱规模一般不大，褶皱幅度较小，对前两期褶皱影响轻微，没有改变其总体面貌，仅使其发生幅度不大的波状弯曲。

上述裂谷系岩石地层单元的变形特点表明，整个变形阶段经历了弯流—压扁—滑劈—弯滑—褶皱、由柔性到刚性的发展过程，最终进入表壳脆性变形阶段。其挤压力早期主要来自 NE 向，晚期来自 SN 向。因 NE 向主要为剪切应变，并由 NE 向 SW 推覆，也可能整个变形过程的压应力主要为 SN 向。

从中朝古板块较大规模的岩浆活动看，如圪妥忽洞石英闪长岩、闪长岩、合教斜长花岗岩、花岗岩等，均为近 EW 向长轴的岩基侵入渣尔泰群。在岩体和裂谷系地层中取得较多的 1600~1300Ma 的同位素年龄值。可以设想，沿裂谷带岩浆活动、变质作用、构造变形的大致时间在 1600Ma 前。什那干群底界角度不整合界面是色尔腾山运动的结果（王辑等，1989）。

色尔腾山运动之后，该区的演化历史发生了质的改变，即进入了地台的演化发展过程。什那干群、寒武系、中下奥陶统、上石炭统相互间均为整合或平行不整合接触，各地层单元岩层厚度小，碳酸盐岩占很大比例，没有发生较明显的变质和构造变形。显然，本区处于相对稳定的沉积环境。虽然陆台型盖层至今未见到与渣尔泰群、白云鄂博群的直接关系，但可以设想，在中元古代晚期到上古生代这段地质历史时期，台型盖层也曾覆盖于渣尔泰群和白云鄂博群之上。由于后期即海西晚期构造运动，从本区上升隆起，特别是裂谷系巨厚的沉积岩区地壳均衡作用使之隆起幅度更大，从而使盖层剥蚀殆尽，仅在裂谷系的两侧断续出露盖层。

白云鄂博、渣尔泰裂谷系是中新元古代巨型裂陷槽，堆积了一套浅海相碎屑岩-碳酸盐岩建造的白云鄂博群、渣尔泰群，早期有碱性火山岩喷发，并含有钠闪石的正长岩侵入，岩相古地理研究表示，裂陷槽由受断裂控制、规模不一的断陷盆地构成，而且往往在断陷盆地中有喷流沉积的矿床。本区加里东期深部成矿流体活动而使中新元古代形成的矿体受到叠加改造。古生代以来白云鄂博、渣尔泰群地层受到三次大的构造影响，发生变形褶皱，第二世代变形褶皱奠定了区域性的褶皱构造格局，裂谷带主要沉积变质矿床均赋存在由此形成或经改造的背斜、向斜之中，裂谷系几经后期地壳的构造运动、升降剥蚀，现今较为完整的原生矿床多在向斜部位发现，而在背斜部位多招剥蚀，往往砂矿富集。例如，乌拉特中旗超大型长山壕金矿、阿拉善的朱拉扎嘎金矿、白云鄂博铁矿等。这就是本书在此用大量的篇幅论述裂谷系地层的构造变形的原因所在。

二、白云鄂博裂谷

1. 白云鄂博裂谷的特征

白云鄂博裂谷带位于乌拉特中旗、白云鄂博、达茂旗、四子王旗一带，东到太仆寺旗一线，总体呈近 EW 向展布，长约 500km，SN 宽 20~50km。地貌形态为强烈剥蚀的准平原-丘陵地带。

裂谷带的南界与绿岩-花岗岩地体相接，大致在部北、查干布拉格一线。由于大面积的花岗岩体和中新生界掩覆构造特征不易直观观察，根据近 EW 向的岩体、岩脉和中新生代断陷盆的分布展向，该区域第一个地台型盖层什那干群均分布于裂谷带南侧等地质特征分析，裂谷带两侧存在多次活动的大型断裂，它导致多期次岩浆侵入，控制着中新生代断陷盆地和玄武岩沿裂谷带展布。

裂谷带北界为川井—布鲁台庙深断裂，该断裂是本区规模最大、切割较深的断裂之一，具有长期活动的特点，是大地构造的分区界线。该断裂存在的主要特征如下。

(1) 物探存在明显的线性特征，航磁异常在该断裂两侧梯度骤然改变，相差悬殊，并出现一条宽 5~60km 的强异常带，展布杂乱(内蒙古第一地质调查院，1983)。

(2) 断裂两侧为不同的地质构造单元。北侧为早古生代联合地体，在加里东期为剧烈活动阶段，岩石变质、变形较强烈，岩浆活动频繁；南侧为中朝古板块，加里东期为相对稳定的构造环境，岩石地层单元之间多为整合、平行不整合接触，岩浆活动、变质、变形作用较弱。

(3) 在该断裂的中段，沿断裂线形分布火山岩，EW 长百余公里，SN 宽不足 5km。

裂谷带的沉积特征与下伏绿岩带基底为角度不整合。裂谷沉积时期为 1950~1600Ma。但是，白云鄂博裂谷作用更为强烈，具有由扇积砾岩、长石砂岩等标志裂陷环境的快速堆积(图 6-18)，而且发育浊流沉积和滑塌堆积。沉积厚度大于万米，说明白云鄂博群是在强烈拗陷中快速堆积形成的，这种强烈拗陷只有伴随切割很深的同沉积断裂才可能形成(内蒙古第一地质调查院，1983)。

图 6-18 宽沟白云鄂博群底部角砾岩快速堆积地层不整合接触示意图

白云鄂博裂谷带的岩浆活动及火山作用特点可以认为，在裂谷作用的早期阶段，异常地幔形成岩浆房上升，使地壳隆起、变薄而产生引张破裂；粗碎屑岩沉积之后，碱性岩浆柱上升到地表，呈岩墙、岩脉侵入。同时碱性岩浆分熔，派生出残余碳酸岩浆上升，呈中心式喷发形成火山-沉识碳酸岩；裂谷作用的晚期，碱性岩浆再度上升，形成裂隙式喷发。在海西中期，由于裂谷带北侧早古生代联合地体增置作用，造成类似碰撞型的裂谷再生活动，来自岩浆房的岩浆沿构造裂隙侵入，形成层状基性-超基性岩组合。

2. 白云鄂博群沉积相

尖山组中上部划分出 16 个小层序，发育在滨海岸、潮坪环境。其微相变化主要为近滨-前滨、近滨下-近滨上、陆棚-近滨、潮下-潮间、潮下水道-潟湖上等，构成一系列向上变浅的沉积序列，每个层序厚 15～55m 不等，平均为 24m。

哈拉霍圪特组划分出 25 个小层序，发育在滨岸、潮坪、碳酸盐台地环境，其高频旋回的微相变化主要为前滨-后滨、近滨-前滨、前滨下-前滨上、潮下-潮间、潮下-潮上、潮间-潮上、砂坝下-砂坝上等，低频旋回为陆棚及碳酸盐台地内部微相变化。每个小层序厚 5～90m 不等，平均为 36m。

比鲁特组可划分为 20 个小层序，一部分表现为高频旋回进积形式，为滨岸、潮坪环境。其微相变化为近滨-前滨、近滨下-近滨上、潮下-潮间、潮间-潮上、潟湖-潮间、潟湖-潮下、潮下-潮上等，构成一系列向上变浅序列；另一部分表现为低频回加积形式，为陆棚环境，微相变化不明显，岩性单一（表 6-9）。

表 6-9　中新元古界白云鄂博群沉积相、沉积微相表（贾和义等，2003）

沉积体系	相	微相	岩性变化
无障壁海岸陆源碎屑	滨岩相	后滨	变质细砾岩，具正粒序层理、叠瓦状构造； 钙质粗粒石英砂岩，具正粒序层理； 含砾钙质石英砂岩，具平行层理
		前滨	变质（含砾）粗中粒（长石）石英砂岩，具冲洗、鱼骨状交错层理； 细粒石英砂岩，具冲洗交错层理； 细粒石英砂岩夹粉砂质泥晶灰岩，具板状交错层理
		近滨	（变质）中细粒（长石）石英砂岩，具平行、板状交错、粒序层理； 钙质中粒石英砂岩夹粉砂质泥晶灰岩； 变质微粒砂岩夹变质粉砂岩，具水平、冲洗层理
障壁海岸陆源碎屑	碎屑潮坪相	潮上带	粉砂质（绢云母）板岩，具水平、透镜状层理、泥裂构造； （碳质）绢云母板岩、泥岩，具水平层理； 粉砂质板岩夹变质细粒石英砂岩，具透镜状层理
		潮间带	砂泥互层，具波状、脉状、透镜状层理； 变质（微）细粒（长石）石英砂岩、钙质粉砂岩，具槽沟层理； 钙质中粒长石石英砂岩，具鱼骨状交错层理、侵蚀构造
		潮下带	变质（含泥砾）不等粒（长石）石英砂岩，具侵蚀构造； 变质中粒（长石）石英砂岩夹变质细粒长石杂砂岩； 绢云母（粉砂质）板岩、变质细粒石英砂岩透镜体，具脉状层理
	砂坝相		（含砾）长石石英砂岩
	潟湖相		具水平层理的碳质、粉砂质（斑点状）绢云母板岩

续表

沉积体系	相	微相	岩性变化
滨岸碳酸盐岩	碳酸盐岩潮坪相	潮上带	纹层状粉细晶灰岩,有时夹硅质岩,具水平层理、鸟眼构造
		潮间带	含碳质泥晶灰岩夹粉砂质泥晶灰岩、粉晶灰岩
		潮下带	粉晶灰岩,具缝合线构造
	混合坪	潮上带	含粉砂泥晶灰岩夹钙质中细粒石英砂岩,具水平层理,风暴角砾岩,具滑塌构造;含粉砂泥晶灰岩,具水平、丘状、透镜状层理
		潮间带	砂、灰岩互层,具波状层理
		潮下带	钙质中细粒石英砂岩夹薄层状泥晶灰岩,具脉状层理
	碳酸盐岩台地	开阔台地	粉砂质(泥质)泥晶灰岩
		局限台地	粉砂质泥晶灰岩夹钙质中细粒石英砂岩
		边缘浅滩	粉砂质泥晶灰岩
		礁	藻礁灰岩,具雨痕构造
		前缘斜坡	滑动藻礁灰岩、滑塌角砾灰岩,具滑动构造
浅海陆棚	陆棚		钙硅角岩、变质硅泥质岩,具水平层理;硅质阳起石板岩,具水平层理、生物扰动构造;粉砂质绢云母(斑点)板岩,具水平层理;粉嫩晶灰岩
三角洲	三角洲	河口砂坝	变质细粒石英砂岩夹变质中粒石英砂岩
		水下天然堤	变质细粒石英砂岩夹含泥质条带变质细粒石英砂岩,具干涉波痕、脉状层理
		三角洲平原	含红柱绢云母板岩
		河流相	变质细粒石英岩透镜体
		水下顶积层	含红柱绢云母板岩
		前积层	含粉砂绢云母板岩、变质粉砂岩
		底积层	绢云母板岩夹粉砂质绢云母板岩,具水平层理

白音布拉格组可划分出28个小层序,主要以高频旋回沉积形式为主,构成向上变浅的沉积序列。个别表现为低频沉积序列。其微相变化主要为河口砂坝、水下天然堤、三角洲平原-河流相、顶积层下-顶积层上、前积层下-潮下、前积层下-前积层上、底积层下-底积层上、下陆棚-上陆棚、潟湖-潮下、潮下下-潮间上、近滨-前滨等,每个小层序厚6~165m不等,平均为63m。

呼吉尔图组划分出15个小层序,分高频进积形式和低频加积形式两种。其中高频进积形式发育,其微相变化表现为潮间-潮上、潮下-潮上,为向上变浅的沉积序列;低频加积形式为陆棚钙硅沉积,岩性单一,伴有火山喷发沉积。

区内6个正层序反映了华北地台北缘中、新元古代6次三级海平面升降旋回,每次海平面的变化幅度基本相近,从潮坪或海滩到浅水陆棚(水深200m),以上6次三级海平面变化可以合并为3次大的二级海平面变化,表现为区域性的海进海退,出现了2个明显的不整合面,可与本区渣尔泰群增隆昌组顶部、阿古鲁沟组顶部不整合及蓟县剖面中的高于庄组顶部、铁岭组顶部不整合面进行对比(图6-19)。

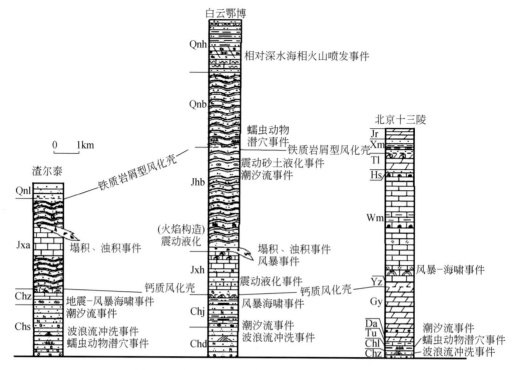

图 6-19　中上元古界区域对比图(贾和义等,2003)

Qnl. 刘鸿湾组;Jxa. 阿古鲁沟组;Chz. 增隆昌组;Chj. 书记沟组;Qnh. 呼吉尔图组;Qnb. 白音布拉格组;Jhb. 比鲁特组;Jxh. 哈拉霍圪特组;Chj. 尖山组;Chd. 都拉哈拉组;Jr. 景儿峪组;Xm. 下马岭组;Tl. 铁岭组;Hs. 洪水庄组;Wm. 雾迷山组;Yz. 杨庄组;Gy. 高于庄组;Da. 大红峪组;Tu. 团山子组;Chl. 串岭沟组;Chz. 常州沟组

3. 白云鄂博群变形褶皱

白云鄂博群为一套浅变质岩系,主体构造为轴线近 EW 向的褶皱带。褶皱带内部不同世代和不同成因的变形叠置在一起,不同等级、不同尺度的构造形迹相互作用后组合在一起,今天呈现的是复杂构造叠合图像。根据白云鄂博群的空间展布、褶皱形态及规模、变形序次等划分出 4 个主要的变形世代,其中第二世代为主期构造,构成了白云鄂博群的主体构造格架。许多矿产富集在这一构造变形的有利部位。

1)地层第一世代变形褶皱

第一世代的褶皱构造主要发育在尖山组、都拉哈拉组的砂板岩中,是以原始层理 S_0 为运动面的中等规模同斜褶皱构造。该世代变形所形成的轴迹主体 SE 向褶皱构造呈紧闭型,一般在褶皱转折端表现突出,形成 M 形小褶曲(图 6-20),且多为倒转褶皱;虽然经过了强烈的构造变形,组与组之间的界线清楚,层序完整,保持原始面貌,如分布于白云鄂博 SE 德里格乌苏一带的背斜构造,以及白云鄂博北的宽沟背斜和白云鄂博矿区向斜等构造。

2)地层第二世代变形褶皱

本世代变形是在 SN 向挤压-纵弯褶皱作用下,形成轴迹主体为近 EW 向的第二世代大型复背斜构造,构成白云鄂博群的主体构造格架。所形成的构造形迹包括线理、面理及大型

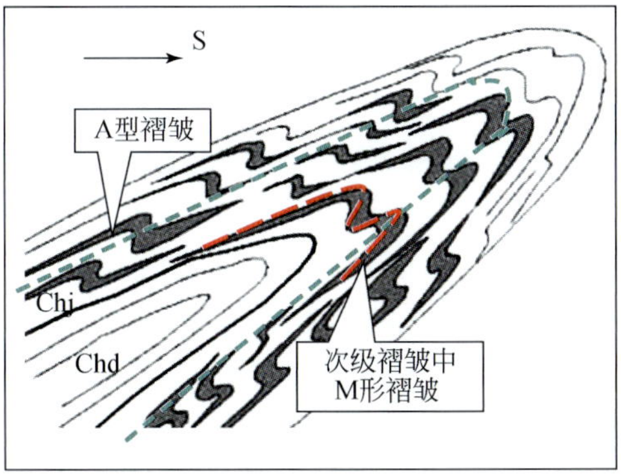

第六章　内蒙古两个重要区域地质成矿环境及矿床形成特点分析

图 6-20　次级褶皱转折端的 M 形褶皱示意图
Chj. 尖山组板岩；Chd. 都拉哈拉组石英岩

复背斜构造等。

白云鄂博复背斜构造构成了矿区白云鄂博群的主体构造格架，主体展布近 EW 向。后期由于遭受华北地块板缘断裂的切割、古生代岩体的侵入破坏以及一系列逆冲断裂的改造，使其失去了原始的完整形态。保留比较完整的背斜北翼分布在西部的巴音珠日和地段和白云鄂博矿区北，南翼在白云鄂博东南的哈拉德令地段，核部（白云鄂博并向东一线）多被三叠纪花岗岩侵入破坏。

该复背斜构造的 SN 翼次级褶皱发育，尤其在白云鄂博北一侧更加突出，许多大型褶皱多形成于第二期构造变形。第二期大型复背斜形成的同时，也受到不同程度的改造，导致褶皱形态多呈同斜线褶皱状。

白云鄂博矿区向斜。与宽沟背斜毗邻，长约 15km，宽约 3km。哈拉德令背斜出露规模长约 5km，宽 200～500m。NE 向展布，南被断层限制，北为三叠纪花岗岩侵入。组成背斜核部的尖山组一段粉砂质板岩，翼部为尖山组二段、三段的变质长石石英砂岩、硅质板岩等。两翼产状较陡，一般为 60°～70°。褶皱北翼相对较缓，产状为 320°∠60°，为正常翼；南翼产状较陡，为 320°∠70°，为倒转翼。褶皱转折端紧闭，发育一组密集的扇状劈理，切割原始层理（S_0），轴面总体向北倾，枢纽呈波状起伏。后期被一系列北倾逆断层和近 SN 向平移断层切割破坏，同时使早期的褶皱发生不同程度的叠加变形（图 6-21）。

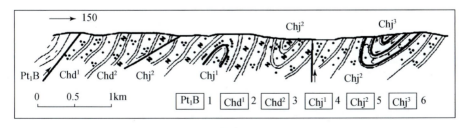

图 6-21　白云鄂博背斜南翼哈拉德令段剖面图（贾和义等，2003）
1. 宝音图岩群；2. 都拉哈拉组一段；3. 都拉哈拉组二段；4. 尖山组一段；5. 尖山组二段；6. 尖山组三段

综上所述，白云鄂博复背斜总体为宽缓式，轴面近直立。枢纽近 EW 向波状延伸，形成时代为新元古代到古生代早期。白云鄂博地区含矿褶皱向斜基本保持近 EW 向延伸方向。

该世代变形是在蒙古洋壳向南俯冲过程中产生强大的 SN 向挤压应力场下,白云鄂博群发生纵弯褶皱作用结合岩层之间的滑动、脆性破裂等形成的轴对称变形组构。

3) 地层第三世代变形褶皱

本世代构造变形主要表现为早期近 EW 向褶皱构造被晚期 NE 向褶皱叠加和改造,以及对先存褶皱构造的重褶。结果出现不同方向展布的向斜叠加形成向斜盆地及不同方向展布背斜和背斜叠加形成背斜穹窿构造,而背斜和向斜叠加则形成鞍状构造。该期叠加改造型褶皱构造主要发育在德里格乌苏地区的尖山组内部。都拉哈拉组、哈拉霍圪特组未卷入该期褶皱变形,它们存在于白云鄂博群整体倒转之中,且地层倒转总体走向与白云鄂博主体构造走向一致,显示二者的相关性以及叠加构造从属主构造的性质。

第三世代褶皱叠加于早期近 EW 向褶皱,使先存的近 EW 向褶皱发生轴迹改变,形成 NE 向褶皱,褶皱轴面及翼部发生重褶。由于第二期褶皱叠加,在叠加褶皱的重叠部位形成向斜盆地和背斜穹窿。褶皱的翼部多形成"N"型小褶曲,核部形成"M"型小褶皱以及拉断的布丁构造。

向斜盆地形成于向斜两个世代褶皱重叠部分,叠加一般发生在二期向斜构造的转折端。背斜穹窿构造是第二世代背斜叠加部分,背斜穹窿的四周表现为裙边褶皱组合。裙边褶皱普遍存在拉断现象。

早期褶皱的核部、翼部及轴面的重褶,结果形成第二期褶皱变形。褶皱的轴线呈 NE 向展布,使早期褶皱旋转变位更加复杂化。后期褶皱对早期褶皱改造比较强烈的地段,后期褶皱的转折端彻底破坏了早期褶皱完整性,使原来对称状开阔褶皱发生旋转;形成歪斜不对称褶皱。

4) 地层第四世代变形褶皱

第四世代变形是大地构造在伸展机制下,白云鄂博群相对于基底宝音图岩群的滑动-拆离所形成的线理、面理、褶皱构造、拆离断裂等。

拆离面是白云鄂博群相对于下伏古元古代片麻状斜长花岗岩的滑动-拆离产生的,属于正断层效应的结果,产状形态上陡下缓,即上部角度一般为 30°～50°向下逐渐变缓直到趋于水平,地层岩石变形由脆性向韧性过渡。该拆离断层面原为白云鄂博群与宝音图岩群、古元古代片麻状斜长花岗岩的区域性角度不整合面。

5) 白云鄂博群古地理变迁演化

长城纪时期的白云鄂博裂谷带,海水由北向南入侵。在盆地边缘接受都拉哈拉组滨岸碎屑岩沉积。之后,海水周期性的进退,沉积了尖山组潮坪-滨湖相泥质岩石组合。长城纪末,海水退出,沉积区广泛暴露,经历了一定时期的风化剥蚀,构成尖山组与哈拉霍圪特组之间的不整合面。

进入蓟县纪,海水再次入侵本区,但古地理环境发生了变化。在宽沟南形成了受宽沟隆起限制与广海相隔的槽状滨海环境,形成大规模白云岩的沉积,形成了白云鄂博铁矿和稀土矿床。在宽沟以北则是一种与广海相连的海盆边缘,形成哈拉霍圪特组碎屑岩-碳酸盐岩的沉积。在蓟县纪中期,海水退出,由于华北地块边缘断裂作用,在地块边缘形成台地斜坡,显示边缘礁滩斜坡的环境。蓟县纪晚期,是一种深海盆地环境,接受了哈拉霍圪特组和比鲁特组碳酸盐岩和细碎屑岩沉积,此间伴随有海底火山喷发,比鲁特组接受了金等金属物质的沉积。而后,海平面达到高峰,盆地进入饥饿状态,贫陆碎屑物质的供给沉积了区域分布稳定、厚度极薄的硅泥质岩石。蓟县纪末,地壳在缓慢抬升,海水逐步退出,沉积物逐渐变粗。由于抬升的频繁性,形成比鲁特组与白音布拉格组间暴露氧化的不整合界面。

青白口纪时期,地壳重新下降,再次海浸沉积了白音布拉格组石英砂岩-泥岩、泥质粉砂岩。之后又是一次涨退的过程,造成呼吉尔图组与白音布拉格组之间的不整合面。暴露期间,由于大气渗流的作用,使暴露地表岩石发生溶蚀、分解,形成沿界面分布的渗流岩层。随着华北地块不断由南向北增生,沉积盆地中心也不断向北退缩,导致呼吉尔图组沉积仅局限于白云鄂博裂谷北部。

继青白口纪之后,进入震旦纪。测区经过短暂的剥蚀,开始缓慢下降,接受腮林忽洞组内陆河流相碎屑岩的沉积,继之下沉速度加快,形成陆表海细碎屑岩和碳酸盐岩的沉积。由于海水温度适中,叠层石等藻类繁衍茂盛。区域上,与腮林忽洞组同时代沉积的有什那干组。

白云鄂博群在新元古代末的白云鄂博运动中,经历了四个主要变形期:第一期是以原始层理面为运动面形成的顺层剪切变形和中等规模同斜褶皱构造;第二期是在SN向构造应力挤压下形成的大型复背斜构造,构成了白云鄂博群的主体构造格架;第三期主要表现为对前期形成的褶皱的叠加和改造,多形成背斜穹窿构造和鞍状构造;第四期是在伸展体制下,白云鄂博群相对于基底宝音图岩群滑动-拆离,形成产状相对平缓的拆离断层。白云鄂博群在变形的同时亦在遭受着低绿片岩相的变质作用。

总之,在晚震旦纪,华北地块在逐步抬升,沉积盆地在萎缩消失。白云鄂博运动迫使它们发生强烈的构造变形,从而形成独特的板缘造山带镶嵌于华北地块北部。

三、渣尔泰裂谷

1. 渣尔泰裂谷带的基本特征

渣尔泰裂谷带位于内蒙古中部,西起狼山,经渣尔泰山,东至武川县哈乐,属中低山区。裂谷带整体呈近EW向展布,在狼山地区略呈弧形转折,全长350km,宽数公里到数十公里。

裂谷带的北界在乌拉特后期、乌拉特中旗、郜北、东红胜一线。沿线断裂构造、挤压破碎带发育,并呈带状展布,吕梁期、海西期、印支期岩石及新生代玄武岩呈断续线状分布。晚太古代造山期花岗岩的长轴方向也为近EW向分布,中元古界渣尔泰群明显受其控制,均出露于南侧。种种迹象表明,裂谷带的北界是一个长期发展,并多次活动的断裂带,其力学性质在不同的地质历史时期曾发生过多次转化。

裂谷带的南界在狼山南坡、德令山、固阳一线,沿线断裂构造十分发育。狼山南坡到德令山为狼山与河套平原的分界线。在局部地区见有超基性岩体分布,中元古界渣尔泰群均分布于北侧,并见有上太古界绿岩呈断块状分布。在其南侧,绿岩之上不整合覆盖着地台型沉积什那干群及寒武系、中下奥陶统。但是,地台型盖层至今未在裂谷带内发现,由此推断裂谷带的南界也具有断裂带的特征。

裂谷带内的渣尔泰群为一套低绿片岩相碎屑岩、碳酸盐岩建造,夹碱性-基性火山岩。主要岩性为砂砾岩、含砾长石石英砂岩、石英岩、绿帘绿泥黑云片岩、白云质结晶灰岩、白云质板岩、碳质砂质岩等。下部岩层中大中型收敛状交错层发育,斜层理及不对称波痕常见;

中上部岩层中中小型原生构造发育,岩石组合特征和指相标志说明了由陆相、海陆交互相到浅海相的沉积过程;底部的粗碎屑岩,其下部广泛发育成熟度较低的长石砂岩、含砾长石石英砂岩,以及不很发育但确切存在的蒸发岩;巨厚的沉积和纵向、横向上岩性、厚度的变化等迹象表明,渣尔泰群具有在不甚广阔、封闭或半封闭的海域中快速堆积和受次级断陷盆地控制的特点。

裂谷带内火山活动较弱,火山岩不太发育,但在横向上分布较广泛,多见于渣尔泰群下部粗碎屑岩、长石石英砂岩的层序中,渣尔泰群岩石类型主要为阳起绿泥石英片岩、变质安山岩。恢复原岩多为碱性玄武岩,少数为安山岩、玄武粗安岩、流纹英安岩。从火山活动及其岩石特征这一个侧面说明,异常地幔上升,在地壳拉薄破裂而发生断陷的初期,堆积了粗碎屑岩和成熟度较低的砂岩,来自地幔的玄武岩浆沿断裂呈裂隙式喷发,形成线形分布的碱性玄武岩;同时也反映出同沉积断裂切割深度较大,为幔源物质提供了喷发通道。

从沉积岩和火山岩组合看,渣尔泰群明显不同于优地槽建造,但就其沉积厚度巨大,呈狭长带状分布,并有较深水相特征和碱性玄武岩而言,又不是地台型建造。据该岩系角度不整合于绿岩-花岗岩地体之上(图6-22),以及本区地台型沉积什那干群角度不整合于同一基底之上,说明什那干群(相当于蓟县系)是在裂谷回返造山后,在裂谷带的旁侧所堆积的盖层。渣尔泰群的同位素年龄资料和叠层石组合表明,渣尔泰山古裂谷系的全盛时期,即裂陷沉积期应为中元古代早期,为1950~1600Ma(王辑等,1989)。

图6-22 裂谷下沉沉积物快速堆积、渣尔泰群底部角砾岩与太古界不整合接触示意图

2. 渣尔泰群地层

渣尔泰群是白云鄂博裂谷之南的又一个凹陷槽沉积。区域上延伸较稳定,西至阿拉善盟,东到商都,呈近EW向带状展布,其中赋存着东升庙、霍各乞铜矿床,甲生盘多金属硫铁矿床。测区内渣尔泰山群分布于增隆昌北、固阳、前康兔沟等地,出露有书记沟组、增隆昌组、阿古鲁沟组,顶部的刘鸿湾组。

3. 渣尔泰群沉积相

渣尔泰群沉积环境可以划分为河流沉积体系、三角洲沉积体系、无障壁海岸陆源碎屑沉积体系、障壁海岸陆源碎屑沉积体系、滨岸碳酸盐岩沉积体系和浅海陆棚沉积体系。

1) 无障壁海岸陆源碎屑沉积体系

主要发育在书记沟组二段及阿古鲁沟组一段下部，为滨岸相。阿古鲁沟组一段下部主要为近滨，为具水平层理的灰黑色薄层状细粒石英砂岩，沉积构造不发育。

2) 障壁海岸陆源碎屑沉积体系

碳酸盐台地相出现在增隆昌组二段和阿古鲁沟组二段内。增隆昌组二段碳酸盐台地是一种具有明显坡折的碳酸盐台地，可划分为开阔台地、台地、边缘浅滩、台地礁、台地斜坡相。开阔台地相古地貌较平坦，碳酸盐生长速率超过台地可容空间的增加速率，从而发育向上变浅的米级旋回，有三种形式：①下部单元为条带状泥晶白云岩，上部单元为藻纹层状白云岩（潮间-潮上）；②下部单元为厚层状细晶白云岩，上部单元为具纹层状钙质粉砂岩（潮间下-潮间上）；③下部单元为厚层状含粉晶白云岩，上部单元为薄层-中层状砂屑灰岩（潮间内部）。

阿古鲁沟组碳酸盐台地为陆表海型碳酸盐台地，地形起伏小，可分为台地缓坡相、台地边缘礁相、开阔台地相、台地潮坪相。台地缓坡相为藻纹层泥晶灰岩、含碳质白云岩等，岩石具滑动构造。台地边缘叠层石礁相为深灰色叠层石灰岩及藻席纹层灰岩，叠层石形态为波状、柱状，其中柱状叠层石个体宽1～2m，高1m。开阔台地相为深灰色白云岩、白云质灰岩，夹藻纹层泥晶灰岩、藻球粒泥晶灰岩、含碳质藻纹层状灰岩。台地潮坪相发育米级旋回，呈向上变浅、变薄的特点，有以下几种类型：①下部为泥质条带灰岩，上部为藻纹层灰岩（潮间中-潮间上）；②下部颗粒灰岩，中部泥质条带灰岩，上部藻纹层灰岩（潮间下-潮间上）；③下部颗粒灰岩，上部藻纹层灰岩（潮下-潮间上）；④下部硅质条带灰岩，上部泥质条带灰岩（潮间内部）；⑤下部为颗粒灰岩，上部为硅质条带灰岩（潮下-潮间带下）；⑥下部为含碳质含粉砂灰岩，上部为泥质条带灰岩（潮下-潮间）。

3) 浅海陆棚沉积体系

过渡带是指滨岸带与陆棚带之间的过渡地区，其沉积物通常是粉砂、黏土，比滨岸带砂质沉积物要细，但比陆棚沉积物要粗，主要见于阿古鲁沟组一段偏下部层位，岩性为薄层状含碳质粉砂质泥岩，夹有少量粉砂岩，发育水平层理。

陆棚位于正常浪基面之下，向外海与大陆斜坡相接的广阔浅海沉积地区，主要见于阿古鲁沟组一段、三段，岩性为灰黑色碳质粉砂质泥岩，为低能环境的产物，具水平纹理，旋回性不明显。

4) 障壁海小环境成矿

渣尔泰群沉积相、沉积微相特征见表6-9。渣尔泰裂谷在渣尔泰群地层沉积期间，构造频繁，火山活跃，物源丰富。在朱拉扎嘎区存在障壁海小环境（后面叙述）。在甲生盘区同样存在障壁海沉积环境。根据古地理环境及水动力条件，红壕水下隆起把渣尔泰海槽分成内、外两带，甲生盘海盆处于海槽内带，为封闭、半封闭海湾沉积环境（图6-24）。阿古鲁沟组二岩段期古构造趋于稳定，古陆进一步夷平，导致陆屑供应衰减，海盆处于滨海环境，形成了含陆屑内源碳酸盐岩建造及内源硫化物建造。二岩段区由于水下隆起及古岛的遮挡作用（包括藻礁）限制了水体流动，造成了一个有障壁的、封闭性较强的潮坪-潟湖环境（图6-23）。

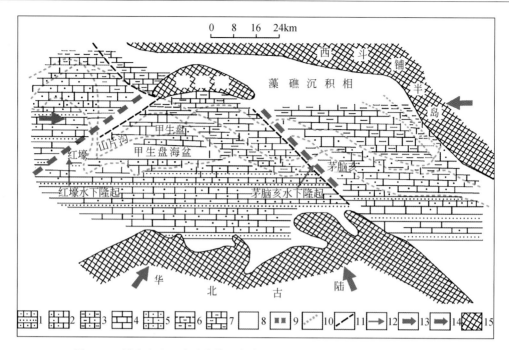

图 6-23 甲生盘地区中元古代渣尔泰群阿古鲁沟组二岩段岩相古地理图

1. 潮坪砂质白云岩、砂岩相；2. 潮坪砂质白云岩相；3. 潮坪泥沙白云岩相；4. 湖坪含砂白云岩相；5. 海湾潟湖泥质白云岩相；6. 海湾潟湖含砂泥质白云岩、页岩相；7. 海湾深潟湖含泥白云岩相；8. 藻礁相；9. 水下隆起；10. 相界；11. 同生断裂；12. 主要物源方向；13. 次要物源方向；14. 海浸方向；15. 古陆

四、白云鄂博、渣尔泰裂谷的矿产及成矿特点分析

1. 裂谷与矿产

大陆裂谷不仅具有特定的构造、岩石、地球物理和地球化学等特征，同时还赋存有丰富的矿产资源。裂谷作用所形成的矿床及矿床类型有：与碱性岩浆活动、碳酸岩有关的稀土及铌、钽、磷灰石、磁铁矿等；与双峰系列火山岩及碱性花岗岩伴生的锡、氟、钽铌酸盐等矿床；产于金伯利岩中的金刚石矿床；沉积砂页岩型铜矿；芒特艾萨型或沙利文型块状硫化物矿床；海相盐类矿床和石油、天然气等。因此，Sawkin(1983)认为，世界上大多数大型和特大型矿床都与裂谷作用有关。

随着矿床地质工作的深入和发展，裂谷活动与金属成矿作用相关问题显示出来。

（1）大陆裂谷环境是某些类型的金属矿床生成最有利的地质场所（费红彩，2004）。

（2）裂谷作用的大多数矿床属于层型或层控型的，矿床产在厚层沉积岩系和火山岩系中特定的地层间断面上，原因是裂谷发展过程中的拉伸、挤压及地球深部岩浆携带的金属物质差异性导致发生的火山喷发、岩浆侵入作用导致沉积过程的间断。

（3）裂谷性矿床往往埋藏很深，需要特殊地质事件翻露出地表。

（4）裂谷矿床往往经过若干地质事件被分解或改造，面目全非。

狼山—白云鄂博古裂谷系蕴藏着丰富的矿产，特大型白云鄂博铁、稀有、稀土矿床，渣尔泰群中大型层控多金属硫化矿床。古裂谷系具有矿产种类繁多、成因类型复杂、大中型矿床较多的特点,有铁、锰、铜、铅、锌、金、银、钴、铍、镉、铀、硫铁矿、磷矿、硅石、白云岩、玉石、石墨、石灰岩、富钾板岩等,可划分为沉积、层控、岩浆岩、热液、接触交代、火山岩、混合岩七大成因类型。其中以层控、岩浆岩、热液三个类型为主。已发现大型、特大型矿床有11处,中、小型矿床、矿点、矿化点星罗棋布。

白云鄂博群中的白云鄂博式铁矿,稀土及稀有元素矿床及其矿物种类,高度地集中于白云鄂博地区,在国内外是罕见的。两个裂谷带所赋存的矿产各具特色(表6-10),表中这些矿产多数或绝大多数与裂谷作用有关。

表6-10　白云鄂博、渣尔泰裂谷七大矿种探明储置表(万良国,1986)

矿种		占全区储量比例/%	古裂古系探明储量所占比例/%	备注
铜		77.2	—	居全国第三位
铅		62.0	65~73	居全国第二位
锌		83.7		
金	金	41	—	—
	伴生金	79	—	—
硫	硫铁矿	97	—	居全国第四位
	伴生硫	53.3	—	
铌		100	100	居全国第一位
稀土		99	86	居全国第一位

2. 铁、稀有、稀土矿床

1) 矿床

铁、稀有、稀土矿床集中于包头市白云鄂博区,矿床处于白云鄂博裂谷带中段的白云鄂博次火山岩穹窿内。

白云鄂博铁矿富含铌、稀土和多种有用金属,是一特大型综合性矿床。其共生矿物、元素分析确定的元素有71种,显著富集元素有铁、铌、镨、铋、铕、钇、钪、钍、氟、钠、碳、钙、镁、钡和磷等。稍高于克拉克值的元素有钛、钽、钴、铽、钆、镝、铽、钬、铒、铥、镱、硫、砷、锶、锡、锂和铅等。具工业价值的元素有铁、稀土,可供综合利用的元素和矿物有钛、钪、钴、钽、萤石和重晶石,以及富钾板岩(变质火山岩)中的钾和个别地段富集的磷等。在矿区内发现的矿物达170种。

矿床由主矿、东矿、西矿三个矿段组成,主矿与东矿毗邻,西矿由大小不等的16个矿体组成。整个矿床构成一条长18km、宽2~3km的狭长矿带。

矿体赋存于白云鄂博群尖山组H_5中,向斜中呈透镜状、似层状产出,产状与围岩基本一致。矿体一般延深在500m左右,最大延深达900m。

矿体及围岩蚀变特点主要表现为强烈的钾、钠、氟、磷、钙、硅的多期交代,从而形成了以高碱质为主要特色的各种蚀变岩带及矿物组合,并在空间上重叠出现。

2) 成因

关于白云鄂博矿床的成因问题,存在不同的认识,主要有特种高温热液交代说、沉积变贡-热液交代说、火山沉积稀有金属碳酸岩说、碳酸岩浆说、沉积-动力变质说、岩浆倒贯、热卤水蒸发沉积成矿等十几种成因看法(张秀琴等,2012;贾和义等,2003;万良国,1986),各有论据,说明白云鄂博矿床形成的复杂性。

铁、稀有、稀土矿与白云岩化成因联系密切,白云岩的成因成了关键问题。众所周知,白云鄂博矿床以其复杂的地质特征和巨大的铌、稀土、铁等元素的矿化规模不同于世界已知的任何一个矿床,具有许多独特的特点(中国科学院地球化学研究所,1988)。

(1)铁、铌和稀土集中于一个矿床,F、P、Ba 和 Mn 等元素的富集程度高。

(2)已发现 71 种元素,不同地段或同一矿段的不同矿石元素变化都很大,物质来源不一,矿化多期次。

(3)矿物种类很多,已发现 170 多种矿物,其中 18 种新矿物是世界上第一次在白云鄂博发现。矿物的化学组成及矿物组合都很复杂。

(4)稀土分布模式与已知的岩浆岩、沉积岩、变质岩、碳酸岩类不完全相同。

从物质来源看,矿区及附近出露最老的地层为上太古代绿岩地体,其稀土(Re_2O_3)平均含量为$(272\sim322)\times10^{-6}$。晚太古代花岗岩稀土平均含量为$1094\times10^{-6}$,显著高于地壳平均值$208\times10^{-6}$,说明成矿区有较高丰度的稀土。白云鄂博群底砾岩稀土含量可达$(350\sim1875)\times10^{-6}$,其他各组段含量都不高,碳酸盐岩仅为$65\times10^{-6}$(内蒙古 105 地质队等,1985)。说明沉积作用没有使稀土富集。基底岩石中,铌的平均含量低于地壳克拉克值,表明基底岩石不可能对矿床的形成提供铌的成矿物质。

广泛分布的海西晚期花岗岩,稀土含量为$(214\sim286)\times10^{-6}$,Nb、Ta 含量一般接近或高于世界花岗岩的平均值,在近矿的同化混染带,Nb 含量有所增高,可能来自矿体(陆松年等,1995)。

显然,成矿物质可能来自深源物质碱性岩和碳酸岩、碳酸岩的火山沉积岩。深源碱性熔体有高含量的稀土和铌等成矿元素,$\Sigma Ce/\Sigma Y$、Nb/Ta、Th/U 的比值大大超过与花岗岩有关的比值;稀土分配模式具有富集铈族稀土和亏损乙族稀土;白云石矿石中$^{87}Sr/^{86}Sr$ 初始值为 $0.703\sim0.7065$,矿石中磷灰石的$^{87}Sr/^{86}Sr$ 初始值为 $0.7036\sim0.7041$,S 同位素 $\delta^{34}S$ 平均为 $-4‰\sim4‰$(王辑等,1989),说明成矿物质来源于地壳深部或上地幔分异物。

矿床的矿石种类繁多,许多矿物具有不同世代形成特征,显示成矿多阶段特点。矿床是长期多阶段成矿作用的产物。成矿作用过程表述如下。

(1)白云鄂博矿床在大陆裂谷作用条件下形成,成矿物质主要来源于深源。在裂谷发展早期阶段,上地幔碱性橄榄玄武岩浆沿裂谷断层上升,侵位乃至喷出地表,形成分布范围不大的次火山穹窿。碱性岩浆活动携带了大量的铁、铌、稀土等成矿物质,呈岩株、岩墙,为成矿作用提供了初始矿源。碱性橄榄玄武岩浆分熔之后,次生富含稀有、稀土及铁质的碳酸岩浆侵入,交代碱性岩,成矿物质进一步富集形成矿体。之后,碳酸岩浆沿次火山穹窿通道呈中心式喷发,与海相沉积物一同沉积形成火山沉积碳酸岩,构成了白云鄂博矿床的雏形。

(2)主裂谷期后,壳下碱性岩浆源多次活动,含矿溶液呈热泉上升与矿床发生交代,使成矿物质进一步富集。同位素年龄分析存在 700Ma、400Ma、271Ma 三次活动。从地质现象观察,271Ma 晚古生代末海西-印支期的热液交代作用最为强烈,与来自北侧联合地体碰撞的增生作用时期相一致。

通过上述分析,在裂谷作用下,碱性、碳酸岩浆携带成矿物质,次火山穿窿提供储矿空间,后期碱性岩浆使其携带矿质的热水溶液交代作用让矿床进一步富集。

3. 层控多金属硫化矿床

1)裂谷层控变质矿床概述

我国火山块状硫化物层控变质型矿床分布很广泛,主要集中区有内蒙古的狼山地区、山西中条山地区、川南—滇中的昆阳—会理群分布地区、四川李伍地区及辽宁红透山、山东福山和甘肃的陈家庙等地。内蒙古渣尔泰裂谷(白云鄂博裂谷金矿床)的层控变质型矿床特点是:在前期矿源层形成后,矿床经区域地质变质改造,强度轻微中等,基本未发生成矿物质的叠加,保存不少同生沉积成岩成矿特征。

内蒙古层控多金属硫化矿主要分布在渣尔泰山裂谷带,在长400km的裂谷带内,矿床(点)成群出现,分段集中。集中区有狼山、乌加河、什布温格、白音布拉沟、各少沟、甲生盘、书记沟和康兔沟等。已发现和探明了霍各乞、炭窑口、东升庙、甲生盘、朱拉扎嘎五处大型矿床和对门山一处中型矿床,发现矿点、矿化点近百处。

五个大型矿床均赋存于渣尔泰群阿古鲁沟组。矿体呈层状、似层状、透镜状产出,与围岩产状一致。主要成矿元素为铜、铅、锌、硫,并伴生有钴、银、镍、金等。主要矿石矿物为黄铁矿、磁黄铁矿、黄铜矿、铁闪锌矿、方铅矿、斑铜矿,其次为磁铁矿、菱铁矿、毒砂等。矿床严格受裂谷带内次级断陷盆地所控制,这些断陷盆地地层层位齐全,沉积厚度大,岩性沿走向变化较大(盆地内外的变化),富含铜、铅、锌等金属元素的中基性火山岩、次火山岩发育(张秀琴等,2012)。

容矿岩系主要为不纯的白云质灰岩、碳质板岩、暗色条带状石英岩。其中以板岩和白云质灰岩互层并反复出现为最佳容矿岩层。岩石组分与成矿元素富集有明显的相关性,泥质、钙镁质岩富含铅、锌及硫铁矿,高硅质岩石富含铜。

东部甲生盘-山片沟矿床贫铜、富锌,少伴生元素。西部狼山地区铜、铅、锌共生,贫铅锌富铜。

渣尔泰裂谷存在4个断陷盆地。以NE方向的狼山—中后旗古隆起为界,北侧为霍各乞—千德曼盆地,控制霍各乞—千德曼矿带;南侧为炭窑口—东升庙盆地,控制炭窑口—东升庙矿带,另两个盆地均位于隆起东部(图6-24)。

盆地内的地层为中下元古界的渣尔泰群,沉积年龄为16.5亿~23.51亿年,主要含矿岩系为本群第二组。岩石发生了浅度区域变质作用,北侧比南侧略深。经原岩恢复,北侧为岩屑砂屑碎屑岩石灰岩建造,石灰岩的Sr/Ba>1,属海相沉积(王辑等,1989);南侧为泥质岩白云岩建造,白云岩Sr/Ba多数小于1,以陆相沉积为主。南侧含矿建造的沉积环境为过渡环境中的半封闭海湾潟湖(图6-23)。由于盆地基底局部隆起,把炭窑口—东升庙盆地分隔为炭窑口较深、东升庙较浅的两部分,而且两地间的水域可能曾一度不相连;北侧盆地又比炭窑口更深,与其西北面的广阔海域连通较好,应属浅海环境中的(局限性)陆棚盆地。因此,南侧盆地内的含矿建造蒸发岩特征更明显,形成大量的具同生沉积性质的白云岩;北侧为浅海相灰岩。狼山变质岩带由元古代狼山群及太古代五台群组成。渣尔泰群为一套地槽型沉积浅变质岩,其在五台群结晶片岩和片麻岩的基底上构成狼山扇形复背斜两翼,分布在狼山SN两侧。

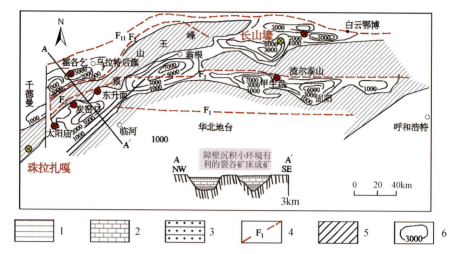

图 6-24 内蒙古渣尔泰山地区中元古代沉积构造及重要金属矿床分布简图
1. 泥质岩类；2. 碳酸盐岩类；3. 砂砾岩类；4. 深断裂及编号；5. 古陆；6. 地层等厚线

在霍各乞倒复背斜构造中，区内出露地层自下而上由渣尔泰群千枚岩、片岩组和石英岩组构成。千枚岩、片岩组在矿区中部构成霍各乞倒转复背斜的核心，含矿层就分布于其中；石英岩组分布在矿区 SN 两侧构成复背斜两翼。区内岩浆岩侵入体有闪石化辉长岩、斑状花岗闪长岩、角闪石岩及一些脉岩等。区域矿产分布特征：霍各乞、炭窑口、东升庙和甲生盘几个同类型矿床空间上明显地呈线型分布(图 6-24)，从这几个典型矿床类型来看，均受同一基底构造(大陆边缘的裂谷断陷盆地)所制约，它不仅制约着古地理环境、沉积相的发生和发展，还常常控制着矿带的分布。赋矿岩系渣尔泰群是一套浅海相的碎屑岩碳酸盐岩建造，主要含矿岩性为富含碳质的板岩、白云岩和砂岩等。含矿层中测得铅同位素年龄为 16 亿年，与地层时代吻合，表明了成岩与成矿在时间上的一致性。在这一区域矿床均受一定的层位和岩性控制，形态简单，呈层状、似层状，局部地区见有透镜状和不规则脉状，与围岩常呈协调的同步褶曲。矿石的物质组成简单，有用元素组合为 S、Zn、Pb，局部富 Cu，伴生有益元素为 Ag、Cd、Co、Pb、Zn、Cu 由东向西有渐增趋势。矿石矿物主要有黄铁矿、磁黄铁矿、闪锌矿、方铅矿、黄铜矿；脉石矿物主要为白云石、方解石、石英、云母、绿泥石、碳质等；矿石组构比较复杂，构造以条带状、层纹状、块状、浸染状为主，脉状、角砾状、胶结状为次；结构以半自形粒状为主，溶蚀交代、固溶体、揉皱、压碎等结构亦较发育；围岩蚀变不甚发育，基本上是就地取材，主要表现为碳酸盐化、绿泥石化、绢云母化和硅化，与岩浆气液所形成的蚀变在性质上有明显不同。

矿质的来源主要有两个方面：一是狼山群第三岩组赋矿层，其化学成分富含 Ca、Mg、Mn、C、Pb、Zn、Cu 背景值多在 50ppm 以上，普遍高于其他近矿围岩；二是渣尔泰群的火山岩夹层，其 Pb、Zn、Cu 有较高的丰度值。

2) 层控变质型矿床特征

成矿物质来源有陆源风化产物、海底火山喷发物、地下水溶解物质或海水海底热液中溶解物。成矿物质初步富集(矿源层的形成)是通过同生沉积、成岩和后生过程中的水岩间相互作用、介质物理化学条件的突然变化及生物生物化学作用等实现的。对矿源层的活化、转移、再改造、再富集包括热液叠加改造作用和变质叠加改造作用,前者主要有流体的参与并发生大规模元素的带入带出,后者主要为温度压力的变化引起。热液叠加改造作用具有更重要的意义。矿床严格受地层层位和岩性控制,其矿体多局限于一个或几个层位内,并与层位中的某些岩性相关。

3)渣尔泰层控变质型矿床成矿地质条件、成因探讨

渣尔泰区域南、北两个成矿亚带中的主要矿床和大部分矿点属层控变质类型,矿床主要形成于沉积成岩阶段,后期的区域变质作用、褶皱、断裂构造及火山活动等未发生带进或带出成矿物质作用,只起到就地富集改造作用,本区域成矿特点如下。

(1)古地理环境控制矿床的分布。太古界五台群形成以后呈 NE-SW 向的古隆起横贯于全区,在其两侧存在着一系列断陷盆地,呈 NE-SW 展布的狭长海槽。古隆起的 SN 两侧则以古隆起的底洼部位海水相通,但联通性较差,所以,SN 两带各自接受的沉积物也有差异,其物质来源应该是多方面的,主要来源于陆源和海底火山喷发物的沉积。总的来看,渣尔泰群地层的沉积包含着一个海进-海退的沉积旋回。岩相组合为粗碎屑岩-黏土岩-碳酸盐岩-细碎屑岩。渣尔泰群各岩组地层厚度、岩相变化较为稳定,说明其是一个相对稳定的沉积环境。但在第二岩组的沉积过程中,次级振荡韵律比较频繁,所以表现为沉积的多层性,碎屑岩含碳质的黏土岩、碳酸盐岩是交替产出的互层带,在此互层带中沉积了不同矿种的含矿层。

南带所处的位置为近古陆的浅海海岸—滨海带,由于受地貌和水下古隆起的影响,与大海联通性差,形成了有障壁性的海岸环境,局部为半封闭的潟湖、港湾环境,可以认为是潮上-潮间带沉积环境。虽然同处于一个断陷盆地内,但由于在同一断陷盆地内地形有高低不平的差别,低洼部位地层沉积得较厚,矿质也较集中,形成了几个不同的矿床。就是说,矿床的形成受大的断陷盆地控制,也受其中低洼的小盆地控制。岩性组合为碎屑岩-黏土岩-碳酸盐岩-细碎屑岩,其中,碳酸盐岩以含镁高为特点,镁钙比大于1,属具蒸发岩特征的白云岩。碳质岩以含大量自形晶黄铁矿及矾类广布于南带。由于受次级振动的影响,南带渣尔泰群地层,特别是第二岩组表现为一个多次级韵律的振荡环境和海底火山喷发的阶段性,不同阶段喷发不同的物质,因此,与此有关的矿体呈多层性薄层状。成矿元素因与古地理条件和沉积环境、岩相组合及物质来源有关,而以锌、硫为主,其区域背景值以 Zn、S-Pb、Cu、Fe 次序出现。所以构成了以东升庙、炭窑口矿床为代表的渣尔泰南部锌、硫多金属成矿亚带(图6-24)。

北带因距古陆较远,属陆棚盆地,是相对稳定的浅海水下洼陷,从而为成岩、成矿提供了一定程度的浓集作用。其处于弱还原环境,表现为有别于南带的岩相组合、地球化学、含矿性能等特征。岩相组合为厚大的泥质为主的黏土碎屑岩-黏土岩-碳酸盐岩-泥碳质岩,其中,碳酸盐岩含泥质和钙质较高(镁钙比小于1),分布广泛而稳定。渣尔泰群第二岩组在此带中是相对稳定的沉积环境,形成了多矿种的较厚大的矿体,而且较为稳定。成矿元素以铜、铅为主,构成了以霍各乞铜矿床为代表的北部铜多金属成矿亚带。

(2)渣尔泰群地层控制着矿床分布。渣尔泰地区层控型有色金属矿床的矿(化)点均赋存于渣尔泰群地层中,特别是已探明具有工业意义的矿床及有远景的矿点,严格受地层层位的控制,赋存于渣尔泰群第二岩组中。此岩段沉积环境相对稳定,其中较频繁的小振荡形成了板岩灰岩石英岩组合,各类岩石含一定量的碳泥质岩,称为"黑色层"或互层带,是本区的主要含矿层位,并表现为多层性。矿床呈带分布,层状、似层状产出,矿体形态简单,品位、厚

度均较稳定。矿体产状与地层产状一致，呈正相关关系，并与围岩同时发生褶皱和断裂，在褶皱的轴部及褶皱转折端有矿体加厚和品位变富的趋势。从矿体金属矿物赋存状态、结构、构造来看，矿床具明显的同生沉积特征，如矿体呈条带状、鱼状、环带状，矿体边部有黄铁矿结核存在（东升庙），说明了比较标准的沉积特点。

(3)岩性控制矿床（体）的分布。从三大矿区看，不同矿体分别赋存于不同岩性中，明显受岩性的控制。造矿元素的分带特征表现了矿床的沉积性质，如北带霍各乞矿区铜在条带状石英岩中特别富集，铅、锌在碳质板岩中富集，铁、铜、铅可同时在透辉闪石岩和大理岩中富集。南带东升庙、岩窑口矿区硫矿体、锌硫矿体、铜硫矿体主要赋存于灰质白云岩或白云岩中，锌铅矿体主要赋存于碳质板岩中。矿体随赋存岩性变化而变化，产状严格受岩层控制，具明显的岩控特征。以上成矿特征是多种金属物源于当时的古地理条件、沉积环境，在一定的物理、化学条件下沉淀富集的结果（左文彬，1984；黄美如，1984）。含矿岩层以普遍含炭反映了当时处于弱还原环境。铅、锌主要赋存于程度较高的碳泥质层中，并伴有大量的黄铁矿，反映其处在封闭半封闭较稳定的还原环境。铜处于弱碱性条件下的弱还原环境，赋存矿体的岩石具岩质条带等微韵律，反映了当时的半封闭、小动荡环境。不同矿种赋存在不同岩性层中，岩控特征明显。

(4)矿床形成的时间控制特点。据天津地质调查中心在东升庙、岩窑口矿床采集的方铅矿可知，"正常铅"的单阶段模式年龄测定都在16亿～15亿年，与地层的沉积年龄相同。

后来的区域变质、构造变动、岩浆活动对本区矿床的成因无直接提供成矿物质的关系，从几个主要矿区成矿特征来看，上述三种地质作用只起到使原成矿物质重熔、活化、富集的作用，使在原始沉积成岩层矿的基础上富集改造形成矿床。

(5)矿床成因。渣尔泰地区铜、铅、锌、硫等多金属矿床（点）主要赋存在渣尔泰群第二岩组中，矿床严格受层位和岩性的控制，矿体与碳质条带状石英岩、碳质板岩、泥碳质白云岩、白云岩及灰岩等紧密相关。矿体产状与围岩一致，矿石具残留的沉积结构构造。金属矿物的共生组合及其分布反映出矿床与矿源层的沉积环境、岩性有直接成因关系。沉积矿源层是矿床形成的主导控制因素。含矿层中存在火山碎屑物质及火山岩，如霍各乞矿区的绿片岩层，角闪岩也有规律地产出且其中尚有铜的矿化，赋存在第二岩组的上部，说明是海底喷发后期产物。东升庙、炭窑口矿区含矿层中有火山碎屑物质存在，也有中、酸性火山岩存在。

综上所述，渣尔泰地区多金属矿床的形成主要受岩相、古地理和沉积环境的控制。矿质的来源主要是沉积过程中海底喷发含矿物质，不同阶段喷发不同的物质沉积。形成矿床的作用是沉积作用，形成矿床的决定阶段是成岩阶段。变质作用仅对已形成的矿床有不同程度的改造。狼山地区多金属矿成因类型为层控变质型矿床。

4. 裂谷黄金矿床

该古裂谷系已发现多处金矿床、矿点、矿化点。白云鄂博裂谷带已探明长山壕特大型矿床、赛乌苏中型矿床。之后，还相继发现了浩牙曰呼都格、千温敖包、乌兰敖包，以及渣尔泰山裂谷带的大脑包、公种渠等有进一步工作和研究价值的金矿点。渣尔泰裂谷带层控多金属硫化矿床中已经探明朱拉扎嘎为特大型金矿床，已知炭窑口、霍各乞矿床有伴生金，而东升庙和对门山矿床也有发现。区域化探在两个裂谷内发现多处较好的金异常，并分布有许多现代砂金，成为近些年来当地采金的重点地区。古裂谷系是寻找金矿的有利环境。

第七章　内蒙古黄金矿产重要矿床及成矿地质环境分析

内蒙古自治区 EW 绵延 2500km，面积 11813 万 km^2，地域辽阔，是我国重要生产黄金省份。现有金矿床、矿点 474 处，其中岩金矿床 43 处，探明储量的原生金矿 28 处。贵金属采矿权 172 个、探矿权金 544 个，查明金资源储量 755.41t，生产黄金 23.49t/年。

内蒙古区内大地构造跨越华北地台和天山—内蒙古—兴安地槽两个一级构造单元，地层发育较完全，构造活动强烈，不同时代岩浆活动频繁，金矿成矿条件极为有利，具有较大的找矿潜力。金矿床类型较多，区内金矿床分布广泛，但又相对集中，形成了六个密集区。岩金矿床主要分布在包头、赤峰、呼市地区。

金矿床的形成受深大断裂的控制，区内深大断裂极为发育，既控制着不同构造单元，又控制着金矿床的空间赋存位置。内蒙古中西部大部分地区处于华北地台与天山—内蒙古—兴安地槽的结合部位，高家窑—乌拉特后旗—化德—赤峰深大断裂为其分界线，控制着两侧金矿床的空间分布。阿左旗巴彦乌拉山金矿床(点)、朱拉扎嘎大型金矿床、达茂旗赛乌素地区一系列金矿床(赛乌素金矿、干斯陶勒盖、乌花脑包、下勒哈达等金矿床)、白乃庙铜金矿床、白音哈尔金矿床、柴火栏子营和安家营子金矿床等一系列金矿床，均处于该深断裂附近，受控于该深断裂或它的次级断裂。

乌拉山山前大断裂和临河—集宁大断裂控制着乌拉山金矿田，大断裂呈 NEE 向展布，矿体呈近 EW 向赋存于次级构造之中，成群成带产出，呈现构造控矿特征。石崩深断裂控制着老羊壕金矿床的产出，宝音图隆起东缘和西缘深断裂控制着巴音杭盖金矿床的产出，二连浩特—贺根山深断裂带控制着巴彦宝力道金矿床的产出，德尔布干深大断裂控制着虎拉林岩金矿床和一些砂金矿床的分布。

金矿床与部分地层有密切关系，显然地层含金高与当时地壳的地球化学分区性有关(雷国伟，1989)。华北地台北缘的金矿床多产于太古界-元古界深变质岩系中；地槽区金矿床多产于元古界-古生界浅变质岩系中。从乌拉山群各类变质岩的成矿元素分析结果来看，金的背景值普遍偏高，最高值为 32×10^{-9}。另外，太古界桑干群葛胡窑组地层中金矿产也比较丰富，对九沟、东厂坡、芦草沟等金矿床(点)均赋存于该套地层中。元古界二道洼群、马家店群、白云鄂博群、三合明群、渣尔泰山群、古硐井群、温都尔庙群地层中均产出金矿床，如哈拉沁、哈拉更、卯独沁、丰盛元等金矿床均产于二道洼群绿片岩地层中；摩天岭、巨金山、南泉子金矿床(点)产于中元古界马家店群大理岩构造破碎带中；赛乌素、新呼热金矿床产于白云鄂博群浅变质砂岩和碳质板岩中；老硐沟、碱泉子金矿床赋存于古硐井群地层中；十八顷壕金矿床赋存于三合明群混合岩及角闪斜长片麻岩中；榆树坝金矿床赋存于元古界渣尔泰群书记沟组地层中；白音哈尔、白乃庙、巴彦宝力道金矿床赋存于元古界温都尔庙群变质碎屑岩及其与岩体内、外接触带。近年来在元古界中浅变质岩系中陆续发现大、中型金矿床。哈拉沁、哈拉更、卯独沁、新地沟金矿化类型具层控特征，形成了数层、厚大的较高品位的层控热液蚀变岩绿岩型金矿床,在大青山地区类型较独特,具有较大找矿潜力。

金矿床与基性-酸性侵入岩关系密切,苏尼特右旗白音哈尔金矿床产于海西期石英闪长岩与白乃庙群片岩接触内带,矿体赋存于近 SN 及 NEE 向剪切构造之中,侵入岩为金的聚集提供了热源和物质来源;哈达庙金矿床位于内蒙古海西晚期褶皱带南缘,镶黄旗向斜南翼,川井—镶黄旗超壳深大断裂带上,矿体主要赋于燕山期花岗斑岩与下二叠统呼格特组石灰岩接触带夕卡岩内。巴音杭盖金矿床产于早元古界宝音图群浅变质岩与海西中期斜长花岗岩的内、外接触带,矿体赋存于 NE、NNE 和 NW 向构造裂隙内。

王建平等(2002)按以下成因分类黄金矿床。

(1)产于太古宙-古元古代变质基性、中基性火山岩系和部分沉积岩系中的金矿。该类金矿主要分布于内蒙古台隆的乌拉山—大青山一带,矿床多集中于临河—集宁深断裂、乌拉山—大青山山前大断裂两侧分布。属贫硫化物含金建造。

①含金石英脉型:代表性矿床有脑包沟、梁前、十二号、十五号、后石花;②含金石英-钾长石英脉型:有哈达门沟、西北沟;③破碎带蚀变岩型(或片理带型):代表性矿床有十八倾壕、乌兰不浪。

(2)产于中(新)元古代的变碎屑岩、千枚岩、板岩及片岩类有空间关系的金矿床。主要分布于地台北缘的台缘拗陷带(裂谷带)内,受地台北缘、石崩等深大断裂及其次级断裂或元古代地层层间断裂构造的控制。容矿层位有白云鄂博群、渣尔泰(狼山)群、马家店群等。容矿岩系为中浅变质的变碎屑岩、板岩、千枚岩、碳酸盐岩,并以含中基性火山岩组分及富碳质为特征。

①石英脉型金矿,如赛乌素金矿;②构造蚀变岩类,如麦汉山、豪牙金矿;③沉积变质岩金矿,如长山壕、朱拉扎嘎。

(3)产于花岗岩侵入体中(包括岩体内带和外带)的金矿。该类金矿主要分布于内蒙古台隆、内蒙古地槽南缘加里东褶皱带等基底隆起区的构造岩浆活动带中。临河—集宁深断裂、地台北缘深大断裂及温都尔庙—西拉木伦深断裂为控岩构造,次级断裂为控矿构造。成矿作用主要与重熔或同熔岩浆侵入活动有关,成矿时代以海西期、燕山期为主。

①含金石英脉型,代表性矿床有银公山、哈达庙、朝克文都、老羊壕等金矿,其成矿物质主要来源于地壳深部的重熔岩浆;②破碎蚀变岩型,代表性矿床有东伙房金矿。该矿分布于内蒙古台隆之大青山台拱内,受临河—集宁深断裂控制,矿体产于燕山早期重熔钾长花岗岩体中;③含金(银)石英-萤石-黑钨矿脉,以色拉哈达、赵家村为代表。色拉哈达矿床分布于地台北缘深大断裂与加里东褶皱带南缘构造接壤部位(地槽南缘内),含金、银石英-萤石-黑钨矿脉产于燕山早期黑云母二长花岗岩体的外接触带。

(4)产于显生宙基性、超基性岩(包括蛇绿岩套)中的金矿。

①与基性、超基性侵入岩有关的铜、镍硫化物矿床共伴生的金矿,典型矿床为黄花滩,黄花滩矿床是一个含有多种贵金属的铜、镍型岩浆矿床,产于海西期基性杂岩体中,铜、镍、铂、钯矿体主要赋存于杂岩体南部边缘的角闪岩体里,有大小矿体 10 个;②产于基性侵入岩中的石英脉型金矿,如小南沟金矿,含金石英脉赋存于辉绿岩脉中断裂带千糜岩中;③产于显生宙海相基性火山岩中与块状硫化物铜多金属矿床共伴生的金矿,如谷那乌苏、白乃庙铜(金)矿床,分布于白乃庙群基性火山岩中。

(5)产于中生代陆相火山岩(次火山岩)中的金矿。

①产于火山岩中的脉型、构造蚀变岩型金矿,以海西黑金矿为代表,该矿位于镶黄旗西北部,加里东褶皱带内,矿体产于晚侏罗多伦组安山质火山岩及次火山岩中,容矿岩石为安山岩和安山玢岩;②产于次火山岩中的隐爆角砾岩型金矿,以欧布拉格金、铜矿床为代表。该矿位于狼山西缘,处于华北地台北缘西段深断裂与宝音图深断裂(银川—昆明深断裂的北延部分)交切部位,属构造-岩浆剧烈活动的地域。矿区出露了晚侏罗世陆相火山岩地层及次火山岩类,由流纹质熔质火山角砾岩、英安质熔质火山角砾岩、安山岩及石英闪长玢岩(脉)和石英斑岩组成。发育有环带状及放射状断裂构造,显示有破火山口机构(构造)存在的特征,金铜矿化与次火山岩相的石英斑岩、石英闪长玢岩关系密切,矿体产于隐爆的石英斑岩、石英闪长玢岩内或其周边,呈分枝脉状、透镜状。

本章按层控变质型金矿床、造山型金矿床、火山次火山岩浆金矿床归类论述。

第一节　内蒙古层控变质型黄金矿床及成矿地质环境

一、层控矿床

1. 层控矿床概述

层控变质型矿床国外常称为沉积-变质型或海底热水喷流(气)沉积成因型矿床。国内的同类型有色金属矿床特别是大中型矿床,基本上是火山喷气(或热液)-沉积-变质-改造复合成因的矿床,如果单用沉积一词意味着成矿物质有陆源沉积成因的含义大,与所要表达上述成矿物质来源的意义有言不由衷之处。建议用层控一词,它既包含了火山沉积物源又包含了陆源沉积物源范围。用变质型一词,它既包含了对早期成岩成矿就位矿床或矿源层的成矿作用又包含了后期改造(包括岩浆热液)富集成矿作用过程。

层控矿床属复生矿床范围,指成矿物质在同生沉积的基础上经后期地质作用改造而形成的、受一定地层层位、岩性和构造所控制的矿床。全局上矿床呈带状、层状分布,局部上则既有层状也有脉状和不规则状,具有同生沉积的特点,也具有后期热液成矿的特征。

2. 层控变质型矿床特征

(1)成矿物质来源有陆源风化产物、海底火山喷发物、地下水溶解物质或海水-海底热液中溶解物。

(2)成矿物质初步富集(矿源层的形成)是通过同生沉积、成岩和后生过程中的水-岩间相互作用、介质物理化学条件的突然变化以及生物-生物化学作用等实现的。

(3)成矿物质的叠加改造作用,对矿源层的活化、转移、再改造、再富集,包括热液叠加改造作用和变质叠加改造作用,前者主要有流体的参与并发生大规模元素的带入带出,后者主要为温度压力的变化引起。热液叠加改造作用具有更重要的意义。

(4)矿床严格受地层层位和岩性控制,其矿体多局限于一个或几个层位内,并与层位中的某些岩性相关。

(5)矿体形态多样,有层状、似层状、脉状、囊状或其他不规则形态的矿体,形态复杂的富矿体多出现在地质构造复杂的局部地段。说明成矿物质在转移富集过程中，受到地质构造的制约。可见，层控矿床不等于层状矿床，层控矿床虽然赋存在一定地层层位中，但在该层位中却可以出现不同形状的矿体(雷国伟，1987)。

(6)围岩为沉积岩、火山岩或变质岩，前者也是从后二者经变质作用形成的。

(7)由于矿床成矿物质来自同一矿源层，矿床成群、成带分布，从而构成成矿带、成矿区。在林西、翁牛特旗呈面状分布的二叠系铜多金属矿(图6-11)、狼山地区呈面状分布的渣尔泰群多金属矿(图6-24)显示了层控矿床的这一特征。

我国火山块状硫化物层控变质型矿床分布很广泛，主要集中区有内蒙古的狼山地区、山西中条山地区、川南—滇中的昆阳—会理群分布地区，四川李伍地区以及辽宁红透山、山东福山和甘肃的陈家庙等地(汤中立等，2002)。

内蒙古白云鄂博、渣尔泰裂谷区的层控变质型矿床特点是在前期矿源层形成后、经区域地质变质改造作用、强度轻微-中等、基本未发生成矿物质的叠加、保存不少同生沉积成岩成矿特征。

内蒙古层控变质型矿床主要分布在白云鄂博、渣尔泰裂谷区及翁牛特旗一带裂隙槽区域。金矿床则分布在裂谷存在区域。因此，有必要分析成矿裂谷的地质背景，探讨矿床成矿规律、找矿目标、找矿部署、使用方法。

二、裂谷与金矿成矿

1. 裂谷火山活动与成矿

长山壕、朱拉扎嘎金矿位于内蒙古白云鄂博、渣尔泰裂谷区内，研究它们的成矿条件，自然要了解其成矿的裂谷地质环境。裂谷作用与地幔活动密切相关，是由异常地幔上升而导致的张应力强加于岩石圈的反映。裂谷往往被切穿岩石圈的深断裂所限制，其中堆积了厚度巨大的以碎屑岩为主的沉积，多数伴有强烈的火山深成作用。裂谷的岩浆活动是裂谷作用促成的，即岩浆活动或者是从软流圈经断裂带排出岩浆，或者是因断裂带释压促使火成岩发生部分熔融而引起。裂谷扩张速度较快时，大量的软流圈炽热物质上涌到裂谷带，随之部分熔融体的体积增大，以喷发碱性-弱碱性(过渡型)玄武岩为特征。裂谷火山岩浆演化的一般趋势是，从碱性玄武岩经过渡型玄武岩到拉斑玄武岩。

1)白云鄂博裂谷

白云鄂博裂谷带的岩浆活动主要集中于两个时期，早期(尖山期)为中心式火山喷发，以碱性超基性-火山沉积碳酸岩及富钾碱性-酸性火山岩为代表，并有超基性岩、辉长岩、碱性辉长岩、霓石岩、正长岩、碳酸岩等碱性岩墙和岩脉，构成成分较复杂的碱性超基性-碳酸岩组合。分布局限于白云鄂博矿区及其附近。晚期(呼吉尔图期)以镁铁质熔浆裂隙式喷发(溢流)为主，以其变质产物——次闪绿帘岩为代表，呈近EW向线型展布，层状产出，广泛分布于白云鄂博西北的哈它布齐、达茂旗西北的呼吉尔图以及四子王旗等地。以其独特的岩性特点和较稳定的分布，构成白云鄂博群呼吉尔图组的标志层。

白云鄂博裂谷带发育有两种岩浆组合。早期呈点型局部发育的、由侵入中心式喷发的碱性、超基性-碳酸岩组合；晚期广泛发育的溢流式喷发的偏碱性、中基性火山岩组合。这两类组合正是大陆裂谷作用的典型岩浆岩组合，它们反映了裂谷的构造-岩浆活动的特点。

在尖山期裂谷的扩张速度逐渐增强，张应力产生的裂谷断层切穿岩石圈，导致减压，从而引起火成岩的部分熔融。同时，在静压力条件下，黏性很小的炽热物质从软流圈上升进入裂谷断层，沿渗透性较强的部位上升、侵位，首先形成了规模不大的正常辉长岩体。正常辉长岩稀土配分模式为一条没有Eu亏损的很平坦的曲线，δEu为0.97，这表明正常辉长岩的成分很可能接近未经分异的母岩浆（贾和义等，2003）。随着岩浆演化和结晶分异作用，产生了富碱的残余熔体，形成碱性辉长岩，以及代表引张环境的碱性岩墙，如辉绿岩、正长岩、钠长岩、霓石岩、钠闪石岩等。其中辉绿岩的岩石化学成分和微量元素与碱性辉长岩比较接近，Na_2O含量高达5.10%，与其相应的锂、锶、铷、钛、锆、铪、铌、钽等微量元素含量也较高。这说明随着岩浆的演化，残余熔体溶液中的碱金属和稀有元素含量也有明显增高，铅、锌、铜、金、银、铁等成矿元素喷出地表，与海相沉织物质一起形成火山沉积岩。

白云鄂博裂谷带的矿产以铁、稀有、稀土、黄金矿床和岩浆岩型铜镍矿床为特色。前者与裂谷的发生、发展密切相关，后者是裂谷带后期继承性活动的产物。形成矿床为特大型铁、稀有、稀土、磷、氟、钾、黄金等综合性矿床。共生矿物、元素组合极为丰富，目前已发现71种元素，170余种矿物种及变种，其中钛、锆、铪、铌、钽、锂、锡、钨、铀等造矿元素多达26种。长山壕等金矿床赋存在裂谷带西段。

2）渣尔泰裂谷

渣尔泰裂谷带内火山活动较弱，火山岩不太发育，但在横向上分布较广泛，多见于渣尔泰群下部粗碎屑岩、长石石英砂岩的层序中，渣尔泰群岩石类型主要为阳起绿泥石英片岩、变质安山岩。恢复原岩多为碱性玄武岩，少数为安山岩、玄武粗安岩、流纹英安岩。从火山活动及其岩石特征这一个侧面说明，异常地幔上升，在地壳拉薄破裂而发生断陷的初期，堆积了粗碎屑岩和成熟度较低的砂岩，来自地幔的玄武岩浆沿断裂呈裂隙式喷发，形成线形分布的碱性玄武岩；同时也反映同沉积断裂切割深度较大，为幔源物质提供了喷发通道。

渣尔泰山裂谷带的矿产组合以层控多金属硫化矿床为主要特色，矿床（点）多成群出现，分段集中。现已查明大型矿床六个，中型矿床一个，是内蒙古重要的多金属成矿带之一。矿床赋存于中元古界渣尔泰群阿古鲁沟组中，矿体呈层状、似层状、透镜状产出，与围岩产状一致。主要成矿元素为铜、铅、锌、金、硫，并伴有钴、银、镍、金等。主要矿石矿物为黄铁矿、磁黄铁矿、黄铜矿、铁闪锌矿、方铅矿、斑铜矿等。朱拉扎嘎金矿床赋存在裂谷带的西南端。

层控岩浆热液叠加型金矿床是阿拉善成矿远景区最为重要的金矿床类型，也是目前在内蒙古阿拉善地区内发现的规模最大、类型独特且最具找矿潜力的金矿床类型，其典型代表为朱拉扎嘎金矿床。朱拉扎嘎金矿位于阿拉善地块中新元古代成矿带内，大地构造位置为阿拉善陆块边缘的中新元古代巴音诺尔公（沙布根次—朱拉扎嘎毛道）凹陷带内（图7-1）。矿体受地层和岩性控制，具有明显的层控特点。该矿床的发现对该区找矿工作具有十分重要的指导意义。

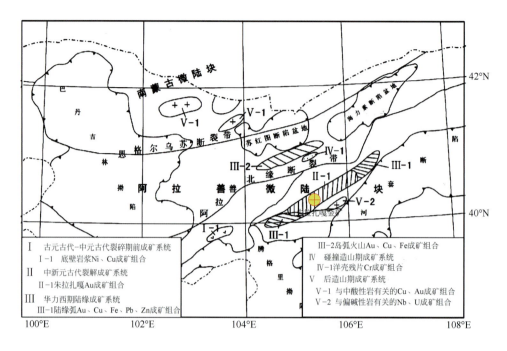

图 7-1 阿拉善地块成矿区域构造示意图

2. 地层与成矿

1) 白云鄂博裂谷

白云鄂博群自下而上可划分为 3 系 6 组,即长城系的都拉哈拉组、尖山组;蓟县系的哈拉霍圪特组、比鲁特组;青白口系的白音布拉格组和呼吉尔图组。地层总厚度大于 7265m。

白云鄂博群是中元代白云鄂博裂谷海的沉积物。这一地层的早期沉积物为陆相、海陆过渡相的三角洲沉积物。随着裂谷的发育、海水范围的扩大和海水深度的增加,白云鄂博群逐渐发育有滨海相-浅海相-次深海相的沉积物。它包含两个大的沉积旋回、六个次级沉积、两期火山活动。白云鄂博群岩性组成复杂、早期和后期具有火山沉积物及其沉积韵律明显为其特征。

白云鄂博裂谷带沉积厚度达万米以上,碎屑岩及泥页岩为主,滑塌堆积、浊流沉积,并有较强烈的火山活动等。这些特征与渣尔泰山裂谷带形成较明显的对照,说明该裂谷作用更强烈,特别是次深海相浊积岩和后期裂隙式强烈喷发的玄武岩,表明大陆壳向大洋壳的过渡趋向,体现了大陆边缘裂谷带的特点。裂谷沉积厚度 3~10km,沉积厚度规模巨大,但双层结构不明显(贾和义等,2003),应该是火山作用较强烈所致。

2) 渣尔泰裂谷

阿古鲁沟组碳酸盐台地为陆表海型碳酸盐台地,地形起伏小,可分为台地缓坡相、台地边缘礁相、开阔台地相、台地潮坪相。台地缓坡相为藻纹层泥晶灰岩、含碳质白云岩等,阿古鲁沟组一段偏下部层位,岩性为薄层状含碳质粉砂质泥岩,夹有少量粉砂岩,发育水平层理。陆棚位于正常浪基面之下,向外海与大陆斜坡相接的广阔浅海沉积地区,主要见于阿古鲁沟组一段、三段,岩性为灰黑色碳质粉砂质泥岩,为低能环境的产物,具水平纹层理,旋回性不明显。

阿古鲁沟组底部为2m厚的紫红色铁质砂岩；下部主要为灰黑色含碳二云母千枚状板岩及碳质绢云千枚状板岩；中部为灰黑色、深灰色片理化含碳泥（砂）质微晶灰岩及钙质板岩；上部为灰黑色眭化粉砂质碳质板岩、碳质粉砂质千枚状板岩夹砂质结晶灰岩，共厚1524m。分布广泛，西起乌拉特后旗狼山的霍各乞、炭窑口，向东经乌拉特前旗佘太镇董大沟、小佘太乡书记沟至固阳县北康兔沟和武川县东柜等地。本组底部与下伏的增隆昌组为整合接触。黑色板岩中含有多层锰矿和含铜多金属硫化矿床，是铜多金属硫化矿床、金矿床的重要控矿层位。

裂谷中沉积了渣尔泰山群书记沟组、增隆昌组、阿古鲁沟组地层组合。下部书记沟组为巨厚的陆缘碎屑岩建造，沉积构造显示出由陆相向三角洲相演变的滨岸相沉积环境。增隆昌组为碎屑岩-碳酸盐岩建造，以富含叠层石的白云质灰岩为主，其他碎屑岩占30％左右。

阿古鲁沟组在渣尔泰山裂谷中占有重要的位置，沉积建造为碳质泥岩夹碳酸盐岩建造。含碳质是本组一大特点，岩石中普遍含黄铁矿，并在二、三段中富集成矿。在该组中多处见到同沉积变形构造，反映此时裂陷活动较强。渣尔泰山群内部存在两个区域性不整合界面，即增隆昌组与阿古鲁沟之间的不整合面、阿古鲁沟组与刘鸿湾组间的不整合界面。前者表现为增隆昌组顶部白云岩被溶蚀成各种喀斯特地形，残积铁矿充填于喀斯特凹地中，构成一典型的红土型风化壳，后者以阿古鲁沟组顶部黑色板岩出现富含铁质风化层为标志，它们分别由增隆昌抬升和沙尔肖运动形成的暴露界面，构成区域性的不整合界面。

3. 矿床成矿特点

裂谷区域南、北两个成矿亚带中的主要矿床和大部分矿点属层控变质类型，矿床主要形成于沉积成岩阶段，后期的区域变质作用、褶皱、断裂构造及火山活动（未发生带进或带出成矿物质）富集改造作用等成矿。本区域成矿特点如下。

（1）古地理环境控制矿床的分布。太古界五台群形成以后呈NE-SW向的古隆起横贯于全区，在其两侧存在着一系列断陷盆地，呈NE-SW展布的狭长海槽。古隆起的SN两侧则以古隆起的底洼部位海水相通，但连通性较差，所以，SN两带各自接受的沉积物也有差异，其物质来源应该是多方面的，主要来源于陆源和海底火山喷发物的沉积。总的来看，渣尔泰群地层的沉积包含一个海进-海退的沉积旋回。岩相组合为粗碎屑岩-黏土岩-碳酸盐岩-细碎屑岩。渣尔泰群各岩组地层厚度、岩相变化较为稳定，说明其是一个相对稳定的沉积环境。但在第二岩组的沉积过程中，次级振荡韵律比较频繁，所以表现为沉积的多层性，碎屑岩-含碳质的黏土岩-碳酸盐岩是交替产出的互层带，在此互层带中沉积了不同矿种的含矿层。

南带所处的位置为近古陆的浅海海岸——滨海带，由于受地貌和水下古隆起的影响，与大海连通性差，形成了有障壁性的海岸环境，局部为半封闭的潟湖、港湾环境，可以认为是潮上潮间带沉积环境。虽然同处于一个断陷盆地内，但由于在同一断陷盆地内地形有高低不平的差别，低洼部位地层沉积较厚，矿质也较集中，形成了几个不同的矿床。就是说，矿床的形成受大的断陷盆地控制，也受其中低洼的小盆地控制。岩性组合为碎屑岩-黏土岩-碳酸盐岩-细碎屑岩组合，其中，碳酸盐岩以含镁高为特点，镁钙比大于1，属具蒸发岩特征的白云岩。碳质岩以含大量自形晶黄铁矿及矾类广布于南带。由于受次级振动的影响，南带渣尔泰群地层，特别是第二岩组表现为一个多次级韵律的振荡环境和海底火山喷发的阶段性，不同阶段喷发不同的物质,因此,与此有关的矿体呈多层性薄层状。成矿元素因与古地理条件和沉积环境、岩相组合及物质来源有关,而以锌、硫为主,其区域背景值以锌、硫、铅、铜、铕次序出现(张秀琴等,2012)。所以构成了以东升庙、炭窑口矿床为代表的渣尔泰南部锌、硫多金属成矿亚带(图6-23)。

北带因距古陆较远,属陆棚盆地,是相对稳定的浅海水下洼陷,从而为成岩、成矿提供了一定程度的浓集作用。其处于弱还原环境,表现为有别于南带的岩相组合、地球化学、含矿性能等特征。岩相组合为厚大的泥质为主的黏土碎屑岩-黏土岩-碳酸盐岩-泥碳质岩,其中,碳酸盐岩含泥质和钙质较高,镁钙比小于1,是灰岩、泥夹岩,分布广泛而稳定。渣尔泰群第二岩组在此带中是相对稳定的沉积环境,形成了多矿种的较厚大的矿体,而且较为稳定。成矿元素以铜、铅为主,构成了以霍各乞铜矿床为代表的北部铜多金属成矿亚带。

(2)渣尔泰群地层控制着矿床分布。渣尔泰地区层控型有色金属矿床的矿(化)点均赋存于渣尔泰群地层中,特别是已探明具有工业意义的矿床及有远景的矿点,严格受地层层位的控制,赋存于渣尔泰群第二岩组中。此岩段沉积环境相对稳定,其中较频繁的小振荡形成了板岩灰岩-石英岩组合,各类岩石含一定量的碳泥质岩,称为"黑色层"或互层带,是本区的主要含矿层位,并表现为多层性。矿床呈带分布,层状、似层状产出,矿体形态简单,品位、厚度均较稳定。矿体产状与地层产状一致,呈正相关关系,并与围岩同时发生褶皱和断裂,在褶皱的轴部及褶皱转折端有矿体加厚和品位变富的趋势。从矿体金属矿物赋存状态、结构、构造来看,矿床具明显的同生沉积特征,如矿体呈条带状、鱼状、环带状,矿体边部有黄铁矿结核存在(东升庙),说明了比较标准的沉积特点。

(3)岩性控制矿床(体)的分布。从三大矿区看,不同矿体分别赋存于不同岩性中,明显受岩性的控制。造矿元素的分带特征表现了矿床的沉积性质,如北带霍各乞矿区铜在条带状石英岩中特别富集,铅、锌在碳质板岩中富集,铁、铜、铅可同时在透辉闪石岩和大理岩中富集。南带东升庙、岩窑口矿区硫矿体、锌硫矿体、铜硫矿体主要赋存于灰质白云岩或白云岩中,锌铅矿体主要赋存于碳质板岩中。矿体随赋存岩性变化而变化,产状严格受岩层控制,具明显的岩控特征。以上成矿特征是多种金属物源于当时的古地理条件、沉积环境,在一定的物理、化学条件下沉淀富集的结果。含矿岩层以普遍含炭反映了当时处于还原弱环原环境。铅、锌主要赋存于程度较高的碳泥质层,并伴有大量的黄铁矿,反映其处在封闭半封闭较稳定的还原环境。铜处于弱碱性条件下的弱还原环境,赋存矿体的岩石具岩质条带等微韵律,反映了当时的半封闭、小动荡环境(图6-23)。不同矿种赋存在不同岩性层中,岩控特征明显。

(4)矿床形成的时间控制特点。据天津冶金地质调查所在东升庙、岩窑口矿床采集的方铅矿可知,"正常铅"的单阶段模式年龄测定都在16亿~15亿年,与地层的沉积年龄相同(冶金天津地调所有色组,1981)。

(5)金在渣尔泰群比鲁特组地层及白云鄂博群阿鲁古沟组地层背景值高,是找黄金矿床的有利层位。中元古界集中分布于两个地区(限于已经工作的区域):甲生盘至康兔沟一带(渣尔泰群分布区),金背景场为$(0.8\sim1.2)\times10^{-9}$ $(500km^2)$;道德腰带—白音乌珠尔—白云鄂博一带(白云鄂博分布区),背景场在$(0.8\sim1.0)\times10^{-9}$ $(100km^2)$(中国科学院地球化学研究所,1988)。

区域变质、构造变动、岩浆活动对本区矿床的形成无直接提供成矿物质的关系,从几个主要矿区成矿特征来看,上述三种地质作用起到使原成矿物质重熔、活化、富集的作用,使在原始沉积成岩层矿的基础上富集改造形成矿床。

三、内蒙古重要层控变质型金矿床

(一)乌拉特中旗长山壕金矿床成矿分析

长山壕金矿床位于乌拉特中旗,探明的矿床储量超过120t成超大型金矿。

1. 区域地质成矿背景分析

1)地质背景分析

华北陆台北缘西段存在两条EW向大致平行分布的裂谷带,北部一条称为白云鄂博裂谷带,南部一条称为渣尔泰裂谷带。上述两条裂谷带形成时间上大体相同,经过大致相同的后期地质变动,两者形成环境、岩性组合和矿种类型上却存在较明显的差异。

长山壕金矿床从大地构造位置上看,位于华北板块与西伯利亚板块之间的显生宙造山带内(图7-2),地处高勒图和合教—石崩断裂带所夹持地带。区内基底主要为太古界五台群变质岩和早元古界色尔腾山群变质岩,盖层由中元古界白云鄂博群及显生宙沉积岩组成。中元古界白云鄂博群不整合覆盖在太古界五台群变质岩或早元古界色尔腾山群变质岩上。上部地层侏罗纪与第三系呈不整合接触。区域上类似矿床的对比见表7-1。

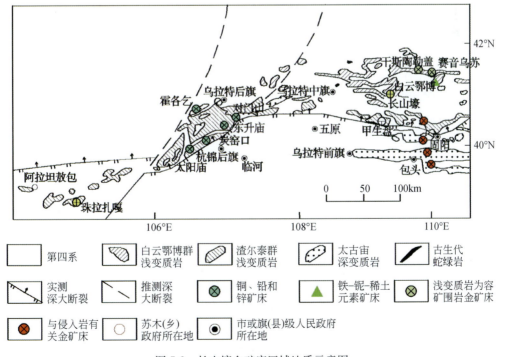

图7-2 长山壕金矿床区域地质示意图

区域性大断裂有川井—布鲁台庙、郜北—查干布拉格、乌拉特后旗—巴音宝力格—东红胜断裂和吉兰泰—德令山—武川—可可以力更断裂。

矿床分布在华北板块北缘白云鄂博裂谷带的西端,该带沿海流图—白云鄂博—百灵庙—乌兰花一带展布,EW 长 800km,SN 宽 20～131km。北部边界以川井—布鲁台庙为界,南部以郜北—查干布拉格深大断裂为界。裂谷带为中元古界白云鄂博群火山-沉积岩充填,地貌形态呈强烈剥蚀的准平原-丘陵地带。

表 7-1　长山壕型、卡林型、穆龙套型金矿床地质特征

地质特征	长山壕式	卡林型	穆龙套型
地质环境	中元古古大陆内部或边缘裂陷盆地	古生代古大陆边缘裂谷或凹陷区	古大陆内部 NW 向裂陷盆地(缝合带)
赋矿层位	中元古代富硫和碳变质砂岩、细砂岩、粉砂岩、千枚岩和片岩	奥陶系-志留系-泥盆系-杂质碳酸盐岩-细碎屑岩和角砾岩	寒武系-奥陶系变质砂岩、变质粉砂岩、细砂岩和灰岩以及片岩
侵入岩体	海西期煌斑岩、闪长玢岩、辉绿岩和花岗岩脉群	矿区深部见有古近纪二长岩和煌斑岩脉	海西期黑云母花岗岩、正长岩和煌斑岩体(脉)
矿体产状	沿韧脆性剪切带层间破碎带内呈层状、似层状、条带状和透镜体状分布	沿断裂带或层间破碎带呈层状、似层状和透镜体状产出	沿裂带或层见破碎带呈层状、圆锥状和透镜状矿体
矿石构造	侵染状、细脉状、蜂窝状和条带状和块状	侵染状、蜂窝状、条带状和团块状	细脉状、脉状、网脉状、团块状和侵染状
矿物组合	黄铁矿、磁黄铁矿、黄铜矿、毒砂、方铅矿、自然金、辰砂、银金矿;石英、绢云母、绿泥石、高岭石和方解石	自然金、黄铁矿、雄黄、雌黄、辰砂、辉锑矿、毒砂、有机碳、碳酸盐类和石英	黄铁矿、毒砂、磁黄铁矿、辉钼矿、白钨矿、自然铋;石英、正长石、绿泥石、方解石、绢云母和电气石
围岩蚀变	硅化、绢云母化、透闪石化、阳起石化和碳酸盐化	硅化、泥岩化、黄铁矿化、碳酸盐化和白云石化	硅化、钾化、绢云母化、碳酸盐化和电气石化
化探异常	Au-Ag-Pb-Zn-As-Sb-Bi-Mo	Au-As-Hg-Sb-Ti-W-Mo	As-Au-W-Bi-Te-Sc-Ag
选冶特征	砷、硫、锑和有色金属元素含量均比较低,易选冶	砷和锑含量较高,较难选冶	砷、铋和硼含量高,对选冶有一定影响
流体来源	混合流体(岩浆与变质热液)	以大气降水为主的混合流体	富碳和 CH_4 以及贫 NaCl 的混合流体

2)富矿地层

白云鄂博群自下而上可划分为 6 个岩性组、18 个岩性段,分别是都拉哈拉组、尖山组、哈拉霍格特组、比鲁特组、白音宝拉格组和呼吉尔图组,各岩性组(段)界线清晰,互为整合接触关系。尽管白云鄂博群主要岩石类型有石英岩、细砂岩、石英砂岩、灰岩、砂质板岩、泥质粉砂岩和碳质板岩,局部地段见有粗面岩、英安岩和流纹岩,厚度为 9000m。长山壕金矿床赋存于比鲁特地层。

比鲁特组黑色板岩、暗色石英岩、碳质板岩和暗色千枚岩是古裂谷带深水环境浊流沉积作用形成的。

比鲁特组的成岩时期是白云鄂博群沉积中海水最深、裂陷幅度最大的时期。在此期间，裂谷作用使该区强烈下陷，地幔物质上涌，海底火山喷发作用时有发生，成矿物质随之带出，处于裂谷的鼎盛时期，沉积了白云鄂博群厚度最大的岩组。

比鲁特组(Jxb)主要分布于达茂旗白音布拉格以东及乌贵以南等地，岩性为深灰色绢云母板岩、含粉砂绢云母板岩、变质粉细砂岩等，厚度2113m。岩性较软，呈明显的负地形，总体呈NEE向展布。据岩性岩相特征，自下而上分为4个段。

一段为暗灰色含粉砂绢云母板岩、深灰色绢云母板岩，其间夹灰色变质粉砂岩，与下伏哈拉霍圪特组呈整合接触。厚度大于136m，该段由A、B两种基本层序构成。

二段为暗灰色变质微粒石英(杂)砂岩，其间夹有薄层状灰色变质粉砂岩。与下伏比鲁特组一段呈断层接触。厚度大于134m，该段发育A、B两种基本层序。

三段为暗灰色含碳质绢云母板岩、绢云母板岩、含碳质绢云母斑点板岩、含碳质堇青绢云母板岩、黑灰色粉砂质绢云母板岩等，顶部为暗灰色硅质阳起石板岩，具毫米级的薄层状构造。与下伏比鲁特组二段呈整合接触，厚983m，由A、B两种基本层序构成。

四段下部为深灰色绢云母(斑点)板岩夹变质粉砂岩；中上部为深灰色绢云母板岩，粉砂质板岩夹变质细粒石英砂岩透镜体，顶部夹有多层褐红色铁质氧化层，厚度3~10cm不等，为典型红土型风化壳产物。与下伏比鲁特组三段呈整合接触，顶部被白音布拉格组一段平行不整合覆盖，厚度860m。该段内发育A、B、C、D四种基本层序类型。

比鲁特组有一套蛇纹岩质滑塌堆积，出露长约1200m，沿走向宽度有明显变化，厚度约130m。滑塌堆积的下伏岩层为细粉质石英岩，上覆岩石为泥质、硅质岩，含有数量不等的砂屑。滑塌堆积与上覆岩石及下伏岩层呈整合接触，表明其形成时期与比鲁特组的时代相当。滑塌块主要为蛇纹岩块，其次是黑色板岩块，还有少量石英岩岩块。蛇纹岩滑塌块多呈圆球状、黑色板岩滑塌块。沉积环境处于次深海-深海环境，在海底地貌差异较大的地区，使早期侵位的超基性岩与尚未完全固结成岩的泥、硅质沉积物一起形成独特的滑塌堆积体。此外，比鲁特组含少量细粒黄铁矿。细碎屑岩、泥页岩沉积厚度巨大，达2000多米。

原生构造中水平细纹层、微细斜层理、小型不对称波痕、沟膜、槽膜、重荷膜、砂枕等很发育。从物质组成、原生构造、波痕指数、粒度分析，比鲁特组中上部的细碎屑岩-泥页岩是次深海相浊流沉积。地球化学资料也从一个侧面反映了深海沉积特点，细碎屑岩-泥页岩中含有铅、锌、铜、金、银、钛、锆、铪、铌、钽、锂、锡、钨、铀元素，显示出半封闭海相或次深海相海水流动不畅的还原环境沉积的特点。

3) 与成矿相关岩体

长山壕金矿区岩体与金矿化有密切时空分布关系。金矿体有成因联系的岩体划分为两种类型：其一是构成金矿体的顶板或底板的花岗斑岩和二长花岗斑岩岩脉(墙)或(枝)，部分岩脉边部明显硅化和绢云母化，是矿(化)体的组成部分；其二是呈岩株或岩基状侵入含矿沉积岩地层中，虽未发现金矿化岩体，但其对含矿地层的改造作用明显。

花岗斑岩呈脉状侵入矿区白云鄂博群变质地层，单个脉体长度为10~70m，平均值为25m，宽度为1~10m，平均值为4m。一般来讲，这些岩脉大都呈近EW走向，向南或北倾斜，倾角为50°~80°。岩脉大都沿矿体的底部常常构成顶板或底板。肖伟等(2012)对长山壕部分岩浆岩进行了同位素测定。

花岗斑岩脉锆石LA-ICP-MS U-Pb同位素测年，锆石中的U和Th的含量范围分别为

(97～3791)×10⁻⁶、(54～2625)×10⁻⁶(表 7-2)，Th/U 值为 0.12～1.25，平均值为 0.59，具有岩浆锆石的特点。样品中 10 个测点给出的 $^{206}Pb/^{238}U$ 加权平均年龄值为(290.9±2.8)Ma，MSWD＝1.4(表 7-2)，花岗斑岩的结晶年龄属于早二叠世早期。

二长花岗斑岩呈脉状侵入到矿区白云鄂博群地层，单个脉体长度为 10～60m，平均值为 20m，宽度为 1～15m，平均值为 6m。一般来讲，这些岩脉大都呈近 EW 走向，向南或北倾斜，倾角为 40°～60°。岩脉大都沿矿体的底部构成其顶板或底板。

二长花岗斑岩脉锆石的 LA-ICP-MS U-Pb 同位素测年，其中一个样品中 11 个测点给出的 $^{206}Pb/^{238}U$ 加权平均年龄值为(287.5±1.9)Ma，MSWD＝2.4(表 7-2)，二长花岗斑岩的结晶年龄，属于早二叠世早期(肖伟等，2012)。

黑云母花岗岩呈岩基、小岩株出露于矿区北部和南部，距金矿化带数百米至数公里不等，侵入岩体内尚未发现金矿化。

黑云母花岗岩基(矿区北侧)锆石的同位素测年，其中一件样品锆石 8 个测点给出的 $^{206}Pb/^{238}U$ 加权平均年龄值为(274.0±2.3)Ma，MSWD＝1.4；后一件样品中 12 个测点给出的 $^{206}Pb/^{238}U$ 加权平均年龄值为(267.9±1.2)Ma，MSWD＝0.95(表 7-2)。矿区北侧黑云母花岗岩基侵位于早二叠世晚期，矿区南侧黑云母花岗岩株测年结果，岩体侵位于中二叠世早期(肖伟等，2012)。

表 7-2　长山壕矿区花岗岩类同位素年龄测试结果表(肖伟等，2012)

测点号	Th/U	同位素比值						年龄/Ma			
		$^{207}Pb/^{206}Pb$		$^{207}Pb/^{235}U$		$^{206}Pb/^{238}U$		$^{207}Pb/^{235}U$		$^{206}Pb/^{238}U$	
		值	±1σ	值	±1σ	值	±1σ	年龄	±1σ	年龄	±1σ
WZK117-12 花岗斑岩(采样位置：钻孔)											
1.1	0.25	0.0511	0.00044	0.31911	0.00469	0.04538	0.00051	281	4	286	3
2.1	0.26	0.05186	0.00072	0.33726	0.00834	0.04685	0.00056	295	6	295	3
3.1	0.31	0.05227	0.00038	0.32812	0.00366	0.04577	0.00047	288	3	288	3
5.1	1.25	0.05017	0.00031	0.32231	0.00296	0.04673	0.00031	284	2	294	2
9.1	0.92	0.05383	0.00058	0.33643	0.00555	0.04543	0.00059	294	4	286	4
11.1	0.56	0.05407	0.00153	0.34684	0.01613	0.04602	0.00063	302	12	290	4
13.1	0.86	0.05427	0.00035	0.3412	0.00546	0.04561	0.00068	298	4	287	4
15.1	0.71	0.05228	0.00038	0.33772	0.00528	0.04687	0.00066	295	4	295	4
18.1	0.77	0.05215	0.0005	0.32864	0.00597	0.04568	0.00069	289	5	288	4
20.1	0.98	0.05328	0.00069	0.33842	0.01679	0.04537	0.0014	296	13	286	9
CSH-10 二长花岗斑岩(109°16′13″E,41°40′16″N)											
3.1	1.36	0.05248	0.00043	0.33535	0.00362	0.04640	0.00040	294	3	292	2
4.1	0.55	0.05438	0.00069	0.34686	0.00421	0.04648	0.00047	302	3	293	3
5.1	1.48	0.05201	0.00020	0.32280	0.00203	0.04505	0.00022	284	2	284	1
6.1	0.99	0.05389	0.00032	0.33870	0.00233	0.04568	0.00024	296	2	288	1
7.1	1.14	0.05301	0.00031	0.33665	0.00253	0.04610	0.00022	295	2	291	1

续表

测点号	Th/U	同位素比值						年龄/Ma			
		$^{207}Pb/^{206}Pb$		$^{207}Pb/^{235}U$		$^{206}Pb/^{238}U$		$^{207}Pb/^{235}U$		$^{206}Pb/^{238}U$	
		值	$\pm 1\sigma$	值	$\pm 1\sigma$	值	$\pm 1\sigma$	年龄	$\pm 1\sigma$	年龄	$\pm 1\sigma$
CSH-10 二长花岗斑岩(109°16′13″E,41°40′16″N)											
13.1	1.06	0.05291	0.00066	0.32850	0.00542	0.04511	0.00060	288	4	284	4
14.1	1.11	0.05383	0.00028	0.33961	0.00207	0.04579	0.00021	297	2	289	1
16.1	1.06	0.05389	0.00062	0.33701	0.00312	0.04546	0.00038	295	2	287	2
17.1	1.05	0.05504	0.00051	0.34334	0.00402	0.04526	0.00030	300	3	285	2
18.1	1.21	0.05162	0.00023	0.32173	0.00257	0.04520	0.00031	283	2	285	2
20.1	1.26	0.05259	0.00031	0.32849	0.00301	0.04532	0.00035	288	2	286	2
CSHG-4 黑云母花岗岩(109°16′3″E,41°41′10″N)											
1.1	0.73	0.05206	0.00082	0.30828	0.00592	0.04297	0.00046	273	5	271	3
3.1	0.91	0.05197	0.00029	0.31332	0.00348	0.04376	0.00045	277	3	276	3
7.1	0.55	0.05196	0.00058	0.30834	0.00386	0.04312	0.00038	273	3	272	2
8.1	0.64	0.05364	0.00035	0.32207	0.00264	0.04360	0.00027	283	2	275	2
9.1	0.71	0.05204	0.00079	0.31600	0.00621	0.04395	0.00034	279	5	277	2
10.1	0.50	0.05151	0.00109	0.31152	0.00851	0.04366	0.00041	275	7	275	3
14.1	0.73	0.05131	0.00049	0.30094	0.00335	0.04261	0.00041	267	3	269	3
16.1	0.79	0.05263	0.00017	0.31430	0.00338	0.04327	0.00042	278	3	273	3
CSHG-7 黑云母花岗岩(109°16′3″E,41°41′10″N)											
1.1	0.61	0.05158	0.00041	0.30227	0.00335	0.04249	0.00028	268	3	268	2
4.1	1.61	0.05205	0.00034	0.29939	0.00241	0.04175	0.00026	266	2	264	2
5.1	0.25	0.05417	0.00067	0.31168	0.00478	0.04180	0.00064	275	4	264	4
6.1	0.75	0.05099	0.00135	0.30155	0.01265	0.04237	0.00038	268	10	267	2
7.1	0.92	0.05204	0.00023	0.30617	0.00206	0.04270	0.00024	271	2	270	1
9.1	0.19	0.05264	0.00090	0.30690	0.00885	0.04226	0.00090	272	7	267	6
11.1	1.26	0.05149	0.00076	0.30111	0.00616	0.04256	0.00069	267	5	269	4
13.1	0.49	0.05232	0.00041	0.30729	0.00381	0.04260	0.00042	272	3	269	3
14.1	0.73	0.05252	0.00040	0.30795	0.00332	0.04255	0.00037	273	3	269	2
15.1	0.24	0.05186	0.00030	0.30456	0.00400	0.04257	0.00045	270	3	269	3
18.1	1.19	0.05287	0.00154	0.30668	0.00931	0.04217	0.00154	272	7	266	9
19.1	0.79	0.05216	0.00048	0.30683	0.00335	0.04265	0.00022	272	3	269	1

2. 矿床地质特点分析

1) 矿区简况

矿床位于白云鄂博裂谷带西北端,地处高勒图和合教—石崩断裂带所夹持地带。区内出露的地层主要有白云鄂博群尖山组、哈拉霍疙特组和比鲁特组沉积岩以及第四系残积、坡积和冲积物,其中比鲁特组沉积岩是金矿床的直接容矿围岩。

矿区范围内褶皱和断裂构造极为发育,金矿床赋存在近EW向紧闭同斜和尖棱状褶皱构造中,厚大金矿体产出在褶皱轴部和翼部与断裂构造交汇处(图7-3)。

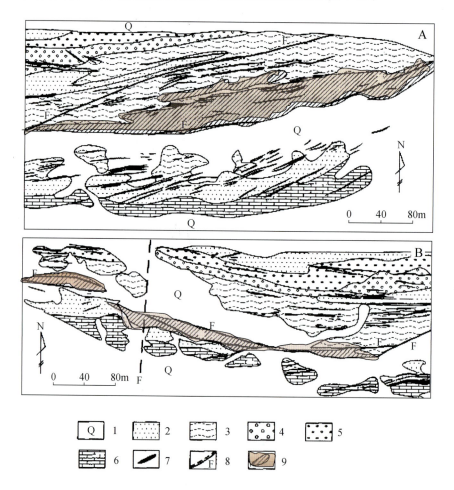

图7-3 长山壕金矿地质示意图

A. 东矿区;B. 西矿区;1. 第四系;2~6. 中元古界阿古鲁沟组(2. 变质粉砂岩;3. 千枚岩;4. 杂砂岩;5. 砾岩;6. 灰岩);7. 镁铁质及长英质侵入岩脉;8. 实测或推测断层;9. 金矿体(矿化带)

矿区褶皱为NE向展布的浩尧尔忽洞向斜,其核部为比鲁特组沉积岩,内、外翼分别为哈拉霍疙特组和尖山组火山-沉积岩。受多期次断裂构造的影响,局部地段可具有大量次级紧密褶曲和香肠状构造。断裂主要是一条左向滑动的韧性剪切带和一条近NW向展布的平移断层,前者明显被后者所切割破坏。整个剪切带呈近EW向到NE向分布,由一系列近似于平行的单个挤压破碎带和片理化带所构成,长度为4500m,宽度为50~200m

(图 7-4)。

左旋韧性剪切带由一系列近似于平行的单个挤压破碎带和片理化带构成,剪切带呈近 EW 向到 NE 向展布、NW 向或 SE 向倾斜、倾角 70°～89°。

矿区内出露的中元古界白云鄂博群包含尖山组、哈拉霍疙特组和比鲁特组,但缺失最下部的都拉哈拉组、最上部的白音宝拉格组和呼吉尔图组。尖山组主要出露在矿区的西部、北部和南部,哈拉霍疙特组在矿区的 SN 两侧广泛出露,比鲁特组地层出露在矿区中部(比鲁特组是金矿床的直接容矿围岩),自下而上可划分为 4 个岩性段,已知金矿化带都赋存在第一与第二岩性段。

金矿床(点)产在白云鄂博群比鲁特组沉积岩地层中,矿化与地层中高硫碳(局部地段有机碳含量达 6.96%)的砂岩、粉砂岩、碳质板岩和千枚岩关系密切(黄占起等,2002)。

比鲁特组地层分布在矿区中部,自下而上可划分为 4 个岩性段:①碳质粉砂岩和粉砂质板岩;②碳质千枚岩、千枚岩和片岩,局部地段见变质粉砂岩和凝灰质砂岩;③变质粉砂岩和变质砂岩,局部见变质同生角砾岩;④黑色千枚岩和千枚状片岩。在所有上述 4 个岩性段内,①和②岩性段矿体数量多和规模大。

2)侵入岩

海西期中酸性和碱性侵入岩规模大、岩石类型多,钾长花岗岩、碱性辉长岩、辉绿岩、正长岩、闪长玢岩、煌斑岩侵入白云鄂博群沉积岩中。

矿区范围内各类岩脉分布广泛,呈群带分布。主要岩石类型有辉绿岩、煌斑岩、闪长玢岩、细晶岩和伟晶岩,闪长岩和煌斑岩脉与金矿体具有密切的关系(图 7-3)。另外,在矿区的北部和南部规模不等、形态各异、时代不同的花岗岩类发育,主要有花岗闪长岩、斜长花岗岩和黑云母花岗岩。

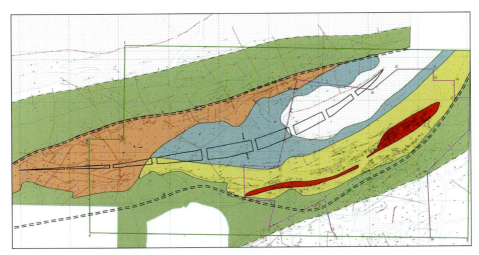

图 7-4 长山壕金矿(东部)矿床赋存褶皱与蚀变带关系示意图

矿床分布在向斜褶皱中,向斜由比鲁特地层第一、二、三层构成,矿体赋存在黄铁矿硅化带中;红带为黄铁矿化、绢云母硅化带;黄带为绢云母硅化带;蓝带为红柱石、石榴子石硅化带;绿带为碳酸盐硅化带(绿)

3)矿体

长山壕金矿床中矿体的形态和规模受地层、构造破碎带和片理化带控制。矿床主要矿体产于比鲁特组碳质粉砂岩、碳质板岩、黑色千枚岩、千枚状板岩和红柱石-十字石-石榴子石片岩中。矿体呈板状、似板状和透镜体状，矿体形态、产状和规模受褶皱、层间破碎带和片理化带控制。

金矿化区由东西向 2 个矿化带所构成，呈 NE 向展布，长度为 4500m，宽度为 20~200m。矿化区范围内先后圈定金矿体 44 个，其中 28 个分布在东矿带，16 个分布在西矿带。44 个矿体中，东矿带的 22 号矿体规模大、品位高，储量占全部储量的 55.96%。

东矿带主要矿体走向为 NE 向、NEE 向，平面上呈平行或雁行状排列，间隔距离为 10~20m。西矿带主要矿体呈近 EW 向、NW 向，平面上呈雁行状排列，间隔距离为 10~20m。单个矿体的长度为 100~1644m，平均值为 303m，厚度为 5~28m，平均值为 12m，倾斜延深为 73~235m，平均值为 148m。剖面上，矿体产出形态与地层产状大体一致（图7-5）。

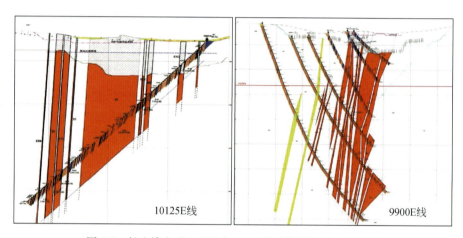

图 7-5　长山壕金矿 10125 与 9900 线矿体形态剖面示意图

矿体的热液蚀变不明显，部分矿体旁侧可以观察到硅化、黑云母和碳酸盐化。矿体矿石分为氧化型和原生型，前者出现在部分矿体的顶部，厚度为 20~70m。

氧化型矿石主要由铜蓝、孔雀石、针铁矿、褐铁矿、自然金、石英、绢云母和高岭石组成，金含量平均值为 0.68g/t；原生型矿石的金属矿物有黄铁矿、磁黄铁矿、黄铜矿、毒砂、方铅矿、自然金和辰砂，金含量平均值为 0.85g/t；脉石矿物有石英、绢云母、绿泥石、高岭石和方解石。

4) 矿床地球化学特征

肖伟等（2012）、赵百胜等（2011）、应汉龙等（1997）对长山壕金矿床地质地球化学行为做了研究。比较统一的认识是矿床层控特征明显，海西期花岗岩对矿床起到局部再活化富集和破坏作用。

(1) 微量元素地球化学。

赵百胜等（2011）对长山壕金矿的围岩和矿石进行了微量元素分析，结果见表 7-3。将分析结果进行比较（图7-6），显示碳质板岩金矿石除 Au 含量高外，其他微量元素含量和组合特征与围岩相似。含金石英脉（CSH-3）除 Au 偏高，Ba、V 偏低外，其他微量元素特征也与围岩相似，表明金矿石继承了碳质板岩的地球化学特征，层控特征明显。

表 7-3 长山壕金矿矿石、围岩微量元素分析表（赵百胜等，2011）

样号	岩性	Au	Ag	Hg	As	Ba	Cu	Pb	Zn	Mo	Ni	Co	Mn	V	P	U
CSH-3	含黄铁矿的石英脉金矿石	421.00	472.00	4.90	75.00	30.00	108.70	4.10	14.00	4.67	97.20	19.80	405.00	12.50	164.00	2.42
CSH-P1-4	碳质千枚岩金矿石	1045.00	255.00	5.00	37.72	684.00	53.10	16.00	50.00	2.80	21.80	6.80	535.00	154.00	877.00	4.40
CSH-P1-5	碳质千枚岩金矿石	527.00	230.00	5.00	110.35	546.00	66.80	15.00	55.00	3.20	25.80	7.00	706.00	140.00	720.00	6.60
CSH-P1-6	碳质千枚岩金矿石	3611.80	587.00	5.00	153.50	593.00	70.80	16.00	62.00	2.70	27.50	5.50	571.00	124.00	664.00	7.10
CSH-2	含石英细脉的碳质板岩	78.20	185.00	4.90	52.30	352.00	158.50	9.40	39.10	3.03	160.90	9.10	541.00	108.20	955.00	7.30
CSH-P1-2	碳质板岩	122.40	409.00	5.00	29.13	601.00	91.30	9.00	56.00	2.40	45.50	11.30	637.00	209.00	1 116.00	4.40
CSH-P1-3	碳质千枚岩、板岩	98.10	255.00	6.00	24.31	937.00	38.70	37.00	40.00	1.80	6.20	2.80	403.00	145.00	260.00	3.60
CSH-P2-1	条带状硅质岩	5.60	271.00	10.00	16.68	369.00	40.90	33.00	89.00	3.40	39.80	5.10	371.00	194.00	1 897.00	9.50
CSH-P2-2	黑色硅质页岩	2.50	115.00	5.00	27.58	474.00	39.70	26.00	118.00	3.70	45.10	7.70	317.00	140.00	759.00	5.00
CSH-P2-4	黑色碳质板岩	3.20	102.00	7.00	18.30	476.00	48.60	27.00	119.00	1.90	35.30	6.10	349.00	137.00	614.00	5.90
CSH-P2-5	黑色碳质板岩	11.50	121.00	8.80	9.90	564.00	25.00	18.00	101.00	1.10	14.70	6.90	448.00	99.20	942.00	4.19
CSH-P2-6	黑色碳质板岩	25.60	119.00	9.00	9.35	531.00	34.70	18.00	109.00	1.60	12.30	4.10	306.00	114.00	421.00	3.70
CSH-P2-7	黑色碳质板岩	11.50	121.00	10.80	45.50	693.00	31.20	26.20	128.00	1.49	22.90	7.90	700.00	128.40	727.00	3.95
CSH-P2-7	板岩	12.90	83.00	10.00	24.91	615.00	36.10	11.00	50.00	1.70	26.20	6.90	577.00	188.00	2 130.00	2.80
CSH-P2-8	黑色碳质板岩	9.60	67.00	5.00	13.28	802.00	47.70	14.00	83.00	1.60	20.90	10.20	500.00	130.00	599.00	2.80
CSH-P2-9	黑色碳质板岩	24.50	126.00	8.00	61.36	389.00	39.30	15.00	57.00	2.00	28.30	9.20	516.00	126.00	2 317.00	2.50
CSH-P2-14	长黑色硅质岩	3.30	222.00	7.80	9.30	174.00	67.90	40.40	90.40	5.48	38.70	4.60	846.00	218.50	1 897.00	5.71
CSH-P1-7	长石黑云母片岩	112.30	279.00	5.00	9.82	624.00	34.10	16.00	97.00	1.30	49.90	27.90	1 260.00	171.00	1 046.00	1.90

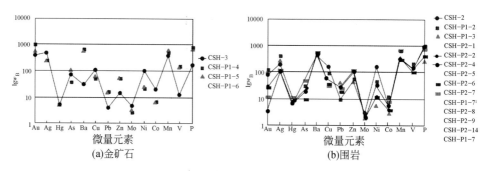

图 7-6　长山壕金矿微量元素图解(赵百胜等,2011)

(2)铅同位素及其表述成矿信息。

金矿含金石英脉中4个样品的铅同位素测试表7-4。铅同位素组成差别较大,$^{208}Pb/^{204}Pb$ 值为 37.4308~38.9792,$^{207}Pb/^{204}Pb$ 值为 15.4522~15.6741,$^{206}Pb/^{204}Pb$ 值为 7.109~18.9217。将铅同位素值投于坎农三角图解(图7-7)中,显示铅同位素为普通铅。按单阶段铅演化模式 H-H 法,参数采用国际地科联年代学分会推值,利用 GeoKit 软件计算得出长山壕金矿模式年龄为926.1~113.8Ma,年龄数值差别较大,而且出现负值,表明铅同位素经过了两阶段或多个阶段演化。将铅同位素组成投入 Zartman 构造模式图(图7-8)中,铅同位素数据点分布范围较广,在地幔铅和上地壳之间,具有壳幔混合铅的特征(赵百胜等,2011)。

表 7-4　长山壕金矿铅同位素组成及相关参数(赵百胜等,2011)

编号	矿物	$^{208}Pb/^{204}Pb$	$^{207}Pb/^{204}Pb$	$^{206}Pb/^{204}Pb$	模式年龄	$\Delta\alpha$	$\Delta\beta$	$\Delta\gamma$
CSH-8	石英	37.4308	15.4522	17.109	962.1	59.38	13.30	39.94
CSH-3	石英	37.8682	15.5284	17.635	638.8	66.04	15.98	38.66
06CSH-1	黄铁矿	38.9600	15.6453	18.566	110.3	78.14	20.75	44.55
06CSH-2	毒砂	38.9792	15.6741	18.921	−113.8	90.27	22.20	40.26

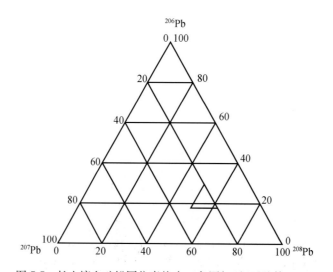

图 7-7　长山壕金矿铅同位素坎农三角图解(赵百胜等,2011)

第七章 内蒙古黄金矿产重要矿床及成矿地质环境分析

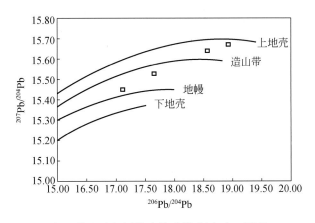

图 7-8 长山壕金矿铅同位素构造模式图(赵百胜等,2011)

朱炳泉等(1998)根据构造环境与成因不同,研究提出追踪矿石铅源区的方法。根据其方法,利用 GeoKit 软件计算得到 $\Delta\alpha$、$\Delta\beta$、$\Delta\gamma$ 值(表 7-4),投影到矿石铅同位素的 $\Delta\gamma$-$\Delta\beta$ 成因分类图解(图 7-9)上,样品点落在上地壳、造山带和上地壳与地幔混合的俯冲带交界部位,具有壳幔混合的特征。

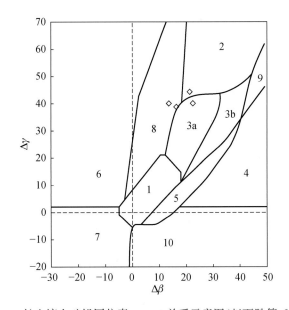

图 7-9 长山壕金矿铅同位素 $\Delta\gamma$-$\Delta\beta$ 关系示意图(赵百胜等,2011)

1. 地幔铅;2. 上地壳源铅;3. 上地壳与地幔混合的俯冲带铅(3a. 岩浆作用;3b. 沉积作用);4. 化学沉积型铅;
5. 海底热水作用铅;6. 中深变质作用铅;7. 深变质下地壳铅;8. 造山带铅;9. 古老页岩上地壳铅;10. 退变质铅

长山壕金矿、其他裂谷矿床与地层铅同位素组成对比见表 7-5,金矿铅同位素组成与富矿地层铅同位素组成相似,与渣尔泰裂谷的朱拉扎嘎金矿相似,与渣尔泰喷流沉积东升庙矿床有差别,表明矿石铅来自沉积地层。

表 7-5 内蒙古中西部产于中-新元古代地层中的矿床铅同位素组成对比

矿床	$^{208}Pb/^{204}Pb$	$^{207}Pb/^{204}Pb$	$^{206}Pb/^{204}Pb$	数据来源(文献)
长山壕金矿	37.4308~37.8682	15.4522~15.5284	17.109~17.635	赵百胜等(2011)
朱拉扎嘎金矿	36.599~37.489	15.297~15.552	17.034~17.725	江思宏等(2001a,b)
东升庙硫多金属矿	35.281~35.435	15.144~15.182	15.171~15.202	黄美如(1984)
白云鄂博群碳质板岩	38.4474±58	15.3685±22	17.2087±22	万良国(1986)

上述情况表明,其壳幔混合的特点说明裂谷构造作用曾经到达地幔,地层沉积的裂谷喷发物源具有壳幔混源特点,裂谷海底初源成矿物质层状"矿胚"形成特点。

(3) 氢、氧同位素。

长山壕金矿含金石英脉中石英(3 件)$\delta^{18}O$ 和流体包裹体水 δD 分析。利用测得的石英 $\delta^{18}O$、包裹体水的 δD 值和包裹体平均均一温度,根据石英-水同位素分馏方程(赵百胜等,2011)。计算得到流体包裹体水的 $\delta^{18}O$ 值,结果见表 7-6。

表 7-6 长山壕金矿氢、氧同位素组成(赵百胜等,2011)

样号	样品名称	石英与 $\delta^{18}O/‰$	水 $\delta D/‰$	平均均一温度/℃	水 $\delta^{18}O/‰$
CSH-2	石英	16.8	−108	286.8	9.3
CSH-3	石英	16.9	−112	286.8	9.4
CSH-P1-8	石英	13.9	−110	286.8	6.4

结果可见,包裹体水 δD 值比较集中,都是较低的负值(−112‰~−108‰),$\delta^{18}O$ 为较低的正值(6.4‰~9.4‰),具有封存水的特征。封存水是海水或大气降水深循环后长期封存的产物。将所得流体包裹体的氢、氧同位素值投于氢、氧同位素图解(图 7-10)中,投点偏离雨水线较远,表明发生了 $\delta^{18}O$ 漂移,反映了封存水与岩石中氧同位素发生了较强烈的水-岩反应(赵百胜等,2011)。

(4) 流体包裹体地球化学。

赵百胜等(2011)对矿床形成过程的含矿流体成分、物理特征、行为特点进行研究。对长山壕金矿矿体石英脉样品包裹体片进行镜下观察、激光拉曼光谱分析、显微测温和包裹体气、液相成分分析。

①流体包裹体类型。长山壕金矿 4 件包裹体片在单偏光显微镜下将流体包裹体分为 4 类。

液相包裹体:形态为不规则状、椭圆、负晶形等,成群出现。包裹体长轴为 4~20μm,一般 6~12μm,充填度为 70%~85%,气相成分以水为主,普遍发育。

气相包裹体:形态为不规则状、椭圆等,随机出现,有时和富液相包裹体共生。长轴为

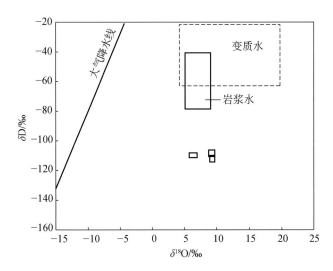

图 7-10　长山壕金矿成矿流体的氢、氧同位素图解(赵百胜等,2011)

6~16μm,充填度为 20%~50%,气相成分较复杂,除水外还常出现 CO_2、CH_4、N_2 等成分。在测试均一温度时,常在均一前发生爆裂。

含液体 CO_2 包裹体:形态为不规则状、椭圆状等。包裹体长轴为 6~16μm,一般为 8~12μm,充填度为 50%~70%,一般随机分布。在常温下能看到 3 相($V_{CO_2}+L_{CO_2}+L_{H_2O}$),在测试均一温度时,常在均一前发生爆裂,少量出现。

纯气相包裹体:形态为负晶形、椭圆、不规则状等,呈定向成群分布。包裹体长轴为 4~15μm。气相成分以 CH_4 为主,有时出现少量 CO_2、N_2。

长山壕金矿矿体包裹体以液相包裹体为主,其他 3 种包裹体少量出现。

②长山壕金矿 4 件石英样品的流体包裹体显微测温,部分包裹体尚未均一就发生爆裂,统计结果见图 7-11。包裹体均一温度为 119~400.7℃,主要集中在 230~370℃,平均为 286.8℃。根据冰点和 CO_2 笼合物的熔化温度求得盐度 $W(NaCl)$ 为 6.01%~20.52%,平均为 10.84%。

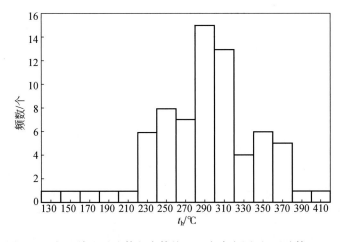

图 7-11　长山壕金矿流体包裹体均一温度直方图(赵百胜等,2011)

③流体包裹体成分特征。含金石英脉 4 个包裹体片的单个流体包裹体激光拉曼光谱测试。测试结果显示(图 7-12),液相包裹体的气相以水为主,气相包裹体的气相成分较复杂,除水外还含有 CO_2、CH_4、N_2;含液体 CO_2 包裹体的气相成分也较复杂,除 CO_2 外还含有 H、O、CH_4 等。纯气体包裹体成分较单一,主要为 CH_4 和少量 N_2。

3 件流体包裹体样品的气相成分和液相成分分析结果见表 7-7 和表 7-8。流体包裹体气相成分以 H_2O、N_2、CO_2 为主,流体并非富含 CO_2,N_2 却较为丰富,并含一定量 O_2,可能代表有大气组分的加入。还原参数尺可用来反映成矿环境,计算公式为 $R = n(CH_4 + C_2H_2 + C_2H_6)/n(CO_2)$。本区 R 值在 $0.006 \sim 0.048$,显示较氧化的条件。

大部分流体包裹体液相成分中阴离子以 Cl^-、SO_4^{2-} 为主,其次为 NO_3^-、F^-;阳离子以 Na^+、Ca^{2+} 为主。流体离子类型为 Na^+-Ca^{2+}-Cl^--SO_4^{2-} 型,成分类似于热卤水。

综上所述,长山壕金矿成矿流体温度中等,盐度中等,含有少量的 CO_2 和 CH_4,离子类型类似于热卤水,成矿流体以地层水为主,可能混有少量变质水。这与包裹体的氢、氧同位素特征基本一致。

表 7-7 包裹体气相成分分析(赵百胜等,2011)

编号	矿物	取样温度/℃	CH_4/($\times 10^{-6}$)	C_2H_2/($\times 10^{-6}$)	C_2H_6/($\times 10^{-6}$)	CO_2/%	H_2O/%	O_2/%	N_2/%	CO/%	R
CSH-2	石英	100~500	90.974	41.602	6.103	1.149	97.016	0.044	1.777	0	0.012
CSH-3	石英	100~500	108.227	14.836	1.421	2.140	90.198	0.655	6.995	微量	0.06
CSH-P1-8	石英	100~500	75.378	23.486	3.536	1.043	96.797	0.112	2.038	0	0.010

注:测量单位为中国科学地质与地球物理研究所。

表 7-8 包裹体液相成分分析(赵百胜等,2011) (单位:$w_B/(\mu g/g)$)

编号	矿物	Li^+	Na^+	K^+	Mg^{2+}	Ca^{2+}	F^-	Cl^-	NO_3^-	SO_4^{2-}	NO_2^-	Br^-
CSH-2	石英	0	1.949	0	0	0	0.031	1.856	0.125	1.488	0	0
CSH-3	石英	0	1.967	0	0	2.075	0.025	1.411	0.83	1.667	0	0
CSH-P1-8	石英	0	3.523	0	0	2.806	0.035	0.483	0.224	0.095	0	0

注:测量单位为中国科学地质与地球物理研究所。

3. 成因分析

(1)华北板块从中元古代初期开始转变为伸展-裂解构造背景。由于裂解作用,华北板块北部边缘被拉裂但未被分离出两条巨大裂陷槽或裂谷(图 6-19)。在这两条裂谷带中沉积了白云鄂博群和渣尔泰群。该阶段为白云鄂博群沉积阶段,由于裂陷盆地还原环境中大量有机质对金及其他成矿组分具有较强的吸附和络合作用,导致成矿物质的相对聚集和沉淀,在此时期,白云鄂博群在区域上为富铁和贵金属层位,长山壕矿区比鲁特岩组下部第一、二岩性段沉积了大量的金属硫化物。矿区地表和钻孔中可观察到金属硫化物细脉沿岩层层理面发育,并在岩石中可见星点状、斑点状的黄铁矿和黄铜矿。岩芯取样分析结果显示金的含量在$(0.1\sim0.3)\times10^{-6}$。可以认为白云鄂博群地层中局部地段形成了金的"矿胚"或"矿源层"。

金矿模式年龄为926.1～113.8Ma，年龄数值差别较大，且出现负值，表明铅同位素经过了两至三个阶段演化。铅同位素落在地壳、造山带和上地壳与地幔混合的俯冲带交界部位，具有壳幔混合的特征(聂凤军等，2010)。

长山壕金矿与区域上其他裂谷矿床铅同位素组成对比(表7-6)，金矿铅同位素组成与富矿地层铅同位素组成相似，与渣尔泰裂谷的朱拉扎嘎金矿相似，与渣尔泰喷流沉积东升庙矿床差别不大，表明矿石铅来自沉积地层。

金矿铅壳幔混合的特点说明裂谷构造作用曾经到达地幔，地层沉积的裂谷喷发物源具有壳幔混源特点以及裂谷海底成矿物质成层状分布特点，具有穆龙套金矿类型特征而不具有卡林金矿类型特点(表7-1)。

(2)矿区内浩尧尔忽洞向斜被海西期花岗岩侵入破坏，说明褶皱变形要早于海西期岩浆活动；矿区含金石英脉与元古宙地层发生了同步褶皱，表明成矿作用发生在褶皱变形的同时或之前。因此，初步推断金成矿作用第一步发生于加里东期。

(3)新元古代晚期到古生代晚期，古蒙古洋壳开始分别与SN两侧的古大陆块体发生俯冲作用，受此构造活动影响，古洋壳与古大陆块、古洋壳与微陆块、微陆块与微陆块、微陆块与古大陆块体发生多期次碰撞和对接。在这一时期，古亚洲洋壳对华北陆台多期次俯冲作用诱发了中酸性和碱性岩浆活动，在两条裂陷槽中侵入了大量的中酸性和碱性岩体，长山壕金矿区及外围发育早二叠世至中二叠世早期的两期花岗岩类侵入岩。

矿区与金矿化密切相关的花岗斑岩锆石的^{206}Pb/^{238}U加权平均年龄值为(290.9 ± 2.8)Ma，MSWD=1.4，二长花岗斑岩锆石的^{206}Pb/^{238}U加权平均年龄值为(287.5 ± 1.9)Ma，MSWD=2.4，指示它们均为早二叠世早期构造-岩浆活动的产物(肖伟等，2012)。

两期花岗质岩浆作用与金成矿作用是为成矿物质提供热源。受古蒙古洋壳俯冲作用引起的各类构造作用的影响，花岗质岩浆沿构造作用形成的软弱面或断裂通道侵入，矿化组分以及含矿流体则沿岩浆向上运移，并且在构造破碎带和背斜枢纽带内形成脉状，似层状或条带状金矿体。野外地质调查显示，矿区地表常见到顺层发育的花岗斑岩脉和二长花岗斑岩脉，岩脉本身不含矿，但其两侧岩层中的金品位普遍较高，热液作用明显，岩体与地层接触带中的金含量较高，局部形成金异常，说明岩浆侵入对金元素的富集起到了一定作用。因此，可以认为矿区早二叠世早期花岗质岩浆侵入的时代和该矿区金矿最后定位成型的时代基本一致，岩浆为金矿化提供了重要的热源。

(4)综上所述，长山壕金矿床成矿作用可以划分为三个主要阶段：第一阶段为矿区地层中金的矿源层形成阶段；第二阶段为区域变质热液作用金矿化阶段，初步成矿于区域第二期褶皱，就位于多种地质因素复合有利的成矿部位；第三阶段为岩浆活化金矿改造定型阶段。

长山壕金矿矿体产于白云鄂博群比鲁特组碳质板岩和千枚岩中。矿体位于向斜的核部，呈板状、似板状，产状与围岩一致，与地层同步褶皱变形，褶皱保持了白云鄂博裂谷地层第二期近EW向基本变形褶皱形态。围岩蚀变以硅化、黄铁矿化、黑云母化和碳酸盐化等中低温蚀变为主。矿床成因为层控变质热液型金矿。

(二)阿拉善左旗朱拉扎嘎金矿床成矿分析

朱拉扎嘎金矿区是1995年原内蒙古第一物化探勘查技术院开展1:20万区域化探扫面时发现的,1997年在化探异常中心部位又进行了1:5万水系沉积物加密测量。目前圈定金矿远景储量在80t以上,规模为大型金矿床,是华北地台北缘中元古界找金的重大突破。

金矿产于朱拉扎嘎毛道组(原狼山群)第一岩性段(现为中元古界渣尔泰群阿古鲁沟组一段第四亚段)内,前人对矿区的地层做过大量工作,在这套富矿地层内一直没有发现火山岩,认为这是一套正常的海相沉积建造。江思宏(2001)、李俊建(2006)、雷国伟等(2012)对矿区地质背景、成矿作用和硫、铅同位素地质学进行了详细研究。随着系统的岩相学和地球化学工作的开展,在矿区内发现了大量酸性火山岩存在的证据。这些酸性火山岩与矿体关系密切,是主要的富矿围岩之一。刘妍等(2002)对该套火山岩进行了详细的研究。

1. 区域地质成矿背景分析

1)地质背景分析

金矿床位于内蒙古阿拉善成矿远景区的中东部,大地构造位置属华北板块北缘古生代陆缘拗陷带内、华北地台北缘西段阿拉善台隆的布赖山—巴音诺尔公断隆的东侧、北为天山—兴蒙褶皱系的内蒙古褶皱带。区域岩浆活动强烈,延续时间长,从元古宙的吕梁期一直到中生代燕山晚期,其中海西晚期岩浆活动最为强烈。金矿区主要受SN两条EW向大断裂及其西侧的一条NE向断裂控制。区内出露的地层主要为中元古界长城系渣尔泰山群书记沟组浅变质碎屑岩,与下伏新太古界哈布达哈拉片麻岩呈角度不整合接触。增隆昌组浅变质碎屑岩和碳酸盐岩不等厚互层,与下伏书记沟组呈整合接触。阿古鲁沟组为浅变质碎屑岩及酸性火山岩夹微晶白云岩和白云质灰岩等,为矿区主要含矿地层。该地层在朱拉扎嘎金矿一带呈NW向、SE向带状分布,与下伏增隆昌组呈平行不整合接触。古生界二叠系下统苏吉组酸性火山碎屑岩发育,出露中生界白垩系上统乌兰苏海组湖相碎屑岩,新生界为第三系渐新统清水营组弱固结的细碎屑岩和第四系冲洪积物。

区内侵入岩主要为早古生代辉长岩、闪长岩、晚二叠世-中三叠世二长花岗岩、钾长花岗岩、碱长花岗岩,其次为石炭纪闪长岩、侏罗纪花岗斑岩。侵入岩受构造控制明显,早古生代岩浆岩呈EW向展布,石炭纪以来岩浆活动受NE向断裂控制。各岩体与渣尔泰山群的侵入接触界面均为外倾,而且倾角较小,在渣尔泰山群之下可能有隐伏岩体。

2)朱拉扎嘎金矿区新元古代沉积环境分析

阿拉善地区经历了长期而复杂的构造演化,早元古代时阿拉善微陆块为一个由变质表壳岩和片麻岩组成的微陆块和边缘海组成,中新元古代时在阿拉善微陆块上形成了渣尔泰裂谷系中的红古尔玉林—巴音诺尔公裂谷系(图7-12),同时在临区北大山岩带形成了Sm-Nd岩石-矿物等时线年龄为(773.1±10.8)Ma(李文渊等,2004)的含辉石橄榄岩,在龙首山岩带形成了SHRIMP锆石U-Pb年龄为(827±8)Ma的金川超镁铁侵入岩(李献华等,2004)。

第七章 内蒙古黄金矿产重要矿床及成矿地质环境分析

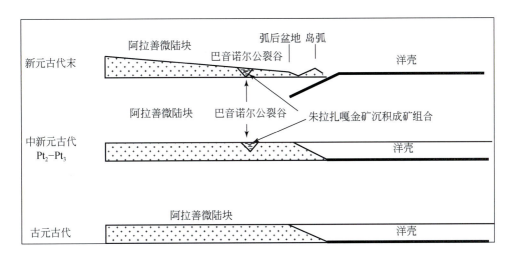

图 7-12 阿拉善朱拉扎嘎区域元古代渣尔泰裂谷带巴音诺尔公裂谷金矿形成示意图

新元古界时期,朱拉扎嘎金矿区的赋矿浅变质地层剖面见图 7-13。出露区地层呈近 NE 向分布,从北往南分别为新元古界青白口系乌兰哈夏群海生哈拉组和朱拉扎嘎毛道组,朱拉扎嘎毛道组地层与海生哈拉组地层为断层接触。地层出露区西部有一 NW 转 SW 的断层,该断层具有推覆性质。南部见有花岗斑岩侵入。

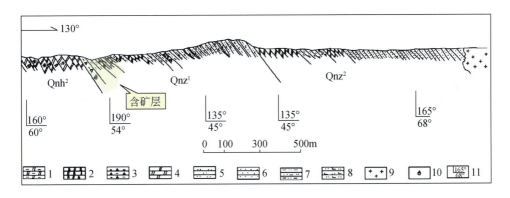

图 7-13 朱拉扎嘎地区元古界含矿地层剖面示意图

1. 纹层状白云岩;2. 叠层石白云岩;3. 角砾状白云岩;4. 白云岩;5. 砂岩;6. 粉砂岩;7. 粉砂质板岩;8. 钙质粉砂岩;9. 花岗斑岩;10. 叠层石;11. 地层产状;Qnz^1. 朱拉扎嘎毛道组一岩段地层;Qnz^2. 朱拉扎嘎毛道组二岩段地层;Qnh^2. 海生哈拉组二岩段地层

蓟县系地层分布于朱扎扎嘎的西北方向 30km 处,隔沙漠带与朱拉扎嘎矿区的新元古界地层相对应。该区的新元古界地层变质程度较浅,各种沉积现象丰富,整套新元古界地层显单斜排列。

海生哈拉组二段(Qnh^2)以薄层状白云岩为主,主要为层纹状叠层石白云岩、柱状叠层石白云岩、白云质灰岩,按岩性可分为 10 层:①硅质纹层状白云质灰岩;②灰色白云质灰岩夹角砾状白云岩;③叠层石白云岩;④深灰色白云岩;⑤浅红色条纹状白云岩与浅灰色纹层状白云岩互层;⑥紫红色具凸镜状层理泥质白云岩;⑦卡斯特白云岩,角砾几厘米~几十厘米,砾石次棱角状,钙质胶结;⑧硅质条带白云岩夹薄板状泥质白云岩;⑨角砾岩,砾石大小为几厘米~18cm,磨圆次棱角状,钙泥质胶结,层厚共80cm;⑩纹层状白云岩夹叠层石白云岩。叠层石柱体高约40cm,柱体宽约9cm,礁体总层厚超过400m,是本区最大规模的叠层石礁体。

在海生哈拉组上部块状叠层石白云岩形成之后,本区发生了一次规模较大的构造运动,导致已形成的叠层石白云岩礁体露出水面受到风化和剥蚀,形成了本区广泛存在陆上风化壳层。该风化壳层是两个重要地层单元分界,海生哈拉组与朱拉扎嘎毛道组地层的分界面。界面起伏不平,形成的角砾岩有白云质砾石,呈棱角-次棱角状,胶结物为钙泥质和铁质,角砾岩厚0.8m,局部低凹处可达1.5m。

在地壳上升风化壳形成,之后,该区域地壳下降海侵开始,朱拉扎嘎毛道组接受沉积,剖面上朱拉扎嘎毛道组沉积滨海相石英砂岩,石英颗粒磨圆度好。

毛道组岩性分成两段:一段(Qnz^1)以碎屑岩为主,二段以碳酸盐岩为主。

一段底部岩性:①风化壳砾岩;②紫红色、浅灰色粉砂岩;③石英砂岩,局部夹厚层白云岩;④黑色粉砂质白云岩;⑤纹层状薄层白云岩夹钙质粉砂岩;⑥叠层石白云岩;⑦薄板状泥质粉砂岩夹叠层石白云岩,叠层石礁体呈点礁状产出。

第7层为朱拉扎嘎金矿床赋存层位,毛道组沉积是在碳酸盐风化壳上进行的,风化壳的碳酸岩地层地形高低不平,凹陷众多。

毛道组在海盆边缘的地段,沉积叠层石生物礁。生物礁起到阻隔作用,形成小的沉积环境,使毛道组一段部分封闭相对宁静的沉积环境利于含金硫化物的沉积富集,对朱拉扎嘎毛道组大型金矿床成矿物质的原生含矿层位形成起了特殊富集作用。

地表含矿层以钙泥质粉砂岩为储矿层,含矿的钙质粉砂岩与不含矿的纹层状白云岩、硅化白云岩组成密集型韵律,韵律层厚20cm,矿石沉积构造以微型透镜状层理、眉状层理为主,局部为水平纹层,普遍发育硫化矿物,说明成矿物质富集时是低能还原环境。另外在粉砂岩层面上,部分地段见有潮道的流水波痕,其波长8cm,波高1.5cm,流水方向为50°,说明矿石沉积时海水从西南方向入侵。

毛道组叠层石生物礁体形成了碳酸盐障壁海盆地,沉积了500余米含矿层。岩性为泥质、钙质粉砂岩和泥质白云岩薄层。原生矿石类型为薄层状细纹层状硅化粉砂岩,含矿岩石富含有机质和硫化物,金矿呈细粒浸染状产出,细脉纹层平行于沉积层理。原生矿中常见有弯曲状矿化细脉垂直于沉积纹层分布,可见矿层遭受后期金矿活化改造。

2. 矿区地质特征

1)矿区地质概况

矿区位于中元古代沙布根次—朱拉扎嘎毛道凹陷带内,朱拉扎嘎毛道近SN向背斜褶皱轴部及朱拉扎嘎毛道NNW向断裂构造的南段(图7-14)。区内渣尔泰山群褶皱构造大体可分为三期:早期为伸展体制下顺层韧性剪切变形形成的顺层掩卧褶皱、褶叠层;中期是在收缩体制下形成的以板理为变形面、轴面发生褶皱的大规模线型褶皱,该期褶皱具有区域性产生的轴面劈理,产出状态与板劈理近平行或斜交。晚期褶皱是以中期褶皱轴面为变形面产生的宽缓褶皱为主,褶皱轴呈近NNW向分布。矿区位于背斜构造的转折部位。

矿区(图 7-15)断裂构造十分发育,主要有乌兰内哈沙推覆构造、近 SN 向断层、近 EW 向层间断裂和层间活动裂隙,其为矿液运移与沉淀提供了空间条件。其中,近 SN 向的一组断层规模较大,延伸出矿区外数公里,为矿区的主干断层,并具有多期活动的特点。该断层将矿区分为 EW 两部分,断层东部(下盘)以露头矿为主,西部(上盘)以盲矿体为主。在破碎带内具有金矿化,说明在成矿之前形成,成矿后继续活动并被闪长岩脉侵入充填错断。矿区内岩浆活动微弱,仅见一些沿 NE 向和 NW 向裂隙侵入的闪长岩脉。

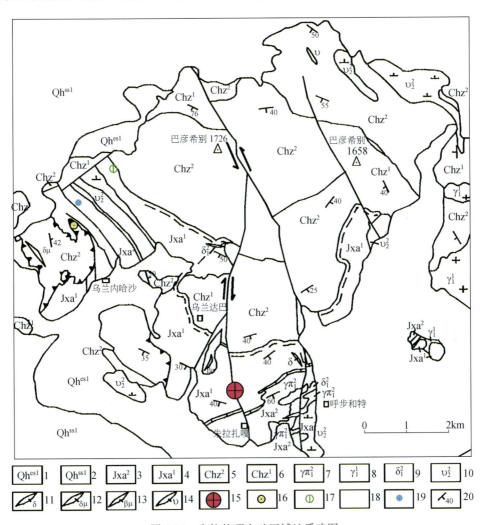

图 7-14 朱拉扎嘎金矿区域地质略图

1. 第四系全新统风成砂;2. 第四系全机关报统冲洪积层;3. 渣尔泰山群阿古鲁沟组二段;4. 渣尔泰山群阿古鲁沟组一段;5. 渣尔泰山群增隆昌组二段;6. 渣尔泰山群增隆昌组一段;7. 燕山期花岗斑岩;8. 印支期花岗岩;9. 海西期闪长岩;10. 加里东期辉长岩;11. 闪长岩脉;12. 闪长玢岩脉;13. 辉绿岩脉;14. 辉长岩脉;15. 大型金矿;16. 铁矿点;17. 铁铜矿点;18. 铁锌矿化点;19. 铅矿化点;20. 地层产状

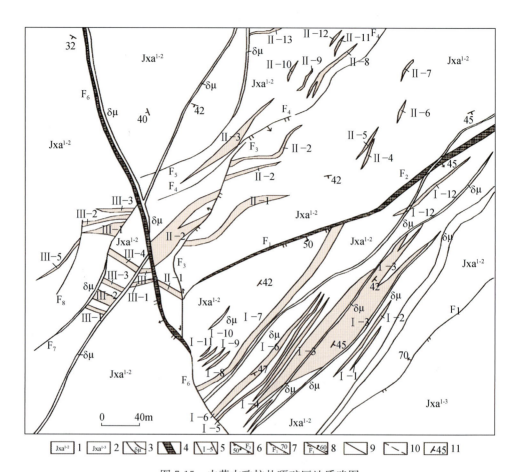

图 7-15 内蒙古珠拉扎嘎矿区地质略图

1. 阿古鲁沟组一段上部变质粉砂质、阳起石岩;2. 阿古鲁沟组一组中部砂质绢云母板岩、纹层状阳起石变质钙质粉砂岩夹阳起石微晶大理岩透镜体;3. 闪长玢岩脉;4. 构造(破碎)角砾岩带;5. 金矿体及编号;6. 正断层及编号;7. 逆断层及编号;8. 平移断层及编号;9. 性质不明断层及编号;10. 推测断层及编号;11. 产状

2)地层

朱拉扎嘎金矿区主要出露新元古界青白口系乌兰哈夏群海生哈拉组(Qnh)和朱拉扎嘎毛道组(Qnz)的地层;金矿层主要赋存于朱拉扎嘎毛道组一岩段中部含钙质的浅变质碎屑岩类中(表7-9)。朱拉扎嘎毛道组地层自下而上可分为两个岩性段,岩石粒度总体表现为由粗到细。地层中发育水平纹理层、脉状层理、透镜状层理、人字形层理、丘状层理、波痕、泥裂等。朱拉扎嘎毛道组地层剖面图见图7-16。

表 7-9 朱拉扎嘎金矿区地层一览表（孟二根等，2002）

年代地层单位			岩石地层单位			代号	厚度/m	主要岩性
界	系		群	组	段			
新生界	第四系					$Qh^{1+1.1+pl}$		风成砂、残坡积、冲洪积
新元古界	青白口系		乌兰哈夏群	朱拉扎嘎毛道组	二岩段 Qnz^2	Qnz^{2-3}	>559	上部为灰色中细粒灰岩、砂泥质灰岩、细晶大理岩
						Qnz^{2-2}		中部为灰绿色条带状石英岩、绿帘阳起石岩与结晶灰岩互层，局部含金矿化变质石英中细粒砾岩透镜体
						Qnz^{2-1}		下部为灰色微晶白云岩，局部夹条带状石英岩
					一岩段 Qnz^1	Qnz^{1-3}	>589	上部为灰色纹层状变质底砾岩、阳起石岩
						Qnz^{2-2}		中部为灰色粉砂质绢云母板岩、纹层状阳起石变质钙质粉砂岩、变质钙质粉砂岩、变质底砾岩夹阳起石微晶大理岩透镜体，为主要含矿地层
						Qnz^{2-1}		下部为灰色绢云母板岩、变质石英底砾岩夹含叠层石微晶白云岩、底部见铁矿层及含金底砾岩
				海生哈拉组	一岩段	Qnh^2	>1097	上部为灰黄色白云岩夹粉砂质板岩、中下部为灰色厚层状白云岩、白云质结晶灰岩。顶部有一层喀斯特角砾灰岩，有3～5m厚的褐铁矿化灰岩层

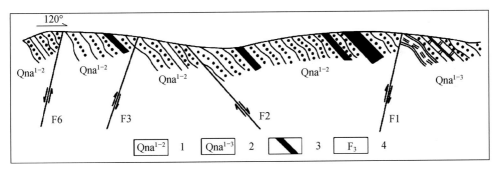

图 7-16 朱拉扎嘎金矿地质剖面示意图（马润等，2001）
1. 朱拉扎嘎毛道组一岩段中部地层；2. 朱拉扎嘎毛道组一岩段上部地层；3. 金矿体；4. 断层

3）控矿构造

朱拉扎嘎金矿区位于朱拉扎嘎毛道附近SN向背斜褶皱轴部及朱拉扎嘎毛道NNW向断裂构造南段。区内褶皱、断裂构造十分发育，主要的褶皱构造有巴彦希别—朱拉扎嘎毛道近SN向背斜褶皱。矿区恰好位于该背斜构造的SE翼转折部位，具体表现为总体倾向SE（120°）的单斜构造（图7-17）。该单斜构造中一系列层间滑动层、层间断裂发育，为矿液运动与沉淀提供了空间条件。

断裂构造主要有两组，即NE向（30°左右）和NW向（340°左右），详见表7-10。F1逆断层在矿区内分布长400m左右，为朱拉扎嘎毛道组地层一岩段Qnz^{1-2}和Qnz^{1-3}的分界线。由于F1断层上盘上升，造成了Qnz^{1-2}主要含矿地层的抬升，因此Ⅱ～Ⅲ矿带内以露头矿为主；相反，由于下盘下降，主要含矿地层Qnz^{1-2}覆于Qnz^{1-3}地层之下，因此该断层地表上盘

（西部）的深部应存在错断的下盘矿体。F2 正断层分布于矿区中部，断层带内构造角砾岩发育，该断层不仅对矿体有破坏作用，而且使局部地层的产状发生了扭曲。F3 平移逆断层造成上盘向北滑动，具右旋斜落特点。由于断层错动，矿体变得支离破碎。F6 正断层规模较大，延伸出矿区外数十千米，为矿区内的主干断裂，并具有多期活动的特点。其他断层均为该断层派生的次级断裂构造。该断层将矿区分为 EW 两部分，断层东部（下盘）以露头矿为主，西部（上盘）以隐伏矿体为主，这是由 F1 和 F6 两断裂构造共同作用的结果。

表 7-10 朱拉扎嘎金矿区断裂构造一览表（孟二根等，2002）

断层编号	断层规模 控制长度/m	断层面产状 倾向/(°)	断层面产状 倾角/(°)	断层性质	地质特征
F1	400	300～330	60～80	逆断层	为阿古鲁沟组地层一岩段 Jxa^{1-2} 和 Jxa^{1-3} 的分界线。断层中段被闪长玢岩脉充填
F2	380	120～150	50	正断层	断层带内构造角砾岩发育，且具多期活动的特点
F3	270	270～300	70	平移逆断层	具右旋性质
F4	160	120～150	70	正断层	具右旋斜落的特点
F5	400	270～300	75～80	正断层	断层带南段构造角砾岩发育，断层北段被闪长玢岩脉充填。具右旋性质
F6	600	220～250	70～80	正断层	断裂带内角砾岩发育，且具有多期活动的特点，断裂带内局部地段被闪长玢岩脉充填。该断裂为矿区内主干断裂；延伸出矿区数十千米
F7	80	—	—	性质不明	—

4）岩浆活动

矿区内岩浆岩出露较少，主要为沿 NE 向和 NW 向的张裂隙发育一系列海西晚期的闪长玢岩脉斜切地层，本身亦具有弱矿化为同成矿稍晚期产物。在矿区南侧和东南侧可见大面积分布的海西期花岗斑岩株、岩脉和加里东期辉长辉绿岩株和岩脉，其中海西晚期岩浆活动对矿质的再次运移和聚积具有重要作用，而且也为含矿溶液的进一步活化提供了热源。另外，根据围岩普遍出现的热接触变质现象以及矿区激电测量成果，推断矿区深部有较大的隐伏岩体存在，为金矿的再富集提供了热源。

5）变质作用

朱拉扎嘎金矿区内的变质作用比较单一，主要有区域变质作用和热液接触变质作用两大类。矿区内广泛分布的新元古界青白口系朱拉扎嘎毛道组地层，在区域变质作用下，均发生了轻微的变质，出现了板岩、千枚岩和片岩等低绿片岩相岩石；同时，矿区内岩石的热液蚀变比较强烈，常见的有绢云母化、绿泥石化、阳起石化、高岭石化等，甚至形成了由这些蚀变矿物组成的蚀变岩。

主要的区域变质岩如下。

(1) 变质钙质粉砂岩。

岩石地表风化氧化后呈浅灰色、褐灰色，新鲜面呈灰色、深灰色，具变余粉砂状结构，变余纹层状构造；主要由长石（20%左右）、石英（20%～35%）矿物碎屑和钙质胶结物（20%～

30%)组成;碎屑粒径一般小于0.5mm;钙质胶结物因重结晶而形成了方解石泥晶,部分泥质胶结物形成了绢云母、绿泥石等鳞片状矿物集合体。该类岩石是朱拉扎嘎金矿的主要容矿岩石。

(2) 变质粉砂岩。

岩石风化面呈浅灰色,新鲜面为灰色、深灰色,具变余粉砂状结构,变余纹层状构造或块状构造;主要由长石、石英矿物碎屑和泥质胶结物组成,碎屑粒径一般小于0.1mm,个别石英颗粒发生了次生加大,泥质胶结物因重结晶而形成了绢云母、绿泥石等鳞片状矿物集合体。岩石总体表现为致密坚硬。常见的蚀变有阳起石化、绿泥石化、绢云母化和高岭土化。该类岩石亦是朱拉扎嘎金矿的主要容矿岩石之一,但含金品位往往低于变质钙质粉砂岩类。

(3) 粉砂质板岩。

岩石以灰色-深灰色为主,具变余粉砂状结构、鳞片粒状变晶结构,板状构造。主要由石英、长石、绢云母、绿泥石、阳起石组成,石英和长石具压扁拉长现象。鳞片状矿物呈定向分布于石英和长石条带状集合体两侧。该类岩石一般不含矿,而是金矿体的顶底板或金矿体内的夹层。

(4) 变质石英砂岩。

岩石以深灰色为主,具变余粉砂状结构、鳞片粒状变晶结构,块状构造。主要由石英碎屑组成,其次为长石碎屑、绢云母和绿泥石等。碎屑物粒径一般为0.5~1mm,部分石英颗粒发生了次生加大。胶结物因重结晶而形成了微小粒状石英和鳞片状绢云母、绿泥石等矿物集合体。岩石总体表现为致密坚硬。该类岩石一般矿化微弱,常作为矿层中的夹石出现。

(5) 微晶白云岩。

该类岩石在朱拉扎嘎毛道组地层中常以小的透镜体出现,在海生哈拉组地层中常以厚层状出现。岩石以白色、灰白色为主,主要由微晶白云石、方解石组成。局部含透层石。

主要的热液蚀变岩石:阳起石岩以深灰色、灰绿色为主,具显微鳞片变晶结构,放射状-块状构造;主要由阳起石(30%~55%)、绢云母(15%~20%)、绿泥石(10%~15%)、石英(20%~30%)和长石(15%左右)组成。另外,矿区内岩矿石中常见的绿泥石化、绢云母化、硅化、阳起石化、透闪石化等都是热液蚀变作用的产物。同时,热液蚀变与金矿化有着密切的关系。

3. 矿床特征

1) 矿床简况

朱拉扎嘎金矿床,根据地质、物探和化探资料推测,其分布范围较大,具有良好的找矿前景。目前工程控制的范围(0.2km^2)只是整个矿床的一部分。矿区内,根据F1、F2、F6断裂构造带的展布特征、矿(化)体露头分布情况及综合物探资料,大致可以划分为三个矿带。Ⅰ号矿带分布于矿区东南部,位于F1和F2断裂构造带之间。地表控制长度近400m,宽10~180m,平均宽45m左右,由12个露头矿体和19个隐伏矿体组成。矿化带总体走向为35°左右,与地层走向一致。Ⅱ号矿带分布于矿区中部,位于F2和F6断裂构造带之间。地表控制长度350m,宽一般为10~300m,由13个露头矿体和3个隐伏矿体组成。矿化带总体走向为30°左右,与地层走向一致。Ⅲ号矿带分布于矿区西部,位于F6西侧。由6个露头矿体和12个隐伏矿体组成。矿体走向为30°～120°。

(1) 矿体特征。

朱拉扎嘎金矿区地表由31个矿体组成，经钻探验证已发现隐伏矿体34个。其中主要的矿体有Ⅰ-3、Ⅰ-2、Ⅲ-3、Ⅲ-7等。Ⅰ-3矿体为露头矿体，分布于Ⅰ号矿带内，呈似层状。矿体露头长180m，最宽5.4m，平均真厚度5.45m。因Fl断层破坏，钻探控制最大延深仅80m。矿石含金品位一般0.5～4.0g/t，最高4.7g/t，平均品位2.96g/t。矿体倾向135°～150°，平均倾角40°。Ⅰ-2矿体为隐伏矿体，已控制长度220m，最大延深240m，平均真厚度31.17m；矿石含金品位一般为0.5～2.0g/t，最高5.7g/t，是目前已知矿体中厚度最大者。Ⅲ-3矿体为隐伏矿体，已控制长度250m，最大延深240m，平均真厚度11.94m；矿石含金品位一般0.5～3.0g/t，最高8.2g/t。Ⅲ-7矿体为隐伏矿体，已控制长度260m，平均真厚度19.4m；矿石含金品位一般0.5～3.0g/t，最高6.04g/t。金矿体形态主要为似层状，与地层的产状相一致。矿体倾向为SE 120°～190°，总体倾向130°左右；倾角为30°～45°，平均40°左右。矿体顶板为朱拉扎嘎毛道组一岩段顶部（Qnz^{1-3}）的变质粉砂岩、粉砂质板岩。底板为朱拉扎嘎毛道组一岩段底部（Qnz^{1-1}）的绢云母板岩、变质石英粉砂岩夹微晶白云岩。变质粉砂岩夹微晶大理岩透镜体及粉砂质板岩等常作为金矿体内的夹石出现。另外，在矿区北部地层裂隙内可见小型脉状矿体分布，脉状矿体受构造裂隙的控制，与地层层位无关。矿区内主要工业矿体呈似层状产出，在走向和延深方向上虽有变厚或尖灭再现的现象，但总体具层控特点(图7-17)。

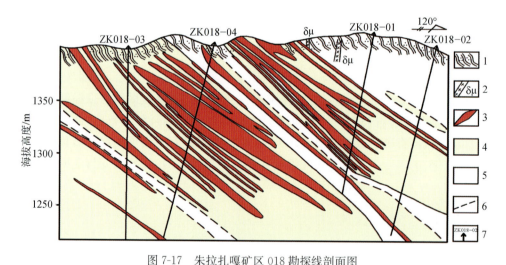

图7-17 朱拉扎嘎矿区018勘探线剖面图
1. 变质粉砂岩；2. 闪长玢岩；3. 金矿体；4. 含金蚀变岩；5. 蚀变岩；6. 地质界线；7. 钻孔

矿体大者长近400m，宽(厚)30m左右；小者长10m左右，宽(厚)度不足1m。从钻探和槽探资料看，造成矿体大小相差悬殊的原因既与容矿岩石本身的特性有关，也与成矿后期的断裂构造对矿体(层)的切割和破坏有关。

(2) 矿石特征。

矿区内矿石以微细浸染状矿石为主，金的品位一般为0.5～4g/t，平均为1.6g/t左右。局部富含黄铁矿、毒砂、磁黄铁矿等金属硫化物的矿石，特别是具有黄铁矿、毒砂细脉穿插的矿石中,金的品位往往较高,个别样品可达 24.2g/t。矿石中有用组分的含量除 Au 外,还含有 Cu(部分样品平均含铜 0.23%),可综合利用。

(3)矿石构造。

主要有微细粒浸染状金矿石、脉状-网脉状金矿石,以前者为主。矿石的结构主要有微细粒结构、交代结构、他形粒状结构等。

根据矿石中金属硫化物和金属氧化物的比例,可以分为氧化矿石和原生矿石。氧化深度一般在 15~20m。经光、薄片鉴定统计,矿石中矿石矿物有自然金、磁黄铁矿(5%~30%)、毒砂(3%~10%)、黄铁矿(3%~15%)、黄铜矿(0~8%)、方铅矿(0~10%)、褐铁矿(0~10%)、蓝铜矿(0~5%)和少量的孔雀石、铜兰等。自然金因粒度极细(小于0.004mm),大部分在镜下难以被发现。脉石矿物主要有石英、斜长石、阳起石、绿泥石、绿帘石、绢云母和角闪石等。石英和斜长石主要以矿物碎屑的形式出现,其他矿物为次生蚀变的产物。

(4)自然金的矿物特征。

自然金在镜下呈金黄色,个别颗粒稍带红色或呈浅黄色,晶形为不规则粒状、树枝状和片状。根据矿石光片资料,矿石中的自然金粒度较细,镜下可见,矿石中自然金绝大部分分布于脉石矿物(主要为石英和长石)颗粒之间,仅个别颗粒赋存于矿石矿物(褐铁矿、磁黄铁矿为主)之中或边部,其中脉石矿物中自然金占 95.4%,矿石矿物中自然金占 4.6%。根据矿石中矿物之间的相互关系,确定矿物的生成顺序,见表 7-11。

表 7-11 矿物生成阶段

矿物	成岩阶段	成岩期后	氧化阶段
石英	——	—— ——	
长石	——		
黄铁矿		——	
毒砂		——	
磁黄铁矿		——	
黄铜矿		——	
方铅矿		——	
自然金		————————	
蓝铜矿			——
褐铁矿			——
铜兰			——
阳起石		——	
绿泥石		——	
绿帘石		——	
绢云母		——	——

2)矿床地球化学特征

(1)硅同位素。

李俊建(2006)、江思宏等(2001a,b)对矿区同位素进行了系统研究。硅同位素样品采自石英,样品分布于阿拉善地区 6 个不同矿床和矿种,测试结果列于表 7-12,表 7-13 为国内外某些火成岩、沉积浅变质岩和石英脉硅同位素特征值。资料表明,朱拉扎嘎金矿的硅同位素同阿拉善地区铜、金矿的硅同位素和花岗岩类硅同位素基本一致,推测金铜成矿作用的硅质来源与花岗岩类或岩浆活动有关。

表 7-12　阿拉善地区金、铜矿床(点)硅同位素测试结果(江思宏等,2001)

样号	样品名称	$\delta^{30}Si_{1B5-20}/‰$	样品分布
AD7YP1	石英	0	欧布拉格火山岩型铜、金矿
AD50YP5	石英	-0.1	呼和沙拉夕卡岩型铜矿
AD67YP1	石英	-0.1	朱拉扎嘎浅变质碎屑岩型金矿中含金石英脉
AD75YP1	石英	-0.1	巴彦乌拉山西南矿段石英脉型金矿
AD35YO1	石英	-0.4	呼伦西白花岗与板岩、石英岩接触带含金石英脉
AD43YP1	石英	-0.4	阿达日嘎火山碎屑中含金石英脉
平均值	石英	-0.2	—

注:分析单位为中国地质科学院矿产资源研究所。

表 7-13　国内外岩石和石英脉(石英)硅同位素(‰)(刘妍等,2002)

样品性	变化范围	平均值	样品数	样品性	变化范围	平均值	样品数
陨石	-0.1~1.1	-0.5	32	板岩	-0.6~0.2	-0.3	4
玄武岩	-0.3~-1.0		25	片岩	-1.1~0.3	-0.6	3
安山岩	-0.2~0.7	-0.5	4	硅质岩	-0.4~0.7	0.03	18
金伯利岩	0.2~0.4	0.3	3	南方石英脉	-0.9~0.2	-0.5	17
英安岩	-0.1~0.7	0.4	7	北方石英脉	-0.3~0.2	-0.1	23
花岗岩	0~0.7	-0.1	38	阿拉善铜、金矿	-0.4~0	-0.2	6

(2)硫同位素。

两件硫同位素样品取自磁黄铁矿,平均 $\delta^{34}S$ 为 4.0‰,显示朱拉扎嘎金矿床硫化物硫同位素类似于生物成因或沉积成因硫化物同位素,主体可能来源于地层。

(3)流体包裹体成分和氢、氧同位素特征。

朱拉扎嘎金矿床石英的流体包裹体成分分析见表 7-14。从表中可以看出,流体成分以 H_2O 为主,占 89% 以上;在气相组分中,CO_2、CO、N_2、C_2H_6、CH_4 含量较高,同时含 Ar,相当于煤层所产生的瓦斯成分,可能是由于地层经历变质作用或热液活动,其有机质或无机碳分解、转化,逸出 CO_2、CO、N_2、C_2H_6、CH_4 和 Ar 等挥发分混入途经地层的不同成因溶液的结果。离子组成:阳离子以 Na^+、Ca^{2+} 为主,阴离子以 Cl^- 含量最高。总体看该区成矿流体为 $NaCl$-CO_2-H_2O 型,富盐类组分,可能为沉积、变质成因热液。

表 7-14 朱拉扎嘎金矿石英流体包裹体成分(李俊建,2006)

样号	分子/(mol%)									离子/($\times 10^{-6}$)						
	H_2O	CO_2	CO	N_2	C_2H_6	CH_4	O_2	H_2S	Ar	Cl^-	SO_4^{2-}	F^-	Na^+	K^+	Ca^{2+}	Hg^{2+}
AD67YP1	88.945	3.43	1.659	1.91	1.173	1.547	0.625	0.459	0.251	12.2	2.26	0.073	5.31	0.52	2.21	0.039
AD67YP2	90.669	2.789	1.388	2.136	0.798	1.379	0.42	0.27	0.151	—	—	—	—	—	—	—

流体包裹体的氢氧同位素测定表明,其 δD 为$-93‰$,$\delta^{18}O$ 为 $11.8‰$。根据流体成分和氢、氧同位素特征,朱拉扎嘎金矿的成矿流体为混合流体,原始热液可能主要为沉积或变质成因热液,后期为岩浆热液的叠加。

4. 朱拉扎嘎金矿成矿时期

朱拉扎嘎金矿形成时期一般学者认为是中新元古代沉积形成了原始矿源层后热液改造、叠加的产物。江思宏等(2001a,b)报道的矿区外围花岗斑岩的形成年龄为 (291.48 ± 4.2)Ma(K-Ar 法),矿石全岩 Rb-Sr 等时线年龄为 (275 ± 6)Ma,认为主成矿年龄为 (275 ± 6)Ma。

1) 朱拉扎嘎毛道组地层形成年龄

朱拉扎嘎毛道组岩性为硅质钙质板岩、变质粉砂岩、泥灰岩、白云岩,为一套含硅质、钙质的泥页岩-碳酸盐岩建造。朱拉扎嘎大型金矿容矿围岩为钙质粉砂质板岩和变质粉砂岩。乌兰哈夏群的沉积环境整体为富钙富硫的较强还原条件下的浅海相沉积,总体厚度比较大。毛道组地层的形成时代,高精度 SHRIMP 锆石 U-Pb 测年法,毛道组一段粉砂岩中的碎屑锆石年龄测定。26 个锆石样的统计结果表明(江思宏等,2001),26 个点较散落在谐和线上(图 7-18),给出的 $^{207}Pb/^{206}Pb$ 表面年龄为 2125~1098Ma,分为三集中组段,第一组年龄集中在 1100Ma,第二组年龄集中在 1800~1500Ma,第三组年龄为 2100Ma。其碎屑锆石最老的 $^{207}Pb/^{206}Pb$ 表面年龄为(2125 ± 14)Ma,对应于朱拉扎嘎毛道组粉砂岩的物源区阿拉善岩群的形成年龄;其最年轻的 $^{207}Pb/^{206}Pb$ 表面年龄为(1098 ± 27)Ma,限定了毛道组地层的沉积时代最老不超过 1100Ma。

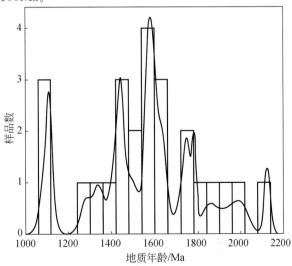

图 7-18 碎屑锆石(AD66TW1)SHRIMP U-Pb 年龄统计图(江思宏等,2001a,b)

2) 花岗斑岩的形成年龄

花岗斑岩位于矿区东南约 2km 处，岩石呈肉红色，中粒斑状结构，块状构造，主要矿物组成为石英 30%，钾长石 35%，斜长石 30%，黑云母小于 5%。斑晶以斜长石为主，少量钾长石。钾长石系微斜长石，多呈斑晶出现，占岩石体积的 20%～40%，呈板柱状，个体一般大于 5mm。斜长石呈板柱状，石英呈规则粒状，粒径多为 2～3mm。分选出的锆石呈浅黄色，透明，自形程度高，分长柱状、短柱状两种晶体，晶体表面无熔蚀痕迹。

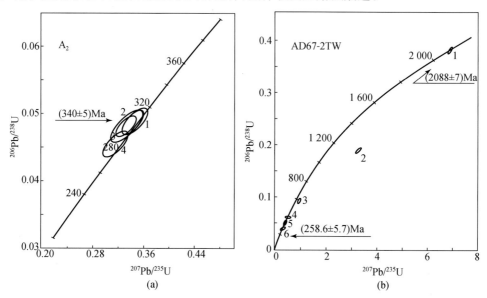

图 7-19 花岗斑岩（A_2）和闪长玢岩（AD67-2TW1）的颗粒锆石 U-Pb 法年龄（李俊建，2006）

选短柱状晶体 2 个和长柱状晶体 1 个计 3 个试样点在 VG354 质谱计上进行了 TIMS 锆石 U-Pb 同位素年龄测定[图 7-19(a)]，三个试样点均落在谐和曲线上，其 $^{206}Pb/^{238}U$ 表面

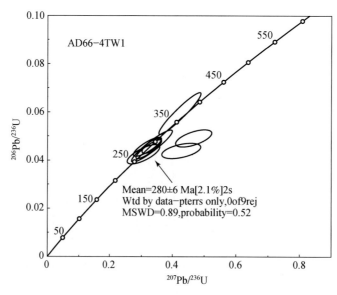

图 7-20 花岗斑岩（AD66-4TW1）的 SHRIMP 锆石 U-Pb 法年龄（李俊建，2006）

年龄统计权重平均值为(304±5)Ma。为了准确又选择了13个锆石测定,结果表明(图7-20和表7-15)其中9个点较为集中地落在了谐和线上,给出的^{206}Pb/^{238}U 表面年龄统计加权平均年龄为(280±6)Ma,即早二叠世,代表了该花岗斑岩的形成年代。

表 7-15 朱拉扎嘎花岗斑岩(AD66-4TW1)SHRIMP 锆石 U-Pb 年龄测定结果(李俊建,2006)

点号	U /(×10^{-6})	Th /(×10^{-6})	Th/U	^{206}Pb /(×10^{-6})	^{206}Pb /%	^{206}Pb/^{238}U	^{207}Pb/^{235}U	^{207}Pb/^{206}U	^{206}Pb/^{238}U 年龄/Ma	^{207}Pb/^{206}U 年龄/Ma
1.1	371	279	0.78	15.2	0.15	0.0476±4.5	0.356±5.0	0.0542±2.3	300±13	380±52
2.1	290	171	0.61	10.4	0.50	0.0415±3.0	0.291±5.2	0.0509±4.2	262.3±7.8	234±97
3.1	482	299	0.64	18.7	0.16	0.0451±11	0.318±12	0.0511±2.8	284±31	245±65
4.1	279	125	0.46	11.8	0.44	0.0491±3.0	0.466±5.0	0.0690±4.1	308.7±9.0	897±84
5.1	290	144	0.51	11.6	0.10	0.0466±3.0	0.333±4.0	0.0519±2.7	293.5±8.6	282±61
6.1	457	395	0.89	23.3	0.07	0.592±6.0	0.422±6.4	0.0516±2.1	371±22	270±48
7.1	287	158	0.57	10.6	0	0.430±3.0	0.312±4.1	0.0525±2.8	271.7±8.0	307±64
8.1	230	111	0.50	8.65	0.19	0.0437±3.1	0.322±4.9	0.0534±3.8	275.7±8.3	345±85
9.1	251	116	0.48	9.60	0	0.0446±4.6	0.318±5.5	0.0516±3.1	281±13	270±70
10.1	331	185	0.58	12.2	0	0.0428±3.0	0.312±3.9	0.0529±2.5	270.0±8.0	325±57
11.1	363	224	0.64	14.0	0.26	0.0447±3.0	0.313±5.0	0.0508±4.0	281.7±8.3	231±93
12.1	319	123	0.40	12.1	0.50	0.0440±3.0	0.428±5.9	0.0706±5.1	277.3±8.1	944±100
13.1	415	190	0.47	16.4	0	0.0461±2.9	0.330±3.5	0.0519±1.9	290.4±8.3	281±43

3)闪长玢岩脉的形成年龄

矿区内沿 NE 25°和 NW 345°的张裂隙发育两组闪长岩、闪长玢岩脉。从野外接触关系看,NW 向闪长玢岩脉切穿了 NE 向岩脉,为更晚阶段产物。从矿区内 NE 向闪长岩、闪长玢岩脉与矿体的关系看,二者走向均为 NE 向,但倾向相反,可见岩脉切穿了矿体,但岩脉本身有弱的金矿化,推测其为成矿同期稍晚的产物。

为确定岩脉的形成年龄,在矿区露天采场采集了新鲜闪长岩脉样品。分选出的锆石较复杂,明显可分为两大类:一类呈浅紫红色,透明,浑圆状;另一类呈浅黄色,透明,柱状自形晶。选择上述不同形态锆石计 6 个试样点在 VG354 质谱计上进行了 U-Pb 同位素稀释法年龄测定[图 7-19(b)]。经 ISOPLOT 应用程序计算,6 个试样点除 2、3 点外,均散落在了谐和曲线上,反映出锆石成因较为复杂。其中 1 号样点为浅紫红色浑圆状锆石样品,这种锆石代表的是残留锆石/或捕获锆石,其^{207}Pb/^{206}Pb 表面年龄为(208±7)Ma,与本区基底阿拉善岩群的形成年龄相一致。其他测点年龄为 600~258.6Ma,所代表的地质意义有待进一步研究。为此,在同一地点又重新取样进行了 SHRIMP 单颗粒锆石 U-Pb 同位素年龄测定,结果表明(图 7-21 和表 7-16),其中 12 个点较为集中地落在了谐和线上,给出的^{206}Pb/^{238}U 表面年龄统计加权平均年龄为 (279.7±5.2)Ma,即早二叠世,代表了该闪长玢岩的形成年龄,该年龄值也与花岗斑岩的年龄几乎相等,表明二者为同期的产物。

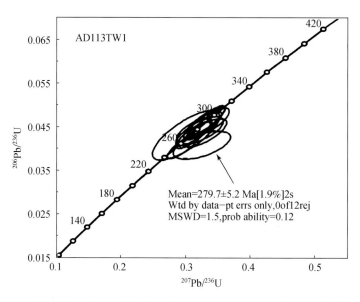

图 7-21 闪长玢岩(AD113TW1)的 SHRIMP 锆石 U-Pb 法年龄(李俊建,2006)

表 7-16 朱拉扎嘎闪长玢岩(AD113TW1)SHRIMP 锆石 U-Pb 年龄测定结果(李俊建,2006)

点号	U /($\times 10^{-6}$)	Th /($\times 10^{-6}$)	Th/U	^{206}Pb /($\times 10^{-6}$)	^{206}Pb /%	^{206}Pb/^{238}U	^{207}Pb/^{235}U	^{207}Pb/^{206}U	^{206}Pb/^{238}U 年龄/Ma	^{207}Pb/^{206}U 年龄/Ma
1.1	155	174	1.16	47.7	0.04	0.357±2.9	5.60±3.4	0.1137±1.7	1969±49	1860±31
2.1	105	296	2.91	32.9	0.02	0.364±2.9	5.93±3.1	0.1182±0.87	2001±50	1929±16
3.1	71	54	0.78	2.48	0	0.0408±3.2	0.324±5.6	0.0577±4.5	257.5±8.1	519±100
4.1	339	265	0.81	12.9	0.08	0.442±2.9	0.321±4.6	0.0527±3.5	278.8±8.0	316±81
5.1	159	155	1.01	5.97	0	0.0436±3.0	0.329±4.2	0.0547±2.9	275.0±8.2	399±65
6.1	731	953	1.35	28.9	0	0.0460±2.9	0.333±3.2	0.0525±1.3	290.0±8.2	308±31
7.1	406	425	1.08	16.2	0	0.0465±2.9	0.333±3.4	0.0519±1.8	292.8±8.3	281±42
8.1	326	318	1.01	12.7	0.08	0.0453±2.9	0.325±3.7	0.0521±2.2	285.4±8.2	292±51
9.1	1144	2194	1.98	44.8	0.04	0.0456±7.3	0.325±7.4	0.0516±1.2	288±20	269±28
10.1	680	1091	1.66	27.5	0.03	0.0471±6.4	0.339±6.6	0.0523±1.7	296±18	299±38
11.1	687	701	1.05	27.3	0.16	0.461±2.9	0.334±3.9	0.0526±2.7	290.5±8.3	311±61
12.1	201	139	0.72	7.46	0.49	0.0430±5.4	0.300±7.1	0.0505±4.6	272±14	219±110
13.1	470	532	1.17	17.4	0.06	0.0431±2.9	0.311±3.5	0.0524±2.0	271.8±7.7	301±45
14.1	333	216	0.67	12.5	0	0.0431±2.9	0.312±3.7	0.0518±2.2	275.8±7.9	274±50
15.1	505	546	1.12	17.6	0	0.0406±2.9	0.296±3.4	0.0529±1.8	256.4±7.3	324±42
16.1	120	65	0.57	48.8	0.02	0.475±2.9	12.26±3.0	0.1873±0.67	2504±61	2719±11

4)含金石英脉的^{40}Ar/^{39}Ar 年龄测定

在矿区露天主采场采集了含金石英脉样品。实验结果列入表 7-17 中,表中带下角标 m 的代表测定值,^{40}Ar 代表放射成因氩。该石英样品做了 10 个 ^{40}Ar/^{39}Ar 阶段加热析氩实验(表 7-17 和图 7-22)。在第 2~6 的 5 个加热阶段(550~900℃)构成了较平坦的谱线,^{39}Ar 析出量为 68.23%,这部分气体得到的坪年龄为 (282.3±0.9)Ma,谱线中最小视年龄为 (279.4±3.9)Ma。与对应的数据点求得等时线年龄为 (280.0±1.8)Ma,这 3 个年龄值十分接近,反映了测定的石英年龄是真实可信的,可代表石英的形成时代(李俊建,2006)。

表 7-17 AD67TW1 石英的 ^{40}Ar - ^{39}Ar 法实验数据(J=0.010426)(李俊建,2006)

加热阶段	加热温度/℃	(^{40}Ar/^{39}Ar)$_n$	(^{36}Ar/^{39}Ar)$_n$	(^{37}Ar/^{39}Ar)$_n$	(^{38}Ar/^{39}Ar)$_n$	^{39}Ar$_b$ /(×10^{-12}mol)	(^{40}Ar*/^{39}Ar$_k$) ±σ	^{39}Ar$_k$ /%	视年龄 t±1σ /Ma
1	460	63.225	0.1483	0.9372	0.3000	0.718	19.64±0.02	4.66	336.18±7.73
2	550	34.090	0.0606	0.9333	0.1742	1.530	16.32±0.01	9.92	283.57±4.49
3	640	21.948	0.0194	0.6717	0.1077	3.571	16.25±0.01	23.1	282.41±3.66
4	730	22.897	0.0233	0.7060	0.1355	2.481	16.06±0.00	16.0	279.38±3.92
5	820	29.736	0.0466	0.8105	0.1749	1.762	16.24±0.01	11.4	282.23±4.47
6	900	39.038	0.0769	1.0504	0.2384	1.205	16.48±0.01	7.81	286.17±5.50
7	1000	44.693	0.0877	1.0436	0.2775	1.135	18.96±0.01	7.36	325.43±6.92
8	1150	43.392	0.0803	1.1207	0.2571	1.298	19.84±0.01	8.41	339.22±6.79
9	1300	52.926	0.1097	1.1905	0.3195	0.950	20.73±0.02	6.16	353.14±8.36
10	1500	61.363	0.1363	1.1974	0.2818	0.764	21.34±0.02	4.96	362.51±7.88

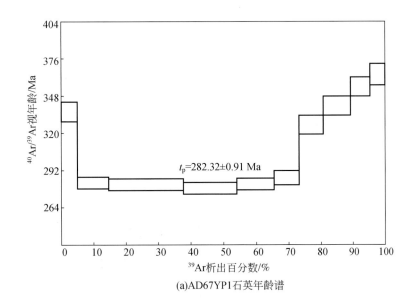

(a)AD67YP1 石英年龄谱

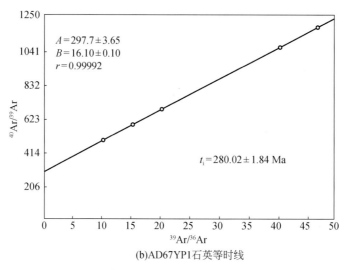

(b)AD67YP1石英等时线

图 7-22　石英 $^{40}Ar-^{39}Ar$ 法年龄谱（李俊建，2006）

综上所述，朱拉扎嘎金矿的成矿年龄与花岗斑岩和闪长玢岩的形成年龄在误差范围内几乎等值，说明了三者的成因联系，同时限定了朱拉扎嘎金矿的形成年龄应该在 280Ma。

5. 矿床成因分析

1) 矿床成因特征

朱拉扎嘎金矿床的成因有它独有的特征，归纳如下。

(1) 朱拉扎嘎毛道组叠层石生物礁体的阻隔和障壁作用，朱拉扎嘎凹陷区形成了碳酸盐障壁海盆地，沉积了 500 余米含矿层。

(2) 朱拉扎嘎毛道组地层中有火山岩夹层，金矿的初始富集为海底火山活动过程中喷流沉积的产物（刘妍等，2002）。从朱拉扎嘎金矿区岩矿石的稀土元素配分模式（图7-23）可见，容矿粉砂岩和碳酸盐岩与矿石样品，其稀土配分曲线有相近的轻重稀土元素分馏和铕异常分布特征，说明了在同一环境中成矿的相承性关系。

(3) 原生矿石类型为薄层状细纹层状硅化粉砂岩（年龄为 1100Ma），金矿呈细粒浸染状产出，细脉纹层平行于沉积层理，并受沉积层理控制。原生矿中常见有弯曲状矿化细脉垂直于沉积纹层分布，岩层遭受后期金矿活化富集改造所致。

(4) 矿体主要受新元古界朱拉扎嘎毛道组一岩段中部（Qnz^{1-2}）地层和岩性控制，含矿岩石富含有机质和硫化物。

(5) 矿石中常见微细粒浸染状、纹层状、细脉状构造。

(6) 常见热液蚀变有阳起石化、绿泥石化和绿帘石化等。

(7) 常见矿化有磁黄铁矿化、黄铁矿化、毒砂和黄铜矿化等，而且这些矿化与含金品位呈正相关关系。

(8) 朱拉扎嘎金矿与成矿关系最为密切的花岗斑岩的形成时代为（280±6）Ma，成矿稍晚侵入的闪长玢岩的形成时代为（279.7±5.2）Ma，二者的年龄基本一致，同时也与矿石中石英 $^{40}Ar-^{39}Ar$ 法年龄一致，从而确定了朱拉扎嘎金矿床的形成时代为 280Ma（二叠纪）。

(9)朱拉扎嘎金矿床具有两期成矿的特点,原生沉积成矿期(1100Ma)为新元古代,岩浆热液叠加主成矿期为海西晚期(280Ma),属层控岩浆热液变质型金矿床。

2)控矿因素分析

(1)地层控矿。矿体(层)赋存于新元古界朱拉扎嘎毛道组地层中,受地层层位和岩性的控制。

(2)构造控矿。朱拉扎嘎金矿区位于朱拉扎嘎近NNW向叠加褶皱构造的轴部,巴彦西别—乌兰内哈沙推覆构造的下盘对金矿有控矿作用。

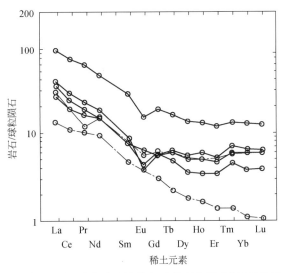

图7-23 朱拉扎嘎金矿岩矿石的稀土元素配分模式图(李俊建,2006)
点画线为矿石样品;其他分别为朱拉扎嘎毛道组容矿粉砂岩和碳酸盐岩

(3)岩浆岩控矿作用。在矿区的西南部有一隐伏的岩体(高阻体)存在,推测岩体和岩脉提供了热源,引起岩矿石发生蚀变、矿源富集成矿。

3)找矿标志

(1)地层标志。新元古界朱拉扎嘎毛道组一岩段中部地层。

(2)构造标志。地层中层间滑动带、低次序的构造破碎带。

(3)地球物理标志。正磁异常区、低阻高激化区,特别是这些异常套合较好的区域。

(4)地球化学标志。以金为主的综合异常,异常具有面积大、强度高、元素套合好,特别是异常分布在朱拉扎嘎毛道组一岩段分布区。

(三)赛乌素金矿及成矿特点分析

赛乌素金矿床位于内蒙古达茂旗境内,距白云鄂博铁矿北13km,该矿床产于元古界白云鄂博群浅变质岩内,为中低温热液石英脉型金矿,金矿体主要分布于哈拉忽鸡背斜轴部及两翼,呈近EW向展布,以脉状或透镜状产于白云鄂博群尖山组变质长石石英砂岩中,由北矿带(32号脉群)和南矿带(203号脉群)组成,为中型规模。

1. 成矿地质背景

赛乌素金矿床赋存于白云鄂博群浅变质岩系内,属华北地台北缘金及多金属成矿区带。

大地构造位于华北古大陆板块北缘与古蒙古洋板块碰撞带附近,地壳结构复杂,属于白云鄂博陆缘杂岩带的组成部分(图7-24)。造山作用发生于晚奥陶世至早中志留世期间,南部广泛分布中上元古界白云鄂博群和古生代侵入岩,其构造线呈EW向。北侧出露古生界火山-沉积岩建造。区域地层主要为中新元古界白云鄂博群浅变质岩,原岩为一套巨厚的裂谷沉积物。岩浆岩主要为海西期中酸性岩,海西期岩浆活动为该区金活化、迁移、富集起至关重要作用(图7-25)。

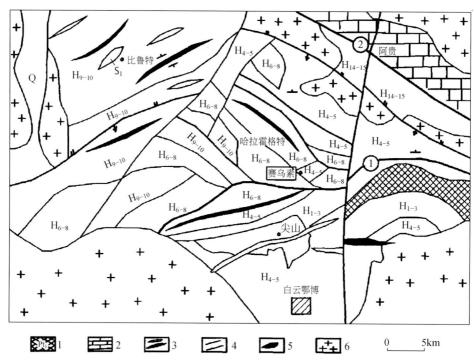

图7-24 赛乌苏金矿区域地质示意图

H_{1-3}.白云鄂博群都拉哈拉组;H_{4-5}.尖山组;H_{6-8}.哈拉霍格特组;H_{9-10}.比鲁特组;H_{14-15}.呼吉尔图组;Σ_1.超基性岩;1.色尔腾山群;2.石炭系宝力格庙组;3.背斜、向斜;4.缝合线、断裂;5.比鲁特混杂岩;6.海西期侵入岩;①白银角拉克—宽沟断裂;②乌兰宝力格断裂

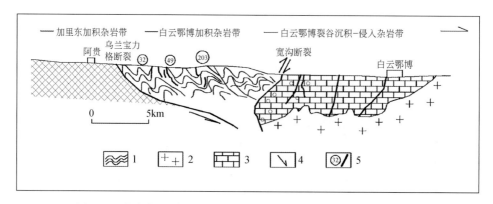

图7-25 赛乌苏金矿矿体形成关系地质剖面示意图(张学权等,2007)

1.白云鄂博群叠瓦状构造体系;2.海西期花岗岩;3.碳酸盐岩;4.逆冲断层;5.金矿体出露位置及编号

白云鄂博群(Pt_2)为一套浅变质碎屑岩-泥质岩-碳酸盐岩建造组合,构成了哈拉忽鸡复背斜的主体,自下而上为都拉哈拉(Pt_2d)、尖山(Pt_2j)、哈拉霍格特(P_2th)、比鲁特($Pt_2 b$)、白音宝拉格($Pt_2 by$)、呼吉尔图($Pt_2 hi$)6个岩组。尖山组沿哈拉忽鸡背斜出露,哈拉霍格特组出露于矿区外围和哈拉忽鸡背斜西倾伏端及其南翼,呼吉尔图组出露于矿区北部。

矿区(图7-26)褶皱构造由哈拉忽鸡复式背斜组成,是矿区的主干构造,轴向近EW。北矿段32号脉群位于复背斜西侧倾伏端北翼,EW走向,雁列分布,海西期岩浆活动使含矿热液沿先期断裂构造上升富集成矿。南矿段203号脉群分布在倒转向斜的人字形构造内,核部为尖山组二、三段粉砂质板岩,翼部为尖山组一段碳质板岩和灰岩,褶皱轴部走向SE-NW,石英脉沿断裂破碎带侵入,形成了赛乌素金矿203脉群金矿床(图7-27)。该区侵入岩由花岗岩、花岗闪长岩、闪长岩、伟晶岩和石英脉岩等组成,发育片麻状构造一条纹构造,反映其经历了韧性-脆性叠加变形作用。

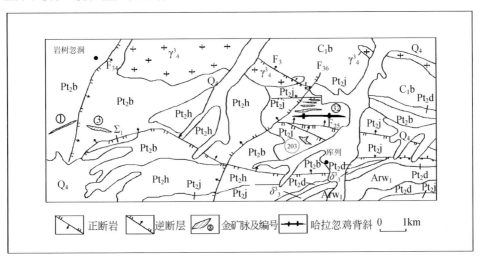

图7-26 赛乌苏金矿区地质图(雷寿刚,1984)

Q_4. 第四系;C_1b^2. 石炭系宝力格庙组;Pt_2b、Pt_2h、Pt_2j、Pt_2d. 白云鄂博群:比鲁特岩石、哈拉霍格特岩组、尖山岩组、都拉哈岩组;$Arwl$. 太古界乌拉山群;γ_4^3. 海西期花岗岩;δ_3^3. 闪长岩;Σ_1. 金伯利岩

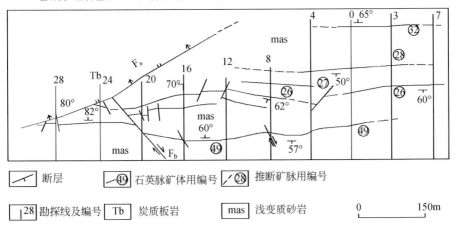

图7-27 赛乌苏金矿32号脉群1430中段脉体分布关系示意图(张春雷,1999)

Tb. 岩质板岩;mas. 浅变质砂岩;1. 断层;2. 石英脉矿体及编号;3. 推断矿脉及编号;4. 勘探线及编号

2. 矿床地质特征

1)北矿带地质特征

32号脉群包括49、26、27、28、32号脉,金矿体赋存在石英脉中,呈雁行式排列,分布于哈拉忽鸡背斜西倾没端偏N处,走向近EW,产状严格受张扭性断裂控制,呈脉状、透镜状产出(图7-27)。矿体长度为250~450m,厚度为0.2~8.0m,金含量和厚度变化系数分别为20%和93%。矿石中的金属矿物为褐铁矿、黄铁矿、方铅矿、毒砂、黄钾铁钒。微量矿物有自然金、银金矿、铁闪锌矿等。具压碎结构、自形-半自形及他形结构,矿石构造主要有块状、角砾状、浸染状、网脉状。有用矿物主要是自然金,银金矿少,脉体含矿性较好。矿石的金含量不均匀,最高可达1732.4g/t,低者不足2.4g/t。矿体近矿围岩为碎裂状-角砾状变质砂岩和碎裂花岗岩。围岩中普遍发育片理和糜棱面理构造,其产状与叠加的脆性断裂构造基本一致,相互平行组成叠瓦状向北逆冲的断层带。49号脉矿体工程控制到1380m标高,20~24线已探掘到四中段165m,4~20线探掘到七中段260m,8线、24线向下应有延伸;26号脉工程控制到1430m,0~20线已探掘1390m,北侧发现平行的27号隐伏矿体;28号脉3~8线矿体在1390m标高以下矿化减弱;32号脉4~7线已探掘至1470m,矿体有尖灭趋势,但向E有侧伏。49、26、28号脉1480m标高以上总体为N倾斜,向下倒转S倾斜。

2)南矿带地质特征

203号脉群由V号矿体和Ⅱ号矿体组成,呈人字形,NW-SE向产出,位于向斜中部,形态复杂,为推覆构造所致,产状受张扭性断裂控制,呈脉状、透镜状产出。在多期构造运动复合叠加的影响下,矿体本身及其两侧围岩均遭受不同程度的变形和挤压破碎,矿体以石英脉为主,受断裂构造和碳质板岩界面的控制明显。

Ⅱ号矿体由一组平行的脉体组成,受断裂构造控制,走向300°,地表NE倾,1550m标高下SW倾,倾角为20°~69°(沿倾向上呈波曲状变化)。厚度为0.5~4.8m,长度为200m。金含量为2.09g/t。

V号矿体呈脉状、透镜体状,受断裂构造控制,走向110°,倾向20°,倾角45°~60°,厚度为0.6~6.08m,长度为150m。金含量为4.08g/t,金矿化具有明显的次生富集特征,在矿体交汇部位含金性强,呈窝状,在0线1500m标高出现3层矿体,SW倾向,沿走向NW有侧伏趋势。

3. 控矿因素分析

1)构造控矿

区内以脆性断裂构造为主,分三期:成矿前期,呈EW向展布,属张性及张扭性断裂,分布在背斜轴部两翼,是成矿早期的主要控矿断裂构造,其特点是石英脉呈雁行排列,北区段32号脉群,脉体呈分枝复合、尖灭再现,脉体局部膨大和缩小明显;成矿期,叠加复合在早期张性、张扭性断裂之上,是成矿的重要导矿构造,使先期贯入的石英脉遭到挤压破碎,成为含矿热液充填胶结成矿的重要通道。成矿后期,可分为EW向、NE向和NW向断裂构造组,对矿体有不同程度的破坏作用。区内韧性剪切带构造发育,形式为矿体呈叠瓦状向北逆冲的推覆变形,是成矿晚期构造。

2) 地层控矿特征

(1) 金元素的岩石地球化学特征。

赛乌素金矿矿化与区域岩石建造有密切的成因联系,矿区白云鄂博群尖山组各类岩石的金含量较高(表7-18),矿体赋存在尖山组的变质砂岩、碳质板岩中,明显受岩性和地层的控制。

表7-18　矿区主要含金岩石含金量(雷寿刚,1984)

岩石	分析样数/件	含金/($\times 10^{-6}$)
碳质板岩	311	0.134
变质砂岩	41	0.180
硅质灰岩	5	0.104

(2) 稀土元素地球化学特征。

白云鄂博北部地区的稀土配分曲线(图7-28)呈左高右低的形态,稀土总量较低,呈跳跃式变化,含金石英脉的曲线形态与灰岩的较为相似,但与长英质脉及花岗岩典型负铕异常有明显区别,说明矿脉与地层有较密切的关系。

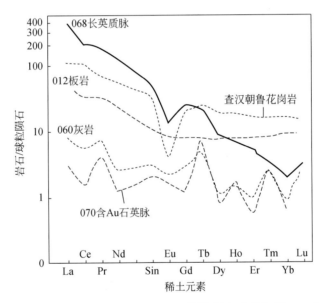

图7-28　白云鄂博北部岩石稀土配分模式图(张学权等,2007)

(3) 铅同位素地球化学特征。

赛乌素金矿的矿石铅同位素主要数据:$^{206}Pb/^{204}Pb$值为16.48～17.78、$^{207}Pb/^{204}Pb$值为15.34～15.53、$^{208}Pb/^{204}Pb$值为36.9～37.93。在铅同位素图上位于地幔铅演化曲线附近(图7-29),暗示其矿石铅的来源与幔源物质有关。在矿石铅演化图解上,二次等时线上的两个年龄值为1600Ma、255Ma,与地层的形成年龄白云岩1588Ma、钾长板岩(1728±5)Ma(王辑等,1989)及海西晚期花岗岩岩体的形成年龄相近。白云鄂博裂谷带赛乌素金矿体的矿石铅同位素以放射性铅含量低为特点,二次等时线年龄的两个值与地层的形成年龄与海西晚期岩浆、构造年龄一致,反映其来源于地层的特点。由于铅与金密切伴生,铅的演化间接地指示了金元素的变化过程,白云鄂博北部地区的岩石金元素地球化学特点及稀土元素配分特征也佐证了成矿物质可能主要来源于中元古界沉积地层及地幔或下伏的太古界色儿腾山群含金绿岩建造。

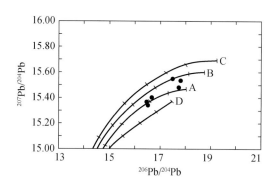

图 7-29　赛乌苏金矿矿石铅演化图解(张学权等,2007)
A. 地幔;B. 造山带;C. 参加造山的上部地壳;D. 参加造山带的下部地壳

3) 矿床成因分析

石英脉形成归纳成三期。海西期岩浆作用早期,以脉状侵位于白云鄂博群尖山组碎屑岩中。海西期岩浆作用晚期,以伟晶脉状-团窝状侵位于侵入岩中。海西期岩浆作用期后,以脉状侵位于海西期侵入岩和白云鄂博群尖山组碎屑岩中,该期石英脉是区内主要赋金载体。利用莱兹 1350 型显微热台分别对不同矿脉、矿脉不同地段、不同标高的石英进行了均一测温,结果表明赛乌素金矿的石英均一温度分布在两个区间:140°~180°和 200°~280°。主成矿期石英的形成温度为 200°~280°。白云鄂博群尖山组高金背景值的碎屑岩中的含金成矿物质经热液(海西期岩浆活动、变质作用和挤压构造变形作用)作用,在近 EW 向和 NW 向断裂构造裂隙中成矿。近 EW 向叠瓦状向 N 逆冲的断层使金矿体呈脉状、扁豆体状断续展布。金矿床的成因属浅成中低温热液石英脉型金矿。

4. 矿区找矿方向

(1) 研究南矿带矿体赋存规律。剖面上东段矿体出露标高高,NW 向矿体沿延伸方向侧伏。主矿体中、西段地表 NE 倾斜,下部倒转 SW 倾斜,沿 NW 和 SW 倾斜 2°方向寻找隐伏矿体。

(2) 寻找盲矿体,含金石英脉受韧、脆性断裂构造控制,呈透镜状、叠瓦状产出,雁列分布,尖灭再现、分支复合、膨大收缩,矿体的垂向和横向延伸变化,对找矿具有指导意义。

(3) 北矿带 F36 正断裂带西侧处于 C_1^{O3} 航磁异常区,碳质板岩异常强度最大,高达 1000nT,推测深部浅变质砂岩内与碳质板岩穹状接触带、F3 逆断层的南侧存在隐伏矿体,需对异常验证。

(四)小坝梁铜金矿床成矿分析

小坝梁铜金矿床位于内蒙古东乌珠穆沁旗额吉诺尔苏木哈拉图嘎查境内,NE 距东乌珠穆沁旗旗府所在地(乌里雅斯太镇)约60km处。

大地构造位置位于内蒙古弧形构造带中部,索伦—新浩特复向斜带东端,小坝梁复向斜东端南翼,贺根山深断裂北侧。迄今矿区已发现铜矿体34条,品位0.30%～15.36%;金矿体17条,品位一般3～7g/t,最高可达12.72g/t。金矿体与铜矿体紧密伴生(图7-30),各矿体在平面上主要呈透镜状或似层状断续分布在EW长约2km、SN宽约200m的狭长地带内,矿体规模大小不等,延长数米至七百余米,延深数十米至200余米,厚度一般几米至十几米。

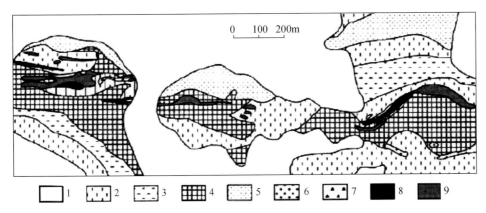

图7-30 小坝梁铜金矿床地质简图
1.第四系;2.凝灰岩;3.砂岩;4.细碧岩;5.石英角斑岩;6.辉长岩;7.角砾岩;8.硅质岩;9.铜金矿体

1. 矿床地质特征及找矿信息

1)地层控矿

矿区主要被第四系覆盖,地表露头少,仅出露下二叠统格根敖包组(P_1g)地层。主要岩性为凝灰岩、凝灰质砂岩、凝灰质粉砂岩、火山角砾岩(或集块岩)、细碧岩,以及少量粗玄岩和玄武岩。其中,以凝灰岩分布最广,近EW向分布,呈一单斜构造,倾向南,倾角60°～80°,岩石呈灰白、灰黑色,具岩屑砾状结构、晶屑岩屑结构,块状构造,岩屑成分为凝灰岩、玄武岩、粗玄岩碎屑,晶屑则由中性斜长石及少量石英组成。

凝灰质砂岩出露于矿区西部、东北部,呈夹层状赋存于凝灰岩中,岩石为灰、灰黑色。火山角砾岩零星出露于矿区西部,经钻孔揭露大致由西向东带状分布,岩性由玄武质火山角砾岩和凝灰质火山角砾岩组成,矿区西部局部地区见有凝灰质集块岩。

细碧岩主要分布于矿区中部,与凝灰岩、火山角砾岩呈互层状产出,角砾岩呈黑绿、灰绿色,细粒结构、辉绿结构、块状构造。

粗玄岩主要出露于矿区东部地段,呈EW向分布,与凝灰岩、火山角砾岩互层出现,岩石呈灰、灰绿色。

玄武岩在矿区无自然露头,钻孔见于矿区西部,EW向分布,呈灰黑、黑绿色。

矿区矿体主要赋存于凝灰岩与细碧岩、火山角砾岩及构造角砾岩的接触带上(图7-30),有些则直接赋存于凝灰岩之中。矿区金矿体与铜矿体在生成上有密切联系,金矿体主要赋存于金属硫化物(铜)矿体的上部氧化带中,个别原生铜矿体之中金也有富集,在其局部形成金工业矿体。矿区围岩中普遍含黄铁矿并含有较高的铜、金元素。

据矿区 120 件光谱分析资料统计表明，火山角砾岩含铜 1204×10^{-6}；细碧岩含铜 340×10^{-6}，含金 160×10^{-6}；粗玄岩含铜 142×10^{-6}；凝灰岩含铜 93×10^{-6}，含金 120×10^{-6}；正长斑岩含铜 13×10^{-6}。可见火山角砾岩与细碧岩为小坝梁铜矿的主要成矿母岩，凝灰岩提供了部分成矿物质。因此，下二叠统格根敖包组凝灰岩、火山角砾岩与细碧岩为小坝梁矿区及外围寻找铜、金矿体的地层标志。

2）岩浆控矿

矿区岩浆活动主要为侵入活动，侵入岩主要为正长斑岩及少量辉橄岩和辉长岩。正长斑岩主要出露于矿区北部，受 EW 向断裂构造的控制，沿断裂呈不规则脉状侵入于火山岩地层中。岩体走向近 EW，倾向南，倾角 $65°\sim80°$。岩石呈灰白、灰色，斑状结构、块状构造。其成分主要为：基质成分主要由粒径介于 $0.15\sim1.5$mm 的微粒状钾长石，次为斜长石及少量石英、黑云母组成，含量占 80% 以上；副矿物有磷灰石、磁铁矿等。正长斑岩蚀变较弱，长石斑晶具微弱绢云母化，黑云母被绿泥石交代并析出铁质。从岩石化学特征及微量元素特征分析，正长斑岩是由玄武岩浆分异的产物，是在火山喷发期后侵入的超浅成侵入体，其微量元素含量与组合特征与矿区火山岩地层基本相似。由此认为，正长斑岩岩体可能对矿体具有后期改造和叠加作用。

小坝梁矿区外围大面积出露的超基性岩属于锡林郭勒盟超基性岩带北侧，向东北延伸部分，将矿区下二叠统地层呈悬垂体托浮在其上面。矿区内零星出露的超基性岩为外围岩体的岩枝，主要分布于矿区中-东部南侧地段，呈脉状侵入于凝灰岩中，侵入时代为海西期。岩性主要为辉橄岩和辉长岩，其有强烈蚀变，见有蛇纹石化、绿泥石化、碳酸盐化等。岩石呈灰绿色，交代假象片状结构、网眼结构、变余纤维结构，块状或片状构造。超基性岩与矿区火山地层为同时期形成，与成矿可能存在密切联系，但对成矿的影响程度有待进一步查明。

3）构造控矿

矿区地质构造主要受海西期 NE 向构造带和新华夏体系构造复合控制，层间断裂构造十分发育，产状与地层基本一致，走向 EW，倾向南，倾角 70° 左右。矿化明显受层位控制，矿体主要沿 EW 向断裂及层间破碎带分带（图 7-31）。因此，EW 向断裂为矿区最重要的控矿构造标志。成矿期后，沿着 EW 向火山喷发通道又有构造叠加，在局部地段形成构造角砾岩，同时生成一些断距不大的横向或斜交断裂，对矿体影响不大。

4）围岩蚀变

矿区围岩蚀变以绿泥石为主，其次为硅化、绢云母化和滑石化，局部地表有褐铁矿及高岭土化等。矿区共有蚀变带 8 条，主要产于中基性火山杂岩中，地表呈平行带状分布，局部有分支复合现象，总体走向近 EW，倾向南，倾角 $57°\sim87°$，局部近直立，EW 两端倾向北，倾角 $45°\sim84°$。蚀变带断续延长达 1850m，宽 $0.3\sim65$m，与围岩界线不清，呈渐变关系。矿区目前已知矿体常被绿泥石化凝灰岩和细碧岩所环绕，绿泥石化和硅化强烈地区，铜和金矿品位富集。据矿区岩石元素含量分析，硅化围岩含金 133.5×10^{-6}，铜 2000×10^{-6}，分别为地壳丰度的 39 倍和 37 倍。因此，可将凝灰岩、细碧岩的绿泥石化及硅化作为找矿的间接标志。

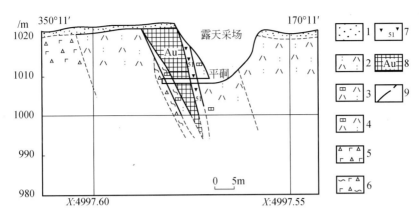

图 7-31 小坝梁矿区 5 号矿体 8 线剖面示意图
1. 第四系；2. 凝灰岩；3. 褐铁矿化凝灰岩；4. 黄钾铁矾化凝灰岩；5. 玄武质角砾岩；
6. 绿泥石化火山角砾岩；7. 硅质构造角砾岩；8. 金矿体硅质岩；9. 地质界线

5）矿石矿物特征

矿区矿石矿物中共见金属矿物与非金属矿物十几种。氧化矿石中金属矿物主要有褐铁矿、赤铁矿、孔雀石、自然金等，非金属矿物主要为绿泥石、石英等。原生矿石中金属矿物主要为黄铁矿、胶黄铁矿、黄铜矿、自然金等，非金属矿物主要为石英、绿泥石；脉石矿物为绿泥石、石英、方解石、长石、辉石等。块状、角砾状原生矿石主要矿物成分的含量为：黄铁矿 $50\%\sim70\%$、黄铜矿 $10\%\sim20\%$、非金属矿物 $10\%\sim40\%$。矿石结构有粒状结构、同心环带结构、压碎结构、交代残余结构，构造则有块状构造、浸染状构造及细脉状构造。矿区普遍存在浸染状黄铁矿与方解石细脉，位于凝火岩与火如角砾岩界面上的黄铁矿铜、金含量较高，对找矿具有指示意义。

6）成矿流体特征

根据徐毅等（2008）对矿区流体包裹体研究表明，石英包裹体为气液比 $10\%\sim30\%$ 的两相包裹体，个体较细小，在 $4\sim12\mu m$，并以 $4\sim51\mu m$ 居多，形态多呈椭圆形或不规则状。包裹体的均一温度为 $170\sim376℃$，并集中分布在 $260\sim280℃$ 与 $310\sim350℃$ 两个温度段内，小于 $200℃$ 者甚少。冰点温度为 $-0.8\sim-0.24℃$，平均值为 $-1.5℃$；对应盐度为 $1.4\%\sim4\%$ NaCl，平均值为 2.5% NaCl。

2. 地球化学找矿信息

小坝梁矿区及外围的化探研究表明，小坝梁矿区指示元素组分和浓度分带明显，有一定的规律性。Cu、Zn、Au 元素是该区土壤测量的主要矿化或成矿指示元素，Co、Mn 元素则反映超基性岩分布区的元素含量特征，Pb、Ag、Sn 元素只形成弱异常。Cu、Zn、Au 元素主要在黄铁矿、黄铜矿、细碧岩、火山角砾岩的矿化岩中相对富集。在小坝梁地区提取土壤测量异常共 6 处（图 7-32）。小坝梁矿区内主要岩石及钻孔岩心进行取样，分析原生晕异常情况表明：①矿区西部氧化矿表现为 Cu、Zn、Au 元素组合异常，以 Cu 元素异常为最强，当矿体出露地表时，可形成高达 2000×10^{-6} 的 Cu 元素异常；②矿区东部矿段表现为 Cu、Zn、Mn 元素组合异常；③当矿体剥蚀到尾部时，形成 Cu、Zn、Au、Mn、Co 元素组合异常,以 Cu 元素异常规模最大,Zn、Au 次之,Mn、Co 元素较弱;④矿区矿化异常为 Zn、Au、Mn、Cu、Co 元素的异常组合特征,Zn、Au、Mn 元素异常相时较强,Cu、Co 元素异常较弱。

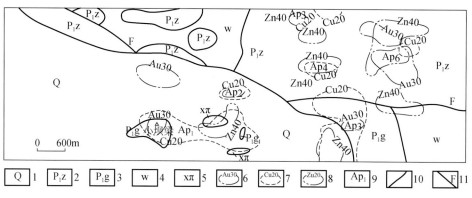

图 7-32 小坝梁地区化探、地质综合地质图

1. 第四系;2. 二叠系哲斯组;3. 二叠格根敖包组;4. 辉橄岩;5. 正长斑岩;6. 金元素异常区及下限值;7. 铜元素异常区及下限值;8. 锌元素异常区及下限值;9. 化探综合异常编号;10. 地质界线;11. 实测断层

3. 地球物理找矿信息

由于矿区第四系覆盖严重,根据矿区内赋存矿体围岩与矿化蚀变带的物性差异可以确定矿体的空间位置,作为矿区间接的找矿标志。矿区内二叠统凝灰岩、凝灰质砂岩、凝灰质粉砂岩、火山角砾岩、粗玄岩、辉长岩的充电率比较低,而含铜黄铁矿及矿化岩石的充电率一般都比较高,与围岩相比,有明显的电性差异。矿区内激电非矿异常主要由超基性岩(辉橄岩)引起,但其磁化率为 $(1018\sim9545)\times47\pi\times10^{-6}$,凝灰岩、火山角砾岩、粗玄岩磁性更小,一般小于 $1000\times4\pi\times10^{-6}$,据此可以作为判断激电异常是矿与非矿异常的依据之一。因此,矿区基性岩引起的磁异常(如与激电异常吻合)对找矿有一定指示意义(徐毅等,2008)。

4. 找矿综合模型

综合上述信息,结合地球化学和地球物理成矿评价信息,分析地层、构造、蚀变作用等矿化有利评价信息,综合考虑有关找矿信息标志,提出小坝梁金铜矿床的地质-地球物理-地球化学综合信息找矿模型(表 7-19)。

表 7-19 小坝梁综合信息找矿总结表

成矿评价信息	地球化学	矿区土壤测量的主要矿化或成矿指示元素是 Cu、Zn、Au 元素;Cu、Zn、Au 元素主要在黄铁矿、黄铜矿、次石英岩、细碧岩、火山角砾岩的矿化岩中相对富集。Co、Mn 元素则反映超基性岩分布区的元素含量特征;Pb、Ag、Sn 元素只形成弱异常
	地球物理	含矿地体的地球物理理想模式为高激电异常与低磁异常区域重合地段为找矿有利地段

续表

矿化有利评价信息	地层	下二叠统格根敖包组第二岩性段的凝灰岩、火山角砾岩与细碧岩为小坝梁矿区及外围寻找铜、金矿体的地层标志
	构造	矿区近 EW 沿地层走向的层间断裂为矿体形成有利部位
	蚀变作用	围岩凝灰岩,细碧岩的绿泥石化及硅化是找矿的间接信息
矿床评价信息	矿石矿物	位于凝火岩与火山角砾岩界面上的黄铁矿铜,金含量较高,对找矿具有指示意义
	微观特征	包裹体大小在 $4\sim12\mu m$,并以 $4\sim5\mu m$ 居多,温度为 $170\sim376℃$,并集中分布在 $260\sim280℃$ 与 $310\sim350℃$ 两个温度段内,小于 $200℃$ 者甚少。冰点温度为 $-0.8\sim-0.24℃$,平均值为 $-1.5℃$;对应盐度为 $1.4\%\sim4\%$ NaCl,平均值为 2.5% NaCl
不确定因素	岩浆岩	矿区超基性岩脉及正长斑岩体

5. 矿床成因分析

孙艳霞等(2009)对矿区同位素进行了研究。

1) 硫同位素

小坝梁矿床硫化物的硫同位素组成,收集其他学者的测试成果并列于表 7-20 中,可以看出,小坝梁矿区硫化物的硫同位素均为正值,且变化范围较窄,$\delta^{34}S$ 值为 $(0.83\sim3.90)\times10^{-3}$,平均值为 1.96×10^{-3},十分接近不同矿区、不同地质环境下现代海底热液系统中硫化物的 $\delta^{34}S$ 值为 $(2.5\sim5.6)\times10^{-3}$,明显比洋中脊玄武岩中硫化物 (0.5×10^{-3}) 富含重硫。在海水热水系统中火山喷气-沉积成因矿床的硫一般有正 $\delta^{34}S$ 值 $(1\sim10)\times10^{-3}$。某些岩浆岩来源硫的同位素组成分布在 0 值附近极为狭窄的范围内。值得注意的是,硫的同位素组成分布变化范围狭窄并不一定说明硫是岩浆成因。可以推断,其硫来源可能为海底热液系统中硫和火山硫的混合,这一点与我国著名的白银厂块状硫化物矿床、呷村块状硫化物矿床、火山岩块状硫化物矿床的硫同位素可以对比。白银厂矿田海相细碧-角斑岩型含铜黄铁矿和铅锌矿的 $\delta^{34}S$ 也是在 0 附近的正值,平均为 $+4\%$,是由海水与火山岩进行热反应产生的结果。在 Sangster 等(1976)层状硫化物矿床平均硫同位素比值与同时代海水硫酸盐硫同位素比值图解上(110 个状硫化物矿床 2300 个硫同位素数据绘制而成),小坝梁矿床形成时代和硫同位素的组成和图解十分吻合(图 7-33)。

表 7-20 小坝梁矿区矿石硫同位素分析表(孙艳霞等,2009)

序号	矿石类型	$\delta^{34}S/(\times10^{-3})$
1	层状铜金矿石	2.00
2	层状铜金矿石	2.80
3	层状铜金矿石	3.90
4	层状铜金矿石	0.83

续表

序号	矿石类型	$\delta^{34}S/(\times 10^{-3})$
5	层状铜金矿石	1.09
6	层状铜金矿石	1.56
7	层状铜金矿石	1.56
8	层状铜金矿石	1.96

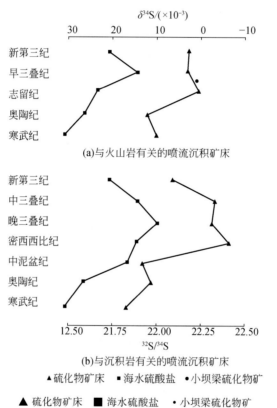

图 7-33 小坝梁同位素比值矿体形成类型判别图(孙艳霞等,2009)

2)铅同位素

铅同位素作为判断矿床成矿物质来源的工具广泛利用。为了研究小坝梁铜金矿床成因,对层状铜金矿石采样分析。同位素组成列于表 7-21,可以看出 $^{206}Pb/^{204}Pb$ 值为 17.531~17.718,均值为 17.637,极差为 0.106;$^{207}Pb/^{204}Pb$ 值为 15.389~15.580,均值为 15.484,极差为 0.096;$^{208}Pb/^{204}Pb$ 值为 37.094~37.517,均值为 37.327,极差为 0.233。以上的铅同位素组成的极差均小于1,说明铅同位素组成相当均一。在 Doe 和 Zartman 铅同位素构造模式图上投点(图 7-34),样品一部分投点于造山带演化线附近,另一部分投点于上地幔演化线附近,总体显示出壳幔混合铅的特征(孙艳霞等,2009)。

表 7-21　小坝梁铜金矿铅同位素组成（孙艳霞等,2009）

序号	样品	矿石	测试矿物	$^{206}Pb/^{204}Pb$	$^{207}Pb/^{204}Pb$	$^{208}Pb/^{204}Pb$
1	X-Cu-6-1	层状铜金矿石	黄铁矿	17.531	15.397	37.094
2	X402-1	层状铜金矿石	黄铁矿	17.601	15.389	37.189
3	XBL6-3	层状铜金矿石	黄铁矿	17.718	15.569	37.508
4	XBL6-1	层状铜金矿石	黄铁矿	17.699	15.580	37.517

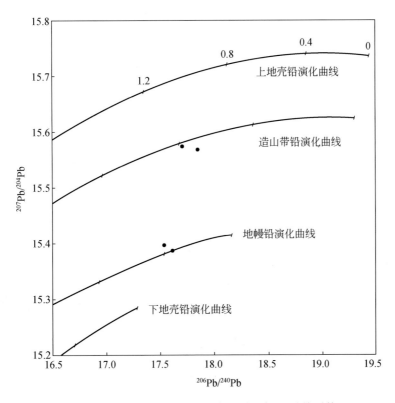

图 7-34　小坝梁矿床铅同位素成矿环境判别示意图（孙艳霞等,2009）

3）成因分析

王长明等（2006）对小坝梁细碧—角斑岩系做了深入的研究,在岩石化学上表现为 SiO_2 集中在 45.58%～53.77% 和 69.28%～71.04%,分别以 49.38% 和 70.48% 为峰值,表现为基性火山岩和酸性火山岩共生,缺乏 SiO_2 为 54%～61% 的中性火山岩,表现出双峰式火山岩的特征,为裂谷（裂陷槽）拉张时火山作用的产物。矿区出现流纹质玻屑晶屑凝灰岩,表明有火山爆发作用发生,但是岩石类型表明它不是典型深海环境下的产物。以上特点均与大陆裂谷火山岩系性质相同。同时,本区火山岩与洋岛双峰式火山岩不同,因为后者以碱性和拉斑玄武岩为主,无长英质部分。不同于以钙碱性岩石为主的岛弧弧间盆地双峰式火山岩,也不同于大陆溢流玄武岩（拉斑质的,含少量酸性或碱性火山岩）。这套岩系本身及其地球化学特征,加之共生硅质岩组合,甚至超镁铁质岩的伴生产出,均说明古构造环境可能是大陆裂谷(裂陷槽)发育较为成熟的阶段,具有独立的演化历史和造山的特殊性。不同类型热水沉积岩的地球化学特征不完全相同,但也具有相似的典型特征。MgO质量分数的升高作为海水对热水体系混染或混合的指标,低镁是海底热液活动的标志。小坝梁铜金矿热水沉积岩的 $\omega(MgO)=0.02\%\sim0.03\%$,与海底热水体系的沉积物类似。Bostrom(1983)提出,海相沉积物中Fe/Ti值、(Fe+Mn)/Ti值和Al/(Al+Fe+Mn)值是衡量沉积物中热水沉积含量的标志,三者的值分别为>20、>20±5和<0.35。小坝梁铜金矿硅质岩的Fe/Ti值、(Fe+Mn)/Ti值和Al/(Al+Fe+Mn)值分别为46.00～137.00、47.00～138.00和0.11～0.21,由此可见研究区硅质岩属于热水沉积物。综上所述,小坝梁矿床形成于大洋中脊离散板块的边缘,其成岩成矿作用均发生在蛇绿岩套构造背景之上。

西伯利亚古板块与华北古板块的拼合发生于古生代中期,直至早二叠世,本区仍属残余海构造背景。由于区域张应力作用而发生了源自地幔的中、基性火山-次火山活动,岩浆沿EW向断裂上侵,开始为中性岩浆喷发、沉积,形成一套凝灰岩地层,稍后又有地幔重熔富钠质的基性岩浆喷发,形成一套以细碧岩为主体的基性岩组合,最后,由基性岩浆分异形成富钠质的酸性岩浆喷发,形成了石英角斑岩。铜(金)矿化主要发生于细碧岩形成阶段,即伴随裂隙式火山喷发活动,在火山角砾岩与细碧岩中,由火山热液带来的矿质以及从凝灰岩中活化转移的部分矿质,在有利的构造部位及物理化学条件下富集成矿并被推覆至地表,从而形成了现今VMS型小坝梁铜(金)矿床。

(五)干斯陶勒盖金矿简介

1. 矿区地质特征

干斯陶勒盖金矿区位于华北地台北缘白云鄂博台缘坳陷带,白云鄂博褶皱束哈拉忽鸡背斜轴部西倾末端,区域构造复杂,岩体侵入频繁,经过多期次构造运动的叠加和改造。区内出露地层主要为中元界群的比鲁特岩组、哈拉霍疙特岩组、第三系上新统和第四系。比鲁特岩组在本区广泛分布,主要岩性为碳质板岩、黑色斑点状板岩、变质泥质砂岩、硅质岩及石英砂岩等,厚度大于2000m。比鲁特岩组整合于哈拉霍疙特岩组之上;哈拉霍疙特岩组在本区东部及东南出露,分布面积不大,全组厚度大约800m;第三系上新统分布于本区西部及西南部,岩层产状近水平,厚度变化较大;第四系广泛分布于沟谷及洼地中,为残坡积及冲积、洪积层。

区内地质构造复杂,地层褶皱强烈,断裂发育。矿区南部构造以近EW向为主。矿区北部NE向构造为主,NE向构造为EW向构造的派生断裂。区内断裂发育,按与金矿形成的关系可分为三个阶段。成矿前期为一组近EW向深断裂,规模较大,切割较深。从航片上看,影像有明显陡坎。西部一带脉岩发育,断层经过处岩石破碎,破碎带宽数十米,地貌上成负地形,造成哈拉忽鸡背斜的不对称性。成矿期为一组NE向断裂,是EW向断裂的次一级构造。成矿后期为一组NE向断裂,继承和发展了早期断裂,形成正断层。

岩浆岩主要分布在矿区西北部和东北部,出露面积不大。西北部为海西期灰白色花岗闪长岩,岩石呈岩株状产出。该岩体与比鲁特岩组接触形成蚀变带,见有绿泥石化、绿帘石化、硅化等;东北部为海西期的灰黄色黑云花岗岩,呈岩基状产出。区内变质岩分布比较广泛,有区域变质岩、接触变质岩、动力变质岩及混合岩。

2. 矿床地质特征

区内发现五条高岭土化蚀变带赋存于比鲁特岩组碳质板岩、灰黑色板岩、硅质板岩中,地表氧化强烈。钻探探明深部为黄铁矿化、硅化、绿泥石化蚀变千糜岩。

1)矿体地质特征

1号脉:地表探槽控制为长1200m、宽4~11m,地表矿脉形态简单,呈舒缓波状,局部出现分支,钻探表明深部合为一脉体。矿脉产状变化较大,以7线为界,西段走向SWW,倾向南,倾角较陡;东矿脉走向NEE,倾角较缓。金矿化由地表向深部增强。

2)矿石特征

矿石类型比较简单,地表为褐铁矿化、硅化、高岭土化蚀变岩,深部为黄铁矿化、绿泥石化、硅化、绢云母化蚀变千糜岩,二者呈渐变过渡关系。

矿石结构为交代结构、交代残余结构。矿石中石英为他形-半自形-自形粒状结构,挤压碎裂结构。

矿石为块状构造、浸染状构造、脉状-细脉状、浸染构造,局部斑点状构造。

矿石物质成分较简单,金属矿物主要为褐铁矿、黄铁矿、自然金等,脉石矿物主要为石英、长石类、高岭土、绿泥石,次为绢云母、金云母等。褐铁矿多呈浸染状、斑点状分布,黄铁矿多呈鳞片状、细脉状分布,局部也可见星点状分布。石英多呈细脉状、网脉状穿插于矿体中,石英细脉中的褐铁矿化、黄铁矿化较弱。

3. 地球化学特征

该区地球化学的一大特点是,变质砂岩类岩石微量元素含量相对地壳同类砂岩Cu、Pb、Zn、As、Cr、Ni丰度值普遍偏高。通过对该地区主要岩石类型进行含金性对比可以看出,该区的碳酸盐类和板岩类岩石均含微量金(0~0.12g/t),板岩是矿体赋存的主要围岩,是控矿层位。

1992年该区进行了1:10万水系沉积物测量工作,圈定了HS-13号金异常,其中1号矿化带即位于该异常中。异常浓集中心明显,分带性强,呈NE向展布,处于高背景区。多元素异常有Ag、Cu、Pb、Zn、As,其中异常Ag、Cu、Pb、Zn、As规模较大,吻合程度高。

4. 成矿特征

1号脉是多期、多阶段地质活动结果,由海底火山喷发沉积形成初级矿源层,经过区域变质、接触变质、动力变质和混合岩化等地质作用成矿。

该矿形成于海西末期,哈拉忽鸡背斜形成时,在其轴部和两翼形成近EW向和SN向断裂构造,深部千糜岩说明构造发生塑性蚀变,矿液运移富集成矿。

1号矿化蚀变带赋存于比鲁特岩组同斜轴部的西倾末端,比鲁特岩组中板岩金的丰度值为0~0.12g/t,应视为金的主要物质来源。

海底火山喷发作用带来大量挥发分和碱金属,使海水中S^{2-}、Cl^-、F^-、K^+、Na^+等浓度增大,经水解作用形成$[Au(S_2O_3)_2]^-$、$[Au(OH)_4]^-$、$[Au(Cl)_4]^-$等络合物。这些高能含金络合物由高能动荡环境向低能平静环境迁移,开始被吸附和沉淀,沉积物在海底堆积成层,失水成岩,形成含金高的矿源层。

太古宙末期至元古宙中期本区发生了大规模的区域变质作用,在增压升温的条件下,岩石中的金等元素形成金溶液,在适当减压地段富集成矿。

第二节 造山型金矿床及成矿地质环境分析

一、造山型金矿概论

1. 造山型金矿

以前的地质文献认为地壳低绿片岩相地质体中的脉状金矿床属于中温或中深温金矿床。近年的研究表明,该类矿床具有很宽的成矿深度(最深15～20km)和温度范围(150～740℃)。众多的研究表明,该类金矿床在时空上均与造山作用有关(Groves et al.,1998,2007;Kerrich et al,2000,2005),称为造山型金矿床。

造山型金矿(orogenic gold deposits)是指挤压环境中的不同时代的脉型金矿床,包括在挤压(内蒙古地区的华北板块与西伯利亚板块间俯冲增生带)环境中形成的石英脉型金矿、蚀变岩型金矿、中温或中深金矿、前寒武纪金矿、浊积岩中的脉型金矿、板岩带中的脉型金矿、绿岩带中的金矿和剪切带中的金矿等,其形成过程参见图7-35～图7-37。

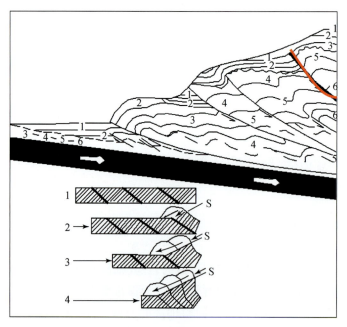

图7-35 造山型金矿床形成的造山增生环境示意图
数字代表不同时期地质体拼贴增生过程,红线代表矿脉

2. 矿床成矿地质背景

造山型金矿是变质地质体受构造控制的脉状后生金矿床,在时间与空间上与增生造山作用有关,形成于多个外来地体不断拼贴推覆增生形成造山带(图 7-35),形成于绿片岩、片麻岩、麻粒岩相环境。造山作用持续时间长,成矿时间跨度大、期次多(这种挤压增生推覆作用过程是全年以毫米单位的位移为计量的),往往赋存在构造单元的陡变带、梯度带,属造山环境。内蒙古大青山、乌拉山、赤峰地区具有这样的成矿环境。当然,华北地台北缘上述地区由于受海西区岩浆活动、燕山期拉伸火山盆地火山-次火山岩浆活动的影响,叠加了重融花岗岩热液成矿作用,不能用理想化的造山型模式解译该区域此类金矿床成矿特征。但是这些金矿以脉状形式参与太古代片麻岩中,形成于板块边缘增生造山带,它们的地质特征、元素地球化学行为、同位素特征尽管受后期改造,有的具有岩浆特征外,但都具有造山型矿床的特征。这是华北地台边缘造山型金矿形成中特有的地质演化过程印记。

3. 造山型金矿床基本特征

造山型金矿床具有以下主要特征。

(1)造山型金矿床形成于汇聚板块边缘以挤压和转换为主的增生地体中,伴随着俯冲和碰撞造山运动(图 7-35 和图 7-36)。

(2)造山型金矿床在空间上受构造系统的控制,且金矿的分布格局和矿体的定位及矿体的空间组合样式与造山作用有关(图 7-36)。不同级序构造对矿带、矿田和矿床显示多级控制关系。

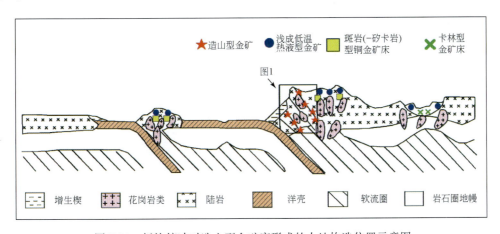

图 7-36 板块俯冲时造山型金矿床形成的大地构造位置示意图

(3)矿石金属矿物为低硫型,其硫(砷)化物含量为 3%～5%(贫硫),毒砂是变质沉积围岩中的最主要硫化物,黄铁矿和雌黄铁矿是变质火山岩中最主要的硫化物。

(4)造山型金矿床一般产在变质程度较低的低绿片岩相地体中,典型围岩蚀变类型为碳酸盐化、绢云母化、硫化类、夕卡岩组合。

(5)造山型金矿床银含量较高,Au/Ag 平均值为 1～10,并伴有 W、Mo、Te 等的富集。Cu、Pb、Zn、Hg 等弱富集或不富集,在此类矿床地壳连续模式的低温区域,As、Sb、Hg 的富集程度增强。

(6)成矿流体为低盐度的、近中性的富CO_2流体。其$\delta^{13}C$的值为$-6.62‰\sim-4.47‰$，$\delta^{18}O$的值为$8.32‰\sim8.70‰$，成矿流体具有明显的不混容特征(陈衍景,2006)。

4. 造山型金矿床的地壳连续成矿模式

Groves等于1992年提出并于1998年进一步完善了太古代脉状金矿床的地壳连续成矿模式(crustal continuum model)，认为从次绿片岩相到麻粒岩相的变质岩中都有脉状金矿产出，反映至少在15km以上的地壳剖面中，在不同的垂向深度上可连续形成金矿[图7-37(c)]，并指出产在不同变质岩中的金矿床属于一组连续的同成因矿床组合，成矿温度为$180\sim700℃$，成矿压力至少为$100\sim500MPa$(陈衍景,2006)。需要指出的是，这种地壳连续成矿模式并非反映某一矿区的金矿化在垂向上的分布，而是集中反映了区域范围内一系列金矿床的分布特征。

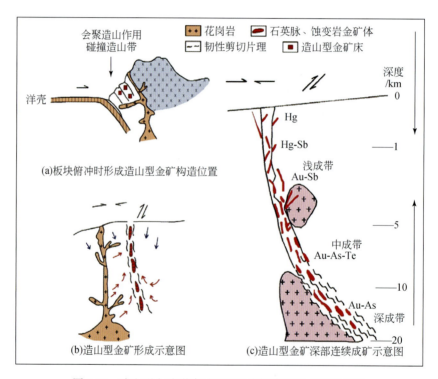

图7-37 造山型金矿形成过程及垂向深度连续成矿示意图

5. 成矿的构造条件

脉状金矿床受构造控制明显，从成矿的大地构造环境来看，脉状金矿受汇聚构造边缘控制，所有时代的脉状金矿在外来地体通过挤压增生的方式形成，含矿热液在碰撞带深部的脱水反应生成并在地体边界处的构造汇聚上升成矿。

从区域构造看,金矿床主要与一些区域性的超壳断裂有关,或产于其中,或受其旁侧的次级断裂控制,这些区域性断裂往往是不同的构造单元的边界。

从容矿构造的变形性质看,主要强调脆-韧性断裂带控矿,产于次绿片岩相中的太古代脉状金矿明显受脆性断裂的控制,而在角闪岩相和低麻粒岩相中的金矿则主要受韧性断层的控制,绿片岩相变质岩中的金矿主要受脆-韧性断裂的控制。由于容矿构造的上述变化,使得石英脉的结构、构造也表现出相应的变化规律,从低级变质区到高级变质区,石英脉从羽毛状、梳状、鸡冠状、晶洞充填结构经过块状、条带状变化到粗粒变晶结构。

6. 成矿特点

成矿的温压条件,对太古代次绿片岩相中和角闪岩相、低麻粒岩相中金矿的研究,原来太古代脉状金矿为中温热液矿床(250~400℃)的认识已经突破,成矿压力由100~300MPa扩大到100~(600±100)MPa(陈衍景,2006)。

以前认为太古代脉状金矿床的成因是:①与碎屑沉积岩有关;②受科马提岩控制;③与斑状岩株有关;④受TTG侵入体控制;⑤与氧化程度高的长英质岩浆活动有关;⑥受煌斑岩活动的控制。这些观点难以解释太古代脉状金矿地壳垂连续成矿现象。

可以看出产于不同变质相中的金矿床属于一个更大系统而且相互关联的矿床组合,它们具有一系列共同的特征:①矿床都受断裂控矿;②所有金矿中Au的富集系数达10^3~10^4,Ag、As、W、Be、Sb、Te、B、Pb等元素也有不同程度的富集;③蚀变矿物组合虽然因变质相的不同而有所变化,但都显示出含矿热液富集CO_2、S、K和其他LILE(大离子亲石元素)及成矿元素;④围岩蚀变的横向分带可在几厘米到几十米,但垂向分带不明显,在几百米的范围内才有所显示;⑤所有金矿的含矿热液特点一致,为低盐度的H_2O-CO_2-CH_4流体;⑥地壳不同深度上的脉状金矿具有规模很大且贯通地壳热液系统。

7. 围岩蚀变特征

太古代脉状金矿的近矿围岩蚀变都比较发育,蚀变矿物组合除与围岩的岩性有关外,还受围岩变质相的影响。在高级变质区金矿的围岩蚀变过程中显示富钙的特点,而低级变质区则富钠。次绿片岩相、绿片岩相的金矿中围岩蚀变组合为:铁白云石(或)和白云石-绢云母和(或)钠云母-钠长石-绿泥石;绿片岩相到角闪岩相过渡区的金矿围岩蚀变为:铁白云石和(或)白云石-绢云母黑云母±钠长石;低角闪岩相区:角闪石-黑云母-斜长石;中角闪岩相到麻粒岩相:透辉石-角闪石±石榴子石±斜长石±钾长石。

8. 矿石矿物及金的赋存状态

矿石矿物组合从低级变质区到高级变质区也有一定的规律,低级变质区的金矿床以富硫的矿物为主,如黄铁矿±毒砂±磁黄铁矿;而在高级变质区矿石矿物组合则为磁黄铁矿-毒砂±斜方砷铁矿。

高温脉状金矿中的金主要分布在砷化物中,即毒砂和斜方砷铁矿中。矿石矿物以斜方砷铁矿、毒砂和磁黄铁矿为主,含少量的闪锌矿和黄铜矿。金主要与毒砂-斜方砷铁矿的复合颗粒有关,这种复合颗粒表现为核部的斜方砷铁矿被毒砂的环带包围,磁黄铁矿可与毒砂直接接触而不与斜方砷铁矿接触。金可分为可见金(粒径5~25μm)和不可见金(粒径<0.1μm)两种,前者主要分布于毒砂和斜方砷铁矿的边界上,后者则主要集中在斜方砷铁矿中。

9. 造山型金矿的成矿深度

成矿深度的确定对划分成矿类型、研究成果机理及进行矿床勘查评价具有重要意义。

1)问题及研究进展

从已有的资料分析,超深钻和近年来脉状金矿勘查和研究结果显示,热液矿床的形成深度可远大于5km。苏联科拉超深钻11km的深度上的裂隙中仍存在含水热液,德国巴伐利亚 KTB 超深钻中,在9.1km的深度上存在丰富的卤水。

另外,近10多年来的金矿勘查和研究也取得了一些新的资料。太古代从大于20km到小于5km的地壳深度范围内均可形成同期且有成因联系的金矿床,太古代后生金矿的深度分类为:浅层次(成)矿床小于6km,中层次(成)矿床6~12km,深层次(成)矿床大于12km。

2)断裂构造对含矿热液活动及成矿深度计算的影响

断裂构造是热液脉状金矿最重要的控矿条件。在地壳不同深度上,断裂构造的变形机制存在差异,因此对流体活动的动力学过程具有不同的控制作用。在地壳为0~5km时,断裂活动表现为脆性破裂,主要控制了浅成脉状金矿的产出;在地壳为5~16km时,断裂活动为韧脆性或脆韧性,控制了中成及部分深成金矿。

3)脉状金矿成矿深度

根据不同地层深度的压力,可以计算出脉状金矿体的成矿深度(Groves et al.,2007)。胶东地区金矿的成矿压力绝大多数为40~100MPa,成矿深度为4~8.25km,与胶东地区金矿的实际情况是较吻合的。目前,钻探已经表明招远台上金矿化沿倾向延伸已经超过1200m,尚无尖灭趋势,自上而下不存在明显的垂直分带,说明具有较大的成矿深度。

内蒙古额仁陶勒盖银(金)矿的成矿压力为10~15MPa,利用本书方法计算可得其成矿深度为1~1.5km,为浅成矿床,也与实际情况相符(陈衍景,2006)。

世界上已知工业矿化垂向延伸最大的金矿床是印度的科拉尔金矿,该矿沿倾向连续延伸3.2km。

二、内蒙古重要造山型金矿床

(一)包头市哈达门沟、柳坝沟金矿成矿特征分析

哈达门沟金矿位置于内蒙古包头市九原区西北大青山,距市区20km。2013年经中国黄金集团内蒙古金盛矿业公司进行储量核实及详查,矿区累计探明金矿储量89t,在矿脉深部新增储量37t,足以说明造山型脉状金矿延深大于延长的特点(雷国伟等,2013)。柳坝沟经武警黄金二支队勘查,经评审备案储量约13t,哈达门沟—柳坝沟金矿田储量超过100t。储量规模目前在内蒙古地区排名第三。

1. 区域地质成矿背景分析

1) 简况

矿区位于华北克拉通和中亚造山带东段(兴蒙造山带)的结合部位,属于二者过渡带华北克拉通北缘隆起带,或内蒙古地轴范围内(参阅图7-38)。其西段南部与鄂尔多斯拗陷相邻,东段南部与燕辽拗陷带毗邻区内出露的地层主要为前寒武纪变质岩系。

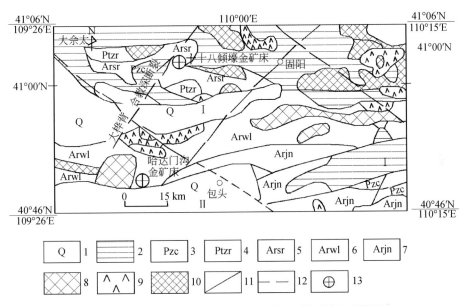

图 7-38 内蒙古哈达门沟—包头—固阳一带区域地质简图

1.第四系;2.侏罗系和白垩系火山-沉积岩;3.古生界海相沉积岩;4.元古界渣尔泰群变质火山-沉积岩;5.太古界色尔腾山群绿片岩;6.太古界乌拉山群片麻岩、大理岩、斜长角闪岩和混合岩;7.太古界集宁群片麻岩和麻粒岩;8.古生代大桦背花岗岩;9.古生代花岗岩类侵入岩;10.元古代花岗岩类侵入岩;11.断层;12.推测断层;13.金矿床;Ⅰ.阴山前寒武纪变质岩地块;Ⅱ.鄂尔多斯中新生代拗陷带

太古宙时期,该区火山-沉积作用广泛发育,在经历了区域变质、混合岩化、岩浆活动、陆核生成等一系列地质作用过程后,形成了太古宇变质岩。

古元古代早期,古陆块的边缘和内部经历了强烈的裂解作用,乌拉山—大青山山前包头—呼和浩特断裂和临河—集宁山后断裂初步形成。古元古代晚期,本区花岗岩类广泛侵位,并经吕梁运动后形成较为稳定的克拉通。在中、新元古代,克拉通发生裂解,基性岩墙群和非造山花岗岩类大量侵入,在一些裂陷槽内沉积了巨厚的沉积岩,使古陆块进一步增生扩大(聂凤军等,2007;张义等,2003;王荃等,1991)。

古生代是洋盆扩张、衰减、封闭及大陆碰撞造山时期。早期本区处于相对稳定的时期,岩浆作用不太发育。晚期,古洋壳与陆壳的多期次俯冲与消减导致了大规模的岩浆活动,形成大面积中酸性火山岩或花岗岩类侵入岩,同时使前寒武纪地层受到活化改造。晚二叠世至早三叠世,随着古亚洲洋的消亡,华北板块最终与西伯利亚陆块焊接为一体(聂凤军等,2007;王荃等,1991),由此所诱发的构造-岩浆活动对碰撞-对接带南侧岩层(体)的影响范围可达150km(徐志刚,1997;内蒙古自治区地质研究队,1991)。

中生代时期,区域性深大断裂再次复活,强烈的构造-岩浆活动在先期形成的构造-地层单元内形成一系列产出形态各异、规模大小不等的富碱性(或碱性)侵入岩(彭振安等,2010)。柳坝沟—哈达门沟金矿田钾长石化极为发育,可能与该时期的中酸性-偏碱性岩浆活动有关。

矿床位于华北克拉通北缘西段。矿区出露地层为古元古界乌拉山群变质岩,变质岩类型主要有片麻岩、麻粒岩、变粒岩、斜长角闪岩、大理岩和磁铁石英岩。区内褶皱不太发育,以层间褶曲为主,断裂较发育,与金矿化关系密切的断裂为近 EW 向展布的乌拉山山前大断裂平行数条钾化破碎蚀变带及其派生的 NWW 向次级构造。岩浆岩主要有大桦背黑云钾长花岗岩(海西期)和沙德盖钾长花岗岩(印支期);矿区脉岩较为发育,主要有伟晶岩脉、辉绿(玢)岩脉、闪长岩脉、花岗斑岩脉等。

矿区构造格架主要由乌拉山复式背斜、山前大断裂、控岩断裂、金矿脉及成矿后断裂五大构造系统组成。乌拉山复式背斜主要由乌拉山群深变质岩构成,变质岩片理走向呈 EW 向或 NW 向,倾角中等。主背斜的轴部大致分布在乌拉山山体中部偏北(以分水岭为界),其 SN 两侧均为次级向斜构造。北部山后向斜构造核部位于石墨厂—沼店一带,该部分布有大理岩。南部山前向斜轴部大致位于哈达门沟口—西柏树沟口一带,轴部以北的山区变质岩片理的总体产状南倾,而轴部以南的山前台地变质岩片理总体产状为北倾。

矿区及邻区构造发育(图 7-39),总体以 EW 向构造为主,且控制了区域构造格局。区内形成了以乌拉山—大青山复背斜、乌拉山—大青山山前断裂带(也称包头—呼和浩特山前断裂)和临河—武川—集宁断裂带为主体的 EW 向构造带。同时 NW 向和 NE 向两组构造发

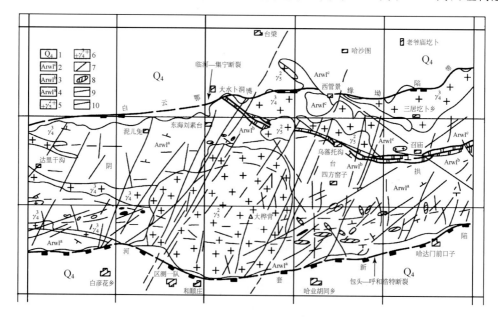

图 7-39 哈达门沟金矿区区域地质略图

1. 第四系沉积物;2~4. 上太古界乌拉山群(2. 片麻岩、榴石浅粒岩、变粒岩;3. 大理岩;4. 斜长角闪片麻岩、斜长角闪岩、二长片麻岩、二辉斜长麻粒岩、变粒岩、磁铁斜长二辉麻粒岩等);5. 印支期肉红色花岗岩;6. 海西期片麻状花岗岩;7. 断裂;8. 石英-钾长石及钾长石化蚀变构造岩;9. 硅铝层深断裂;10. 岩石圈深断裂

育,但规模较小。区内北部多为断陷盆地,东部丰镇—阳高地区以古老褶皱构造和燕山期断裂为主,有葛胡窑—守口堡复背斜,轴向 NE-SW 向,特别是大同—阳高弧形构造对这一地区影响较大。区内自晚太古代以来经历了复杂而又漫长的构造演化史,各种构造发育,并具长期性和继承性活动的特征。

2) 褶皱构造

区内发育乌拉山中部复背斜大型褶皱构造,呈 EW 向展布,长约 100km,宽约 20km。复背斜由乌拉山群构成,核部以条带状、条痕状混合岩为核心组成次一级背斜,翼部为片麻岩等。受乌拉山运动影响,该复式背斜由不同形态的小型褶皱构造叠加组合而成。受海西期大桦背花岗岩体的侵入作用的影响,该复式背斜被分割成 EW 两部分,其构造样式有一定差异,总的来看,西部的构造-岩浆活动强度大于东部,而本区的金矿化主要发生在岩体东部。

区内褶皱构造相当发育,可以划分为多个期次,并且具有从早到晚,褶皱性质由小型塑性褶皱,向大型脆韧性褶皱演化的特征。褶皱构造划分为四期:第一期为小型柔流褶皱(70°～250°);第二期为区域性 EW 向大规模背向斜(70°～250°);第三期为区域性横跨叠加褶皱(16°～340°);第四期为区域性隆升构造(垂向抬升)(图 7-40 和图 7-41)。褶皱作用的发展演化史是复杂的,人为划分为四期。褶皱的变形从早期的韧性变形,向晚期的脆韧性变形-韧脆性变形演化。

(a) 太古代片麻岩中发育的褶皱构造景观

(b) 哈达门沟片麻岩中韧性剪切变形(左图出现了长石压力影,右图发生长英质流塑变形条带)

图 7-40　哈达门沟褶皱构造景观及韧性剪切变形景观

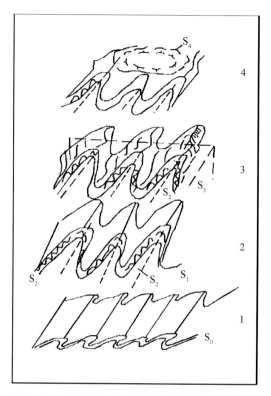

图 7-41 哈达门沟地区褶皱构造演化序列示意图

3) 韧性剪切带

古老的区域性韧性剪切带有三条:第一条西起固阳,经新建、下湿壕、腮忽洞至武川,近 EW 向展布,略向南凸,以发育糜棱岩系为特征;第二条西起哈达门沟,经包白铁路线、包头—固阳公路向东延伸到五当召东侧,EW 走向,长 80～100km,宽 50～200m,以具有眼球状片麻岩为标志;第三条西起乌兰不浪沟,经哈达门沟至哈达门沟东侧,长 10～64km,宽 200～500m,剪切带内岩石普遍发生糜棱岩化,较为典型的构造特征是出现拉伸线理和旋转碎斑系。从碎斑的形态和拖尾特征可以判断出该剪切带的运动方向为北盘(下盘)自东向西运动,南盘(上盘)由西向东运动。从剪切带内矿物组合及构造岩特征来看,属于高温韧性(剪切)变质带。值得注意的是,金矿带在空间上恰好位于上述三条韧性剪切带内部或其附近,矿带与剪切带平行排列,表明二者关系密切。

4) 断裂构造

乌拉山—大青山山前断裂:西起乌拉特前旗,向东经包头、呼和浩特,沿乌拉山和大青山南麓总体呈锯齿状 EW 向延伸,长度为 370km,深度达到硅铝层,为深大断裂。该断裂北侧是高峻宏伟的乌拉山和大青山脉,南侧为河套平原,构成山脉与平原之间的天然临河—集宁山后级构造的空间展布和哈达门沟—柳坝沟金矿田的产出。

临河—集宁山后断裂:由乌拉特前旗西山嘴以北,经酒馆至察右中旗,总体走向为 NE 向,实际走向变化较大,呈折线形,长约 300km。形成时代为太古宙,经历多期构造演化,中生代表现为断面北倾的逆冲断层。次级断裂构造,区域上次一级断裂主要分三组:NW 向、NE 向和近 EW 向,现将主要次级断裂构造分述如下。

(1) 近 EW 向断裂构造：断裂非常密集，形成间隙为 2~3km 的断裂束，单条断裂长 20~80km，切入太古宙和中生代地层中，主要为逆断层，形成于海西期或燕山期（中国人民武装警察部队黄金指挥部，1995）。其次为正断层，如实贵沟断裂、福深沟断裂、石墨厂断裂等，断裂一般规模较小，长度 4~6km，倾向北，可能形成于成矿前或成矿期。

(2) NW 向断裂构造：主要有大坝沟断裂、后杨海沟断裂、大不产沟断裂等，走向一般为 NW300°~320°，倾向 SW，倾角 65°~80°，平面上略呈舒缓波状，为一组逆-平移断层（左行平移），断裂力学性质为压扭性。该组断裂规模较大，长度 10~20km，切穿乌拉尔山脉。断裂带宽 20~30m，带内一般为压性破碎角砾、磨砾、断层泥等，多呈松散状，胶结很差。该组构造是在 SN 向应力场中产生的 NW 向扭裂面基础上发育起来的，早期活动较弱，晚期（喜山期）活动强烈。受喜山期构造运动影响，本区西南地段抬升，东北地段相对下降。

(3) NE-NEE 向断裂构造：主要有柏树沟断裂、东林沟断裂、那林沟断裂等，断裂走向为 40°~70°，倾向南，倾角 40°~60°，为一组压性逆断层，断裂长度为 5~12km。该组断裂是新华夏系构造对原来近 EW 向构造改造和复合的结果，断裂带宽度较小，一般为 0.2~5m，具明显挤压特征，带内物质由于强烈的挤压和重结晶作用而发生糜棱岩化，石英和长石被压偏拉长呈平行排列，暗色矿物如黑云母、角闪石等被磨成细小颗粒或鳞片状定向排列，断裂两侧的岩石由于受到牵引作用而发生弯曲的现象常见。属于成矿后断裂构造。

5）岩浆岩

区域岩浆活动频繁，分布广泛，从基性到酸性均有出露。此外，区内脉岩发育，主要有花岗伟晶岩脉及辉绿玢岩脉。晚太古代的侵入岩多呈 EW 向带状分布，主要分布在大桦背岩体以西，岩性有灰绿色中细粒片麻状闪长岩、粉红色细粒片麻状黑云母二长花岗岩、粉红色中细粒眼球状黑云母花岗岩及暗红色中细粒钾长花岗岩。

元古宙岩体主要分布在土—固断裂以东，侵入于元古宙地层中，岩性为花岗岩和石英闪长岩，二者常相伴产出。在五成沟及北泉沟一带，岩性为灰色黑云母闪长岩、灰绿色片麻状斜长花岗岩和钾长花岗岩。加里东期侵入岩分布在营盘湾东北及后毛胡洞沟，岩性为绿色变质细粒闪长岩以及灰绿色细粒黑云母斜长花岗岩。

海西期侵入岩主要为花岗岩、似斑状黑云花岗闪长岩和石英闪长岩，呈椭圆形、长条形岩株或似菱形，受隆起边部和内部的大断裂控制。其中，区内最为有名的大桦背似斑状花岗岩体出露面积达 $182km^2$，岩体边部岩脉和热液脉发育，包括伟晶岩、褐帘石伟晶岩、花岗斑岩及石英脉，石英脉局部发育金、铜矿化和萤石矿化，岩体金的丰度值为 1.33×10^{-9}。有关岩体形成时代及其与金矿时空关系的认识存在比较大的争议。其次为后梅力更岩体，出露面积约 $30km^2$，岩性为石英闪长岩，黑云母已完全绿泥石化，部分角闪石具绿帘石化，奥长石、中长石已被强烈绢云母化，岩体边缘金的丰度值为 $(2.2\sim3.67)\times10^{-9}$。此外还发育一些小型碱性岩侵入体，如包头以东的正长岩和东伙房金矿的正长斑岩，后者与金矿化关系密切。

印支期主要包括大东山花岗岩岩基，分布面积达 $613km^2$。比较大的岩体还有沙德盖岩体，主岩体近似菱形，出露面积约 $65km^2$。西部还有两个小岩体，其岩性为中粗粒似斑状花岗岩，含金丰度值为 1.77×10^{-9}。

燕山期以花岗质岩石为主，多呈岩基或岩枝状产出。其中前账房岩枝长达 20km，是沿深断裂产出的钾长花岗岩，与金、铜矿关系密切。值得注意的是，区内花岗伟晶岩广泛发育，并以包头以西的山前地区最为密集,不同形态、不同性质、不同规模和不同期次的伟晶岩脉相叠,多数呈 EW 向延伸达几十公里,十分引人注目。乌拉山金矿即位于该伟晶岩脉带中部。该区已查明伟晶岩脉上千条,成岩时代包括五台晚期、吕梁期、加里东期及海西期。早期形成的伟晶岩脉与本区的混合岩化作用有关,表现为顺层产出的斜长花岗伟晶岩脉;第二期为横切地层的钾长花岗伟晶岩脉,有褶皱现象;第三期为含磁铁矿的钾长花岗伟晶岩脉,在矿区分布较广且较为常见,此岩脉横切地层,呈较规则的脉状产出,无褶皱现象;第四期文象花岗伟晶岩脉穿插了第三期花岗伟晶岩脉,是本区最为常见的伟晶岩脉。

辉绿玢岩脉主要有两组:一组呈 NEE 走向,北倾,倾角 45°～70°,长数百到数千米,宽 5～50m,呈较规则的脉体产出;另一组 NS 走向,西倾,倾角 70°,长达千米以上,宽 10～20m。两组辉绿岩脉中以 NS 向形成时间较早。

6)变质作用

乌拉山地区属华北太古宙-早元古代变质区阴山变质亚区的大青山—乌拉山变质带,区内绝大部分变质岩均为区域变质作用的产物。太古宙乌拉山岩群为一套麻粒岩、片麻岩及大理岩组合,与 TTG 质的灰色片麻岩和混合花岗岩密切共生,发育透入性的片麻状构造和条带状构造,具有典型麻粒岩相—角闪岩相的矿物共生组合。二辉石对估算的 $P\text{-}T$ 条件为 $T=720\sim830℃, P=8.6\times10^8 Pa$;石榴子石-黑云母测算结果为 $T=580\sim672℃, P=(9\sim79)\times10^8 Pa$,属于区域中高温变质作用产物。夕线石、堇青石和铁铝榴石的广泛出现表明为中低压相系。变基性岩中典型矿物组合为紫苏辉石(Hy)+斜长石(Pl)+石英(Q)+黑云母(Bi)、透辉石(Di)+角闪石(Hb)+斜长石(Pl)+石英(Q),变泥质岩中典型矿物组合为石榴子石(Gr)+夕线石(Sil)+堇青石(Cord)+黑云母(Bi)+石英(Q)±斜长石(Pl)、石榴子石(Gr)+黑云母(Bi)+斜长石(Pl)+石英(Q)。同位素年龄资料表明,乌拉山群的地层经受晚太古代和早元古代两期以上的变质作用(苗来成等,2000)。

元古宙马家店岩群变质泥质岩中变质矿物有绢云母、绿泥石、黑云母、石榴子石和十字石;变质基性岩中普通角闪石替代阳起石,斜长石替代钠长石,反映岩石进入高绿片岩相;从黑云母退变为白云母及绿泥石以及绢云母的普遍存在来看,有一定程度的低绿片岩相退变质迹象。矿物组合反映了低绿片岩相-高绿片岩相特点。在变质泥质岩中有绢云母、黑云母、绿泥石带、十字石带,在变质基型岩中有阳起石、绿帘石、绢云母带、角闪石、黑云母、斜长石带,根据变质矿物组合及特征矿物,说明变质作用温度 300～500℃,压力小于 $5\times10^8 Pa$。古生代的变质岩主要岩性为变质细粒石英砂岩和变质粉细砂岩,主要变质矿物包括绿泥石、黑云母、绢云母和石英,为区域低温动力变质作用的产物。

7)地球化学特征

太古宙乌拉山群不同岩性中 Au 等微量元素的含量不同。Au 在角闪岩、花岗伟晶岩、闪长岩中含量较高,而在其他脉岩中含量低。通过取样分析,发现矿区内的各种岩石中,只有太古宙乌拉山群基性火山变质岩中含金最高,为 $(4.6\sim32.0)\times10^{-9}$。相关元素 Pb、Sn、Mo、Te 等的含量也较高,可能是金等矿化元素的初始矿源层。区域乌拉山群中上部岩石及马家店群的 U 含量比较高,为 $(3.39\sim3.98)\times10^{-6}$,而乌拉山群下部岩石及集宁群岩石含量比较低,为 $(2.11\sim2.78)\times10^{-6}$。前寒武系中 Th 的含量变化比较大,为 $(6.98\sim13.47)\times10^{-6}$,而且和 U 含量不协调。U 高的岩石,Th 含量可能变低。Bi 含量除个别样品外,均小于克拉克值。Sb 含量稍高于克拉克值(章咏梅,2012)。

8) 区域地质构造演化分析

乌拉山地区地质历史演化悠久,前寒武纪地层出露广泛,构造形迹复杂,岩浆活动发育,金属矿床(点)星罗棋布。区内经历了陆核孕育、陆块形成和陆块发展等地质演化和多次陆块消减、碰撞、增生过程。这里是探讨兴蒙造山带形成机制的关键部位和地壳演化过程的窗口,同时,也是进行各类金属矿床找矿勘查的重要地域。区内金属矿床(点)的时空分布特点表明,各类矿床(点)的成矿作用大多与陆块及盆地消减、碰撞和缝合过程中所诱发的构造—岩浆事件密切相关(雷国伟等,2012;Xiao et al.,2003)。

太古宙时期,该区火山-沉积作用广泛发育,在经历了区域变质、混合岩化、岩浆活动、陆核生成等一系列地质作用过程后,形成了太古宇变质岩。

古元古代早期,古陆块的边缘和内部经历了强烈的裂解作用,乌拉山—大青山山前包头—呼和浩特断裂和临河—集宁山后断裂初步形成。古元古代晚期,本区花岗岩类广泛侵位,并经吕梁运动后形成较为稳定的克拉通。在中、新元古代,克拉通发生裂解,基性岩墙群和非造山花岗岩类大量侵入,在一些裂陷槽内沉积了巨厚的沉积岩,使古陆块进一步增生扩大。

古生代是洋盆扩张、衰减、封闭及大陆碰撞造山时期。早期本区处于相对稳定的时期,岩浆作用不太发育。晚期,古洋壳与陆壳的多期次俯冲与消减导致了大规模的岩浆活动,形成大面积中酸性火山岩或花岗岩类侵入岩,同时使前寒武纪地层受到活化改造(雷国伟等,2012;沈保丰等,2006)。

晚二叠世至早三叠世,随着古亚洲洋的消亡,华北板块最终与西伯利亚陆块焊接为一体。随之,暂短伸展由此所诱发的构造-岩浆活动对碰撞-对接带南侧岩层(体)的影响范围可达150km(徐志刚,1997;内蒙古自治区地质研究队,1991)。

中生代时期,区域性深大断裂再次复活,强烈的构造-岩浆活动在先期形成的构造-地层单元内形成一系列产出形态各异、规模大小不等的富碱性(或碱性)侵入岩。哈达门沟金矿田钾长石化极为发育,可能与该时期的中酸性-偏碱性岩浆活动有关。

2. 矿床地质

哈达门沟、柳坝沟矿区地质图参阅图7-42与图7-43。

1) 地层

矿田内出露的地层主要有中上太古界集宁群、乌拉山群和色尔腾山群高级变质岩,中元古界渣尔泰群中低级变质岩以及部分古生代和中生代火山-沉积岩。集宁群主要由片麻岩、麻粒岩和斜长角闪岩组成,局部地段见有紫苏花岗岩和混合岩。乌拉山群岩性组合为斜长角闪岩、片麻岩、磁铁石英岩、混合岩和大理岩,其中,前三类岩石常常构成金矿床的容矿围岩。上太古界色尔腾山群和中元古界渣尔泰群主要分布在哈达门沟的北部和西北部,前者由斜长角闪岩、片麻岩、片岩和大理岩构成,后者主要为石英岩、绿片岩和大理岩,此外,古生代或中生代火山-沉积岩主要为碳酸岩、砂岩、粉砂岩、玄武岩、安山岩和流纹岩。

矿区内出露的地层主要为太古界乌拉山群、元古界二道洼群和渣尔泰群,主要富矿围岩为乌拉山群第三岩组。区内除乌拉山群地层外,尚有第四系残坡积、冲洪积物,分布于冲沟及沟谷两侧,主要为巨砾和砂砾石层,厚3~5m,沟中心达10m以上。

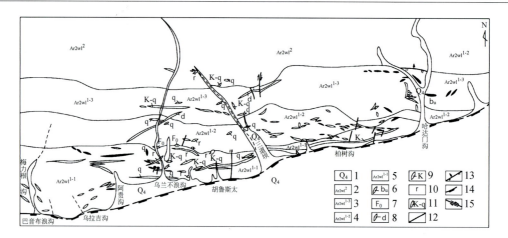

图 7-42　哈达门沟金矿区矿区地质略图

1. 全统冲积残坡积物；2~5. 上太古界乌拉山群(2. 第二岩组黑云角闪斜长片麻岩榴石透辉磁铁石英岩、角闪岩、黑云透辉角闪斜长变粒岩；3. 第一岩组角闪斜长片麻岩、黑云二长片麻岩、角闪岩、变粒岩；4. 第一岩组含榴石浅粒岩、角闪黑云斜长片麻岩、二长片麻岩；5. 第一岩组混合岩化黑云二长片麻岩、榴石斜长浅粒岩、辉石角闪斜长片麻岩）6. 辉绿岩脉；7. 角闪岩；8. 闪长岩脉；9. 钾长花岗岩；10. 伟晶岩；11. 石英-钾长石脉及钾长石化蚀变构造岩；12. 地质界线；13. 压性断裂；14. 硅铝层深断裂；15. 扭性断裂

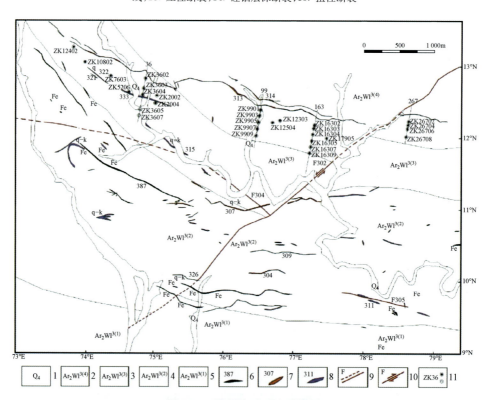

图 7-43　柳坝沟矿区地质简图

1. 冲洪积物；2. 第三岩组第四岩段浅粒岩、角闪斜长片麻岩；3. 第三岩组第三岩段浅粒岩、角闪斜长片麻岩；4. 第三岩组第二岩段黑云角闪斜长片麻岩；5. 第三岩组第一岩段榴石黑云斜长片麻岩；6. 磁铁石英岩矿脉及编号；7. 石英-钾长石脉矿体及编号；8. 石英脉矿体及编号；9. 推测及实测断层；10. 平移断层；11. 见矿/不见矿钻孔位置及编号

2) 岩石学特征

哈达门沟金矿床主要赋矿层位是上太古界乌拉山群第二岩组,柳坝沟金矿床主要含金层位是上太古界乌拉山群第三岩组。岩性均以片麻岩类为主,主要包括黑云角闪斜长片麻岩、角闪黑云二长片麻岩和含石榴子石黑云斜长片麻岩,夹少量磁铁石英岩、斜长角闪岩、浅粒岩。其中,含石榴子石黑云斜长片麻岩和黑云角闪斜长片麻岩为哈达门沟金矿床的主要赋矿岩性(图7-40);黑云角闪斜长片麻岩与角闪黑云二长片麻岩构成了柳坝沟金矿床赋矿岩石的主体,两者多呈渐变过渡。磁铁石英岩呈似层状产出,厚度一般小于5m,产于黑云角闪斜长片麻岩中,夹有角闪黑云二长片麻岩,野外为强褐铁矿化、磁铁矿化,岩石呈红褐色,比重较大。斜长角闪岩在区内偶有出现,一般厚度不大,几十厘米到3m,延伸不长(一般为0.5~7m)。乌拉山群地层总体为EW走向,一般为南倾,断层附近产状不稳定,局部北倾($340°∠60°,10°∠40°$)。

(1)各主要类型岩石特征如下。

黑云角闪斜长片麻岩:暗灰色、灰绿色,鳞片粒状变晶结构,片麻状构造,主要矿物成分为石英(10%~15%)、斜长石(30%~40%)、钾长石(5%~10%)、角闪石(20%~30%)和黑云母(0~10%),有时见有少量辉石、金红石、磁铁矿等。

角闪黑云二长片麻岩:灰色、浅肉红色,鳞片粒状变晶结构,片麻状、眼球状构造。主要矿物成分是微斜长石、钾长石(两者含量占20%~25%)、斜长石(0~30%)、石英(10%~20%)、黑云母(10%~20%),含少量角闪石、绿泥石、金红石、斜方辉石及磁铁矿。

斜长角闪岩:深黑色或绿黑色,中粒变晶结构,一般为块状构造,有时见弱的片麻理,主要由角闪石和斜长石组成,可含少量黑云母、石英和辉石。暗色矿物含量大于70%,其中角闪石含量一般为50%~60%,斜长石含量多为40%~45%,其他矿物一般少于5%,局部见绿泥石化。

浅粒岩:灰白色到浅白色,粒状变晶结构,块状构造。主要矿物为石英(35%)、微斜长石(25%)、钾长石(20%)、斜长石(15%),含少量黑云母(<5%),偶见绿泥石、绿帘石和绢云母。

石榴子石黑云斜长片麻岩:灰色、浅肉红色,鳞片粒状变晶结构,片麻状构造。主要矿物成分为斜长石(40%~50%)、黑云母(20%~30%)、石英(10%~20%)和石榴子石(5%~10%),局部见少量辉石。

变粒岩:岩石呈浅白色或微带浅肉红色,常呈中粒花岗变晶结构,块状构造或似片麻状构造。主要见于哈达门沟金矿区,与片麻岩类呈过渡关系,无明显界限。矿物成分主要为长石和石英,斜长石含量约35%,钾长石含量约30%,石英含量约20%,黑云母含量约15%。

磁铁石英岩:中细粒变晶结构,条带状构造。主要矿物为石英和磁铁矿,少量黑云母、角闪石、斜长石、黄铁矿和黄铜矿等。石英含量多为30%~55%,磁铁矿含量一般为15%~35%,蚀变黑云母、角闪石、斜长石等约10%,黄铁矿多数小于5%,个别达5%~15%,偶见黄铜矿(2%)、黑云母和角闪石矿物。

(2)原岩与构造背景。

章咏梅等(2010,2012)根据矿区变质岩岩石学和岩石地球化学研究,综合以往文献发表的数据,采用DF判别式(al+fm)-(c+alk):Si图解(图7-44)、A-C-FM图解(图7-45)以及(Al+Fe+Ti)-(Ca+Mg)图解(图7-46)恢复了变质岩的原岩类型。

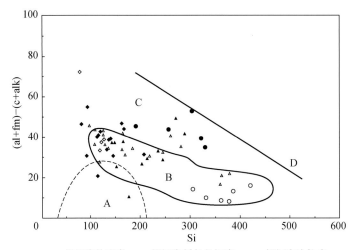

▲ 柳坝沟片麻岩　◇ 柳坝沟斜长角闪岩　○ 柳坝沟浅粒岩
▲ 哈达门沟片麻岩　◆ 哈达门沟斜长角闪岩　● 哈达门沟变粒岩

图 7-44　(al+fm)-(c+alk):Si 图解(章咏梅,2012)
A. 钙质沉积物;B. 火成岩;C. 厚层泥岩;D. 砂岩

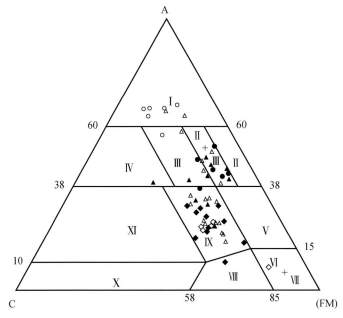

△ 柳坝沟片麻岩　◇ 柳坝沟斜长角闪岩　○ 柳坝沟浅粒岩
▲ 哈达门沟片麻岩　◆ 哈达门沟斜长角闪岩　● 哈达门沟变粒岩

图 7-45　A-C-FM 图解(章咏梅,2012)
Ⅰ. 泥值岩及酸性火山岩;Ⅱ. 铁泥质岩;Ⅲ. 中酸性火山岩;Ⅳ. 长石砂岩;Ⅴ. 胶体沉积岩及泥质岩;Ⅵ. 胶体沉积岩;Ⅶ. 超基性岩;Ⅷ. 超基性火山岩及白云质岩;Ⅸ. 基性火山岩及泥灰质岩;Ⅹ. 碳酸盐岩;Ⅺ. 泥灰质沉积岩

片麻岩类的原岩主要为基性火山岩及少量的中酸性火山岩和铁质泥质岩,斜长角闪岩的原岩主要为玄武岩-玄武安山岩,浅粒岩的原岩为酸性火山岩,变粒岩的原岩为铁质泥质岩。从角闪岩类→片麻岩类→浅粒岩→变粒岩,其原岩有从玄武岩/玄武安山岩→中酸性火山岩→沉积岩的变化趋势,暗示了乌拉山群变质岩的原岩很可能经历了多个完整的火山(由基性、中性至酸性)-沉积旋回。对筛选出的原岩为火山岩的变质岩,进行了岩石系列的划分。在(Na_2O+K_2O)-SiO_2图解(图7-47)和AFM图解(图7-48)中,原岩中的各类基性-中酸性火山岩具有洋岛-岛弧拉斑玄武岩系列和/或钙碱性系列火山岩的地球化学特征。为进一步探讨变质火山岩形成的构造背景,采用TiO_2-$MnO×10$-$P_2O_5×10$图解以及Pearce等(1984)提出的Nb-Y和Rb-Y+Nb判别图解对其进行判别(图7-49和图7-50),结果显示出洋岛-岛弧或火山弧的构造背景。变质火山岩中高场强元素Ta、Nb、Ti等呈明显的负异常(图7-49)同样也反映了岛弧火山岩的特征。上述研究结果表明,矿区太古界片麻岩等地层原岩(火山岩)形成时的构造环境很可能为活动大陆边缘弧靠近大陆的弧后盆地。

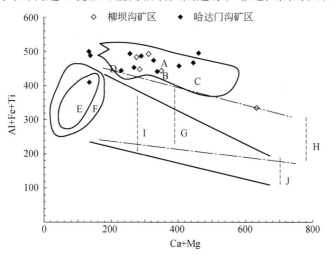

图7-46 (Al+Fe+Ti)-(Ca+Mg)图解(章咏梅,2012)
A. 玄武岩;B. 玄武安山岩;C. 粗玄岩;D. 细碧岩;E. 杂砂岩(75%);F. 亚杂砂岩(25%);
G. 白云杂砂岩;H. Ca+Mg;I,J. 白云岩

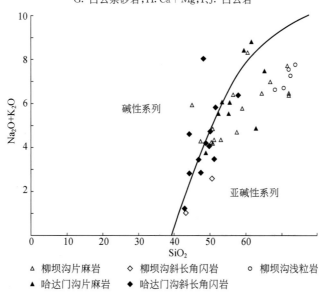

图7-47 (Na_2O+K_2O)-SiO_2图解(章咏梅,2012)

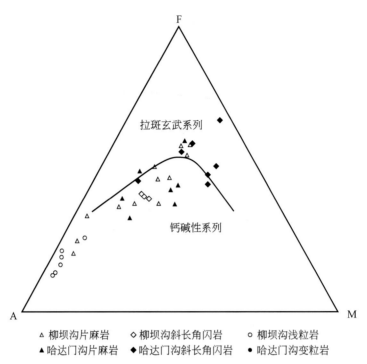

图 7-48　AFM 图解(章咏梅,2012)

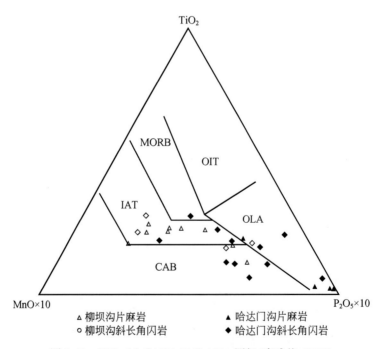

图 7-49　TiO_2-$MnO \times 10$-$P_2O_5 \times 10$ 图解(章咏梅,2012)

MORB. 洋脊玄武岩;OIT. 洋岛碱性拉斑玄武岩;OLA. 洋岛碱性玄武岩;CAB. 钙碱性岛弧玄武岩;火山弧碱性玄武岩

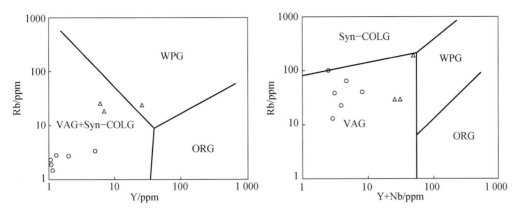

图 7-50 Nb-Y 和 Rb-Y+Nb 构造环境判别图（章咏梅，2012）

VAG. 火山岛弧岩浆岩；WPG. 板内岩浆岩；ORG. 洋中脊岩浆岩；Syn-COLG. 同碰撞岩浆岩

3）矿区断裂构造

南侧是包头—呼和浩特区域性大断裂，为南倾斜的正断层。矿区地层从北向南，由老到新，呈单斜构造，地层以南倾为主，倾角变化较大，一般为 50°～70°，局部发生倒转。地层中层间小褶皱很发育，连续成群出现。

矿区的断裂构造均为其次级构造，十分发育（图 7-51）。从形成时间上可分为成矿前、成矿期和成矿后的断裂。成矿前的断裂多被早期花岗伟晶岩、辉绿玢岩脉充填。成矿期的断裂构造主要是矿区南部有一条钾长石化破碎蚀变岩带，走向 NE65°，倾向 NW，延长十余千

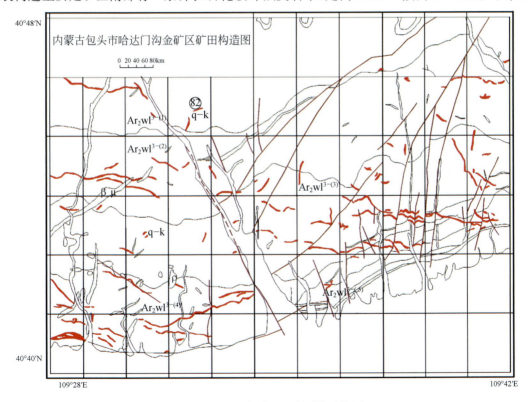

图 7-51 哈达门沟矿区断裂构造简图

米,破碎带宽几十米至百余米,构造角砾到处可见,并发生强烈的钾长石化、硅化、酸酸盐化,交代完全时原岩成分不易辨认。这个断裂构造是矿区的一条主构造,其力学性质为张扭性。与其派生的一组近EW向的张扭性断裂带成为本区主要容矿构造。该断裂带走向EW,倾向南,倾角45°~85°,且平行排列,以13号脉、22号脉、24号脉及2号脉规模较大,延长2000m以上。同时还派生出NW向容矿构造,该构造NW走向,倾向SW,倾角为20°~30°,延长千米以上,如1号脉、32号脉等。容矿构造内充填有石英-钾长石脉、石英脉及蚀变岩金矿体。

张扭性断裂带成为本区主要容矿构造。该断裂带走向EW,倾向南,倾角45°~85°,且平行排列,以13号脉、22号脉、24号脉及2号脉规模较大,延长2000m以上。同时还派生出NW向容矿构造,该构造NW走向,倾向SW,倾角为20°~30°,延长千米以上,如1号脉、32号脉等。容矿构造内充填有石英-钾长石脉、石英脉及蚀变岩金矿体。

成矿后的断裂分为三组,即NE向、NW向及NEE向。NE向断层组较大的断层F100、F10、F2等为平移逆断层。NW向断层沿大坝沟走向的F116倾向南西、倾角70°,为正断层,两侧岩层位移200m左右。西部以含金多金属硫化物石英脉为主,金品位低,东部以含金的石英钾长石脉为主,金矿化好。成矿后的断裂构造在矿区的NNE向向北变为NE向,呈帚状分布,形成旋转构造,从西向东,矿体北移,西部抬高,东部下降。

断裂构造在柳坝沟和哈达门沟金矿床均较发育。柳坝沟金矿床中可以识别出二期规模较大的断裂,一期常发育于矿体的底板或顶板,走向与片麻理大致一致,介于90°~125°,断层面产状为215°∠73°、240°∠55°,显示先张后压特征,早阶段沿张性断裂贯入的石英脉在晚阶段压应力作用下发生劈理化并变形为构造透镜体。该期断层形成较早,可能为碱质及含矿热液上升的通道。另一期为NE-SW向断裂,形成较晚,常错断先成断裂(图7-51),如柳坝沟矿区F302断裂呈NE向延伸,规模较大,延长大于2km,断层面产状337°~340°∠46°~85°、140°∠60°。由于地表覆盖较强,断层破碎带及断层三角面断续出露,断层旁侧常发育次级小断裂。由断层破碎带判断该断层经历了两个阶段,早阶段表现为张性,晚阶段表现为压扭性,断层破碎带内构造透镜体拖尾现象清楚显示该断层具有左行逆冲性质,并将313号矿脉切段,断距达300m左右。

4)岩浆岩

区域内岩浆岩较发育,较大的岩体有矿区西部的大华背岩体(海西期,出露面积208km^2)和北部的沙德盖岩体(印支期)。矿区内脉岩发育(表7-22),主要为花岗伟晶岩和辉绿玢岩。区域内经历了区域变质作用后,又经受了强烈的混合岩化作用、动力变质作用和热液交代作用。

表7-22 矿田区岩浆岩类脉岩特征

代号	名称	岩性特征	分布	产状	时代
$\gamma\pi$	花岗斑岩脉	斑晶:钾条纹长石(20%) 石英(20%)	大桦背	NW-SE展布	γ_5^1
$\lambda\pi$	石英斑岩脉	斑晶:石英(3%) 正长石(3%)	较广泛	近SN	Ar_2

续表

代号	名称	岩性特征	分布	产状	时代
γρ	花岗伟晶岩脉	主要成分：钾长石、石英斜长石、云母等	广泛	以 EW 向展布为主	Ar_2
γ	细晶花岗岩脉	主要成分：钾长石、斜长石、石英	分布局限	近 EW	Ar_2
q	石英脉	石英：80%~95%	较广泛	近 EW 多见	Ar_2
βu	辉绿（玢）岩脉	拉长石 60%左右，辉石 25%左右，角闪石 5%左右，少量磁铁矿	较广泛	各方向都有	Ar_2

柳坝沟—哈达门沟金矿田以西约 5km 的大桦背花岗岩体及其北侧约 3km 的沙德盖、西沙德盖花岗岩大面积侵入（图 7-39），为海西期（聂凤军等，2005；苗来成等，2000）或印支期（中国人民武装警察部队黄金指挥部，1995）产物。此外，区内花岗伟晶岩脉广布，形成时间自元古宙至燕山期均有。

柳坝沟—哈达门沟金矿田内岩浆岩多呈各类脉岩形式出现，脉岩侵入期次较多，侵位方向多为 NEE 向和 NWW 向，对 148 条岩脉走向统计表明，该区岩脉的两个优势走向平均分别为 300°和 242°。岩脉成分相近，主要为花岗质（长英质）。脉岩的矿物颗粒较大，多为粗晶-伟晶结构。三种类型：①斜长花岗伟晶岩脉，为浅灰-灰白色，伟晶结构，块状构造。主要成分为石英（35%）、斜长石（20%）、微斜长石（45%）和少量白云母。矿物颗粒大小不一，为 10~50cm。岩脉走向近 NS（170°）。②肉红色花岗岩脉，浅肉红色，粗粒-伟晶结构，块状构造。主要成分为石英（30%~45%）、钾长石（40%~45%）、斜长石（10%~15%）和云母（5%~10%），岩脉遍布全区，多沿节理或破碎的片麻理发育。③磁铁矿花岗伟晶岩脉，浅肉红色，花岗伟晶结构，块状构造。主要矿物为石英（40%~45%）、钾长石（30%~35%）、斜长石（15%）、磁铁矿（5%~10%）和少量云母。磁铁矿呈团块状，大小 1~5cm 不等。走向 80°~125°，宽 1~2m，地表可见长大于 100m，局部较破碎。钾化脉也常沿破碎带呈脉状产出，中-粗粒结构，主要成分为钾长石（60%~80%）和石英（20%~40%），云母少量，颗粒较小，系钾质交代片麻岩而形成，常残存有片麻理，但钾交代彻底、硅化较强的钾化脉易与上述花岗伟晶岩脉混淆。

5) 矿体特征

含金地质体主要是含金石英脉、含金石英钾长石脉和含金蚀变岩，矿体全部赋存在晚太古界乌拉山群变质岩中，受构造控制，成群成带分布，矿体呈脉状似板状，以近 EW 向分布为主，少数呈 NW 向分布。

哈达门沟共发现石英-钾长石脉 90 多条，大于 1g/t 的有 40 多条，按矿化特点和集中区域划分为五个脉群（13 号脉群、24 号脉群、59 号脉群、113 号脉、1 号脉群），还有零星分布的矿脉，如 32 号脉、2 号脉等。

13 号脉群位于矿区中间，是一个走向近 EW 的脉带，包括 13 号脉、22 号脉等矿脉，以 13 号脉为主，13 号矿脉走向 EW，长 2200m，倾向南，倾角 45°~85°，控制延深 600m。矿脉较连续稳定。

24 号脉群位于 13 号脉西南 500m，近 EW 向展布，长约 1000m，倾向南，倾角 50°~60°，延深 300m，矿体厚度、品位变化较大。

113 号脉位于 13 号脉西部的乌兰不浪沟内，近 EW 向展布（应该是 13 号矿脉西延部分），长 650m，倾向南，倾角 60°，控制延深 350m，矿体厚度、品位较稳定。

59 号脉群位于大坝沟西，以 59 号脉为主，矿体走向 300°，倾向 SW，倾角 55°左右，延深仅 100 余米。

1 号脉群分布于 13 号脉东北部的哈达门沟西侧，矿体走向 310°，倾向南西，倾角 10°～30°，矿体长 680m，控制延深 200 多米（矿权属泉山金矿）。

2 号脉（柳坝沟矿区）位于 13 号脉东北 4km，为石英—钾长石脉，地表控制长度 820m，倾向 100°，倾角 33°，108～123 勘探线圈出工业矿体长 320m，平均品位 8.99g/t，平均真厚度 1.5m。

柳坝沟矿（化）体表现为近 EW 向（与乌拉山群变质岩片麻理方向近于一致）的矿脉（群）。柳坝沟金矿床主要由 313、314 号脉体群及 307、302、303、386 号矿脉组成。

313 号矿脉：呈近 EW 向横贯柳坝沟矿区，局部不连续，长约 6.5km。地表出露标高为 1600～1900m，出露宽度不等，为 0.7～3m。总体倾向 190°左右，倾角介于 40°～70°。西段产状较缓（倾向 40°～60°），东段较陡（倾向 60°～70°）。矿体围岩为黑云角闪斜长片麻岩，发育分布不均匀的钾化。矿脉整体上表现为矿化蚀变带，由一至数条矿体构成，近平行分布，部分钻孔中见两层矿体，矿体间隔 20～85m；Au 品位为 0.82～18.60g/t，视厚度为 1～18.2m。部分矿段发育不均匀的辉钼矿化，主要分布在 F302 断层以西 313 号矿脉的西段或东段的深部，钼矿化强的位置可构成钼矿体。Mo 品位为 0.03%～0.16%，矿体视厚度为 1.1～3.6m。

314 号矿脉：该脉北距 313 号脉约 100m，呈 EW 向展布，脉体长约 1.4km。地表出露标高为 1600～1800m。深部探矿工程表明，314 号脉与 313 号脉为两条平行的脉体。矿体围岩为黑云角闪斜长片麻岩，钾化比 313 号脉弱，Au 品位平均为 0.7g/t，最高品位达 11.0 g/t，厚度约为 1.00m。

307 号矿脉：分布于 313 矿脉南约 1km，近 EW 向展布，长约 1km，地表出露标高在 1600～1750m，总体产状为 175°∠70°。矿脉产于黑云角闪二长片麻岩中，被 F302 的次级断裂错断，岩石较为破碎。Au 品位平均约 7.4g/t，但厚度较小，多数为 1.0～1.5 m。

3. 矿田区岩浆岩

1）花岗伟晶岩脉

近千条花岗伟晶岩脉呈近 EW 向分布在乌拉山南缘，绵延几十公里，蔚为壮观。单条岩脉最长 2km 以上，最厚达 18 m。这些伟晶岩脉形态多样，规模不一，形成时代跨度大。1978 年，内蒙古地质局 105 队曾将本区伟晶岩划分为 4 期（内蒙古自治区地质研究队，1991），即五台晚期、吕梁期、加里东期和燕山期，中国人民武装警察部队黄金指挥部（1995）的年代学测试结果也与上述认识一致（表 7-22）。研究人员测定的 K-Ar 同位素年龄数据解释还有许多难点，如砖红色伟晶岩的年龄数据跨度很大，这其中可能存在燕山期岩浆活动的改造作用。鉴于在柳坝沟-哈达门沟金矿田内及其附近有大量的伟晶岩脉产出，一些科研单位提出了伟晶岩成矿的认识，但无精确的年代学证据。比较普遍存在三种岩脉（表 7-23）：浅白色花岗伟晶岩脉、肉红色花岗伟晶岩脉和含磁铁矿花岗伟晶岩脉。三种花岗伟晶岩脉 LA-ICP-

MS锆石U-Pb年龄集中于1858~1821Ma,与后吕梁运动阶段的时限基本一致,代表了华北克拉通北缘元古代的裂解事件。这一结果表明,柳坝沟—哈达门沟金矿田出露的伟晶岩脉与成矿并无直接关系。

表7-23 柳坝沟—哈达门沟金矿田各类侵入岩体(脉)同位素年龄

岩(矿)石名称	采样位置	测试对象	年龄/Ma	测定方法	数据来源(文献)
伟晶岩脉	哈达门沟金矿区	锆石	1836±5	SHRIMP U-Pb法	章咏梅等(2010)
碱长花岗岩	哈达门沟金矿区	锆石	1975±12	U-Pb法	章咏梅(2012)
碱长花岗岩	哈达门沟金矿区	锆石	1981±14	U-Pb法	苗来成(2000)
磁铁矿伟晶岩脉	哈达门沟金矿区	黑云母	1993±39	Ar-Ar法	中国人民武装警察部队黄金指挥部(1995)
磁铁矿伟晶岩	乌拉山山前	钾长石	435±4	K-Ar法	Xiao等(2003)
伟晶岩脉	乌拉山山前钾化带	钾长石	119±3	K-Ar法	Xiao等(2003)
钾长石岩脉	乌拉山山前钾化带	钾长石	312±6	K-Ar法	Xiao等(2003)
砖红色伟晶岩脉	乌拉山山前钾化带	钾长石	63±2	K-Ar法	Xiao等(2003)
伟晶岩脉	乌拉山山前钾化带	钾长石	306±6	K-Ar法	Xiao等(2003)
赤铁矿伟晶岩	乌拉山山前	钾长石	584±9	K-Ar法	Xiao等(2003)
斜长花岗伟晶岩	乌拉山山前	钾长石	1625±21	K-Ar法	Xiao等(2003)
电气石黑云母伟晶岩	乌拉山山前	钾长石	2074±24	K-Ar法	Xiao等(2003)
砖红色伟晶岩	乌拉山山前	钾长石	579±10	K-Ar法	Xiao等(2003)
二长花岗岩	大桦背岩体	锆石	353±7	SHRIMP U-Pb法	章永梅等(2010)
二长花岗岩	大桦背岩体	全岩	322±22	Rb-Sr等时线法	苗来成(2000)
钾长花岗岩	大桦背岩体	锆石	330±10	LA-ICPMS U-Pb法	内蒙古自治区地质研究队(1991)
二长花岗岩	大桦背岩体	全岩	217~219	K-Ar法	章永梅(2012)
二长花岗岩	大桦背岩体	全岩	190;217	K-Ar法	内蒙古自治区地质研究队(1991)
钾长花岗岩	大桦背岩体	全岩	299±8	K-Ar法	Pearce等(1984)
二长花岗岩	大桦背岩体	不明	270±30	K-Ar法	苗来成(2000)
二长花岗岩	大桦背岩体	不明	219	K-Ar法	聂凤军等(1994)
黑云母钾长花岗岩	沙德盖岩体	锆石	406.3	单颗粒锆石U-Pb法	中国人民武装警察部队黄金指挥部(1995)
黑云母钾长花岗岩	沙德盖岩体	锆石	198.5	U-Pb法	中国人民武装警察部队黄金指挥部(1995)

2) 花岗岩侵入体

大桦背岩体位于柳坝沟-哈达门沟金矿田西侧约5km,南以呼(市)—包(头)断裂为界,东、北、西三侧与乌拉山群变质岩相接,为侵入接触关系。岩体剥蚀较浅,边部可见乌拉山群变质岩呈大型捕虏体产出。岩体平面上呈近似等轴的圆形,出露面积达182 km²。近十几年来,不同学者用多种同位素定年方法测定了该岩体的成岩年龄(表7-23),并对该岩体与区内金矿化之间的关系进行了一些探讨。岩体中不同岩性(相)的全岩Rb-Sr年龄、锆石U-Pb年龄及全岩K-Ar年龄范围宽,主要变化于350~220Ma(苗来成,2000;聂凤军等,1994),成岩年龄的差距可能与样品采集位置、分析方法及该复式岩体本身成岩作用时间较长或多期次幕式侵入等有关,但对其侵位时代认识的不统一直接导致不同学者对该岩体与区内金矿床成因联系的不同看法。

沙德盖岩体位于大桦背岩体 NE 约 5km 处,形态不规则,出露面积约为 $65km^2$。关于该岩体的形成时代也存在争议。中国人民武装警察部队黄金指挥部(1995)依据其矿物组合及元素地球化学特征与大桦背岩体十分相似,推测两者为同时形成的,在深部可能连为一体。聂凤军等(1994)应用锆石 U-Pb 测年获得结果分别为 406.3Ma 和 198.5Ma。

西沙德盖岩体位于大桦背岩体 NE 约 1.5km 处,呈不规则的近长方形岩株产出,面积约 $11km^2$,侵位于乌拉山群第三岩段地层中。该岩体是西沙德盖钼矿的容矿岩石和成矿岩体,与柳坝沟—哈达门沟金矿田的成矿作用可能是同一次构造-岩浆事件的产物。西沙德盖岩体成岩时代的厘定,对于深化该区岩浆演化与成矿规律认识具有十分重要的理论和实际意义。

3)岩体成因类型

学者们对大桦背、沙德盖以及西沙德盖岩体的成因认识主要有以下两种:钙碱性 I 型花岗岩和碱性 S 型花岗岩。

章咏梅(2012)研究发现,3 个岩体及伟晶岩脉的 K_2O、Na_2O 含量以及碱度率(AR)已具备了 A 型碱性花岗岩的特征,这说明矿区范围内的岩浆岩较为特殊,同时具备了 S 型、I 型甚至 A 型花岗岩的某些特征,用单一的指标很难对其作出正确的判别,因此采用多种判别方式相结合的方法对这些岩体的成因加以解读。Chappell 等(1999)指出,S 型花岗岩多强烈富铝,具有过铝质特征,A/CNK 值较高,尽管分异的 S 型花岗岩 A/CNK 值可能偏低,但也均在 1.1 以上。因此,A/CNK 通常作为判断 I 型花岗岩和 S 型花岗岩的重要指标。本次研究的 3 个岩体中,绝大多数样品 A/CNK<1.1,显示出准铝质-弱过铝质的特征,在 A/CNK-A/NK 图解上(图 7-52),绝大多数样品都落在了 I 型花岗岩的范围之内。Wolf 等(1994)的试验研究表明,在准铝质到弱过铝质岩浆(I 型花岗岩)中,磷灰石的溶解度很低,并在岩浆分异过程中随 SiO_2 的增加而降低;而在强过铝质岩浆(S 型花岗岩)中,磷灰石溶解度变化趋势与此相反,磷灰石在 I 型和 S 型花岗岩浆中的这种不同行为已被成功地用于区分 I 型和 S 型花岗岩类(Li,2006;Wu et al.,2003;Chappell,1999)。Wu 等(2003)在研究华北地台北缘的高分异岩浆岩时也发现,一般 S 型花岗岩 Pb 随 SiO_2 的增加呈现降低的趋势,但 I 型花岗岩与之正好相反。本次研究的岩浆岩和伟晶岩脉 P_2O_5 含量极低(0.01～0.14),并且随 SiO_2 含量增加,P_2O_5 含量降低,与 I 型花岗岩演化趋势一致。此外,Pb 随 SiO_2 的升高也显示出明显的升高趋势,同样反映了 I 型花岗岩的演化趋势。通过以上分析,可以排除矿区内的岩体以及伟晶岩脉是 S 型花岗岩的可能性,它们只可能是 I 型花岗岩或 A 型花岗岩。3 个岩体虽然在碱质含量上具备了 A 型花岗岩的特征,但是它们具有明显不同于 A 型花岗岩的一系列化学组成,主要表现在以下几个方面。

(1)FeO/MgO 比值较低。通常 A 型花岗岩具有显著富铁的特征,A 型花岗岩通常 FeO/MgO>16;而高分异 I 型花岗岩 FeO/MgO 为 4～16,未分异的 I 型花岗岩 FeO/MgO<4。3 个岩体和伟晶岩脉中只有 1 个沙德盖岩体样品 TFeO/MgO>16,其余均小于 16,且主要集中在 4.06～14.29,反映了高分异 I 型花岗岩的特征。

(2)Zr、Nb、Y、REE 和 Ga 含量较低。A 型花岗岩通常显著富集高场强元素,其 Ga×

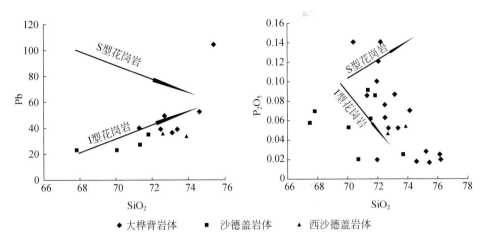

图 7-52 大桦背岩体、沙德盖岩体、西沙德盖岩体 I-S 型花岗岩判别图解(章咏梅等,2010)

$10^4/Al>2.6$,$Zr+Nb+Ce+Y>350\times10^6$,18 件岩体样品中只有 2 个样品达到 A 型花岗岩的上述微量元素指标,在以高场强元素为基础的多种判别图解上,它们均落在非 A 型花岗岩区域,在区分 A 型花岗岩与分异的 I 型花岗岩的有关判别图解上,样品点基本均落在分异的 I 型花岗岩区(图 7-53)。

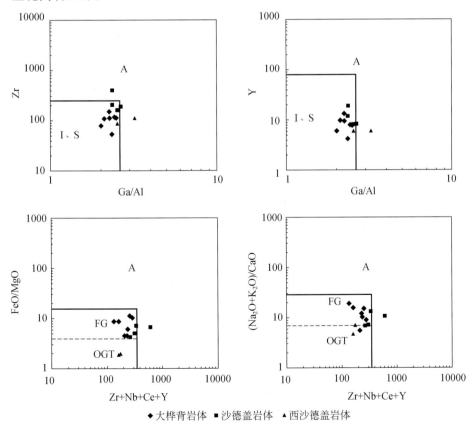

图 7-53 大桦背岩体、沙德盖岩体、西沙德盖岩体 I-S-A 型花岗岩判别图解(章咏梅等,2010)
I. I 型花岗岩;S. S 型花岗岩;A. A 型花岗岩;FG. 高分子;I,M,S 花岗岩;OGT. 未分异

(3) 根据 Watson 等(1983)提出的锆石饱和温度计算式,计算得出这些岩体的锆石饱和温度为 709.2~863.4℃,且主要小于 800℃,显著低于典型的 A 型花岗岩(816~912℃;肖娥等,2007),较低的成岩温度同样不支持它们为 A 型花岗岩。因此认为,这些岩体和岩脉应属高分异的 I 型花岗岩类。

主量元素 Harker 图解通常是研究岩石结晶分异程度的有效手段。图解中(图 7-54),各岩体主量元素 CaO、TiO_2、P_2O_5、Fe_2O_3、FeO、Na_2O 和 K_2O 随着 SiO_2 含量的增加呈现出较为明显的下降趋势。这些岩体的造岩矿物主要有钾长石、斜长石、石英和黑云母;副矿物组合为磁铁矿、钛铁矿、磷灰石、锆石以及微量的楣石、金红石(苗来成等,2000)。楣石、金红石是主要的富 Ti 矿物,而磷灰石是结晶分异过程中的主要富 P 和 Ca 的矿物。因此,TiO_2、P_2O_5、CaO 随 SiO_2 含量的增加而下降,很可能是楣石、金红石和磷灰石分异所造成的,这一点也可从 Ti 和 P 的强烈亏损中得到证实。黑云母、磁铁矿是主要的富 Fe 矿物,Fe_2O_3、FeO 随 SiO_2 含量的增加而下降反映了黑云母、磁铁矿的分异作用;斜长石和钾长石是主要的富 K 和 Na 的矿物,分配系数远高于其他矿物,K_2O、Na_2O 含量随 SiO_2 增加而降低,明显反映了斜长石微量元素也能在一定程度上指示岩浆岩的结晶分异特征。

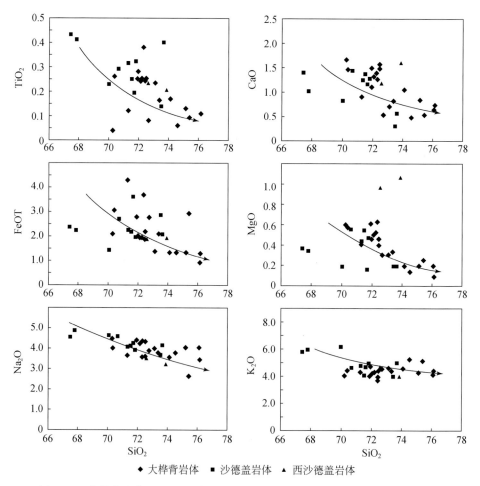

图 7-54　大桦背岩体、沙德盖岩体、西沙德盖岩体 Harker 图解(章咏梅等,2010)

通常岩石中 Nb、Ta 主要受金红石和钛铁矿的制约，Sr、Ba、Eu 的亏损主要受斜长石和钾长石分离结晶的制约，其中，斜长石的分异将导致 Sr、Eu 负异常，而钾长石的分异则产生 Ba、Eu 负异常(Wu et al.，2003)。从样品点在分离结晶模拟所构筑的矢量图中的分布来看，所研究岩体 Sr、Ba 含量的变异较明显地受到钾长石分离结晶的制约(图 7-55)，这与主量元素 Harker 图解所反映的结晶分异趋势一致。

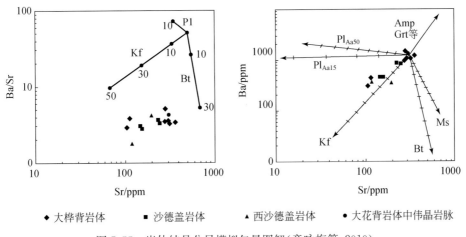

图 7-55　岩体结晶分异模拟矢量图解(章咏梅等，2010)

4) 岩石形成的构造环境

花岗岩元素组成能够在一定程度上反映岩体形成的大地构造背景，其中判别图解主要有 R1-R2 判别图解、CaO/(Na$_2$O+K$_2$O)-SiO$_2$ 图解以及五组主量元素判别图解。R1-R2 构造判别图解将其用于构造背景的判别。把碰撞前、碰撞后的抬升和造山晚期看成是一个循环，并将岩石成因和演化与构造演化相联系，但是造山期后的伸展环境并未纳入该循环中，对于该环境的判别需要进一步的斟酌。CaO/(Na$_2$O+K$_2$O)-SiO$_2$ 图解是研究 Abitibi 地区造山作用不同阶段太古代花岗岩主量元素上的演化过程时提出来的，目前该图解的应用相对较少。

从 R1-R2 图解[图 7-56(a)]上可以看到，所有岩体和伟晶岩脉样品主要落在造山晚期-造山期后同碰撞期的界限附近；在 CaO/(Na$_2$O+K$_2$O)-SiO$_2$ 图解上[图 7-56(b)]，样品也主要位于同构造(碰撞期)晚期的范围内。这表明，研究区内的大桦背、沙德盖、西沙德盖岩体及伟晶岩脉在主量元素上均具有同碰撞-构造晚期的特征。

除主量元素外，Y、Nb、Rb 等微量元素组成也能判断其形成的大地构造背景。Pearce 等(1984)在总结不同构造环境下花岗岩微量元素演化趋势的过程中，提出了 Y-Nb 图解和 Rb-(Y+Rb)图解用于判断其形成背景。在 Y-Nb 图解上[图 7-56(c)]，几乎所用样品都位于岛弧(VAG)和同碰撞(Syn-COLG)区域范围内。根据 Pearce 等(1984)提出的 Y-Nb 图解中的岛弧(VAG)-同碰撞(Syn-COLG)区域其实包含了岛弧、同造山和造山后几个构造背景，因此需进一步判别。在 Rb-(Y+Rb)图解上[图 7-56(d)]，所有花岗岩样品均落入了造山后(post-COLG)的区域范围内，而花岗伟晶岩脉则落入了岛弧(VAG)-同碰撞(Syn-COLG)范围内。

综合以上判别图解可以看出，大桦背、沙德盖和西沙德盖岩体无论主量元素还是微量元素特征均反映了碰撞造山-碰撞造山后的构造环境。徐备等(1997)指出,中晚石炭纪到早二叠纪,华北陆台与蒙古陆块或安加拉(Angara)地块发生多次俯冲、碰撞和对接作用,晚二叠世中晚期,碰撞对接完成,形成统一的古大陆。大桦背、沙德盖和西沙德盖岩体所处的乌拉山地区就处在这一碰撞带的南侧,其形成年龄主要集中在365～231Ma,由此可以推测,上述岩体的形成很可能发生于华北地块与蒙古古陆块或与安加拉(Angara)地块碰撞期至碰撞期后的伸展环境。

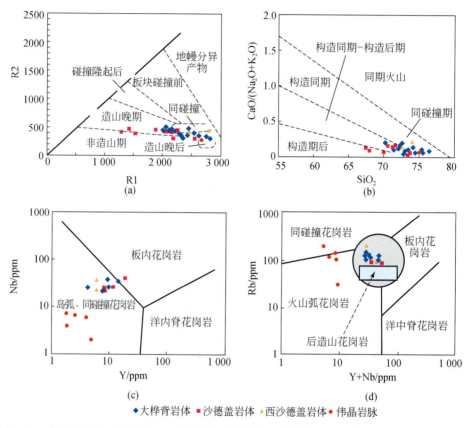

图7-56 大桦背岩体、沙德盖岩体、西沙德盖岩体及伟晶岩脉构造环境判别图(章咏梅等,2010)

5)岩体侵位时代

大桦背岩体中普通铅含量较低的一组锆石具有典型岩浆锆石特征,所得年龄(365±7)Ma代表了岩体的形成年龄。该年龄相对于前人利用全岩Rb-Sr法或K-Ar法测得的该岩体的同位素年龄偏大(表7-23),与苗来成(2000)和李大鹏等(2009)分别采用SHRIMP锆石U-Pb法和锆石LA-ICP-MS法测得的(353±7)Ma及(330±10)Ma较为接近。研究者所测得的全岩Rb-Sr或K-Ar年龄以及利用常规锆石法所获得的年龄较新(图7-57),一方面可能反映了大桦背岩体为一个多期次侵入的复式岩体,其形成时代跨度大;另一方面可能因为K-Ar或Rb-Sr体系的封闭温度相对较低,易受后期地质事件的影响;而常规锆石U-Pb法则由于继承锆石的存在,可能得到了一个混合年龄,或者可能因为放射成因Pb丢失而得到一个较小的年龄。高精度的原位锆石定年则很好地解决了上述问题。因此,大桦背岩体应为晚古生代海西早期(晚泥盆世)岩浆作用的产物。

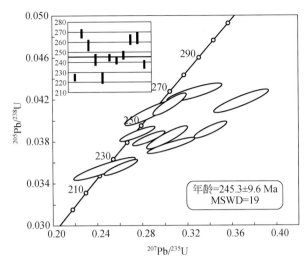

图 7-57 西沙德盖岩体中锆石样品谐和图(朗殿有等,1994)

沙德盖岩体以往研究程度较低。前人在1:5万区域地质调查工作中,在沙德盖中粗粒花岗岩中获得单颗粒锆石 U-Pb 年龄为 406.3Ma(内蒙古地矿局第一区调队,1993),据此将其划归为泥盆纪。郎殿有等(1994)测得 245.3Ma,赵庆英等(2009)在1:25万区调工作的基础上,对沙德盖岩体进行了锆石 U-Pb 同位素的重新定年,测试5粒锆石获得平均 $^{206}Pb/^{238}U$ 表面年龄为 198.5Ma。上述研究者均采用常规锆石 U-Pb 法定年,却获得了截然不同的定年结果,这在一定程度上暴露了常规锆石 U-Pb 法在定年方面的缺陷和不足。406.3Ma 很可能恰巧测试到了沙德盖岩体中捕获的继承锆石,章咏梅(2012)的研究中所测试到的一颗捕获锆石的年龄(380Ma)在一定程度上印证了这一推测;而 198.5Ma 的定年结果也存在不确定性,一种可能是因为放射成因 Pb 丢失而获得一个较小的年龄,另一种可能是受年轻锆石边的影响使得年龄偏小。

从章咏梅(2012)所测试的沙德盖岩体的一颗锆石核部和边部的年龄来看,两者结晶时差可达18Ma(224Ma 和 206Ma)。显然,其采用高精度锆石 LA-ICP-MS U-Pb 原位定年技术,选取谐和度较好的多颗锆石获得的平均加权年龄(231±3)Ma 更为可信,反映出岩体的侵位时代为印支期的中三叠世。

西沙德盖岩体作为西沙德盖中型钼矿的成矿岩体,因为仅距大桦背岩体 1.5km,长期以来被认为与大桦背岩体形成于同一时代,侵位于海西期或印支期。章咏梅(2012)采用高精度锆石 LA-ICP-MS U-Pb 原位定年技术,将轻稀土超量和普通铅较高的锆石排除,选取其他谐和度较好的多颗锆石获得该岩体的成岩年龄为(245±10)Ma,西沙德盖岩体为印支期早中三叠世岩浆作用的产物。

6)山前钾化带脉岩

山前钾化带以其特有的砖红色而非常明显,在山前台地上呈 NEE 向,从西部大坝沟一直到东部回圈图沟继续往东,长 12~15km,宽 2~30m,景观见图 7-58。样品采自东柏树沟、西柏树沟和六洼沟山前钾化带内,样品 SiO_2 含量为 60.93%~71.02%,平均值为 66.27%,全碱质组分(K_2O+Na_2O)含量为 11.20%~15.34%,平均值为 12.73%;K_2O/Na_2O 值为 34.00~38.33,平均值为 36.29,其中 K_2O 含量为 10.88%~14.95%,钾含量较高,表现出明显富钾特点(侯万荣,2011)。

(a)东柏树沟钾化带

(b)景观

图 7-58 山前钾化带

山前钾化带微量元素变化较大,见表 7-24(中国人民武装警察部队黄金指挥部,1995),总体上亏损 Nb、Ta、Ti、P、U 等元素,富集 K、La、Ce、Zr、Hf 等(图 7-59 和图 7-60)。稀土元素表现为,ΣREE 为 $(21.97\sim330.79)\times10^{-6}$,变化较大,LREE 为 $(-9.33\sim302.2)\times10^{-6}$,HREE 为 $(2.61\sim28.69)\times10^{-6}$,LREE/HREE 为 $7.75\sim16.90$,LREE 明显高于 HREE,La_N/Yb_N 为 $8.76\sim32.20$,轻重稀土元素分馏明显,δEu 为 $0.65\sim4.10$,变化较大,δCe 为 $0.92\sim0.97$(表 7-25),略亏损,稀土配分曲线表现为右倾斜(图 7-60)。对比可以看出,山前钾化带与伟晶岩脉在微量和稀土元素特征上具有相似的特点。

表 7-24 山前钾化带微量元素分析表

样品编号	山前钾化带		
	XBSK1	HDM13-5	HDM1
Au	6.18	1.45	0.24
Ag	0.69	0.64	0.74
Cu	14.70	7.52	13.5
Pb	30.30	31.60	43.00
Zn	30.60	25.00	21.30
W	13.30	1.69	9.56
Sn	1.89	1.33	1.63
Mo	1.49	4.23	1.99
Sc	5.95	3.87	5.13
V	87.80	34.30	42.50
Cr	14.50	3.17	13.40
Co	14.80	2.55	6.47
Ni	5.20	1.16	6.01
Ga	13.70	18.00	21.90

续表

样品编号	山前钾化带		
	XBSK1	HDM13-5	HDM1
Rb	139.00	366.00	175.00
Sr	231.00	166.00	124.00
Y	9.05	1.94	34.60
Zr	214.00	21.80	346.00
Nb	16.90	1.66	36.30
Ba	1702	925	1002
Ta	0.42	0.42	1.26
Th	12.00	1.22	14.60
U	1.03	0.335	0.879

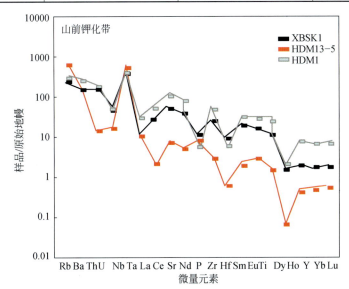

图 7-59 哈达门沟矿区山前钾化带微量元素蛛网图(朗殿有等,1994)

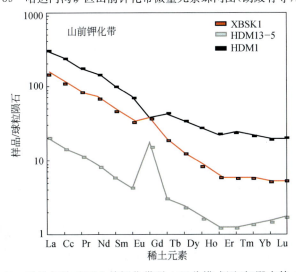

图 7-60 哈达门沟矿区山前钾化带稀土配分模式图(朗殿有等,1994)

表 7-25 乌拉山山前钾化带同位素年龄表

采样位置	岩石名称	测试对象	年龄/Ma	测定方法	数据来源
山前钾化带	钾长石伟晶岩	全岩	287±2444	Rb-Sr	聂凤军等(1994)
山前钾化带	钾长石伟晶岩	钾长石	311.5±6.1	K-Ar	中国人民武装警察部队黄金指挥部(1995)
山前钾化蚀变带	钾长石伟晶岩	绢云母	323±3	Ar-Ar	聂凤军等(1994)
乌拉山山前钾化带	伟晶岩脉	钾长石	119±3	K-Ar 法	中国人民武装警察部队黄金指挥部(1995)
乌拉山山前钾化带	钾长石岩脉	钾长石	312±6	K-Ar 法	中国人民武装警察部队黄金指挥部(1995)
乌拉山山前钾化带	砖红色伟晶岩脉	钾长石	63±2	K-Ar 法	中国人民武装警察部队黄金指挥部(1995)
乌拉山山前钾化带	伟晶岩脉	钾长石	306±6	K-Ar 法	中国人民武装警察部队黄金指挥部(1995)

通过野外观察,山前钾化带实际上是一条多期活动的构造-岩浆-热液蚀变复合活动带,具有岩浆和蚀变的双重特征,普遍含金,在西柏树取得样品达到 6.4g/t,一般达不到工业品位。钾化带与矿区其他钾伟晶岩脉微量元素与稀土元素亏损、配分特性表现相同。山前钾化带跟矿区其他伟晶岩脉一样是板块在不同碰撞过程间歇伸展裂解时期的产物。山前钾化带的同位素年龄测定(表 7-25)表明,它的年龄跨度大,钾化带处在板块构造断裂带边缘,具有多期活动的特征。钾化带不同地段的含金量不同,在通过矿区矿脉区段钾化带含金量高些,通过无矿脉地段金品位零开头。中国黄金集团金盛公司在矿区为打钾化带设计钻孔,在深部近 300 多米处见到金矿体品位为 2~6g/t,该地段处在 32 号矿脉深部与山前钾化带相交位置,现场不能区分是 32 号矿脉还是钾化带含矿。显然,不存在山前钾化带是导矿构造之说。

哈达门沟金矿田近千条花岗伟晶岩脉呈近 EW 向分布在乌拉山南缘,绵延几十千米。这些伟晶岩脉形态多样,规模不一,类型丰富,形成时代跨度大。1978 年内蒙古地质局 105 队曾将本区伟晶岩划分为 4 期,即五台晚期、吕梁期、加里东期和燕山期,中国人民武装警察部队黄金指挥部(1995)的年代学测试结果也与上述认识一致。但应指出,前人测定的 K-Ar 同位素年龄数据解释还有许多难点,如砖红色伟晶岩的年龄数据跨度很大,这其中可能存在燕山期岩浆活动的改造作用,也可能是测试年代与精度误差以及取样等人为因素。

7) 大地构造意义分析

矿田周缘花岗岩体发育(如大桦背、西沙德盖、沙德盖岩体等),岩体展布于华北地块与蒙古古陆块碰撞带的南侧,其时代的正确厘定对理解该区活动大陆边缘的大地构造演化和岩浆岩产出的构造背景有着重要意义。

中-晚泥盆世到早石炭世,古蒙古洋壳向南、北两侧的华北和西伯利亚板块俯冲,传统上认为华北地块与蒙古古陆块之间这一时期发生碰撞作用。近年来,许多学者(沈保丰等,2006;聂凤军等,2005)认为中、晚泥盆世-早石炭世实际上仅完成了两大板块的对接,仍存在陆间洋盆,并未实现广泛的弧陆焊接过程。

关于两大板块最终的缝合位置一直存在不同认识。根据构造体系、地层层序和生物地理区系的不同,传统的大地构造分区倾向于将索伦—林西附近的蛇绿岩带作为两大板块的缝合带。有学者基于超基性岩及岛弧型火山岩,甚至洋中脊型蛇绿岩的存在,推断缝合带位于贺根山地区(雷国伟等,2014;曹从周等,1987);也有部分学者研究地球物理地震波特征及地质现象认为两陆块最终在西拉木伦河—长春—延吉一线闭合(张振法 2001;孙德有等,2004)。在研究华北地台边缘板块碰撞、对接过程中,需要指出的是西伯利亚板块与中朝板块的碰撞对接是一种板块边缘不断增生的弧弧对接,对接的时序从西部到东部时间跨度较大(石炭系-三叠系)。

大桦背岩体位于缝合带的南侧,在泥盆纪板块俯冲过程中,古板块相互作用所诱发的岩浆活动在构造有利部位形成大面积分布的中酸性火山岩或花岗岩类侵入岩,推测晚泥盆世的大桦背岩体即形成于该事件,其年龄可能为俯冲作用发生的时代提供了可靠的年龄学证据。

中-晚石炭世到早二叠世,古蒙古洋壳与古大陆块体幕式的俯冲、碰撞和对接作用仍在进行。中-晚二叠世到早三叠世,随着古洋壳与陆壳的多期次俯冲与消减,介于华北板块和西伯利亚板块之间的大洋盆地逐渐发生收缩,西伯利亚古大陆和中朝古大陆迅速靠拢,两大古陆块沿内蒙古二连浩特—贺根山—蒙古索朗克尔一线发生碰撞对接,最终将华北板块与西伯利亚板块焊为一整体。

随后大青山地区开始进入板块聚合后的造山后伸展构造环境,主要表现为一系列后碰撞 A 型花岗岩侵位和后造山镁铁-超镁铁侵入岩形成,如北山—阿拉善碱性岩形成于二叠-三叠纪时期(许保良等,2001),阴山地区碱性岩带主要形成于印支期(阎国翰等,2002);乌兰浩特地区查干岩体形成时间约在 230Ma(葛文春等,2005)。

这些碱性岩可能代表华北板块与西伯利亚板块于二叠纪末期碰撞拼合后造山带崩塌事件的开始时间(孙德有等,2004)。此外,晚古生代古生物以及晚三叠世发育的苏尼特左旗变质核杂岩等相关研究结果也证实如此(胡晓等,1991)。

三叠纪中-晚期,受区域性深大断裂再次复活和大陆内部热液值升高影响,研究区古陆壳又开始出现明显活化的迹象,强烈的构造-岩浆活动可在先期形成的构造-地层单元内形成一系列产出形态各异和分布规模大小不等的富碱性(碱性)花岗岩类侵入岩。西沙德盖岩体的地球化学特征在 K_2O、Na_2O 含量以及碱率度已具备了 A 型碱性花岗岩的特征,成岩物质以壳源为主,成岩时代为(245 ± 10)Ma(章咏梅等,2010),对应于古亚洲洋闭合事件之后的伸展环境。该岩体成岩年龄的确定为内蒙古中部早中生代结束块体拼合进入造山后阶段提供了确切的年代学依据,可以说,中三叠世侵位的西沙德盖岩体是乌拉山地区印支运动的重要表现形式。

4. 矿床围岩蚀变

1)围岩蚀变

矿区内围岩蚀变比较普遍,主要有钾长石化、硅化、绢云母化、绿泥石化及黄铁矿化。顶底板的围岩蚀变主要是钾长石化、硅化、绢云母化、绿泥石化、碳酸盐化和黄铁矿化。钾长石化是微斜长石交代斜长石,呈脉状、细脉状分布,与围岩接触处有明显的交代晕带,与围岩呈渐变关系。由于受成矿期构造运动影响,近矿的钾长石常呈压碎结构,呈角砾状被后期石英胶结,而远离矿体的钾长石细脉压碎现象较少,钾长石化带宽度可由几米至三十多米。硅化主要是石英脉、石英细脉和石英网脉,与石英脉接触处围岩表现为硅质增加,岩石变得坚硬。硅化可以分两期,早期的石英呈宽脉、细脉产出,切穿钾长石脉体或胶结钾长石角砾;晚期的石英脉多呈细脉和网脉,是主要金矿化期,硅化带宽一般小于10m,宽约20m。绢云母化与钾长石化范围相近,但绢云母化在矿体中较少,在围岩中较发育,围岩中有些斜长石已全部绢云母化,向外侧逐渐消失。绿泥石化主要是热液交代铁镁质矿物的产物,角闪石、石榴子石交代成绿泥石后,有时还保留原矿物的假象,呈团块状,向两侧与区域变质的绿泥石呈过渡关系。碳酸盐化则是方解石细脉、铁白云石细脉穿插于矿体与围岩中,是成矿期后的围岩蚀变,有时碳酸盐化宽达数十米。

2)矿床围岩蚀变之间的关系

(1)钾硅化与绿帘石、绿泥石化。

矿体内侧的钾化带到外侧的绿帘石化、绿泥石化带,溶液的pH由碱性过渡到酸性。野外和镜下并未见有钾长石化叠加于绿泥石化、绿帘石化蚀变带之上,或者绿帘石化、绿泥石化脉穿切钾长石化带,两者总是连续过渡;绿泥石化、绿帘石化从来不脱离钾化带单独存在,说明二者是同期次的产物(图7-61)。交代蚀变初期,富钾的碱质流体首先使通道(断层及其破碎带)两侧的围岩发生碱交代,形成钾长石化。随着交代作用的进行,流体中H^+的浓度逐渐升高,溶液性质逐渐由碱性向中性、弱酸性过渡,因此在流体进一步向两侧围岩渗滤过程中,钾化逐渐被绿泥石化、绿帘石化、绢云母化取代。微晶石英呈细脉状、弥散状或蠕虫状析出沉淀,稍晚于钾长石化。流体在渗滤交代围岩过程中,不同的组分有不同的透过性,其中酸性组分的渗滤系数大于碱性组分的渗滤系数。一般情况下,酸性离子的水合离子半径比碱性离子的水合离子半径小,因此流体在渗滤交代围岩过程中产生酸碱的渗滤效应差异,酸性组分在岩石孔隙或封闭裂隙中的流速较快,并逐渐与碱性组分失去联系。另外,流体中酸性组分如HCl、H_2S、HF等常以气相存在,具很强的活动性,它们常聚集在流体的前锋。

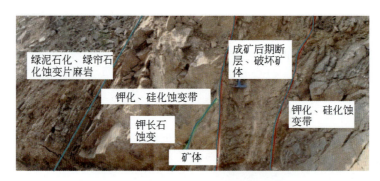

图7-61 柳坝沟矿化蚀变现象景观

(2)钾化与硅化、绢云母化。

通过野外编录和镜下观察,可以发现灰白色或烟灰色石英脉充填于钾化蚀变岩的张性断裂或裂隙中,并常包裹有早期钾化蚀变岩的角砾。绢云母多交代斜长石并保留其假象,叠加于早期的钾硅化蚀变岩之上。烟灰色石英脉叠加于早期硅化之上,常切穿早期的钾长石及绿帘/泥石。表明石英脉和绢云母的形成晚于钾长石化。

综上所述,钾长石化、绿泥石/绿帘石化、绢云母化、硅化是一个连续的过程,反映了成矿流体性质由碱性逐渐向中性和酸性的转变。

3)围岩蚀变与金矿化的关系

柳坝沟—哈达门沟金矿田中,矿体主要以含金石英脉、含金石英-钾长石脉和钾硅化蚀变岩的形式产出。蚀变围岩中元素迁移量的计算结果显示,Au 的迁入与 K_2O 的迁入密切相关。镜下观察表明,Au 主要与钾硅化带中的黄铁矿密切共生。由此可见,钾化、硅化在整个成矿过程中起到了举足轻重的作用。实验研究表明(王玉荣等,2000),溶液偏碱性,有利于钾长石化的发生,同时有利于 Au 的活化溶解;溶液偏酸性,则有利于绢云母化、硅化、绿帘石化、绿泥石化和 Au 的沉淀。金在活化进入热液后,主要以硫氢络合物如 $Au(HS)$、$HAu(HS)_2$、$Au(HS)_2^-$ 和/或氯络合物 $AuCl_2^-$、$AuCl$、$Au(OH)_2Cl_2^-$ 等形式进行运移。研究区 Au 的成矿也经历了一个类似的活化、运移与沉淀的过程。

(1)在交代蚀变初期,富钾的碱性热液与围岩发生强烈的钾交代作用,形成钾化蚀变带,同时也将围岩中(主要是暗色矿物中)的 Au 活化出来,与氯、硫等组成配阴离子团进入流体迁移。

(2)随着钾交代作用的进行,溶液的性质逐渐由碱性向中性、偏酸性转化。偏酸性的热液继续向两侧围岩渗透、扩散,在钾化带外围形成绿泥石/绿帘石化带。随着 pH 的持续降低,岩石发生绢云母化、硅化和黄铁矿化,同时金的络合物分解导致金的沉淀富集:

$$AuCl_2^- + [FeO] + 2H_2S \longrightarrow Au + FeS_2 + H_2O + 2HCl$$

$$Au(HS)_2^- + [FeO] + H^+ \longrightarrow Au + FeS_2 + H_2 + \frac{1}{2}H_2$$

5. 主要的矿石类型

矿体矿石的自然类型属贫硫化物型,硫化物的总量只有 2%~3%,金属矿物比较单一,主要有含金黄铁矿,而其他硫化物很少,按矿物共生组合,结构构造可以将原生矿石分为含金黄铁矿-石英脉型、含金黄铁矿-石英钾长石脉型及含金黄铁矿-硅化钾长石化蚀变岩型三种自然类型。

6. 矿田同位素地球化学

成矿物质和含矿流体是成矿的关键,成矿流体的来源、运移和物质卸载反映了整个成矿过程。成矿热液的氢、氧同位素组成及变化特征可以反映流体的地球化学性质及来源,研究矿床中热液成因的碳酸盐矿物的碳同位素和硫化物的硫、铅同位素组成,可以反映成矿流体和成矿物质来源。

1)硫同位素

搜集文献中报道的硫同位素数据 73 个,其中章咏梅(2012)柳坝沟金矿床 13 件硫同位素组成测试(表 7-26)。

柳坝沟金矿床中,近矿围岩的 3 件黄铁矿样品的 $\delta^{34}S$ 值为 -9.1‰~-6.8‰,平均为 -8.5‰;矿体中黄铁矿的 $\delta^{34}S$ 值为 -14.1‰~-4.3‰,平均值为 -10.2‰,极差为 9.8‰;1 件黄铜矿和 1 件方铅矿的 $\delta^{34}S$ 值分别为 -11.9‰和 -15.4‰。

表 7-26 柳坝沟—哈达门沟矿田矿石、地层、岩体硫同位素组成

矿床	样号/件	岩性	矿物	δ^{34}S 范围/‰	平均值	资料来源
柳坝沟	ZK0402-12	蚀变片麻岩	黄铁矿	−6.8		
	ZK12403-13	蚀变片麻岩	黄铁矿	−9.4		
	ZK3603-11	蚀变片麻岩	黄铁矿	−9.2	−8.5（上3排平均）	
	ZK16305-23	含金石英—钾长石脉	黄铁矿	−4.3		
	ZK3603-8	含金钾硅化蚀变岩	黄铁矿	−8.4		
	ZK3604-14	含金钾硅化蚀变岩	黄铁矿	−9.5		
金矿床	PD2-8	含金钾硅化蚀变岩	黄铁矿	−11.9		章咏梅(2012)
	ZK3602-6	含金石英脉	黄铁矿	−9.1		
	ZK16305-20-1	含金石英脉	黄铁矿	−11.2		
	PD2-7	含金石英脉	黄铁矿	−12.7		
	ZK2006-14	含金石英脉	黄铁矿	−14.1	−10.2（上8排平均）	
	ZK2006-14	含金石英脉	方铅矿	−15.4	−15.4	
	ZK9901-18	钾硅化蚀变岩	黄铜矿	−11.9	−11.9	
	(15)	含金石英-钾长石脉	黄铁矿	−18.4～0.4		
哈德门沟	T12-3	含金石英脉	黄铁矿	−10.7	−9.6	
矿床东段	(2)	含金石英-钾长石脉	方铅矿	−12.3～−12.4		
	(20)	含金石英脉	黄铁矿	−16.2～−1.2		
哈德门沟	(5)	含金石英脉	黄铜矿	−14.3～−4.4		
矿床西段	(11)	含金石英脉	方铅矿	−18.4～5.4	−7.4	中国人民武装警察部队黄金指挥部(1995),郎殿有(1998)
	(3)	石榴黑云斜长片麻岩	黄铁矿	1.3～4.4	2.25	
地层	W90-52	矽线黑云母片麻岩	黄铁矿	−17.0	−17	
	W90-54	角闪斜长片麻岩	黄铁矿	−18.3	−18.3	中国人民武装警察部队黄金指挥部(1995),章咏梅(2012)
	W90-55	角闪斜长片麻岩	黄铁矿	18.5	18.5	
	W90-55	大桦背花岗岩	黄铁矿	1.3		
岩体	W90-57	大桦背花岗岩	黄铁矿	2.0	1.65	中国人民武装警察部队黄金指挥部(1995)

哈达门沟金矿床矿石硫化物的 $\delta^{34}S$ 值为 $-18.4‰\sim 5.4‰$，极差为 $23.8‰$，平均值为 $-9.8‰$。其中，黄铁矿的 $\delta^{34}S$ 值为 $-18.4‰\sim 0.4‰$，极差为 $18.8‰$，平均值为 $-8.4‰$；方铅矿的 $\delta^{34}S$ 值为 $-18.4‰\sim 5.4‰$，极差为 $23.8‰$，平均值为 $-13‰$；黄铜矿的 $\delta^{34}S$ 值为 $-14.3‰\sim -4.4‰$，极差为 $18.7‰$，平均值为 $-9.8‰$。

太古宙地层中黄铁矿的 $\delta^{34}S$ 值为 $-18.3‰\sim 18.5‰$，变化范围相当大。大桦背岩体中2件黄铁矿的 $\delta^{34}S$ 值分别为 $1.3‰$ 和 $2.0‰$。

哈达门沟和柳坝沟金矿床中主要为硫化物，可观察到的硫酸盐极少，因此，硫化物的 $\delta^{34}S$ 值基本代表了成矿热液的 $\delta^{34}S\Sigma S$。在硫同位素组成直方图中（图7-62），两矿床硫同位素以富轻硫为特征，塔式效应不明显。

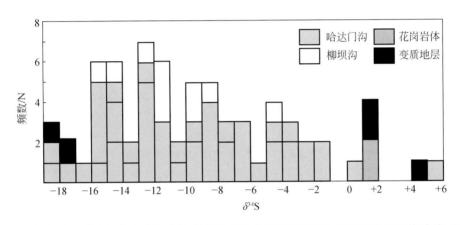

图7-62 柳坝沟—哈达门沟金矿田矿石、地层和岩体中硫化物硫同位素组成直方图（章咏梅，2012）

太古宙地层中硫同位素组成出现两个端元，一个为富 ^{34}S 的端元，$\delta^{34}S$ 值约为 $-18‰$；另一个富 ^{32}S 端元的 $\delta^{34}S$ 值主要集中在 $1‰\sim 4‰$，最高值达 $18.5‰$；这很可能是地层在变质过程中硫同位素分馏引起的，变质过程中的去气作用使地层中的 ^{32}S 优先向外溢出，形成富 ^{34}S 的端元，随后溢出的 ^{32}S 在一定的条件下沉淀下来，形成富 ^{32}S 的端元。

大桦背岩体系壳源重熔型花岗岩，成岩物质来源于上太古界乌拉山群（郎殿有等，1994），$\delta^{34}S$ 值为 $1.3‰\sim 2‰$，与地层中富 ^{34}S 端元的硫化物的 $\delta^{34}S$ 值相近，其硫同位素组成可能继承了母岩的特征。柳坝沟和哈达门沟金矿床中矿石的硫同位素组成多数介于太古宙地层与岩体之间，推测成矿流体中的硫主要为地层硫与岩浆硫的混合。

2）铅同位素

柳坝沟金矿床矿石中黄铁矿 $^{206}Pb/^{204}Pb$ 值为 $17.253\sim 18.117$，$^{207}Pb/^{204}Pb$ 值为 $15.434\sim 15.519$，$^{208}Pb/^{204}Pb$ 值为 $37.476\sim 37.762$；钾长石 $^{206}Pb/^{204}Pb$ 值为 $16.064\sim 16.883$，$^{207}Pb/^{204}Pb$ 值为 $15.218\sim 15.338$，$^{208}Pb/^{204}Pb$ 值为 $36.769\sim 37.954$。

哈达门沟金矿床矿石中黄铁矿的 $^{206}Pb/^{204}Pb$ 值为 $15.937\sim 18.875$，$^{207}Pb/^{204}Pb$ 值为 $15.215\sim 15.684$，$^{208}Pb/^{204}Pb$ 值为 $36.067\sim 38.503$；两个方铅矿的 $^{206}Pb/^{204}Pb$ 值、$^{207}Pb/^{204}Pb$ 值、$^{208}Pb/^{204}Pb$ 值分别为 17.064、15.400、36.571 和 17.548、15.467、37.054；两个钾长石的 $^{206}Pb/^{204}Pb$ 值、$^{207}Pb/^{204}Pb$ 值、$^{208}Pb/^{204}Pb$ 值分别为 14.834、14.984、35.270 和 14.902、14.987、34.925（表7-25）。

柳坝沟、哈达门沟金矿床矿石铅同位素组成变化较大,如果按 H-H 单阶段演化模式进行计算,模式年龄变化范围非常大,甚至为负年龄(表 7-27)。根据 Faure(1986)给出的铅同位素判别准则,这些样品中的铅为放射性成因的异常铅,不能采用单阶段模式定年。在 $^{207}Pb/^{204}Pb$-$^{206}Pb/^{204}Pb$ 图中(图 7-63),各类样品的铅同位素组成均构成了一条线性关系良好的直线(柳坝沟矿床和哈达门沟矿床中相关系数分别为 0.893 和 0.996)。图 7-91 中各类样品的铅同位素组成都不具备混合线的高斜率特征,通过对样品 ^{204}Pb 误差线的斜率 R' 和质量分辨率误差线斜率 R'' 的计算,也排除了 ^{204}Pb 误差线的可能。因此,这些铅同位素组成所构成的直线应为常规的铅等时线,反映了放射性成因异常铅的特征。考虑到柳坝沟、哈达门沟金矿床中铅可能经历了乌拉山群的变质作用以及后期的构造-岩浆活动,其铅等时线为二次等时线,采用 Staecy 等(1975)提出的铅两阶段演化模式计算(章咏梅,2012)。

柳坝沟、哈达门沟金矿床铅同位素组成所拟合成的异常铅直线与 Staecy-Kramers 两阶段铅演化模式中的第二阶段演化曲线分别在 2.52Ga、224Ma[图 7-63(a)]和 2.51 Ga、229 Ma[图 7-63(b)]处相交。

表 7-27 柳坝沟—哈达门沟金矿床矿石铅同位素组成及单阶段模式年龄

矿区	编号	名称	矿物	$^{206}Pb/^{204}Pb$	$^{207}Pb/^{204}Pb$	$^{208}Pb/^{204}Pb$	t/Ma	资料
柳坝沟金矿区	ZK16305-20-1	含金石英脉	黄铁矿	17.479	15.491	37.650	707	章咏梅(2012)
	ZK12402-13	钾硅化蚀变岩	黄铁矿	17.385	15.453	37.553	732	
	ZK16305-23	含金硅钾化蚀变岩	黄铁矿	17.411	15.460	37.557	721	
	ZK0402-12	含金钾硅化蚀变岩	黄铁矿	17.519	15.472	37.628	658	
	ZK3603-8	含金钾硅化蚀变岩	黄铁矿	17.897	15.490	37.762	406	
	ZK3603-11	钾硅化蚀变岩	黄铁矿	17.463	15.467	37.584	692	
	ZK3604-14	含金硅化蚀变岩	黄铁矿	17.408	15.473	37.626	738	
	ZK3602-6	含金石英脉	黄铁矿	18.117	15.519	37.629	281	
	PD2-7	石英脉	黄铁矿	17.253	15.434	37.476	805	
	PD2-8	钾硅化蚀变岩	黄铁矿	17.358	15.452	37.526	750	
	313TK-5	硅钾化蚀变岩	钾长石	16.064	15.218	37.177	1426	
	ZK3603-5	含金钾硅化蚀变岩	钾长石	16.883	15.338	37.594	964	
	ZK12303-7-2	硅钾化蚀变岩	钾长石	16.857	15.295	36.769	936	

续表

矿区	编号	名称	矿物	$^{206}Pb/^{204}Pb$	$^{207}Pb/^{204}Pb$	$^{208}Pb/^{204}Pb$	t/Ma	资料
哈达门沟金矿区	H818-C139-2	硅钾化蚀变岩	钾长石	14.834	14.984	35.270	2099	章咏梅(2012)
	H818-C139-3-1	硅钾化蚀变岩	钾长石	14.902	14.987	34.925	2052	
	H818-121-3	石英脉	黄铁矿	17.336	15.453	37.595	767	
	W90100	含金石英-钾长石脉	方铅矿	17.064	15.400	36.571	903	
	W90101	含金石英-钾长石脉	黄铁矿	17.490	15.460	37.049	665	
	W90102	含金石英脉	黄铁矿	17.403	15.449	37.186	715	
	W90103	含金石英脉	黄铁矿	17.325	15.435	37.162	754	
	W90104	含金石英脉	黄铁矿	17.752	15.507	37.243	531	聂凤军等(1994)
	W90105	含金石英脉	黄铁矿	16.866	15.353	37.283	993	
	W90106	含金石英脉	黄铁矿	15.937	15.215	36.067	1514	
	W90107	含金石英-钾长石脉	方铅矿	17.548	15.467	37.054	631	
	W90108	含金石英-钾长石脉	黄铁矿	18.875	15.684	38.501	−66	
	W90109	含金石英脉	黄铁矿	18.692	15.660	38.503	37	
	W90110	含金石英脉	黄铁矿	16.886	15.356	36.550	981	
	W90111	含金石英-钾长石脉	黄铁矿	17.366	15.440	37.077	731	
	W90112	含金石英-钾长石脉	黄铁矿	17.672	15.487	37.226	565	

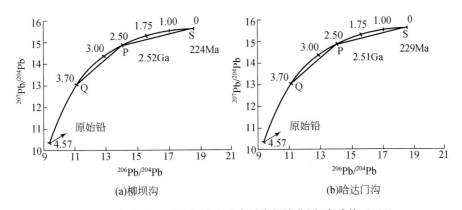

图 7-63 柳坝沟—哈达门沟金矿床异常铅演化图(章咏梅,2012)

黄铁矿、方铅矿、钾长石样品的铅同位素具有良好的共线性,表明它们之间具有相似的铅同位素初始比值和密切的成因联系,即具有相似的铅同位素初始比值。该直线与Staecy-Kramers两阶段铅演化模式中的第二阶段铅演化曲线的下交点(P)年龄为2.52Ga(柳坝沟)和2.51Ga(哈达门沟),代表了铅脱离第二阶段储库并与铀、钍分离的年龄。其后,这种铅即与不同数量的放射性成因铅发生混合,并于224Ma(柳坝沟)和229Ma(哈达门沟)时被保留在硫化物和钾长石等含金矿物中[异常铅直线与第二阶段铅演化曲线的上交点(S)年龄],即224Ma和229Ma可能分别代表了柳坝沟和哈达门沟金矿床的成矿年龄,这与^{40}Ar-^{39}Ar定年结果基本一致。

在已知柳坝沟、哈达门沟金矿床成矿年龄的条件下,可以通过计算源区的年龄来反推成矿过程中铅的来源。根据放射性铅同位素连续增长模式,异常铅直线代表了铅脱离第二阶段储库后与不同数量放射性成因铅混合的一组样品。样品中的放射成因铅产生于自脱离第二阶段铅储库(源区)到矿床形成的这段时间内,异常铅直线的斜率 $R(^{207}Pb/^{206}Pb)$ 可表述为:柳坝沟、哈达门沟金矿床的成矿年龄分别取 224Ma 和 229Ma,根据斜率 R 可求得源区年龄分别为 2522Ma 和 2508Ma(章咏梅,2012)。所得年龄值与沈其韩等(1990)利用 U-Pb 法测得的乌拉山群变质年龄(2521~2517 Ma)及聂凤军等(1994)所测得的乌拉山群变质镁铁质火山岩锆石 U-Pb 年龄(2512±45)Ma 一致,指示成矿物质很可能主要来自于上太古界乌拉山群变质岩。

3)氢氧同位素

哈达门沟金矿床中氢、氧同位素组成随着成矿作用的进行,在不同的成矿阶段表现出一定差异。该矿床的第Ⅰ阶段热液矿物中有 3 个样品基本位于正常岩浆水($\delta^{18}O$ 为 5.5‰~9.0‰,δD 为-80‰~-40‰)范围内(图 7-64),另外 2 个样品总体也具有岩浆水的特征。

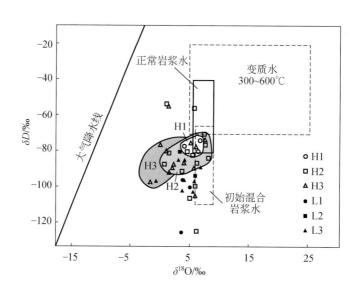

图 7-64　柳坝沟—哈达门沟金矿田成矿热液氢、氧同位素组成(章咏梅,2012)
正常岩浆水和变质水的同位素组成据 Taylor 等(1985)。H1. 哈达门沟金矿床Ⅰ阶段;
H2. 哈达门沟金矿床Ⅱ阶段;H3. 哈达门沟金矿床Ⅲ阶段;L1. 柳坝沟金矿床Ⅰ阶段;L2. 柳坝沟金矿床Ⅱ阶段;
L3. 柳坝沟金矿床Ⅲ阶段

第Ⅱ阶段矿物中个别样品的 δD_{H_2O} 值(-106‰、-103‰)和 $\delta^{18}O_{H_2O}$ 值(-1.4‰、-1.1‰)较低,但多数样品的 δD_{H_2O} 值为-90‰~-50‰,$\delta^{18}O_{H_2O}$ 值为 5‰~8‰,总体也具岩浆水特征,与张理刚(1985)定义的金-铜和铁-钴系列花岗岩类初始混合岩浆水的氢氧同位素组成(δD 为-110‰~-65‰,$\delta^{18}O$ 为 6.0‰~9.0‰)相似,表明此阶段成矿流体仍主要为岩浆水,但不排除有少量天水混入的可能性。与初始混合岩浆水相比,再平衡混合岩浆水通常富 D，因此，从初始和再平衡混合岩浆热液中沉淀的矿物的 δD_{H_2O} 值有较大的变化范围。

第Ⅲ阶段矿物中，少数样品落入正常岩浆水或者初始混合岩浆水范围内，多数样品的 δD_{H_2O} 值（$-97‰\sim-53‰$）变化较大（但仍主要位于岩浆水的 δD_{H_2O} 值变化范围内），而 $\delta^{18}O_{H_2O}$ 值（$-1.7‰\sim4.1‰$）较低，显示出具"$\delta^{18}O$ 漂移"的大气降水成矿热液的特征，表明此阶段的成矿流体为岩浆水与大气降水的混合热液，其中的大气降水可能占有相当的份额。

柳坝沟金矿床样品点相对较少，从早期成矿阶段向晚期成矿阶段，成矿流体的演化特征不太明显。总体上，该矿床的多数样品点分布在哈达门沟矿床样品点的下部，同阶段样品的 $\delta^{18}O_{H_2O}$ 和 δD_{H_2O} 值相对更低，这可能与矿床的剥蚀程度以及所处的构造部位有关。一方面，在成矿流体上升向浅部运移过程中，较轻的同位素总是趋向于在浅部更为富集。因此，柳坝沟矿床的 $\delta^{18}O_{H_2O}$ 和 δD_{H_2O} 值更低可能指示了其剥蚀程度相对较低（章永梅等，2010）。另一方面，哈达门沟金矿床处于近 EW 向山前大断裂的韧脆性构造带中，而柳坝沟矿床则位于山前大断裂的脆性分支断裂中，切割较浅的脆性断层受大气降水的影响程度更大，而切割较深的断裂可能更靠近下部的隐伏岩体，从而更易受岩浆热液的影响，故柳坝沟金矿床中大气降水参与的程度可能更高，其 $\delta^{18}O_{H_2O}$ 和 δD_{H_2O} 值相对更低。

柳坝沟、哈达门沟金矿床中热液矿物氢、氧同位素组成的上述特点，一方面显示出成矿与岩浆热液的亲缘关系，而与变质热液的氢、氧同位素组成（$\delta^{18}O$ 为 $5‰\sim25‰$，δD 为 $-70‰\sim-20‰$；Taylor et al，1985）相去甚远；另一方面也反映了与侵入岩有关的热液矿床成矿过程的复杂性。柳坝沟金矿床与哈达门沟金矿床具有共同的流体来源和相似的演化历史，总体上与国内外典型的与侵入岩有关的热液矿床成矿流体早期以岩浆水为主，晚期有大气降水混入的规律一致，显示出与侵入岩有关的热液矿床的特点。其中（初始）岩浆水促进或加速了构造带中碱交代作用的进行（钾化带的形成），促使成矿金属组分进入热液中；大气降水的加入则可能使以岩浆水为主的成矿热液物理化学状态发生改变，导致矿质沉淀，当然也不能排除大气降水在渗滤过程中的萃取成矿作用。

4）成矿年代

成矿年代的确定对于判断矿床成因具有重要意义，$^{40}Ar/^{39}Ar$ 分步加热释氩法是常规 K-Ar 定年法的发展，被广泛应用于岩体、矿床的定年。近年来，越来越多的学者尝试应用硫化物或石英 Rb-Sr 等时线法确定成矿年龄（王登红等，2009）。通常，黄铁矿中 Rb、Sr 等微量元素主要以类质同象形式赋存在矿物的晶格间，成矿过程中，黄铁矿结晶温度高（$227\sim320℃$），在中温热液条件下迅速结晶并形成完好晶形，从而保持良好的封闭状态，不再受成矿热液的影响，因此黄铁矿中的 Rb-Sr 同位素组成较易形成较好的等时线。石英中 Rb、Sr 等微量元素主要赋存在矿物气液包裹体中。由于石英结晶能力较弱，多呈他形、亚固态，在热液成矿过程中，亚固态石英受矿物表面反应机理控制与处于开放体系的热液进行着同位素交换，而成矿作用过程中热液体系与围岩一直进行着强烈的水-岩相互作用并形成蚀变岩，一直到全部成矿作用结束。因此，石英中的 Rb-Sr 同位素组成形成有效的等时线的概率相对黄铁矿低（刘建明等，1998）。

柳坝沟—哈达门沟金矿田空间上与西沙德盖岩体有密切联系，选取西沙德盖钼矿床中的辉钼矿测定了 Re-Os 同位素年龄。$^{40}Ar-^{39}Ar$ 年龄密度图（图 7-65）中 $360\sim260Ma$ 反映了 Ar-Ar 体系受多期岩浆热事件的影响，可能代表了大量岩浆幕式侵入的时期，这点得到了年代学研究的证实。柳坝沟、哈达门沟金矿床西侧约 5km 的大桦背岩体面积达 $182km^2$，岩基中不同岩性（相）的全岩 Rb-Sr 年龄、锆石 U-Pb 年龄及全岩 K-Ar 年龄范围较宽，主要介于 350～220Ma；柳坝沟矿床 NW6km 的西沙德盖岩体为西沙德盖斑岩型钼矿的赋矿岩体，其锆石 LA-ICP-MS U-Pb 年龄为 245～231Ma。

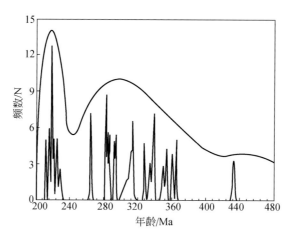

图 7-65　柳坝沟金矿床硅钾化蚀变岩矿石中钾长石 ^{40}Ar-^{39}Ar 年龄密度图（章咏梅，2012）

哈达门沟矿床钾化蚀变岩（部分含金）中测定的绢云母 K-Ar 年龄、^{40}Ar-^{39}Ar 等时线年龄及全岩 Rb-Sr 等时线等年龄主要为 320～240Ma（表 7-28），与岩浆活动时限基本一致，表明用于成矿年代学测定的绢云母或钾长石矿物记录了与之相对应的岩浆热事件，岩浆活动对于早期钾长石化中金的富集有一定意义。硅钾化蚀变岩矿石中钾长石的 360～260Ma，同样反映了海西期岩浆热事件及其相应的钾化作用的时限。

表 7-28　柳坝沟—哈达门沟金矿田各类钾长石化蚀变岩和含金脉体同位素年龄

岩石名称	采样位置	测试对象	年龄/Ma	测定方法	数据来源
含金钾化蚀变岩	哈达门沟山前钾化带	全岩	287±24	Rb-Sr 等时线法	聂凤军等（1994）
含金钾化蚀变岩	山前钾化带	绢云母	323±3	Ar-Ar 法	郎殿有等（1994）
蚀变岩	山前钾化带	绢云母	270	K-Ar 法	中国人民武装警察部队黄金指挥部（1995）
蚀变岩	山前钾化带	绢云母	276	K-Ar 法	中国人民武装警察部队黄金指挥部（1995）
蚀变岩	山前钾化带	钾长石	239±6	K-Ar 法	苗来成等（2000）
蚀变岩	山前钾化带	钾长石	139±3	K-Ar 法	苗来成等（2000）
钾化蚀变岩	13 号脉	钾长石	132±2	SHRIMP U-Pb 法	聂凤军等（1994）
蚀变岩	山前钾化带	钾长石	477	K-Ar 法	聂凤军等（1994）
金矿石	哈达门沟 13 号脉	钾长石	240～140	K-Ar 法	郎殿有等（1994）
金矿石	13 号脉	绢云母	270	K-Ar 法	郎殿有等（1994）
含金绢英岩	13 号脉	全岩	248±6	K-Ar 法	郎殿有等（1994）
金矿石	13 号脉	绢云母	240±3	Ar-Ar 法	郎殿有等（1994）
石英-钾长石脉	哈达门沟	全岩	203±45	Rb-Sr 等时线法	聂凤军等（2005）

钾长石样品中 6 个加热阶段的 ^{40}Ar-^{39}Ar 有效坪年龄构成了相关关系良好的直线(相关系数为 0.972),计算所得坪年龄为 (217.9±3.1)Ma,与聂凤军等(1994)所测的哈达门沟金矿床中矿石全岩 Rb-Sr 等时线年龄 (203±45)Ma 及绢云母 ^{40}Ar-^{39}Ar 年龄 (240±3)Ma 大致相近。柳坝沟金矿床与哈达门沟金矿床相似,成矿时代均为印支期。

此外,上述年龄与矿区北侧西沙德盖斑岩型钼矿的辉钼矿 Re-Os 年龄 (224.4±1.4)Ma(表 7-29)也比较一致(图 7-66),可能反映了研究区所处的华北地台北缘在印支期曾发生过重要的成矿事件,金、钼成矿作用与最新一期的岩浆活动 (245~223Ma) 密切相关。

表 7-29 西沙德盖钼矿中辉钼矿 Re-Os 同位素数据(章咏梅,2012)

样号	样重/g	$w_B/(\mu g/g)$								模式年龄/Ma	
		Re		普 Re		^{187}Re		^{187}Os			
		测定值	不确定度	测定值	不确定度	测定值	不确定度	测定值	不确定度	测定值	不确定度
SDG-4	0.04998	25.07	0.19	0.0081	0.0182	15.76	0.12	60.74	0.48	230.9	3.2
SDG-3	0.05023	17.38	0.14	0.0098	0.0219	10.92	0.09	42.42	0.37	232.6	3.3
SDG-1	0.05074	47.31	0.40	0.0100	0.0674	29.74	0.25	111.57	1.02	224.8	3.3
SDG-2	0.05039	20.68	0.17	0.0001	0.0208	13.00	0.12	48.63	0.41	224.1	3.3
RSY-3	0.05049	11.28	0.09	0.0208	0.0220	7.090	0.054	26.50	0.22	224.0	3.1
SDG-5	0.05048	17.89	0.15	0.0096	0.0539	11.24	0.09	42.35	0.38	225.7	3.3
RSY-2	0.10040	7.545	0.078	0.0040	0.0223	4.742	0.049	17.67	0.14	223.2	3.5

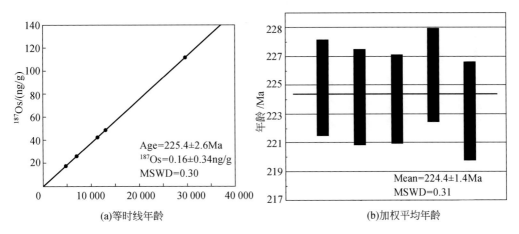

图 7-66 西沙德盖钼矿辉钼矿 Re-Os 同位素等时线年龄图和加权平均年龄图(章咏梅,2012)

7. 岩体成岩与成矿

1)大桦背岩体与成矿

大桦背岩体是柳坝沟—哈达门沟金矿田附近最大的花岗岩体,它与金矿床之间的成因联系长期被关注。空间上,金矿床(点)皆分布在大桦背岩体东侧的突出和侧伏部位,距离岩体 0~10km(郎殿有等,1994),大桦背岩体内也可以看到金矿化,但绝大多数矿脉并不进入到大桦背岩体内(聂凤军等,1994)。从所测得的柳坝沟—哈达门沟金矿田中含金石英-钾长石矿脉的同位素数据(表 7-26)来看,哈达门沟金矿的 K-Ar 年龄变化范围极大,可能与该体系封闭温度较低有关;全岩 Rb-Sr 等时线年龄为(203±45)Ma,但具有较高的 MSWD 和较大的误差。

柳坝沟金矿床矿化阶段热液钾长石的 ^{40}Ar-^{39}Ar 年龄为(218±3)Ma,与哈达门沟金矿床中绢云母的 ^{40}Ar-^{39}Ar 年龄(240±3)Ma(聂凤军等,2005)较为一致,也与根据两矿床铅同位素所确定的成矿年龄(柳坝沟 224Ma,哈达门沟 229Ma)基本吻合。这些年龄的一致性以及不同方法所获得的年龄大致可相互印证,充分表明柳坝沟、哈达门沟金矿床的成矿时代应为印支期的中晚三叠世,远晚于大桦背岩体的侵位时间。因此从目前的资料来看,大桦背岩体与金矿化似乎没有直接的成因联系。

尽管如此,正如前文所述,面积达 182km² 的大桦背岩体是一个多期次侵位的复式岩体,其构造-岩浆活动时限跨度大,可能从海西期的 360Ma 左右一直延续到印支期,因此仍不能排除该复式岩体在印支中晚期的岩浆侵入活动与成矿的成因联系。

2)沙德盖岩体与成矿

长期以来,众多学者在探讨岩浆活动与成矿关系时都将注意力集中在了大桦背岩体上,而忽略了位于矿区北侧和西北侧的沙德盖岩体和西沙德盖岩体。西沙德盖岩体和沙德盖岩体在深部可能连为一体,均为碱性高钾花岗质岩类。其高钾、高硅的地球化学特征更容易为成矿提供热液,并有效地促进金属的迁移和富集。

沙德盖中型钼矿床产于西沙德盖岩体中,西沙德盖岩体时代为(245±10)Ma;沙德盖岩体形成时代为(231±3)Ma,两者均形成于中三叠世,应该是同一时代的产物。沙德盖中型钼矿的成矿年龄为(225±3)Ma,哈达门沟、柳坝沟金矿的成矿时代分别为(240±3)Ma 和(218±3)Ma(章咏梅,2012),成矿作用均发生在中晚三叠世。这种成岩、成矿时代的一致性,指示以沙德盖和西沙德盖岩体为代表的印支期碱性高钾花岗质岩浆活动导致了区内同时代金、钼矿床的形成。

3)山前钾化带、伟晶岩脉与成矿

山前钾化带微量元素变化较大,总体上亏损 Nb、Ta、Ti、P、U 等元素,富集 K、La、Ce、Zr、Hf 等,稀土元素表现为 LREE/HREE 为 7.75～16.90,LREE 明显高于 HREE,La_N/Yb_N 为 8.76～32.20,轻重稀土元素分馏明显,δEu 为 0.65～4.10,变化较大,δCe 为 0.92～0.97,略亏损,稀土配分曲线表现为右倾斜。对比可以看出,山前钾化带与矿田区伟晶岩脉在微量和稀土元素特征上具有相似的特点。

通过野外观察,山前钾化带实际上是一条多期活动的构造-岩浆-热液蚀变复合活动带,具有岩浆和蚀变的双重特征。山前钾化带的同位素年龄测定(表 7-25)表明,它的年龄跨度大,钾化带处在板块构造断裂带边缘具有多期活动的特征。钾化带不同地段的含金量不同,在通过矿区矿脉区段钾化带含金量高些,通过无矿脉地段金品位零开头。

山前钾化带跟哈达门沟金矿田近千条花岗伟晶岩脉一样是板块在不同碰撞过程间歇伸展裂解时期的产物。

章咏梅(2012)测得三种花岗伟晶岩脉 LA-ICP-MS 锆石 U-Pb 年龄集中于 1858～1821Ma;苗来成(2001)测得为 1836Ma;聂凤军等(2005)测得为 1993Ma。这些数据与后吕梁运动阶段的时限基本一致,代表了华北克拉通北缘古元代的裂解事件。这一结果表明,柳坝沟—哈达门沟金矿田出露的伟晶岩脉(包括山前钾化带)与成矿并无直接关系。

8. 矿床成因讨论

1)矿床成因、类型、形成时期的争议

自乌拉山地区哈达门沟、柳坝沟金矿床(两矿实际是一个矿床不同矿段)先后被发现以来,许多学者对其进行了研究(研究主要集中于哈达门沟金矿床),但其独特的地质特征和成矿作用过程多解性以及矿石测定年代的多阶段性使其成因争议较大。不同学者提出不同成因观点,如变质热液型金矿、太古宙绿岩型金矿、铁氧化物型金矿、同韧性剪切带变质成矿、区域变质-混合岩化-剪切应变三重成矿模式、麻粒岩相变质-韧性剪切变形-后期活化改造成矿、重熔花岗岩成矿及伟晶岩成矿等。归纳起来,不外乎变质(或混合岩化)热液成因或岩浆热液成因两种观点,其主要分歧在于对成矿时代和成矿流体来源认识上的不同。

从收集前人的测年数据来看(表 7-28),关于该区金矿的成矿时代存在前寒武纪、海西-印支期、燕山晚期成矿等多种观点。

这些数据集中在海西和印支期,而区内赋矿的乌拉山群的变质时代为晚太古代和元古宙,因此变质热液成因的观点似乎难以成立;对于中国人民武装警察部队黄金指挥部(1995)提出的伟晶岩成矿的观点,虽然论著中支持岩浆热液成因,但认为钾化作用发生在加里东期,成矿作用主体为海西期,这与近年来该区域获得的高精度成岩/成矿年龄出入较大;该矿床在硫化物组合、矿脉中贫硫化物、高的 Au/Ag 比值、成矿流体性质(中高温、富 CO_2)和同位素比值等许多方面,符合造山型金矿床的特征(Groves et al.,1998),同时,矿床在另一些方面又符合与侵入岩有关的金矿床的特征,例如,许多含金矿脉产于花岗岩体及与其相伴产出的伟晶岩脉附近或其中,矿田中广泛发育的钾长石化暗示了成矿与侵入岩的关系,矿脉中常见辉钼矿、碲化物等特征矿物。

上述关于哈达门沟金矿田的多种成因解释是地质作用过程的物证反映,说明处在华北地台边缘的矿床经过了十几亿年的变迁,在板块俯冲、碰撞、伸展、拼接、焊合多次作用下,矿床成因具有多阶段性、多样性特点。需要对该矿床成因过程及辅佐依据进行梳理和分析。

2)成矿阶段

热液成矿期包括 4 个阶段:Ⅰ-钾长石-石英阶段,Ⅱ-石英-黄铁矿-绢云母-绿帘石/绿泥石阶段,Ⅲ-石英-金-多金属硫化物阶段,Ⅳ-碳酸盐阶段。

柳坝沟—哈达门沟金矿田在矿体产出特征、矿化与围岩及构造的相互关系、围岩蚀变特征、矿石物质组分和结构构造等诸多方面,均显示出后生热液矿床的鲜明特点。

3)成矿物质来源

(1)与金矿密切共生的黄铁矿、方铅矿等硫化物的硫同位素研究表明,柳坝沟—哈达门沟金矿田中硫化物均以富^{32}S 为特征,其中柳坝沟金矿床中硫化物 δ^{34}S 值为$-15.4‰\sim-4.3‰$,哈达门沟金矿床 δ^{34}S 值为 $-18.4‰\sim5.4‰$。太古宙地层中黄铁矿 δ^{34}S 值主要集中在 $1‰\sim2‰$ 和$-19‰\sim-17‰$,指示太古代地层存在一个富^{32}S 的端元。金矿床的硫同位素组成介于大桦背岩体与太古代地层富^{32}S 的端元之间,表明成矿流体中的硫主要为岩浆和太古宙地层的混合硫,显示太古宙乌拉山群为柳坝沟—哈达门沟金矿田提供了大量成矿物质。

(2)矿石硫化物及钾长石铅同位素研究表明,柳坝沟金矿和哈达门沟金矿所有样品的^{206}Pb/^{204}Pb 值和^{208}Pb/^{204}Pb 值变化大,且构成了 Pb 二次等时线,显示矿石铅具有含过剩放射性成因铅的异常铅特征。根据铅同位素连续增长模式,求得放射性成因铅源区年龄分别为 2522Ma 和 2508Ma。该年龄值与沈其韩等(1990)利用 U-Pb 法测得的乌拉山群变质年龄(2521～2517Ma)及聂凤军等(1994)所测得的乌拉山群变质镁铁质火山岩锆石 U-Pb 年龄(2512±45)Ma 一致,表明放射性成因铅很可能来自于乌拉山群变质岩,指示成矿物质很可能主要来自于上太古界乌拉山群变质岩。

(3)成矿流体性质。

流体包裹体研究表明,柳坝沟、哈达门沟金矿床成矿流体十分相似,流体中富含 CO_2 和 NaCl,并有少量 N_2、H_2S、CH_4 等挥发组分,总体属中高温度、中低/中高盐度、中等密度的 $NaCl-H_2O-CO_2$ 体系。

柳坝沟金矿床 4 个成矿阶段的脉石矿物中流体包裹体的系统显微测温显示,由 Ⅰ→Ⅱ→Ⅲ→Ⅳ 阶段,包裹体主要均一温度区间分别由 501～256℃→401～154℃→162～398℃→91～239℃,盐度分别由 17.9% NaCl～11.3% NaCl→15.7% NaCl～8.0% NaCl(含石盐子晶的多相包裹体为 42.8% NaCl～33.2% NaCl)→15.7% NaCl～5.1% NaCl(含石盐子晶的多相包裹体为 30.8% NaCl～37.8% NaCl)→8.8% NaCl～1.9% NaCl,即随着成矿作用进行,成矿流体的温度和盐度总体呈逐渐降低的趋势。主成矿阶段(Ⅱ阶段和Ⅲ阶段)的石英中常见气液比相差很大,但均一温度相近的气液水包裹体与 CO_2-H_2O 包裹体、含石盐、钾盐、黄铁矿等子晶的多相包裹体共生,表明在金属硫化物大量沉淀阶段,流体发生了不混溶(沸腾)作用,沸腾的温度区间主要集中在 200～350℃。沸腾作用可能是促使金大量沉淀的主要原因。矿田成矿深度为 2.0～5.2km,形成于中深成环境。

(4)成矿流体来源。

①碳、氧同位素研究表明,柳坝沟、哈达门沟金矿床中热液成因方解石和铁白云石的碳($\delta^{13}C_{V-PDB}$ 为 $-10.3‰$～$-3.2‰$)属与岩浆有关的深源碳($-5‰$～$-2‰$ 和 $-9‰$～$-3‰$,Taylor et al.,1985),成矿流体中的碳很可能主要来自于花岗质(长英质)岩浆的 CO_2 去气作用。

②柳坝沟、哈达门沟金矿床成矿流体的 H-O 同位素组成相似,柳坝沟金矿床各阶段成矿流体的 $\delta^{18}O_{H_2O}$ 值为 $-0.7‰$～$7.0‰$,δD_{H_2O} 值为 $-125‰$～$-80‰$;哈达门沟金矿床的 $\delta^{18}O$ 值为 $-1.7‰$～$8.2‰$,δD_{H_2O} 值为 $-106‰$～$-48‰$,主体显示出岩浆水和初始混合岩浆水的特征。含矿热液在沿断裂上升过程中受到大气降水加入的影响,物理化学条件发生改变从而导致矿质沉淀。哈达门沟金矿床从成矿早期到晚期,大气降水混入的比例逐渐增大,而形成于较浅构造部位的柳坝沟金矿床中受大气降水影响的程度更大。

③黄铁矿、石英 Rb-Sr 同位素研究表明,其 $(^{87}Sr/^{86}Sr)I$ 具有壳幔源区的特征,石英、黄铁矿的 $(^{87}Sr/^{86}Sr)I$ 接近大桦背岩体,反映了成矿流体中 Sr 同位素主要来自重融花岗岩类的大桦背岩体或与其地球化学性质类似的岩浆岩。考虑到长石类是主要的富 Sr 矿物,推测成矿流体中的碱质也主要源自于大桦背岩体或与其地球化学性质相似的岩浆岩。

4)成岩成矿时代

对矿田外围大桦背、西沙德盖和沙德盖花岗岩体单颗粒锆石 LA-ICP-MS U-Pb 同位素定年表明,大桦背岩体的形成年龄为 (365±7)Ma(海西期),西沙德盖和沙德盖岩体形成年龄分别为 (245±10)Ma 和 (231±3)Ma(印支期),代表了海西(晚泥盆世)和印支期(中三叠世)两期岩浆作用的产物。显然,这二期岩浆是板块俯冲-碰撞-伸展-拼贴过程中岩浆侵位产物。事实上,也是俯冲碰撞造山过程的遗迹。

柳坝沟矿床中与金成矿密切相关的热液成因的钾长石 $^{40}Ar-^{39}Ar$ 有效年龄为 (218±3)

Ma,与哈达门沟矿床中绢云母的^{40}Ar-^{39}Ar年龄(240±3)Ma基本一致,也与矿石铅同位素所反映的年龄值(柳坝沟224 Ma、哈达门沟229 Ma)相似。此外,对矿田外围沙德盖钼矿床中辉钼矿的Re-Os同位素定年也获得了(225.4±2.6)Ma的等时线年龄。这些同位素年龄大致相近,略晚于西沙德盖、沙德盖岩体成岩年龄,表明区内金、钼等矿化作用主要与西沙德盖、沙德盖岩体及其同时代的岩浆岩密切相关,最后成矿发生在印支期。

5)成矿过程

通过对柳坝沟和哈达门沟金矿床的地质特征、成矿物质来源、成矿流体性质及来源、成岩成矿时代的综合分析,结合区域地质构造演化过程,将柳坝沟—哈达门沟金矿的成矿作用过程和成矿模式归纳如下。

太古宙时期,该区属活动大陆边缘靠近大陆的弧后盆地环境,火山喷发和沉积作用多次发生,构成一个巨大的火山沉积旋回,沉积了一套以基性-中酸性火山岩为主夹少量泥质岩的富金火山-沉积建造。晚太古代末(约2500Ma),原岩遭受了角闪岩相和麻粒岩相变质作用,形成了乌拉山群变质岩。岩石中金的丰度值为(4.5~24.0)×10^{-9},平均值为12.7×10^{-9},远高于显生宙地层,是区内最主要的含金建造。古元古代晚期(约1800Ma),受华北古陆核内部张裂构造作用的影响(吕梁运动),在乌拉山南侧形成一条长数百公里,深切至下地壳或上地幔的深大断裂(山前深大断裂),该断裂为非造山岩浆活动及大规模基性岩墙群侵位提供了有利通道。

中元古代晚期,各建造遭受区域变质变形作用,形成了乌拉山复式背斜。新元古代中-晚期(约600Ma),华北板块和西伯利亚板块发生裂解,古蒙古洋形成。随后本区进入稳定阶段,区内含金建造上隆,长期遭受风化剥蚀,仅在边部有少量古生代沉积(陈纪明,1996)。

晚古生代末到中生代是区内造山作用的挤压-伸展期和成矿作用的关键时期。该时期地质作用频繁,山前深大断裂复活,形成了一条EW向高渗透性断层破碎带,为各类岩浆和成矿流体的上升和定位提供了有利的空间和通道,从而在华北地台北缘形成了一条晚泥盆世-三叠纪的中酸性岩浆岩带和一系列金、钼矿床(点)。具体来说,晚泥盆世到早石炭世,古蒙古洋壳向南、北两侧的华北和西伯利亚板块俯冲,古板块相互作用所诱发的岩浆活动在构造有利部位形成大面积分布的中酸性火山岩或花岗岩类侵入岩。矿田所处的乌拉山地区受造山运动影响明显,山前深大断裂带再次活化,偏碱性岩浆沿EW向断裂破碎带侵位到地壳浅部,形成本区最大的岩体-大桦背岩体(约365Ma)及一系列伟晶岩脉。根据航磁解译结果,大桦背岩体有一巨大岩枝伸达哈达门沟矿区底部(李强之,1990)。尽管岩体本身可能并没有直接促成金的成矿,但它可能提供了大量的热能和碱质,含钾、钠等碱金属的热液强烈萃取太古宇变质岩中的成矿物质,促使金活化、迁移、富集,在构造有利部位(分支断裂)形成富含金的矿源岩(韩国安,1989),局部地段还可能由于受岩浆期后热液交代作用影响,分散的金初步富集形成矿胚或具有工业价值的金矿化带,地表呈含星散状黄铁矿的砖红色钾化带(有金矿化,但多数达不到工业品位,局部地段含金量可高达2.6×10^{-6})。

中-晚石炭世到早二叠世,古蒙古洋壳与古大陆块体持续进行俯冲、碰撞和对接作用。晚二叠世中晚期,介于华北板块和西伯利亚板块之间的大洋盆地逐渐发生收缩,西伯利亚古大陆和中朝古大陆迅速靠拢,两大古陆块沿内蒙古二连浩特—贺根山—蒙古索朗克尔一线发生碰撞对接,最终将华北板块与西伯利亚板块焊为一整体。

早三叠世起,造山后的伸展作用为岩浆活动和含金流体上侵定位创造了有利条件,频繁的构造运动使岩浆(脉)叠加于晚古生代的岩浆之上,构成一条近 EW 向的碱性岩带。矿田北侧的西沙德盖岩体(245Ma)、沙德盖岩体(231Ma)和一些伟晶岩脉即形成于该时期。在岩体侵位晚期,岩浆分泌出的汽水热液沿断裂运移,并强烈萃取地层中的成矿元素,在 218 Ma 左右富集沉淀成矿。

具体来说,早期岩基(株)形成后,晚期残余的富含挥发分的"稀薄岩浆"中的"硅酸盐组分",沿构造有利部位侵位形成断续延伸数十公里的密集的花岗伟晶岩脉;"稀薄岩浆"中的"残余气体溶液"作为一种超临界状态的碱性流体,富含挥发分和成矿物质,通过与地层发生强烈的碱交代作用,有效地促进了金的析出(Ⅰ阶段)。随着碱交代作用的进行,溶液逐渐由碱性向酸性转变,温度也逐渐降低,石英开始以弥散状、细脉状发育或穿插在钾化蚀变岩中,并有部分黄铁矿沉淀;绢云母、绿帘石/绿泥石形成于钾化蚀变岩两侧(Ⅱ阶段)。至石英-多金属硫化物阶段,石英呈烟灰色脉状产出,黄铁矿大量沉淀,伴随有少量黄铜矿、方铅矿、辉钼矿等硫化物析出,形成高品位的石英脉型矿体(Ⅲ阶段)。Ⅱ、Ⅲ阶段是成矿流体降到 200~350℃时发生了不混溶(沸腾)作用,石英大量生成,同时溶液中的 Au、Fe、Cu、Pb、Mo 等金属组分以自然金和硫化物形式大量晶出的主成矿阶段。石英大量沉淀后,随着温度和压力的进一步降低,溶液性质从酸性回归至中性或弱碱性,成矿作用伴随着热液中析出大量碳酸盐矿物而结束。不难看出,钾长石化和金成矿作用是海西-印支期构造-岩浆活动的结果。

硅钾化蚀变岩矿石中的钾长石同时记录了海西和印支期的主要岩浆热事件,360~260Ma 峰值区可能记录了海西期多次岩浆活动及其与之相关的碱交代作用信息(早期砖红色钾长石化);(217.9±3.1)Ma 则与印支期最新的岩浆活动相对应,代表了金矿床的主成矿时代。矿石中的铅同位素也印证了该成矿作用存在(两矿床矿石铅同位素的下交点年龄分别为 224Ma 和 229Ma)。因此,印支期的岩浆热液活动作为一次关键的构造-岩浆热事件,直接导致了成矿物质的活化、迁移和沉淀。

6)矿床成因讨论

(1)柳坝沟—哈达门沟金矿田产于晚太古代乌拉山群变质岩中,受乌拉山—大青山山前呼(市)—包(头)深大断裂的次级分支断裂控制,空间上与花岗岩体(脉)相距不远。矿体呈近 EW 向脉状产出,矿石类型有石英脉型、石英-钾长石脉型和钾硅化蚀变岩型 3 类。围岩蚀变以紧邻矿脉的钾长石化、硅化为主,向外侧逐渐过渡为绿帘石化、绿泥石化和碳酸盐化,局部见绢云母化。成矿作用过程分为钾长石-石英(Ⅰ)、石英-黄铁矿-绢云母-绿帘石/绿泥石(Ⅱ)、石英-金-多金属硫化物(Ⅲ)和碳酸盐(Ⅳ)4 个阶段。

(2)大桦背、沙德盖以及西沙德盖岩体具有富硅、富碱质(富钾)的高分异Ⅰ型花岗岩特征,Eu 具明显的负异常,反映了成岩物质在深部经历了斜长石的结晶分离作用。元素地球化学特征均反映了碰撞造山-造山后的构造环境。单颗粒锆石 LA-ICP-MS U-Pb 同位素定年测试结果表明,大桦背岩体的锆石 U-Pb 年龄为 365±7Ma,为晚古生代海西早期(晚泥盆世)岩浆作用的产物,该年龄为区域上古蒙古洋壳的俯冲时间提供了确切的年代学依据。西沙德盖和沙德盖岩体的锆石 U-Pb 年龄分别为(245±10)Ma 和(231±3)Ma,代表了印支期(中三叠世)岩浆作用的产物,该年龄与柳坝沟、哈达门沟金矿床及西沙德盖钼矿床的成矿时代一致,显示区内金、钼等成矿作用与华北地台北缘中晚三叠世碰撞后伸展环境下的构造-岩浆事件有关。

(3)蚀变围岩的元素地球化学研究表明,各类蚀变岩中 Fe_2O_3、FeO 和 MgO 均表现为迁出,反映了蚀变过程伴随着暗色矿物的大量分解;而 K_2O 的迁入均伴随着 Au 的迁入,K_2O 与 Au 的迁移量之间呈明显的正相关关系(相关系数为 0.74),表明金的成矿与钾长石化关系极为密切。在蚀变交代作用初期,富钾质的碱性热液与围岩发生强烈的钾交代作用,同时使围岩中暗色矿物内的 Au 活化转入溶液。随着钾交代作用的进行,热液的性质逐渐由碱性向中性、偏酸性转化,偏酸性的热液在早期的钾化带内发生绢云母化、硅化和黄铁矿化,同时金的络合物分解导致金的沉淀富集;偏酸性的热液继续向两侧围岩扩散、渗透,则在钾硅化带的外侧形成硅化、绿帘石化和绿泥石化。

(4)流体包裹体研究显示,柳坝沟、哈达门沟金矿床的成矿流体性质十分相似,两者具有共同的流体来源和演化历史。两矿床不同成矿阶段的热液矿物具有不同的流体包裹体组合特征,Ⅰ阶段主要为气液水包裹体,Ⅱ阶段主要发育气液水包裹体、CO_2-H_2O 三相包裹体、含子矿物的多相包裹体以及纯气相和纯液相水包裹体,Ⅲ阶段以气液水包裹体、CO_2-H_2O 三相包裹体和含子矿物的多相包裹体为主,纯气相和纯液相水包裹体次之。Ⅳ阶段主要发育气液水包裹体。柳坝沟金矿床从早阶段到晚阶段,成矿流体的温度和盐度总体呈逐渐降低的趋势。主成矿阶段(Ⅱ和Ⅲ阶段)的成矿流体总体属中高温度(200~350℃)、中低/中高盐度(5%~45%NaCl)、中等密度(0.88~0.96g/cm³)的 NaCl-H_2O-CO_2 体系,沸腾可能是促使金等矿质大量沉淀富集的主要原因。成矿流体中富含 CO_2,既对流体的 pH 起缓冲作用,又提高了流体中 Au 的含量并使其维持与还原硫的络合迁移。成矿温度在空间上的变化总体表现为西高东低,矿床形成于中深成环境(成矿深度 2.0~5.2 km)。

(5)硫、碳、铅同位素研究表明,柳坝沟金矿床中硫化物的 $\delta^{34}S$ 值为 -14.1‰~-4.3‰,与哈达门沟金矿床硫化物的硫同位素组成($\delta^{34}S$ 值为 -18.4‰~-5.4‰)相似,成矿流体中的硫主要来源于岩浆和太古宙地层的混合硫。成矿流体中的碳可能主要来自于花岗质(长英质)岩浆的 CO_2 去气作用。矿床中热液成因硫化物及钾长石中的微量铅主要为放射性成因的异常铅,柳坝沟、哈达门沟金矿床的矿石铅脱离两阶段演化模式中第二阶段铅储库并与 U、Th 分离的年龄分别为 2.52Ga 和 2.51Ga,该年龄与乌拉山群的变质年龄(2.52Ga)铅进入硫化物和钾长石等寄主矿物中的年龄(大致代表成矿年龄)分别为 224Ma 和 229Ma,与区内印支期花岗质岩浆的侵入年龄一致,这表明矿石中铅等成矿物质的来源既与印支期岩浆活动有关,同时又不能排除乌拉山群变质岩提供部分矿质的可能性。氢、氧同位素研究表明,柳坝沟、哈达门沟金矿床的成矿流体具有相似的来源,早期以岩浆水为主,晚期有大气降水的混入。

(6)矿床成因。柳坝沟—哈达门沟金矿田受地层、构造、岩浆岩、围岩蚀变、地球物理、地球化学等因素控制,矿体产出特征、矿化与围岩及构造的相互关系、围岩蚀变及其分带性、矿石物质组分和结构构造等方面,显示出后生热液矿床的特点,矿床属于板块俯冲碰撞造山过程中成矿物质主要来自太古代绿岩地体,矿床为与(偏)碱性岩浆有关的中高温热液造山型金矿床,成矿经历海西期、印支期,印支期是成矿高峰期。

矿床属于华北地台北缘造山型类矿床,赤峰地区金厂沟梁等也属于此类成因矿床。此类矿床具有四大特点:地处太古代绿岩区域;地处板块边缘俯冲碰撞拼接造山环境;重融花岗岩类岩浆叠加成矿;成矿物质主要来自绿岩变质岩。

(二)赤峰市金厂沟梁金矿床及成矿特点分析

1. 简况

金厂沟梁金矿床位于内蒙古赤峰市敖汉旗金厂沟梁乡境内,新惠镇东南 65km,赤峰市东南 158km。大地构造位置位于兴蒙造山带和华北克拉通两大构造单元的交接地带,这两个构造单元大致以 EW 向赤峰—开原深大断裂为界,华北克拉通北缘在此表现为三个 NE 向的隆起带及其相间拗陷带,三个隆起带分别为:铭山隆起、喀喇沁隆起、努鲁尔虎山隆起。金矿床地处赤峰—开原大断裂与承德—北票大断裂之间的努鲁尔虎隆起带东北部龙潭地块内(图 7-67)。

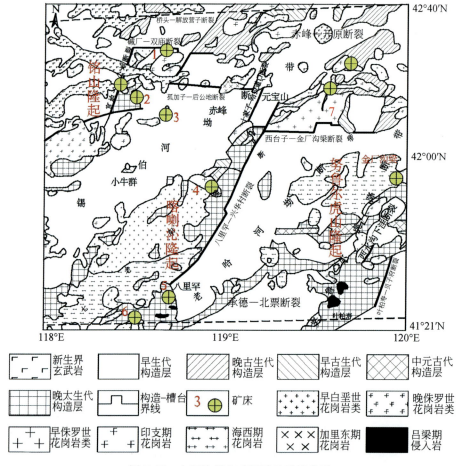

图 7-67　金厂沟梁金矿区域地质示意图

矿床代号:1. 官地金矿;2. 莲花山金矿;3. 红花沟金矿;4. 安家营子金矿;5. 热水金矿;6. 陈家杖子金矿;7. 撰山子金矿

地块北缘为呈近 EW 向的赤峰—开原深断裂带,与兴蒙造山带相邻,SE 边界为呈 NE—NNE 向承德—北票深断裂带与燕辽沉降带相邻,西界为 NNE 向的林家地—中三家断裂。地块内古老基底长期隆起,经历了吕梁、加里东、海西及燕山等多次构造活动的影响。构造形态复杂,岩浆活动强烈,断裂构造发育,区内出露的地层主要为太古界建平群小塔子沟组变质岩,主要为片麻岩和斜长角闪岩以及少量磁铁石英岩和浅粒岩,局部见有钾质混合花岗岩化的低角闪岩相-辉石麻粒岩相岩石。岩浆岩以花岗岩为主,局部有燕山期安山质-流纹质喷出岩。侵入岩可分为海西期和燕山期两个侵入旋回,海西期为斑状黑云母花岗岩或石英二长岩、片麻状花岗岩等。燕山期侵入岩一般为小的岩株或岩脉,有闪长扮岩、石英斑岩、花岗斑岩以及中细粒-斑状花岗闪长岩等。

矿区内出露地层主要为太古宇建平群小塔子沟组的各类变质岩,岩性为片麻岩,呈夹层或透镜状产出的角闪岩,似层状产出的斜长角闪岩及少量的磁铁石英岩、浅粒岩等,它们是矿区的主要富矿围岩。

岩浆岩主要出露于矿区南部,岩浆活动主要表现为海西晚期和燕山期岩浆侵入,其岩性主要为似斑状花岗岩(K-Ar 年龄为 187.9Ma)、片麻状花岗岩(K-Ar 年龄为 135.36Ma)、花岗闪长岩(K-Ar 年龄为 126.3Ma)、花岗闪长斑岩(K-Ar 年龄为 121.5Ma)。从年龄看,似斑状花岗岩侵入最早,其次是片麻状花岗岩,再次是花岗闪长岩、花岗闪长斑岩,并且年龄相近,表明它们可能是同期同源不同次的侵入复式岩体(苗来成等,2003)。

矿区矿脉主要由含金石英脉型和蚀变岩型组成,矿脉大略有 60 余条,绝大多数赋存在变质岩系中,少数产于片麻状花岗岩中。矿脉沿对面沟花岗闪长岩体呈放射状分布,矿脉长一般为 300~600m,平均厚为 0.42~0.86m,平均品位为 10~20g/t,矿脉倾角较大,为 70°~90°。矿脉中主要矿物有石英、黄铁矿,其次有方铅矿、闪锌矿、黄铜矿、方解石、绢云母、绿泥石等。矿石组成以硫化物居多,但在矿脉中含量并不高,约占 10%,其他非金属矿物如石英、绢云母、绿泥石等占 90%。矿脉中金与硫化物关系密切,特别是硫化物富集地段含金较高,说明硫化物是金的主要载体矿物。矿石中金主要以自然金的形式存在,产出形态多呈粗细不等的他形粒状、不规则粒状、线状等,矿区金的成色大致在 800 左右,反映出形成温度较深。

断裂构造按其展布方向可分为 3 组,SM 向、NW 向和 NE 向。前两组为成矿前断裂,多被岩脉或矿脉充填,后者为成矿后断裂,不同程度切割矿脉,局部有矿脉充填。

2. 成矿地质背景

1)地层

区内出露的地层以太古界变质岩系为主,有少量元古界和中新生界地层分布。太古界地层主要沿努鲁尔虎隆起带中央花岗岩两侧沿 NEE-SWW 向分布,主要为新太古界建平群小塔子沟组。中元古界分布于本区西南的大朝阳沟一带,包括常州沟组、团山子组和大红峪组,主要为燕辽沉降带内的一套浅变质沉积建造。古生界地层主要发育在隆起带东南部和北侧。东南侧是燕辽沉降带的陆棚类型沉积岩,北侧敖汉复向斜分布有泥盆系、石炭系火山-沉积岩建造。中生界侏罗系分布在区域东南部、西部和西北部,为一套陆相碎屑岩及火山岩建造,白垩系零星分布于东南部、西部及北部,下统孙家湾组和上统召都巴组,为一套火山碎屑岩及中性熔岩。东南辽西地区下统义县组为安山岩、玄武岩、粗安岩、英安岩、流纹岩以及凝灰岩等。上部为一套内陆碎屑岩建造。

2)变质岩

(1)变质岩特征。

矿区内富矿围岩主要为新太古界建平群变质岩系。小塔子沟组由斜长角闪岩、斜长角闪片麻岩、紫苏透辉麻粒岩等深变质岩组成,具有不同程度混合岩化,含有多层含磷磁铁石英岩。大营子组由斜长角闪片麻岩、黑云角闪片麻岩、黑云变粒岩、浅粒岩组成,有不同程度的混合岩化。该组以含大理岩为特点。小塔子沟组为金厂沟梁金矿床的主要赋矿层位,广泛分布于东、西矿区。地层分布受后期构造控制明显,呈菱形格子状分布。

角闪斜长片麻岩类。该类岩石在矿区内分布较广,约占变质岩总量的77%,呈层状或似层状。矿物成分主要为角闪石、斜长石和石英,其次有绿泥石、绿帘石,偶见黑云母和钾长石。副矿物有磁铁矿和磷灰石等。角闪石含量一般为20%～40%。为含Fe^{2+}高的绿色角闪石,沿角闪石边部或解理面常有绿泥石及绿帘石化。斜长石一般为50%～70%,以变余斜长石和变晶斜长石两种产出。变余斜长石的An=55%,变晶斜长石的An=8%～20%。石英较少,以细粒浑圆状或他形粒状分布于角闪石中或余斜长石共生。岩石的主要结构为粒柱状变晶结构、筛状变晶及包含变晶结构。构造主要以条带状、条纹状及片麻状为主。岩石的混合岩化程度较低,以条带状和条纹状混合为主。

斜长角闪岩及角闪岩类。约占变质岩类的10%。呈透镜状、脉状、似层状和团块状产出。与角闪斜长片麻岩类分界清晰,有时可见冷凝边及穿插现象。岩石的主要组成矿物为普通角闪石和斜长石,并见有少量的绿泥石、绿帘石和磁铁矿。

黑云变粒岩、角闪变粒岩、浅粒岩及细粒斜长片麻岩的暗色矿物主要为角闪石,含量为5%～20%。浅色矿物主要为斜长石、石英,偶见少量钾长石。岩石产状呈层状和透镜状,产状稳定,厚度不大,具微弱的片麻状构造。此外,部分变粒岩呈脉状,与其他片麻岩呈突变接触关系。

变质岩原岩属于一套成分较为复杂的火山-沉积岩系,作为变质岩岩石主体的角闪斜长片麻岩类,其原岩属于中-基性火山岩,其中夹有的富磷和富铁岩层与中基性火山—沉积有关。而斜长角闪岩、角闪岩及变粒岩等分别属于古老的基性侵入岩和长英质侵入体。矿区变质岩属于建平群小塔子沟组中段中下部,该段地层厚2346m,矿区地层厚1217m。LA-ICP-MS锆石U-Pb对建平杂岩进行年龄测定(孟小明等,2007),表壳岩中的变质火山岩在2555～2550Ma形成,侵位年龄2538～2495Ma,随后在2485Ma发生麻粒岩相变质和在2450～2401Ma发生退变质事件。

(2)变质岩的氢、氧同位素组成。

侯万荣(2011)研究变质岩全岩和石英的同位素组成,$\delta^{18}O$全岩值在一定程度上仍保留原岩的某些特征,石英是自形成以后在后期叠加地质事件中最不易发生同位素交换的矿物。本区变质岩全岩氧同位素介于5.7‰～9.8‰,平均为7.9‰,再结合表7-30,可看出,变质岩以$\delta^{18}O_{全岩}$低和$\delta^{18}O_{石英}$小于14%为特征,属正变质岩,且$\delta^{18}O$变化较小,说明在区域变质作用过程中达到了同位素平衡,代表本区变质流体的同位素组成。将结果值与Taylor等(1985)确定的变质水的$\delta D = -65‰ \sim -20‰$,$\delta^{18}O = 5‰ \sim 25‰$。相比,可见本区明显贫氘。

表 7-30 变质岩氢氧同位素组成 (侯万荣, 2011)

样号	岩石名称	$\delta^{18}O_{石英}$	$\delta D_{水}$	$\delta^{18}O$	$\delta^{13}C_{石英包体}$	$\delta^{18}O_{磁铁矿}$
M7	浅粒岩	10.5	−88.3	9.70	−22.37	—
M10-7	混合岩	11.1	−89.1	10.3	—	—
D2-1	浅粒岩	10.2	—	9.40	—	—
E1-1	磁铁石英岩	10.0	—	9.20	—	3.8

3) 中生界火山岩

区内出露的火山岩主要分布在矿区的东南部、西部和北部,其中侏罗系火山岩分布于金厂沟梁东矿区及与之相邻的二道沟矿区,以娄上—东对面沟 NW 向断裂分界形成了二道沟断陷盆地。岩性主要由以喷发-溢流相的火山碎屑岩及酸性熔岩为主的陆相火山岩组成,由下而上可分为三个部分:下部由流纹质熔岩角砾、角砾熔岩、火山角砾岩及集块岩等火山碎屑岩组成;中部主要见于金厂沟梁东矿区,由中酸性凝灰岩夹薄层凝灰质砂页岩组成;上部广泛分布于金厂沟梁矿区毗邻的二道沟矿区,由溢流相的流纹岩为主。二道沟流纹岩全岩 K-Ar 法年龄为 167.5Ma,锆石 U-Pb 法年龄为 (145±1) Ma,东对面沟流纹岩年龄为 144Ma。从地层层序上看,该地层属于间歇喷发—溢流相组成的陆相中偏碱性火山岩(林宝钦,1992)。

4) 构造

矿区位于古构造隆起上,基底较长时间处于稳定状态,从晚古生代,特别是燕山运动阶段,构造运动才变得日趋强烈,从而形成了以中生代构造盆地、构造弯隆和复杂断裂为主的现行矿区构造框架。

基底,矿区的基底为太古界片麻岩构成的单斜,局部可见小型紧闭褶曲,岩石节理、裂隙发育,片麻理走向近 EW,总体南倾,倾角 70°~90°。

构造盆地,火山岩构造型式,矿区东侧为该盆地的西部边界,组成该盆地的物质为晚侏罗世火山岩,基底为太古界变质岩。

断裂构造,绝大多数断裂形成于燕山期。断裂构造以 EW 向、NNE 向为主。EW 向赤峰—开原断裂是一条多期活动的超壳断裂,是华北陆块北缘与内蒙古海西地槽的分界线断裂,承德—北票断裂是内蒙古地轴与燕山沉降带的分界断裂。

NNE 向断裂从西往东排布红花沟、八里罕、中三家、鸡冠山断裂及平行断裂,切割基底,形成一系列大小不一的 NNE 向构造岩浆隆起带和断陷带。从西向东为红花沟(铭山)隆起带(云雾山北段)、锡伯河拗陷带、喀喇沁隆起(七老图山北段)、老哈河拗陷带、努鲁尔虎隆起(努鲁尔虎山北段)。隆起带大部分被燕山期花岗岩体占据,隆起带内由小岩体及断裂控制矿床的分布。金矿一方面受 EW 向基底构造控制,另一方面又受 NNE 向构造所控制。例如,呈 EW 向展布的红花沟—撰山子—奈林沟矿带,受赤峰—开原断裂带及其平行断裂控制;南部的热水—长皋沟金矿带,受承德—北票断裂带平行断裂控制;NNE 向展布的红花沟—喇嘛山、热水—八家子—孟家沟—撰山子、长皋沟—东五家子—金厂沟梁—砂金沟矿带,分布受铭山、喀喇沁、努鲁尔虎隆起带控制。金矿化集中区产于 EW 向断裂与 NNE 向断裂交汇处(图 7-68)。

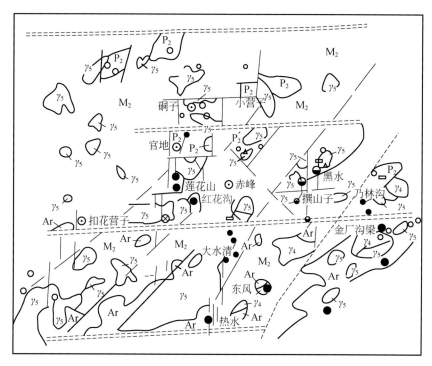

图 7-68　赤峰地区金矿床分布与构造关系示意图

EW 向断裂,区内所见不多,以小东沟—正北沟断裂为代表,该断裂带总长 8km 左右,宽达百米以上,西段从小东沟—东对面沟,基本上构成了金厂沟梁矿区的南部边界,该断裂带内被各类脉岩充填,并控制了矿脉和铜矿化带,延至东对面沟之后被楼上—对面沟断裂截断(图 7-69)。

NW 向断裂:是区内最为发育,对成岩、成矿影响较深的一组断裂。

楼上—对面沟断裂:位于本区东侧,断层以东为二道沟断陷盆地,西侧为金厂沟梁矿区隆起基底,其走向 310~320°,倾向南西,倾角 70°~80°,总长 7km 左右,宽 300~600m。该断裂早期控制了二道沟断陷盆地的形成和火山岩的喷发,晚期被各类脉岩充填,并有矿化形成,是成矿前十分重要的断裂带。

房申—金厂沟梁隐伏断裂:从矿区南西角经过,在 1:5 万航磁平剖面上反映为不同特征类型的磁场分界线,该断层地表无明显迹象,地貌上为平直陡峻的冲沟,方向 295°~320°,该断裂隐伏于地下 2~5km 深度内,其可能为重要的导岩构造。

矿区重要的数量众多的 NW 向低序次的断层或裂隙,多被各类岩脉或矿脉充填,成群成组出现密集分布。方位多变,从 290°~340°不等,总体 NE 倾,倾角 70°~80°,以压扭和扭性为主并有明显的多次活动特点,延长一般数百至千余米,延深变化大(图 7-69)。

SN 向断裂,分布于金厂沟梁 EW 矿区内,为控制矿脉的次级容矿裂隙或断裂,断裂呈陡立舒缓波状,延深一般较大。

NE 向断裂,形成时间最晚,分割矿床或切割矿脉,属成矿后的破坏性断裂。头道沟断裂是对矿区影响较大的一条重要断裂,其斜贯金厂沟梁矿区,切割矿区的地层和岩石,并将金厂沟梁矿区分割成东、西两个矿区。断裂长约 5km,走向 NE30°~40°,倾向 NW,倾角 65°~

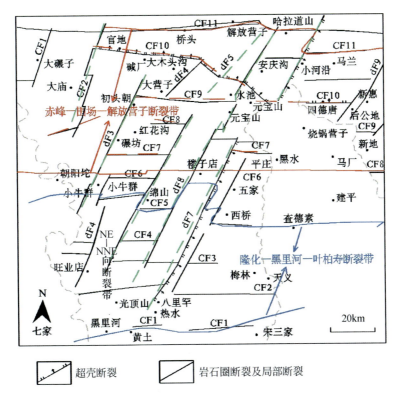

图 7-69 金厂沟梁周边区域二大断裂带分布示意图
矿床依附 NE 向断裂带，EW 向断裂带为两条，将 NE 断裂带错断

85°，断面平直，为 NW 盘下落，SE 盘抬升的正断层，该断裂延深不大。

5) 岩浆岩

侵入岩广泛发育于矿区的南部及东南侧，岩性复杂，岩浆活动频繁，表现出多期次特点。侵入岩主要包括金厂沟梁片麻状花岗岩、西台子中粗粒似斑状二长花岗岩、娄上含辉石石英闪长岩、闪长玢岩、西对面沟似斑状、细粒花岗闪长岩等。

金厂沟梁片麻状二长花岗岩分布于金厂沟梁矿区南侧、对面沟岩体北侧，呈 EW 向展布，长约 4km，西边宽 2000m 左右，而东边仅出露 500m 左右。岩石为灰白–浅肉红色，全晶质细–中粒，花岗碎斑结构。主要组成矿物为斜长石、微斜长石、条纹长石、石英及少量黑云母、角闪石等。副矿物为磷灰石、锆石、和磁铁矿等，岩体中包含有变质岩包体或捕虏体。石英具波状消光，明显的定向拉长，长宽比最大为 6:1，形成的类片麻状构造。矿物的定向方位与控制该岩体的 EW 向构造带的方向一致，且越接近构造带石英的定向拉长更为明显。显然该岩体的类片麻状构造的形成是构造动力条件下岩石塑性变形的结果。

该岩体北部边缘可见细脉状浸染状铜矿化，并在岩体与变质岩的接触带上矿化增强，局部构成铜矿体。

西台子似斑状二长花岗岩呈岩基状分布于矿区南部(图 7-70)，为长皋沟金矿床、红星金矿 35 号、105 号脉的主要富矿围岩。岩石肉红色，似斑状结构，斑晶以板粒状的钾长石为主，粒径 1~2cm，主要矿物由斜长石、钾长石、石英组成，含少量的黑云母和角闪石。副矿物有磁铁矿、磷灰石及锆石。蚀变矿物有绿泥石、绿帘石、绢云母等。岩基中极为发育变质岩包体或捕虏体,大小不等,由岩体中心向岩体边缘增多增大。此外,岩体中尚分布有大量的花岗伟晶岩脉和团块,其方向性明显,与围岩界限清楚。

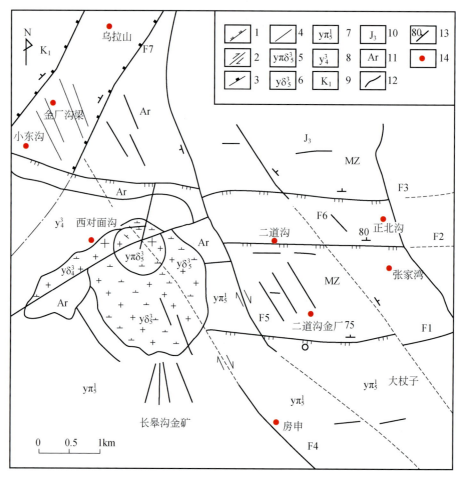

图 7-70　金厂沟梁—二道沟金矿田矿脉围绕岩体分布构造简图

1.EW 向断裂构造;2.NW 向断裂构造;3.NE 向构造;4.后期断裂构造;5.对面沟花岗闪长斑岩;6.对面沟细粒花岗闪长岩;7.金厂沟梁片麻状二长花岗岩;8.西台子似斑状黑云母二长花岗岩;9.早白垩世火山岩;10.晚侏罗世火山岩;11.太古代变质岩;12.地质界线;13.断裂产状;14.地名

岩体中同时还发育受 EW 向、SN－NW 向、NE 向等受构造控制产出的正长斑岩、二长斑岩、石英斑岩、流纹斑岩和闪长玢岩等。

对面沟岩体位于金厂沟梁金矿南侧,EW 对面沟一带的西台子岩体内,呈椭圆状岩株产出,出露面积 $6km^2$。岩体可以分为边缘相和中间相两部分,边部岩相为中细粒花岗闪长岩,内部岩相为斑状花岗闪长岩,局部能见到花岗闪长斑岩侵入,还能见到花岗闪长斑岩中含前者的包体,两者保持了渐变过渡的关系。岩体中也发育一些金矿脉,主要为含金石英细脉。

矿田内脉岩发育,大体可分为浅成相-超浅成次火山岩相,属于前者的脉岩有花岗斑岩、花岗伟晶岩、正长斑岩、闪长玢岩等,属于后者的则有安山玢岩、英安斑岩、流纹斑岩、石英斑岩、流纹质角砾熔岩、黑云粗安岩等。金厂沟梁矿区与矿化伴生的脉岩主要有闪长玢岩、黑云粗安岩、细晶闪长岩-石英闪长岩以及花岗斑岩,它们或被矿脉所截,或与矿脉伴生,或切割矿脉。

火山岩分布在矿区东部和西北部,主要为侏罗纪-白垩纪流纹岩、粗面岩等。

3. 岩浆岩形成特点

1)岩体主要元素

侯万荣(2011)、宋维民等(2009)、苗来成等(2003)对矿田区侵入岩做了岩石成分及判别研究。金厂沟梁片麻状二长花岗岩 SiO_2 为 71.12%～71.99%,平均值为 71.56%,全碱质组分(K_2O+Na_2O)含量为 8.59%～8.74%,平均值为 8.67%,K_2O/Na_2O 值为 0.93～1.25,平均值为 1.08,在全碱-硅(TAS)分类图中落入亚碱性范围内[图 7-71(a)],在 K_2O-SiO_2 图解中,岩石样品落入高钾钙碱性系列范围[图 7-71(b)],SiO_2-AR(碱度率)图解中落入碱性范围内[图 7-71(c)],K_2O-Na_2O 成因图解[图 7-71(d)]落入 A 型花岗岩范围。总体上与 A 型花岗岩相似,具有高硅、富碱、弱过铝质的特点。

侯万荣(2011)再次对矿田范围主要岩浆岩进行研究。西台子似斑状二长花岗岩 SiO_2(66.26%～67.93%),主要落入亚碱性范围内[图 7-71(a)],在 K_2O-SiO_2 图解中落入高钾钙碱性-钾玄岩系列[图 7-71(b)],在 SiO_2-AR(碱度率)图解中落入碱性范围内[图 7-71(c)],在 K_2O-Na_2O 图解中投入 A 型花岗岩范围内[图 7-71(d)]。

对面沟细粒花岗闪长岩主量元素含量 SiO_2 为 66%～66.39%,平均值为 66.37%,全碱质组分(K_2O+Na_2O)含量为 8.63%～9.08%,平均值为 8.81%,K_2O/Na_2O 值为 0.91～0.94,平均值为 0.92;碱度率 AR 为 2.94～3.05,平均值为 3.20,全铁质(Fe_2O_3+FeO)组分含量为 3.51%～5.08%,平均值 4.540。里特曼指数 σ 在 3.20～3.56,为碱钙性。在全碱-硅(TAS)分类图中落入亚碱性范围内[图 7-71(a)],在 K_2O-SiO_2 图解中岩石样品落入高钾钙碱性系列范围[图 7-71(b)],在 SiO_2-AR(碱度率)图解中落入碱性范围内[图 7-71(c)],在 K_2O-Na_2O 成因图解中落入 A-I 型花岗岩范围[图 7-71(d)]。

对面沟似斑状花岗闪长岩 SiO_2 为 68.88%～72.69%,平均值为 70.61%,全碱质组分(K_2O+Na_2O)含量为 7.20%～8.97%,平均值为 8.26%,K_2O/Na_2O 值为 0.85～1.24,平均值为 1.01;碱度率 AR 为 2.95～3.61,平均值为 3.23,为钙碱性,在全碱-硅(TAS)分类图中落入亚碱性范围内[图 7-71(a)],在 K_2O-SiO_2 图解中岩石样品落入高钾钙碱性系列范围[图 7-71(b)],在 SiO_2-AR(碱度率)图解中落入碱性范围内[图 7-71(c)],在 K_2O-Na_2O 成因图解 2 个样品落入 I 型花岗岩范围,1 个样品落入 A 型花岗岩范围内[图 7-71(d)]。

2)岩体微量元素、稀土元素

金厂沟梁片麻状二长花岗岩 2 件样品 Au 含量为 $(25.1～27.7)×10^{-9}$,大于地壳丰度 $(4×10^{-9})$;Cu 为 $(81.9～268)×10^{-6}$,大于克拉克值 $(63×10^{-6})$。微量元素蛛网图(图 7-72)上,岩体富集大离子亲石元素(K、Rb、Sr、Ba),亏损 Nb、Ta、Ti、P 等元素。δEu 为 1.30～1.32,稀土配分曲线表现为右倾斜(图 7-73),δEu 表现为略富集,说明有斜长石参与。

西台子似斑状二长花岗岩岩体 Au 含量为 $(0.34～21.2)×10^{-9}$,岩体成矿元素富集不明显。从微量元素蛛网图(图 7-72)可以看出岩体富集 K、Rb、La、Ce 等,亏损 Nb、Ta、Ti、P、Sr、Ba 等元素 Nb、Ta 的亏损反映岩浆源区主要由地壳物质组成。

对面沟细粒花岗闪长岩 3 件样品 Au 含量为 $(5.89～18.90)×10^{-9}$,大于地壳丰度 $(4×10^{-9})$。从上述数据可以看出,岩体中成矿元素含量很高,在成矿过程中提供了成矿物质。

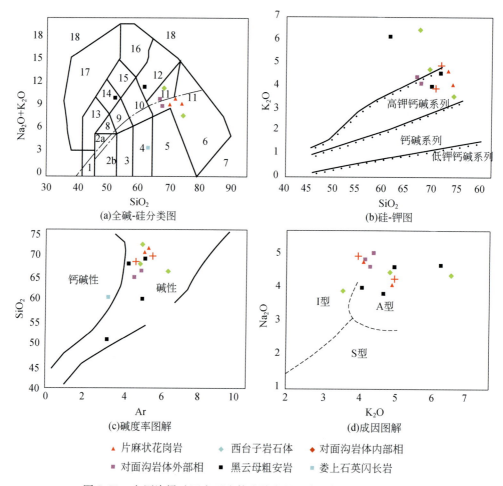

图 7-71 金厂沟梁矿区主要岩体岩脉主量元素图解(侯万荣,2011)

在微量元素蛛网图(图 7-72)上表现出岩体富集 K、Rb、Sr、Ba、La、Sm 等,亏损 Nb、Ta、Ti、P 等元素的特点。δEu 表现为略亏损-略富集,稀土配分曲线表现为右倾斜,曲线向右比较平缓(图 7-73)。

对面沟似斑状花岗闪长岩 Au 为 $(0.33 \sim 20.4) \times 10^{-9}$,Cu 为 $(10.8 \sim 28.8) \times 10^{-6}$,小于地壳丰度$(63 \times 10^{-6})$,在微量元素蛛网图(图 7-72)上也表现出岩体富集大离子亲石元素(K、Rb、sr、Ba),亏损 Nb、Ta、Ti、P 等元素的特点。δEu 表现为略亏损-略富集,稀土配分曲线表现为右倾斜,曲线向右比较平缓(图 7-73)。

这些岩体相比较而言,微量元素总体上表现为亏损 Nb、Ta、Ti、P、U 等元素,富集 K、Rb、La、Sm 等元素,但存在细微差别,西台子岩体表现出亏损 Ba,Sr 等元素,而其他岩体则富集。西台子岩体富集 Ce,而其他岩体表现为略微亏损(图 7-72)。稀土元素表现出相似的特征,δEu、δCe 略有差别,稀土配分曲线均为右倾斜,轻稀土曲线较陡,而重稀土曲线相对较缓(图 7-73),说明它们之间有成生联系。

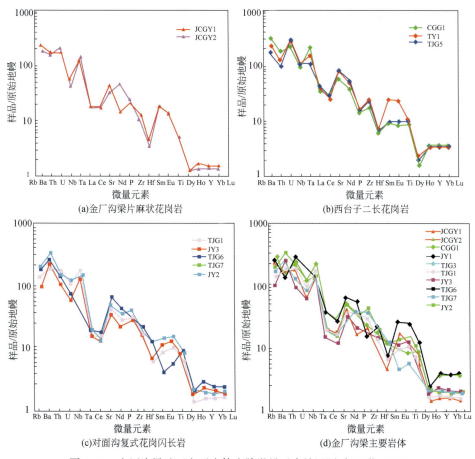

图 7-72　金厂沟梁矿区主要岩体岩脉微量元素蛛网图(侯万荣,2011)

3) 岩体 Sr-Nd-Pb 同位素

金厂沟梁片麻状二长花岗岩$(^{87}Sr/^{86}Sr)_i=0.70584\sim0.70624$，$(^{143}Nd/^{144}Nd)_i=0.512048\sim0.512075$，$\varepsilon Nd_{(t)}=5.0\sim4.5$，钕两阶段模式年龄 $T_{2DM}=1436\sim1393Ma$，现代大洋玄武岩的$(^{87}Sr/^{86}Sr)_i=0.702\sim0.706$，大陆地壳$(^{87}Sr/^{86}Sr)_i$平均值为 0.719，在 $\varepsilon Nd_{(t)}$-$\varepsilon Sr_{(t)}$图解落入中国下地壳附近。在 $\varepsilon Nd_{(t)}$-$(^{87}Sr/^{86}Sr)_i$图解中落入 EMI 附近(图 7-74)。

西台子似斑状二长花岗岩$(^{87}Sr/^{86}Sr)_i=0.70545\sim0.70595$，位于现代大洋玄武岩的$(^{87}Sr/^{86}Sr)_i=0.702\sim0.706$范围内，$(^{143}Nd/^{144}Nd)_i=0.511549\sim0.511939$，$\varepsilon Nd_{(t)}=-9.7\sim7.9$，钕两阶段模式年龄 $T_{2DM}=1791\sim1650Ma$，在朱炳泉(1998)$\varepsilon Nd_{(t)}$-$\varepsilon Sr_{(t)}$图解中落入中国下地壳附近，在 $\varepsilon Nd_{(t)}$-$(^{87}Sr/^{86}Sr)_i$图解中落入 EMI 附近(图 7-74)。

西对面沟似斑状花岗闪长岩的$(^{87}Sr/^{86}Sr)_i=0.70617\sim0.70624$，$(^{87}Sr/^{86}Sr)_i=0.512030\sim0.512051$，$(^{87}Sr/^{86}Sr)_i=-8.3\sim-7.9$，钕两阶段模式年龄 $T_{2DM}=608\sim1576Ma$，在朱炳泉(1998)$\varepsilon Nd_{(t)}$-$\varepsilon Sr_{(t)}$图解中落入中国下地壳范围内。

西对面沟细粒花岗闪长岩$(^{87}Sr/^{86}Sr)_i=0.70575\sim0.70578$，在大洋玄武岩的$(^{87}Sr/^{86}Sr)_i=0.702\sim0.706$，$(^{143}Nd/^{144}Nd)_i=0.522034\sim0.512052$，$\varepsilon Nd_{(t)}=-8.3\sim8.0$，钕两阶段模式年龄 $T_{2DM}=1606\sim1580Ma$。在朱炳泉(1998)$\varepsilon Nd_{(t)}$-$\varepsilon Sr_{(t)}$图解(图 7-74)中落入中国下地壳范围内，在 $\varepsilon Nd_{(t)}$-$(^{87}Sr/^{86}Sr)_i$图解中落入 EMI 附近。相比较而言，片麻状花岗岩 $\varepsilon Nd_{(t)}$ 相对较

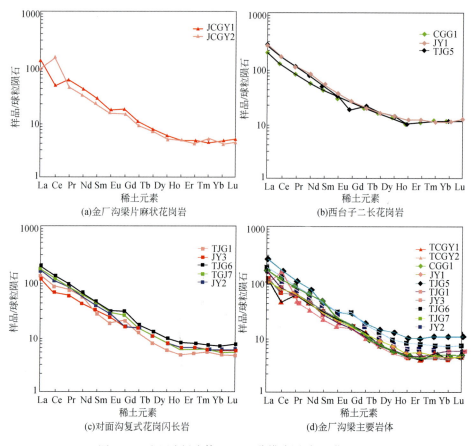

图 7-73　金厂沟梁岩体 REE 配分模式图（侯万荣，2011）

高，铷两阶段模式年龄相对小一些，其他岩体的铷、锶同位素基本相近，说明它们可能有相同的来源。

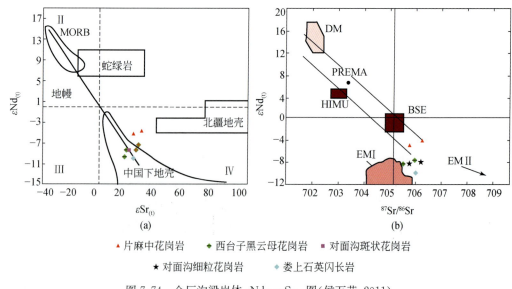

图 7-74　金厂沟梁岩体 $\varepsilon Nd_{(t)}$-$\varepsilon Sr_{(t)}$ 图（侯万荣，2011）

金厂沟梁片麻状二长花岗岩 $^{206}Pb/^{204}Pb=17.990\sim17.997$，平均值为 17.994，$^{207}Pb/^{204}Pb=15.517\sim15.524$，平均值为 15.520，$^{208}Pb/^{204}Pb=35.294\sim35.324$，平均值为 35.309，计算的单阶段模式年龄为 379～366Ma，μ 值为 9.35～9.36，低于 $\mu=9.74$ 的陆壳演化线(许东清，2008)，Th/U 值为 3.88～3.89，接近全球上地壳平均值 3.88(沈能平，2008)。表明形成时可能位于上地壳，在铅构造模式图投点到地幔与造山带之间(图 7-75)。

西台子似斑状二长花岗岩 $^{206}Pb/^{204}Pb=17.147\sim17.609$，$^{207}Pb/^{204}Pb=15.35\sim15.402$，$^{208}Pb/^{204}Pb=37.297\sim37.627$，计算的单阶段模式年龄为 789～511Ma，$\mu$ 值为 9.13～9.17，低于 $\mu=9.74$ 的陆壳演化线(许东清，2008)，Th/U 值为 3.77～3.98，位于全球上地壳平均值 3.88 附近(沈能平，2008)，表明它们形成时可能位于上地壳，在铅构造模式图在铅构造模式图投点到下地壳演化线上(图 7-75)。

西对面沟似斑状花岗闪长岩 $^{206}Pb/^{204}Pb=15.548\sim17.762$，平均值为 16.836，$^{207}Pb/^{204}Pb=15.109\sim15.418$，平均值为 15.233，$^{208}Pb/^{204}Pb=35.757\sim37.537$，平均值为 37.036，计算的单阶段模式年龄为 692～415Ma，μ 值为 9.07～9.18，低于 $\mu=9.74$ 的陆壳演化线(许东青，2008)，Th/U 值为 3.79～4.03，位于全球上地壳平均值 3.88 附近(沈能平，2008)，在铅构造模式图投点到下地壳演化线上(图 7-75)。

西对面沟细粒花岗闪长岩 $^{206}Pb/^{204}Pb=17.599\sim17.625$，平均值为 17.624，$^{206}Pb/^{204}Pb=15.415\sim15.417$，平均值为 15.416，$^{208}Pb/^{204}Pb=37.665\sim37.723$，平均值为 37.691，计算的单阶段模式年龄为 536～491Ma，μ 值为 9.19～9.20，低于 $\mu=9.74$ 的陆壳演化线(许东清，2008)，Th/U 值为 3.76～3.82，位于全球上地壳平均值 3.88 附近(沈能平，2008)。在铅构造模式图投点到下地壳与地幔之间，靠近下地壳演化线(图 7-75)。相比较而言，这些岩体铅同位素组成相似，说明它们之间有成生联系。

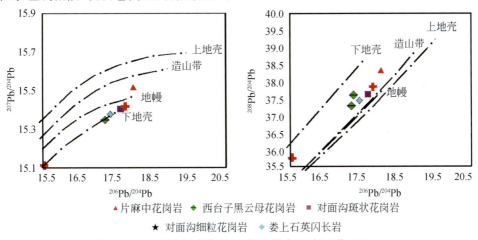

图 7-75　金厂沟梁岩浆岩 Pb 构造模式图(侯万荣，2011)

4)成岩环境

侯万荣(2011)对成岩环境做了详尽研究。金厂沟梁片麻状二长花岗岩在 R1-R2 构造判别图解中，投入同碰撞 S 型花岗岩范围内，在 Rb-(Y+Yb)构造判别图解中，样品投入火山弧—后碰撞伸展花岗岩区(图 7-76)。

西台子似斑状二长花岗岩在 R1-R2 构造判别图解中，投入晚造山期花岗岩范围内，在

Rb-Y+Nb 构造判别图解中,样品投后造山花岗岩范围内(图 7-76)。

对面沟细粒花岗闪长岩在 R1-R2 构造判别图解中,落入晚造山期花岗岩范围内,在 Rb-(Y+Yb)构造判别图解中,样品投入后造山与火山弧花岗岩交界范围内(图 7-76)。

对面沟似斑状花岗闪长岩在 R1-R2 构造判别图解中落入晚造山期花岗岩范围内,在 Rb-(Y+Yb)构造判别图解中,样品投入火山弧花岗岩范围内(图 7-76)。

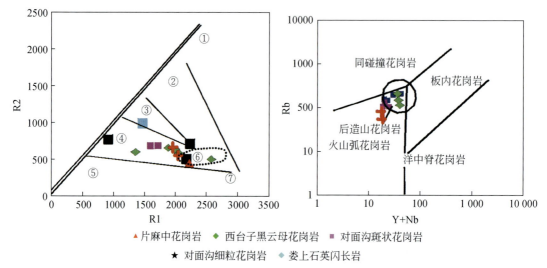

图 7-76 金厂沟梁 R2-R1 花岗岩成因分类、构造环境 Rb-Y+Nb 判别图(侯万荣,2011)
①地幔分异产物;②碰撞前;③碰撞隆起后;④造山晚期;⑤非造山;⑥同碰撞;⑦造山期后

金厂沟梁片麻状二长花岗岩 20 粒锆石 LA-MC-ICP-MS 铀-铅同位素测年,每粒锆石 1 个点,锆石中铀、钍含量变化较大,铀为$(25.67\sim949.22)\times10^{-6}$,钍为$(13.67\sim200.45)\times10^{-6}$,Th/U 比值为 0.06~1.42,值大于 0.1,具有岩浆锆石的特点。其中有 11 个测点可以给出一组年龄数据,其 ^{206}Pb/^{238}U 加权平均年龄值为(261.61 ± 0.94)Ma(MSWD=1.08)(图 7-77),代表片麻状二长花岗岩的结晶年龄。17 号测点 ^{206}Pb/^{238}U 表面年龄为(2507.33 ± 8.63)Ma,^{207}Pb/^{206}Pb 表面年龄为(2470.05 ± 5.09)Ma,5 号测点 ^{206}Pb/^{238}U 表面年龄为(1603.26 ± 5.99)Ma,^{207}Pb/^{206}Pb 表面年龄为(1746.29 ± 3.7)Ma,锆石形态呈浑圆状,分别对应新太古代晚期和古元古代晚期两次变质事件。

根据侯万荣(2011)对 21 粒锆石进行了 LA-MC-ICP-MS 铀-铅同位素测年。铀为$(416.75\sim17558.12)\times10^{-6}$,钍为$(259.61\sim4897.18)\times10^{-6}$,Tu/U 值为 0.24~1.26,均大于 0.1,具有岩浆锆石的特点。^{206}Pb/^{238}U 加权平均年龄值为(226.8 ± 0.87)Ma(MSWD=1.3)(图 7-78),代表斑状黑云母二长花岗岩的结晶年龄。研究人员已对西台子岩体年代进行过研究,王建平(1992)获得黑云母 K-Ar 年龄为 187.9Ma,锆石 U-Pb 年龄为 196.34Ma,林宝钦等(1992)获得单颗粒锆石 U-Pb 年龄为(220 ± 4)Ma,苗来成等(2003)获得(218 ± 4)Ma。从这些年龄结果也可以看出 K-Ai 年龄比锆石 U-Pb 年龄明显偏小,反映出其为后期热事件的年龄,不是岩体的真实年龄。这些年龄中,林宝钦等(1992)和苗来成等(2003)获得的年龄与侯万荣(2011)的相近,反映成岩时代为印支期。

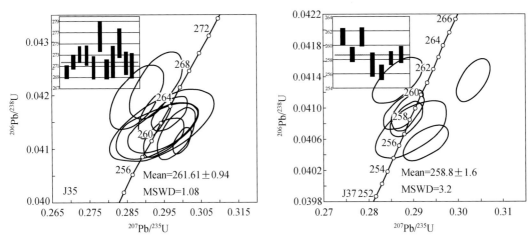

图 7-77　金厂沟梁片麻状花岗岩锆石 LA-ICP-MS U-Pb 表面年龄、谐和年龄曲线（侯万荣，2011）

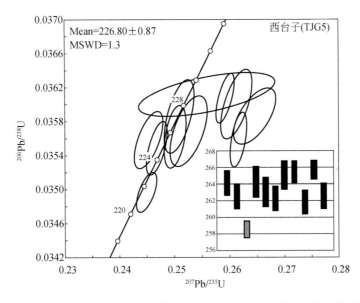

图 7-78　西台子似斑状黑云母二长花岗岩锆石 LA-ICP-MS U-Pb 谐和年龄曲线（侯万荣，2011）

5）岩石年龄测定

（1）对面沟细粒花岗闪长岩年龄测定。

对 20 粒锆石进行 LA-MC-ICP-MS 铀-铅同位素测年。铀为 $(77.39\sim2488.18)\times10^{-6}$，钍为 $(52.22\sim2025.76)\times10^{-6}$，Th/U 比值为 $0.54\sim3.16$，均大于 0.5，具有岩浆锆石的特点。其中 10 个测点可以给出一组年龄数据，其 $^{206}Pb/^{238}U$ 加权平均年龄值为 (138.7 ± 2) Ma（MSWN=3.3）（图 7-79），代表细粒花岗闪长岩的结晶年龄。其中锆石 1 号测点 $^{206}Pb/^{238}U$ 表面年龄为 (249 ± 2) Ma，锆石 6 号测点 $^{206}Pb/^{238}U$ 表面年龄为 (277 ± 3) Ma，18 号测点 $^{206}Pb/^{238}U$ 表面年龄为 (234 ± 2) Ma，接近片麻状二长花岗岩和西台子斑状二长花岗岩的年龄，王建平（1992）给出的全岩 K-Ar 年龄为 126.3Ma，钾长石 K-Ar 年龄为 (126 ± 3) Ma，反映了成岩后期的热事件，U-Pb 同位素年龄为 125.51Ma，单颗粒铅石 U-Pb 年龄 131.2Ma 也相对年轻，锆石 LA-ICP-MS U-Pb 年龄为 (138.7 ± 1.2) Ma，基本代表了岩体的成岩年龄。

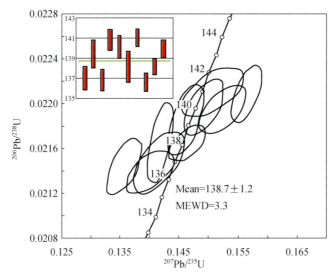

图 7-79　对面沟细粒花岗闪长岩锆石表面年龄分布图(TJG7)(侯万荣,2011)

(2)对面沟似斑状花岗闪长岩年龄测定。

对 20 粒锆石进行 LAMCICPMS 铀—铅同位素测年。铀为(61.18~240.4)×10^{-6},平均为 148.94×10^{-6},钍为(27.42~315.60)×10^{-6},平均为 136.28×10^{-6},Tu/U 值为 0.16~36,平均为 0.91,多数大于 0.5,具有岩浆锆石的特点,其中 13 个测点可以给出组成很好的一组年龄数据,^{206}Pb/^{238}U 加权平均年龄值为(142.65±0.44)Ma(MSWD=0.94)(图 7-80),代表似斑状花岗闪长岩的结晶年龄,其中,锆石 18 号测点 ^{206}Pb/^{238}U 表面年龄为(242.63±0.93)Ma,与西台子似斑状黑云母二长花岗岩的年龄相近。

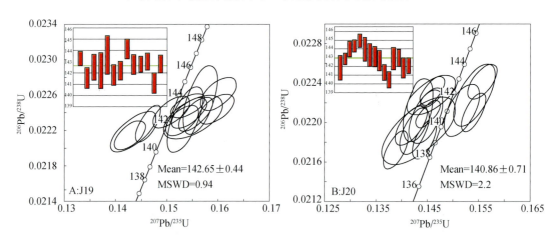

图 7-80　西对面沟似斑状花岗闪长岩锆石表面年龄分布、谐和年龄曲线图(侯万荣,2011)

(3)矿区南部边缘的石英斑岩脉锆石 LA-ICP-MS 年龄,其谐和年龄为(154.68±0.45)Ma(MSWD=7.1)。

(4)娄上石英闪长岩 K-Ar 年龄为 157Ma、SHRIMP U-Pb 年龄为(161±1)Ma(苗来成等,2003)。

从以上岩体、岩脉地球化学特征及成岩年龄数据可以看出,本区岩浆活动频繁,多期次侵入,在 145Ma 左右有一次岩浆喷发活动。从化学特征可以看出本区岩浆成分具有继承的特点。

4. 矿床地质特征

1) 简况

区内出露的地层主要为晚太古界建平群小塔子组角闪片麻岩和斜长角闪片麻岩为主的角闪片麻岩系,为金厂沟梁金矿富矿围岩。在矿区东部出露侏罗系火山岩,为辽宁二道沟金矿的富矿围岩,在矿区的西北乌拉山—双庙子 NE 向断陷盆地分布有白垩系火山碎屑岩及中性熔岩。区内侵入岩主要有西台子岩体(长皋沟金矿的富矿围岩)、金厂沟梁岩体(铜钼矿围岩)和西对面沟岩体。区内线性断裂主要有 EW 向、NW 向、NNE 向、NE 向,环形构造如西对面沟岩株侵入呈环状(图 7-81)。

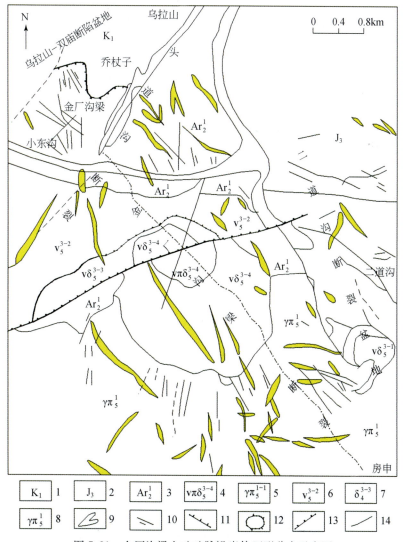

图 7-81 金厂沟梁金矿矿脉沿岩体环形分布示意图

1. 白垩系下统火山碎屑岩;2. 侏罗系上统流纹岩;3. 太古界片麻岩;4. 燕山期斑状花岗闪长岩;5. 燕山期花岗闪长岩;6. 燕山去片麻状二长花岗岩;7. 燕山期闪长岩;8. 印支期似斑状中粗粒花岗岩;9. 各种脉岩;10. 金矿脉;11. 断陷盆地;12. 穹窿构造;13. 实测及推测断层与产状;14. 航磁解译断裂

金厂沟梁金矿床与其东部的二道沟金矿床、西南部的长皋沟金矿床围绕西对面沟岩体分布,共同组成金厂沟梁—二道沟金矿田。其中金厂沟梁金矿床分为东、西两区,矿体赋存在新太古界建平群小塔子沟组片麻岩中。东部的二道沟金矿均产于侏罗系的火山岩中,西南的长皋沟金矿各矿脉产于西台子似斑状花岗岩中。矿田内金矿脉多为石英-硫化物复合脉型。矿脉一般长30～1000m,厚0.3～1.0m,平均品位为7.67～19.45g/t。矿脉的产状严格受断裂构造控制,金厂沟梁金矿脉走向为NW向、NNW向及SN向,二道沟金矿各矿脉走向为北NW及EW向,长皋沟金矿脉走向为SN向及NNE向。

2) 矿体特征

金厂沟梁金矿区(图7-82)以NE向头道沟断裂为界分为东、西两个矿区,2014年累计探明金资源储量大约63t。东矿区西以NE向头道沟断裂为界,西以NW向来毛沟断裂与二道沟侏罗系火山盆地相隔,南部边界为EW向控制矿床的边界断裂围限的三角形区域,其间分布有矿脉30余条,相对西矿区含金性差,占整个金矿储量的5%左右。

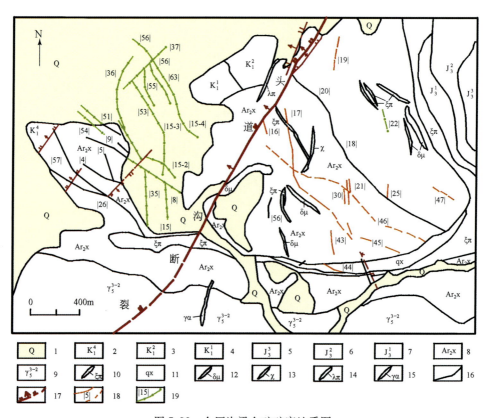

图7-82 金厂沟梁金矿矿床地质图

1. 第四系;2. 下白垩统四岩段粗面安山岩;3. 下白垩统二岩段凝灰质砾岩、角砾岩;4. 下白垩统一岩段凝灰质砂页岩;5. 上侏罗统三岩段流纹斑岩夹安山岩;6. 上侏罗统二岩段酸性凝灰岩夹凝灰质砂页岩;7. 上侏罗统一岩段底砾岩;8. 太古宙建平群小塔子沟组变质岩系;9. 燕山晚期中细粒片麻状花岗岩;10. 正长斑岩脉;11. 石英斑岩脉;12. 闪长玢岩脉;13. 闪斜煌斑岩脉;14. 流纹斑岩脉;15. 黑云粗安岩脉;16. 实测地质界线;17. 实测及推测正断层;18. 实测及推测金矿脉及其编号;19. 隐伏金矿脉及其编号

矿脉有三组方向,即NW向、近SN向和近EW向,有工业价值的主要有16、17、18和20号等矿脉,呈近SN向和NW向折形分布。西矿区西以乌拉山—大杖子NW向盆缘断裂为

界,东以 NE 向头道沟断裂与东矿区分隔,南界为 NEE 向西对面沟断裂。探明具有工业价值的矿脉 37 条,累计查明资源储量 50t。矿区北部和西部被白垩系火山岩掩覆,东部为黑云粗安岩所截。矿脉走向以 NW-NWW、SN、NE 向为主,主要矿脉有 26、57、8、15、35、39、36、56 等号脉。矿脉分布总体上呈向 SE 方向收敛,向 NW 方向撒开的分布形式(图 7-83)。

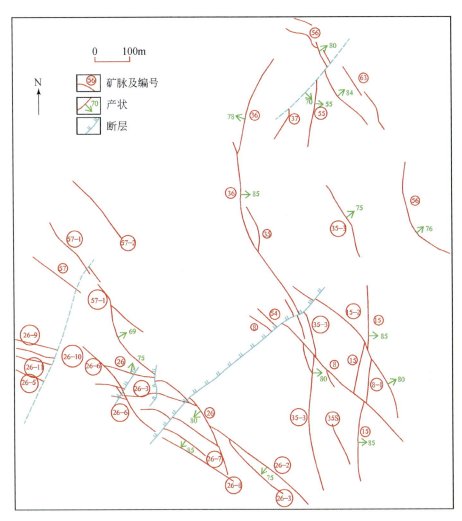

图 7-83 金厂沟梁西矿区矿脉分布图

总体来看,矿脉严格受构造裂隙控制,矿脉多呈脉状、透镜状或豆荚状。矿脉为富硫化物的绿泥石化、绢云母化蚀变岩和断续分布的石英脉,矿脉与围岩有清楚的分界。矿脉分枝复合、舒缓波状、膨大收缩现象比较常见,各矿脉普遍以薄脉、品位高、产状陡立为特征(图 7-84),主要矿脉特征简介如下。

15 号脉矿化类型为石英脉型与构造蚀变岩型。石英脉呈透镜状或扁豆状,断续延伸,石英脉被含矿蚀变带连接。总体形态比较简单,为脉状或长条状,局部有分支复合与蛇形弯曲。走向近 SN,向东陡倾,局部地段西倾(或上部西倾),向深部转为东倾,平面上显示弧形弯曲。

矿脉长 626m,控制延伸 520m,平均厚 0.42m。南端被黑云粗安岩所截,北端与 15-3 号

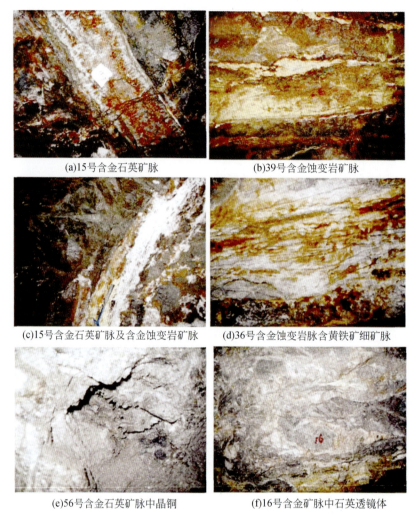

(a) 15号含金石英矿脉　　(b) 39号含金蚀变岩矿脉
(c) 15号含金石英矿脉及含金蚀变岩矿脉　　(d) 36号含金蚀变岩脉含黄铁矿细矿脉
(e) 56号含金石英矿脉中晶铜　　(f) 16号含金矿脉中石英透镜体

图 7-84　金厂沟梁含金石英脉景观图

脉呈尖灭侧现,后者走向由近 SN 变为 NNW。

26 号脉矿化类型以硫化物石英脉型为主,次为硫化物蚀变岩型,浅部以硫化物蚀变岩型为主。中深部以硫化物石英脉型为主,工业矿段较连续,总体走向 310°,NW 段向 NE 倾斜,倾角 70°~80°,东南段向南西倾斜,倾角大多在 80°以上,中段为倾向转换部位,时而向 NE 倾斜,时而向南西倾斜。该矿脉的一个显著特点是支脉相当发育,且规模较大,它们与主脉或斜交或平行,共同构成 26 号脉群,13 中段以下矿化减弱,局部可达开采要求。

35 号脉矿化类型以硫化物石英脉型为主,次为硫化物蚀变岩型。呈脉状,局部呈透镜状,矿脉可见分枝复合现象。矿脉长 528m,控制延深 520m,平均厚 0.54m,最厚处可达 2m。矿化连续性较好,矿脉南段走向近 SN,中段 330°,北段 0~340°,向 NE 或东倾,倾角 85°以上,矿脉北段与 36 号矿脉相连。36 号脉自南而北走向由近 SN 转为 30°,倾向 SE,倾角 80°,延长 400m 以上。如果将两条矿脉作为整体来看,其形态呈舒缓的 S 状。

56 号脉矿化类型以硫化物石英脉型为主,次为硫化物蚀变岩型。该矿脉是由相互平行的三条脉组成的复杂脉群,可分为 SN 两段,两段之间由破碎带连接,破碎带含金品位很低,为无矿地段。矿脉走向340°,倾向NE,倾角80°～85°,矿脉长490m,控制延深480m,平均厚0.44m。矿脉形态较为复杂,分枝复合现象较为明显,南端被黑云粗安岩所截,向北隐伏于白垩系地层之下。

8号脉矿脉长600m,控制延深330m,平均厚度0.17m,矿脉较稳定,工业矿段连续,但SN两端及向深部矿脉变窄,出现明显的分枝复合现象,浅部以硫化物蚀变岩型为主,深部中段以硫化物石英脉型为主。矿脉走向310°,倾向南西,倾角55°～75°,倾角缓于其他矿脉。10中段以下矿化减弱,局部可达开采要求。

57号脉以构造蚀变岩型为主,其次为石英脉型。脉状、局部呈透镜状,由四条平行矿脉组成脉带,剖面上呈雁行状斜列,分支复合与膨缩现象时有出现。矿脉总体形态呈反S状,中段走向NNW至近SN,南段与北段倾向NE,倾角70°～85°,矿脉长626m,控制延伸400m,平均厚0.39m,矿化连续性较好,此脉南端斜接于26号脉。

3) 围岩蚀变

围岩蚀变主要有绿泥石化、绢云母化、硅化、冰长石化和碳酸盐化等。区内围岩蚀变有如下主要特征:①各类蚀变围绕矿脉发生,沿断裂破碎带分布,受构造制约明显;②在蚀变波及范围内,自矿脉至两侧围岩,蚀变强度逐渐降低;③各类蚀变相互叠加,组成复杂的蚀变带,各种蚀变之间的分带性不十分明显;④与成矿作用关系密切的蚀变主要是绢云母化,其次为绿泥石化和硅化,碳酸盐化不具成矿性。

在镜下可以看到黄铜矿交代充填黄铁矿,黄铜矿呈乳滴状分布于闪锌矿中,闪锌矿沿方铅矿裂隙分布交代充填,方铅矿胶结黄铁矿碎块,从中可以看出这些金属硫化物的生成顺序,从早到晚,基本按照黄铁矿-细粒黄铁矿、闪锌矿、方铅矿-黄铜矿-白铁矿的顺序。另外蚀变也存在分带,通过野外和镜下,从早到晚,初步可以看出按照硅化(粗粒石英)-绢英岩化(细粒石英和绢云母)-钾硅化(石英+绢云母+冰长石)-碳酸盐化的蚀变顺序。根据矿石结构、构造、矿物共生组合等特征将该矿床原生矿化分为四个主要阶段。

(1) 石英-黄铁矿阶段为早期高温阶段,伴随有颗粒粗大的黄铁矿晶体,在晶体表面可以看到纵纹,矿石含金量很低,所形成的石英、黄铁矿等是在温度压力较高的情况下,此阶段的矿物主要有黄铁矿、石英、少量的自然金等。

(2) 石英-绢云母-多金属硫化物阶段,早期阶段的石英硫化物发生破碎,为脉状、网脉状石英胶结,在该阶段主要形成半自形黄铁矿或黄铁矿+磁黄铁矿、黄铜矿、闪锌矿、方铅矿等多金属硫化物,以及银金矿、自然金等,绢云母化伴随金属矿化普遍发育,是金的主要成矿阶段。

(3) 冰长石-石英-黄铁矿阶段此阶段普遍发育冰长石,呈细小菱形沿石英内部或边缘分布,金属矿物主要为黄铁矿,也可见其他金属硫化物在早期形成的石英黄铁矿裂隙中分布,或与二者交代,含金量低,为次要的成矿阶段。

(4) 碳酸盐阶段含有少量的黄铁矿,含金量低,可见独立的方解石脉等。

4) 流体包裹体岩相学特征

孙丽娜等(1992)对成矿流体的物理化学行为做了研究。得出成矿温度、压力等数据。

(1) 形态及温度。

镜下观察发现,流体包裹体以数量多而个体小、形态不规则为特征,分布很不均匀,它们或沿石英石生长愈合裂隙中呈定向排列,或孤立面状分布。包裹体个头一般较小,其长轴多集中在 5μm，少数达 59pm；包裹体形态一般为椭圆形、多边形、米粒状、纺锤状、不规则状。室温下包裹体主要为气液包裹体，气液体积比为 10%～35%，纯液态和纯气态包裹体少见，偶见含有 NaCl 子晶的三相包裹体。根据包裹体相态特征，将原生包裹体分为气液两相包裹体（Ⅰ类）和含子晶三相包裹体（Ⅱ类）两类。

金厂沟梁含金石英脉流体包裹体均一温度为 190～380℃，平均为 293.8℃，在均一温度直方图上主要集中在 240～340℃，盐度为 0.18%～8.81%NaCl，平均盐度为 3.79%NaCl，主要集中在 0～0.5%NaCl、3%～3.5%NaCl 和 4%～5%NaCl 三个区间。

对面沟铜钼矿 754 中段含矿石英脉石英包裹体均一温度范围 101～424℃，平均为 315℃，在均一温度直方图上分布在 190～310℃ 和 370～400℃ 两个区间。盐度为 5.41%～38.16% NaCl，平均盐度为 23.44% NaCl，集中在 9%～17% NaCl、21%～25% NaCl 和 29%～33% NaCl 3 个区间。可以看出，铜钼矿石英脉流体盐度很高。

(2) 流体压力估算。

依据经验公式计算其捕获压力及成矿深度，求得金厂沟梁金矿床成矿压力为 $(169.51～986.07)×10^5$ Pa，平均为 $710×10^5$ Pa，换算成相应的深度，静水深度为 1.70～9.86km，平均为 7.05km，静岩深度为 0.63～3.65km，平均为 2.61km。

二道沟金矿床成矿压力为 $(629.56～779.92)×10^5$ Pa，平均为 $710×10^5$ Pa，换算成相应的深度，静水深度为 6.30～7.80km，平均为 7.10km，静岩深度为 2.33～2.89km，平均为 2.63km。

钼矿化石英脉成矿压力为 $(565.99～1027.55)×10^5$ Pa，平均为 $943×10^5$ Pa，换算成相应的深度，静水深度为 8.6～10.28km，平均为 9.43km，静岩深度为 3.21～3.81km，平均为 3.49km。

对面沟铜钼矿床成矿压力为 $(162.79～189.42)×10^5$ Pa，平均为 $628×10^5$ Pa，换算成相应的深度，静水深度为 1.63～11.89km，平均为 6.28km，静岩深度为 0.60～4.41km，平均为 2.32km。

金厂沟梁含金石英脉石英流体包裹体均一温度为 190～380℃（表 7-31），集中在 240～340℃，平均为 293.5℃，盐度为 0.18%～5.81% NaCl，集中在 0～0.5% NaCl、3%～3.5% NaCl 和 4%～5% NaCl 三个区间，平均为 3.79% NaCl。成矿压力为 $(169.51～986.07)×10^5$ Pa，平均为 $705×10^5$ Pa，换算成相应的深度，静水深度为 1.70～9.56km，平均为 7.05km，静岩深度为 0.63～3.65km，平均为 2.61km。

表 7-31　金厂沟梁金矿床石英流体包裹体显微测温结果表(孙丽娜等，1992)

序号	样号	矿物	包裹体特征			冰点/℃	盐度/%NaCl	子晶溶化温度/℃	均一温度/℃	备注
			类型	大小/μm	相比/%					
1	JCG155	石英	V-L(14)	7～59	15～25	−3.6～−2	3.39～5.86	—	250～327	金厂沟梁金矿
2	JCG283	石英	V-L(17)	6～26	15～30	−4.2～−1	1.74～6.74	—	256～3.37	金厂沟梁金矿
3	JCG1534	石英	V-L(17)	6～14	15～45	−0.5～−0.1	0.18～0.88	—	224～365	金厂沟梁金矿

续表

序号	样号	矿物	包裹体特征			冰点/℃	盐度/%NaCl	子晶溶化温度/℃	均一温度/℃	备注
			类型	大小/μm	相比/%					
4	JCG1541	石英	V-L(17)	5~15	12~30	−3.7~−0.5	2.07~6.01	—	229~324	金厂沟梁金矿
5	JCG1651	石英	V-L(22)	5~17	15~30	−5.7~−0.1	0.18~8.81	—	272~341	金厂沟梁金矿
6	JCG1573	石英	V-L(15)	8~46	8~25	−3.4~−2.4	3.39~5.56	—	190~331	金厂沟梁金矿
7	JCG3551	石英	V-L(12)	9~23	15~35	−3.6~−2.4	4.03~5.86	—	215~370	金厂沟梁金矿
8	JT-1	石英	V-L(14)	4~10	7~50	−4.4~−0.7	1.23~7.02	—	202~380	金厂沟梁金矿
9	EDG2	石英	V-L(10)	6~20	12~35	−3.4~−1	1.74~5.56	—	257~303	二道沟金矿
10	JCGM22	石英	V-L(17)	6~22	20~45	−4.2~−1	1.74~6.74	—	345~393	西矿区早期钼矿化
11	JCGM23	石英	V-L(20)	7~37	10~45	−7.9~−1.7	2.9~11.58	—	315~368	西矿区早期钼矿化
12	JCG-5	石英	V-L(18)	8~24	18~30	−24.8~−17.5	20.6~29.62	22.6~149	308~424	对面沟铜钼矿
13	JT-5	石英	V-L(9)	6~15	10~20	−26.4~−3.3	5.41~23.18	—	231~304	对面沟铜钼矿
14	JT-5	石英	V-L-S(7)	5~22	S-8, V-8	—	31.58~38.16	194~300	101~268	对面沟铜钼矿

(3) 流体成分。

流体包裹体激光拉曼测试结果表明,除了石英的特征峰外,包裹体液相成分和气相成分均以 H_2O 为主,未检测到其他挥发分,金厂沟梁金矿床矿石的石英流体包裹体的气相和液相组成,包裹体气相成分中均以 H_2O(71.27%~92.72% mol)和 CO_2(4.30%~13.86% mol)为主。说明成矿期的环境处于弱氧化状态。成矿流体应属于 Na^+-Cl^--SO_4^{2-} 型流体。说明 Cl^- 在成矿中曾发挥重要作用,它可以与 An 形成氯的络合物而迁移,SO_4^{2-} 的存在说明当时流体可能为弱氧化状态。

5. 成矿物质来源

侯万荣(2011)和张长春等(2002)对矿床稳定同位素组成进行研究。

1) 硫同位素特征

金厂沟梁金矿区 $\delta^{34}S$ 为 −2.8‰~−0.6‰,极差为 2.2‰,平均值为 −1.61‰。长皋沟金矿区(2件) $\delta^{34}S$ 为 −1.5‰~1.2‰,极差为 2.7‰,平均值为 −0.15‰。二道沟(4件)金矿区含金硫化物 $\delta^{34}S$ 为 −0.7‰~2.3‰,极差为 3‰,平均值为 −0.08‰(表 7-32),在硫同位素组成直方图(图 7-85)上,金厂沟梁金矿区硫化物硫同位素 $\delta^{34}S$ 值为 −1‰~2‰,二道沟金矿区硫化物硫同位素 $\delta^{34}S$ 值为 −1‰~0。

表 7-32 金厂沟梁矿区含金矿体硫化物硫同位素(张长春等,2002)

样品编号	岩石名称	矿区	采样位置	测试样品	$\delta^{34}S_{V\text{-}COT}$/‰
JCG155	石英脉	金厂沟梁	15-3#矿体	黄铁矿	−1.8
JCG1534	石英脉	金厂沟梁	15-3#矿体	黄铁矿	−1.7
JCG1541	硫化物-石英脉	金厂沟梁	15-4#矿体	黄铁矿	−0.7

续表

样品编号	岩石名称	矿区	采样位置	测试样品	$\delta^{34}S_{V\text{-}COT}/\%$
JCG1571	石英脉	金厂沟梁	15-7#矿体	黄铁矿	−1.5
JCG161	硫化物脉	金厂沟梁	16#矿体	黄铜矿	−0.6
JCG163	石英-硫化物脉	金厂沟梁	16#矿体	黄铁矿	−1.4
JCG171	石英-硫化物脉	金厂沟梁	17#矿体	黄铁矿	−1.5
JCG263	黄铁矿-石英脉	金厂沟梁	26#矿体	黄铁矿	−2.1
JCG283	黄铁矿-石英脉	金厂沟梁	28#矿体	黄铁矿	−1.2
JCG361	石英脉	金厂沟梁	36#矿体	黄铁矿	−1.2
JCG365	石英-硫化物脉	金厂沟梁	36#矿体	方铅矿	−2.8
JCG391	石英-黄铁矿脉	金厂沟梁	39#矿体	黄铁矿	−1
JCG564(闪)	石英-硫化物矿脉	金厂沟梁	56#矿体	闪锌矿	−2.4
JCG564(方)	石英-硫化物矿脉	金厂沟梁	56#矿体	方铅矿	−2.6
CGG4(黄)	含金硫化物-石英脉	长皋沟	38号采场矿体	黄铁矿	1.2
CGG4(方)	含金硫化物-石英脉	长皋沟	38号采场矿体	方铅矿	−1.5
EDG14	硫化物-石英脉	二道沟	3#矿体	黄铁矿	−1.7
EDG16	石英-硫化物脉	二道沟	2#矿体	黄铁矿	2.3
EDG6	石英脉	二道沟	21#矿体	黄铁矿	−0.2
EDG2	黄铁矿石英脉	二道沟	5#矿体	黄铁矿	−0.7

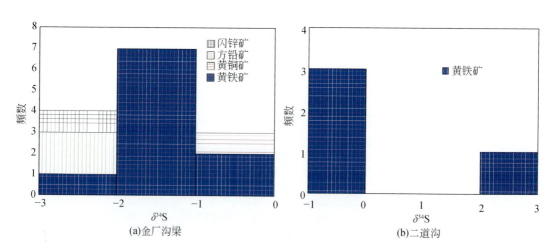

图7-85 金厂沟梁、二道沟矿床含金硫化物硫同位素直方图(张长春等,2002)

2)铅同位素特征

按照与金矿脉相互穿插的黑云粗安岩脉的形成年龄(131.7Ma)作为金主成矿年龄计算了相应参数。金厂沟梁金矿区矿石中黄铁矿 $^{206}Pb/^{204}Pb$ 为 16.824~17.317,平均为 16.962;$^{207}Pb/^{204}Pb$ 值为 15.302~15.480,平均为 15.345;$^{208}Pb/^{204}Pb$ 值为 36.849~37.706,平均为 37.044;计算出 H-H 模式年龄为 985~763Ma,平均为 915Ma;μ 为 9.09~9.38,平均为 9.16;Th/U 值为 3.81~3.99,平均为 3.85。

黄铜矿 1 件,其 $^{206}Pb/^{204}Pb$ 值为 16.904,$^{207}Pb/^{204}Pb$ 值为 15.315,$^{208}Pb/^{204}Pb$ 值为 36.918,H-H 模式年龄为 924Ma,μ 为 9.11,Th/U 值为 3.85。

方铅矿 $^{206}Pb/^{204}Pb$ 值为 17.086~17.317,平均值为 17.202;$^{207}Pb/^{204}Pb$ 值为 15.398~15.480,平均为 15.439;$^{208}Pb/^{204}Pb$ 值为 37.258~37.706,平均为 37.482;H-H 模式年龄为 884~810Ma,平均为 847Ma;μ 为 9.25~9.38,平均为 9.32;Th/U 值为 3.91~3.99,平均为 3.95。

闪锌矿 1 件,$^{206}Pb/^{204}Pb$ 值为 17.216,$^{207}Pb/^{204}Pb$ 值为 15.33,$^{208}Pb/^{204}Pb$ 值为 37.256,H-H 模式年龄为 763Ma,μ 为 9.17,Th/U 值为 3.90。

二道沟矿区矿石中黄铁矿 $^{206}Pb/^{204}Pb$ 值为 17.704~17.280,平均为 17.193;$^{207}Pb/^{204}Pb$ 值为 15.398~15.408,平均为 15.402;$^{208}Pb/^{204}Pb$ 值为 37.246~37.465,平均为 37.334;计算出 H-H 模式年龄为 893~751Ma,平均为 813Ma;μ 为 9.22~9.25,平均为 9.24;Th/U 值为 3.85~3.90,平均为 3.87。

长皋沟矿区矿石中黄铁矿 $^{206}Pb/^{204}Pb$ 值为 17.166~17.297,平均为 17.232;$^{207}Pb/^{204}Pb$ 值为 15.424~15.435,平均为 15.430;$^{208}Pb/^{204}Pb$ 值为 37.453~37.465,平均为 37.459;计算出 H-H 模式年龄为 868~762Ma,平均为 815Ma;μ 为 9.26~9.31,平均为 9.29;Th/U 值为 3.88~3.95,平均为 3.92。

三个矿区的硫化物的 $^{206}Pb/^{204}Pb$ 值、$^{207}Pb/^{204}Pb$ 值、$^{208}Pb/^{204}Pb$ 值、单阶段模式年龄、Th/U 值、μ 值等参数相似,变化范围很小,说明它们成矿作用有着相同的过程。铅模式年龄总体为 985~75Ma,为新元古代。一般认为模式年龄是样品从地幔源区分离出来的时间,将铅同位素数据投影在 Zartman 等(1981)提出的构造图解上可以看到,矿石中硫化物样品铅同位素数据投点主要投在地幔铅演化曲线和造山带铅演化曲线之间靠近地幔铅演化曲线的一侧,反映了铅的来源主要为地幔和下地壳,同时有少量造山带铅的混入(侯万荣,2011)。

3)氢氧同位素特征

金厂沟梁金矿区石英样品 13 件,长皋沟矿区样品 1 件,二道沟矿区样品 3 件(表 7-33),氧同位素按照克拉顿计算公式:

$$1000\ln a_{石英水} = 3.38(10^6 T^{-2}) - 3.4, \quad 1000\ln a_{石英水} = \delta^{18}O_{石英} - \delta^{18}O_{水}$$

取平均温度 294℃,金厂沟梁金矿脉的 $\delta^{18}O_{水}$ 为 2.2‰~7.8‰,平均为 4.9‰,δD 为 −108‰~−62.4‰,平均为 −86‰。

二道沟金矿脉 $\delta^{18}O_{水}$ 为 7.4‰~7.9‰,平均为 7.6‰,δD 为 −110.9‰~−97.8‰,平均为 −103.1‰。

长皋沟金矿脉 1 件,$\delta^{18}O_{水}$ 为 7.7‰,δD 为 −81.3‰,Turekian 等(1961)认为岩浆水的 $\delta^{18}O_{水}$ 为 5.5‰~10‰,δD 为 −80‰~−40‰,将结果投入 $\delta^{18}O_{水}$-δD(图 7-86)上,三个矿区投影点均落在原生岩浆水及下方,说明成矿流体主要来自岩浆水,有部分天水混入,有 1 个

样品投入变质水范围,说明流体继承了变质流体。

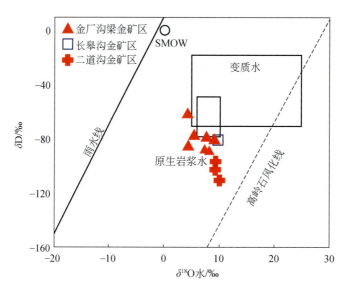

图 7-86 金厂沟梁金矿田流体包裹体的 $\delta D\text{-}\delta^{18}O_{水}$ 图解(侯万荣,2011)

表 7-33 金厂沟梁金矿田矿石石英氢氧同位素组成(侯万荣,2011) (单位:‰)

样号	岩石名称	位置	测试矿物	$\delta D_{V\text{-}SM.W}$	$\delta^{18}O_{V\text{-}SM.W}$	$\delta^{18}O_{水}$
JCG151	石英脉	15#矿体	石英	−108	14.6	7.8
JCG1534	石英脉	15-3#矿体	石英	−84.1	9	2.2
JCG1541	硫化物-石英脉	15-4#矿体	石英	−84.1	9.2	2.4
JCG1571	石英脉	15-7#矿体	石英	−86	9.3	2.5
JCG1573	石英脉	15-7#矿体	石英	−77.6	10.2	3.4
JCG165	石英脉	16#矿体	石英	−62.4	9.5	2.7
JCG283	黄铁矿-石英脉	28#矿体	石英	−80.5	23.7	6.9
JCG355	石英脉	35#矿体	石英	−99.5	13.1	6.3
JCG3551	石英脉	35-5#矿体	石英	−81.2	13	6.2
JCG3561	石英脉	35-6#矿体	石英	−98.9	13.3	6.5
JCG361	石英脉	36#矿体	石英	−87.7	12.6	5.8
JCG582	硅化蚀变岩	58#矿体	石英	−88.1	12.1	5.3
JCG583	硅质岩脉	58#矿体	石英	−80	12.5	5.7
CGG4	含金硫化物-石英脉	38#矿体	石英	−81.3	14.5	7.7
EDG14	硫化物-石英脉	3#矿体	石英	−110.9	14.7	7.9
EDG16	石英-硫化物脉	2#矿体	石英	−100.7	14.2	7.4
EDG6	石英脉	21#矿体	石英	−97.8	14.3	7.5

4)成矿年代学研究分析

王建平等(1998)进行了蚀变岩全岩 K-Ar 同位素年龄测定,给出的结果为 121.71～100.02Ma,认为成矿时限为 117.74～121.71Ma。周乃武(2000)认为金成矿主期为 141.7～135.26Ma。庞奖励(1999)对二道沟金矿蚀变矿物绢云母 Ar-Ar 定年,获得成矿年龄为(140±2.8)Ma。以往定年采用蚀变矿物的 K-Ar 或 Ar-Ar 同位素测定方法,误差较大。近年采用矿脉穿插取样,锆石 LA-ICP-MSU-Pb 年龄测定法,一般认为更有效。

(1) 黑云粗安岩 LA-ICP-MSU-Pb 法年龄。

侯石荣(2011)采集与矿脉相互穿插的黑云粗安斑岩样品。铀为$(61\sim487.59)\times10^{-6}$,钍为$(38.92\sim451.92)\times10^{-6}$,Th/U 值为 0.57～1.66,均大于 0.5,具有岩浆锆石的特点。$^{206}Pb/^{238}U$ 加权平均年龄值为(131.7 ± 1.1)Ma(MSWD=1.9)(图 7-87),代表黑云粗安斑岩的结晶年龄。U-Pb 同位素年龄为 125.51Ma,单颗粒锆石 U-Pb 年龄(131.2Ma)也相对年轻,锆石 LA-ICP-MSU-Pb 年龄为(131.7 ± 1.1)Ma,基本代表了黑云粗安斑岩的成岩年龄,从而为准确地限定成矿年代提供了依据。王建平等(1998)给出的全岩 K-Ar 年龄为 126.3Ma,钾长石 K-Ar 年龄为(126 ± 3)Ma,可能代表成岩后期的一次热事件。

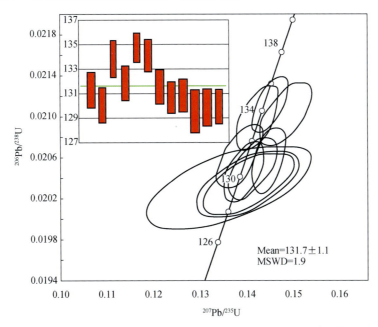

图 7-87　金厂沟梁黑云粗安岩锆石谐和年龄曲线(JCG581)(王建平等,1998)

(2) 早期辉钼矿化石英脉 Re-Os 测年。

东矿区成矿模式年龄为$(244.6\pm3.7)\sim(241.9\pm3.5)$Ma(表 7-34),模式年龄基本一致,其加权平均值为(243.5 ± 1.3)Ma,而且构成很好的等时线,等时线年龄为(244.7 ± 2.5)Ma[图 7-88(a)],说明在三叠纪早期有一期钼矿化。位于矿区西北部库里吐(萨力巴)钼矿的富矿围岩鸡冠山岩体锆石 SHRIMP U-Pb 年龄为$(256.9\pm6.9)\sim(242.9\pm2)$Ma,说明区域的钼矿化在本区也发生。

表 7-34　内蒙古金厂沟梁矿区 17、20 号脉辉钼矿铼、锇同位素测定结果(张长春等,2002)

样号	样重/g	Re/(μg/g)		普 Os/(ng/g)		^{187}Re/(μg/g)		^{187}Os(ng/g)		模式年龄/Ma	
		测定值	不确定度	测定值	不确定度	测定值	不确定度	测定值	不确定度	测定值	不确定度
JCGM13	0.00843	45.43	0.38	0.0417	0.1403	28.56	0.24	115.3	1.0	241.9	3.5
JCGM14	0.00886	73.19	0.53	0.0488	0.1093	46.00	0.33	187.3	1.6	243.9	3.4
JCGM23	0.00803	146.3	1.6	0.0537	0.2407	91.98	1.00	374.7	2.9	244.0	3.8
JCGM31	0.00806	127.4	1.2	0.0539	0.1207	80.07	0.75	325.8	2.6	243.7	3.6

续表

样号	样重/g	Re/(μg/g)		普 Os/(ng/g)		^{187}Re/(μg/g)		^{187}Os(ng/g)		模式年龄/Ma	
		测定值	不确定度	测定值	不确定度	测定值	不确定度	测定值	不确定度	测定值	不确定度
JCGM32	0.00987	138.3	1.3	0.0432	0.1937	86.91	0.81	354.9	3.0	244.6	3.7
JCGM33	0.01158	137.8	1.3	0.0217	0.0730	86.58	0.79	352.1	2.9	243.6	3.6
JCGM34	0.00828	113.8	1.0	0.0542	0.1823	71.50	0.66	289.4	2.7	242.4	3.7

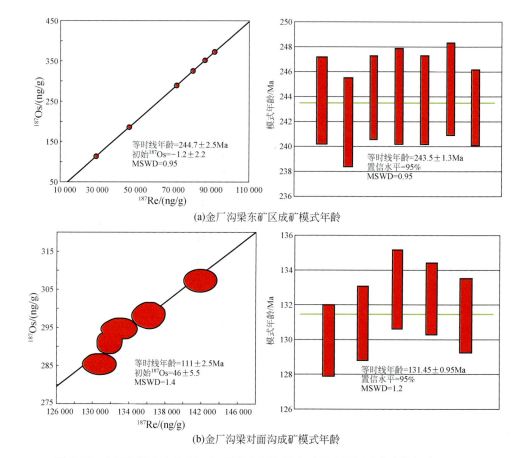

(a) 金厂沟梁东矿区成矿模式年龄

(b) 金厂沟梁对面沟成矿模式年龄

图 7-88　金厂沟梁 7 中段 17～20 脉及金厂沟梁南对面沟铜钼矿床中辉钼矿 Re-Os 同位素等时线和模式年龄(张长春等,2002)

(3)对面沟铜钼矿化辉钼矿 Re-Os 测年。

紧邻金矿区南部麻状花岗岩中的对面沟铜钼矿床,在金厂沟梁矿区二采区七中段穿脉 CM703 向南一直穿到片麻状二长花岗岩中的铜钼矿体内,采辉钼矿样品 5 件。成矿模式年龄为(229.9±2.0)～(132.9±2.3)Ma(表 7-35),加权平均值为(131.45±0.93)Ma(MSWD=1.2),等时线年龄为(111±25)Ma(MSWD=1.4)[图 7-88(b)],其加权平均年龄与黑云粗安斑岩的年龄(131.7±1.1)Ma 相近,说明本区对面沟铜钼矿化、金厂沟梁金矿化、黑云粗安斑岩基本上在同一个时间段成矿、成岩。

表 7-35　金厂沟梁外围对面沟铜钼矿床辉钼矿锌、锇同位素测定结果(张长春等,2002)

样号	样重/g	Re(μg/g)		普 Os/(ng/g)		^{187}Re/(μg/g)		^{187}Os/(ng/g)		模式年龄/Ma	
		测定值	不确定度	测定值	不确定度	测定值	不确定度	测定值	不确定度	测定值	不确定度
Dmg1	0.01018	208.1	2.5	0.0586	0.1972	130.8	1.5	285.5	2.3	130.9	2.2
Dmg2	0.01035	211.5	2.6	0.0586	0.0657	133.0	1.6	294.6	2.6	132.9	2.3
Dmg3	0.01008	209.9	1.9	0.1908	0.1980	131.9	1.2	291.1	2.6	132.3	2.0
Dmg4	0.01046	216.6	2.3	0.1222	0.2583	136.1	1.5	298.3	2.8	131.4	2.2
Dmg5	0.03108	225.7	2.4	0.0668	0.0388	141.8	1.5	307.4	2.6	129.9	2.0

6. 矿床成因讨论

1)成岩、成矿不同的认识

金厂沟梁金矿床是产在 EW 向赤峰—开原大断裂、NE 向承德—北票深断裂和新华夏左旋压扭性断裂所圈定的努鲁尔虎隆起带 NE 段龙潭地块内,认为 NW 走向和近 SN 走向的一组共轭剪切断裂是矿区最主要的控矿构造,并确定了菱形透镜状网络的控矿构造形式。

(1)成岩分析。

王建平等(1992,1998)认为自印支运动以来,金厂沟梁地区有四次岩浆侵入活动:第一次侵入为西台子花岗岩体,为长皋沟金矿的富矿围岩,黑云母 K-Ar 同位素年龄为(218±4)Ma(印支期)、187.9Ma,U-Pb 年龄为 196.3Ma;第二次侵入为金厂沟梁中细粒片麻状花岗岩,钾长石 K-Ar 年龄为 135.36Ma,岩体中赋存细脉浸染状铜、钼矿化;第三次侵入为对面沟中细粒花岗闪长岩,K-Ar 年龄为 126.3Ma,U-Pb 年龄为 125.51Ma,是本区主要成金岩体;第四次侵入为对面沟中细粒斑状花岗闪长岩,全岩 K-Ar 年龄 121.7Ma。

陈军强等(2005)对金厂沟梁金矿区与成矿伴生的暗色脉岩进行了研究,细晶闪长岩-石英闪长岩属钙碱性岩系,具 Adakite 岩的性质特征;闪长纷岩-英安斑岩属粗安岩系、细晶闪长岩-石英闪长岩的岩浆来源于地幔或洋壳俯冲脱水交代的下地壳,地壳增厚过程产生并就位。闪长玢岩-英安斑岩类的岩浆就位相对晚,来源具有上地壳性质或被地壳物质强烈混染,地壳减薄过程形成。指示金厂沟梁金矿形成的地球动力学背景是在地壳挤压增厚转化为伸展减薄过程。

宋维民等(2009)认为西对面沟花岗岩岩体具有高钼、富钠、高银、强烈重稀土亏损,无明显的负铕异常或具有正铕异常、过渡元素富集等特征,认为该岩体与中国东部岩石圈减薄有关。

(2)成矿分析。

宋维民等(2009)认为金厂沟梁是中高温高氧逸度近于中性的环境下形成的矿床。

张长春等(2002)通过稳定同位素研究,认为金厂沟梁金矿成矿流体的同位素组成与本区变质岩、岩浆岩的同位素组成相似,认为变质岩是成矿母岩,变质岩经过多次活化,到了燕山晚期,岩浆期后热液活动将成矿物质带到构造有利部位聚集形成了金矿床。

褚金锁等(2000)通过对金厂沟梁金矿地质特征,微量元素、流体包裹体和稳定同位素特征研究,提出了岩浆热动力作用下叠加富集成为岩浆热液型金矿床的观点,认为太古界变质岩基底为金的形成和叠加富集具备了初始矿源,后期岩浆活动活化成矿。

孙丽娜(1990)通过研究富矿围岩的含金量、微量元素、矿体的同位素地球化学特征,认为成岩成矿是一个继承性的演化系统,太古界小塔子沟组地层是初始的矿源,中生代的岩浆活动不仅提供了热动力条件,而且直接提供了成矿物质。

刘宗秀等(2002)通过氢氧同位素研究,表明金矿热液来源于岩浆,并有雨水加入,硫同位素接近陨石硫值,具单峰塔式效应,矿体铅与岩体铅具有一致性,岩体与矿体稀土曲线具相似性,认为金厂沟梁——二道沟金矿田的成因为重熔岩浆热液型矿床。

李强之(1990)认为形成于不同围岩中的金矿矿质及成矿热液均来源于对面沟花岗闪长质岩体,并提出金厂沟梁——二道沟金矿是对面沟花岗闪长斑岩体铜、钼、金矿化水平分带所致的模式。

王建平等(1998)认为 126.3~121.5Ma 的浅成相斑状花岗岩岩株侵位、121.71~100.02Ma 在岩株周边的放射状共轭断裂中,岩浆热液注入形成脉状金矿。

周乃武(2000)认为金矿主成矿期为 141.7~135.26Ma,斑岩型铜钼矿化期为 125.5Ma,而含金石英脉型金矿化为 221.5~72.7Ma。

苗来成等(2003)通过锆石 U-Pb 定年,认为金厂沟梁中生代以来至少经历了三次中酸性岩浆侵入作用,分别以西台子二长花岗岩[(218±4)Ma]、娄上含辉石石英闪长岩[(161±1)Ma]和西对面沟花岗闪长岩及闪长纷岩脉[(126±1)Ma]侵位为标志,花岗岩类侵入与造山作用有关,为造山后或陆内拉张作用的产物,金矿化发生在 126~118Ma。

庞奖励(1999)通过二道沟金矿蚀变矿物绢云母 Ar-Ar 定年,获得二道沟金矿成矿年龄为 142.5 Ma,认为二道沟金矿成矿与火山作用有关的浅成低温热液矿床。

成矿作用主要和燕山期岩浆作用有关,是受构造控制。对矿床成因存在以下观点:次火山热液脉型矿床(王建平等,1992,1998);重熔岩浆成矿(张长春等,2002;刘宗秀等,2002);与火山岩有关的浅成低温热液金矿床(庞奖励,1999);矿床中硫具有深源特征(李强之,1990;王建平,1992);成矿物质可能来源于造山过程中的深部或者幔源(宋维民等,2009;陈军强等,2005;苗来成等,2003;褚金锁等,2000)。

多数研究者认为基底成矿物质提供矿源,成矿主要与对面沟岩体有关,成矿流体主要来源于深部,为岩浆热液,后期有大气水加入。

2)矿床成因分析

(1)成矿物质来源。

本矿区成矿物质主要有 Au、Ag、S、Zn、Pb、Cu、C 等。热液矿床的成矿物质来源有两种可能:岩浆热液从深部带来;围岩提供。从前述分析可知,本区成矿物质硫是来源于重熔岩浆,碳也来源于重熔岩浆,有了这些成矿介质才使金活化转移成为可能。本区变质岩地层中,特别是在含角闪质较多的中基性岩类中含黄铁矿较多,黄铁矿是富含金的载体,在各种地质作用下,又最易于分解使金活化,再结合同位素资料,可把这套变质岩看成是金矿的原始矿源层,这是形成金矿床的物质基础。

(2)矿源层活化。

金在自然界中,既不进入硅酸盐,也不进入氧化物、硫化物晶格中,而主要呈自然元素状态出现,与造岩元素和造矿元素之间没有任何化学键联系,因此,金可以不只一次地继承和再生。金在酸性条件下可以以金氯络合物形式迁移,在碱性条件下可以以金硫络合物和金羟基络合物形式迁移。在热液中含有 CO_2、H_2S 等,对金的活化是有利的。研究表明,首先是太古宙小塔子沟岩石的变质作用生成了 CO_2、H_2S 等,打破了原有的化学平衡,导致 Au、Ag 等成矿元素的释放,并在适宜条件下形成了金矿源层;燕山期构造运动,使太古宙变质岩重熔,引起了矿源层物质的再次活化,形成了本区的成矿热液,成矿热液沿构造裂隙运移,在适宜的条件下沉淀,如流体的不混溶就会导致金的沉淀。在 H_2O-CO_2-$NaCl$ 体系中,如果有少量的 CH_4 加入,就会大大扩大该体系发生不混溶的区域,并导致金的沉淀。包体分析表明,该成矿热液中含有 CH_4,流体的不混溶引起金的沉淀在本区是存在的。

(3)岩浆成矿作用。

野外调查及室内测试综合分析表明,金厂沟梁矿田范围内金厂沟梁、二道沟、长皋沟三个金矿床的矿床地质特征、矿化特征、矿石类型及结构构造、围岩蚀变特征等基本相似,成矿流体包裹体均一温度、盐度以及估算的成矿压力、氢氧同位素特征、硫同位素特征、铅同位素特征也基本接近。它们围绕对面沟花岗闪长岩分布,矿脉距离岩体 0.5~4km,成矿成岩时代相近,从时空上表明矿田内三个金矿床与对面沟岩体成因上有着密切的联系。

对面沟花岗闪长岩成矿元素含量很高,其铅同位素特征与矿石中硫化物铅同位素一致,而且绝大部分矿石铅同位素和岩体的铅同位素投影在地幔铅演化曲线和造山带铅演化曲线之间靠近地幔铅演化曲线的一侧,反映了成矿物质中的铅绝大部分来源于下地壳或地幔。

孙丽娜(1990)对金厂沟梁含金矿脉中的黄铁矿进行流体包裹体 He、Ar 同位素测定,流体包裹体 $^3He/^4He$ 值为 1.03~5.95Ra,其值高于大气饱和水(1R/Ra)和地壳放射成因 $^3He/^4He$ 的特征值(0.01~0.05R/Ra),而低于地幔流体 $^3He/^4He$ 的特征值(6~9R/Ra),也充分表明成矿流体有深部地幔的成分。

矿石硫化物硫同位素,矿石硫化物 $\delta^{34}S$ 值为 $-2.8‰$~$2.3‰$,极差值为 $5.1‰$,平均值为 $-1.16‰$,极差小,说明硫来源比较单一。$\delta^{34}S$ 值在零值附近,具有岩浆硫的特征。含金黄铁矿 $^{206}Pb/^{204}Pb$ 值为 16.524~17.317,$^{207}Pb/^{204}Pb$ 值为 15.302~15.450,$^{208}Pb/^{204}Pb$ 值为 36.849~37.706,投影到地幔铅演化曲线和造山带铅演化曲线之间靠近地幔铅演化曲线的一侧,反映出深部地幔和下地壳来源特征。

H-O 同位素结果显示,$\delta^{18}O_水$ 值为 2.2‰~7.8‰,平均为 4.9‰,δD 为 $-108‰$~$-62.4‰$,平均为 $-86‰$,成矿流体主要来源于岩浆水,后期有大气降水的参与。

含金石英流体包裹体均一温度为 190~380℃,集中在 240~340℃,平均为 293.8℃,盐度为 0.18%~8.81% NaCl,平均为 3.79%NaCl。成矿压力为 $(169.5~956.07)×10^5 Pa$,平均为 $705×10^5 Pa$,换算成相应的深度,静水深度为 1.70~9.56km,平均为 7.05km,静岩深度为 0.63~3.65km,平均为 2.61km,说明成矿流体为中高温、低盐度、低密度流体。

矿床形成于中-深成环境,流体液相组分中阴离子以 Cl^- 和 SO_4^{2-} 为主,阳离子以 Na^+、K^+ 和 Ca^+ 为主,气相成分以 H_2O 和 CO_2 为主,H_2O 的含量在气相组分中占绝对优势。具有中高温、弱酸性、弱还原性的特点,决定了矿质活化、迁移和富集特征。

对面沟细粒花岗闪长岩的成岩年龄为 $(138.7±1.2)Ma$,与 58 号矿脉相互切穿的黑云粗安岩脉的年龄为 $(131.7±1.1)Ma$,说明金厂沟梁金矿成矿发生在 131Ma 左右,年龄仅相差 6Ma,这说明成矿发生在岩浆期后,含矿热液运移富集成矿元素而成矿。

金厂沟梁金矿床与对面沟花岗闪长岩关系密切,矿液主要来源于岩浆,区内太古代建平群变质岩含金丰度很高,金丰度值为 $(7~42)×10^{-9}$(王建平,1992),为金矿原始矿源层,后期岩浆流体活动对老地层金等成矿物质萃取,在 H-O 同位素图解中有极个别落入变质水附近,也说明在燕山期对面沟岩浆活动将深部成矿物质带到有利构造部位,在运移过程中萃取变质岩围岩中的成矿物质,最终在有利的环境沉淀而成矿。矿床成因为造山环境下绿岩带岩浆热液型金矿床。

3) 成矿过程分析

区内太古代建平群变质岩,金含量高,在区域变质、混合岩化过程中,金等成矿元素发生了初步活化、迁移,为金矿的形成提供了初步的物质条件。后期由于特殊的大地构造环境,区内发生了多期次的构造-岩浆活动,引发了区内多期矿化作用。海西中-晚期,古亚洲洋最终闭合,随后华北陆块北缘转入造山后的伸展环境,伴随着岩浆侵入和矿化作用的发生。

$(261.61±0.94) \sim (258.6±1.6)$ Ma 在金厂沟梁南部侵入了二长花岗岩,岩体后来发生了变形片麻理化。印支期华北克拉通北缘是一种晚造山或造山后的构造环境,在造山后的拉张环境下,金厂沟梁岩体和西台子岩体由地壳物质重熔或部分重熔而侵入,伴随着岩浆活动发生了一次钼矿化作用,没有形成工业矿床。

燕山早期,区域地质构造由 EW 向,转换为 NE-NNE 向太平洋构造域,由于太平洋板块向西俯冲,导致本区产生陆内挤压及大断裂活动,从而导致大规模的岩浆活动与成矿作用。燕山早期形成的岩浆岩包括二道沟矿区娄上石英闪长岩,其 SHRIMP U-Pb 年龄为 $(161±1)$ Ma(苗来成等,2003),形成于中侏罗纪晚期。金厂沟梁矿区内石英斑岩脉的锆石 LA-ICP-MS 年龄为 $(154.68±0.45)$ Ma,形成于晚侏罗纪中期。

燕山晚期,中国东部发生过大规模的岩石圈减薄作用,这种减薄作用的结果导致陆壳尤其是下地壳的重熔活化,发生了强烈的岩浆重融作用,壳-幔物质发生大比例混合,形成了大面积的花岗杂岩侵入体、火山岩和金(铜)矿床。

西对面沟花岗闪长岩复式岩株年龄为 $(142.65±0.44) \sim (138.7±1.2)$ Ma,与 58 号矿脉相互切穿的黑云粗安岩脉的年龄为 $(131.7±1.1)$ Ma,说明金厂沟梁金矿成矿发生在 $138 \sim 131$ Ma,对面沟铜钼矿床的辉钼矿 Re-Sr 年龄在 131 Ma 左右。该矿床的成矿环境在张性环境下发生。在这种张性背景下,地壳发生破裂,岩浆活动进入高峰期,二道沟及金厂沟梁北部、西部发生流纹岩、流纹质火山碎屑岩以及粗安岩先后喷溢,细粒花岗闪长岩、似斑状花岗闪长岩在金厂沟梁、对面沟相继侵入,并伴随各种沿脉包括花岗岩脉、闪长岩脉、石英斑岩脉、花岗斑岩脉等相继贯入,其中对面沟花岗闪长岩成岩深度较深,其形成深度大于 5km (王建平,1992),在侵入过程中,从深部带上丰富的成矿物质,在岩浆期后,深部含矿流体的大量积聚,在岩浆热和流体压力驱动下,小部分进入先成岩体断裂,迁移富集沉淀成矿,如长皋沟金矿的形成,其余大量含矿流体与地下水、变质水混合,并在运移过程中萃取高丰度变质岩及部分火山岩中的成矿物质,形成富金流体,随物化条件改变,在合适空间发生沉淀成矿,最终形成现今这样的矿床。

综上所述,现有矿脉均分布在距对面沟花岗闪长斑岩岩体 4km 以内的外环上。环绕岩体四周的容矿断裂构造具有放射状分布的特征(图 7-81)。矿区矿脉主要由含金石英脉型和蚀变岩型组成,矿脉大略有 60 余条,绝大多数赋存在变质岩系中,少数产于片麻状花岗岩中。矿脉长一般为 $300 \sim 600$ m,平均厚 $0.42 \sim 0.86$ m,平均品位为 $10 \sim 20$ g/t,矿脉倾角较大,并且 3 个矿床的容矿围岩分别为太古宙变质岩、侏罗系火山岩和海西期似斑状花岗岩,说明造山过程中重融岩体的后期岩浆热液对矿床起到活化、叠加、改造作用。

研究表明,首先是太古宙小塔子沟岩石的变质作用生成了 CO_2、H_2S 等,打破了原有的化学平衡,导致了 Au、Ag 等成矿元素的释放,并在适宜条件下形成了金矿源层;燕山期构造运动,使太古宙变质岩重熔,引起了矿源层物质的再次活化,形成了本区的成矿热液,成矿热液沿构造裂隙运移,在适宜的条件下沉淀,如流体的不混溶就会导致金的沉淀。

(1)变质岩是本区金矿的原始矿源层,变质岩形成之后,遭受了混合岩化和花岗岩化作用,在混合岩化和花岗岩化作用过程中,Au、Ag 等成矿元素发生了大规模活化转移,造成了成矿元素的初步集中和富集,形成了金的原始矿源层。

(2)变质岩、岩浆岩和矿体的氢氧同位素组成具有较密切的关系,表明岩浆水继承了变质水的特点,成矿热液主要来自于岩浆水,在成矿晚期有大量雨水的加入。

(3)成矿时代是燕山晚期,燕山期构造运动,引起了下部地壳的重熔,形成了重熔岩浆,大量矿源层物质的再次活化;与此同时,天水沿裂隙下渗,并与岩浆热液混合成含矿热水溶液,含矿热液将成矿物质带到适当的构造条件下形成金矿。

总之,金矿成矿物质的原始矿源层是太古宙变质岩,经过多次活化和聚集,到了燕山晚期,由重融岩浆期后热液将成矿物质带到有利场所形成金矿。

金厂沟梁金矿床的直接围岩太古宇变质岩系及燕山期对面沟花岗闪长岩体(燕山晚期壳幔型重熔岩浆)是成矿物质的提供者,成矿热力条件来自对面沟花岗闪长岩体的侵入活动,同时也产生了含矿热流体,流体在各种裂隙系统和孔隙系统内循环运移,形成含金的混合成矿热流体,不断地从变质岩系中摄取成矿元素,在一定的演化阶段和构造物化条件下形成。成矿类型为前寒武系含金变质岩为物源的重融岩浆叠加富集改造的造山型金矿床。

(三)固阳十八倾壕金矿及成矿特点分析

1. 地质概况

十八倾壕金矿坐落在内蒙古自治区固阳县坝梁乡,地处阴山山脉西段的色尔腾山,属华北克拉通北缘西段。该处发育一套晚太古代角闪岩相、绿片岩相变质岩系和花岗岩杂岩体,李树勋(1995)等将其定为晚太古代花岗绿岩地体,并将其中绿岩带定名为东五分子群。

矿区及附近出露岩石组合为,下部主要以角闪斜长片麻岩、斜长角闪岩夹黑云斜长片麻岩为主;中部以黑云斜长片麻岩、黑云变粒岩夹斜长角闪岩为主,顶部有薄层状黑云石英片岩及二云斜长片岩;上部为石英岩、大理石互层。为一套典型的前寒武纪绿岩建造,绿岩带经受了多期变质作用,恢复其原岩,下部相当于镁铁质拉斑玄武岩系列为主夹有数层超镁铁质熔岩及硅铁质岩石;中部为钙碱性火山熔岩及碎屑岩;上部为正常沉积岩夹安山质岩类。绿岩带岩石变质程度较低,主要为绿片岩相级。

在矿区及外围有三条大的韧性剪切带,它们构成区内三个岩性组的分界线。韧性剪切变质作用表现为退化变质作用。矿区及附近构造形迹复杂,基本的构造线为近 EW 向,多期次的褶皱变形导致复杂的裙皱形式,前寒武系形成一系列近 EW 向的复式背向形构造,断裂活动强烈,区内岩浆活动从前寒武纪-侏罗纪,有从基性-中性-酸性演化的趋势。

金矿体产出于北侧的韧性剪切带内(图 7-89),该带 EW 延长 10km,宽度变化较大,带内发育糜棱片岩,剪切带总体走向为 290°,主体拉伸线理走向为 105°~285°,向西倒状,侧伏角一般在 20°左右,该带北侧为一正断层与片麻岩或糜棱岩化岩石分界,南侧与围岩呈渐变过渡关系,此构造带经历了长期演化过程。韧性剪切带控制了十八倾壕金矿体的产出。

矿床位于东五分子群中一条 NWW 走向的顺层构造带中(图 7-89),构造带强带宽达 150m,矿区内延长达 10km,并向 EW 两侧伴随东五分子群的分布继续延伸。据研究,该构造带经历了韧性剪切带和膝折带(2040Ma)、劈理带(1740Ma)、逆冲断层(海西期)和张性断层(燕山期)4 次主要构造的叠加(梁一鸿等,2004)。

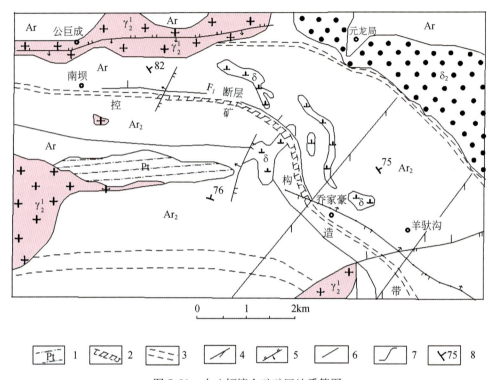

图 7-89 十八倾壕金矿矿区地质简图

1. 元古代渣尔泰群变质石英砂岩;2. 蚀变矿化带;3. 韧性剪切带;4. 膝折带;5. 逆断层;6. 性质不明断层;
7. 地质界线;8. 片理产状

2. 矿床矿体特点

1) 矿体地质特征

十八倾壕金矿有两种类型矿体:糜棱岩型矿体和石英脉型矿体。一般情况下,糜棱岩构成金矿体主要有两种情况:一种是糜棱岩形成之后由于受到后期断裂作用和成矿作用改造而矿化,是一种以糜棱岩为基础的蚀变岩型矿化;另一种是糜棱岩化作用过程中的金矿化。后者金的矿化作用往往与韧性剪切变质变形作用过程中伴随体积缩小,变质流体活动而产生的成矿元素的活化、迁移和富集作用有关。十八倾壕金矿的糜棱岩型矿体是指后一种。糜棱岩型矿体沿控矿构造带走向可划分出 5 个矿段,每个矿段由 1~2 个主矿体和若干次要矿体组成。各矿段之间是 150~200m 长的无矿地段,各矿段的矿体在平面上呈反 L 形态的平面膝折构造。各矿段的主要矿体和较大的次要矿体均位于平面膝折构造的头和尾部。这些膝折构造是韧性剪切带内部的低级别构造,是韧性剪切作用晚期的产物。

2) 糜棱岩型矿体

糜棱岩型矿石之脉石矿物主要为长石、石英、绢云母、绿泥石等变质矿物,矿石矿物以黄铁矿为主,黄铜矿、磁黄铁矿等均以少量的包体形式存在于黄铁矿晶体中。黄铁矿粒径最大达 2cm,在宏观及微观上均呈现透镜状并与糜棱岩叶理整合。黄铁矿压力影构造发育,并且黄铁矿本身往往出现韧性弯曲,表明黄铁矿是在糜棱岩化作用过程中形成的。

据糜棱岩型矿石之黄铁矿中 Fe 含量(43.66%~45.32%),S 含量(52.55%~52.64%)与标准黄铁矿 Fe 和 S 含量相比(Fe=46.55%、S=53.45%),属贫铁贫硫型。在 ΔS、ΔF 图上,位于变质热液成因区;黄铁矿中 Co/Ni 比值≥1,自然金多以黄铁矿中的包体形式产出,粒度细(0.005mm)或更小,几乎没有明金,成色高。据自然金颗粒电子探针面分析,其中金含量主要分布区为 90%~96%。这些与后面将提到的石英脉型矿化中黄铁矿的组分特征及自然金的特点有明显差异,并且直接反映了与变质热液有关的金成矿作用的特点。

黄铁矿 $\delta^{34}S_{33}$ 值为-0.9‰~1.8‰(梁一鸿等,2004),显示出与围岩原岩有关的幔源硫特点。因此,糜棱岩型矿体的形成可能与围岩在韧性剪切变质变形作用过程中伴随着糜棱岩化作用的体积减小和变质流体活动+成矿组分在韧性变形带的扩溶区富集作用有关,在糜棱岩型矿体中发育一些小型石英脉,此种石英脉分布于韧性剪切带中并受韧性剪切带及相关构造的控制,石英脉规模较小,宽度为 5~40cm,呈透镜状、串珠状和不规则脉状,脉壁与糜棱岩叶理整合,脉石英具有强烈的韧性变形,其组构特征与糜棱岩中石英组构特征一致,有的石英脉在韧性剪切带中滚动形成石英杆,线理平行杆轴方向,无论平面还是剖面均与韧性剪切带中鞘褶皱一致,表明是同韧性剪切作用所致,这些石英脉往往发育在糜棱岩型矿体中,本身构成矿石。

3)石英脉型矿体

石英脉型矿体在十八倾壕金矿 NWW 走向的控矿构造带中发育一系列大型石英脉,这些石英脉宽几米至十几米,长几十米至上百米,沿着构造带断续分布,形成一条醒目的石英脉带。石英脉带总体上产状与控矿构造带一致,局部切割糜棱岩页理,脉壁呈不规则状或锯齿状,脉的终端呈现树枝状分叉合并现象,经常有梳状石英等,表明是在构造带张开过程中形成的。这些石英脉的一部分金含量达到工业品位,形成含金石英脉。

脉石矿物主要为石英,有少量方解石、绢云母和绿泥石,矿石矿物主要为黄铁矿,其次为黄铜矿、磁黄铁矿和方铅矿,无论矿石矿物还是脉石矿物均无任何韧性变形的痕迹。

据梁一鸿等(2004)石英脉型矿石中黄铁矿之 Fe 含量为 44.38%~45.5%,S 含量为 53.08%~54.00%,属贫铁富硫型,在 ΔS、ΔF 图上投影于岩浆热液区,黄铁矿 Co/Ni 比值小于 1,自然金颗粒大,常见明金,成色低,小于 850 多为晶隙金、裂隙金和包体金,明显不同于糜棱岩型矿石。

黄铁矿 $\delta^{34}S_{33}$ 值为 3‰~11‰,表明成因与中酸性岩浆活动有关,这与前述该类黄铁矿 ΔS、ΔF 图解结果一致,关于两类矿体的关系,有 3 种不同观点。一种观点认为,矿化作用主要与糜棱岩化作用(2040Ma)有关(梁一鸿等,2004),而石英脉型矿石是韧性变形后由于抬升作用而产生的体积膨胀引起的张裂及伴随的成矿作用有关,因此两者是同一成矿作用过程不同阶段的产物。另一种观点认为成矿作用发生于燕山期,形成了石英脉型矿体,而糜棱岩型矿体是含金石英脉形成过程中,作为围岩的糜棱岩发生蚀变矿化作用所致,是以糜棱岩为基础的蚀变岩型金矿化。糜棱岩型矿体是韧性剪切变质变形作用过程中形成的,受古元古代在地壳深部层次形成的韧性剪切带的控制。石英脉型矿体则与燕山期岩浆活动有关,受燕山期在 NWW-SEE 向区域挤压力作用下在地壳浅部层次形成的构造带中的张性断裂控制,十八倾壕金矿是两个地质时期两次不同性质的成矿作用叠加所致,受两类不同性质不同层次形成的构造控制。

3. 矿石铅同位素特征

1) 两类矿体铅同位素组成

从表 7-36 可以看出(徐雁军等,1991),糜棱岩型矿石以含低放射性成因铅为特点,$^{206}Pb/^{204}Pb$ 值为 16.63～17.45,$^{207}Pb/^{204}Pb$ 值为 15.31～15.48,$^{208}Pb/^{204}Pb$ 值为 34.52～34.84。石英脉型矿石则以含较高放射性成因铅为特点,$^{206}Pb/^{204}Pb$ 值为 18.23～19.47,$^{207}Pb/^{204}Pb$ 值为 15.69～15.89,$^{208}Pb/^{204}Pb$ 值为 39.84～49.03。

表 7-36　矿石中黄铁矿铅同位素组成表(徐雁军等,1991)

矿石类型	样品编号	$^{206}Pb/^{204}Pb$	$^{207}Pb/^{204}Pb$	$^{208}Pb/^{204}Pb$
糜棱岩型	Pb-5MD	16.63	15.38	38.42
	Pb-8MX	19.36	15.48	38.85
	Pb-9MX	17.07	15.33	38.64
	Pb-MD	16.69	15.31	38.18
	Pb-11MD	17.45	15.34	38.04
	Pb-12MD	16.73	15.41	38.60
	Pb-13QD	16.73	15.34	37.48
	Pb-14MD	16.77	15.38	36.52
石英脉型	Pb-1QX	18.94	15.69	39.18
	Pb-2QX	18.77	15.75	38.64
	Pb-4QD	19.13	15.89	39.54
	Pb-6QD	19.33	15.75	38.94
	Pb-7QX	18.76	15.74	40.13
	Pb-13QD	18.23	15.83	39.00
	Pb-15QD	18.97	15.74	39.21
	Pb-17QD	19.47	15.84	39.32

2) 矿石铅同位素组成的构造学意义分析

(1) 矿石铅同位素组成的年代学意义。

自铀、钍放射性衰变引起铅同位素演化理论被广泛接受以来,矿石铅同位素比值随着地质年代渐新而演化成为不可否认的事实,表 7-37 统计了内生金属矿床矿石铅同位素比值随时代变化的规律。十八倾壕金矿两种类型矿石均不与其中任何一组数据完全一致,但是两者之间的巨大差别是显而易见的。石英脉型矿石之铅同位素比值与表 7-37 中阿尔卑斯期(180～25Ma)矿床的矿石铅同位素比值相近,而糜棱岩型矿石铅同位素比值应落在前寒武纪矿床矿石铅同位素比值(1400～2000)范围,这么巨大的差距不可能是同一成矿作用不同成矿阶段的产物,而应是两次不同时期、不同方式成矿作用所致。

表 7-37 不同时代矿石铅同位素分布

构造运动	时间间隔/Ma	$^{206}Pb/^{204}Pb$		$^{207}Pb/^{204}Pb$		$^{208}Pb/^{204}Pb$	
		(1)	(2)	(1)	(2)	(1)	(2)
阿尔卑斯	180～25	18.22	18.45	15.57	15.64	38.22	38.37
海西	260～204	18.16	18.11	15.70	15.75	38.17	38.24
加里东	400～280	17.32	17.17	15.23	15.46	37.27	37.00
前寒武	1200～600	16.62	16.48	15.56	15.39	36.77	36.00
	34.77 1400～2000	15.28	15.36	15.18	15.25	34.69	
	34.06 2000～3000	13.97	14.10	15.00	14.91	33.96	

注:括号中数据表示样品数。

(2) 铅同位素形成环境的演化模式。

将十八倾壕金矿两种类型矿石铅同位素投影到图 7-90,发现糜棱岩型矿石数值集中于地幔铅演化曲线附近,指示糜棱岩矿石铅的来源与幔源物质有关,考虑到糜棱岩原岩是绿岩带中幔源的铁镁质、超铁镁质火山岩这一事实,结合前述糜棱岩型矿体的地质、地球化学特征,可以判定该类矿体可能形成于同韧性变质变形作用过程。而石英脉型矿石数值集中于上部地壳铅演化曲线附近或其上部,并且与该处从钻孔中获取的燕山期花岗岩钾长石有相似的铅同位素比值。

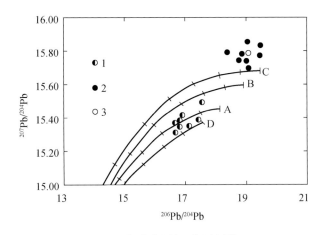

图 7-90 矿石铅演化图解(徐雁军等,1991)
1. 糜棱岩型矿石;2. 石英脉型矿石;3. 钾长石(矿区钻孔之中生带花岗岩)
A. 地幔;B. 造山带;C. 参加造山带的上部地壳;D. 参加造山带的下部地壳

(3) 岩石中铅同位素组成的比较。

十八倾壕金矿区钻孔中燕山期花岗岩钾长石铅同位素分析结果表明(表 7-38 和图 7-90),燕山期花岗岩钾长石的铅同位素比值与石英脉型矿石铅同位素比值十分相似,这不仅证明了石英脉型矿化与燕山期岩浆活动在时间上的一致性,也反映了两者在成因上的联系。

表 7-38 矿区花岗岩、钾长石同位素数据表(徐雁军等,1991)

岩石	矿物	$^{206}Pb/^{204}Pb$	$^{207}Pb/^{204}Pb$	$^{208}Pb/^{204}Pb$
花岗岩	全岩	21.59	15.93	41.53
花岗岩	长岩	18.84	15.73	40.54

(4)区域上其他金矿床比较。

表 7-39 和图 7-91 是区域上主要金矿床矿石铅同位素比值及在铅结构图上的投影特征。其中,后石花金矿和东伙房金矿分别与十八倾壕金矿的糜棱岩型矿体和石英脉型矿体有相似的铅同位素组成。后石花金矿位于内蒙古武川县纳令沟乡后石花村附近。矿床产于 EW 向大型韧性剪切带武川—固阳—大佘太韧性剪切带中,是十八倾壕金矿控矿构造带的东延。形成时期为 2040Ma(徐九华等,1998)。该矿床以糜棱片岩型矿体为主,与十八倾壕金矿糜棱岩型矿化相似,其矿石铅同位素组成为 $^{206}Pb/^{204}Pb=17.09$、$^{207}Pb/^{204}Pb=15.56$、$^{208}Pb/^{204}Pb=37.58$,与十八倾壕金矿糜棱岩型矿体铅同位素组成吻合,并且在铅同位素结构图上亦位于上地幔铅演化曲线附近。这表明,在韧性变形变质作用过程中,在武川—固阳—大佘太韧性剪切带中不仅形成了十八倾壕金矿中的糜棱岩型矿体,同时也形成了如后石花金矿这样独立的同韧性剪切带型金矿床。

东伙房金矿亦位于纳令沟乡,产于上述近 EW 向构造带附近一条与之平行的脆性断裂带中。矿床地质特征及控矿构造型式均与十八倾壕金矿的石英脉型矿化相似,其铅同位素组成为 $^{206}Pb/^{204}Pb=18.93$、$^{207}Pb/^{204}Pb=16.01$、$^{208}Pb/^{204}Pb=39.73$,亦与十八倾壕金矿的石英脉型矿石铅同位素组成一致(徐九华等,1998),表明在十八倾壕金矿石英脉型矿化同时,区域上亦有同类型独立的金矿床形成。

表 7-39 区域部分金矿床铅同位素数据(徐雁军等,1991)

矿床	矿物	$^{206}Pb/^{204}Pb$	$^{207}Pb/^{204}Pb$	$^{208}Pb/^{204}Pb$
乌拉山	方铅矿	17.80	15.61	38.14
	方铅矿	17.73	15.64	38.20
	方铅矿	17.65	15.62	37.88
	方铅矿	17.40	15.55	37.92
	方铅矿	17.82	15.64	38.34
	方铅矿	17.68	15.60	38.31
	方铅矿	17.72	15.59	37.92
	方铅矿	17.80	15.60	37.92
	黄铁矿	18.09	15.68	38.27
	黄铁矿	17.70	15.57	38.85
	黄铁矿	17.27	15.39	37.47

续表

矿床	矿物	$^{206}Pb/^{204}Pb$	$^{207}Pb/^{204}Pb$	$^{208}Pb/^{204}Pb$
赛乌苏	方铅矿	16.67	15.40	37.15
	方铅矿	17.78	15.53	37.45
	方铅矿	16.55	15.37	37.03
	方铅矿	17.76	15.48	37.46
	方铅矿	16.49	15.35	37.06
	方铅矿	16.49	15.35	37.93
	方铅矿	16.48	15.36	36.94
	方铅矿	16.50	15.34	36.93
白乃庙	黄铁矿	18.80	15.68	39.06
	黄铁矿	18.59	15.70	38.66
	黄铁矿	18.88	15.63	38.77
	黄铁矿	18.78	15.63	38.98
	银金矿	18.70	15.78	38.91
后石花	黄铁矿	17.09	15.56	37.58
东伙房	方铅矿	18.93	16.01	39.73

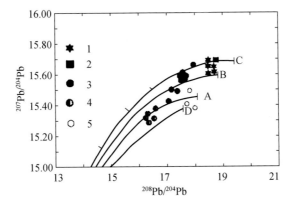

图 7-91 区域部分金矿床铅演化图解（徐雁军等，1991）
1. 白乃庙金矿；2. 东伙房金矿；3. 乌拉山金矿；4. 后石花金矿；5. 赛乌苏金矿
A. 地幔；B. 造山带；C. 参加造山带的上部地壳；D. 参加造山带的下部地壳

4. 结论

（1）十八倾壕金矿有两种类型矿体：糜棱岩型矿体和石英脉型矿体，前者是以含黄铁矿和少量其他金属硫化物及自然金的糜棱岩为矿石，后者是含金石英脉。

(2)糜棱岩型矿石铅同位素组成以放射性成因铅含量低为特点,反映形成时代较早的(2040Ma)来源于围岩的幔源铅特点。石英脉型矿石铅同位素组成以高放射性成因铅为代表,反映与燕山期中酸性岩浆活动有关。

(3)两种类型矿体分别可以与区域上后石花金矿和东伙房金矿相对应,说明十八倾壕金矿是两次不同性质成矿作用叠加所致。

(4)十八倾壕金矿属于韧性剪切带控矿多期成矿作用叠加的造山型矿床类型。

(四)赤峰金蟾山金矿及成矿特点分析

1. 区域地质背景

赤峰—朝阳金矿化集中区位于我国华北地台北缘金-多金属成矿带中部,金蟾山金矿田为赤峰—朝阳金矿化集中区内的重要金矿田之一。赤峰—朝阳地区大地构造位置属华北克拉通(地台)北缘,内蒙古兴安海西地槽与华北地台交接地带经历了板块俯冲、碰撞与陆内地壳伸展等重大构造活动,形成了特色的火山-岩浆组合。

赤峰—朝阳地区位于华北地台北缘东段,北部为西伯利亚—蒙古板块。古生代时期,该区为华北板块北缘的活动大陆边缘,相当于火山岛弧-海沟位置。海西期西伯利亚—蒙古板块与华北板块发生近 SN 向的碰撞造山作用,伴随海西期大规模的岩浆活动,直至二叠纪末,兴蒙洋闭合,华北陆块与西伯利亚古陆拼合形成欧亚大陆,此时构造格架呈现近 EW 向的巨型断裂和褶皱构造系。中生代前后,古太平洋板块向欧亚大陆俯冲,使中国东部构造体制由挤压向伸展转换,构造格局也由 EW 向向 NE 向转换,受其影响,该区形成了一系列 NE 向、NNE 向的区域性控岩控矿断裂。

赤峰—朝阳地区是华北地台北缘重要的金矿集中区之一,区内已知的金矿点近百处,已开采的金矿床十几处,包括金厂沟梁、红花沟、莲花山、安家营子、柴胡栏子、撰山子、热水、东风等金矿床(图7-92)。自东向西可分为三个金矿化带,分布与区内努鲁儿虎山、马鞍山、铭山三个构造岩浆带相一致。

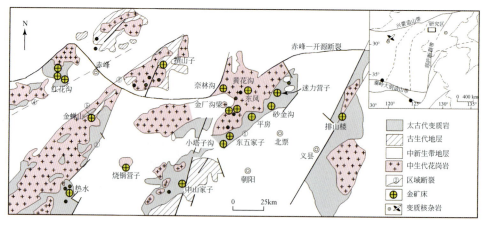

图7-92 赤峰金矿集中区地质示意图
①承德—北票断裂;②红山—八里罕断裂;③锦山—美林断裂;④红花沟断裂;⑤金蝉山断裂

努鲁儿虎山金矿化带位于北票、朝阳以西至建平一线,是 3 个金矿化带中延展最长、矿床(点)最多、储量最集中的金矿化带。在长达 200km 的矿带内自南向北可分为长阜、东五家、金厂沟梁、平房-迷力营子 4 个金矿化区。规模最大的金厂沟梁位于此带的中段。

马鞍山金矿化带位于八里罕—赤峰市以东的建昌营一线,是 3 个矿化带中花岗岩类分布面积最广且跨华北和兴蒙造山带。

金矿床数量虽不多,但类型最复杂多样。南部有热水金矿化区,中部为安家营子金矿化区,北部撰山子金矿化区已位于兴蒙造山带范围内。铭山矿化带位于赤峰市以西 40km 处,南部有红花沟、莲花山矿化区,北部有解放营子矿点,后者已位于兴蒙造山带范围。从区内金矿分布看,从东往西,3 个金矿化带的范围由大到小,矿床数目由多到少,金矿床的规模和储量也由大到小,显示出矿床空间分布具有 NE 成带东强西弱的特点。此外,该区金矿床分布与岩浆岩密切相关,多产于岩体接触带或附近的围岩中,一般产于距岩体 4km 的范围内。例如,红花沟金矿床距花岗岩体 1.8km,金蟾山金矿床产于花岗岩体内,并且花岗岩体主要为海西—燕山期的侵入体。

2. 矿区地质

金蟾山金矿床位于华北克拉通北缘东段,处在 EW 向赤峰—开源大断裂、NNE 向红山—八里罕断裂、锦山—美林断裂构造的交汇部位,矿区内岩浆活动剧烈,构造发育,矿体赋存于 NE 向的断裂构造中(图 7-93)。矿田分为 EW 两个矿带,分别为南大洼—李麻子沟—漏风咀矿化带和拐棒沟—阳坡—小西沟矿化带。

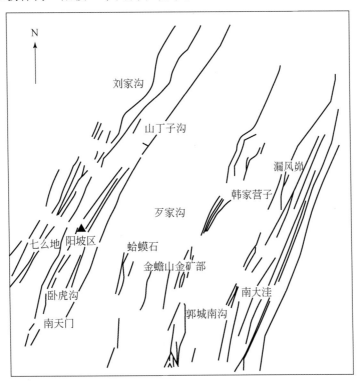

图 7-93 矿区断裂构造分布图

1) 地层

矿区主要出露晚于太古代建平群变质岩、元古界明安山群以及第四系沉积物。太古代建平群变质岩系(Ar),主要出露于矿区 NE 部的松树沟一带。主要岩性有黑云斜长片麻岩夹角闪斜长片岩、大理岩,恢复原岩为海底喷发火山岩及沉积岩。岩石的同位素年龄为 2800～2500Ma(崔文元等,1991),属晚太古界。元古界安山群(Pt)在矿区内出露较少,只在矿区孙家南沟以北小面积分布,矿区出露的是安山群的下岩组上段,岩性主要为千枚状二长云英片岩、石英片岩夹大理岩。

2) 断裂构造的分布特征

金蟾山矿区的断裂构造主要有 NNE 向、NE 向、近 SN 向和 NW 向 4 组,其中以 NNE 向最为发育,大部分金矿体都赋存在该组断裂构造中(图 7-93)。断裂的分布特点是在主干断裂的两侧发育数(多)条次一级的断裂,呈断裂束(群)延展,其中规模较大的断裂带有两条,断裂多属于脆性破裂,局部具有韧性变形特征。

3) 断裂构造与金矿体的关系

金蟾山金矿受 NNE 向脆性断裂的控制。蚀变矿化沿断裂破碎带分布,受主断裂、次级断裂破碎带及羽状裂隙带的控制。断裂控制了矿化(体)的规模及产出形态,而矿体中的微细矿脉受次级网状微裂隙的制约。矿体的形态特征受断裂带及其内部次级构造的共同制约,在两组构造的交汇处矿体往往出现膨胀、分叉和转弯的现象,并可形成短而厚的富矿柱。

4) 岩浆岩

矿区岩浆活动强烈,且以中生代造山期花岗岩类为主,出露岩体主要为安家营子花岗岩,后期发育石英斑岩、花岗斑岩、霏细斑岩、流纹斑岩和细晶岩脉等,其中以流纹斑岩最为发育。通过野外观察发现,流纹斑岩明显晚于安家营子岩体。

5) 矿体

南大洼—李麻子沟—漏风崾东矿带位于安家营子岩体中心部位,脉群长约 7000m,宽度为 30～80m,总体走向为 NE25°～30°,往 NE 端趋于近 SN 向,西南端走向转为 NE10°,倾向 SE,倾角 55°～75°,比西矿带平缓。东矿带发育多条矿脉,包括南大洼矿段Ⅰ、Ⅱ、Ⅲ、Ⅳ、Ⅴ、Ⅵ、Ⅶ号矿脉,漏风崾矿段Ⅰ、Ⅱ、Ⅲ号矿脉(表 7-40),以及一、五、七采区的三条单矿脉,矿脉平面上呈斜列式分布,如漏风崾二中段所见。

表 7-40 矿体规模统计表

位置	蚀变带号	主要矿体号	矿体规模/m			品位/(g/t)
			长度	厚度	斜深	
南大洼	Ⅴ-1	Ⅰ-1	30	1.26	31	7.67
		Ⅰ-2	243	3.65	118	10.33
		Ⅰ-3	25	0.88	25	6.65
		Ⅰ-4	100	0.82	128	14.7
		Ⅰ-5	200	0.48	58	5.16

续表

位置	蚀变带号	主要矿体号	矿体规模/m			品位/(g/t)
			长度	厚度	斜深	
南大洼	V-2	II-1	25	0.5	16	7.57
		II-2	25	2.66	60	4.75
		II-3	11	0.47	11	23.72
		II-4	280	0.72	135	7.18
		II-5	377	2.07	135	7.8
		II-6	300	0.6	135	12.82
		II-7	50	1.21	65	9.43
		II-8	50	1.11	43	9.43
	V-3	III-1	26	1.05	12	16.03
		III-2	24	0.99	25	7
	V-4	IV-1	45	7.6	75	8.3
		IV-2	17	2.49	11	3.86
		IV-3	164	0.51	95	72.26
	V-5	V	26	0.71	56	3.86
	V-6	VI	50	0.8	40	5.2
	V-7	VII	50	0.8	46	5.62
漏风咀	V1	I-1	150	1.42	150	9.25
		I-2	70	0.62	110	4
		I-3	70	0.65	100	4.71
	V2	II-2	85	0.61	97	25.62
		II-5	48	4.51	165	12.93
	V3	III	94	1.47	107	25.15
1号脉	A	AI	450	0.4	130	67.8
		AII	68	0.77	50	8.1
拐棒沟阳坡		3号脉	120	0.8~1.5	80	9.23
		4号脉	80	0.4~1.10	50	13.8

拐棒沟—阳坡—小西沟西矿化带总体走向为NE15°～35°,倾向SE,倾角65°～75°,西矿带矿脉比东矿带数量少,规模也相对较小,但各矿脉呈近平行排列产出,矿脉之间相距较小,仅30～50m。阳坡矿区矿脉相对较多,受构造控制明显,连续性较好,沿走向和倾向呈舒缓波状,自NW向SE依次为2、3、4、5号等矿脉。

3. 矿床成因分析

据彭丽娜(2011)研究,矿石石英流体包裹体的H-O同位素$\delta^{18}O_{水}$为2.1‰～8.4‰、$\delta D_{水}$为-96.5‰～-80‰,方解石$\delta^{18}O_{水}$为-8.3‰～-7.5‰,$\delta D_{水}$为-102‰～-54‰,表明金蟾山金矿床成矿流体主要为岩浆水,后期有大气降水的混合。

黄铁矿、黄铜矿、闪锌矿的 S 同位素 δ^{34}S 值－2.6‰～7.6‰，峰值为 0～1‰，均值为 1.6‰，塔式效应明显，具岩浆硫特点。

矿石 Pb 同位素与安家营子岩体铅同位素（表 7-41）组成一致。以上同位素结果均表明金成矿与安家营子花岗岩具有密切的成因联系。

表 7-41　安家营子花岗岩长石、矿石硫化物 Pb 同位素组成表

样品号	测定矿物	$^{206}Pb/^{204}Pb$	$^{207}Pb/^{204}Pb$	$^{208}Pb/^{204}Pb$	资料来源
g-9	安家营子花岗岩长石	17.288	15.386	37.392	王时麒等（1994）
9-10		17.194	15.34	37.243	王义文等（1995）
9-11		17.25	15.391	37.341	刘纲（1991）
LFM-2		17.3539	15.3787	37.4551	郑学正（1995）
1	方铅矿	17.591	15.578	38.091	
2		17.176	15.397	37.379	
3		17.236	15.443	37.507	王义文等（1995）
4		17.338	15.492	37.793	
5		17.269	15.489	37.681	
6		17.306	15.441	37.438	刘纲（1991）
AK-2	方铅矿	17.126	15.387	37.209	
AK-3		17.259	15.419	37.396	
A_3-4-1		17.26	15.397	37.366	
A_3-3-1		17.244	15.411	37.368	
A_4-1-1		17.088	15.367	37.167	王时麒等（1994）
B_1-6-1	黄铁矿	17.211	15.391	37.321	
C_3-2-1		17.314	15.425	37.480	
D_3-3-1		17.406	15.414	37.506	

石英流体包裹体的均一温度为 220～380℃（表 7-42），盐度为 4.0～40.1%NaCl（表 7-43），流体包裹体密度集中于 0.6～0.87g/cm³（图 7-94），压力和深度估算分别为 21.16～34.19MPa 和 0.80～1.29km，属浅成成矿环境。

表 7-42　石英流体包裹体均一温度测定表（彭丽娜，2011）

样品号	主矿物	包裹体类型	测定个数	大小/μm	均一相态	均一温度/℃ 范围	均一温度/℃ 均值	$Th_{CO_2}\to V$
sy-2	石英	Ⅰ	3	5～8	液	220～294	262	—
sy-4	石英	Ⅰ	46	3～32	液	270.2～335	299	
		Ⅱ	1	7	气	—	348	—
		Ⅲ	4	12～16	气	298～373	334	31.1～31.9
			1	20	液	—	325	31.6

续表

样品号	主矿物	包裹体类型	测定个数	大小/μm	均一相态	均一温度/℃		$Th_{CO_2} \to V$
						范围	均值	
sy-3	石英	I	31	4～28	液	243～378	300	—
		IV	1	14	液	—	331	
JK-4	石英	I	24	2～30	液	220～330	262	
		III	2	20～30	液	336～338	337	28～31.5

表 7-43　石英流体包裹体盐度测定表(彭丽娜,2011)

样品号	主矿物	包裹体类型	测定个数	大小/μm	均一相态	冰点/子晶消失温度/℃	盐度/%	
							范围	均值
sy-4	石英	富液	20	7～32	液	−10.1～−2.9	4.8～14.0	8.3
JK-4	石英	富液	10	10～30	液	−8.3～−2.4	4.0～12.1	8.4
sy-3	石英	富液	10	12～28	液	−9.5～−3.5	8.4～13.4	7.9
		含子晶	1	14	液	330.8	—	40.1

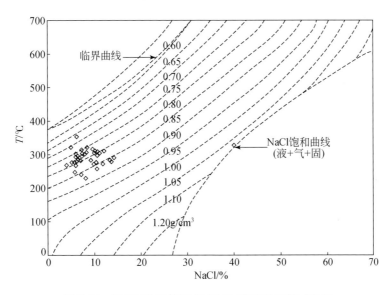

图 7-94　NaCl-H_2O 体系 T-W-P 相图(彭丽娜,2011)

金蟾山金矿床直接的富矿围岩安家营子花岗岩锆石 U-Pb 年龄为(132±8)Ma(表 7-44)。

表 7-44　安家营子花岗岩年龄统计表

岩体名称	岩性	测定对象	测定方法	年龄/Ma	资料来源
安家营子岩体	似斑状黑云母二长花岗岩	黑云母	K-Ar	129±3	Bai 等(1990)
		黑云母	K-Ar	130.7	王时麒等(1994)
		黑云母	Rb-Sr	126±2；130±2	Trumbull(1996)
		锆石	锆石 U-Pb	边缘相 135±5 中心相 132±5	李永刚等(2003)

矿田内广泛发育的流纹斑岩脉大部分与金矿脉、矿化蚀变带平行分布，局部可见其侵入矿化蚀变带中，侵位时代比金矿化时代略晚或同期，其锆石 U-Pb 年龄为 126.5~124.9Ma，从而将金矿成矿时代限定在 132~126Ma，属燕山晚期(谢锡才等，1997)。这一时期与中国东部岩石圈减薄、剧烈的岩浆活动及成矿大爆发等地质事件相吻合，表明是深部岩石圈破坏的成矿响应。

综合岩相学、主微量元素地球化学及同位素地球化学结果可知，玄武质岩浆与下地壳部分熔融，两者混合形成重融埃达克质熔体(安家营子岩体)。

同位素构造模式图解(图 7-95)显示，地幔与造山带演化线之间，线性分布特点明显，表明安家营子花岗岩具壳幔混合特征，具有造山型金矿形成特征。

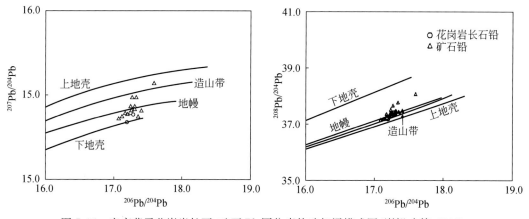

图 7-95　安家营子花岗岩长石、矿石 Pb 同位素构造解译模式图(谢锡才等，1997)

(五)乌兰察布新地沟金矿及成矿特点分析

内蒙古新地沟金矿床产于新太古界色尔腾山群绿片岩系中，是大青山层控绿岩型金矿系列的代表性矿床之一，新地沟金矿床包括新地沟金矿段和油篓沟金矿段。研究者对含矿岩系色尔腾山群绿片岩特征及矿床地质特征已进行了分析总结，矿床属层控绿岩造山型金矿类型。

1. 矿床地质概况

矿区出露地层为新太古界色尔腾山群绿片岩系。赋矿岩层为色尔腾山群柳树沟岩组绿片岩类，其岩石主要为绿泥片岩、绿泥绿帘片岩、绿泥绢云石英片岩、绢云石英片岩，原岩应为中基性及中酸性火山岩。由于韧性-脆韧性剪切变形发育，岩石不同程度地发生了糜棱岩石化,形成了绢云糜棱片岩、阳起糜棱片岩、绢云绿泥长英质糜棱片岩。赋矿岩石为糜棱岩化绿泥绢云石英片岩、糜棱岩化绢云石英片岩。

(1)新地沟金矿段。矿化带总体规模长2.3km,宽150m。含矿岩石为绿泥石英片岩,底板为薄层大理岩。矿化带较连续,但成矿期后断裂较发育,使得矿体连续性受到破坏。目前控制的Ⅰ号矿体产于含矿层下部,呈似层状、透镜状,随岩层同步褶皱,走向330°,倾向南西,倾角45°。地表出露长大于270m,厚度1.62~7.21m,平均厚3.79m,矿体平均品位为4.49g/t,矿石类型为片岩夹细石英脉型。Ⅱ号矿体产于含矿层上部,与Ⅰ号矿体平行产出,矿体地表出露长260m,厚度0.85~6.10m,平均厚3.57m,平均品位为2.87g/t,矿石类型为片岩型。

(2)油篓沟金矿段。矿体赋存在糜棱岩化绿泥绢云石英片岩内,大理岩为顶板或底板。矿体呈层状、似层状产出,与容矿围岩呈渐变过渡关系。矿层产状与岩层产状一致,形态随岩层产状变化而变化。该矿段共圈定金矿体3个,Ⅰ号矿体规模最大,地表控制长743m,走向300°,倾向NE,倾角45°~50°,平均厚8.6m,最厚达24.75m,沿倾向控制延深227m,金最高品位为6.84g/t,矿体平均品位为2.01g/t。矿体厚度、品位稳定。

矿石类型有片岩型、石英脉型、长英质糜棱岩型。矿石的主要金属矿物有自然金、黄铁矿黄铜矿、方铅矿、闪锌矿、磁铁矿和赤铁矿。自然金呈他形微细粒状嵌布于石英晶隙或褐铁矿中。自然金粒径多数小于0.005mm,个别可达0.01mm。蚀变糜棱岩型金矿石中,黄铁矿等金属矿物沿糜棱面理呈浸染状、微细脉状分布。

蚀变以褐铁矿化、硅化、黄铁矿化、绢云母化为主,次为绿泥石化、碳酸盐化、钾化等。金矿化主要与强硅化、黄铁矿化、褐铁矿化有关。硅化、黄铁矿化可划分两个阶段,早期阶段形成蚀变绢云石英片岩型金矿石,晚期形成含黄铁矿长英质糜棱岩型金矿石。

2. 硫、铅同位素地球化学

1)矿床硫同位素组成特征

据王守光等(2004)研究,矿床中金属矿物的硫同位素组成能够反映来源物质的硫同位素特征。因此,可以根据矿石硫化物的$\delta^{34}S$值所获得的成矿溶液的总硫同位素组成推测矿石中硫的来源,从而探讨与金属硫化物伴生的成矿物质的来源。本矿床矿石中以含有黄铁矿、黄铜矿、方铅矿、石英为特点,不含硫酸盐类矿物,反映成矿流体在沉积硫化物时SO_2低,为弱还原环境,硫为还原型硫,矿石硫化物的硫同位素组成可以近似代表成矿流体总的硫同位素组成。

三个黄铁矿样品,硫同位素值$\delta^{34}S$为$-1.60‰\sim4.79‰$(表7-45),变化范围较小,极差为6.39‰,分布于$\delta^{34}S=0$的附近,均值为1.36‰,接近陨石值,表明矿石硫总体来源于地壳深部(或上地幔),属深源硫。

表7-45 矿床矿石硫同位素组成(王守光等,2004)

样品编号	矿物	$\delta^{34}S_{CDT}/‰$
STS$_1$	黄铁矿	1.20
STS$_4$	黄铁矿	4.79
STS$_5$	黄铁矿	-1.60

2) 矿床铅同位素组成特征

成矿流体中铅继承其源区的同位素组成,矿石的铅同位素可以作为构造环境、物质来源的指示剂。本矿床矿石铅同位素和岩石铅同位素组成及特征值见表 7-46。

表 7-46　铅同位素组成及特征(王守光等,2004)

矿石或岩石	样号	样品名称	同位素组成			特征参数值		
			$^{206}Pb/^{204}Pb$	$^{207}Pb/^{204}Pb$	$^{208}Pb/^{204}Pb$	μ	W	Th/U
矿石	SZPb6	黄铁矿	16.503	15.254	36.650	9.054	36.560	3.919
矿石	SZPb13	方铅矿	16.571	15.252	36.683	9.050	36.443	3.894
岩石	SZPb18	二长花岗岩	17.530	15.457	37.547	9.029	36.372	3.789

3) 矿石铅同位素

矿石铅同位素组成稳定,$^{206}Pb/^{204}Pb$ 平均为 16.537,$^{207}Pb/^{204}Pb$ 为 15.249,$^{208}Pb/^{204}Pb$ 为 36.666,差值均小于 0.1。按正常铅 $^{206}Pb/^{204}Pb$ 计算的 μ 值为 9.050～9.054,按正常铅 $^{207}Pb/^{204}Pb$ 计算的 W 值为 36.443～36.560。矿石的 μ、W 值均在单一正常铅演化的 μ 值、W 值范围内(μ=8.686～9.238,W=35～41)。据矿石的 μ 值和 W 值推测的源区中的 Th/U 值为 3.894～3.919,在单一正常铅的 Th/U(0.09～3.92)范围内。将数据投点于卡农三角图(图 7-96)中,投点相对集中,均落入正常铅增长曲线范围内。上述铅同位素组成、特征参数值及卡农三角图中的投点,均表明矿石具有相对稳定的铅同位素组成,矿床属铅同位素相对稳定的矿床,成矿物质具有单一深部来源特征(王守光等,2004)。对比 Doe 铅构造环境特征参数值,并将矿床铅同位素比值投点于 Doe 和 Zartman 铅构造模式图上(图 7-97),可见矿石铅来源于地幔或地幔与下地壳之过渡带,这一结论与上述讨论结果相一致。

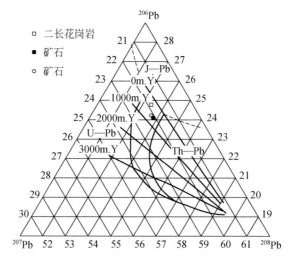

图 7-96　新地沟金矿铅同位素三角图(王守光等,2004)

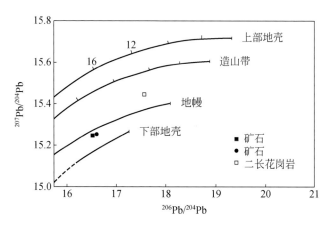

图 7-97 新地沟金矿铅构造环境分析图(王守光等,2004)

4) 岩石铅同位素及流体包裹体

矿区外围燕山期笔架山二长花岗岩体之岩石铅同位素比值与矿床矿石铅同位素有明显差别,卡农三角图(图 7-96)和 Doe 铅构造模式图(图 7-97)中的投点,虽然与矿石铅同位素落于同一类型范围内,但位置相距较远,表明亦有一定差异。

流体发生相分离(普遍具大量纯液相或纯气相或气液相单一 CO_2 包裹体存在可证明这一点)的条件下。主成矿阶段矿液属低盐度(1.2%~3.5%NaCl)、总体富含 Cl^-、Na^+、K^+ 的 Cl^--Na^+-K^+ 型溶液。矿石中石英包裹体氢-氧同位素特征及包裹体内成矿流体之成分比值特点表明,成矿流体总体为深部原始岩浆水与天水或地下水混合来源(图7-98)。

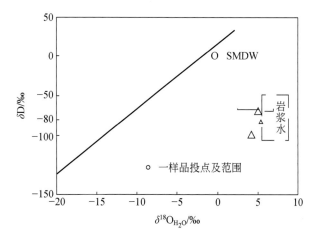

图 7-98 氢氧同位素组成分布图(王守光等,2004)

矿床硫、铅同位素特征总体表明,成矿物质来源于地壳深部或地幔与下地壳的过渡带。矿床硫同位素组成接近陨石值,属深源硫。矿床铅同位素组成表明,矿石铅亦具深部来源特征。矿床流体包裹体和硫、铅同位素地球化学特征与国内层控绿岩型金矿床特征相似,进一步证实了该矿床属层控绿岩型金矿类型。

3. 成因讨论

矿床流体包裹体研究表明,矿床形成于中温(220～320℃)、中深(2.8～3.8km)地质环境,成矿物质具有单一深部来源特征。可见矿石铅来源于地幔或地幔与下地壳之过渡带。成矿环境靠近造山带,矿床属于绿岩带造山型金矿。

(六)苏尼特左旗巴彦温都尔等金矿及成矿特点分析

1. 简况

内蒙古苏尼特左旗巴彦温都尔金矿位于内蒙古中部古生代造山带内,是受区域韧性剪切带控制的石英脉、蚀变岩型金矿床,是该区受韧性剪切带控制的典型金矿床之一。苏尼特左旗地区金矿资源丰富,已发现的有巴彦温多尔金矿床、巴彦宝力道小型金矿床、"365"金矿床和敖其敖包金矿点、色日古楞金矿点等。金矿化主要类型为产于韧性剪切带内的石英脉型、蚀变岩型金矿(图7-99)。

2. 韧性剪切带与金矿成矿关系

1)区域构造演化

关于苏尼特左旗地区区域构造演化,前人曾开展了大量研究工作,并取得了许多重要成果,但争议颇多,主要集中于 SN 两大板块的最终缝合部位及缝合时间(唐克东等,1992;邵济安,1991;王荃等,1991;李春昱等,1983)。在晚古生代末期本区已经进入造山期后构造阶段,处于西伯利亚与华北两个大陆板块对接带的南侧,华北北缘早古生代增生褶带之内。晚古生代时期 SN 大陆块已经实现了对接,其后进入大陆板块内部构造发展阶段。晚古生代三叠纪,随着 SN 两大板块的碰撞对接,本区进入一个新的构造运动活跃时期,陆内构造变形十分强烈,形成了本区的基本构造格架。这一时期岩浆侵入活动异常活跃,反映了陆壳重熔特征。上古生界广泛发生褶皱断裂,并普遍遭受绿片岩相变质作用,形成了苏尼特左旗地区 NEE 向的构造线。海西-印支期侵入岩体也被强烈卷入,这一时期苏尼特左旗地区的区域应力场为 NNW-SSE 向挤压为主,局部兼有左行走滑剪切作用,并伴有大型韧性剪切带和逆掩推覆构造出现。同位素测年出现了 250～240Ma、225～215Ma 和 200Ma 左右3个峰值(李述靖等,1995),分别代表了海西末期、印支期和印支末-燕山初期三次强烈的构造-热事件。燕山晚期及其以后,本区处于地壳隆升阶段,未发生强烈的构造变形。

2)韧性剪切带特征

(1)韧性剪切带一般特征。

苏尼特左旗地区发育的三条韧性剪切带,近等距分布,走向由 NE 向逐渐转为 NEE 向。巴彦温都尔—巴润萨拉韧性剪切带位于苏尼特左旗正南约 4km,西起巴彦温都尔,向东延伸至巴润萨拉以北,总体呈 NE 向 50°～60°、SE 倾,走向上具波状弯曲和局部宽狭变化的特点,全长约 20km,宽 1～3km。该剪切带为多期构造变形的产物,早期以韧性变形为主,并有脆-韧性变形叠加。巴彦温都尔金矿就位于巴彦温都尔—巴润萨拉韧性剪切带和其间的弱变形劈理化带及多组脆性断裂中。该剪切带主要发育于下二叠统火山岩系和砂砾岩以及印支期岩体之中,在其东端燕山早期花岗岩边缘亦有所表现,但强度减弱,宽度在 1km 以内。沿走

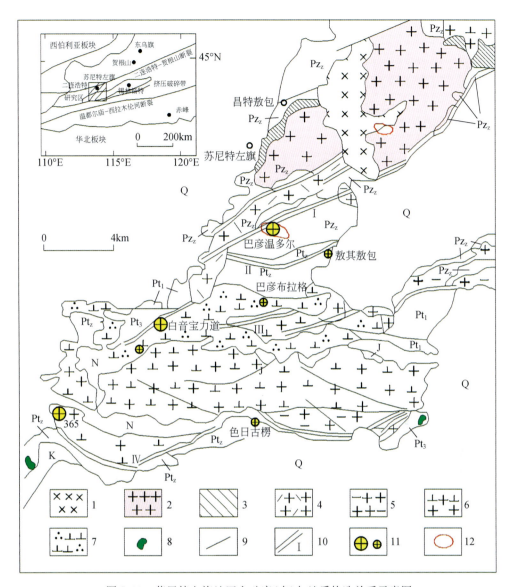

图 7-99 苏尼特左旗地区金矿床(点)与地质构造关系示意图

Q. 第四系;N. 古近系、新近系;K. 白垩纪砂砾岩;J. 侏罗纪火山岩 I;Pz_z. 上古生界;Pt_3、Pt_z、Ph. 新、中、古元古界;1. 早白垩世碱性花岗岩;2. 三叠-侏罗纪黑云母二长花岗岩、二云母花岗岩、白云母花岗岩等;3. 三叠纪堆晶角闪辉长岩、闪长岩;4. 三叠纪黑云母二长花岗岩 I;5. 晚二叠世-三叠纪黑云母二长花岗岩、二云母花岗岩、局部花岗闪长岩;6. 泥盆-石炭纪花岗闪长岩、黑云二长花岗岩等;7. 奥陶-志留-泥盆纪石英闪长岩、英云闪长岩等;8. 超基性岩(蛇绿岩);9. 断层;10. 韧性剪切带及其编号;Ⅰ. 巴彦温都尔-巴润萨拉;Ⅱ. 祖勒格图-道勒花图格;Ⅲ. 巴彦宝力道-哈珠车根庙;Ⅳ. 巴彦敖包-交其尔推覆构造及剪切带;11. 金矿床(点)I;12. 自然金重砂异常

向为燕山晚期岩体所截,在碱性花岗岩中无韧性变形带踪迹可寻。在东苏岩体以东的海西期花岗岩中才又见到了同走向的韧性剪切带,表明该剪切带形成于白垩纪以前。从其波及了燕山早期岩体边缘而强度又明显弱于下二叠统和印支期岩体中的表现情况来看,可能主要活动于三叠纪-侏罗纪早期。

祖勒格图-道勒花图格和巴彦宝力道-哈珠车根庙韧性剪切带均呈近 EW 走向的波形

展布。前者主要发育在元古界岩石中,部分涉及下二叠统安山岩,南侧波及海西期各类岩体,宽度可达十几千米。后者出露在海西晚期二云母二长花岗岩体中,宽度一般不超过2km。上述两带均向南西或向 SE 倾斜。K-Ar 法年龄测定表明祖勒格图—道勒花图格韧性剪切带内构造片岩年龄为 245.8Ma(李述靖等,1995)。安山岩形成糜棱岩为 246.4Ma(王瑜,1994);巴彦宝力道—哈珠车根庙韧性剪切带内花岗质糜棱岩中的白云母年龄为 247.3Ma(李述靖等,1995)。表明区内三条韧性剪切带活动于海西晚期至燕山早期,并以印支期为主要变形期。剪切带的形成温度平均值为 380℃,形成的压力值约为 500MPa,推测韧性剪切带的形成深度应为 15~20km(龚全德等,2004)。

(2)韧性剪切带控矿作用分析。

众多研究表明,金成矿区(带)受地壳级韧性剪切带的控制,金矿床展布受次级韧性剪切带的控制,金矿化受韧性剪切带的变形强度控制,含金石英脉受韧性剪切带内裂隙控制。

①次级剪切带控矿构造作用。苏尼特左旗地区韧性剪切带是区域性西里庙—达青牧场大型挤压破碎带的次级构造,与主构造带呈小角度相交,主要的金矿床均位于次级剪切带内。如前所述,区内金矿床(点)严格受次级剪切带控制,沿次级剪切带呈近 EW-NE 向、由北至南近等距带状分布。究其原因,一方面是在主构造与次级构造之间存在着较大的温度、压力和浓度梯度,主构造系统流体来源深、温压高,有利于高温高压流体的稳定存在,不利于金的沉淀;另一方面是主构造与次级构造之间具连通性,在物理化学梯度驱动下,含金流体沿主构造从下向上运移,金可以选择性地优先进入次级剪切带,特别是脆-韧性剪切带中,这时由于物理化学梯度变化,热液蚀变及外来流体的加入等因素的作用,造成含金络合物等成矿物质在流体中失稳而分解、沉淀出来形成金矿。

②韧性剪切带中剪切裂隙控制矿脉的作用。韧性剪切带在其形成过程中均会伴随同韧性剪切断裂的产出,主要由韧性剪切带内的剪切裂隙发展起来,其中尤以与剪切带边界相互平行的主剪切裂隙最为重要。裂隙主要产出在韧性剪切带内,且一般多在韧性剪切带变形最强的中心部位,平行韧性剪切带延伸,极少部分可以延伸到韧性剪切带以外。高品位的金往往产出于韧性剪切带应变最强的部位。

巴彦温都尔金矿区找矿新进展说明该区金矿受韧-脆性剪切带控制的规律性显。空间上,金矿体均位于剪切构造体系中;时间上,金矿主要形成于韧性变形后的脆韧性及脆性变形叠加阶段(赵国春,1995)。巴彦温都尔金矿区金矿体产出形式按照剪切带型金矿矿体受剪切带的次级构造控制关系可分为两类:一类为位于主剪切带中心部位,受控于低角度剪切裂隙(R 裂隙),与剪切带近平行产出,如 6、22 号脉;另一类多数位于剪切带偏离中心部位,受控于次级裂隙,与剪切带呈小角度斜交产出,如 31 号脉群,4、35 号脉。以上两类矿体由于受控于不同级次的剪切裂隙,二者在矿体规模、矿石类型、蚀变强度等方面表现出不同的特征。前者矿脉规模大,长度一般可达 1km 左右,宽度 5~10m,矿化蚀变强,边部多见构造片理化带,矿脉严格限定在主剪切构造带内,走向上一般与主构造方向近平行或有极小的夹角,与剪切构造体系中的 R 剪裂隙一致。后者矿脉规模小,长度一般为 200m,极少超过 400m,宽度亦较小,很少超过 3m,脉体多为石英脉,脉两侧围岩蚀变弱,矿脉产状多变,控制此类型矿脉的相当于剪切系统中的 T 裂隙。

3)韧性剪切带控制矿区金异常分布作用

巴彦温都尔金矿区金异常的分布特征反映出金异常的空间分布受控于韧性剪切带,即异常基本均位于剪切带内,且异常长轴方向与剪切带展布方向一致,均为 NE 向,反映了剪切构造活动程度对金的成矿和控矿作用。

(七)其他重要造山型金矿简介

1. 内蒙古赤峰市红花沟金矿

红花沟金矿包括红花沟和莲花山两个金矿床,位于赤峰市喀喇沁旗,处于华北地台与兴蒙海西地槽交接地带的台区北缘、槽台分界线赤峰—开原大断裂带南侧向槽区的凸出部位,即赤峰弧之弧顶内侧。区域地层主要为太古代变质岩系,在燕山运动的强烈作用下,产生一系列 NNE 向、NE 向断陷盆地,在其中形成了以火山陆源、火山碎屑沉积为主的中生代地层。断裂构造发育,矿区正处在 EW 向复杂构造带与 SN 向断裂的交汇部位。

2. 内蒙古常福龙沟金矿

常福龙沟金矿位于内蒙古大青山地区中段,该区是华北地台北缘绿岩型金矿的重要产地。20 世纪 70 年代末,通过 1∶20 万化探扫面发现了常福龙沟金异常,2002 年年底通过对该金异常进行检查评价,发现了三条金矿化蚀变带,具有中型金矿以上的找矿潜力。区域构造上位于华北地台北缘中段阴山断隆大青山复背斜北翼,大青山推覆构造体系德胜营—常福龙沟逆冲断层带中。

3. 内蒙古额济纳旗蓬勃山金矿

蓬勃山金矿床位于内蒙古自治区额济纳旗西北部。金矿床位于北山成矿带东段,属于觉罗塔格—公婆泉—月牙山Ⅲ级成矿带,产于上古生界石炭系浅变质岩地层之中,矿脉产出受断裂构造控制,矿化类型属石英脉型。近年来区域范围内相继发现了黑鹰山大型磁铁矿床、小狐狸山斑岩型钼矿床、红旗山石英脉型金矿床和交叉沟石英脉型金矿床等。

4. 锡林浩特干觉岭造山型金矿床

大地构造位置属内蒙古中部地槽褶皱系(Ⅱ),爱力格庙—锡林浩特中间地块(Ⅲ)西部的北缘,为造山型韧性剪切带变质热液金矿床。

5. 赤峰雁翅沟造山型金矿

雁翅沟金矿区位于赤峰市南 38km 处,在区域大地构造位置上处于华北地台北缘中段,新华夏构造体系与 EW 向阴山构造带的交汇部位。

6. 小西沟绿岩造山型金矿

小西沟金矿床出露下元古界二道凹群下部变质岩系糜棱岩中,断裂构造极其发育,NW 向和 NE 向断裂以及推覆破碎带具多期活动特征,是矿区的主要构造,其中,推覆破碎带为重要控矿断层。

7. 达茂旗哈力齐金矿

矿区位于白云鄂博北部，处于华北地块北部早古生代大陆边缘增生带，南以乌兰布拉格—呼吉尔图大断裂为界与华北地块相邻。为中-低温热液脉型金矿床，形成于中生代成矿爆发期挤压地球动力学背景之下，是典型的造山型金矿床。

8. 赤峰水泉沟金矿

水泉沟金矿区位于华北地台北缘内蒙古地轴东部北侧，冀北陷断束和建平台拱的喀喇沁断陷盆地中。矿床产于元古界明安山群下段浅变质千枚状二云石英片岩是含金地层中，金矿受层位、NE向断裂、岩浆岩带控制，沿剪切带分布。

9. 赤峰安家营子金矿

成矿时代是燕山晚期，燕山期构造运动引起了下部地壳的重熔，形成了重熔岩浆，与此同时，大量天水沿裂隙下渗，并与岩浆热液混合成含矿热水溶液，含矿热液将成矿物质带到适当的构造条件下形成金矿。

总之，金矿成矿物质的原始矿源层是太古宙变质岩，经过多次活化和聚集，到了燕山晚期，由重熔岩浆期后热液将成矿物质带到有利场所形成金矿。成矿类型为以前寒武系含金变质岩为物源，重熔岩浆富集改造的造山型金矿床。

第三节　火山-次火山岩矿床及地质成矿环境分析

一、火山-次火山热液矿床概述

1. 矿床特征

火山-次火山热液矿床是指在火山喷发区由于火山及次火山活动有关的气液形成的矿床。矿床形成于火山喷发晚期、间歇期（喷发后热液活动可延续数万年）。成矿热液水的来源包括岩浆水、地下水及海水，成矿物质主要来自岩浆、熔岩及火山碎屑岩。成矿多发生于地壳的浅表部位，也可发生于海底。在大洋，不同板块构造单元具有不同类型火山-次火山热液矿床（图7-100）。成矿方式包括充填、交代及海底喷流沉积作用。

矿床特征如下：

(1) 火山热液矿床产于火山喷发区，与火山活动大致为同一时代或稍晚，多形成于火山喷发间歇期及喷发期后。

(2) 矿体产于火山岩、火山碎屑岩、次火山岩体及其围岩中，多受火山口及破火山口、环状断裂及裂隙、放射状断裂及裂隙等火山机构控制。

(3) 一些浅成热液矿床矿石矿物分带往往不明显，多见不同温度的矿物组合重叠现象。

(4) 不同类型的火山-次火山热液矿床围岩蚀变类型不同，一般具有强烈的围岩蚀变常见蚀变分带现象。

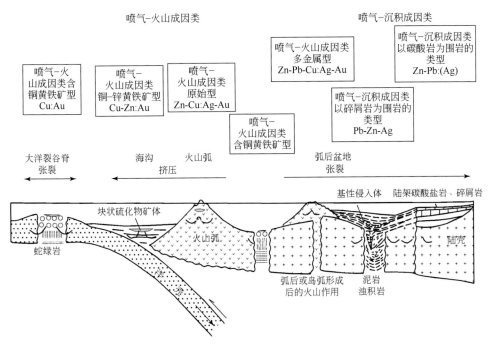

图 7-100 不同板块构造单元具有不同类型火山成因矿床示意图

2. 矿床分类

火山热液矿床依据地质环境的差异进一步划分为如下几个类型：陆相火山热液矿床；陆相次火山热液矿床（闪长岩类、玢岩类矿床）；海相火山（次火山）热液矿床。

海相火山热液矿床规模大、矿种类型多、研究内容丰富。华北板块与西伯利亚板块至西向东从石炭系末到三叠系碰撞对接止，其间又经历了大约 200Ma 地质演化过程，之前形成的海相火山喷流沉积类（块状硫化物）矿床（图 7-100）已经被改造得面目全非，不易辨认。内蒙古得以保存下来的海相喷流沉积变质型矿床，一是在白云鄂博裂谷带、渣尔泰裂谷带，二是在林西—翁牛特旗一带的裂陷槽带。对后者，此类矿床的辨认也是近十年刘建明等地质工作者不懈努力的结果。尽管如此，争议仍然存在（在其他章节阐述）。本节重点介绍陆相火山岩类矿床。

3. 陆相火山热液矿床

火山热液是由火山岩浆上升时，压力温度下降，挥发组分强烈析出分馏而成，其中也可能混以地下水而形成混合热液。这种主要由原岩浆提供矿质和部分从火山围岩淋取矿质的含矿热液，沿适宜的构造上升，交代火山岩或充填于裂隙带中而形成的矿床，均属于火山热液矿床，它主要出现在陆相火山活动地带。中国东部燕山期陆相火山岩系中的火山岩型铅锌矿床，是较典型的火山热液矿床，矿床明显受岩性和断裂破碎带控制，成矿温度在 200℃ 左右，发生明显的绢云母化、硅化、碳酸盐化和绿泥石化蚀变现象。

陆相火山热液矿床是指在陆相火山活动中由火山热液于火山岩及火山碎屑岩内通过充填或交代火山机构裂隙而形成的矿床。此类矿床多形成于浅表部位，且多为中低温，因而又常称为浅成低温热液矿床。工业意义较大的相关矿床有金(银)矿床、汞锑矿床、铅锌矿床、明矾石矿床、萤石矿床、叶蜡石及高岭土矿床。

1)地质构造背景

含矿岩系为粗面玄武质、安山玄武质、安山质火山岩及火山碎屑岩和英安质、粗面质火山岩及火山碎屑岩。前者主要产于岛弧环境,多形成以金为主的金碲型矿床;后者主要产于活动大陆边缘弧,多形成以银为主的金银型矿床。此类矿床成矿深度小,后期易被剥蚀,因而已发现的多为中、新生代矿床。

2)矿床特征

此类矿床的矿体产出部位浅,多呈脉状、网脉状、细脉浸染状受断裂、环状及放射状断裂、裂隙及爆破角砾岩筒控制。

矿石主要有用矿物是自然金、银金矿、自然银、碲金矿、碲金银矿、碲银矿、硒银矿等。金碲型矿石 Au/Ag=0.5~1,金银型矿石 Au/Ag=0.05~1。常见硫化物为黄(白)铁矿、黄铜矿、方铅矿、闪锌矿,常见脉石矿物为石英、方解石、白云石、菱铁矿、菱锰矿、镜铁矿、重晶石、绿泥石、蛋白石、玉髓、雄黄、雌黄等。

浅成低温热液型金矿的围岩蚀变强烈并有明显分带,深部为冰长石化,向上渐变为硅化、伊利石-绢云母化、黏土化。金银矿化通常与硅化关系密切。

4. 陆相次火山热液矿床

次火山岩是指与火山岩具有同区、同期、同源关系的浅成及超浅成侵入体。

陆相次火山热液矿床是与陆相次火山气液有成因联系的热液矿床。在此指中性、中-基性次火山岩、闪长岩、安山玢岩、闪长玢岩、玄武-安山玢岩、爆破角砾岩、隐爆角砾岩等有关矿床。中性及中酸性次火山岩有关的斑岩型铜矿床、斑岩型铜钼矿床、斑岩型金矿床,(中酸性-酸性)次火山岩有关的斑岩型钼(铜)矿床、斑岩型钨矿床、斑岩型锡矿床、斑岩型铅锌矿床化为斑岩型矿床。

内蒙古公认典型的次火山岩矿床是呼伦贝尔甲乌拉银多金属矿床,限于篇幅,此处不作更多论述。

二、火山-次火山热液重要金矿床

(一)赤峰官地火山岩类金矿

官地银金矿床位于内蒙古东部赤峰市郊区。内蒙古有色108队于1993~1995年在Ⅳ号矿体的27~38勘探线范围内开展勘探工作,于1995年年底提交Ⅳ号矿体的勘探储量报告,获得Ag储量300t,Au储量2.8t,官地银金矿床储量为中型矿床。

1. 区域地质成矿背景分析

官地银金矿床处于华北地台(Ⅰ级)内蒙古台隆(Ⅱ级)与内蒙古中部地槽褶皱系(Ⅰ级)温都尔庙—翁牛特旗加里东地槽褶皱带(Ⅱ级)衔接部、多伦复背斜(Ⅲ级)构造单元中段。化德—赤峰深断裂从矿区南部通过(图7-101)。官地银金矿床处于有利于金矿成矿的大地构造位置。矿区 NNE 向的火山岩带复合在 EW 走向的褶皱基底之上。燕山早期在内蒙古东部发生强烈的构造及陆相火山活动,并使其基底"活化",导致强烈的岩浆活动,形成了大兴安岭—燕山火山活动带。矿床受火山岩带控制,其成因类型属火山-次火山热液型金矿床(李之彤,1986)。

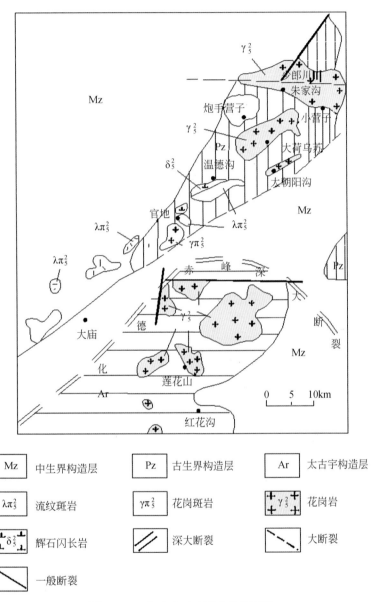

图 7-101 官地矿区区域地质位置图

矿区存在区域性三层基底结构:第一构造层为太古界结晶基底,主要岩性为斜长角闪岩、角闪斜长片麻岩,与成矿作用关系密切;第二构造层为古生界褶皱基底,主要岩性为凝灰岩、安山岩;第三构造层为中生界陆相火山岩盖层,主要岩性为流纹岩、凝灰质砂岩、安山岩等。

存在区域性四条断裂,少郎川断裂、上唐家地断裂、上本不吐断裂和官地—温德沟—敖包山断裂。少郎川断裂 EW 走向,横穿全区,在区内延长 25km,向东延出本区,朱家沟花岗岩体沿断裂上侵;上唐家地断裂位于矿区北部侏罗纪与二叠系地层接触部位展布,NE 走向,延长 10km,朱家沟花岗岩枝沿该断裂侵入。断裂东侧 NW 向次级断裂群极为发育,分布有黄花沟、毛布沟铅锌矿床;上本不吐断裂位于官地东部,沿侏罗纪与二叠系地层衔接部延伸,NNE 走向,长 8km;官地—温德沟—敖包山断裂带沿侏罗纪与二叠系地层衔接部靠老地层一侧展布,官地至温德沟为 NE 走向,温德沟至敖包山渐转为 NEE,长 43km,宽 2～3km,从 NE 方向出本区,该断裂带是多期次活动的基底断裂,柴达木、官地、温德沟等四级和五级火山机构沿该断裂带分布,形成官地—温德沟—敖包山银金矿带展布。

华北地台由太古宙及古元古代的鞍山群、建平群、单塔子群、阜平群及太华群等构成,岩系为一套变质较深、混合岩化作用较强的变基性火山-沉积岩建造,属优地槽相。其中,变基性火山岩普遍含金丰度值较高,是金矿床主要物质来源。区内地台基底经区域变质热液作用、重熔岩浆叠生成矿作用明显。

2. 矿区地质特征

1)地层

矿区出露地层有二叠系下统于家北沟组(P_1y)、侏罗系上统白音高老组(J_3by)、新近系中新统昭乌达组(N_1j)及第四系(Q)黄土(图 7-102)。二叠系下统于家北沟组(P_1y)可划分两个岩性段:下部岩段出露厚度大于 105m,岩性组合为深灰色-灰紫色酸性凝灰岩、板岩夹少量砂岩;上部岩段厚度大于 500m,岩性组合为灰内-淡绿色中酸性凝灰岩、灰绿色蚀变安山岩、流纹岩、砂岩、板岩互层。

侏罗纪上统白音高老组(J_3by)出露厚度大于 130m,呈狭长带状不整合于二叠系地层之上,主要岩性为酸性凝灰岩、凝灰质角砾岩。

新近系中新统昭乌达组(N_1j)出露厚度大于 20m,呈平卧状覆盖在二叠系地层之上,分布于矿区汉号脉北侧,岩性为青灰-暗灰黑色玄武岩夹砂岩。

第四系(Q)厚度 1～18m,分布在沟谷及山坡上,主要为黄土、砂砾岩等。

2)构造

(1)褶皱构造。

矿区内官地—温德沟背斜是于家北沟组(P_1y)组成的 NE 向背斜,长 16km,宽 5km,两翼为缓倾角(20°～30°)。背斜轴部被燕山早期闪长岩、流纹斑岩体侵位占据,在背斜中部,上侏罗统内音高老组(J_3by)呈 NW 走向、NE 缓倾斜(<15°)的单斜地层分布其上。

(2)断裂构造。

矿区内断裂构造发育,规模一般长 100～2800m,宽 0.5～20m,具有明显的张性-张扭性特征。成矿前断裂发现 6 条(F1、F2、F3-1、F3-2、F4、F5)。除 F5 为 SN 走向外,其余均为 NW 向,6 条断裂呈 NW 聚拢,向 SE 撒开的趋势,在平面上呈现出放射状构造,具有明显张性-张扭性特征。断裂延长 1200～2400m,宽 2～20m,走向 300°～325°,向 NE 或南西倾,倾角 65°～88°。其中 F4 号断裂规模最大,长 2400m,宽 1～20m,延深已控制 420m,在 6 条断裂中都有不同程度的银金矿化,以 F4 断裂矿化最强,Ⅳ号矿体就赋存于该断裂带内。成矿后断裂主要有 EW 向、NE 向、NNE 向及 SN 向 4 组。EW 向断裂多数被闪长玢岩脉充填,对矿体无破坏,NNE 向、SN 向被无矿石英脉、方解石萤石脉充填,对矿体破坏不大,水平错距0.5～6m，一般1～2m。无矿石英（萤石、方解石）脉穿过矿体时，对附近矿体起到一定的贫化作用。

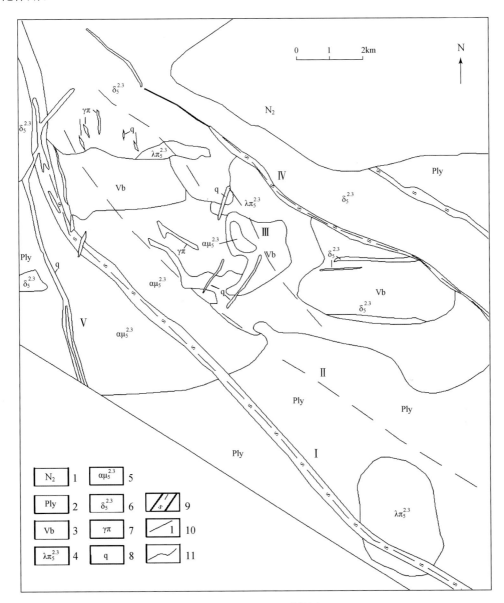

图 7-102 矿区地质简图
1. 新近系玄武岩；2. 二叠系安山岩；3. 隐爆角砾岩；4. 流纹斑岩；5. 鞍山玢岩；6. 闪长岩；7. 花岗斑岩；
8. 石英脉；9. 蚀变带、断层；10. 矿体及编号；11. 地质界线

(3) 火山构造。

矿区内发育的火山岩相主要为火山颈相和潜火山岩相。火山颈相位于矿区西北部，平面上近圆形，面积约 2.7km^2，岩石组合主要为安山玢岩，其次为流纹斑岩和隐爆角砾岩。安山玢岩呈深灰色，斑状结构，块状构造，局部可见直立的流纹构造，指示其处于火山颈的位置。岩石化学成分与区域上玛尼吐旋回安山岩类相似，SiO_2 含量为 61.56%、Na_2O+K_2O 为

7.91%，里特曼指数 σ 为 3.37，氧化系数为 34，属碱钙性岩石，为安山岩向粗面岩过渡类型（陈会军等，2012）。流纹斑岩和隐爆角砾岩是后期充填于火山通道空隙中的潜火山岩。潜火山岩相位于火山颈相附近，与火山颈相无明显界限，在其接触部位相互穿插，岩石组合主要为流纹斑岩和隐爆角砾岩，流纹斑岩呈不规则岩株状，分布于火山穹窿中，呈灰白色，斑状结构，流动构造。岩石化学性质为铝过饱和类型，属钙碱性系列，氧化系数为 30，稍低于火山颈相，与区域上白音高老旋回流纹岩成分相近，为该旋回的潜火山岩。隐爆角砾岩呈 3 个不规则的小岩体产出，沿 NW 向排列，多产于不同岩性接触带部位，如流纹斑岩与安山玢岩接触带，角砾大小混杂，呈棱角状、次棱角状、浑圆状，角砾及胶结物皆为岩石自身成分，表明以气爆为主，岩石化学特征为钙碱性系列。

矿区内最重要的火山构造为官地 V 级火山机构，控制着官地银金矿床的产出。该火山机构为一 NW 向的椭圆形复合火山-侵入穹窿，面积 5km^2，被燕山早期闪长岩、安山玢岩、流纹斑岩、隐爆角砾岩等充填，周边围岩向外缓倾斜。官地火山机构内部断裂十分发育，呈放射状。

(4) 岩浆岩。

矿区内岩浆侵入活动频繁剧烈，时代为燕山早期产物，主要为安山玢岩、流纹斑岩和隐爆角砾岩等次火山岩相，侵入于官地和温德沟 V 级火山构造中，岩性有闪长岩、安山玢岩和流纹斑岩及隐爆角砾岩，另外还有闪长玢岩、花岗斑、石英脉等脉岩。

闪长岩分布于官地矿床 NW 部及温德沟矿点 NW 及 SE 部，呈岩株状产出，面积约 1.4km^2，时代属于晚侏罗世第一次侵入之产物，后被晚阶段流纹斑岩穿插，其 Ag 和 Au 的含量分别为克拉克值的 3～7.29 倍和 0.7～2.37 倍（陈会军等，2012）。

安山玢岩主要分布于官地矿床中部，呈岩株状产出，面积约 0.5km^2，为晚侏罗世第二次侵入之产物，岩石发生绿泥石化、绢云母化、碳酸盐化。

流纹斑岩与矿区银金矿化在空间、时间、成因上有密切关系，呈 NW 向岩株产出，面积为 2km^2，为晚侏罗世第三次侵入之产物。岩石普遍发生绢云母化、高岭土化、硅化等。

隐爆角砾岩就位于流纹斑岩体边部，呈不规则带状分布，走向 NW，形成时代略晚于流纹斑岩角砾，胶结物为岩石自身成分。隐爆角砾岩蚀变较强，主要为绢云母化、高岭土化、黄铁矿化，其次为硅化、电气石化等，它们与银金矿化关系十分密切，隐爆角砾岩发育部位含矿石英脉发育，矿化强烈。

闪长玢岩和花岗斑岩等次火山脉岩主要充填于 EW 向、NW 向和 NE 向与次火山活动有关的断裂裂隙内，长 20～2100m，宽 0.2～5m，多数构成火山机构的环状岩墙，向火山通道方向作陡倾斜。

3. 矿床地质特征

1) 矿脉（体）特征

官地银金矿床共发现银金矿脉 6 条（编号为 Ⅰ、Ⅱ、Ⅲ-1、Ⅲ-2、Ⅳ、Ⅴ），均产出于侵入岩及潜火山岩内，分别受 F1、F2、F3-1、F3-2、F4、F5 放射性断裂控制，产状与断裂一致。

银金矿床矿体形态简单，多为单脉，主矿体为 Ⅳ 号，平均品位：Ag 为 286.32g/t、Au 为 2.31g/t。矿脉特征见表 7-47，矿体品位变化由西向东逐渐降低。

表 7-47 矿脉特征表(陈会军等,2012)

矿脉号	规模/m			产状			品位/10⁻⁴						含矿系数
	长	宽	延伸	走向	倾向	倾角	最高		最低		一般		
							Ag	Au	Ag	Au	Ag	Au	
Ⅰ号主脉	>600	1.15	不清	310°	SW	80°	290.50	3.30	3.03	0.78	63~347.6	0.36~9.80	56.07%
Ⅱ号主脉	2140	1~4.3	>200	305°	SW	75°~85°	543.44	42.50	9.70	0.10	44.60~69.00	0.14~0.23	—
Ⅲ-1号脉	700	1.77	不清	325°	NE	80°	194.00	1.82	25.30	0.39	40~80	0.14~0.40	—
Ⅲ-2号脉	880	0.82	不清	325°	NE	80°	128.30	0.77	25.50	0.12	60.02~150.6	0.68~4.40	61.98%
Ⅳ号脉	2420	0.6~8	>450	300°	NE	45°~85°	4156	24.68	6.10	0.10	40~120	0.14~1.50	87.18%
Ⅳ-1号脉	390	0.55~2.83	250	289°	NE	70°~75°	585.50	4.76	20	0.11	—	—	—
Ⅳ-2号脉	150	1.57	250	285°	NE	65°~75°	290.50	3.33	3.03	0.78	—	—	—
Ⅳ-3号支脉	不清	2.00	不清	350°	SW	85°	—	—	—	—	142.25	1.04	—
Ⅴ号主脉	1320	10~26	不清	350°	SW	70°	地表为宽大的石英脉,仅有 Ag,Au 异常,深部可能有 Ag,Au 富集地段						

2)矿石成分特征

矿石中金属矿物共发现 33 种,原生矿石主要金属矿物有闪锌矿、方铅矿、黄铁矿、黄铜矿,次要矿物有黝铜矿、磁铁矿,少量辉铜矿、自然铋金银矿物、银黝铜矿、含银黝铜矿、硫砷铜银矿、砷硫锑铜银矿、辉铜银矿、银金矿、辉银矿、硫铜银矿、自然金。脉石矿物主要有石英、菱锰矿、方解石、白云石,次要矿物有绢云母、绿泥石、菱铁矿及萤石,少量高岭石及文石。地表氧化矿发育。

3)矿石结构、构造

原生矿(硫化矿)矿石结构主要为半自形-他形粒状结构、交代残余结构、镶边结构、乳浊状结构和筛状-骸晶结构。氧化矿结构主要为胶状、半胶状结构,他形细粒结构,少量为自形晶结构(软锰矿针状晶体),银金矿物为他形微粒结构。

矿石构造主要为稀疏浸染状及脉状构造,硬锰矿、胶黄铁矿等为胶状、变胶状同心环带构造。软锰矿、褐铁矿等形成土状、疏松多孔状构造,少量为块状构造。矿石胶体构造发育,指示了矿床在低温、低压成矿环境特点。

4)围岩蚀变特征

含矿岩体围岩主要为燕山早期闪长岩及二叠系安山岩,围岩蚀变主要有硅化、菱锰矿化、菱铁矿化、绢云母化、绿泥石化、黄铁矿化,其次有高岭土化、萤石化、沸石化、电气石化、重晶石化及冰长石化。

官地银金矿床围岩蚀变不仅具有类型多和表现为中低温火山热液蚀变的特点,且蚀变带具有明显的分带现象。从矿体向外大致有如下分带:(菱锰矿、菱铁矿)冰长石硅化带;高岭土黄铁绢英岩化带;碳酸盐绿泥石化带。蚀变带最宽者达 26m,一般几米。

在火山热液金矿中与矿化有较密切关系的蚀变有硅化、黄铁矿化和绢云母化。在本矿区与银金成矿关系最密切的蚀变为硅化(包括冰长石化)。高温到低温热液条件下,各种岩石都可发生硅化作用,矿床的硅化与高岭土化、萤石化、沸石化及冰长石化这些低温蚀变相伴并成带产出,推断矿区硅化为低温蚀变,而冰长石是浅层热液环境中"沸腾作用的产物"或"沸腾作用期间沉淀的产物",金的富集与冰长石的生成密切相关,说明矿区的成矿作用与该类低温蚀变作用相关。

5)地球化学特征

(1)矿石微量元素聚类分析特征。

李之彤(1986)对官地银金矿床矿石微量元素采用 R 型聚类分析法,研究其微量元素间相关性,并总结、归纳和判断元素间的依存关系。银金矿床的微量元素 R 型聚类分析图(图7-103)显示,Ag 与 Mn 最为相关,而与 Fe、As、S 等不相关。这与矿区呈贫硫化物时银品位仍较高是相一致的。在本区寻找银矿可从寻找菱锰矿脉着手。

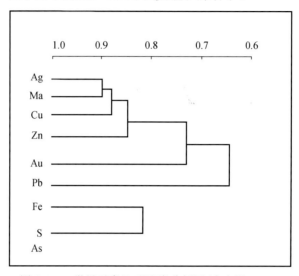

图 7-103　微量元素 R 型聚类分析图(李之彤,1986)

(2)硫同位素特征。

根据矿床方铅矿与黄铁矿 8 个样品的硫同位素分析,方铅矿 $\delta^{34}S$ 值分布范围为 $-1.5‰\sim 4.8‰$,平均为 2‰,极差为 6.3‰;黄铁矿 $\delta^{34}S$ 值为 $-1.1‰\sim 1.4‰$,平均为 0.2‰,极差为 3.5‰。$\delta^{34}S$ 偏离陨石值不超过 $\pm10‰$,接近陨石硫成分,说明硫主要来源于上地幔或下地壳,反映成矿物质幔源性特点(李之彤,1986)。

6)物理化学特征

(1)包裹体特征。

官地银金矿床包裹体类型为两相气液包裹体,形态以椭圆状和浑圆状、不规则多边形为主,且气液包裹体较少,气液比为 10%~25%,矿物包体测温资料显示见表 7-48。矿体中测试矿物的温度为 154.8~175.3℃,最高温度为 280℃。在围岩流纹斑岩中测定的长石矿物温度为 130~187.5℃,隐爆角砾岩成岩温度为 125~390.4℃。矿体形成温度为低温。

表 7-48　矿体、围岩包裹体均一温度表(陈会军等,2012)

测试矿物	矿体中			流纹斑岩	隐爆角砾岩
	石英	方解石	碳酸盐	长石	石英
温度范围/℃	117.4~280	124~189	133.2~169.5	130~187.5	125~390.4
平均值/℃	175.3	157.1	154.8	158.8	267.6

(2)盐度特征。

矿体中的石英、方解石、碳酸盐以及主要围岩流纹斑岩和隐爆角砾岩的盐度测定结果见

表7-49。矿体中平均盐度为3.08%,流纹斑岩盐度为1.56%,隐爆角砾岩为4.27%,它们都具低盐度特征。主要岩类含金、银情况见表7-50。

表 7-49 岩石、矿体盐度表(陈会军等,2012)

测试矿物	矿体中			流纹斑岩	隐爆角砾岩
	石英	方解石	碳酸盐	长石	石英
变化范围/%	1.19~6.12	1.19~4.58	3.18~3.50	1.19~1.70	4.27
平均值/%	3.63	2.32	3.29	1.56	4.27

4. 矿床成因及控矿环境分析

官地银金矿床在区域上位于地幔隆起带,由于地幔不断上隆、释压,下地壳物质在上地幔岩浆同熔混染下开始活化,形成幔壳混源岩浆。岩浆在沿火山通道上侵过程中,同化混染大量含银金矿源层,经岩浆水的活化作用,使地层的银金活化迁移出来,形成含银金成矿热液。随着岩浆演化、分异,银金不断在侵入岩及潜火山岩中富集。因此,侵入岩及潜火山岩中含银金较高,说明矿床与潜火山岩形成矿体有较密切的关系。

1)成矿温度、压力

官地银金矿床矿体围岩蚀变以绿泥石化、硅化、碳酸岩化、黄铁矿化、重晶石化、冰长石化等中、低温蚀变矿物矿化为主,从矿物包裹体测温及盐度测定资料(表7-48和表7-49)可知,成矿温度范围为117.4~280℃,主要集中于160~190℃。这个范围相当于地表水对流循环作用阶段的温度,上升热液流体作用较弱,从成矿温度推测,成矿压力应为10MPa,相应深度约为330m。以上结果表明,成矿作用是在低温、低压的条件下形成的。

2)控矿因素分析

(1)成矿物质来源。

从相邻赤峰红花沟、金厂沟梁金矿资料可知,太古宇角闪斜长片麻岩金丰度值为$0.1×10^{-6}$,比克拉克值高25倍,斜长角闪岩金丰度值为$0.097×10^{-6}$,比克拉克值高24倍。本区太古宇鞍山群可能为成矿物质来源之一。

另据矿区闪长岩、安山岩和流纹斑岩的银金含量分析,二叠系安山岩银金丰度高,银丰度比克拉克值高8.7~57倍,金丰度值比克拉克值高7倍左右(表7-50)。因此古生界地层、特别是二叠系安山岩,可能又是矿床成矿物质来源之一。

表 7-50 主要岩石 Ag、Au 含量表(陈会军等,2012)

岩石名称	Au/($×10^{-9}$)		Ag/($×10^{-6}$)	
	①	②	①	②
闪长岩	10.20(36)	3.0(1)	0.51(36)	0.21(1)
安山岩	30.26(100)	2.0(2)	4.01(100)	0.61(2)
流纹斑岩	18.13(200)	3.0(1)	6.04(200)	1.53(2)
地壳克拉克值	4.3		0.07	

资料来源:内蒙古自治区赤峰市松山区官地银金矿床Ⅳ号矿体储量核实报告(2003)。①为黄金11支队分析资料;②为有色108队分析资料;括弧内为样品数,地壳克拉克值为维诺格拉多夫(1962)值。

(2)构造对成矿的控制。

按内蒙古自治区地质矿产局(1991)关于火山构造单元火山构造划分原则,官地银金矿床处于Ⅰ级火山构造、大兴安岭—燕山火山活动带;Ⅱ级火山构造、乌丹—扎鲁特旗火山喷发岩带;Ⅲ级火山构造,官地—小营子—毛布沟火山基底隆起;Ⅳ级火山构造,柴达木火山机构;Ⅴ级火山构造,官地—温德沟复合火山-侵入穹窿及东水泉火山爆破岩筒位置。

矿体产出于燕山早期闪长岩及潜火山岩中,这些岩体呈放射状岩脉(岩墙)及岩株状产出,反映了矿体与岩体之间在空间上和成因上的密切关系。燕山早期,矿区多期次中酸性潜火山岩活动,将矿源层中的银、金带入浅部,特别是流纹斑岩及其随后的隐爆活动,进一步促使银、金的活化、迁移和富集。官地银金矿床为火山构造控矿,柴达木火山机构控制了整个矿区,次级复合火山-侵入穹窿构造控制了矿床,火山机构边部的放射状构造控制了矿脉及矿体的分布。

(3)火山构造对成矿的控制具如下规律性。

Ⅲ级火山构造控制官地—温德沟敖包山银金矿带;Ⅳ级火山构造(柴达木火山机构)控制官地—温德沟银金矿区官地—温德沟辐射状和环状断裂级中酸性潜火山岩体的分布;Ⅴ级火山构造(复合火山侵入穹窿)控制矿床(点),而Ⅵ级火山构造中的次级断裂控制了矿脉(体)的分布。

火山机构控矿因素,火山机构经历了多次喷发侵入活动,有较好的岩浆演化,且随之产生一系列配套的环状、放射状断裂、破碎带、裂隙带。岩浆演化有利于矿液的富集,构造发育有利于矿液的迁移。

(4)讨论。

通过对官地银金矿床的成矿条件与控因素分析,其成矿作用无论在时间上、空间上还是成因上均与潜火山岩有密切关系。潜火山岩侵入时,携带成矿物质并带来大量热能,此时,富含挥发岩浆及含矿热液沿隐爆断裂迅速冲到地表,加上地下水供给,发生热液隐爆作用,使矿质迅速沉淀,赋存于隐爆角砾岩中。

以下构造部位可能是官地银金矿床有利的找矿方向。火山基底隆起带与火山盆地交接部靠隆起一侧,是火山热液活动的有利地段,并有金属量及重砂异常,可作为区域找矿标志。

火山基底隆起上有Ⅳ级、Ⅴ级火山构造发育地段,可能有矿床存在。

火山机构内断裂发育,燕山早期中酸性火山岩性复杂地段有火山隐爆活动,为高硅、钾、低钠的岩体发育地段,应注意有矿存在。

(二)赤峰陈家杖子隐爆角砾岩型金矿床成矿条件分析

1. 矿区地质背景

1)简况

陈家杖子金矿是近年来在内蒙古赤峰南部地区新发现的初具规模并可望发展成为大型规模的隐爆角砾岩型金矿床,是在该地区发现的新类型矿床。矿区地处华北板块的北缘,内蒙古地轴的东段,赤峰金矿化集中于马鞍山隆断带的南侧(图7-104)。

矿区内出露的地层主要为晚太古界建平群下部的片麻岩及第四系。太古界地层主要分布于矿区的西北部,在矿区东侧及南侧仅见零星露头,其岩性主要为灰色-灰黑色-灰绿色斜

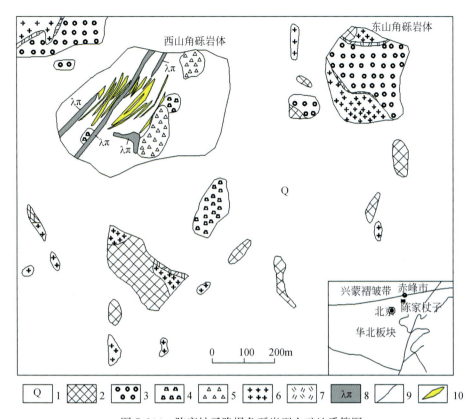

图 7-104 陈家杖子隐爆角砾岩型金矿地质简图

1. 第四系；2. 晚太古界；3. 隐爆晶屑岩屑凝灰岩及隐爆含角砾岩屑晶屑凝灰岩；4. 隐爆角砾岩；5. 爆破集块式角砾岩；6. 中细粒钾长花岗岩；7. 震碎角砾岩；8. 二长花岗斑岩脉；9. 地质界线；10. 金矿（化）体

长角闪片麻岩、角闪斜长片麻岩及片岩、黑云长英片麻岩及片岩、变粒岩，局部有少量磁铁石英岩夹层。矿区范围内未见大的侵入岩体出露，见有花岗斑岩、英安斑岩、闪长玢岩等岩脉或小岩株侵入于隐爆角砾岩体内。

矿区外围分布有燕山期中细粒黑云母二长花岗岩、花岗岩。矿区 NE 向断裂最为发育，黑里河断裂从矿区北侧通过，是本区重要的控岩、控矿构造。隐爆角砾岩体内部常发育有多组方向的裂隙及岩脉或含石英硫化物矿脉。

2) 隐爆角砾岩筒特征

区内的金矿体均赋存于陈家杖子隐爆角砾岩体内，金富集成矿与隐爆角砾岩体有明显的成因联系。矿区范围内已发现两个隐爆角砾岩体：东山角砾岩体和西山角砾岩体（图 7-104），两者 EW 相距约 300m。金矿体均产于西山角砾岩体内，东山角砾岩体内仅见金矿化。

陈家杖子隐爆角砾岩体（西山角砾岩体）的平面形态近半椭圆形（图 7-104），NE-SW 向展布，其长轴约 1000m，短轴约 800m，出露面积约 0.70km²，呈筒状向下延深，已控制延深大于 720m，岩筒 SE 倾，倾角陡，剖面上略呈上大下小的漏斗状。角砾岩体内有少量呈 NE 向的二长花岗斑岩脉及花岗岩脉。岩筒内的岩石爆破强烈，全部角砾岩化，由不同比例的角砾、岩屑、晶屑和岩石粉末组成。岩石的角砾含量一般为 10%～30%，少数大于 50%；岩屑和晶屑是岩石的主要组成部分,含量一般为30%～70%;岩粉(胶结物)含量为30%～50%(王忠,2004)。

矿区内的角砾岩明显由两种隐爆角砾岩组成,早期隐爆角砾岩出露地表,呈筒状,是隐爆角砾岩筒的主体,岩性主要为灰白色蚀变含角砾岩屑晶屑凝灰岩;晚期隐爆角砾岩主要为黑色隐爆角砾岩或含角砾岩屑晶屑凝灰岩,呈不规则脉状,未出露地表,见于944m中段以下,向深部有逐步增多趋势,与早期隐爆角砾岩呈侵入接触关系。两者的差别主要表现为,前者呈灰白色,后者呈灰黑色、黑色,角砾含量相对较多,含铁较高,泥化相对较强,以常含有泥化二长花岗斑岩角砾为特征。两种角砾岩均有金矿化,早期灰白色爆破角砾岩内的金矿化形成较早,主要集中在角砾岩筒的上部,在硅化-冰长石化-绢云母化蚀变强烈地段矿化较好。晚期黑色隐爆角砾岩内的金矿化主要在深部发育,在硅化-泥化-绢云母化蚀变强烈地段金矿化较好。早期灰白色隐爆角砾岩的岩石类型有爆破集块式角砾岩、隐爆含角砾岩屑晶屑凝灰岩、隐爆晶屑岩屑凝灰岩等,以隐爆含角砾岩屑晶屑凝灰岩为主要类型。

隐爆角砾岩石普遍遭受强烈的热液蚀变作用,常见的热液蚀变类型有绢云母化、碳酸盐化、硅化、泥化,其次为冰长石化、绿泥石化、绿帘石化。以绢云母化和泥化最为强烈,一般隐爆角砾岩中蚀变绢云母的含量可以达到10%～20%,部分达30%以上;其次为碳酸盐化、硅化、冰长石化。在空间上,热液蚀变的分布具有一定的分带性。绢云母化分布最广,其分布范围与隐爆角砾岩体主体的分布范围一致。

从隐爆角砾岩体中心向外,蚀变分带为:中心部位为冰长石化和泥化带,叠加硅化、绢云母化和碳酸盐化;向外为硅化和绢云母化带,叠加碳酸盐化;边部接触带为碳酸盐化带,以较强碳酸盐化为特征,伴有弱的绿泥石化和水白云母化。与金矿化密切相关的蚀变为硅化和冰长石化。泥化带的分布比较特殊,主要分布在隐爆角砾岩体中心二长花岗岩脉发育的部位,尤其是在蚀变二长花岗斑岩脉中。与隐爆角砾岩的多次爆破相对应,金成矿具有明显的多期、多阶段性特点。

2. 矿床及矿体地质特征

1)矿体

本矿区已发现NE向金矿化带内的近20个工业金矿体。矿化带分布在隐爆角砾岩体的中西部,二长花岗斑岩脉的两侧,走向NE,与二长花岗斑岩脉的走向一致。矿化带长320～360m,宽140～160m,走向30°～45°,倾向SE,倾角50°～60°。单一矿体厚0.41～15.86m,延长几十至百米不等,向下延长几十米至160m,呈脉状、透镜状,部分变厚加富部位呈囊状,部分矿体沿走向具分枝复合收缩膨胀的现象。金品位一般为$(1.5～22.5)×10^{-6}$,最高可达$55.4×10^{-6}$,伴有银、铜、铅、锌等有益组分。金矿体严格受裂隙密集程度控制,裂隙密集区与超浅斑岩脉接触地段,矿体的金品位往往高。

2)矿石

常见的矿石结构有自形、半自形和他形粒状结构、乳滴状结构、交代残余结构、压碎结构。矿石构造主要有浸染状、裂隙充填、块状、胶结角砾状及团块状、细脉-网脉状等。

主要矿石矿物为黄铁矿、毒砂、闪锌矿、胶状黄铁矿,含少量黄铜矿、方铅矿、黝铜矿等,硫化物含量一般为0.5%～3%,少数达10%～50%,甚至形成块状硫化物矿石。

镜下鉴定和电子探针分析表明,陈家杖子金矿的含金矿物主要为银金矿,金矿物成色在

300~720,平均为 540。金的赋存形式有包体金(约占金颗粒数的 24%)、裂隙金(29%)和晶隙金(47%)。载金矿物主要为毒砂,其次为方铅矿或闪锌矿,几乎所有的银金矿均与毒砂有一定关系,且常与毒砂、方铅矿、闪锌矿连生。银金矿的赋存形式以晶隙金和裂隙金为主,其次为包体金。金的选矿试验表明,粒间金约占 42%,裂隙金约占 44%,包体金仅占 14%。

3) 岩、矿石化学特征

据佘宏全等(2005)研究,陈家杖子金矿的主要容矿岩石及围岩花岗岩、二长花岗斑岩的 SiO_2 含量绝大多数在 63% 以上,属中酸性岩范围。在 SiO_2-(K_2O+Na_2O)图[图 7-105(a)]上,它们均落于亚碱性岩石系列区,在 AFM 图解[图 7-105(b)]上未表现出富铁趋势,说明该类岩石均属钙碱性岩系列,但不同类型岩石的主元素特征有一定差别。隐爆角砾岩筒主体的隐爆含角砾岩屑晶屑凝灰岩的岩石化学成分,SiO_2 含量为 67.5%~77.35%,平均 72.2%;岩石分异指数为 79~89,平均为 85,分异程度较高;碱质成分(K_2O+Na_2O)为 9.07%~97%,且普遍 $K_2O>Na_2O$,K_2O/Na_2O 值为 9.29~39.7,较国内同类型金矿的比值偏高(如河南祁雨沟爆破角砾岩型金矿的 K_2O/Na_2O 比值为 1~6),同时也高于本矿区早期的红色花岗岩及赤峰地区的主要花岗岩(一般为 0.8~1.5),这可能与本矿区隐爆角砾岩普遍发生强烈的绢云母化有关。$Al_2O_3/(CaO+K_2O+Na_2O)$ 值大于 1,属铝过饱和岩石,CIPW 计算时均出现刚玉分子。在矿区外围的野苏堂,也发现有与陈家杖子相似的隐爆角砾岩筒,其矿物组成、结构、构造特征相同,两者的主要化学成分也完全相同,说明两者具有相同的岩浆来源。

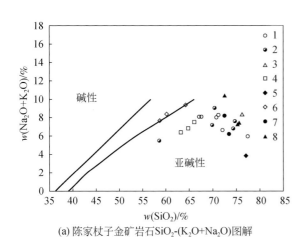 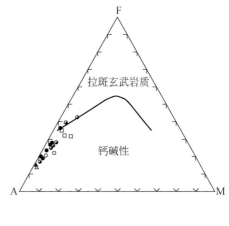

(a) 陈家杖子金矿岩石 SiO_2-(K_2O+Na_2O) 图解　　(b) 陈家杖子金砂岩石 AFM 图解

图 7-105　陈家杖子金矿岩石 SiO_2-(K_2O+Na_2O) 图、AFM 图解(佘宏全等,2005)

1.角砾岩屑晶屑凝灰岩;2.蚀变角砾岩晶屑凝灰岩;3.花岗岩;4.黑色隐爆角砾岩;5.元古代混合花岗岩;
6.晚太古代变质岩;7.野苏堂隐爆角砾岩;8.蚀变二长花岗岩

矿区内的蚀变黑色隐爆角砾岩的形成晚于灰白色含角砾岩屑晶屑凝灰岩,是矿区深部的主要容矿岩石,其 K_2O、Na_2O 含量与后者相似,其 SiO_2 含量为 63.3%~69.6%,平均为 65.4%,明显低于后者,其分异指数(平均为 72.3)相对较低,FeO、CaO 含量分别平均为 4.25%、2.15%,明显高于后者(分别为 1.69%、0.9%)。

侵入于隐爆角砾岩筒中的二长花岗斑岩脉主要呈 NE 向展布,其产状与主矿体一致,且空间分布与矿体分布有一定关系,岩石蚀变强烈,是金矿体的重要容矿围岩。其 SiO_2、K_2O、Na_2O 含量与主角砾岩体几乎完全一致,说明两者为同源岩浆演化的产物。尽管隐爆角砾岩体外围的中粗粒花岗岩、细粒花岗岩脉的 K_2O/Na_2O 比值相对较低,但其主要氧化物含量也与主角砾岩体基本一致。

4)岩矿石稀土元素和微量元素特征

图 7-106 为主要岩(矿)石的稀土元素配分模式图[图 7-106(a)和(c)]和微量元素蛛网图[图 7-106(b)和(d)]。陈家杖子主要含矿岩石及花岗岩围岩均表现为轻稀土元素富集,稀土元素配分曲线为右倾型,LREE/HREE 值为 7.28~17.66,δEu 值为 0.20~0.93,一般大于 0.5,说明岩浆在形成过程中经历了斜长石的结晶分异作用。矿区外围的元古代混合花岗岩出现强烈的 Eu 异常(δEu=0.25),与矿区花岗岩和容矿岩石有较大差别。Cjz-16 样品出现正 Eu 异常,可能与其含有大量外来花岗岩角砾,对其稀土元素造成干扰有关。

微量元素蛛网图显示,矿区主要含矿岩石(灰白色含角砾岩屑晶屑凝灰岩和黑色隐爆角砾岩)具有明显的 Ti、Nb、Sr、Ba、Th、U 亏损,K 富集矿区花岗岩微量元素的特征与此相似,也显示 Ti、Nb、Sr、Ba、Th、U 亏损,二长花岗斑岩有个别样品的 Sr 异常不明显。矿区的太古代片麻岩与含矿岩石有较大差别,主要表现为具有明显的 Sr、Ba 正异常,与一般太古代英云闪长岩的配分模式类似(王时麒等,1994)。总体上,矿区主要容矿围岩的微量元素特征与大陆边缘正常弧非成熟花岗岩的微量元素特征相符,说明其岩浆来源具有大陆壳特征。在岩石化学成分 R1-R2 图及微量元素 Rb/10-Hf-Ta*3 图(图 7-107)上,含矿角砾岩和矿区花

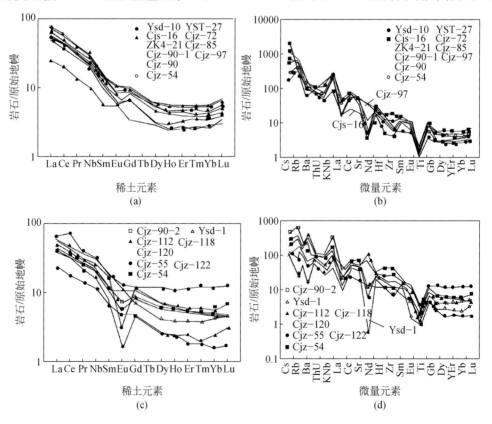

图 7-106　陈家杖子金矿岩石稀土元素配分模式及微量元素蛛网图(佘宏全等,2005)

岗岩类岩石的投点都落在同碰撞花岗岩区。

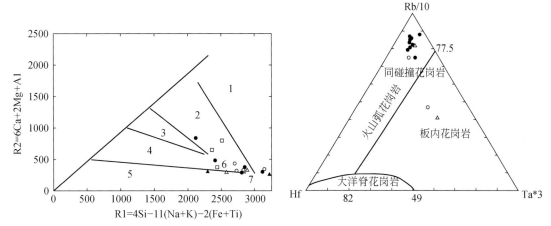

○ 晚太古代变质岩　　△ 角砾岩屑晶凝灰岩　　◆ 元古代混合花岗岩　　● 隐曝角砾岩　　▲ 蚀变二长花岗岩

图 7-107　陈家杖子金矿岩石 R1-R2 图解及 Rb/10-Hf-Ta*3 图解(佘宏全等,2005)
1. 地幔分异产物;2. 板块碰撞前;3. 碰撞后隆起;4. 造山晚期;5. 非造山;6. 同碰撞;7. 造山后

5)流体包裹体特征及成矿温压条件

(1)流体包裹体类型。

含金隐爆角砾岩中的晶屑石英及硫化物—M 脉中的石英均富含流体包裹体。流体包裹的气液相比例可分为 4 种类型,即富气相包裹体(气相充填度在 50% 以上)、气液裹体(气相充填度为 5%~30%)、富液相裹体(气相充填度在 10% 以下)、含子晶多相包裹体。其形态一般呈石英负晶形或椭圆形,为原生包裹体,大小一般为 2~10μm,少数达 20~30μm(佘宏全等,2005)。

(2)包裹体均一温度。

流体包裹体均一温度测定结果见表 7-51 和图 7-108。灰白色隐爆角砾岩内流体包裹体的均一温度总体上可分为 150~180℃ 和 215~420℃ 两组[图 7-108(a)]。215~420℃ 属于中高温热液范围,与(富 CO_2)气液包裹体、含子晶多相包裹体和富气相包裹体对应,盐度 $w(NaCl)$ 为 15.6%~19.3%。晶屑石英中富气相包裹体的均一温度较高,其平均均一温度为 358~385℃。

表 7-51　陈家杖子金矿流体包裹体均一温度(佘宏全等,2005)

岩性	寄主矿物	包裹体类型	大小/μm	相比/%	冰点/℃	$w(NaO_{eq})$/%	t_h 范围/℃	单样品平均 t_h/℃	测试样品数
灰白色蚀变隐爆角砾岩	晶屑石英	富气相包裹体	3~12	多数在 100,少数 50~65	—	—	350~390	358~385	6
灰白色蚀变隐爆角砾岩(野苏堂)	晶屑石英	气液包裹体	4~11	13~32 (18~27)	—	—	250~390	267~373	2
含硫化物黑色隐爆角砾岩	晶屑石英	富 CO_2 气液包裹体或多相包裹体	4~20	5~50 (10~30)	-7.0~-0.8	16.3~40.5	224~410	230~346	6

续表

岩性	寄主矿物	包裹体类型	大小/μm	相比/%	冰点/℃	$w(NaCl_{eq})$/%	t_h 范围/℃	单样品平均 t_h/℃	测试样品数
灰白色含硫化物蚀变隐爆角砾岩	晶屑石英	富CO_2气液包裹体	3～24,多数为3～15	10～26	-5.0～-1.7	4.65～19.3	215～366	231～332	10
灰黑色含硫化物脉贯入角砾岩	脉石英	富CO_2气液包裹体或多相包裹体	1～12	5～23(5～19)	-1.3～-0.7	16.2～16.8	190～333	217～313	4
灰白色含石英硫化物脉角砾凝灰岩	脉石英或方解石	富CO_2气液包裹体	2～30	5～40(11～23)	-5.0～-0.1	6.59～19.3	236～338	271～323	9
灰白色含石英硫化物脉角砾凝灰岩	晶屑石英和脉石英	富液相包裹体	2～6,少数达20	<5～10	-1.0～-0.7	0.88～1.74	143～258	152～241	5

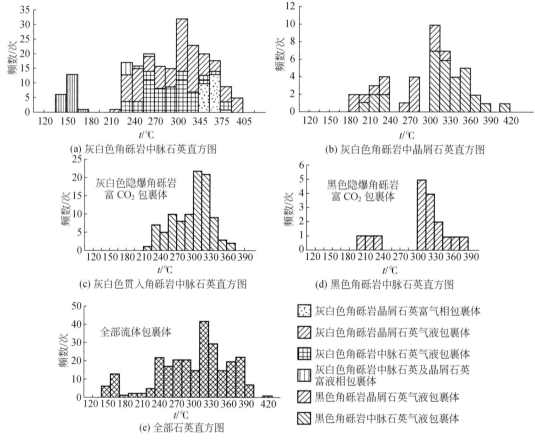

图 7-108 陈家杖子金矿石英内流体包裹体均一温度直方图（佘宏全等,2005）

根据气液包裹体的盐度、气相充填度、CO_2液相均一温度,可以估算流体包裹体形成时的压力。本节采用CO_2-H_2O-NaCl体系来估算压力,压力值一般为$(72～158)×10^5$Pa,静岩压力相当于255～560m深度,属超浅成范围（佘宏全等,2005）。

6) 矿石硫同位素组成

本区各矿脉中黄铁矿、毒砂、胶状黄铁矿占硫化物总量的90%以上，因此，可用它们的 $\delta^{34}S_{V-CDT}$ 代表本区的总硫同位素组成（表7-52）。由表7-52可见，本区每个矿体的硫同位素组成相对比较集中，为单峰塔式，$\delta^{34}S_{V-CDT}$ 变化范围为 5.3‰～9.4‰，多数集中在 3‰～6.7‰ 这一狭窄范围内，极差为 4.1‰，均值为 6.6‰。说明矿体具有单一硫来源，并且在相同的物理化学条件下成矿，同时也表明硫为深源，主要来自岩浆。

表 7-52 陈家杖子金矿硫同位素分析表（佘宏全等，2005）

样品号	岩性	测试矿物	$\delta^{34}S_{V-CDT}$/‰
Cjz-89	硫化物胶结角砾岩	毒砂	6.7
Cjz-89	硫化物胶结角砾岩	黄铁矿	9.4
Cjz-88	硫化物胶结角砾岩	黄铁矿	6.4
Cjz-88	硫化物胶结角砾岩	胶装黄铁矿	5.3
Cjz-106	蚀变隐爆角砾岩	毒砂	6.5
Cjz-106	蚀变隐爆角砾岩	黄铁矿	5.3

7) 氢氧同位素特征

表7-53为陈家杖子金矿主要岩石的全岩氧同位素和脉石英内流体包裹体的氢氧同位素组成测试结果，其中，小松树沟是陈家杖子金矿西南约4km处的石英脉型金矿点。对于隐爆角砾岩和花岗岩的氧同位素，测试的是全岩样品。由表7-53可见，矿区内与金矿化有关的灰白色隐爆角砾岩和黑色隐爆角砾岩及侵入两者的二长花岗斑岩脉的氧同位素组成非常相近，$\delta^{18}O_{V-SMOW}$ 为 11.3‰～12.5‰，表明三者的岩浆源具有明显的亲缘关系。三者的氧同位素值明显高于早期侵入的中粗粒花岗岩（$\delta^{18}O=8.6$‰），显示出它们之间在岩浆演化和来源方面可能存在差异，但总体上全岩氧同位素值仍属于I型花岗岩范围，结合岩石的锶同位素为 0.7082～0.70118（佘宏全等，2005），显示壳幔混源特征，推测岩浆岩的源岩为来自中、下地壳的火成岩经部分熔融而形成。

表 7-53 陈家杖子金矿氢氧同位素测试表（佘宏全等，2005）

样品号	采样位置	岩性	$\delta^{18}O_{V-SMOW}$/‰	$\delta^{18}O_{H_2O}$/‰	δD_{V-SMOW}/‰	t_h/℃
Cjz-124	陈家杖子	中粗粒花岗岩	8.6	—	—	—
Cjz-28-2	陈家杖子	二长花岗斑岩脉	12.2			
Cjz-87	陈家杖子	灰白色角砾晶屑凝灰岩	12.1			
Zk4-21	陈家杖子	灰白色角砾晶屑凝灰岩	11.6			
Zk4-8	陈家杖子	黑色隐爆角砾岩	11.3			
Zkl-37	陈家杖子	黑色隐爆角砾岩	12.5			
Cjz-98	陈家杖子	脉石英	10.9	1.9	−77	250
Xsh-1	小松树沟	脉石英	12.0	5.7	−75	319

矿石内石英中流体包裹体的氢氧同位素组成对探讨成矿流体来源有重要意义,但由于隐爆角砾岩中的脉石英难以分离,故仅获得一组氢氧同位素数据。脉石英的 $\delta^{18}O_{矿物}$ 为 10.9‰,$\delta^{18}O_{H_2O}$ 为 1.9‰,δD 为 −77‰。在氢氧同位素图解(图 7-109)上,脉石英中流体包

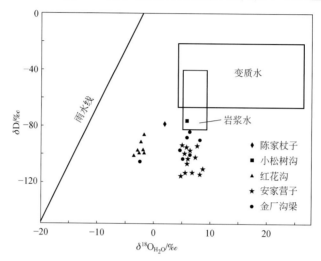

图 7-109 赤峰南部主要金矿床氢氧同位素组成图(佘宏全等,2005)

裹体水的投影点位于岩浆水与大气水之间,赤峰地区其他石英脉型金矿点(红花沟、安家营子、金厂沟梁等)的流体包裹体水的投影点位置与此类似(王时麒等,1994;李延河等,1990),都位于岩浆水与大气降水之间,但分布区间不完全相同。这说明该地区金矿床具有相似的成矿流体来源,为岩浆水与大气降水混合来源。各矿区投影点范围的差异与不同来源水的比例、成矿时的物理化学环境、水-岩比值等多种因素有关。陈家杖子金矿晶屑石英和部分脉石英内发育含石盐子晶多相包裹体和富 CO_2 包裹体,其均一温度相对较高,而富液相包裹体及低盐度包裹体的均一温度较低,说明陈家杖子金矿成矿早期和中期阶段应以岩浆水来源为主,大气降水较少,而在晚期阶段则有大量低盐度大气降水加入。

8) 铅同位素特征

佘宏全等(2005)探讨了金矿的成矿物质来源,对矿区内主要岩矿石的铅等同位素组成进行了测试,结果见表 7-54。矿区内硫化物单矿物(表 7-54 中序号 1~6)的铅同位素组成非常稳定,其 $^{206}Pb/^{204}Pb$、$^{207}Pb/^{204}Pb$、$^{208}Pb/^{204}Pb$ 值分别为 16.693~16.844、15.282~15.457、36.712~37.425,μ 值为 7.89~8.16,变化范围较小。根据铅同位素组成计算的模式年龄主要为 622~591Ma,相当于晚元古代末期(晚震旦世),说明成矿铅是在晚元古代末期的构造岩浆活动(晋宁运动)中从源区分离出来的,而后受燕山期构造岩浆活动的影响,被加入成矿热液中。矿区内主要容矿岩石(含角砾岩屑晶屑凝灰岩)和主要矿化围岩(花岗岩)的全岩铅同位素组成变化略大,个别样品(Cjz-85)出现异常铅,这可能与所测样品为全岩而含有少量放射性成因铅有关,但多数样品的铅同位素组成与矿石的相近,μ 值为 7.89~8.08,模式年龄为 912~478Ma,亦主要反映晋宁期构造运动的影响,说明铅与岩浆具有共同的特征(佘宏全等,2005)。矿区内晚太古代建平群变质岩铅同位素模式年龄也在 801~558Ma(王时麒等,1994),说明晋宁期构造运动对本区岩石有广泛影响。矿区外围侏罗纪、白垩纪酸性火山熔岩的铅同位素模式年龄(291~110Ma)(王时麒等,1994)与之有较大差别,显示两者的岩

浆源区可能有差别。

表 7-54 陈家杖子金矿岩石铅同位素测试表(佘宏全等,2005)

序号	样号	测试对象	采样位置	$^{206}Pb/^{204}Pb$	$^{207}Pb/^{204}Pb$	$^{208}Pb/^{204}Pb$	t/Ma	μ	U/Pb	Th/Pb
1	Cjz-88	胶状黄铁矿	陈家杖子	16.756	15.348	36.873	619	8.00	0.1331	4.02
2	Cjz-106	黄铁矿	陈家杖子	16.693	15.282	36.712	591	7.89	0.1313	3.96
3	Cjz-89	毒砂	陈家杖子	16.733	15.332	36.865	619	7.98	0.1327	4.03
4	Cjz-132	黄铜矿	陈家杖子	16.828	15.398	37.020	622	8.08	—	—
5	Cjz-132	闪锌矿	陈家杖子	16.844	15.457	37.425	659	8.16	—	—
6	Cjz-132	毒砂	陈家杖子	16.734	15.301	36.861	600	7.95	—	—
7	Zk$_4$-21	含角砾晶屑岩屑凝灰岩	陈家杖子	16.753	15.292	36.885	553	7.90	0.1315	4.02
8	Cjz-85	含角砾晶屑岩屑凝灰岩	陈家杖子	19.370	15.600	37.505	—	—	—	—
9	Cjz-91	二长花岗斑岩	陈家杖子	16.844	15.298	36.936	478	7.89	0.1314	3.98
10	Cjz-121	花岗岩	陈家杖子	16.416	15.201	36.539	912	8.08	0.1345	4.08
11	Cjz-124	花岗岩	陈家杖子	16.583	15.286	36.817	686	7.91	0.1317	4.10
12	Cjz-116	晚太古代混合片麻岩	陈家杖子	16.816	15.347	37.111	558	7.98	0.1327	4.10
13	Cjz-118	晚斜长角闪片麻岩	陈家杖子	16.509	15.331	36.942	801	8.01	0.1332	4.23
14	Lmd-1	晚侏罗世含角砾熔结凝灰岩	喇嘛洞	17.491	15.330	37.710	—	—	—	—
15	Lmd-4	晚侏罗世含角砾熔岩	喇嘛洞	17.266	15.295	37.462	110	7.85	0.1306	3.97
16	Gd-1	白垩纪火山岩	官地金矿	17.143	15.350	37.429	291	7.95	0.1323	4.05
17	Tjy-17	长城系硅质糜棱岩	陶家营子	18.383	15.439	38.870	—	—	—	—
18	Tjy-22	长城系硅质糜棱岩	陶家营子	17.167	15.254	37.152	138	7.78	0.1295	3.87

本区主要岩(矿)石的铅同位素分析,陈家杖子矿区东北约 30km 处的安家营子金矿矿石及花岗岩铅同位素投影点,安家营子金矿为石英脉型,矿脉产于燕山晚期花岗岩中。两个矿区的大多数铅同位素均投影在上地幔与下地壳演化线之间,以陈家杖子矿石铅表现得最为明显,投影点大致沿一条等值线分布,显示出铅的来源为两种端员组分的混合,说明铅可能为下地壳和上地幔混合来源。安家营子矿区的 $^{206}Pb/^{204}Pb$ 值相对较高,但也主要分布在下地壳与上地幔演化曲线之间,同样显示出混合来源的特点。安家营子铅同位素变化范围相对较小,可能与其成矿岩体的 $^{206}Pb/^{204}Pb$ 较高、岩体规模较大、铅在岩浆作用过程中经历的均一化作用相对较强等有关。

9)锶、钕同位素特征

表 7-55 列出了矿区主要含矿岩石及邻区相关岩石的 Sr、Nd 同位素测结果,与金成矿有关绿岩体和二长花岗斑岩脉的 $^{87}Sr/^{86}Sr$ 值为 0.711148~0.726863,$^{87}Rb/^{86}Sr$ 初始值 I_{Sr} 为 0.7082~0.70118,比值较低,这与该地区中生代花岗岩的值一致(张理刚,1995),具典型大陆地壳特征,说明岩浆来源主要为大陆壳物质。在 Sr、Nd 同位素增长曲线上位于大陆壳与原始地幔源演化曲线之间。为进一步探讨成矿岩体岩浆来源,表 7-55 中列出了矿区外围早中生代(印支期)辉石闪长岩及其内部基性麻粒岩包体(相当于下地壳-中地壳下部岩石包体,邵济安等,1999)、晚中生代基性火山岩的 Sr、Nd 同位素数据。从表中可以看出,燕山期基性火山岩、印支期基性麻粒岩包体的 Sr、Nd 同位素组成与陈家杖子成矿岩体有较好的一

致性，εSr 为正值，εNd 为负值，且变化范围大致相同，接近典型的 EMI 型富集地幔源特征。其差别主要在于 t_{CHUR} 及 t_{DM}。t_{DM} 为地幔亏损年龄，反映源区岩石从地幔分离出来的时间。矿区成矿岩体的 t_{DM} 为 158.0～127.2Ma，与赤峰—朝阳地区晚中生代（燕山期）基性火山岩的 t_{DM}（709～211.1Ma）在同一范围（周新华等，2001），而与早中生代闪长岩及其内部的基性麻粒岩包体的 t_{DM} 范围（245.3～205.7Ma）有较大差别。这一方面说明成矿岩体与晚中生代基性岩浆可能有同源关系，而与印支期闪长岩岩浆亲缘关系不显著，另一方面也揭示了印支期与燕山期的构造岩浆活动背景有较大差别。这与中国东部在中生代时期开始发生大规模岩石圈减薄的时间相吻合。t_{DM} 模式年龄值（158.0～127.2Ma）反映燕山期的基性岩浆是在受到来自东部太平洋板块俯冲影响而使古老的具有富集地幔特征的俯冲带物质再活化（周新华等，2001）且发生部分熔融所至。εNd 所反映的强烈富集特征可能代表源区岩石受到过古俯冲带上返古老物质的影响。

表 7-55　陈家杖子金矿岩石锶、钕同位素组成表（佘宏全等，2005）

样号	Cjz-96	Cjz-28-1	Zk4-8	花岗岩	火山岩	Cb-4	Chl-5	Chl-6	Hn-12
岩性	含角砾晶屑岩屑凝灰岩	二长花岗斑岩脉	黑色隐爆角砾岩	中生代花岗岩	晚中生代碱性玄武岩、安山岩	辉石闪长岩	基性麻粒岩包体	斜长角闪岩包体	二辉麻粒岩包体
采样地点	陈家杖子	陈家杖子	陈家杖子	华北北缘	赤峰—朝阳	柴胡栏子	柴胡栏子	柴胡栏子	喀喇泌闪长岩
$w_{Rb}/(\times 10^{-6})$	140.62	362.93	48.3	—	44.2～103	33.32	15.4	14.8	12.82
$w_{Sr}/(\times 10^{-6})$	333.7	143.69	357.6	—	425～1160	1030	531.43	559.08	775.7
$^{87}Rb/^{86}Sr$	1.22	7.322	0.391	—	0.1325～0.6333	0.09344	0.084	0.065	0.04774
$^{87}Sr/^{86}Sr$	0.711148	0.726863	0.712764	—	0.705163～0.70816	0.707492	0.708946	0.70912	0.709906
2σ	0.00002	0.000019	0.000025	—	—	—	0.000019	0.000018	0.000016
I_{Sr}	0.7082±0.0019	0.7085±0.0011	0.7118	0.7041～0.7180	0.7050～0.7077	0.7072	0.7087	0.7089	0.70982
$\varepsilon_{Sr(0)}$	50.64	58.9	106.8	—	9.4～48.8	42.15	63.2	66.46	106.4
$w_{Sm}/(\times 10^{-6})$	6.09	6.55	5.92	—	3.63～11.8	4.21	2.31	6.79	7.04
$w_{Nd}/(\times 10^{-6})$	34.08	38.47	32.82	—	17.0～67.5	19.22	8.63	29.31	33.4
$^{147}Sm/^{144}Nd$	0.108	0.103	0.1091	—	0.1001～0.128	0.137	0.1621	0.1401	0.1275
$^{143}Nd/^{144}Nd$	0.512015	0.512120	0.511941	—	0.511646～0.512315	0.511963	0.512233	0.511900	0.511586
$^{143}Nd/^{144}Nd$	0.511880	0.512001	0.511819	—	0.511553～0.512217	0.511757	0.512015	0.511711	0.511411
$\varepsilon_{Nd(0)}$	−10.15	−7.99	−11.62	−11.5	−4.9～−17.8	−11.60	−6.99	−12.91	−18.78
t_{CHR}/Ma	1070	843	1212	—	709～1708	1719	1778	1981	2307
t_{DM}/Ma	1467	1272	1580	—	2111～1239	2057	2232	2250	2453
2σ	0.000016	0.00001	0.000009	—	—	0.000009	0.000008	0.000009	0.000009
t/Ma	177	177	177	—	135	206	206	206	230

注：测试单位：中国科学院地质与地球物理研究所，晚中生代火山岩数据引自周新华等（2001）；Hn-12 样品的数据引自韩庆军等（1999），其年龄数据为麻粒岩包体紫苏辉石的 K-Ar 年龄；Chl-5、Chl-6 样品采自柴胡栏子辉石闪长岩，年龄数据为母岩闪长岩侵位年龄，计算参数：原始地幔 $^{87}Sr/^{86}Sr=0.7045$，球粒陨石均一储库现代值 $^{143}Nd/^{144}Nd=0.512638$，$^{147}Sm/^{144}Nd=0.1967$，现代亏损地幔 $^{143}Nd/^{144}Nd=0.51315$，$^{147}Sm/^{144}Nd=0.2136$。

10) 矿床成因讨论

(1) 成岩与成矿时代。

与金矿成矿有关的岩石主要为灰白色含角砾岩屑晶屑凝灰岩和晚期黑色隐爆角砾岩，前者构成隐爆角砾岩筒的主体，后者主要在矿区深部呈不规则脉状发育。其次为二长花岗斑岩脉，侵入于爆破角砾岩体中部，其形成略晚于灰白色隐爆角砾岩，而早于黑色隐爆角砾岩。对这些岩石进行同位素年龄测定可以限定成矿时代。研究采用 Rb-Sr 等时线测年方法对含角砾岩屑晶屑凝灰岩和二长花岗斑岩脉的形成时代进行了测定。对含角砾岩屑晶屑凝灰岩尽量选用含角砾少的样品，结果见图 7-110，可见，灰白色含角砾岩屑晶屑凝灰岩和二长花岗斑岩脉分别有 4 个样品构成一条较好的 Rb-Sr 等时线，等时线年龄分别为 (191 ± 30)Ma 和 (177 ± 13)Ma，相当于燕山早期（佘宏全等，2005）。含角砾岩屑晶屑凝灰岩的误差相对较大，使两者的年龄数据有一定的重合，但结合野外产状，二长花岗斑岩脉侵入于含角砾岩屑晶屑凝灰岩中，表明前者晚于后者。说明等时线年龄的平均值仍可较好地反映岩体的顺序和时代，191Ma 可作为主角砾岩体侵位年龄的参考值。紧邻矿区北部的喀喇沁花岗岩体的 (K-Ar) 年龄值为 192Ma（王时麒等，1994），与矿区含矿岩石的年龄值相近，同属燕山早期，说明该地区燕山早期岩浆活动强烈。晚期黑色隐爆角砾岩因含有大量外来岩屑和角砾，无法分离，估计其对测试结果有较大影响，故未做年龄测试。但上述两种角砾岩的矿物组成及蚀变特征基本相似，与之相关的矿化组合也基本相同，岩石本身含有大量蚀变二长花岗斑岩的角砾，推测其形成于同一岩浆旋回期，但时间上略晚于二长花岗斑岩的 177Ma，三者应同属燕山早期岩浆活动的产物。综上所述，本区金矿化及与矿化相关的热液蚀变主要与隐爆角砾岩有关。金成矿主要发生在岩体侵入晚期的热液活动阶段，成矿时代属于燕山早期。

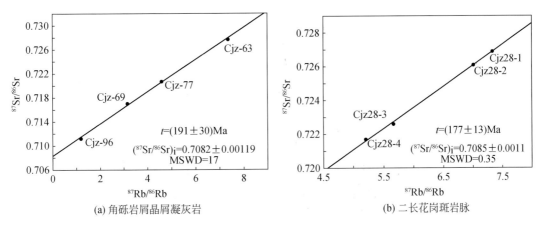

图 7-110　陈家杖子金矿岩石 Rb-Sr 等时线图（佘宏全等，2005）

(2) 矿床成因。

陈家杖子金矿床主要赋存于隐爆角砾岩筒中，矿体严格受角砾岩体控制，呈脉状、透镜状、囊状产出，与角砾岩呈渐变关系，表明金矿床与隐爆角砾岩有密切的成因联系。

隐爆角砾岩的形成与岩浆富含挥发分有关，水在隐爆角砾岩的形成过程中起着至关重要的作用。当岩浆上升至地壳浅部后，一部分岩浆（或早期侵入岩浆）因固结而形成壳层，后续岩浆（或晚期侵入岩浆）到达该壳层附近，由于岩浆中的水不能逸出而形成水过饱和熔体。该熔体因部分结晶而形成熔体＋晶体＋气相水的混合物，岩浆发生二次沸腾作用，二次沸腾释放出的能量所产生的张力可以使深达 4~5km 处的强硬岩石产生裂隙。水和熔体进入裂隙中，发生膨胀，引起压力降低，促使熔体中的水进一步出溶并进入裂隙中，释放出额外的能量，从而引发隐蔽爆破作用，形成隐爆角砾岩。能否形成隐爆角砾岩的因素有岩浆的成分、侵入体的深度、初始岩浆中水的含量、就位时熔体的含量、围岩强度等，前三者为主要影响因素。陈家杖隐爆角砾岩绢云母化蚀变特别发育，灰白色和黑色隐爆角砾岩一般都含有 20%~30% 的细粒绢云母，部分达到 50% 以上，表明热液蚀变期间流体（水）来源非常充足，流体应来自于侵位岩浆，说明岩浆应具有较高的初始水含量。岩石化学分析给出隐爆角砾岩的烧失量为 2%~6%，平均为 3.22%；黑色隐爆角砾岩含 H_2O 达 2% 以上，丰富的初始岩浆水含量为隐爆角砾岩的形成提供了必要条件。隐爆作用在角砾岩和围岩中造成的裂隙有利于热液活动和热液对流体系的形成，促进了大气降水与岩浆水的混合，并可能引起含矿热液发生沸腾或稀释作用，破坏原有含矿流体体系的平衡，促使矿质沉淀、富集。

石英内流体包裹体的研究表明，陈家杖子金矿的成矿作用主要发生在温度为 150~180℃、225~390℃时，成矿流体属 H_2O-CO_2-NaCl 体系以富含 CO_2 包裹体为特征。晶屑石英中的富气相包裹体和含石盐子晶多相包裹体、富 CO_2 气液相包裹体有一组均一温度（345~390℃）重合，说明在该温度区间可能发生了流体不混溶作用，晚期富液相包裹体的盐度较气液包裹体显著降低，结合流体包裹体氢氧同位素组成有向大气水偏移的特征，推测在中温向低温过渡阶段有大气水参与，促使流体盐度急剧降低。成矿流体来源总体上以岩浆水为主，在热液演化的早期至中期阶段，以岩浆水占优势，晚期阶段有大量大气降水加入。促使矿质沉淀、富集的因素除温压条件变化外，流体不混溶和大气水加入时引发的流体混合作用可能发挥了重要影响。

综合矿床产出地质环境、围岩蚀变特征、成矿特征、控矿因素、流体包裹体及同位素特征，表明该矿床应属浅成中-低温热液隐爆角砾岩型金矿床，成矿时代为燕山早期，成矿深度相当于浅成-超浅成。岩石地球化学和铅、硫、氢、氧同位素特征显示，成矿与岩浆作用有明显的成因联系，岩浆来源主要为大陆壳，铅、锶、钕同位素特征揭示，成矿物质具有中下地壳与上地幔混合来源的特征。

(三) 苏尼特左旗白音宝力道次火山岩金矿床

白音宝力道金矿床位于内蒙古自治区苏尼特左旗境内。内蒙古中东部的中蒙边境地区先后发现苏尼特左旗的白音宝力道金矿床、巴彦哈尔金矿，克什克腾旗的小坝梁金矿、朱拉扎嘎金矿，蒙古国的塔林大型金矿化带等，是金矿床找矿勘查的热点地区之一。

1. 地质背景

白音宝力道金矿床位于内蒙古中部蛇绿岩带的北侧（图 7-111）。苏尼特左旗蛇绿岩被上泥盆统不整合覆盖，蛇绿岩套中的超基性岩 Sm-Nd 全岩同位素等时年龄为 (409±13)Ma（徐备等，1994），说明蛇绿岩形成于加里东晚期，代表板块之间在该地区的缝合时代为加里东晚期后。贺根山蛇绿岩中超基性岩的 Sm-Nd 全岩同位素等时年龄为 (403±27)Ma（包志伟等，1994），其侵位时代为早石炭世早期（曹从周等，1987）。

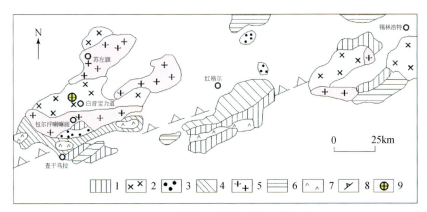

图 7-111　白音宝力道区域地质简图

1. 前陆逆冲带；2. 埃达克岩；3. 磨拉石建造；4. 混杂岩；5. 花岗岩类；6. 上古生界；7. 蛇绿岩；
8. 碰撞缝合带；9. 白音宝力道金矿床

从贺根山和苏左旗蛇绿岩的形成和侵位时代以及二者所处的大地构造位置判断，贺根山蛇绿岩带与苏左旗蛇绿岩带属于同一绿岩带。贺根山蛇绿岩与苏左旗蛇绿岩侵位时代的差异应是该地区洋盆渐趋作剪刀式收缩、闭合的结果，与古亚洲洋总体演化趋势相符合。

在苏尼特左旗蛇绿混杂岩带北部出露有大量形成于早古生代岛弧环境的花岗岩类，该岛弧形成于古亚洲洋板块向北侧的西伯利亚板块俯冲阶段，研究认为该地区形成于早古生代岛弧环境的花岗岩类，包括闪长岩、石英闪长岩、英云闪长岩和花岗闪长岩等。

大量研究资料表明，古缝合带及其两侧的陆缘增生带是形成斑岩型金铜矿和浅成低温热液型金矿的有利部位。

2. 含矿岩石学、岩石化学特征

1）岩石学特征

据王海坡等（2007）研究，矿区内早古生代石英闪长岩、花岗斑岩发育，呈岩基状分布，分布面积较大，是本区金矿的容矿岩石，其中花岗斑岩与成矿关系最为密切。

石英闪长岩为中粒结构，弱片麻状构造，斜长石含量为70%～75%，石英为8%～13%，黑云母为4%～5%，角闪石为9%～13%，黑云母和角闪石常见绿泥石化现象。

花岗斑岩具有中-粗粒粒状结构，斑状构造和片麻状构造。斑晶主要为斜长石，少量钾长石和石英，粒度一般为5～8mm，分布较均匀，斜长石为50%～55%、石英为30%～35%、钾长石为5%～10%、黑云母为1%～2%，黑云母绿泥石化现象普遍。

2）岩石化学特征

矿区石英闪长岩、花岗斑岩的岩石化学分析结果见表7-56～表7-58。从表7-56可以看出，二者均具有富钠、富铝、高Sr、高La/Yb、低Y、低Yb且Eu异常不明显的特征，与形成于火山弧环境由俯冲板片部分熔融所形成的埃达克岩（重熔花岗岩）特征吻合。

表 7-56 白音宝力道地区埃达克岩化学成分表(王海坡等,2007) (单位:×10²)

样品号	岩石名称	SiO_2	TiO_2	Al_2O_3	Fe_2O_3	FeO	MnO	MgO	CaO	Na_2O	K_2O	P_2O_5	Los
Wj5-1	花岗斑岩	74.10	0.07	15.01	0.56	1.08	0.04	0.40	0.66	5.52	1.96	0.05	0.73
Wj5-4	花岗斑岩	75.58	0.07	13.53	0.69	1.01	0.03	0.40	1.57	5.09	0.99	0.07	0.50
Wj5-11-1	石英闪长岩	60.14	0.47	16.66	4.18	1.60	0.12	2.46	5.82	3.09	1.82	0.21	2.84
Wj5-11-4	石英闪长岩	61.43	0.39	16.67	4.30	1.56	0.12	2.40	4.58	3.49	1.82	0.18	2.53
Wj3-1-1	石英闪长岩	61.38	1.00	16.35	3.88	2.78	0.15	1.88	4.30	3.50	1.95	0.51	2.34
Wj3-3-1	石英闪长岩	60.10	1.11	16.62	3.38	3.55	0.13	2.01	4.20	3.69	2.41	0.19	2.47
Wj1-2-1	蚀变花岗斑岩	85.24	0.11	9.8	0.1	0.42	0.03	0.11	0.17	0.12	0.27	0.02	3.55
Wj1-2-2	蚀变花岗斑岩	83.96	0.11	9.73	0.55	0.73	0.04	0.12	0.23	0.18	0.4	0.04	3.82

表 7-57 白音宝力道地区埃达克岩稀土元素成分表(王海坡等,2007)(单位:×10⁶)

样品号	La	Ce	Pr	Nd	Sm	Eu	Gd	Tb	Dy	Ho	Er	T_m	Yb	Lu	Y
Wj5-1	3.89	7.62	1.04	4.28	0.90	0.24	0.71	0.11	0.59	0.12	0.33	0.05	0.30	0.05	3.41
Wj5-4	3.49	6.86	0.87	3.81	0.97	0.22	0.84	0.13	0.76	0.14	0.36	0.05	0.30	0.04	4.05
Wj5-11-1	6.98	17.0	2.01	7.84	1.50	0.45	1.31	0.27	1.61	0.36	1.04	0.16	0.97	0.16	9.22
Wj5-11-4	6.10	14.3	1.59	6.65	1.51	0.48	1.47	0.27	1.80	0.40	1.19	0.18	1.20	0.19	10.1
Wj3-1-1	14.9	32.5	4.03	17.1	3.81	0.92	3.57	0.58	3.39	0.73	2.10	0.31	1.93	0.30	20.6
Wj3-3-1	13.6	26.2	3.54	15.7	3.84	0.92	3.77	0.62	3.66	0.77	2.14	0.31	2.13	0.34	21.2
Wj1-2-1	21.3	39.0	4.27	16.3	3.67	0.30	2.90	0.43	2.23	0.47	1.29	0.20	1.35	0.22	8.93
Wj1-2-2	18.2	33.7	3.84	15.1	3.56	0.32	2.61	0.42	2.42	0.51	1.42	0.21	1.27	0.19	17.2

表 7-58 白音宝力道地区埃达克岩微量元素成分表(王海坡等,2007)(单位:×10⁶)

样品号	Au	Ag	As	Sb	Hg	Bi	Cu	Mo	Pb	Zn	Nb	Rb	Sr	Ta	Zr
Wj5-1	61.0	476	1.3	0.32	15	0.25	20	1.21	43	35	5.7	43	3078	1.16	54
Wj5-4	6.7	153	12.8	0.57	11	2.30	15	0.95	16	162	3.9	23	300	0.97	63
Wj5-11-1	1.2	215	19.8	0.68	14	1.59	14	0.88	13	68	6.6	46	517	1.17	91
Wj5-11-4	7.0	184	23.6	0.65	11	1.78	19	1.67	16	74	7.4	52	595	1.21	84
Wj3-1-1	41.7	367	4.3	0.82	18	4.02	28	1.37	98	143	17	60	255	2.25	209
Wj3-3-1	435	205	5.6	0.50	14	1.67	126	1.18	33	115	15	97	306	1.80	211
Wj1-2-1	6.8	218	9.9	0.5	199	0.7	27	0.9	11	13	10	17	26	1.5	82
Wj1-2-2	7.9	141	14.8	0.81	74	1.1	27	1.3	26	14	12	17	31	1.7	95

3)含矿岩形成时代

王海坡等(2007)在该地区曾获得由闪长岩、石英闪长岩、英云闪长岩和花岗闪长岩组成的白音宝力道序列中的英云闪长岩和花岗闪长岩的 U-Pb 年龄分别为 452Ma 和 447Ma,说明花岗闪长岩形成于早古生代晚期。

在矿区内发现花岗斑岩岩株及花岗斑岩脉侵入于石英闪长岩之中,两者具有脉动式接触关系。花岗斑岩岩石化学组成特征与石英闪长岩相似,具有埃达克岩岩石化学特征,说明其形成环境为火山弧环境。花岗斑岩蚀变较强,具有黄铁绢英岩化(黄铁矿已褐铁矿化)、钾化、硅化、绿泥石化、绿帘石化、绢云母化等蚀变现象。采用单颗粒锆石逐层蒸发法,对花岗斑岩进行了锆石 U-Pb 同位素年龄测定,获得花岗斑岩的 U-Pb 年龄为 442Ma。

3. 矿床地质特征

1) 矿体特征

主矿体以含金石英脉形式产出,分布于花岗斑岩与花岗闪长岩体内的构造破碎带内(图7-112)。地表探槽控制长度 420m,厚度 3～5m,走向 295°～300°,倾向 NE,倾角 71°～80°,地表金品位一般为 6.66～16g/t,最高为 182g/t。

矿石成分较为简单,主要为石英,占 90% 以上,其次为褐铁矿及微量绢云母,偶见黄铁矿、自然金、方铅矿、孔雀石,褐铁矿多呈黄铁矿假象零星分布于矿石之中,黄铁矿多呈他形粒状,少数为自形晶。矿石具有块状、脉状和浸染状构造,粒状代残留等结构。

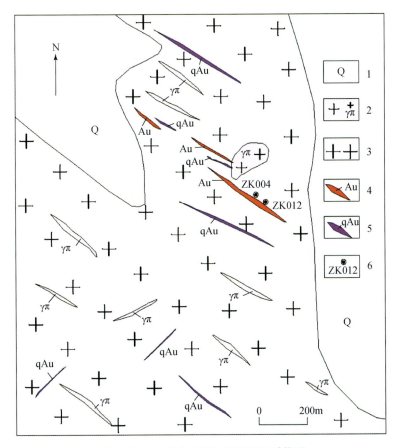

图 7-112 白音宝力道金矿矿区地质简图

1. 第四系;2. 花岗斑岩;3. 石英闪长岩;4. 矿体;5. 矿化体;6. 钻孔及编号

2)围岩蚀变

白音宝力道南矿区围岩蚀变类型主要有钾化、黄铁绢英岩化、青磐岩化、硅化、绢云母化、高岭土化等。从花岗斑岩向外围可划分为黄铁绢英岩化带、硅化带、钾化带、青磐岩化带、绢云母化带等,成矿作用与硅化、黄铁绢英岩化关系密切。

3)地球化学特征

白音宝力道脉石矿物石英氧同位素、包裹体氢同位素分析结果见表7-59。脉石矿物石英$\delta^{18}O$值为10.7‰~12‰,与中酸性岩浆岩$\delta^{18}O$值变化范围(通常为6‰~13‰)相一致,表明成矿热液中的水主要来源于岩浆水,大气降水参与极为有限(图7-113),与斑岩型金矿的成矿热液特点吻合。

表7-59　白音宝力道金矿床石英包裹体氢、氧同位素组成及均一温度表(王海坡等,2007)

样品	^{18}O	$^{18}O_{H_2O}$	D	$T/℃$
Wj5-11-8	10.7	3.9	-86	302
Wj5-11-12	11.3	3.4	-83	273
Wj5-11-14	12	1.2	-60	215
Wj5-11-17	10.7	2.8	-72	273
Wj5-14-1	11.7	3.2	-52	260
Wj5-14-2	10.7	2.7	-65	272

注:样品由中国地质科学院矿床所实验室测定;含量单位:‰(SMOW)。

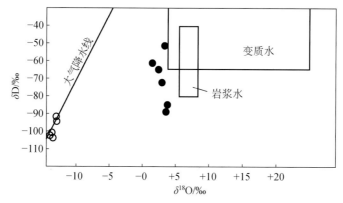

图7-113　成矿流体δD-$\delta^{18}O_{H_2O}$关系图(王海坡等,2007)
●白音宝力道金矿;○巴彦哈尔金矿

矿床成矿期石英脉中气-液包裹体进行均一温度测试结果为179~389℃,众数在205~328℃,峰值为230~280℃,属于典型的中温热液型矿床。石英脉中包裹体数量多,类型丰富。包裹体中富含CO_2等挥发组分,测温时有临界均一现象,显示在矿物结晶的过程中热液达到过临界状态,这表明包裹体所代表的流体有利于成矿。包裹体成分分析结果表明(表7-60),包裹体气相成分以H_2O、CO_2、N_2为主,含有少量的CH_4、C_2H_6、O_2和微量的CO、H_2S;液相成分中阳离子以Na^+、K^+为主,含少量Mg^{2+}和Ca^{2+},阴离子主要是Cl^-、F^-、SO_4^{2-},表明成矿热液是富碱质的、具有弱还原性质的中-高温流体,这一流体的形成与岩浆活动有关。包裹体气相成分中CO_2出现大于10%(摩尔分数)的现象,对金成矿十分有利。

表 7-60　白音宝力道金矿石英包裹体成分表（王海坡等，2007）

样品号	Na$^+$	K$^+$	Ca^{2+}	Mg^{2+}	F$^-$	Cl$^-$	SO$_4^{2-}$	CO$_2$	H$_2$O	CH$_4$	C$_2$H$_4$	H$_2$S	N$_2$	Ar
Wj5-11-8	0.639	1.309	0.138	0.023	0.117	1.382	6.804	7.395	87.48	0.132	0.883	0.011	3.654	0.444
Wj5-11-12	0.599	4.542	—	0.013	0.069	1.821	1.62	3.346	94.001	0.146	0.776	0.005	1.379	0.347
Wj5-11-14	0.362	2.819	—	0.024	0.084	0.89	1.122	3.807	93.296	0.651	0.523	0.003	1.522	0.199
Wj5-11-17	0.424	1.377	—	0.013	0.079	1.218	1.201	1.91	96.259	0.099	0.727	0.01	0.709	0.286
Wj5-14-1	0.191	0.642	—	0.003	0.053	0.668	1.595	10.127	82.103	0.424	1.378	0.004	5.361	0.602
Wj5-14-2	0.09	1.388	—	0.016	0.065	0.91	3.44	5.011	90.254	1.11	1.629	0.034	0.83	1.132
平均值	0.384	2.013	0.023	0.015	0.078	1.148	2.63	5.266	90.566	0.427	0.986	0.011	2.243	0.502

4. 矿床成矿认识

白音宝力道金矿成矿关系密切的花岗斑岩岩株（脉）与石英闪长岩之间具有脉动式接触关系。花岗斑岩、石英闪长岩具有富钠、富铝、高 Sr、高 La/Yb、低 Y、低 Yb 且 Eu 异常不明显的特征，与形成于火山弧环境下的埃达克岩岩石化学特征相同，故认为花岗斑岩和其围岩石英闪长岩均形成于火山弧环境，结合前人对该地区构造格架和构造演化的认识，认为花岗斑岩与其围岩石英闪长岩等均形成于岛弧环境，花岗斑岩蚀变较强，具有黄铁绢英岩化、黄铁矿已褐铁矿化、钾化、硅化、绿泥石化、绿帘石化、绢云母化等蚀变现象。部分矿体及矿化体延入花岗斑岩之中，可见该花岗斑岩对白音宝力道金矿的成矿关系紧密。白音宝力道金矿的成因类型为中温岩浆热液型，花岗斑岩、石英闪长岩可能属于火山弧埃达克岩。金矿成矿热液主要来源于岩浆，属于富含 CO$_2$ 等挥发组分的富碱质、具有弱还原性质的中-高温流体。金矿床类型属于次火山岩类热液金矿床。

（四）内蒙古驼峰山火山岩铜金矿床

1. 矿区地质

1）概况

驼峰山矿区位于 EW 向西拉木伦河深断裂以北，北 NW 向乌尔吉木河断裂以西，两组次一级断裂（EW 向、NE 向）交汇处附近（图 7-114），属构造-岩浆活动区（火山断陷带）。区域上石炭-二叠纪为地槽发展时期，二叠纪末形成海西地槽褶皱带，燕山期再度活动造成广泛分布的陆相火山岩建造。

矿区出露地层较为简单，大部分为第四系覆盖。出露基岩为侏罗系陆相火山岩，岩性主要为流纹质凝灰熔岩及英安质角砾凝灰熔岩等。深部见有一套火山-次火山岩如石英斑岩、闪长玢岩、安山玢岩及英安岩等。另外，深部还存在一套下二叠统大石寨组的海相火山-沉积岩，细碧岩、角斑岩及凝灰质粉砂岩等见有矿化，与中石炭统灰岩为沉积接触关系。侏罗纪火山-次火山岩与二叠纪海相火山-沉积岩均与成矿有密切关系。

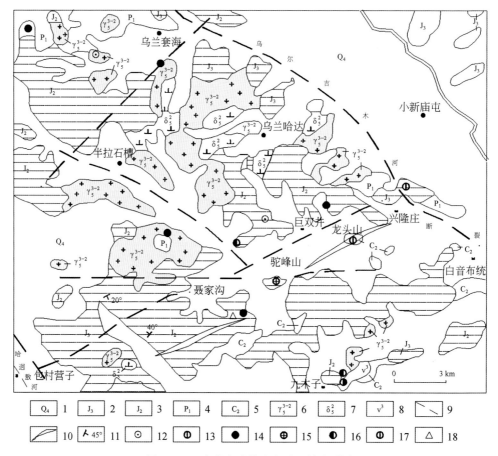

图 7-114 内蒙古驼峰山金矿区域地质图

1. 第四系；2. 流纹岩酸性熔岩；3. 英安岩安石质碎屑岩；4. 凝灰质砂砾岩；5. 灰岩；6. 花岗岩；7. 闪长岩；8. 辉长岩；9. 推测断层；10. 短轴背斜；11. 岩层矿产；12. 铁矿点；13. 金银矿点；14. 铜矿点；15. 铜金矿；16. 铬镍矿点；17. 铁锰矿点；18. 萤石矿点

2）岩石学特征

(1) 侏罗纪火山-次火山岩。

本区处于 NE 向天山—突泉韧性剪切带（成矿带）SW 端。该带为火山断陷带，喷发形式多为裂隙式，岩石多属通道相-溢流相。岩性主要发育火山角砾岩、隐爆角砾岩及酸性熔岩等，石英斑岩、闪长玢岩及辉绿岩等穿插于各类火山熔岩中，呈脉状产出。这套组合相当于区域晚侏罗世陆相火山岩三个喷发旋回的中下部。任耀武等(1996)认为岩石的里特曼指数 δ 为 0.036～1.239，大部分 $\delta<1$，属钙-过钙性极强太平洋型。按标准矿物分子数计算，大多数为硅铝过饱和型，少数为硅过饱和型。分异指数(DI)为 33.48～75.11，在 $\delta\text{-}\sigma$ 图解中(图 7-115)，投点落入造山活动区，为大陆边缘活动产物。

这套火山-次火山岩成矿元素丰度较高(据 11 个样品平均)，Cu 为 $(7.7\sim10.16)\times10^{-6}$，平均为 203.5×10^{-6}；Pb 为 $(27\sim552)\times10^{-6}$，平均为 106.5×10^{-6}；Zn 为 $(30\sim1808)\times10^{-6}$，平均为 234.8×10^{-6}；Ag 为 $(0.1\sim10.75)\times10^{-6}$，平均 1.35×10^{-6}。

在这套火山岩中还可见到黄铁矿化、黄铜矿化。火山岩及黄铁矿、黄铜矿的稀土元素标准化数据、特征指数及稀土元素配分 S 解分别见表 7-61，从表 7-61 可以看出，熔岩及凝灰岩

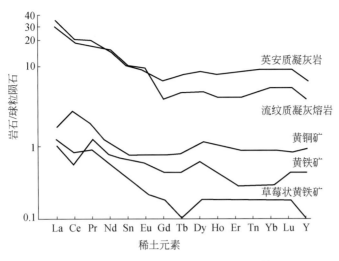

图 7-115 球粒陨石模式科里尔图解(任耀武等,1996)

稀土元素总量较低,推测与糜棱岩化改造作用有关,二者均为弱正铕异常或弱负铕异常。从图 7-115 可以看出,熔岩曲线呈斜置海鸥型,轻稀土斜率较大,而重稀土基本为一平滑曲线,这与$(Gd/Yb)_N=0.7$ 即重稀土分镏度不高是对应的,但其$(La/Yb)_N$值较大(为 7.3),这说明轻重稀土分镏度较高,反映出岩石的浅成特征。

表 7-61 稀土元素数据表(任耀武等,1996) (单位:$\times 10^{-6}$)

岩石	La	Ce	Pt	Nd	Sm	Eu	Gd	Th	Dy	Ho	Er	Tm	Yb	Ln	Y
流纹质凝灰熔岩	35	21	19	14	9.1	8.4	3.5	4.3	4.2	3.8	3.8	4.3	4.8	4.7	8.6
英安质凝灰岩	27	18	17	14	9.8	7.9	6.6	7	7.8	7.1	7.8	8	6	2.5	6.4
黄铜矿	1.8	2.7	1.9	1	0.67	0.8	0.7	0.81	1.1	0.9	0.8	0.8	0.8	0.8	0.9
黄铁矿	1.0	0.53	1.3	0.58	0.55	0.5	0.5	0.4	0.5	0.4	0.6	0.8	0.4	0.4	0.4
草莓状黄铁矿	1.3	0.17	0.89	0.5	0.38	0.25	0.2	0.12	0.2	0.2	0.2	0.2	0.3	0.2	0.1

(2)二叠纪海相火山岩。

这套岩石地表未出露只在钻孔中见到,属二叠系下统大石寨组(P_{1d}),在内蒙古东部如天山地区这套石广泛分布,组成结晶基底,据测试分析这套岩石除 Au 以外的成矿元素丰度值均较高,如 Ag 为$(0.08\sim 0.18)\times 10^{-6}$、Cu 为$(140\sim 1050)\times 10^{-6}$、Pb 为$(100\sim 200)\times 10^{-6}$、Zn 为$(60\sim 340)\times 10^{-6}$,分别比地壳丰度值(黎彤,1994)高出 2.10 倍、11 倍和 8 倍。

镜下研究及化学成分分析,本区岩石主要为细碧岩、少量角斑岩,δ 值为 1.8~3.83,属钙碱性正常太平洋型。这些岩石和区内侏罗纪火山岩一样也经历了较强烈的韧性剪切糜棱岩化改造作用。另外,矿区还见有一种硅质脉岩,以往均把它作为一种后期火山热液活动产物,研究后认为这是一种变质分异脉体,是在韧性剪切糜棱岩化过程中 SiO_2 向高应变带集中的产物,故其 SiO_2 不是来自深部,而是来自围岩。有时这种脉体含有较高的金。矿区震碎岩浆角砾岩也较发育,这说明岩浆-构造活动有多期。这种岩石是火山爆发时被震碎的火山通道附近岩石,后又被熔浆胶结而成,一般产于深大断裂旁边,是脉动式岩浆活动产物。

3)含矿岩石特征

本区含矿岩石为绢英质超糜棱岩,部分呈角砾状,系由火山岩-次火山岩经糜棱岩化改造而来并可见与原岩呈渐变关系,即原岩-糜棱岩化岩石-初糜棱岩-糜棱岩-超糜岩。矿石岩石中出现一套塑性形变组构,如糜棱岩化条带、残斑结构,菊花状消光-叠影消光、动态重结晶、核幔结构、竹节石英等。糜棱岩化程度与矿化强度正相关(表7-62)。有一点需要加以说明,即之前的研究者将本区含矿岩石绢英质超糜棱岩均定为一般热液蚀变产物,认为是火山-次火山岩经绢英岩化而成。实际这是一种动力变质岩石,它是火山岩-次火山岩经糜棱岩化改造而成这种岩石,一般呈致密块状,矿物颗粒很细且极度他形,呈缝合线接触,石英包体甚少,岩石具清晰的塑性形变组构。岩石中的绢云母系原岩中铝硅酸盐矿物经氢交代或水解而成,石英为动态重结晶。该区见竹节状石英,这一塑性形变特征在内蒙古东部一带铜多金属矿床中较为典型。

表 7-62　铜矿化与糜棱岩化程度关系(任耀武等,1996)

糜棱岩化组构特征	竹节石英	压力影	变形条带	条带石英	定向压力影	菊花状-叠影消光	核幔	缓带
Cu/%	0.48~0.67	0.31	0.54	0.58	0.64	0.72	0.77	1.04

4)矿化及矿石特征

该区已知有铜、金、锌及钼矿化,其中金矿化主要分布在地表浅部氧化带,在圈出的7条工业矿体中仅有5条在66m以下,品位为$(0.5\sim6.9)\times10^{-6}$。矿化具垂直分带现象,上部为金、银,下部为铜、锌,与浅成低温热液(火山-次火山热液)矿床分带模式相似。

另外,在矿区深部(300m)见铜、钼矿化,经分析铜为1.04%,钼为$(300\sim400)\times10^{-5}$,已够工业品位,故应注意对隐伏斑岩型铜、钼矿的评价工作。据黄铁矿热电性特征多数为N型,少数为混合型(P,N),表明矿脉已剥蚀到近根部。驼峰山地区大石寨组细碧岩与夹层更替频繁,反映出海相动荡沉积环境对形成火山喷气及块状硫化物矿床不利,隐伏次火山岩型铜、钼矿是本区扩大远景的找矿方向。

矿石具有交代结构及一套塑性形变组构,如黄铁矿剪切条带、黄铁矿旋转球粒及黄铁矿核幔等,这是一种特殊的同质金属核幔组构。另外,在钻孔样品中见草莓状黄铁矿,对这种黄铁矿的成因目前有两种认识:一是生物成因(与二叠纪地层有关);二是黄铁矿经糜棱岩化改造的结果。

矿石的矿物组合简单,只有黄铁矿-黄铜矿一种,多为浸染状矿石。矿石即绢英质超糜棱岩,金属矿物主要为黄铁矿,次为黄铜矿,并见少量赤铜矿、自然铜、墨铜矿、辉铜矿及自然金、金银矿等。浅部氧化带矿石多见铁-锰氧化物矿物。

矿化有关的围岩蚀变主要为绢英岩化,为面型蚀变。个别地段出现石膏化及重晶石化,多表现为线型蚀变,说明成矿后仍有低温热液活动。

2. 矿床成因探讨

内蒙古东部一带铜多金属矿床80%以上与二叠纪地层有关,表现出明显的层控特征,并且矿区内均有与成矿关系密切的燕山期浅-超浅成侵入体分布。大中型韧性剪切带控制着铜多金属矿带的展布,而次一级小型韧性剪切带则直接控制着矿床的产出。研究认为,该区铜多金属矿床的成矿机制是,在韧性剪切糜棱岩化过程中,二叠纪地层中的成矿元素发生活化、迁移、富集,形成初始矿源层,以后发生的燕山期岩浆-热液活动把从深部所携带的矿质叠加在初始矿源层之上,形成矿床,这就是区内铜多金属矿床双模式成因机制。初始矿源层的形成属于变质成矿作用范畴,后期热液叠加成矿属火山-次火山热液活动,驼峰山铜金矿床的成因属于这种类型的成矿。在这一成因机制中,具体到某一个矿床,以上两种成矿作用对成矿的贡献不是等同的,有的矿床成矿物质来自以二叠系地层为主(如大井铜锡银矿床),有的矿床是以后期热液叠加为主,如驼峰山金矿。

(1)侏罗纪火山-次火山岩及二叠系下统大石寨组(P_{1d})细碧角斑岩系中均见有矿化,富矿一般赋存在浅部侏罗纪火山岩体中,而深部主要赋存于细碧角斑岩中的矿体多为贫矿体。

(2)矿化岩石及矿石均表现出明显的糜棱岩化塑性形变特征,并且岩石随糜棱岩化增强所含矿质有富集趋势。

(3)从稀土元素特征指数看,黄铁矿、黄铜矿与火山熔岩基本类似(表7-61),反映它们有一定的成因关系。

(4)从黄铁矿微量元素比值看,Co/Ni值为8.99~33.44,平均为20,S/Se值为43000~2500000,平均为346000,具有沉积及热液双重特征,表明二叠纪地层及燕山期浅-超浅成岩体均参与了成矿作用(任耀武等,1996)。

找矿方向如下。

(1)驼峰山矿区处在区域重力次级梯度带上,表明所处位置为基底(二叠系)隆坳交接处,即"坳中隆"或"隆中坳",是深部构造控矿的有利部位。

(2)驼峰山矿区处于NE向天山—突泉成矿带SW段,在该带的NE端分布有神山、新农村、香山、莲花山、闹牛山、长春岭、布敦花及陈台等大中型铜多金属矿床。在该带的SW端分布有代锯山、喇嘛硐、北大城及金厂沟梁等中型铜(金)矿床,而驼峰山附近就分布有安乐屯、好来宝及扁扁山等中、小型铜多金属矿床,成矿条件十分优越。

(3)矿床类型除与火山-次火山热液有关的脉型矿床外,还应注意产于韧性剪切带的糜棱岩型及次火山岩型矿床,另外,本区存在裂隙槽细碧角斑岩系有关的海底喷气-沉积矿床的成矿条件。

(4)内蒙古东部铜多金属矿床的形成除燕山期岩浆-热液活动条件外,与二叠纪地层及韧性剪切带关系尤为密切,故找矿工作应注意对二叠系特别是大石寨组的评价及区内次一级韧性剪切带的研究工作。一般富矿均赋存于两组韧性剪切带交汇处、韧性剪切带拐弯处及韧性剪切带的强应变部位。

(5)与矿化有关的岩石均为绢英质糜棱岩-超糜棱岩,应注意对这类岩石的含矿性进行研究,富矿一般赋存于绢英质超糜棱岩中。这类岩(矿)石的特点是,残斑小于5%,绢云母含量为30%~60%、石英为50%~80%,并具备一套韧性剪切塑性形变特征,变质相相当于退变质绿片岩相岩石。

(五)哈达庙火山角砾岩金矿

1. 区域地质背景

哈达庙金矿区位于锡林浩特市镶黄旗 NW 约 20km,大地构造位置位于康保—赤峰断裂带以北、温都尔庙—西拉木伦断裂带以南的兴蒙造山带的温都尔庙加里东增生带(图 7-116)。矿区出露地层相对简单,主要出露二叠系和第四系。二叠系主要是呼格特组黄绿色、灰绿色变质砂岩、粉砂岩,主要分布于矿区南部,矿区中部局部有出露。第四系主要分布于矿区东部盆地及北部冲沟中(图 7-117)。

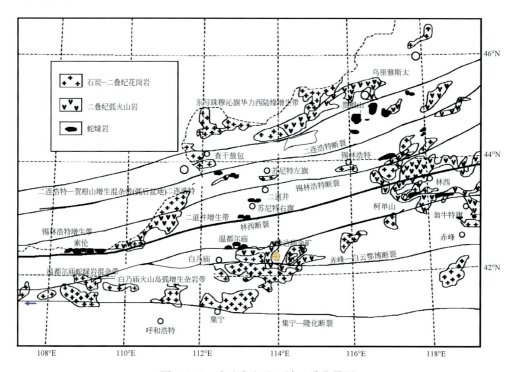

图 7-116 哈达庙金矿区域地质背景图

区内主要构造为近 EW 向分布的哈达庙张性裂隙带和 NE 向伊根乌苏逆断层。两组构造在伊根乌苏相交构成一个"三角形"区。哈达庙含金斑岩体和含金火山角砾岩脉群以及其他有金矿化显示的镁铁质和长英质岩脉(株)均产出在"三角区"的石英闪长岩内。哈达庙裂隙带主要由一系列呈折线状断续分布的长英质岩脉组成。从东向西,脉岩群总体走向由 EW 向偏转为 NW 向,并且有在伊根乌苏处与 NE 向逆断层汇合之趋势。伊根乌苏逆断层的地表出露长度约 15km,向南倾,倾角 60°～70°。

本区的区域构造和控矿裂隙带主要受矿区南部川井—化德深大断裂(内蒙古地轴和海西地槽分界线)控制,同时亦遭受到燕山期 NE 向和 NNE 向断裂、褶皱构造活动影响,所以区内许多构造形迹均兼有 NE 向、NNE 向和 EW 向构造特征。在上述几组构造叠加复合部位往往是岩浆活动和金矿化富集的有利场所。

区内岩浆岩分布较广,约占全区岩石出露面积的 54%。主要岩浆岩形成的先后顺序为

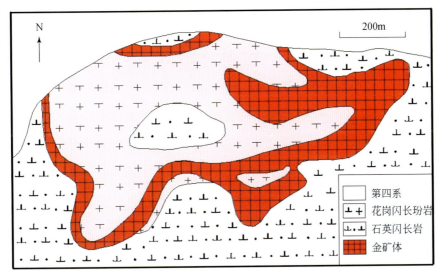

图 7-117 哈达庙金矿区矿体分布示意图

黑云母花岗岩、闪长玢岩、石英闪长岩、花岗闪长岩、花岗斑岩、火山角砾岩脉群及其伴生的闪长玢岩和流纹岩脉。与金矿化有密切关系的主要岩石有以下几种。石英闪长岩为本区最重要的金矿床围岩。岩体分别侵位于下二叠统呼格特组沉积岩、黑云母花岗岩和闪长玢岩体内,出露面积约为 15km^2,岩石主要由斜长石(An=35~42)、石英、条纹长石($Or_{84}Ab_{16}$)、普通角闪石和镁铁黑云母组成,副矿物有磁铁矿、榍石、磷灰石和锆石。岩性比较均一,岩相分带不甚明显。聂凤军等(1989a,b)对该石英闪长岩进行了岩体化学成分(6 件全岩样品平均值)分析:SiO$_2$ 为 60.26%,K$_2$O+Na$_2$O 为 5.65%,K$_2$O/Na$_2$O 石和镁铁黑云母组成,副矿物有磁铁矿、榍石、磷灰石和锆石。岩性比较均一,岩相分带不甚明显。

哈达庙含金斑岩体呈岩株状自西向东侵位于石英闪长岩内,岩体 SN 两侧向外陡倾(倾角为 50°~70°),向东平缓超覆(倾角为 15°~30°),平面上为一不规则椭圆,出露面积约 3200m^2(图 7-117)。含金花岗斑岩呈灰白色-浅肉红色,块状构造,多斑和聚斑状结构。斑晶由斜长石(An=15~10)、条纹正长石($Or_{87}Ab_{13}$)、石英和黑云母组成,基质主要由钾长石、钠长石和黑云母组成,呈显微花岗结构。斑晶与基质的比值一般为 2∶3~1∶1。副矿物有磷灰石、磁铁矿、黄铁矿、榍石和锆石等。需要指出的是,该斑岩体热液蚀变极为强烈,部分斜长石斑晶全部为绢云母和泥质斑点所取代,仅保留斜长石晶体假象,钾长石对斜长石、绿泥石对黑云母的交代蚀变现象也极为常见,此外,石英斑晶的熔蚀结构和基质石英的次生加大特征亦十分明显。该斑岩体的化学成分(5 件样品平均值):SiO$_2$ 为 71.92%,K$_2$O+Na$_2$O 为 6.74%,K$_2$O/Na$_2$O 值为 1.0,属正常钙碱性岩石系列(聂凤军等,1989a)。

火山角砾岩脉群分布在哈达庙含金斑岩体北侧约 0.5km 处,角砾岩脉群由 33 条长度不等和规模不同的角砾岩脉或岩墙组成,出露面积约 0.32km^2。从火山角砾岩脉群中心部位向外依次可划分为火山角砾岩脉群、震碎石英闪长岩和电气石化裂隙带。金矿化主要分布于火山角砾岩脉群内(图 7-118)。

火山角砾岩多呈灰-灰黑色,碎屑结构,角砾状构造。角砾为浑圆状、次棱角状,砾径多为 0.5~2cm。胶结物一般为长石、石英、绢云母和电气石或岩浆岩碎屑,由于胶结物大都受

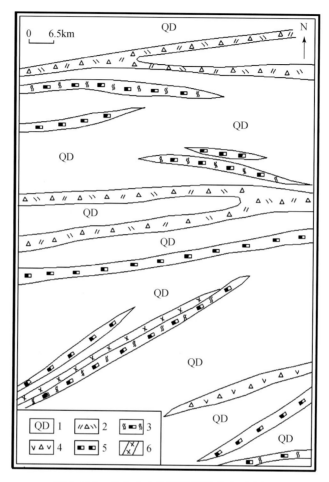

图 7-118 含金火山角砾岩岩墙分布示意图

1. 石英闪长岩；2. 含金火山角砾岩墙；3. 石英-电气石脉；
4. 火山角砾岩墙；5. 电气石化裂隙脉；6. 闪长玢岩脉

到强烈硅化和电气石化影响，岩石显得致密坚硬。

对哈达庙地区石英闪长岩、花岗闪长岩和花岗斑岩中副矿物磷灰石测定的 $^{87}Sr/^{86}Sr$ 初始值分别为 0.7085±0.00011、0.7088±0.00012 和 0.708±0.00010。石英闪长岩、花岗闪长岩和火山角砾岩脉群中石英的 $\delta^{18}O$ 值分别为 8.8‰、8.9‰ 和 7.9‰。上述测试数据表明，各地质体的锶氧同位素组成基本一致（聂凤军等，1989a，1989b），这暗示了它们在成因和成岩物质来源上的密切关系。

2. 矿区地质及金矿化特征

哈达庙地区的金矿化主要产出在花岗斑岩体内部或斑岩体与石英闪长岩接触带上，以及火山角砾岩脉群的石英、电气石脉中，并以前者为主。

1）矿体的空间展布形态

(1) 斑岩型金矿体。除少部分金矿体在斑岩体内部呈细脉浸染状产出外，大部分金矿体赋存在斑岩体与石英闪长岩接触带上，其中又以斑岩体向东超覆端接触带上的矿体最厚，品位最高。金矿化强度与石英-电气石脉、石英-黄铜矿-黄铁矿脉的发育程度有关。矿体的形态主要受围岩接触带控制,接触带上由地表向深处金矿体的厚度变薄、品位降低。单个矿体形态为脉状、透镜体或扁豆状,其分合、膨胀、尖灭和拐弯现象较为普遍,伴随这些现象金矿体的厚度和品位均有不同程度的变化。

(2)火山角砾岩脉型金矿体。在所研究的33条火山角砾岩脉中,仅有4条岩脉金含量较高。钻孔资料表明,金矿化带走向为NE－NNE,倾向南或SE,具有经济意义的矿段约占整个矿化带面积的1/15,矿体垂向延伸尚未完全控制。金矿体一般呈脉状或透镜体状分布,分合、膨胀和尖灭现象尤为突出。矿化与硅化、电气石化、黄铁矿化和绿帘石化发育程度密切相关,矿石品位变化极大,相邻两个样品的金含量可相差数十倍。矿石品位和矿体厚度之间不存在相关关系。

2)矿石物质组分和金的赋存状态

(1)哈达庙金矿床矿石组分。除自然金和银金矿外,伴生的金属矿物主要有黄铜矿、黄铁矿、斑铜矿、磁铁矿、赤铁矿、白钨矿、褐铁矿、孔雀石和铜蓝等。脉石矿物有石英、长石、电气石、黑云母和方解石,热液蚀变矿物为绢云母、绿泥石、绿帘石、纤闪石和高岭石等。依据矿石的形成条件和产状,可将矿石划分为黄铜矿型、多金属型、角砾岩型和氧化型矿石。自然金和银金矿呈不规则粒状、树枝状、片状、蠕虫状和薄膜状分布,粒径大者可达2mm,一般为0.01~0.05mm。自然金可在黄铜矿晶体内呈滴状和等轴粒状包裹体存在,也可沿黄铁矿晶体细微裂隙呈脉分布。自然金成色较高,一般为865~999。黄铜矿呈半自形-他形粒状和片状,可见聚片双晶,并与黄铁矿、斑铜矿密切共生,局部被赤铁矿或磁铁矿包裹。黄铜矿中金含量较高,是重要的赋金矿物。

(2)矿石结构构造。矿石一般为浸染状、细脉浸染状构造,其次为叶片状、蜂窝状和角砾状构造。矿石结构以他形-半自形粒状为主,尚有包含结构、交代残余结构、胶状结构和镶边结构等。

3)围岩蚀变

哈达庙金矿床的成矿围岩主要是燕山期石英闪长岩,围岩蚀变为硅化、电气石化、钾化(钾长石化和黑云母化)、绢英岩化、绿泥石化和碳酸盐化,其中以硅化、电气石化和绢英岩化同金矿化关系最为密切。一般来讲,围岩蚀变近矿体强、远离矿体弱,并且略具蚀变分带现象。

硅化和电气石化主要发育在接触带及其附近的张性裂隙带内,蚀变矿物为石英和电气石,蚀变带与金矿体的空间分布范围基本吻合。绢英岩化常常叠加在钾化带上,特征的蚀变矿物为绢云母、石英、黄铁矿和钠长石,偶见萤石。

研究结果表明,与同类未矿化岩石相比,矿化蚀变围岩以富 H_2O、CO_2、S、K_2O、SiO_2 和贫 Na_2O、MgO 和 CaO 为特征。

4)稳定同位素组成及矿物标型特征

(1)氢氧同位素组成。据(聂凤军等,1989a,b)研究,哈达庙斑岩体含金石英脉(3件石英样品)的 $\delta^{18}O$ 值为 9.8‰~12.5‰,并且从矿脉中心向外明显降低。根据石英气液包裹体均一温度测定值计算得到的 $\delta^{18}O$ 值为 4.8‰~6.9‰,石英气液包裹体水的 δD 值为 -46‰~-58‰。火山角砾岩脉群内含金石英脉(2件石英样品)的 $\delta^{18}O$ 值为 6.5‰,低于斑岩体中含金石英脉(9.0‰)。根据石英气液包裹体均一法温度值计算得到的 $\delta^{18}O_{H_2O}$ 值为 1.1‰~3.7‰,石英气液包裹体中水的 δD 值为 $-44‰\sim-48‰$。上述各类含金石英脉中石英和气液包裹体的氢氧同位素组成特征表明，成矿作用早期含金热液流体的性质更接近岩浆水。而在成矿作用晚期，由于原生热液流体中混入相当一部分大气降水致使 $\delta^{18}O_{H_2O}$ 和 $\delta^{18}D$ 分别低于和高于早期含矿热液的相应值。

(2)硫同位素组成。含金斑岩体(3件黄铁矿样品)的 $\delta^{34}S$ 值为 $1.9‰\sim2.6‰$，平均值为 $2.3‰$；火山角砾岩脉群中(3件黄铁矿) $\delta^{34}S$ 值为 $-1.5‰\sim2.10‰$，平均值为 $1.8‰$，黄铁矿的硫同位素组成特征基本上与岩浆热液矿床，特别是斑岩铜(钼)矿床的黄铁矿相似，因此，可以认为斑岩体中的硫来自较深部位，但并不排除大气降水或壳源物质对火山角砾岩脉群中硫同位素组成的影响。

(3)碳同位素组成。哈达庙斑岩体含金石英脉和火山角砾岩脉群含金石英脉(各2件方解石)的碳同位素组成基本一致，$\delta^{13}C$ 值为 $-7.1‰$(矿床地质研究所测定)。对比结果表明，方解石是地壳物质、天水和岩浆水混合作用的产物。

(4)黄铁矿标型特征。哈达庙斑岩体含金石英脉和火山角砾岩脉群含金石英脉(4件黄铁矿)的微量元素测定结果表明，Co/Ni 值为 $2.4\sim3.6$(由岩矿测试所测定)，平均值为 2.78；S/Se 值为 $(2.45\sim4.0)\times10^4$，平均值为 2.96×10^4；Cu 含量为 $2509\sim4000$ppm，平均值为 3272ppm，As 含量为 $1708\sim2688$ppm，平均值为 2190ppm。上述比值均同岩浆热液矿床中黄铁矿的相应比值类似，反映了黄铁矿形成过程的同一性。

3. 矿床成因探讨

1)岩体侵位及矿体成矿时间

鲁颖淮等(2009)测定了15个锆石点，$^{206}Pb/^{238}U$ 模式年龄为 $292\sim264$Ma，分布范围集中，加权平均年龄为 (271.8 ± 3.3)Ma，MSWD 为 2.3(图 7-119)，表明斑岩体侵位时代为早二叠世。石英闪长岩被花岗斑岩侵入，表明其侵位时间早于花岗斑岩。矿区石英闪长岩成岩时代应该早于 (271.8 ± 3.3)Ma。

华北陆块在太古代形成陆核，古元古代在陆核基础上经历拉张裂陷-闭合抬升及大量花岗岩体侵入，地壳固结形成原始陆块。中、新元古代接受沉积，其北缘为被动大陆边缘，寒武纪早期兴凯造山带增生到华北北缘，形成"内蒙古地轴"。晚奥陶世古蒙古洋洋壳向南俯冲，在华北北缘形成俯冲消减带。志留纪华北北缘发生强烈的加里东运动，形成一条 EW 向加里东褶皱带，增生在华北北缘(刘本培等，2003)。中-晚石炭世，古蒙古洋板块继续向华北地块俯冲，在华北北缘发育了安第斯型古大陆边缘。古生代末的三叠纪初，塔里木-中朝板块与西伯利亚古板块之间发生大陆碰撞。

从整个中亚成矿带来看，北疆地区的主要矿床成矿作用主要发生在石炭纪-二叠纪，即 $340\sim250$Ma(陈衍景，2002)。在内蒙古中西部的固阳地区，曾俊杰(2013)测得西营子花岗岩体锆石同位素年龄为 (281.9 ± 3.1)Ma。地层学研究表明，内蒙古—大兴安岭褶皱系在早二叠世处于裂陷盆地演化阶段，最终结束于二叠世末。哈达庙金矿位于内蒙古中部，中亚造山带中东段，与成矿作用密切相关的花岗斑岩形成时代为 (271.8 ± 3.3)Ma。中亚造山带自西向东存在一条连续的早二叠世岩浆弧。哈达庙斑岩金矿含矿斑岩体形成于古生代末三叠纪初的塔里木-中朝板块与西伯利亚古板块之间的大陆碰撞背景，碰撞过程中俯冲板块部分熔融或者深熔作用形成的岩浆上侵为金矿的形成提供了成矿物质。

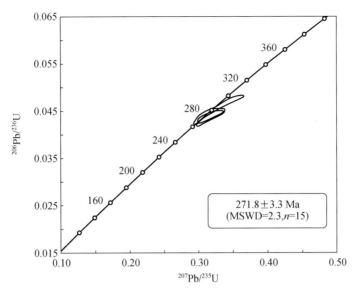

图 7-119　哈达庙花岗斑岩锆石 U-Pb 图(鲁颖淮等,2009)

镶黄旗哈达庙金矿成矿时代为早二叠世,内蒙古赤峰郊区车户沟铜钼矿床的黄铜矿 Rb-Sr 等时线年龄为 (256 ± 6) Ma(Wan et al.,1961),表明在内蒙古中部存在一期与古生代末三叠纪初的塔里木-中朝板块与西伯利亚古板块之间的大陆碰撞有关的岩浆成矿事件,但是目前发现与该期地质作用有关的矿床相对较少,应引起地质勘查界的重视。

2)矿床成因

矿床成因阐述如下,燕山期 EW 向和 NE 向深大断裂构造的复活和上地幔安山质熔浆上涌所引起的区域热流值升高可造成基底岩石(地层)、早古生代优地槽火山喷发、沉积岩的深熔,进而形成大面积分布的闪长玢岩、石英闪长岩和花岗闪长岩。岩浆的结晶分异作用、气液分异作用和多期次侵位不仅使石英闪长岩内广泛分布有花岗岩岩株、岩枝、岩脉和火山角砾岩脉群,而且可促使金在一些斑岩体顶部富集。研究区西部白乃庙群金的平均丰度为 126×10^{-9}(16 件岩石样品统计),是地壳克拉克值的 5.4 倍;西北部温都尔庙群金的平均丰度为 5.51×10^{-9}(81 件岩石样品统计),特别是在有锰质、铁质矿物富集的地段金的丰度为 21.37×10^{-9}(32 件岩石样品统计),最高可达 360×10^{-9}。上述地层均是赋含金的地质体,它们一旦发生深熔作用,将有可能提供金矿物质来源(鲁颖淮等,2009)。

哈达庙含金斑岩体岩相学研究结果表明,当深熔岩浆沿着有利构造部位上侵时,岩浆的结晶分异作用可促使大量挥发性组分 SiO_2、K_2O 和金等元素在岩浆房顶部或旁侧富集,从而形成高侵位的花岗斑岩岩株或岩脉。在构造薄弱地带,富挥发组分熔浆亦可冲破外壳,发生爆破作用,大量挥发性组分、含矿热液流体和熔浆混合物喷出地表形成火山爆发角砾岩脉群。

岩浆的冷凝收缩可产生大量的张裂隙构造,在花岗斑岩与石英闪长岩的接触带上,这种构造特征尤为明显,特别是岩浆期后多期次构造活动使这样的张裂隙系统更为发育,为含矿热液的上升和沉淀富集创造了良好的条件。

成矿作用晚期,斑岩体及其伴生的矿脉长期裸露地表,遭受风化剥蚀形成氧化型矿石。

如上所述,哈达庙金矿是与花岗斑岩有关的次火山岩中温热液金矿床。该矿西部约1.5km处的伊根乌苏斑岩体,其产出地质环境和岩相学特征均同哈达庙斑岩体相类似,并有金矿化显示,是进行金矿找矿勘探的有利地段。

(六)其他火山-次火山、岩浆金矿床简介

1. 翁牛特旗杏树园火山岩金矿床

杏树园金矿床位于内蒙古翁牛特旗境内。该区位于阴山EW向复杂构造带与大兴安岭新华夏系构造带的交汇处,隶属于天山——兴蒙地槽系中的内蒙古地槽构造单元,矿区位于西拉木伦河与少郎河两条EW向深大断裂带之间。

金矿主要产于大砬子山西侧梁脊,位于F1断裂的下盘的蚀变粗面岩中,矿化蚀变带长约1300m、宽30~80m,火山、次火山岩含矿热液沿大黑水—大西沟深大断裂上升运移,进入其上部旁侧脉状及网脉状火山裂隙带内沉淀成矿。

2. 西乌珠穆沁旗太基敖包火山-次火山类金矿

太基敖包金矿位于内蒙古自治区锡林郭勒盟西乌珠穆沁旗,距锡林浩特市70km。含金石英脉,石英脉露头点连线大于400m。围岩为片理化安山岩和块状安山岩。含金石英脉宽度为1~2m,走向近EW。

3. 陈巴尔虎旗四五牧场隐爆角砾岩金矿

四五牧场金矿位于呼伦贝尔陈巴尔虎旗。早中生代时期,太平洋板块NNW斜向俯冲,西伯利亚地台受太平洋板块东侧的构造挤压。晚三叠-中晚侏罗世鄂霍次克海闭合过程中,兴凯地块逆时针转动而拉张,发生裂谷型构造岩浆成矿作用,形成海拉尔—根河火山岩盆地为代表的西亚带。大兴安岭火山岩带的西亚带发育双峰式火山岩。形成Cu-Mo、Cu-Pb-Zn-Ag和Ag矿床及萤石、铀、金矿床。金矿床主矿体形态与隐爆角砾岩体硅化核的形态一致,呈倒置的"喇叭"状。SE陡倾,倾角80°,延长小于100m,延深150m左右。金矿石英气液包裹体NaCl含量为3%~4%,最高温度为330℃。由此可知,四五牧场金矿形成深度在1500m左右。含矿热液在沿次级构造上浸的过程中与大气水相遇,在压力、温度突然下降的环境下发生沸腾作用并产生隐爆作用,在中基性火山岩地层中形成强烈的蚀变并形成与隐爆角砾岩有关的HS型浅成低温热液矿床。铅同位素测定结果成矿期在侏罗-白垩纪。

4. 苏尼特右旗毕力赫次火山岩类金矿

毕力赫大型金矿属内蒙古锡林郭勒盟苏尼特右旗管辖。矿区地处火山岩分布区及岩浆活动区域,2008年前,矿区采火山热液脉型1号金矿脉带矿体。矿山资源枯竭,其后找到2号隐伏斑岩金矿体,矿床储量为大型金矿,2010年(一年多时间)建成日处理3000t矿石选场。

5. 额济纳旗呼伦西白中型隐爆角砾岩型金矿

呼伦西白金矿位于阿拉善额济纳旗拐子湖乡。矿区为北山晚海西地槽褶皱带的三级构造单元哈日苏海复向斜,哈珠—雅干深断裂与乌兰套海超岩石圈断裂之间。6 条隐爆侵入角砾岩墙型金矿脉产于斜长花岗斑岩体内部,隐爆侵入角砾岩墙和斜长花岗斑岩体与上泥盆统西屏山组内接触带的安山质板岩的构造破碎带中。单颗粒锆石 U-Pb 法测定含金石英脉的形成时代为 (319.15 ± 8.18) Ma,石英的 $^{40}Ar/^{39}Ar$ 法获得的同一样品的形成时代为 $348.184 \sim 45.125$ Ma。

6. 内蒙古牛尔河脑次火山岩型金矿床

牛尔河脑金矿床位于内蒙古呼伦贝尔盟额尔古纳市莫尔道嘎镇北 85km 处。区域上处于西伯利亚板块东南缘与中朝板块北缘额尔古纳褶皱系和大兴安岭褶皱系衔接部位。金矿体围绕 γ_5^2 花岗岩的火山-次火山岩裂隙赋存于额尔古纳河群大理岩和粉砂质板岩中,工业矿体赋存于火山构造破碎蚀变带中。

7. 阿拉善欧布拉格次火山岩类金矿床

欧布拉格矿床位于内蒙古西部阿拉善地区,是内蒙古有色地勘局 511 队近年来评价的一处远景达大型规模的矿床。大地构造位置为华北板块北缘西段阿拉善微陆块东部边缘。矿床赋存于二叠系下统下部火山岩和次火山岩中,容矿岩石主要为石英斑岩、英安质熔结火山角砾岩和流纹质火山角砾岩。铜金石英脉的 $^{40}Ar/^{39}Ar$ 同位素年龄 $(^{40}Ar/^{39}Ar)_i$ 为 (295.2 ± 1.39) Ma。

8. 锡林浩特夏尔楚鲁次火山岩类金矿床

金矿床赋存于白音宝拉格组二段与早三叠世黑云母花岗岩体的接触部位。夏尔楚鲁矿床矿体与早期海底火山喷发有关,具有层控的特点,并受到了后期变质和热液作用的叠加,主成矿期为加里东晚期,是一个海相火山气液矿床经变质作用、次火山热液叠加的复成因矿床。

9. 内蒙古镶黄旗巴彦查干金矿

内蒙古镶黄旗巴彦查干矿区行政区划属内蒙古镶黄旗巴音塔拉镇管辖。位于武艺台—德言旗庙大断裂带(西拉木沦河大断裂东段)和川井—化德—赤峰—开原深断裂带的中间地块,构造及岩浆活动强烈。NE 向、NW 向断裂构造以及黑云母花岗岩与成矿关系尤为密切。矿区内的地球化学、地球物理特征均表明该区有较大的找矿潜力。Ⅰ号矿化带规模最大,是燕山早期第 3 次侵入的那仁乌拉岩体(γ_5^3)侵入到燕山早期第 1 次侵入的倒浪呼都格岩体(δO_5^2)下部,在 2 个岩体的接触带形成的矿化体,矿化体地表呈现为 NE-SW 走向,长 1000m。矿床属于构造-岩浆岩控制的岩浆热液矿床。

10. 格尔古纳小伊诺盖沟次火山岩类金矿

小伊诺盖沟金矿位于内蒙古呼伦贝尔盟额尔古纳市境内的额尔古纳河东岸,大地构造位置处于额尔古纳隆起的南部。根据成矿压力的经验公式,计算出小伊诺盖沟金矿 24 个流体包裹体的压力为 38.00～172.00MPa,均值为 92.73MPa。相应的成矿深度为 3.80～10.95km,平均为 7.68km。在花岗斑岩中形成了韧性剪切带及派生的次级张性及张扭性等裂隙,并产生了强烈的热液流体活动,矿体则产于花岗斑岩中发育的这些张性及张扭性等裂隙之中。金矿石的 REE 模式与其容矿岩石花岗斑岩的 REE 模式非常相似,表明成矿物质来源于花岗斑岩。

第八章 卫星遥感技术地质找矿应用基础

遥感技术用高空鸟瞰的形式对地面进行探测,随着遥感(remote sensing,RS)、地理信息系统(geographic information system,GIS)、地理定位系统(global positioning system,GPS)的发展,遥感数据解译不确定因素在不断减少,解译程序和速度得到更快提高。

一幅陆地卫星 TM 图像覆盖面积为 $34225km^2$,覆盖我国领土仅需 500 幅,遥感图像反映目标地物宏观特征形迹,如长达几千公里的地壳深部断裂、直径上千公里的大环形构造只有在卫星遥感图像上才能显现出来。常规的地质勘查工作都是从点线观测着手,待大量的资料汇集后才能描述一个地区的地质特征,进而进行地质分析研究。利用卫星遥感资料可以从分析研究区的遥感资料入手,寻找构造、岩浆、地层汇集的有利矿产成矿、赋存的有利部位,大大减少了野外工作量,提高了精度,加快了找矿速度。

现代多光谱遥感技术通过不同波段组合应用,能穿透植被、土壤、沙漠、戈壁,甚至沉积地层,能提取构造、岩石等信息,能解译岩浆的先后侵位状态,岩脉、构造的穿插情况,能捕捉到斑岩铜矿外围蚀变分带信息,甚至某些矿产引起的特有的波段纹理、色调差异(雷国伟等,2012;刘玉英等,2010;赵同阳,2008;宋明辉,2007;荆风,2005;杨旭升,1992;濮静绢,1992)。

通过一个地区已知矿床建立多源信息成矿模型,可以从已知到未知来判断矿产富集的多源信息地质条件,从广阔的地域捕捉到矿产赋存的有利位置,从而为应用化探、物探、地质手段找矿大大缩短了时间,缩小了空间。对于内蒙古广大草原、森林、沙漠、戈壁大面积覆盖的地域,找矿尤其显得重要,值得探索。

第一节 卫星遥感数据预处理

一、卫星遥感数据的获取

卫星遥感影像数据主要取自美国 Landsta 7 号陆地资源卫星,Landsta 7 号卫星飞行高度为 705km,倾向 98.2°,16 天完成对地球一周的观测,其地面空间分辨率为 60m。Landsta 7 号卫星搭载多光谱扫描仪(multi spectral scanner,MSS)、专题制图仪(thematic mapper,TM)、增强型专题绘图仪(enhanced thematic mapper equipment,ETMT)传感器,这些传感器分别装置不同的热红外通道。美国 QuickBird 卫星飞行高度 450km,卫星倾角 98°,最长 6 天完成对地球一周的观测。QuickBird 遥感卫星影像空间分辨率为 0.61m,多光谱成像有 1 个全色通道,4 个多光谱通道,成像幅宽为 $16.5km \times 16.5km$。

二、遥感数据及遥感图像处理

1. 遥感数据处理

数字图像是不同亮度值像元的行、列矩阵数据，其最基本的特点就是像元的空间坐标和亮度取值都被离散化了，即只能取有限的、确定的值，所以，离散和有限是数字图像最基本的数学特征。所谓遥感数据处理，就是依据数字图像的特征，构造各种数字模型和相应的算法，由计算机进行运算（矩阵变换）处理，进而获得更加有利于实际应用的输出图像及有关数据和资料。

数字图像处理在算法上基本可归为两类：一类为点处理，即实现图像变换运算时只输入图像空间上一个像元点的值，逐点处理，直到所有点处理完毕，如反差增强、比值增强处理等；另一类为邻域处理，即为了产生一个新像元的输出，需要输入与该像元相邻的若干个像元的数值。这类算法一般用于空间特征的处理，如各种滤波处理、点处理和邻域处理，不同的处理方法有各自不同的适应面，在设计算法时，需针对不同的处理对象和处理目标加以选择。

遥感数字图像处理的数据量通常很大，往往要同时针对一组数字图像（多波段、多时相等）作多种处理。因此，需要依据遥感图像所具有的波谱特征、空间特征和时间特性，按照不同的对象和要求，构造各种不同的数学模型，设计出不同的算法。遥感找矿数据处理主要包括以下四方面的内容。

（1）图像恢复处理。旨在改正或补偿成像过程中的辐射失真、几何畸变、各种噪声及高频信息的损失等，属预处理范畴，一般包括辐射校正、几何校正、数字放大、数字镶嵌等。

（2）图像增强处理。对经过恢复处理的数据通过数学变换，扩大影像间的灰度差异，以突出目标信息或改善图像的视觉效果，提高可解译性，包括反差增强、彩色增强、运算增强、滤波增强、变换增强等处理方法。

（3）图像复合处理。对同一地区各种不同来源的数字图像按统一的地理坐标做空间配准叠合，进行不同信息源之间的对比或综合分析，通常也称多元信息复合，既包括遥感与遥感信息的复合，也包括遥感与非遥感地学信息的复合。

（4）图像分类处理。对多重遥感数据，根据其像元在多维波谱空间的特征（亮度值向量），按一定的统计决策标准，由计算机划分和识别出不同的波谱集群类型，实现地质体的自动识别分类。

2. 遥感图像处理

未经处理的遥感影像直接用于地质解译，影像的亮度层次很少，平均亮度值偏低，轮廓、边界等重要的地质特征不易认清，效果不理想。对遥感图像进行一系列的操作处理称作遥感图像处理。图像的预处理包括去除图像条纹噪声、几何精纠正和灰度调整等。遥感图像处理分为两类：一是光学处理，二是遥感数字图像处理。遥感数字图像处理由计算机进行，分三个层次，即狭义的图像处理、图像分析和图像解译。

（1）遥感图像的几何精校正。遥感图像成像时，由于成像投影方式、传感器外方位元素变化、传感介质不均匀、地球曲率、地形起伏、地球旋转等因素的影响，遥感图像存在一定的几何变形。仅经过系统粗校正的遥感图像不能消除畸变,无法满足人们的应用和研究。对ETM+卫星遥感图像多采用多项式来模拟变形,建立起原始图像畸变的数学模型,将图像空间的原始影像映射到校正空间。ETM+遥感影像的遥感数据几何精校在系统校正的基础上,利用地面控制点(ground control point,GCP)的大地测量参数,修正系统校正模型,形成精确模型,最终生成图像。几何精校正的主导思想是利用地面控制点大地测量参数和控制点在图像上坐标及系统模型对该点坐标预测值之间的关系,建立系统模型与大地测量坐标系之间的联系——几何精校正模型,以此为依据进行原始影像数据处理。几何精校正的全过程应用ERDASIMAGINE9.0等软件均能迅速完成,这类软件将上述过程形成模块,使得几何精校正的操作过程简单快速准确地完成ETM遥感影像几何精校正。

(2)遥感图像的降噪处理。遥感图像在数据采集、传输中受到各种噪声的干扰,含有噪声破坏了图像像素间结构、纹理、内容等方面的相关性,使得图像失真,难于识别和解释。图像降噪方法很多,常见的有自适应滤波法、平滑滤波、傅里叶变换等。近十多年来,小波分析在时域和频域同时具有良好的局部化性质,可以聚焦到图像的任意细节。小波变换具有对信号的自适应性,处理图像比傅里叶变换更适用。小波分析消噪是把混杂在图像中的非相关信息剔除,噪声一般存在于图像的高频部分,剔除高频信号中的噪声,有效的方法是把图像的高低频分开,专门对高频信号进行处理。通过对阈值的设置来精确地区分这两类系数所代表的图像信息,这样,在降低噪声的同时保留大部分图像有用信息。运用小波变换算法对遥感图像进行消噪处理,消噪后的光谱数据更直接真实地反映出地物的光谱特征,利于提高分析结果。

(3)遥感图像增强处理。遥感图像增强处理是为改善图像的视觉效果,提高地质应用图像的清晰度、对比度,突出所需要信息。增强处理技术根据不同的处理空间,分为图像空间空域法和图像变换频域法。对单个像元进行灰度增强处理称为点处理,对一个像元周围的小区域子图像进行处理称为邻域处理或模板处理。彩色处理可用灰度图像及彩色图像增强处理。增强处理的方法和算法很多,可根据需要选取合适的增强方法,如彩色合成、图像的边缘增强等方法。彩色合成多光谱图像是最为广泛应用的处理技术之一。ETM数据不同波段的组合可以增强所需要的地面信息强度,突出所要的地质信息得到效果满意的图像(图8-1)。

图8-1 呼伦贝尔阿荣旗区域增强假彩色图像
白色虚线为线形构造,红色为环形构造

ETM+数据不同波段的组合可以突出和放大地面、地质信息,常见的波段组合特点及用途如表 8-1 所示。ETM+741 和 457 波段组合用于地质研究,以内蒙古呼伦贝尔及包头大青山 ETM+组合遥感影像为例(图 8-1 和图 8-2),说明合成的彩色影像能清晰反映出构造、蚀变等信息,方便地质解译。

表 8-1 ETM+不同波段组合的特点及其主要用途表

ETM+波段组合(RGB)	特点	主要用途
741	图面色彩丰富、层次感好、构造形迹(褶皱及断裂)显示清楚、岩石区边界清晰、岩石地层单元的边界特殊岩性的展布以及火山机构也显示清楚	地质解译
743	对温度变化敏感	火灾监控
543	类似自然色,符合视觉习惯,信息量丰富,能充分显示地物影像特征差别	计算机自动识别、分类、主成分分析、数据压缩
457	构造形迹十分清晰	构造地质研究
453	彩色反差明显、层次丰富、各类地物的色彩显示规律与常规合成片相似	目视判读

3. 遥感图像制作

遥感图像制作有 5 个重要步骤。

(1)原始图像的去噪和去条带(因篇幅有限,此内容省略)。

(2)几何精校正。所购置的原始单波段图像经过卫星级别几何粗校正,图像像元与对应实际工作区地理空间(地理坐标)仍存在误差。合成图像前,对原始数据按地图投影方式进行系统的几何精纠正(又称配准),达到相应的几何精度再与野外实物匹配。几何精校正精度的高低是遥感图像复合分析、遥感动态监测、野外精确定位的前提。几何纠正具体步骤如下:①选择地面控制点,在 1:5 万地形图上选择目标小、特征明显、易于识别的道路、河流交叉口、弯曲处等控制点,工作区控制点均匀分布,误差要控制在允许的范围内;②选择纠正方程组,通过试验分析比较,选用几何精纠正效果最好的方法,结果符合野外精确定位精度要求;③像元重采样,经多次比较分析,采用最近邻域法进行重采样;④镶嵌,将景图像按其地理坐标精确地镶嵌起来;⑤目标区选择,根据工作区的经纬度坐标,在镶嵌好的图像上确定成图范围。

(3)波段组合。进行多波段遥感影像数字图像处理,假彩色合成是最实用的方法。假彩色合成将地物用不同波谱段信息以不同的色彩显示出来,图像层次丰富,地物形态特征和内部细节显示充分。不同波段组合对不同的地物有增强效果,选择合适的方式可取得理想的增强效果。遥感图像满足地质应用的波道组合方式,获得的信息量应该丰富、全面,亮度、均值、相似性较好(表 8-1)。

(4)图像信息增强。在多波段合成图像时,可采用局部分段线形拉伸变换、反差增强、对数变换、均衡化等方法。分段线形拉伸变换是最常用的信息增强手段,它既可在全辐射亮级 0~255 内对所有地物进行线形拉伸,也可针对一定灰度范围的目标地物进行不同的线形拉

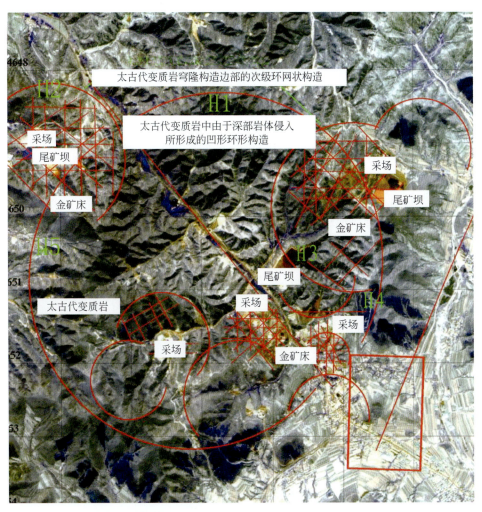

图 8-2　大青山地区某区段 ETM+741 波段组合遥感彩色效果加地质解译图

图中可清晰地看到金矿床赋存在次级环形网格状构造中,小环形构造多期次侵入,分布在深部大穹隆环形内外边部

伸,而对其他非目标地物进行压缩处理。增强处理后的图像与原合成图像相比,层次更为清晰,反差明显,信息量增大,更有利于图像解译。为提取线形、环形构造信息,在上述图像处理的基础上,可采用空间滤波增强图像处理方法。空间滤波增强方法有多种,较实用有效的是定向滤波方法。定向就是对模板矩阵(卷积核,又称算子)设置一定的权值,使模板增强方向与图像边界实际走向尽量一致,处理结果突出了与模板一致的线形结构特征。例如,构造线以 NWW 向展布为主,滤波可采用 5×5 滤波核,方法可采用 Robinson 滤波。滤波处理之前,可采用下列波段组合:(ETM7-Ⅵ)/(ETM7+Ⅵ),其中,Ⅵ(植被指数)=(ETM4-ETM3)/(ETM4+ETM3)。ETM3、ETM4、ETM7 波段用于区分地沉积物与基岩,Ⅵ项用于增强植被差异引起的反差,为反映 NEE 向构造,采用上述滤波模板进行 NWW 向滤波,再将它与 ETM4、ETM5 波段组合成红、绿、蓝彩色图像,经过滤波处理图像,NWW 向断裂能更清楚地显示出来(图 8-1)。

(5)加载地理信息及图面装饰。在遥感卫星影像图上,还应加载地理格网和选择性标注主要城镇等信息,补充影像边界、经纬度坐标注记、图名、成图比例尺、地图投影参数、图像合成方案、制作单位与时间等。交绘图仪形成纸质影像图可作为区域遥感地质构造解译的基础图件。

第二节 卫星遥感地质信息的提取及处理

遥感信息对地面物体的识别主要依赖于地物的光谱和空间特征。多光谱由于光谱分辨率低,地物的光谱特征不明显,地物识别要依赖地物的空间特征,如灰度、颜色、纹理、形态和空间关系。地面物体的信息处理和信息提取是应用图像增强、图像变换和图像分析方法,增强图像的色调、颜色及纹理的差异,以最大限度地区分和突出不同的地物。成像光谱仪研制成功及其产业化发展,遥感地物信息提取也发生了大的变化。成像光谱对地物的识别更多的是直接应用地物的光谱特征,进行地物识别和定量地物信息。

一、遥感地层、岩性信息提取

多光谱技术由于光谱带宽,能更好地反映岩矿的光谱特性,岩矿多光谱遥感更多靠其空间特征,如岩矿的形态、结构、尺寸、面积及它们之间的相互关系等在影像上所展示的灰度、色调、纹理结构。对岩石矿物的遥感信号提取主要是应用图像增强、变换和分类的分析处理方法,以增强图像的色调、颜色及纹理的差异,最大限度地识别或区分岩矿。

多光谱地质信息提取技术综合于三个方面:①色调信息提取;②纹理信息提取;③信息融合。对色调信息提取,采用一些增强处理,扩大图像中地物间的灰度差别,如反差扩展、色彩增强、运算增强、变换增强等,目的是突出目标信息或改善图像效果,提高解译标志的判别能力,近年来发展了一系列以主成分分析为主的信息提取技术,发挥了重要的作用。遥感影像的边缘和纹理信息主要用于对线、环构造的识别,辅助性用于岩性的识别。边缘信息提取通常采用滤波算子或锐化的方法进行;纹理信息提取通常利用灰度如小波信息融合,信息融合遥感数据与地球化学、物探数据的叠加并融合。

多光谱遥感岩石矿物信息的提取技术主要是应用图像灰度特征、岩石矿物的反射强度差异,采用一些数字变换方法,增强或突出有限的目标信息,使用卫星图像来进行岩性地层解译,使之易于目视解译。图8-3是内蒙古地层、岩性卫星遥感图像处理解译的例子。对一个地区地层、岩性进行解译时,先是建立已知地层岩石图像样本,参照此图像提取相应类别的训练样本,进行二次分类,使精度和效果得到提高,最后结合已有地质资料进行人工补充解译。

二、线形构造、环形构造、围岩蚀变遥感信息的提取与处理

1. 线形构造信息的提取与处理

采用的主要方法有:①光谱信息增强,如彩色合成、基于小波变换的遥感信息融合、主成分分析等;②空域内变换处理,如方位滤波、霍夫变换、高氏滤波等;③影像纹理分析,如基于

遥感特征图像	岩石类型及图像特征描述
	二长花岗岩 红褐色墨绿色 粗糙树枝状梳状 次尖削状山脊
	石英二长岩 紫褐色、墨绿色 粗糙 树枝状水系，冲沟发育 尖削状山脊
	第三系五岔沟组（兴安盟）玄武岩、 安山玄 武岩、安山质凝灰岩 绿色细腻 水系不发育，少见树枝状 平坦、较浑圆状山体
 	二叠系大石寨组（兴安盟） 中性熔岩、酸性熔岩及凝灰岩、 硅质岩（左图）、灰岩（右图） 灰白色、粉红色 粗糙 树枝状水系发育 次尖削状山体
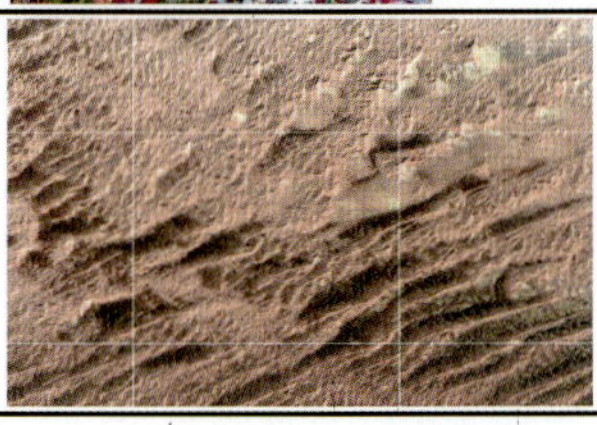	第四系（阿拉善） 风成砂 褐色或浅黄色 粗糙 水系不发育 低洼平坦

图 8-3 内蒙古兴安盟及阿拉善地区部分岩石、地层遥感识别特征影像图表

共生矩阵的纹理参量分析、基于边缘信息的纹理特征提取算法；④分形几何学处理，如基于分形几何的影像纹理分析、多重分形分析等。

线形构造的遥感解译步骤，计算机提取的边缘线形信息、合成遥感影像线形体等密度图，根据ETM+遥感影像的色调与形态、地貌特征、水系特征、点的线状展布，判断边缘线形是否为线形地质构造，参考地质资料绘制遥感构造解译图，图8-4是线性构造信息提取及遥感图件制作的过程。

（1）光谱信息增强主成分分析方法。主成分分析是把原来多波段图像中的有用信息集中到数目尽可能少的主成分图像中，并使这些主成分图像间互不相关，各个主成分包含的信息内容不重叠，从而大大减少总的数据量，使图像信息得到增强。通常，所进行的主成分分析是把一幅图像的所有波段一起处理，得到与波段数目相同的主成分图像，也可以把所有波段分组后再进行分析，然后在每一组里选取一个适当的主成分图像进行假彩色合成。具体做法是：对TM1、TM9、TM7波段进行主成分分析，选取相应的波段假彩色合成，如对区域性大构造和隐伏构造分别选取不同组成分向量，向量的选取根据每一个分量所包含的各波

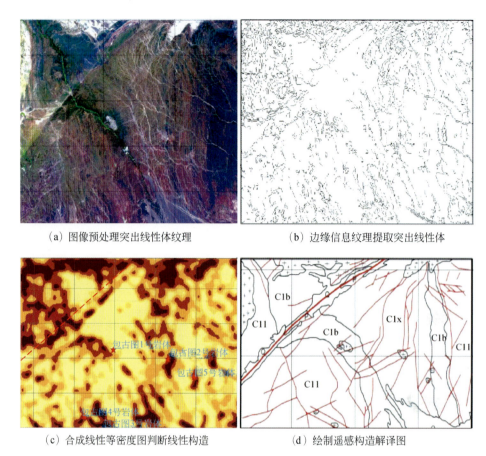

(a) 图像预处理突出线性体纹理　　　(b) 边缘信息纹理提取突出线性体

(c) 合成线性等密度图判断线性构造　　(d) 绘制遥感构造解译图

图 8-4　线形构造遥感信息提取处理解译过程简图(赵同阳,2008)

段的信息含量确定。

(2)空间信息增强——卷积滤波。低通卷积滤波和高通卷积滤波分别用来增强区域性的大构造和隐伏构造线。高通过滤波用来增强图像中的高频成分,低通过滤波用来增强图像中的低频成分。对于区域性的大构造,通过低通滤波可以削弱图像中的高频成分,压制了细微的线形影像,这样,大的区域格架就可以清晰地显露出来。一些隐伏性的小构造却通过适当的高通滤波提取出来。

2. 环形构造信息的提取与处理

环形影像是指在遥感图像上由色调、水系、影纹结构等标志显示的近圆形空心环或未封闭的不规则环(块)的影像图像。形成环形影像的地表因素很多,只有由地质作用形成的环状影像才称为环形构造。环形构造与成矿作用关系较密切,尤其是由隐伏岩浆活动形成的环形构造如今是遥感找矿工作的重点研究对象。提取的环形构造包括侵入岩环块构造、构造岩浆活动形成的复合环块构造及矿床、含矿地质体形成的环块构造,这类环形构造在遥感影像图上汇集以水系、地貌、构造线、色调等所反映出环形构造的影像综合特征,这些特征可作为解译的标志。

环形构造信息提取与处理常用以下几种方法:信息提取采取芒赛尔(Munsell)色彩空间

变换方法,计算机定量处理色彩通常采用 RGB 表色系统,视觉定性描述色彩时,采用 HSV 显色系统更直观。Munsell HSV 变换是对标准处理色彩合成图像在 RGB 编码赋色方面的一种彩色图像增强的方法,借助改变色彩合成过程中的光学参数来扩展图像色调差异,将图像色彩坐标系中红、绿、蓝三原色组成的彩色空间(RGB)变换为由色度(hue)、饱和度(saturation)、纯度(value)三个度量构成的色彩模型,更有效地抑制地形效应和增强岩石单元的波段差异,通过彩色编码增强处理达到最佳的图像显示效果,扩展色调的动态变化范围,有利于细分部影像解译。制作环形构造图像,首先对 TM7(R)TM4(G)TM1(B)作假彩色增强图像,然后进行 Munsell 彩色空间变换,将 RGB 空间变换为 HSV 空间,可制成环形构造彩色增强图像。

3. 围岩蚀变信息的提取与处理

围岩蚀变发生时,热流体运移过程中围岩组分发生置换反应,产生不同蚀变矿物发生围岩蚀变,如云英岩化、绢云母化、钠长石化、钾长石化、青盘岩化、碳酸盐化。不同的围岩蚀变成为不同矿床的找矿标志。蚀变带(块)与周围的岩石矿物种类、颜色、纹理、形态等反射光谱的光谱特征存在差异,呈现出差异性影像特征,利用此种特性来圈划围岩蚀变分布范围是寻找矿床的方法之一。围岩蚀变形成的蚀变岩与其周围的岩石在矿物种类、结构、颜色等的差异引起岩石反光谱特征差异,遥感传感器会捕捉和识别热液蚀变矿物特有的光谱特性(表8-2 和表8-3),遥感图像会反映这种差异,通过地质解译确认蚀变异常。有色金属矿床围岩蚀变的热液富含 H_2O、OH、F、B、Cl 等挥发性组分及 K、Na、Si、SiO_4 等活动性组分,发生云英岩化、夕卡岩化、钾钠长石化、绢云母化、绿泥石化、硅化、青盘石化等蚀变,不同类型蚀变岩及特征矿物有其固定的波谱特征,产生不同的色调,其特征如表8-2 和表8-3 所示。围岩蚀变信息提取与处理的主要方法如下。

表 8-2 几种蚀变矿物的反射率(矿物颗粒为 0.01mm)

矿物	蓝 0.43~0.49μm	绿 0.51~0.61μm	红 0.61~0.67μm	可见光 0.43~0.67μm
白云母	59.3	60.3	60.2	60.0
石英	92.9	93.0	93.5	93.1
黑云母	7.4	7.4	7.4	7.4
微斜长石	61.4	71.7	80.7	71.3
石榴子石	11.0	18.0	30.3	19.7
绿帘石	18.6	34.7	36.5	30.3

表 8-3 常见蚀变岩色调特征

蚀变岩	硅化	黄铁矿	夕卡岩	铁帽	高岭土	大理石	方解石	黏土	云母
真彩色	暗绿	深暗色	红色	紫红色	灰白色	灰白色	灰白色	淡黄淡青色	
彩红外	暗紫	暗紫黄	金黄色	深黄色	浅灰色	灰白色	灰白色	浅黄色	

(1)蚀变信息提取主成分分析法。主成分分析法被广泛用来提取岩石蚀变信息,它对图

像数据集中和压缩,将多光谱图像中各个波段高度相关信息集中到少数几个波段,并且尽可能让这些波段的信息互不相干。用几个综合性波段代表多波段的原图像,使处理数据量减少。在确保数据信息丢失最少的前提下对高维变量空间作降维处理。通过(TM1、TM3、TM4、TM5)和(TM1、TM4、TM5、TM7)两组主成分分析提取铁质成分和OH^-、CO_3^{2-}蚀变信息,用TM1、TM3、TM4、TM5 4个波段进行主成分分析。铁染物主分量是:构成主分量的特征向量TM3系数与TM1及TM4的系数符号相反,TM3与TM5系数符号相同,为排除黏土类矿物蚀变信息干扰,免用TM5、TM7波段同时参加运算。

羟基化物主分量是:构成该主分量的特征向量TM5系数应与TM7及TM4的系数符号相反,TM1一般与TM5系数符号相同。为避免可见光波段同时参加运算,排除铁氧化物的干扰,删去TM2、TM3波段,用TM1、TM4、TM5、TM7 4个波段进行主成分分析。

(2)光谱角度填图法。光谱角度填图法将光谱数据视为多维空间的矢量,利用解析方法计算像元光谱与光谱数据库光谱或像元训练光谱之间量的夹角,根据夹角的大小来确定光谱间的相似程度,达到识别地物的目的。可以选取高光谱数据运用光谱角度填图法来提取蚀变信息。

(3)对应分析法(R-Q型因子分析法)。因子分析是把一些具有错综复杂关系的因子(样品或变量)归结为数量较少的几个综合因子的多元统计方法。通过一系列坐标旋转变换,能够在数个变量中提取出几个主要的因子反映数个变量的主要信息,通常也叫降维分析。因子分析分为R型和Q型两种,Q型因子分析提取出主因子后,分析各个样品的主因子得分,从中研究各个样品间的相互关系,根据因子得分的情况,对样品进行分类;R型因子分析也叫主成分分析,对变量进行归纳整理,获得各个变量的主因子得分,从而分析变量之间的关系,对变量进行分类。

对应分析不仅能提供原始图像各波段与各成分的关系,还能清晰表达原始图像各波段与图像中主要地物的关系。岩性信息在对应分析后的三成分假彩色合成图像上更加清晰地被展现,图像局部细节更突出。雷国伟等(2012)利用成像光谱MAIS数据提取内蒙古乌拉山高光谱遥感试验场哈达门金矿区的金矿化蚀变带信息。

(4)主要蚀变类型信息提取。

① 铁染蚀变异常信息提取。选取TM1、TM3、TM4、TM5 4个波段作为组合波段做主成分分析。铁氧化物的特征光谱信息集中在TM1~TM4波段,TM4和TM1波段有吸收峰,TM3波段无特征吸收却呈高反射。为避免含羟基和碳酸根矿物的干扰,在选取波段组合时舍弃TM7波段。对TM1、TM3、TM4、TM5应用掩膜做主成分分析,统计分析PC1主要反映TM3和TM5波段的信息;PC2主要反映TM4波段的减信息;PC3反映TM5波段的加信息和TM4波段的减信息;PC4反映TM1波段的加信息。根据铁染类蚀变矿物的波谱特征,包含蚀变信息图像TM3、TM1或TM3、TM4相反贡献值,看出PC4分量色调部分反映铁染信息,利用波段比值3:1(R)、5:4(G)、1345波段主成分分析PC4向量(B)合成褐铁矿化增强图像,再对信息增强图像做Munsell彩色空间变换。从RGB空间变换到HSV空间,增强图像色调,最后对H分量做中值滤波处理,并选取适当的阈值进行分割,得到铁染异常类信息,将这一信息叠加到遥感图像上制作成铁染蚀变异常遥感图(图8-5和图8-6)。

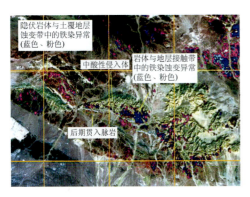 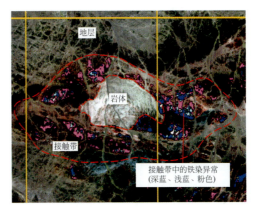

图 8-5 铁染蚀变(蓝红色)影像　　　图 8-6 阿拉善某区域铁染蚀变(蓝色)效果图

② 含羟基类、含 CO_3^{2-} 矿物蚀变异常。选取 TM1、TM4、TM5、TM7 4 个波段作为组合波段做主成分分析,黏土类矿物(含羟基矿物)和含 CO_3^{2-} 矿物的特征光谱信息集中在 TM5 和 TM7 波段,TM7 波段为特征吸收带,TM5 相对高反射。主成分变换波段组合的选择以此为依据,由于可见光波段对铁氧化物敏感,为避免铁氧化物信息的干扰,故只选择了一个可见光波段参与运算。

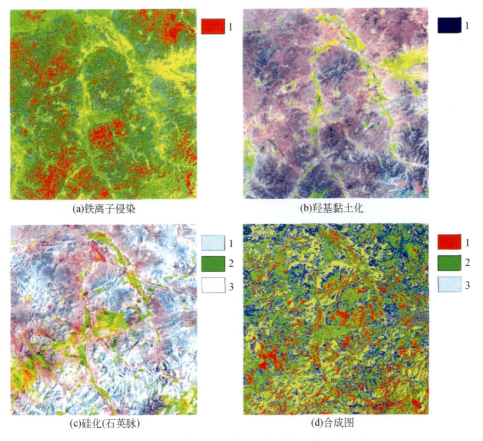

图 8-7 主成分分析假彩色合成的蚀变信息提取图

③ 硅化异常。从含石英矿物波谱曲线可知，TM6 波段具有强反射特征。试验结果表明，TM6/TM5 对增强硅化信息效果最好。上述三类蚀变信息提取见图 8-7。

第三节　地质构造遥感影像信息解译

一、线形构造影像信息的解译

遥感图像中的线形体、环形体（包括块体）代表地质构造最基本的地质要素。当影像线形体或影像环形体具有（或对应有）地质意义时，称之为影像线形构造或影像环形构造，简称为线形构造或环形构造。

遥感波谱具有一定的穿透性，能反映地表下一定深度的隐伏断裂和隐伏岩体等。在遥感影像上，还可以通过地表岩性、构造、地貌、第四纪地层含水程度、水系分布、植被分布等特征来提取隐伏的地质信息。

遥感图像具有地面地质调查远不能及的优势，如调查断裂交汇部位、环状影像与线状影像交切部位时，占有时间短是最大优势。遥感图像上，通过影像的几何形状、大小、花纹、色彩或色调等直接或间接地识别标绘和分析各种构造存在标志、形态特征、分布规律、组合和交切关系及其他地质现象，发现许多地表不易发现或常规地质图无法识别的地质现象，特别是线形、环形构造、蚀变带等与矿床的成矿关系，成矿位置相关信息，为进行矿产资源勘查及研究加快速度、缩小空间及时间。

由不同色调、色彩、地貌形态、影纹图案及其他标志沿某一方向有规律地展布所构成的线状影像称为线形影像。由地质作用形成的直线、弧线、折线状的线形（状）特征影像称为线形构造。遥感图像解译出的线形构造主要指断裂构造（包括节理、断层、断层带），规模较大、延续长的线形影像常是深层大断裂构造（图 8-8）。对线形构造进行解译，分析研究各种构造线形体的遥感影像主要特征为：①线状色调异常（不同反差的色调）呈现的线条（线段）；②不同色调块体的分界线；③不同影纹结构块体的分界线；④线状分布的地貌（如山脊、陡崖）；⑤不同地貌景观特征单元的分界线（如多边形隆起或凹地边界、平直的山麓边界线）；⑥一系列山脊峰或山谷点平直延伸的连线，山间河流同步弯曲的一系列拐点的连线；⑦湖泊、水系、线状分布连线方向；⑧山间或山前洪积扇的线状排列方向；⑨植被或植被单元的线状变异方向。

遥感影像上，线形构造往往具有清晰的线形形迹，如直线状、弧形、波状色线，密度大时构成色带。线形构造一般长达数千米至数十千米，在遥感影像上具有明显的色形纹特征（图 8-8），主要的解译标志为：①在影像色调上表现出与背景色彩不同的或深或浅的色线或色带影像形迹；②线形体两侧影纹差异明显；③线形构造往往随着呈一定方向展布的典型地形地貌特征（如直线形山麓线、线形鞍部、断头山、断崖坡、折线山脊、刀砍状沟谷、串珠状盆地、陡崖等）呈线状展布；④线带两侧的地质景观、水系类型的差异或水系形态变异等，如线带两侧多出现水系走向的突变、沟谷突然转弯或垂向交叉、倒钩水系、折弯水系沟谷发育。

断层的识别解译标志如表 8-4 所示。

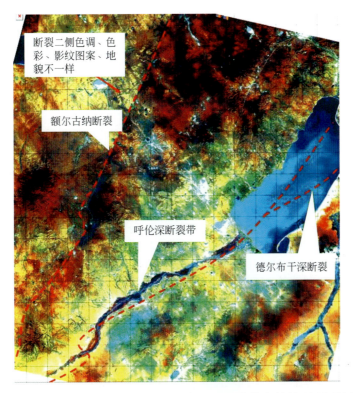

图 8-8 遥感图像色调、色彩、地貌形态、影纹图案等在断裂两侧差异图

表 8-4 断层识别解译标志表(濮静绢,1992)

标志	解译内容
色调标志	断裂构造是空间延伸性线或带,沿断裂走向出现明显的与背景色调(或色彩)有显著差别的色调异常线、色调异常带和色调异常界面
地层标志	地层的重复、缺失、横向错开,以及两套岩层沿走向斜交等现象;紧密褶皱翼部或倒转褶皱的倒转翼常发育走向断层,产生的相同标志的影像地层出现不对称的重复;按正常层序缺失某些地层岩性带;沿断层可造成某一地层增厚、减薄,由宽变窄至尖灭,重现等现象
构造中断	大型断裂可在卫星图像上明显为构造单元、地层单元、地貌单元和水系的整体错位,表现为沿线状分布两侧色调对比有一连串的差异;横向、斜向断裂层沿某一界面造成中断,出现不同影像特征的地层相截;横断层引起褶皱轴错移或核部宽窄变化;侵入体与围岩接触带、岩带、岩墙、岩体相带突然中断;构造格局不协调等
产状突变	断层两侧岩层产状突变,其中走向突变标志更明显;影像上岩层产状清晰时可直接判断,断层两侧构造运动期次、强度、形态及地质结构复杂程度截然不同
断层的伴生构造	伴生褶皱和牵引现象:形成断层的挤压与剪切,使断层附近岩层产生褶皱,断层附近强烈,远离断层消失;由于断层两盘相对运动时的力偶作用使其两侧岩层形成了小褶皱。两者在图像上均呈曲线条带的偏转或倾角的陡、缓变化; 分支断层:断层运动使断层一侧或两侧岩石中产生与主干断层斜交而不切过主干断层的分支断层,与主干断层组成人字型构造; 小带状构造:断层两盘运动时,对相邻块起旋扭作用产生破裂面被岩脉充填而呈细条带状的小带状构造; 邻断裂理、片理:影像上表现为平行断层分布的细线纹

续表

标志	解译内容
断层崖	呈直线状分布并有一直延伸距离的陡崖、陡坎,与周围山脊走向不一致,并切穿周围地形,影像清晰;较年轻或近期有新活动的断层,沿走向常见到一系列保留完好的断层崖或断层三角面;山前断裂的谷地出口处常出现一系列洪积扇
线状沟谷	沿断层带形成平直、延伸较远的线状沟谷,其走向及延伸长度与周围岩石区不同,为半覆盖区断层解译的主要标志
线状凹地	呈线状(串珠状)展布的低凹地形,如深切的峡谷、湖盆、断陷地、沼泽及可溶性岩石中的落水洞、坡立谷岩溶洼地等低凹地形常沿断裂带发育
错断山脊	与山脊走向垂直或斜交的断层,因其两盘岩层相对扭动,在地貌上形成错断山脊
火山岩体线状展布	侵入体沿断裂带呈条带状展布或断续出露;与断裂有关的呈线状排列的火山口、火山锥,当被疏松物质或熔岩流覆盖而无法识别断层时,此标志尤为重要;岩浆沿带状分布是解译基底断裂、隐伏状断裂的重要标志
其他标志	不同构造地貌单元或不同地貌景观在图像上相截,是断层的长期活动、新构造活动所致
水系标志	严格受断裂构造控制的格状和角状水系;一系列河流的异常点、段(拐弯点、分流点、汇流点、改流点、展宽点、变窄点、直流段、曲流段、河床坡降异常段等)、海岸异常点、段(河口、潟湖、溺谷、三角洲)、湖岸边界轮廓呈直线状、折线状展布等都可能为断层近期活动所致; 由于断层控制,使地下水溢出点(带)或泉,贫富水段呈线状分布,一般富水段色调深,贫水段色调浅;在干旱区,地下水沿断裂溢出,形成充水河床,图像上呈暗色点、线、段
岩石标志	断裂破碎带:常由多条断裂组成,影像为忽宽忽窄,时隐时现,断续延伸远,带内构造组分复杂(如构造透镜体、碎裂岩块、劈理密集带、局部地层陡立或强烈褶皱等)。断裂带岩石破碎,破碎角砾、断块沿断层分布; 断层蚀变带:常呈色调、地貌异常带; 岩浆岩沿断裂侵入:岩体、岩脉顺断裂侵入,呈线状分布的火山口、火山锥等,岩体多呈深色或浅色调,浑圆状、脉状图形
植被土壤标志	沿断裂带可形成植被异常带(稀少带或茂盛带); 土壤异常在相片上表现为断裂带或断裂带两侧色调及影像结构的差异
综合景观标志	断裂两侧色调、地貌形态、水系形式及密度、构造线方向、植被发育、水体分布等综合景观的差异是解译许多大型断裂的重要依据

二、环形构造影像信息的解译

环形构造在成因上与地质作用有关,主要指岩浆热事件活动及地质构造在地形地貌上留下的色形纹痕迹,在遥感图像上由色调、水系、影纹结构等标志显示出的近圆形空心环或未封闭弧形等影像;环形构造是地球内部岩浆在地壳活动中遗留的痕迹,如隐伏岩体、火山机构、火山盆地、火山构造带等。火山次火山热液矿床、热液脉状矿床、火山沉积矿床等均与它密切相关。当环形构造性质凭影像难以界定时,可结合地质矿产调查、物化探调查。判识构造环、岩浆环、热液环和隐状岩体4类环形影像论述如下。

1. 岩浆环、热液环

岩浆岩是岩浆上侵时经多期侵位形成的,环的规模大热事件环大。岩浆环是由岩浆活动形成的环块构造,通过环重叠置影纹图像有可能判识岩浆岩形成的期次。当裸露岩体地形地貌较平缓时,影纹呈细碎状另加粗十字节理型纹像,这种影像多为环结或套状环状岩体。岩浆侵入热液活动和蚀变作用形成的环形构造,影像上多表现为具褪色现象的小环或晕圈环,往往形成大小错置的环结、环链、内结外套组合,它们多以或暗或明或模糊隐晦的环状色斑、环状色带、圆环状山体或环状水系反映出来。

热事件环由出露或半出露岩体引起,环形组合形态复杂,多形成包含(容)环状、子母环状(卫星环状)、同心多层环状,或多类型组合的套叠环状、环结、环链状影像。环组合中叠置的小环越多,说明热事件的次数越多(图 8-9),对元素的浓集越有利,成矿的可能性越大。热事件环往往位于断裂交叉、线环交切及构造环结等部位,形成多环结状组合,为成矿元素浓集和赋矿提供了有利场所,成为找矿远景有利的地段。

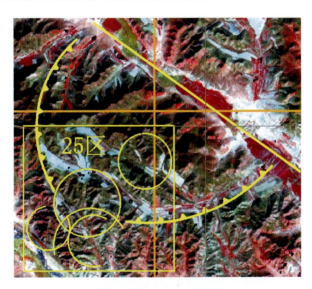

图 8-9 兴安盟呼和拜兴火山机构影像解译图(ETM 遥感图像)

图中火山机构特点:发育较大的断裂构造边部,呈环形或半环形构造;环形构造直径 10～15km;大环形边部有明显塌陷现象;大环形内部发育向心状水系,大环形边部发育放射状水系;大环形内部发育火山穹窿构造,火山穹窿呈现放射状水系和地貌隆起;大环形边部发育多个小环形构造,为火山口构造或次火山岩体;出露大量酸性火山碎屑岩,少量酸性火山熔岩及次火山岩;上述地质体组合成完整大型火山机构

垂直构造运动形成的负向环形体是由地壳局部沉降形成的圆形坳陷和构造盆地,较大型环形体在地球物理场上有相应反应,如重力低等,这类环形体往往与沉积矿产和石油的赋存有关;与火山作用有关的环形体通常规模小但成群出现,呈叠环、并列、寄生等组合形态产出,矿产往往赋存于环体内或环形体边缘。

卫星相片影像环形体是地表及地表下一定深度的地貌景观、地质构造、火山岩浆杂岩体、热蚀变、地球物理及地球化场等特征在遥感图像上的综合反映,它们具有独特的色、形及影纹结构,在遥感图像上极易判读解译,这是遥感技术有别于传统地质工作的特点。

内蒙古成矿区带环形构造非常发育,矿床与环形构造关系总结见表 8-5,大井矿区环形构造解译见图 8-10。在遥感图像上,常见的环形影像形态为圆形、近圆形、卵圆形或半圆形等,其色调有浅色调,也有深色调,有清晰,也有模糊,有单纯由水系或山脊线或色调差异构成,也有由多种不同内容的影像断续连接而成环状,其直径大的可达一百多千米或更大,小的不过几千米或更小,有的环还互相套叠,互相串连。

表 8-5 内蒙古有色金属矿床与遥感线环影像环关系表

影像类型	标志	地质背景	实例	备注
帚状构造	受平移断裂作用形成收敛撒开"帚状"构造	矿化主要分布在帚状构造中,924高地石英、绢云母及矿化较强	六一金矿化区	中大型影像构造
线环型	环形构造产出于较密集线形构造内	矿床产出在环状构造内较密集的线形构造	八大关铜钼矿床	中型影像构造
中心式构造	环状构造受挫于两组构造交叉作用	属典型中心式火山构造,矿化体主要产在环体国与线形构造交合处	哈拉胜银铅锌矿床	中型影像构造
环带式蚀变带	呈白色环带,边缘呈玫瑰色	环带主要是铜钼矿体和蚀变带反映,玫瑰色是褐铁矿	乌奴格吐山铜钼矿床	小型影像构造
撒开型	线形构造转折端呈撒开状	矿化主要分布在转折撒开端	巴彦浩雷伯金矿化点区	中型影像构造
环状晕圈	呈圆环状蓝色晕圈	"晕圈"为蚀变全链,线形构造容矿构造	甲乌拉银铅锌矿床	中型影像构造
双环形构造	较大环包小环,大环浅色调,小环深色调	大环体现前期火山机构小环为中心或火山管理	大坝铜金矿化区	中型影像构造
环形错动	对应环形被错动环边缘发育密集浅性构造	环形构造为次火山杂岩体密集线形构造赋矿部位	德尔布干银铅锌矿床	中型影像构造

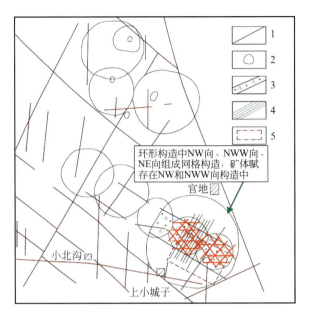

图8-10 内蒙古林西县大井矿床赋存状态构造关系遥感解译图
1. 断裂构造；2. 环形构造；3. 断裂破碎带；4. 断裂密集带；5. 大井矿区

2. 环形构造的解译

侵入岩体构造解译：①解译岩体与围岩的接触关系，并研究接触面的产状及其变化；②岩体产状和分布规律；③岩体内部构造、相带、期次划分的研究。

卫星相片上断层接触关系和沉积接触关系界线一般比较明显，侵入接触的界线有的明显，有的不明显。许多侵入接触的边界可见到蚀变带，它与围岩的影像特征往往有明显差异，如硅化岩化与原岩相比一般色调较浅而抗风化剥蚀性强，大理岩化、云英岩化常使色调变浅而抗风化剥蚀性变弱。

一方面要解译岩体的出露范围、形态特征、排列和组合特征、岩体规模等，另一方面还要研究岩体的形成与断裂、穹窿和褶皱等关系。岩石结构的差异、形成地貌上的差异，在卫星相片上反映较明显。

岩体内部的相带划分和不同期次侵入体接触带的解译对研究斑岩型矿床、爆破角砾岩型、隐爆角砾岩型矿床、夕卡岩型矿床有重要意义。

3. 火山机构解译

新生代的火山机构活动时代新，比较容易解译。研究火山机构内容有火山锥形态、规模、类型和物质组成；副火山锥和寄生火山锥的发育规律；熔岩流的形态、流动特点和期次；与火山有关的岩脉及其他构造；火山排列组合的规律及其与断裂构造的关系等。

时代较老的火山机构解译较难，原有的火山原貌几乎全被破坏，但由于火山口陷落、火山口围墙和环状断裂等构造以及岩性不均一，对地形、地貌和植被产生影响，这些痕迹在卫星照片上仍有所显示。

4. 内蒙古部分矿床赋存的环状影像环形式

内蒙古有色金属矿床与影像环及构造关系简况统计见表8-5,岩石影像解译特征见表8-6。

表8-6 岩石遥感影像解译特征表

岩性		标志 色调	地貌	水系	植被与土地利用	其他
沉积岩	砾岩	斑点状、斑块状等不均匀的深色调	沿主要节理发育方向形成陡崖、垄岗、分水岭尖峭崖,地形崎岖不平	地面水系不发育	基岩出露区植被不发育	层理不发育,影像表面结构粗糙,多崩积物,阴影发育
	砂岩	浅灰色调,植物丛生的砂岩或铁	陡峻奇峰,常形成陡崖、垄岗、单面山或猪背	中等密度的树枝、格状及角状水系,冲沟短、陡、切割深,呈V形	树木、耕地少,仅集中于河道、沟边	可据砂岩稳定、延伸远,特有地形、水系而作标志层
	页岩	暗灰色带斑状	低矮圆滑、馒头状山丘,平缓盆地、坡地、开阔洼地	典型树状及平行状水系,紧密相间,河网自由摆动,冲沟短、密、圆滑,呈U形	质软、残积层发育,土壤较厚,村镇、路、林、耕地多,是很好的农作物区,边坡树林覆盖	易风化多残,坡积物,呈浅色斑块
	碳酸盐岩 干旱区	较单调的浅色调	可呈陡峻山势,岩溶地形极少见	水系不发育,冲沟细小	植被较少,无重要耕地与村镇	分水岭尖峭,基岩裸露,坡残积物少
岩浆岩	侵入岩	均匀、随岩性(酸性-基性)色调从浅-深变化	穹形、浑圆形、低缓、圆滑丘陵或较高山地	稀疏树枝状、环状、放射状水系,明显受裂隙控制	植被沿裂隙呈带状分布耕地、村落、道路较集中	无层理、有岩带带,围岩蚀变带,岩体长轴常与构造带走向一致
	喷出岩	暗深、具斑纹状	火山地貌,舌状熔岩流,桌状山垄岗或台地,独具火山机构和流动构造表面粗糙不平	树枝状、环状、放射状、平行状水系,峨眉山玄武岩具蠕虫状水系	植被稀少,土壤层不发育	玄武岩独具柱状节理,构成悬崖可作标志层
变质岩	板岩,千枚岩	色调变化范围大	低缓丘陵或岗状地形,定向性、连续性强	栉状、梳状、格状水系较发育	易风化崩落,残坡积物发育(显均匀浅色调)	菱形线形构造醒目(影像为平行密集线纹代表板理、千枚理方向)
	片岩、片麻岩	浅色色调、暗色矿物集中带为暗色带,不同色调组成的细线纹呈现"片麻状"影纹	低矮浑圆的岗岽,分水岭杂乱无章,表面光滑	树枝有关方面或"丰"字形水系	表土深厚,残积层发育,植被、耕地及林木集中	不连续、波状扭曲的细影纹线理

第九章 多源地质信息找矿方法

第一节 方法概述

一、地质环境及方法简述

1. 地质环境

内蒙古大地构造分区分为 6 个一级构造区,即华北地台北缘、内蒙古中部地槽褶皱系、兴安地槽褶皱系、天山地槽褶皱系、祁连以东地槽褶皱系、大兴安岭中生代火山岩区。

元古代前后,内蒙古北面是西伯利亚地台,南面是华北地台古老陆核,西边内蒙古地轴原是板块汇聚带的岛孤位置,从西伯利亚地台到华北地台陆核之间是广阔的亚洲洋或称蒙古洋,当时洋面要比现在面积辽阔得多,华北地台的位置约在现在的赤道附近。

元古界震旦纪至古生界寒武纪,现今的呼伦贝尔盟属西伯利亚板块增生造山带地域,二连浩特—贺根山—乌兰浩特附近是洋中脊,洋中脊扩张推动洋壳往北向呼伦贝尔褶皱系板块汇聚俯冲带下俯冲,往南向锡林浩特陆块(中心约在温都尔庙)下俯冲。锡林浩特陆块与华北地台之间存在一个窄海洋,中心位于西拉木伦河附近,同样,洋壳往南向华北板块下俯冲,往北向锡林浩特陆块下俯冲,同样形成南北两个板块汇聚俯冲带,即华北地台北缘的板块汇聚俯冲带和锡林浩特陆块(南)板块汇聚俯冲带(图 3-4)。图 3-4 表述的 4 个俯冲带产生岛孤、山孤背景构造环境下的矿床,如斑岩型矿床、热火山-次火山热液矿床、造山型金矿床。这个时期,华北地台北缘狼山—阴山一带存在构造裂谷带环境,裂谷槽由串珠状的大小构造盆地构成,北部是白云鄂博裂谷,南部是渣尔泰裂谷,在这两个裂谷中,由于海底喷流作用,沉积了有色矿物质黄金、铜、铅、锌、稀有金属等矿质沉积层或者这些矿物质那时已经成岩成矿。在翁牛特旗一带中生代时期也有类似的海盆地称为裂隙槽,具有与渣尔泰盆地类似的地质和成矿环境。

古生代二叠纪早期,东乌珠穆沁旗一带不断从西伯利亚板块增生,而这个时期华北板块存在短暂拉伸,在林西一带形成了裂隙槽,这一带发生有色金属矿质的海底喷发和沉积,生长在这一带的不少矿床的成矿特征表明其矿源来源具有早古生代沉积成层的特点,因此,不少学者提出二叠系时成矿成岩、燕山期改造成矿的学术认识,如大井热液脉状铜锡矿床、黄岗梁夕卡岩铁锡矿床、花敖包特火山热液银多金属矿床等。

二叠系晚期,西伯利亚板块与华北板块基底自早之古代形成以来,陆壳不断向洋增生,经 1600Ma 的发展历程(雷国伟,2014),终于在晚古生代末期对接,形成统一的古亚洲大陆。

侏罗纪(燕山期)是地壳活动和陆相火山喷发最强烈的时期,也是华北及内蒙古内生金属矿主要成矿期。中侏罗世燕山Ⅱ幕使中下侏罗纪产生强烈褶皱和断裂,构造线方向在锡林浩特一带为 NE 向,在华北地台北缘是 EW 向。晚侏罗世,东部地区受太平洋板块运动影响,发生裂陷和地幔上隆造成地壳熔融上涌,形成火山岩带,火山活动呈现北强南弱,没有溢出的岩浆呈次火山岩分布于火山口颈处,伴随而至的是大量酸性岩浆侵入,形成 NE 向岩浆带,尤其在林西—乌兰浩特—呼伦贝尔一带集中。强烈的岩浆活动从地下深处带来了丰富的矿质,形成多种类型钨、锡、钼、铜、锌、铅、铁等大中型矿床。

纵观全面,内蒙古已发现的矿床以燕山期形成的矿床为主流,斑岩型矿床、火山岩型矿床、爆破角砾岩矿分布在大的构造线旁,与大岩浆环(10km 左右)和小岩浆环(1～3km)的组合关系紧密,在卫星遥感影像图上,环网构造及环环组合特征明显,如克旗小东沟斑岩钼矿(成矿 138Ma)、苏尼特左旗毕力赫斑岩型金矿床(侏罗系)、乌兰德勒斑岩钼矿(134Ma)、科右前旗闹牛山火山岩型铜矿(129Ma)、新巴尔虎右旗甲乌拉次火山热液型银锌铅矿(119Ma)、东乌珠穆沁旗朝不楞夕卡岩铁锌多金属矿(140Ma)等(雷国伟,2014)。

燕山期形成的夕卡岩矿床矿体一侧或在夕卡岩带穿插出现的中酸性岩浆岩体遥感影像图上显现出的岩体特征较明显,夕卡岩带矿体常呈条带形网格状、密集线状分布;而次火山岩型矿床,有的环网构造同时发育,有的网格状构造发育,在这种网格构造的图像上,尽管环状构造时隐时现,往往网格成团组合出现,这样的组合图形可以看出网格状构造存在于一个或几个大的环状构造中,但大环又不能清楚地解译出来,如花敖包特银矿环网可直接解译出来,拜仁达坝、拉托维纳斯银矿网格状构造间组合应出现的环形构造却难以直接解译出来(雷国伟等,2012)。

海西期和印支期生成的矿床经历了燕山期剧烈改造,面貌难以辨认,在卫星影像图像上能看到原有面貌只有部分斑岩型、个别夕卡岩型和火山岩型矿床。斑岩型矿床的环网构造基本存在,影像没有燕山期形成的斑岩型矿床清晰,如乌拉特后旗查干花铜钼矿(242Ma)、额尔古纳的太平川钼矿(202Ma)、乌奴格土山斑岩铜钼矿(202Ma、138Ma)、赤峰鸡冠山钼矿(245Ma)等。火山次火山热液脉状矿床及其他矿床经燕山期剧烈的改造已经面目不清,辨认困难(雷国伟,2014)。

造山型金矿床长期受区域应力挤压脉动作用,挤压构造线形成断裂或脉体,密集定向排布。成矿年代测定出的数据存在跨时代成矿的不同情况,哈达门沟金矿成矿的同位素年龄存在三个数据:139Ma、270Ma、299Ma,从海西期到燕山期均发生成矿事件,反映了板块汇聚带造山环境长期脉动性成矿的特点,也反映了矿床最后在印支期成矿定位的特征(雷国伟,2014)。

内蒙古还有一类层控变质型矿床,在乌拉特旗狼山—渣尔泰山地区及翁牛特旗地区的部分矿床,其成矿特点是,矿体在一定地层位形成,随地层褶皱系部位变化而加厚或减薄。东升庙矿床成矿年代,铅同位素分析出两个年龄值,26.53 亿年反映了物质来源年龄,即原沉积环境矿质沉积成层成岩的年龄,13.47 亿年反映了成矿年龄。翁牛特旗的敖包山及小营子矿床属裂陷海槽,有类似的成矿环境特征,矿质形成在元古代,铅同位素单阶段模式年龄为 728～135.6Ma,这类矿体在燕山期受到轻微变质改造。东升庙铜矿床及长山壕金矿床在影像图上能看到矿体受地层层位控制的特征(雷国伟,2014)。

二叠系甚至更老时期,锡林浩特南侧一带板块处于拉伸环境,林西裂隙槽形成,同样也发生海底喷流作用,这一带的矿床如花敖包特银矿、大井锡铁矿,甚至黄岗梁锡铁矿、拜仁达坝银矿等,不少学者提出是原海底沉积成矿、后期改造定型的矿床成因认识(王长顺,2009;

刘建明等,2004)。所见到的这类矿床的遥感影像的确环网关系模糊,大环环形构造影像特征不清晰明显但似乎又存在。

通过一个地区已知矿床建立多源信息成矿模型,可以从已知到未知来判断矿产富集的多源信息地质条件。多源地质信息找矿模式是应用卫星遥感、物探电法、化探、地质找矿验证作为一个系统,主导思想认为,矿床形成是区域性断裂和岩浆活动的产物,断裂是通道和赋存空间,岩浆是矿质携带体,尽管互相制约,但认真研究矿质携带者的行为特点和规律对寻找矿床赋存条件的意义更直接、重大。

2. 技术思路

根据内蒙古多金属矿床赋存特征,寻找大断裂附近岩浆多期活动地段与岩浆活动有关的斑岩型、夕卡岩型、火山岩型、浅成低温热液型、层控变质型(经后期构造)等类型多金属矿床,尤其是有一定埋深的矿床,尽管类型不同、特点不一,但这类矿床在遥感解译影像图上多存在于线形、环状、网格状构造交汇部位,在这样的部位选择遥感找矿靶区;对选出的靶区,用物探电法手段寻找地下可能存在的多金属异常体,并测定其埋深;化探工作作为辅助手段(内蒙古全区20万化探扫描已经完成,地表异常已经开展各类型各种方法的找矿勘查,异常区矿权已经分配),验证时注意隐伏矿床反映在地表的低异常特征;综合上述成果提出找矿验证靶区,利用重型山地工程揭露验证靶区开展预查或普查。

3. 多源信息找矿方法

1) 成矿地质体特征分析

火山活动后期,斑杂岩体花岗斑岩与正长斑岩侵入近地表,在斑岩体的边部形成斑岩型矿体;在岩体与碳酸盐的接触带形成夕卡岩型矿体;在有火山活动火山口附近形成放射状、环状火山热液脉状矿体;在岩浆岩体与地层接触附近形成次火山热液矿床;在洋陆碰撞造山带形成造山型金矿床等;在白云鄂博、渣尔泰、翁牛特地区形成内蒙古特有的元古代或古生代海底矿质成层经后期改造的层控变质型矿床;地表形成铁帽和局部弱的矿化,主要矿体在深部为盲矿体。

2) 遥感找矿靶区形成的地质条件

(1) 深部岩浆房。

(2) 火山活动。

(3) 火山活动期后侵入的斑杂岩体、花岗斑岩体、正长斑岩体等。

(4) 碳酸盐所形成的早期地层与后期岩浆侵入形成夕卡岩。

(5) 地表铁帽可作为找矿标志。

(6) 密集的次级 NE 向、NW 向断裂构造形成容矿构造。

(7) 一个矿床不同部位往往形成夕卡岩、斑岩、火山热液、岩浆热液型多成因的矿体。

3) 与成矿地质相对应遥感影像异常

(1) 受大型环形构造控制的 2km 直径的小环形构造。

(2) 小环形构造中的网格状构造。

(3) 无环形构造的网格子状构造。

(4) NE 向、NW 向、个别 EW 向构造为容矿构造(内蒙古地区)。

(5) 小环网状或网格状构造内沿断裂构造发育零星的铁染蚀变异常。

(6) 在小环网状或网格状构造外发育羟基蚀变异常。

4) 遥感靶区地表化探异常

(1) 在地表土壤中出现铜、铅、锌等元素组合化探异常。

(2) 化探异常往往因破碎带地表出露位置的原因,化探异常与深部矿体位置发生一定的偏移。

5) 遥感靶区物探异常

(1) 在铁帽的位置出现高极化低阻激电中梯异常。

(2) 在矿体上部形成高极化低阻(或高阻)异常。

(3) 在岩体位置出现磁异常。

6) 内蒙古区域遥感及物探找矿其方法特点

找矿模型中,矿床赋存有三个特点:①矿床是岩浆活动的产物,适于遥感选区定位;②化探应用于确定靶区存在成矿元素;③矿体有埋深,适于用物探手段寻找深部异常。

二、遥感找矿方法

1. 遥感找矿靶区

(1) 线形构造。大型线形构造(深大断裂)一般控制成矿带的分布,大型线形构造带一般由多条线形构造组成,表现为大型河谷、色线带、变色界线、不同影纹的分界线等。开阔沟谷、锯齿状的线形构造为张性断裂;狭长的沟谷或舒缓波状的线形构造为压扭型断裂构造。大型线形构造带上往往控制大型环形构造(火山中心机构)出现,沿大的线形构造带往往分布一系列矿床,矿床(指非沉积性矿床)往往在环形构造中定位。

(2) 网格状构造。大的线形构造侧、大的环形构造周围、以 1~5km 小环形构造中形成网格状构造,并由 NE 向、NW 向、SN 向、EW 向构造组成规则网格状构造(图 9-1),这种网格状构造具有岩体侵位前已存在的前期断裂构造的影子,也有火山岩浆侵位或冷缩而形成的环状断裂、网格断裂、放射状断裂构造。下部岩体的侵入形成的网格状构造常与小的环形构造共生,小型网格状构造与矿化关系密切,一般小的网格状构造是矿床的构造格架。通过内蒙古众多已知矿床研究得出认识,网格状构造中,NE 向与 NW 向构造一般为容矿构造。小的网格状构造是选择靶区的重要条件之一。

(3) 环形构造。卫星相片上反映的环形影像体是地壳和地壳一定深度地质构造、火山岩浆杂岩体、地球物理场、地球化学场等波谱特征在遥感影像图上的综合反映的地貌景观,它们具有独特的色、型、影纹、地貌特征,是地质事件的真实客观反映,是传统地质方法所直接观察不到的。大环形构造一般代表了深部岩浆房,是岩浆演化分异和成矿预富集的场所,显示深部岩浆活动留下的遗迹(图 9-1),这类环形构造直径一般为 10~15km,如呼伦贝尔大环岩浆房,小环岩浆分异组合环形构造,其直径为 10km(图 9-2)。在大环形构造附近发育数个小环形构造,小环形构造显示深部岩浆控制的后期岩浆活动、火山活动遗留的痕迹,该类环形构造直径为 1~3km,是小侵入体、火山通道、斑杂岩体的影像。理想的环状构造大环与小环的关系及它们与火山岩浆活动的关系如图 9-2 所示。兴安盟 24 区由多个小环形构造组

图 9-1　环状构造与网格状构造遥感影像图

合,在地面见到了这些遥感影像图上小环形构造岩体网格状风化剥蚀后地貌(图 9-3 和图 9-4)。大型环形构造是选靶区的条件之一,小环形构造是选择靶区定位目标。无数实践事例说明,缺少大环形构造配套的小环形构造一般不具备找到矿的条件,反之,缺少小环形配套的大环形构造单独成矿的概率也极小。

环形构造有如下特点:①大型线形构造控制大型环形构造,线形构造的密集区往往发育多种环形构造;②环形构造多发育在隆起区、隆凹边缘靠隆起侧、火山机构和岩浆杂岩发育区域;③环形构造大小分为直径大于 50km、10~30km、2~5km、小于 2km 4 个等级;④形态分为圆形、半圆形、弧形等;⑤从地质意义上分,为与深部岩浆房有关的大环形构造为热源环、与断裂构造有关的为基底隆起环、与火山机构岩浆活动有关的为火山构造环或岩浆穹窿环(内蒙古区域找矿一般具体关注这类环形构造)。环形构造与成矿关系密切,内蒙古一般内生矿床都分布在大小组合的环形构造中。

图 9-2　环状构造与网格状构造遥感影像图

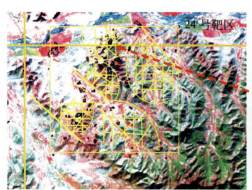

图 9-3 环状构造、网格构造与地物对照图

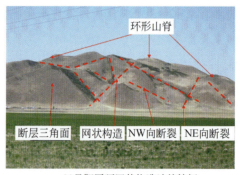

30号靶区环网状构造地貌特征

图 9-4 环网的网格状构造地物景观图

(4)环形构造组合。大小环形构造形成了一定的组合关系,一般几个小型环形构造受一个大型环形构造控制,形成了母子关系的环形构造组合(图 9-3),也构成了成矿控制关系。组合形式有同心环、内切环、外切环、叠加环、切开环、串珠环等。

(5)环网状构造组合。在大的环状构造的边部或内部发育小的环状构造,在大小环状构造内发育大小网状构造,大小环网状组合组成了环网状构造组合系统(图 9-2)。已知的矿床均存在上述不同的环网组合,如闹牛山铜矿床、呼仑西白金矿床、布敦花铜矿床、扎木钦铅锌矿床。

(6)地质环状体影像图特征。岩浆上侵时形成岩浆盆式基底,经多期侵位形成不同岩株,环的规模大,表明岩浆活动规模大。岩浆环是由岩浆活动形成的环块构造,通过不同大小环重叠置影纹图像有可能判识岩浆岩形成的期次。裸露岩体地形地貌较平缓,影纹呈细碎状另加粗十字节理型纹像,影像多为环形、套状、环状岩体所致。岩浆侵入热液活动和蚀变作用形成的环形构造,影像上多表现为褪色现象的小环或晕圈环,往往形成大小错置的环结、环链、内结外套组合,它们多为或暗或明或模糊隐晦的环状色斑、环状色带。热事件环由出露或半出露岩体引起,环形组合形态复杂,多形成包含(容)环状、子母环状(卫星环状)、同心多层环状,或多类型组合的套叠环状、环结、环链状影像(表 8-5);环组合中叠置的小环越多,说明热事件的次数越多,对元素的浓集越有利,成矿的可能性越大。与火山作用有关的环形体通常规模小但成群出现,呈叠环、并列、寄生等组合形态产出,矿产往往赋存于环体内或环形体边缘。内蒙古成矿区带环形构造非常发育。

2. 靶区选择规则

大环形构造代表了深部大的侵入体或岩浆房,是火山机构中心、成矿物质的供给体,是矿床形成的大前提,也是大型矿床形成的重要条件。

小环形构造是成矿物质富集场所,往往是岩浆或火山期后分异出的富矿小岩体、次火山杂岩体、火山机构,一般直径为1~3km,小环形构造是靶区选定的直接目标。小环形构造内网格状构造是容矿构造,往往是矿区的构造格架,其中一组和两组构造控制矿体的分布。

成矿区遥感影像特征是:大的线形构造(深大断裂)侧,大环、小环、网格三个要素组合。矿床往往位于三要素构成大小不同的环网状构造组合位置,当然,不同类型的矿床三要素的组合方式是不一样的,需要具体分析。

通过对典型矿床赋存规律研究及遥感影像特征的解译,找矿靶区选择遵循以下规则:①在线形深大断裂的附近;②位于大环形构造边部或大环内部的小环形构造中或边部;③小环形构造中发育网格状构造的某一方向线形构造或不同方向线形构造交汇部位;④小的环网状构造中或边部发育铁染蚀变异常或其他蚀变羟基异常;⑤环形构造不清晰甚至看不出环形构造的网格状构造中(矿床多次、多期成矿,后期改造明显,前期面貌难以辨认)。

3. 靶区确认方法

(1)遥感解译,提取构造、岩体、蚀变等遥感成矿信息。

(2)分析区域成矿特征,总结成矿规律,建立已知矿床遥感影像模式。

(3)根据影像特征、构造组合、矿床影像模式(不同区域存在不同差异性),初步圈定影像预选靶区。

(4)收集区域地质、物探、化探、矿产、矿权资料进行综合分析、对比。

(5)野外实地踏勘(图9-5),采集重点部位土壤、岩石、水系样品,分析成矿元素,确定寻找矿种,根据勘查情况,再优选出找矿靶区。

(6)开展地质、物探、化探验证找矿工作。

三、内蒙古黄金矿床多光谱遥感找矿模式

1. 层控变质型矿床遥感找矿模式

1)矿床地质特征

(1)矿床受地层层位和岩性控制,矿体多局限于一个或几个层位内,并与层位中的某些岩性相关。

(2)矿体形态多样,层状、似层状、脉状、囊状或其他不规则形态的矿体,形态复杂的富矿体多出现在地质构造复杂的局部地段,说明成矿物质在转移富集过程中受到地质构造的制约。可见,层控矿床不等于层状矿床,其虽然赋存在一定地层层位中,但在该层位中却可以

图9-5 遥感解译过程中的野外踏勘路线示意图

出现不同形状的矿体。

(3)围岩为沉积岩、火山岩或变质岩,后者也是从前两者经变质作用形成的。

(4)矿床成矿物质来自同一矿源层,矿床成群、成带分布,从而形成成矿带、成矿区域。

(5)区域变质、构造变动、岩浆活动对本区矿床的成因不直接提供成矿物质的关系,从几个主要矿区成矿特征来看,上述三种地质作用起到使原成矿物质重熔、活化、富集作用,岩浆作用也有叠加作用,在原始沉积矿源层的基础上富集、改造或叠加形成矿床(图9-6)。

(6)内蒙古层控变质型矿床主要分布在渣尔泰、白云鄂博地区以及林西地区。狼山区域南、北两个成矿亚带中的主要矿床和大部分矿点属于层控变质类型,矿床主要形成于沉积成岩阶段,后期的区域变质作用、褶皱、断裂构造及火山活动等未发生带进或带出成矿物质作用,只起到就地富集改造作用。

(7)渣尔泰、白云鄂博地区矿床矿源来自元古代海底火山沉积含矿层,含矿岩系在区域变质作用中发生了较强的变形和变质,尤其压扁变形较强,岩石结构构造均发生了明显的变

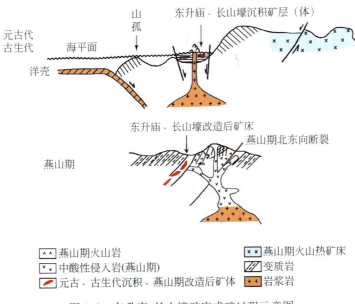

图 9-6　东升庙、长山壕矿床成矿过程示意图

化,导致矿物成分发生变化及矿质的重新分配进一步富集成矿,属于层控变质型多金属矿及金矿床(图 9-7)。

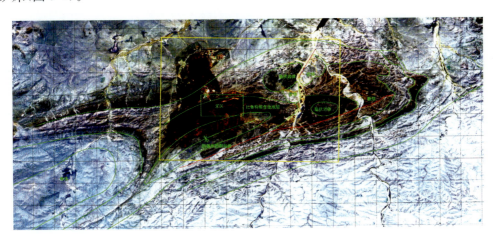

图 9-7　长山壕金矿床遥感影像找矿分析图(ASTER 遥感数据,分辨率 15m)

2)遥感影像特征

(1)矿床位于褶皱构造(向斜构造明显)的翼部、转折端,大断裂的边部。

(2)矿床位于比鲁特组含矿层位,呈条带状宽度较大,深蓝色调,含矿层位在色调、影纹、地貌上可与其他层位区分(图 9-7 和图 9-8)。

(3)向斜的西翼和东南翼解译出两个花岗岩体,西翼岩体较大(图 9-7)。

3)长山壕金矿床遥感找矿模式

(1)长山壕矿床。长山壕矿床分布在白云鄂博裂谷带上(图 9-7),该带沿海流图—白云鄂博—百灵庙—乌兰花一带展布,东西长 800km,南北宽 20~131km。

长山壕矿床

长山壕矿床分布在白云鄂博裂谷带上,金矿床产在白云鄂博群比鲁特组地层中;朱拉扎嘎金矿产在渣尔泰裂谷带,渣尔泰群阿古鲁沟组沉积岩地层中。

长山壕金矿探明金矿储量约130t,最厚矿体48m、品位约1g/t。2013年产出黄金6t。

褶皱构造为一轴向呈北东东向展布的浩尧尔忽洞向斜。向斜核部为比鲁特组,内翼为哈拉霍疙特组,外翼为尖山组。向斜北翼一部分被岩浆岩破坏。

区内岩浆岩主要为海西中晚期黑云母花岗岩、钾质花岗岩和花岗闪长岩。以岩基和小岩株出露于矿区的北部和南部,侵入岩体内部尚未发现金矿化。金矿化带内出露了大量不同成分的岩脉。

所有已知的金矿化带都赋存于比鲁特组的第一岩段和第二岩段内。长山壕金矿模式年龄为113.8~926.1Ma,负值说明矿床经历了多个阶段演化;Zartman构造模式特征表明具有壳幔混合的特征。

金矿铅同位素组成与赋矿地层铅相似,与渣尔泰山群的朱拉扎嘎金矿相似。表明矿石铅来自沉积地层,其壳幔混合的特点也继承自地层。长山壕金矿成矿流体温度中等,盐度中等,离子类型类似于热卤水,成矿流体以地层水为主,可能混有少量变质水。为沉积-变质改造成因的中温热液型金矿。

遥感影像特征

(1) 矿床位于褶皱构造的翼部、转折端,大断裂的边部。

(2) 矿床位于特定的含矿层位,含矿层位在色调、影纹、地貌上可与其他层位区分。

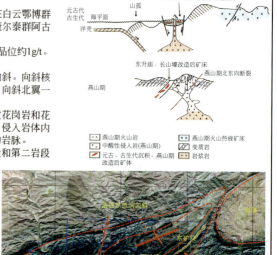

图9-8　长山壕金矿遥感找矿特征模式图

裂谷带为中元古界白云鄂博群火山沉积岩充填,长山壕金矿床产于向斜构造的翼部,分为东西两个矿段,金矿床(点)产在白云鄂博群比鲁特组和渣尔泰群阿古鲁沟组沉积岩地层中,矿化与地层中高硫碳(局部地段有机碳含量达6.96%)的砂岩、粉砂岩、碳质板岩和千枚岩关系密切。矿区范围内褶皱和断裂构造极为发育,金矿床赋存在近EW向紧闭同斜和尖棱状褶皱构造中(图9-7),厚大金矿体产出在褶皱轴部和翼部与断裂构造交汇处。

(2)影像特征。①矿床位于褶皱构造的翼部、转折端、大断裂的边部;②矿床位于特定的含矿层位,含矿层位在色调、影纹、地貌上可与其他层位区分;③长山壕矿床比鲁特组为含矿层颜色为深蓝色、影纹较均一、平滑,与周围的浅色地层形成较明显的差异,在褶皱构造的分布范围明显;④在遥感图像上可清晰地看到向斜构造——浩尧尔忽洞向斜图(图9-7)。向斜与NE向断裂的交汇部位有小侵入体侵入,铁染蚀变异常的下部判断有岩体的隐伏部分。向斜的东部岩体侵入,破坏向斜构造。长山壕金矿成矿模式图见图9-8。

2. 造山型矿床多光谱遥感找矿模式

1)矿床成矿地质特征分析

造山型金矿是变质地体中受构造控制的脉状后生金矿床,在时间和空间上与增生造山作用有关,包括常见的石英脉型、韧性剪切带型、构造蚀变岩型及一些网脉状的金矿床,它们主要形成于地壳的绿片岩相环境,文献中也称中温热液矿床。

造山型金矿床可产出于所有地质时代的变质地体中,它们在时间和空间上与增生造山带有关(图9-9)。在多个外来地体不断拼贴增生的造山带,造山作用持续时间较长,成矿时间范围较大,但总是同步或滞后于赋矿地体的峰期变质作用,或造山构造作用晚期(图9-10)。矿床分布于复杂的大型地质构造单元中,构造单元是岩性、应变、变质级等方面的陡变带或梯度带,属于造山带环境,如石英脉型金矿,矿床产于基底隆起区边部。成矿与晚中生代中酸性岩浆侵入杂岩关系密切的石英脉型或破碎带蚀变岩型金矿床多位于重要超岩石圈构造附近,或者位于复杂的变质火山深成岩地体或沉积地体的构造边界附近。

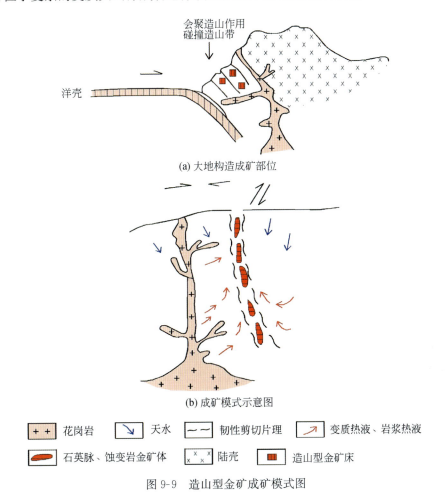

图 9-9 造山型金矿成矿模式图

矿床绝大多数产于绿片岩相变质地体中。矿床受构造控制,产于超岩石圈断裂带的二级或更次级的断层中,赋矿构造主要是高角度的斜向走滑带、逆掩推覆带,也可有横向断裂。矿床受控于脆性韧性变形的转变带或转变期,金沉淀与构造变形作用同步。绿片岩相域的蚀变矿物组合以石英、碳酸盐、云母、钠长石、绿泥石、黄铁矿、白钨矿和电气石为主。

在韧脆性剪切带内,流体压力从超静岩变化到低于静岩。尽管在矿区范围内存在一定程度的成矿元素分带性,但单个矿床或矿脉系统的垂直延伸大,可超过上千米,且没有垂向分带现象或分带性较弱,侧向分带较明显能够作为区别于其他类型金矿床的标志性特征。

矿床主要产于造山带含俯冲型和碰撞型的断裂构造中,成矿流体具有富、低盐度的特点,成矿作用发生在造山峰期之后。华北克拉通边缘造山带内的脉状金矿有赤峰红花沟、柴胡栏子、包头哈达门沟、柳坝沟等。

矿床成矿地质背景

造山型金矿，是变质地体中受构造控制的脉状后生金矿床，在时间和空间上与增生造山作用有关。包括常见的石英脉型、韧性剪切带型、构造蚀变岩型以及一些网脉状的金矿床。它们主要形成于中地壳的绿片岩相环境，文献中也称中温热液矿床。

金矿床可产出于所有地质时代的变质地体中，它们在时间和空间上与增生造山带有关。

在多个外来地体不断拼贴增生的造山带，造山作用持续时间较长，成矿时间范围较大，但总是同步或滞后于赋矿地体的峰期变质作用，或造山构造作用晚期。矿床分布于复杂的大型地质构造单元中，构造单元是岩性、应变、变质级等方面的陡变或梯度带，属于造山带环境。

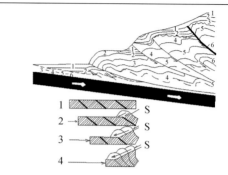

上图数字顺序表示从新地层到老地层；下面数字代表发展阶段，S为海沟内壁滑塌作用的滑动面

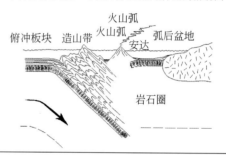

图 9-10 造山型金矿形成地质过程模式示意图

造山型矿床在时间、空间和成因上与板块汇聚型造山作用密切相关，成矿流体主要来自矿区下部的变质脱水作用(含其他地质作用脱水、脱气)，成矿系统在浅部或晚阶段有较多大气降水热液混入。由透水层和不透水层构成的背斜褶皱有利于成矿流体圈蔽、聚积，使上升的变质流体在不透水层之下聚积、循环，下渗的大气降水热液在圈蔽层之上循环，圈蔽层附近流体物理化学性质发生急变与混合，有利于形成层控造山型矿床。

造山型金矿成矿特征模式见图 9-10 和图 9-11。

2) 遥感影像特征解译

(1) 在变质岩系中存在古老岩浆穹窿，发育大环形构造和环状网格状构造，有的沿线性构造带分布系列环形构造，如哈达门沟金矿区(图 9-12)。

(2) 含金的石英钾长石脉沿网格状构造的一组或二组断裂充填(哈达门沟)，哈达门沟矿区的网格状构造是寻找平行矿体、深部矿体的关键所在，矿床开采到 15 中段实践证明矿体在垂直方向成大扁豆串珠状延深，下部矿体厚度稳定、品位更高(图 9-13 和图 9-14)。

(3) 在变质岩系中有复合挤压带，由众多的挤压带、剪切片理化带组成，金矿体分布在该带中，大规模的复合挤压带是超大型的变质热液金矿床最主要的遥感构造影像特征，如柳坝沟矿床区遥感影像(图 9-15)。

(4) 这类造山型矿床深部延深大，矿体分段出现，品位往往增高。内蒙古乌拉山地区、赤峰地区、河南陕西小秦岭地区、河北张家口、承德地区均有此类造山增生带矿床。

3) 包头市哈达门沟金矿遥感找矿模式

(1) 矿床位于华北克拉通北缘西段。矿区出露地层为古元古界乌拉山群变质岩，变质岩类型主要有片麻岩、麻粒岩、变粒岩、斜长角闪岩、大理岩和磁铁石英岩。区内褶皱以层造山型金矿床基本特征：
(1) 造山型金矿床形成于汇聚板边缘以挤压和转换为主的增生地体中，伴随着俯冲和碰撞造山运动。
(2) 造山型金矿床在空间上严格受构造系统的控制，且金矿的分布格局和矿体的定位及矿体的空间组合样式与造山作用有关。还有不同级序构造对矿带、矿田和矿床的多级控制。
(3) 矿石金属矿物为低硫型，其硫（砷）化物含量为3%~5%，毒砂是变质沉积围岩中的最主要硫化作；黄铁矿和雌黄铁矿是变质火山岩中最主要的硫化物。
(4) 造山型金矿床一般产在变质程度较低的低绿片岩相地体中，典型围岩蚀变类型为碳酸盐化、绢云母化、硫化类、夕卡岩组合。
(5) 造山型金矿床银含量较高，Au/Ag比值平均值为1~10，并伴有W、Mo、Te等的富集。Cu、Pb、Zn、Hg等弱富集或不富集，在此类矿床地壳连续模式的低湿区域，As、Sb、Hg的富集程度增强。
(6) 成矿流体为低盐度的、近中性的富CO_2流体。其$\delta^{13}C$的值为-4.47‰~6.62‰，$\delta^{18}O$的值为8.32‰~8.70‰，成矿流体具有明显的不混容特征。

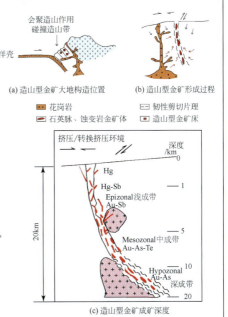

图 9-11 造山型金矿地质特征模式示意图

图 9-12 包头哈达门沟金矿床遥感影像找矿分析图

间褶曲为主，断裂较发育，与金矿化关系密切的断裂为近 EW 向展布的断裂，钾化破碎蚀变带及其派生的 NWW 向次级构造。岩浆岩主要有大桦背黑云钾长花岗岩和沙德盖钾长花岗岩。

金矿脉分布在乌拉山背斜南翼，大致呈 NWW 向带状分布。单条矿脉走向为 160°~200°，呈 NWW-EW 向舒缓波状，或 NW 向、EW 向单脉状，个别呈 NEE 走向。成矿期的断

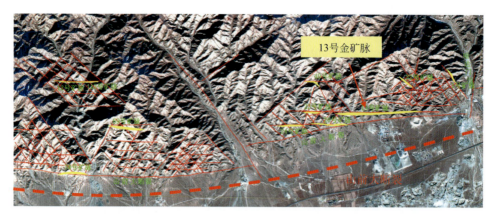

图 9-13 包头哈达门沟金矿床遥感影像找矿分析图(数据 ALOS,分辨率 2.5m)

矿化作用沿 EW 向挤压带发生,形成 EW 向矿脉。同时在环形网格构造中的 NW 向或 NE 向构造中充填矿脉,但其延伸不会远而超出小环形构造范围。显然,EW 向构造是主要成矿构造。

图 9-14 柳坝沟金矿遥感影像找矿分析图(数据 ALOS,分辨率 2.5m)

裂构造主要是矿区南部有一条钾长石化破碎蚀变岩带,走向 NE65°,倾向 NW,延长十余千米,破碎带宽几十米至百余米,构造角砾到处可见,并发生强烈的钾长石化、硅化、碳酸盐化,交代完全时原岩成分不易辨认,这个断裂构造是矿区的一条主构造,其力学性质为张扭性,与其派生的一组近 EW 向的张扭性断裂带成为本区主要容矿构造,该断裂带走向 EW,倾向南,倾角 45°~85°,且平行排列,以 13 号脉、22 号脉、24 号脉及 2 号脉规模较大,延长 2000m以上。

(2)在该矿区岩石出露很好,遥感影像清晰,可明显看出山前 EW 向大断裂,在山前大断裂的边部有次级的 EW 向、NE 向、NW 向断裂,有的地段形成网格状构造,金矿体产在其中。在图像中可见变质岩片理方向为 NW 向(图 9-12 和图 9-13)。

4)柳坝沟金矿遥感找矿模式

矿脉主要产于乌拉山复背斜南翼近 EW 向断裂带内,主要包括 313 号、314 号、307 号、

图 9-15 柳坝沟金矿遥感影像线性构造找矿分析图（数据 ALOS，分辨率 2.5m）

304 号、316 号、302 号等矿脉，其中，313 号矿脉规模最大，含金地质体呈脉状或似板状，矿化较连续，有分支、复合、尖灭再现的现象，总体走向近 EW，倾向南，倾角 55°~65°，矿体厚度一般为 0.70~3.00m。矿化类型为含金石英脉型、含金石英钾长石脉型和蚀变岩型。

通过对该矿区的遥感图像解译，解译出宽 1~2km、长近 8km 的复合挤压带（图 9-14 和图 9-15），在该带中，有 NW 向、NWW 向、近 EW 向压性断裂组成，总体走向 NW 向，金矿体产于 NW 向的复合挤压带中。NW 向复合挤压带是该特大型金矿床的最具代表性的遥感影像特征。

3. 岩浆岩（斑岩、火山、次火山岩）型矿床多光谱遥感找矿模式

1）斑岩（次火山岩）型矿床地质特征

（1）斑岩铜矿床多受深断裂派生的旁侧次级构造的直接控制，常见的矿田构造是：①断裂与褶皱构造的复合部位；②两组或两组以上断裂的复合部位；③平行褶皱轴的断裂构造；④单一构造破碎带。

（2）斑岩铜矿床的产出时代与相应的火山活动密切相关，即不同时代的斑岩铜矿床多分布于相应时代的火山岩带中。我国斑岩铜矿分布区的火山岩建造大致分为四类：①（玄武）安山英安岩建造，如白乃庙和铜矿峪等矿区；②安山粗面岩和安山粗面流纹岩建造，如玉龙等矿区；③（安山）英安流纹岩建造，如德兴矿田等；④安山岩建造，如奇美矿区。与成矿有关的侵入岩主要为钙碱性系列的闪长岩花岗岩建造，成矿区内很少发育正长岩、石英正长岩和钾长花岗岩等富碱质侵入岩。

（3）斑岩铜矿床的分类：①花岗闪长岩型，包含受接触带构造控制的矿床、斑岩夕卡岩共生矿床、受线形构造控制的矿床、受角砾岩筒构造控制的矿床；②闪长岩型，指受线形构造控制的矿床。

(4)成矿岩体的特征为:钙碱系列的小型(多小于 $1km^2$)中性及中酸性(闪长岩、花岗闪长岩、石英二长岩、石英斑岩、花岗斑岩)复式岩体。岩体形状为岩株状、岩筒状、岩墙状、脉状。

(5)矿化与围岩蚀变分带。斑岩型铜(钼)矿床的矿化类型、成矿元素和围岩蚀变都具有明显的分带规律,一般为斑岩中心→接触带→围岩。蚀变为核心带→钾化带→石英绢云母化带→泥化带→青盘岩化带;铜的矿化位于石英绢云母化带。

(6)矿化。从中心向上向外矿化为钼(铜)矿化→铜(钼)矿化→铅锌矿化→金矿化。矿化类型为:从斑岩体中心向上、向外浸染状→细脉浸染状→细脉状→脉状矿体赋存在斑岩体上部、边缘、内外接触带附近,矿体常见柱状、筒状、板状、环状,往往赋存在岩体的边部,脉状、透镜状矿体往往沿裂隙分布。

2)遥感影像特征

(1)大环形构造内及边部发育小环形构造。

(2)小环形构造成群相交出现为斑岩型矿床最主要的遥感影像特征,说明斑杂岩体多期的侵入。

(3)环形构造内发育网格状构造。

(4)受大型环形构造控制的 2km 直径的小环形构造。

(5)小环网状构造内沿断裂构造发育零星的铁染蚀变异常。

(6)在小环网状构造外发育羟基蚀变异常。

3)毕力赫金矿床遥感找矿模式

(1)区域构造分析。毕力赫金矿区域上位于古蒙古洋俯冲带华北板块北缘侧的陆相火山岩盆地中。中生代初期,华北板块北缘向北增生碰撞后,本区进入造山后伸展阶段,构造岩浆活动频繁。矿区处于中元古代大陆边缘裂谷-岛弧(早古生代增生带)位置。

(2)矿床特点分析。1号矿体上盘与花岗斑岩脉直接接触,富矿地段明显受 NE 和 NW 向构造交汇部位的火山机构控制,控制矿化范围长150m、宽100m,成矿后活动的次火山岩墙(脉)和构造将其切割成多个部分,共圈定21个矿体。2号矿体产出于隐伏花岗闪长斑岩体内外接触带,北部以外接触带为主,向南逐渐转向以内接触带为主,并最终定位于岩体内部,勘探线剖面上形态变化较大,于0线最厚,呈勺状。

(3)卫星遥感影像特征。①大环形构造内及边部发育小环形构造;②小环形构造成群相交出现为斑岩型矿床最主要的遥感影像特征(图9-16);③环形构造内发育网格状构造;④1号矿体发育在小环构造边部,属火山机构控制的火山热液型金矿;⑤2号矿体发育在大环形构造中小环形构造中(斑岩多次入侵),斑岩(次火山岩)型矿床(图9-16)。

四、物探找矿方法

(1)物化探找矿工作以寻找有埋深的多金属矿产为工作对象。

(2)工作区地理地质环境。找出工作区环境特点,例如:兴安盟地区土壤覆盖层厚,土质层相对发育;而阿拉善盟地区气候干燥,大面积戈壁覆盖,少部分为基岩裸露,覆盖层和岩石干燥,水分含量少,不利于导电。

(3)工作方法和标准。激电中梯采用短导线测量方式,激电测深采用自动外控测量方式。

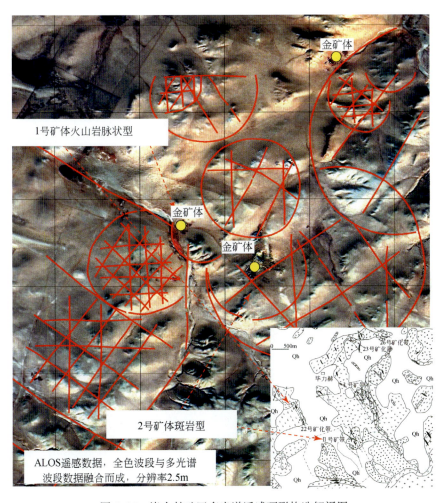

图 9-16 毕力赫矿区多光谱遥感环形构造解译图

①矿床中断裂按构造形迹可分 NE、NW、NWW 及环形四组断裂系统;②发育在切壳的 NE 向断裂边部大环形构造中;③大环形构造直径 15km,内部发育网格状构造;④小环形构造发育在大环形构造边部,直径 3km;⑤小环形构造为斑岩体,发育网格状构造,矿体赋存其中

技术标准执行中国地质矿产行业标准《时间域激发极化法技术规定》(DZ/T 0070—1993)。

(4)激电装置。面积性工作采用(时间域)激发极化法中间梯度装置,供电极距(AB)经过对比试验后确定为 1500m;测量距离(AB)为 40m,小于等于 $2/3AB$;最大旁测距离为 300m,小于等于 $1/5AB$,符合规范要求(阐述为举例说明)。

(5)选择设备。物探测量仪器选 DWJ-3B 型大功率激电仪(举例),具有大功率(10kW)、高电压(1200V)、高电流(10A)的特点,能够适应草原和沙漠环境电法测量的需要。

(6)物探电法异常参数的确定。圈定异常取基准值时,依据每个工作区非矿化岩石极化率的基本场实际情况而定异常下限参考值。例如,结合兴安盟、阿拉善五区的极化率常见值,正常场为 0.5%～2%,同时参考兴安盟及阿拉善盟已知矿床的异常值参数,确定以 3.0%为下限值,用以上极化率值来圈定各区异常,基本符合各区的电性分布实际情况,但考虑到寻找对象多为隐伏矿床,一定要测试当地地段各类地质体的异常值,高出背景值的数据均要引起足够重视,避免漏矿。例如,赤峰地区某地测量区内地质体岩石电性测量参数如表9-1所示。测区激电中梯扫面的视极化率值均不高(小于3.00%),工作区没有形成明显的视极化率异常,仅形成视极化率大于1.8%弱异常(也可称为高背景区)多处,异常的面积均较大。分析异常形态特征、当地矿床成矿特点及其他因素,推测异常是由隐伏金属硫化物矿体所引起,动用钻探进而勘查出大型铅锌银多金属矿床。

表 9-1 岩石电性测量参数表

岩石名称	$\rho/(\Omega \cdot M)$		$\eta/\%$		测定数
	变化范围	算术平均值	变化范围	算术平均值	
石英脉	65.1~972.9	519	0.10~3.14	1.62	21
深灰色凝灰质砂岩	116.2~3020.9	2430.7	0.03~9.91	4.97	17
流纹斑岩	6.9~493.7	250.3	0.10~59.39	29.75	53
粉砂质板岩	226.3~636.9	431.6	0.02~0.69	0.36	7
花岗闪长岩	102.8~1587.1	844.9	0.03~1.13	0.58	11

五、土壤地球化学找矿方法

内蒙古遥感调查选区时,地球化学异常突出的地段大部分都已经设立矿权和矿调项目,遥感选区只能在地球化学异常不明显的区段内选择,找矿重点是地表地球化学特征不明显突出的隐伏矿。进行这项工作时,注重发现细微的异常,样品布样和采集要有代表性,层位要准确。采用1:2.5万土壤地球化学测量,每平方公里40个点网度布样、采样。

1. 采样方法

根据兴安盟地区和阿拉善地区岩石、土壤风化沉积特点,经实验后确定,土壤样品分别采自B层和C层。有腐殖层覆盖的靶区采集腐殖层以下的淋积层;在土壤层不完善的靶区采集植物根系以下的残坡积土;基岩裸露风化地段,残坡积层中采样,筛取0.45~5mm粗粒级部分,在风成砂堆积的地段,透过风成砂采集基岩上的残积物。

2. 样品分析

有色金属矿产分析项目Cu、Pb、Zn、Mo、Ag、As、Bi(Au)、Sb、Co、Ni、Sn、W 12种元素。

3. 数据分析处理

确保检测数据无误的前提下按工作靶区将数据录入计算机,使用SPSS处理软件求出背景值和异常下限理论值,然后根据区域经验和异常分布情况适当调整后作为实用值。按异常下限的2^n倍($n=0,1,2,3$)将异常浓度分级,然后用计算机绘制元素地球化学图和综合异常图。

六、地质调查找矿工作方法

根据遥感选区对靶区进行路线勘查,再根据遥感、物探、化探等各种成矿信息,最后确定地质调查靶区。对重点地质调查靶区先开展地质草测,获取调查区内地层、构造、岩浆等基础成矿信息。结合已获取的地物化遥感找矿信息,选择重点区段布设地质精测剖面(1∶5000)。结合物、化探找矿成果,选择成矿最佳部位布设槽探、浅井等轻型山地验证工程,进行地表揭露和验证。地表有异常显示或物化探指向清晰的部位实施钻孔(内蒙古有的地区覆盖物厚10～50m,槽探施工难揭露到基岩面,槽壁坍塌的危险度大)勘查。

第二节 多光谱遥感矿化蚀变信息应用研究

一、多光谱遥感技术

1. 多光谱遥感数据蚀变遥感异常简述

围岩蚀变是受热液作用矿床成矿作用发生的重要标志之一,斑岩型矿床、层控变质热液矿床、火山-次火山岩型矿床、岩浆型矿床等在成矿前后均发生因岩浆活动引发的热蚀变作用,在遥感影像上都留下不同热影响蚀变影像(图9-17)。

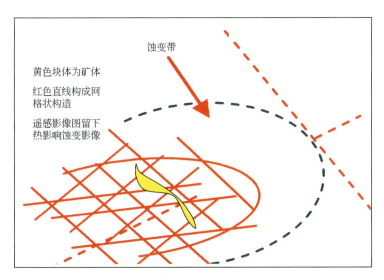

图 9-17 遥感矿化蚀变影响影像示意图

依据蚀变岩(带)中所含离子(基团)的波谱特征,多种提取蚀变遥感异常方法,如比值、主成分分析、克罗塔技术、波谱夹角、蚀变信息场理念等方法在地质找矿中取得极大的成功(吕凤军等,2006;施炜等,2007)。张玉君等(2002,2007)应用统计学原理,研究出"去干扰异常主分量门限"技术流程,不仅能够提取蚀变遥感异常,而且可以定量划分蚀变异常级别。

现今的遥感地质矿产调查中,多光谱遥感(advanced space borne thermal emission and reflection radiometer,ASTER)数据在短波红外波段波谱分辨率较高,已成为可以与ETM+/TM相媲美的新型遥感数据。现有关于ASTER数据蚀变遥感异常提取仍然以提取Fe^{3+}和OH^-离子(基团)研究为主(张玉君等,2007;毛晓长等,2005),为充分利用ASTER数据短波红外波段信息,用美国地质调查所标准波谱数据库中典型蚀变矿物的反射率数据,建立蚀变矿物的ASTER波谱曲线,已开展了ASTER遥感数据矿化蚀变遥感异常提取研究。ASTER数据波长特征参见表9-2。

表9-2 ASTER数据波长特征

波段	波长/μm	中心波长/μm
1	0.52~0.60	0.560
2	0.63~0.69	0.660
3	0.78~0.86	0.820
4	1.60~1.70	1.650
5	2.145~2.185	2.165
6	2.185~2.225	2.205
7	2.235~2.285	2.260
8	2.295~2.365	2.330
9	2.360~2.430	2.395

2. 典型蚀变矿物的波谱特征

从USGS标准波谱数据库中选择方解石族矿物白云石和方解石,层状硅酸盐物多水高岭石、高岭石、绿泥石、绢云母、伊利石、蒙脱石,铁的氢氧化物针铁矿,铁的氧化物赤铁矿及明矾石族矿物黄钾铁矾,上述矿物常出现于热液矿床附近的蚀变围岩中,提取这些矿物具有找矿意义。其中,方解石族矿物含有CO_3^{2-}离子团,层状硅酸盐矿物中含有Al-OH基团,铁的氢氧化物、铁的氧化物矿物中含有Fe^{3+}。在碳酸盐、层状硅酸盐离子的类质同像代替广泛存在,绿泥石、绢云母中Al^{3+}可以被Mg^{2+}代替,形成Mg-OH组合(潘兆橹,1985)。

1)Al-OH基团的波谱特征

在ASTER遥感数据的1、2、3和4波段中,层状硅酸盐矿物反射率随波长的增长而变大,仅多水高岭石在4波段呈具有明显的吸收特征;在6波段,除绿泥石外,上述矿物均具有明显的吸收峰特征,这与Al-OH在2.2μm处的吸收峰相一致。而绿泥石在8波段中具有一个明显的吸收峰,考虑到Mg-OH在2.3μm处具有一个稳定的吸收峰(陈江等,2007),认为所测试的绿泥石矿物中,Al^{3+}被Mg^{2+}置换,形成Mg-OH组合的特征,而其他矿物在8波段并没有明显的吸收峰,认为利用ASTER遥感数据可以分别提取Al-OH基团和Mg-OH基团信息(图9-18)。

2)Fe^{3+}离子的波谱特征

针铁矿、黄钾铁矾的反射率较高,赤铁矿反射率总体较低,由于赤铁矿的颜色为钢灰色或铁黑色,而针铁矿的颜色为红褐色、黄钾铁矾为赭黄色。针铁矿、赤铁矿在ASTER遥感数据的1、2、3、4波段的反射率随波长的增长而变大(图9-19)。

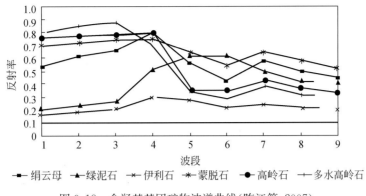

图 9-18　含羟基基团矿物波谱曲线(陈江等,2007)

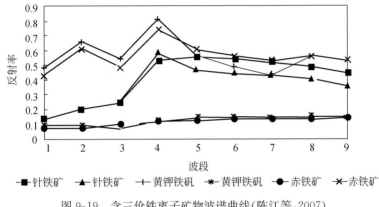

图 9-19　含三价铁离子矿物波谱曲线(陈江等,2007)

由于其在 3 波段的反射率远小于 4 波段的反射率,从而在 3 波段形成一个相对较弱的吸收峰,并且黄钾铁矾在 3 波段中存在一个明显的吸收峰。这个吸收峰是 Fe^{3+} 的波谱特征,上述矿物在 4 波段,均具有明显的反射峰,把 ASTER 数据与 ETM+ 数据波长对比分析,研究认为利用 ASTER 遥感数据能够提取 Fe^{3+} 信息(图 9-19)。

3) CO_3^{2-} 离子团的波谱特征

方解石族矿物在 ASTER 遥感数据 1、2、3 波段中,反射率总体呈上升趋势,这是由于方解石族矿物多为浅色,在可见光-近红外波段具有较高的反射率,而在 4 波段反射率略微变小,仅有一个白云石矿物和一个方解石矿物反射率在 4 波段变大;4~8 波段,反射率整体上呈下降趋势,由于其在 7 波段和 9 波段的反射率均大于 8 波段,因此,在 8 波段形成一个明显的吸收峰,该吸收峰与 CO_3^{2-} 在 $2.35\mu m$ 处的吸收峰相一致;同样,方解石矿物在 5 波段有一个微小的吸收峰,该吸收峰不如 CO_3^{2-} 在 8 波段的吸收峰明显,并且现有的研究资料表明,CO_3^{2-} 不仅在 $2.35\mu m$ 处有一个明显的吸收峰,而且在 $2.16\mu m$ 处也有一个微小的吸收峰(图 9-20)。

3. ASTER 遥感蚀变异常信息提取方法

1) 工作路线

上述研究表明,Mg-OH、Al-OH、Fe^{3+} 和 CO_3^{2-} 在 ASTER 遥感数据中都有对应的吸收

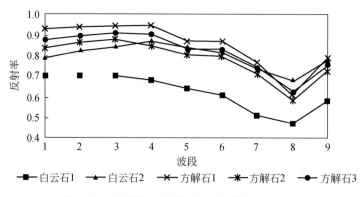

图 9-20　含碳酸根基团波普曲线(陈江等,2007)

峰,尽管 Mg-OH 和 CO_3^{2-} 在 8 波段均有明显的吸收峰,但是考虑到 CO_3^{2-} 离子团在 5 波段有一个次级吸收峰,为了充分利用 ASTER 数据在短波红外波段的信息,ASTER 遥感数据蚀变异常提取技术路线见图 9-21。

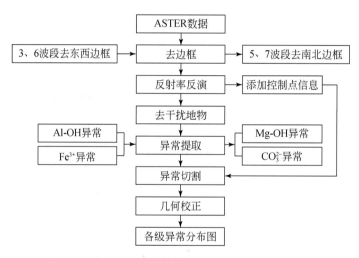

图 9-21　ASTER 遥感数据蚀变遥感异常提取流程图

2)去边框

ASTER 传感器在近红外波长与短波红外区间成像时间相差 1s,遥感数据在近红外波长与短波红外区间图像覆盖范围略有不同。对 3 与 6 波段、5 与 7 波段数据采用逻辑"与"运算,获取全边框掩膜数据,应用掩膜方法,使数据覆盖范围完全一致。

3)反射率反演

星载传感器受到大气辐射和散射影响,对 ASTER 数据进行大气校正。应用 ENVI 中 FLAASH 模块对 ASTER 数据进行大气校正,直接得到地表反射率数据。

4)去干扰地物

去除影像中河流、村庄、植被、阴影等干扰因素,选择对干扰地物敏感的波段或图像处理方法,建立各种干扰地物掩膜文件,去除干扰因素。

5)异常提取

根据离子(基团)的波谱特征,1、2、3、4 波段用主成分分析方法提取 Fe^{3+} 信息;1、3、4、5

波段提取 CO_3^{2-} 离子团信息；1、3、4、6 波段提取 Al-OH 基团信息；1、3、4、8 波段提取 Mg-OH 基团信息。

6）异常切割

分析主成分分析结果的特征矩阵,确定异常所在主分量。多光谱数据各波段及线性处理结果具有正态分布特征。把数据均值加 n 倍的标准差作为异常切割的标识值,各级异常切割有统一标准,切割到 3 级异常。

7）几何校正

几何校正是将异常与实际地理坐标对比验证,野外检查根据地形图和控制点校正异常。

二、ASTER 遥感蚀变异常找矿信息应用研究

在内蒙古中西部成矿规律研究与找矿靶区选区项目中,利用反演后的反射率数据,选择 1、2、3、4 组合波段和 1、3、4、5 组合波段做主成分变换,提取 Fe^{3+} 信息和 Al-OH 基团信息。在主成分主变换过程中,通过设置掩膜文件的方法去除有干扰区域的数据。通过分析主成分变换的因子载荷矩阵,确定异常所在主分量。提取异常主要分布于环形构造内部,结合研究区遥感地质解译成果及相关地质资料,认为提取结果与热液蚀变作用有关。

1. 东升庙矿床遥感蚀变异常找矿信息研究

图 9-22 是渣尔泰裂谷东升庙层控变质热液型铜多金属矿床遥感影响图。从图 9-22(a)可以看到灰色比较光滑影像呈带状分布,为渣尔泰群增隆昌组岩性段。图 9-22(b)为矿床外围加强了的 Al-OH 基团侵染信息影像(红色、黄色)。矿床特征分析如下。

1）地质特征分析

阴山西段多金属成矿带位于华北地台北缘,南北两侧均以深大断裂为界,分别与鄂尔多斯台向斜和内蒙古海西褶皱带相接。中元古代本区为克拉通边缘(一级盆地),其中分布着许多次级盆地。东升庙—炭窑口(二级盆地)盆地是一个北侧浅缓、南侧深陡的不对称箕状盆地。东升庙硫多金属矿床位于盆地北侧,盆地总体沉积构造特点是：①盆地长轴与区域构造线方向大体一致；②盆地南侧受断裂控制,南侧为临河—磴口深断裂,北侧为太阳庙—东升庙—翁根断裂,它们在元古代为持续性断裂。矿区内出露的地层主要为中元古界渣尔泰群,所有矿体均赋存于增隆昌组二岩段、阿古鲁组一岩段的白云岩、含碳白云岩、千枚岩及碳质板岩中。

成矿三个地质特点为：①裂谷火山喷发、地热流体的对流循环模式解释层状硫化物物源的来源及形成；②矿床矿化范围集中于东升庙镇北 3km 范围内；③东升庙矿床只经历了相当于低级绿片岩相的区域变质作用。东升庙矿床为海底喷气沉积成因,区域变质作用只对已成矿床进行了某些叠加改造。

找矿标志是：线形构造,岩相相变带,电气石化蚀变带,Mn、B、Ba、As 异常四位一体。

2）影像特征

东升庙矿床位于 NE 向大断裂的边部,NE 向大断裂将地质体明显分为两个部分,东南部为凹陷带,西北部为隆起带,矿区位于隆起带的边缘。在大断裂以西矿区见有白色调的碳酸盐岩分布,部分层理可见。岩石蚀变较强烈,多光谱提取的铝羟基和镁羟基异常呈大片分

布。矿床含矿层为渣尔泰群第二岩组,岩性为石英岩、白云大理岩、绢云母石墨片岩、石墨绢云片岩。颜色为灰色,比周围岩层色调深、影纹比周围岩层平滑,地貌比周围平坦。含矿层位分布范围明显(图9-22)。

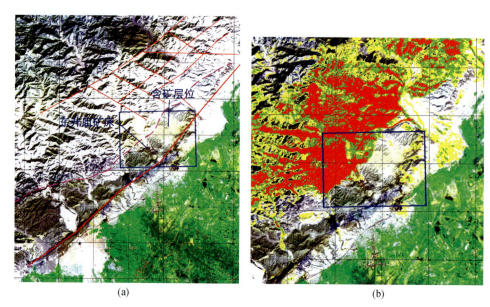

图 9-22　东升庙矿床遥感影像找矿分析图
ASTER 数据分辨率 15m,ASTER 多光谱数据提取的在矿体边部铝羟基蚀变异常(b图)

2. 东乌珠穆沁旗吉林宝力格北部应用遥感蚀变异常找矿信息研究

图 9-23 是在承担内蒙古华北地台边缘成矿规律研究与找矿靶区选区项目中,通过遥感多光谱技术找确定的内蒙古东乌珠穆沁旗吉林宝力格北部找矿靶区。靶区位于西伯利亚板块南侧增生带,贺根山俯冲带北侧,同时,处于大兴安岭燕山期 NE 向火山盆地中,具有形成斑岩(次火山岩)型矿床及其他类型矿床的大地构造条件。靶区为夕卡岩型铅锌多金属矿床,规模不小,估计深部可能找到斑岩类矿床。

找矿工作程序简要叙述如下:①在大的区域构造带与次级构造交汇部位,在遥感线性构造旁找火山穹窿 20～100km²,再找二次、三次岩浆侵入(分异)体(环形影像),再找网格状构造;②找铁离子基团异常分布区域;③开展地面遥感地表标物检查,确定遥感图件与地质图件坐标复合性程度,以作调整;④开展遥感预测地质路线勘查,以确定遥感解译结果的可靠程度;⑤对遥感靶区开展化探、物探、地质找矿验证。

3. 渣尔泰裂谷西段应用遥感蚀变异常填图研究

在渣尔泰盆地找矿前期,李楠等(2010)选择了光谱角匹配技术进行矿物填图(图9-24),填图过程中阈值可以自行调节,通常为 0.05～0.15,阈值为 0.1 的蚀变矿物分布范围更符合实际,填图结果叠加在真彩色合成影像上,得到矿物分布找矿区域预测对比图。

1)蚀变矿物特点

(1)白云母的分子式为 $KAl_2(AlSi_3O_{10})(OH,F)_2$,属于层状硅酸盐矿物,白云母及其他

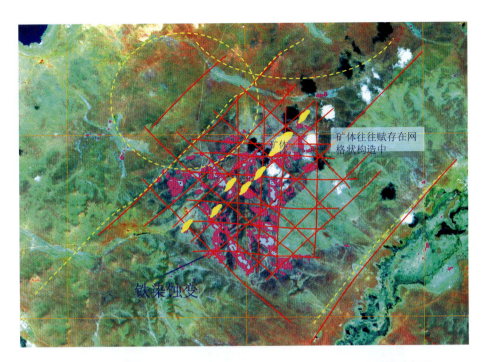

图 9-23 内蒙古东乌珠穆沁旗吉林宝力格北部找矿靶区遥感影像示意图

1. 黄色块为矿体;2. 两条黄色虚直线之间为 NE 向次级构造带;3. 图片范围大部分处在古火山穹窿中,黄色圆虚线为二次、三次侵入(分异)岩浆岩(次火山岩);4. 红色直线构成网格状构造,大量的遥感解译现象说明以热液活动相关的矿体往往赋存在网格状构造中;5. 红色块为 ASTER 遥感数据经处理后的铁侵染分布区;6. 运用遥感线性构造、环状构造、隐伏离子团信息寻找矿床的例证

层状硅酸盐蚀变矿物围绕锌、铜、硫矿体发生蚀变,具有找矿指示意义。预处理除去一些干扰波段,主要的吸收峰位于 2214nm、2355nm 附近。

在渣尔泰裂谷找矿遥感影像图上(图 9-24),白云母(图中蓝色区域)分布在矿床周围(图 9-24 中红框为炭窑口矿区),沿着矿体走向分布,具有方向性,与矿体及含矿地层阿古鲁组关联特征明显。

(2)绿泥石分子式为$(Mg,Al,Fe)_6[(Si,Al)_4O_{10}](OH)_8$,属于层状硅酸盐矿物,含有羟基,是低级变质作用形成的,是中低温热液常见的重要蚀变矿物。在白云鄂博、渣尔泰裂谷,它与铜矿化关系密切。多光谱主要有 2254 弱吸收峰和 2335 主吸收峰。蓝闪石和绿泥石端元波谱比较近似,主要分布在白云母的周围。根据成矿地质条件,推测异常为绿泥石引起。异常呈 NE 走向分布,与岩层走向基本一致(李楠等,2010)。

(3)影像山区的中部面积(土黄色,石炭纪花岗岩)分布较广,从波谱分析评分结果来看,绿色表示的矿物是 α 石英(主要成分是 SiO_2)和长石类矿物。

2)蚀变异常的地质解译

将高光谱提取的蚀变矿物叠加在地质图上进行应用分析的效果如图 9-24 所示。

(1)白云母的分布范围跟 ETM 提取的羟基异常基本一致,沿渣尔泰山群阿古鲁沟组含矿地层分布。含矿层的岩性为白云母绢云母千枚岩、含炭质绢云母白云母大理岩、云母片岩等,说明白云母可以作为矿化蚀变异常。

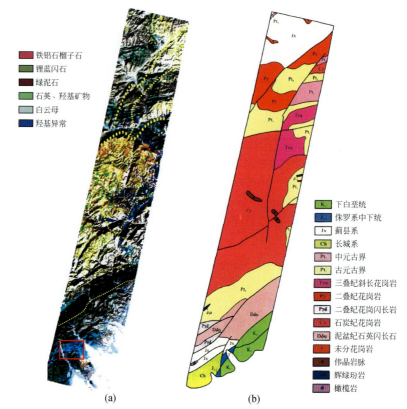

图 9-24 渣尔泰裂谷西段多光谱遥感蚀变矿物填图找矿对比分析示意图(李楠等(2010))

(2) 绿泥石、蓝闪石主要分布在白云母外围,分布的地层有阿古鲁沟组、书记沟组和古元古界宝音图群。绿泥石、蓝闪石与铜矿矿化作用密切相关,其分布区域是铜成矿有利地段。

(3) 铁铝石榴子石仅分布在水系周围的宝音图群中,主要岩石包括灰白色含石榴子石的二云石英片岩,与提取的铁铝石榴子石完全对应。石榴子石是典型的变质矿物,常见于各种片岩和片麻岩中,可作为异常蚀变区。α石英类矿物或者架状硅酸盐矿物分布在石炭纪黑云斜长花岗岩中,可以大致圈出岩体的范围。

白云母异常分布区可以作为提供开展预查工作的重点靶区。石榴子石、绿泥石、闪石分布区域也可以作为遥感找矿的靶区[图 9-24(a)红色方框]。多光谱遥感为渣尔泰裂谷铜、铅锌多金属矿的找矿缩小了找矿区域,提供靶区和找矿线索。

第三节 金厂沟梁、朱拉扎嘎金矿应用线性、环状、矿化蚀变遥感找矿信息研究

一、线性、环状、蚀变遥感信息特点

遥感影像(或图像)上呈线状延伸的线段或圆形、弧形称为影像线形体或影像环形体(简称为线形体或环形体)。当影像线形体或影像环形体具有(或对应有)地质意义时,称为影像线形构造或影像环形构造,简称为线形构造或环形构造。遥感图像上线形构造、环形构造、

岩石等以特定的色调、形态、图形构造、水系展布、地貌等组合显示出其影像组合特征。

有关多光谱遥感线性构造和环状构造的形成原理、工作方法、应用流程、使用程序等请参照前几章相关内容。

二、金厂沟梁金矿应用多光谱线性、环形遥感找矿信息研究

1. 金矿床成矿特点分析

金厂沟梁金矿地处赤峰—开原大断裂与承德—北票大断裂之间的努鲁儿虎隆起带的中部。矿区内出露地层主要为太古宇建平群小塔子沟组的各类变质岩,岩性为片麻岩、呈夹层或透镜状产出的角闪岩、似层状产出的斜长角闪岩及少量的磁铁石英岩、浅粒岩等认为是初始矿源层。

燕山期花岗岩与金矿床关系密切,金厂沟梁及其附近的长皋、二道沟金矿围绕对面沟花岗闪长岩体呈放射状分布于距岩体 1.5～4km 的接触带内,且矿区内花岗岩分异产物脉岩发育,并与矿脉互相交切,共处同一构造裂隙系统,说明金矿成矿时代在燕山期之后。

矿区围岩主要是一套太古宙建平群古老变质岩,含金平均为 7.77×10^{-6},高于地壳中金的克拉克值近一倍,为金矿的形成提供了原始矿源层具有成矿潜力。

研究表明,首先是太古宙小塔子沟岩组地层的变质作用生成了 CO_2、H_2S 等导致了 Au、Ag 等成矿元素的活化,在适宜条件下形成了金矿源集中。燕山期运动,使太古宙变质岩重熔,使矿源层物质的再次活化,形成成矿热液。成矿热液沿构造裂隙运移,在适宜的条件下流体中金的沉淀成矿,成矿特点如下。

(1) 变质岩是本区金矿的原始矿源层,后期遭受了区域变质作用、混合岩化和花岗岩化作用,Au、Ag 等成矿元素发生了活化转移,成矿元素初步集中和富集,形成了金的矿源。

(2) 成矿时代是燕山晚期。燕山期构造运动使地壳重熔,形成了重熔岩浆,矿源物质再次活化。同时,大量天水沿裂隙下渗,并与岩浆热液混合成含矿热水溶液,含矿热液将成矿物质带到适当的构造条件下形成金矿。

金矿成矿物质的原始矿源层是太古宙变质岩,经过多次活化和聚集,到了燕山晚期,由岩浆期后热液将成矿物质带到有利场所形成金矿,属重熔岩浆热液型矿床。

2. 多光谱线性、环形遥感找矿信息提取与分析

1) 采用技术方法

(1) 对美国陆地卫星数据图像进行亮度直方图统计分析,选择相关性小、独力性强和亮度分布范围大的波段进行假彩色合成。

(2) 根据应用目的选择最佳响应波段(TM5、TM7 等)进行假彩色合成。

(3) 对矿集区图像进行加密,提高图像对细微影像体的识别能力。

(4) 用比值合成、KL 变换等方法对预测远景区进行蚀变矿化信息提取。

2) 区域线性信息影像——断裂特征

断裂在遥感图像上多表现为各种线性构造或某些影像的线(带)状排布,通常表现为直线状山脊、谷地及水系,不同影像地貌单元的线状边界,直线状色线、色带、色界,水系、山脊

等地貌元素的角状转折及非自然弯曲,地貌拐点的线状排布等特征影像。

区域性深大断裂在图像上往往由多条线性构造平行或雁列带状排列构成,比较醒目壮观。一般断裂往往由单一线性体表现出来,挤压带或剪切带在图像上显示为细而密的线性影纹的带状组合。

3) 遥感图像断裂构造信息分析显示

(1) 断裂的空间和方向分布不均匀,总的看来,老基底出露区密度较大,时代越新的地质体中密度越小。不同时代地层(特别是太古宇与元古宇)接触界面附近断裂密度大,NE 向最为密集。

(2) 控矿断裂往往伴有色彩、色调异常。

(3) NNE 向、NE-EW 向构造最发育,在卫星照片上表现为 NE 向线性构造密集,其次为近 EW 向,两组构造形成 NE 向延长的菱形块状影纹。

在内蒙古金厂沟梁至河北喜峰口区域内共解译出断裂数百条之多(李长江等,2004),根据影像特征和地质资料综合分析,规模较大的有 17 条,它们对区域地质构造的发生发展、岩浆活动、沉积建造及成矿作用等均有较重要的控制作用。近 EW 向构造为区内最老的断裂,属基底断裂,并具长期继承性活动特点。NE 向构造方向变化大,常具扭曲现象,说明是在主应力方向稍有变化的应力场作用下断裂多期活动的结果,并具有明显的剪切特征。NW 向构造多显示张性特征(图 9-25)。

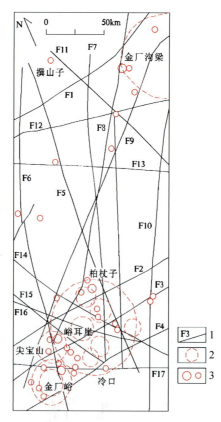

图 9-25　金厂沟梁-金厂峪地区遥感构造解译示意图(李长江等,2004)

1. 推测断裂及编号;2. 环形构造;3. 金矿床、点

4) 环形构造

金厂沟梁—金厂峪地段环形构造集中分布在两个金矿密集区(图9-25)。从遥感影像分析,金矿集中区与岩浆活动有关,与塌陷盆地次级侵入(次火山)体相关。一般位于组合环的同心、偏心式、包含式环内或边部。这些环多反映小岩体或岩枝群(常为隐伏岩体)为中心形成双层或多层环。同心式反映岩浆竖直侵位,偏心式反映岩浆侧斜侵位。包含式环反映同一岩浆活动中心或同一通道岩浆的多期次、多侵位点特点,对应地质图通常是大岩体为中心周边多个小岩株(枝)的侵入群。金矿集中区围绕大岩浆活动中心分布。

5) 线性与环形构造

区内金矿受断裂、韧-脆性剪切带控制,也受构造复合部位控制。表现在深大断裂带、韧-脆性剪切带金矿床(点)密集分布,构造复合部位则往往有中、大型矿床出现,例如:沿金厂沟梁至金厂峪区段的韧-脆性剪切带有3个大型矿床和系列中小型矿床(图9-25)。

断裂对金矿的形成主要有3个方面的控制作用。

(1) 在一定程度上控制着矿源层的分布,太古宇地层主要分布在由深大断裂所切割围限的断隆地(岩)块内。

(2) 区域性深大断裂切割深度大,具有长期活动特点,是深部岩浆及流体运移循环的导通构造,长期继承性活动有利于成矿作用持续发生,利于形成大矿。

(3) 为成矿提供沉淀场所,次断裂(裂隙)系统是良好的容矿构造,矿体往往沿这些构造产出。中大型金矿床往往在分布构造复合部位。

本区控矿作用比较显著的线性构造(深大断裂,图9-25)有F1、F3、F4、F7、F8和F9 6条。

区内金矿绝大多数产于环形构造内部或边缘,大型矿床均与环形构造相关。大型环(直径为10~20km)控制金矿群体的分布,中小型环是矿床赋存的构造(图9-26),说明大环为矿田或成矿区构造,小环是矿床构造。

6) 金矿赋存特点

金矿具成群成带集中分布的特点,主要分布在太古宇出露区及其附近,金矿密集区分布在深大断裂交叉形成的断隆区,沿太古宇与元古宇接触带断裂-拆离构造分布,与火山作用有关的金矿常分布在中生代火山岩断陷盆地的边缘,燕山早期中酸性岩体周边常有金矿分布。

金矿分布与遥感线、环构造关系密切,常沿环形构造边缘及其内部地块分布。环与线的切点部位及不同方向线性构造(断裂)交汇处的节点往往有金矿产出。找矿标志如下。

(1) 地层,太古宇出露区及其边缘。

(2) 断裂,NE-NNE向、EW向深大断裂及韧-脆性剪切构造带、断裂的弧形转弯部位、构造扩容区等;不同方向断裂交汇及其所夹锐角区、基底隆起构造及周边部位,岩浆穹窿及底辟构造等。

(3) 环形构造,主要有大型环的边缘(金厂沟梁)、大环边缘上相切的同心多层套环(金厂峪)、小型环的中心部位(楼子山)、大环边缘上的小寄生环等。

(4) 岩浆岩,燕山早期中酸性岩体内外,特别是多期次侵入的复式岩体及杂岩体内外是金矿找矿有望区。

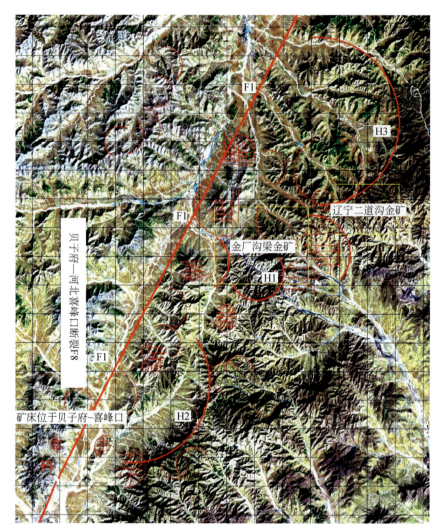

图 9-26 金厂沟梁遥感找矿影像图

矿床位于贝子府—喜峰口断裂下盘火山穹窿附近次级侵入(分异)体,赋存在网格状构造中

(5)含金属硫化物的石英脉、硅化带、蚀变破碎带,破碎带及岩体内外的黄铁矿化、硅化、绢云母化、绿泥石化、碳酸盐化、钾长石化、钠长石化(遥感色异常是蚀变标志的特征影像)是金矿找矿的目标。

3. 遥感预测找矿靶区

通过多光谱遥感影像图 9-26 解译,结果见图 9-27,与区域线性环形构造分布综合成图 9-28,根据研究区域地质分析及遥感影像研究结果,金厂沟梁区域找矿预测靶区见图 9-29。

第九章 多源地质信息找矿方法 · 437 ·

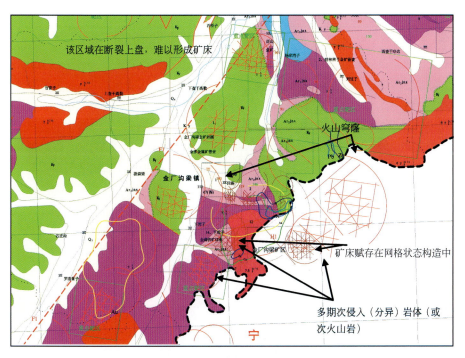

图 9-27 金厂沟梁遥感影像线性、环状信息找矿解译图

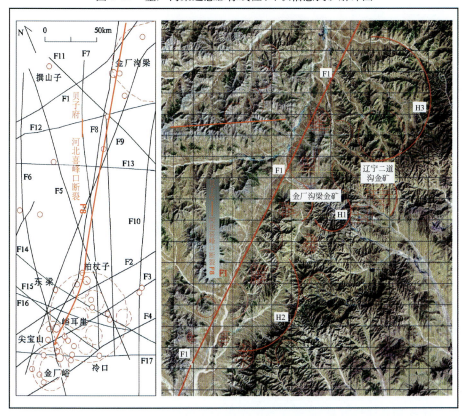

图 9-28 金厂沟梁线性、环形构造多光谱遥感找矿解译示意图

1. 左图圆虚线大的表示火山穹窿、小的表示多期次岩浆侵入（次火山岩）体，小圆圈为金矿床，矿床分布在大断裂旁火山穹窿的已经侵入（分异）体内或周边；2. 右图矿床赋存在贝子府—喜峰口 NNE 向断裂下盘环状的网格状中

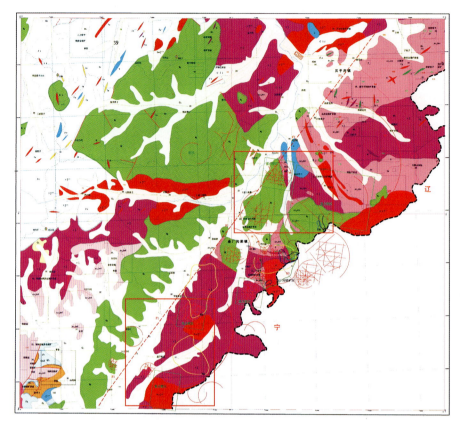

图9-29 金厂沟梁遥感找矿靶区预测图(比例尺1∶50000)

三、朱拉扎嘎金矿应用线性、环形、蚀变遥感找矿信息研究

1. 区域地质背景分析

内蒙古西部属于荒漠景观区,自然条件恶劣,不适合长期野外作业,但该地区多晴少雨,植被稀少,基岩裸露程度高,是遥感找矿的理想地区。位于该区的渣尔泰山群是华北地台北缘重要的含矿层位,该层位在内蒙古中部赋存有东升庙、炭窑口、甲生盘等大型的铜、铅、锌、硫铁矿床。朱拉扎嘎金矿是该层位上发现的第一个大型金矿,说明这一区域存在着巨大的找矿潜力。

选择朱拉扎嘎金矿作为目标参考区,运用Landsal-7的ETM+数据开展多光谱遥感线性、环形、褶皱构造,地层岩性、矿化蚀变异常提取研究,目的是为该区域找矿提供新途径。

渣尔泰裂谷带内的渣尔泰群为一套低绿片岩相碎屑岩、碳酸盐岩建造,夹碱性-基性火山岩。裂谷处在海域不甚广阔、封闭或半封闭的水域中快速堆积和受次级断陷盆地控制的特点。

裂谷带矿床的共同特点是,矿床受裂谷带内次级断陷盆地控制。在该盆地内层位齐全、厚度大,富含有机质和硫化物,岩性沿走向变化较大,富含金、铜、铅、锌等金属元素的变碱性-基性玄武岩、中酸性火山岩、次火山岩较发育。矿床主要受地层、褶皱（尤其向斜）、断裂构造控制。依据几个大型矿床的资料分析可知，金属矿物质主要来源于深部，即由火山作用及其喷气作用携带的金属元素，通过热卤水、岩浆水对流而运移到水-岩沉积界面或附近，在合适的部位和物理化学条件下，形成初始层状矿源层。其后，经过构造变形改造或叠加（有的受到海西期岩浆期后热液影响）富集而成为具经济价值的矿床（王辑等，1989）。

阿拉善成矿远景区最为重要的金矿床类型是层控变质热液型金矿床，典型代表为朱拉扎嘎金矿床。朱拉扎嘎金矿位于阿拉善地块中新元古代成矿带内，大地构造位置为阿拉善陆块边缘的中新元古代巴音诺尔公（沙布根次—朱拉扎嘎毛道）凹陷带内。其矿床赋存在遥感线性与大环形交汇部位，地质解译是在大断裂与岩浆盆交汇部位（图9-30）。

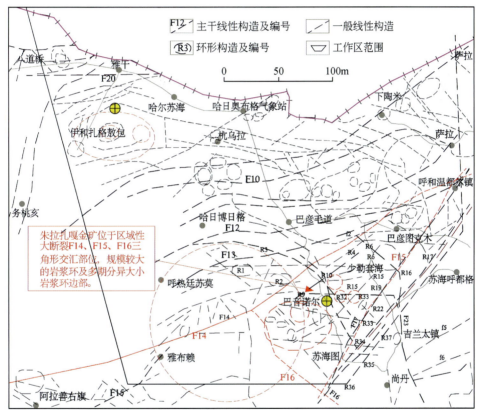

图 9-30 阿拉善地区遥感影像线性与环形构造解译示意图

朱拉扎嘎金矿赋存在线性构造与大环形（边部）构造交汇部位（图右下黄色圈）；图左上黄圈为呼伦金白金矿

巴音诺尔公南部有一规模较大的岩浆环，位于 F14、F14-1、F16、F17 四条主干线性构造（深大断裂）围成的三角地带（图9-30），地表出露花岗岩体，边界清楚，面积约 2200km^2，内部具有显示多期次特点的包含结构，并有 NE 向和 NW 向两组次级线性构造，其中充填有岩脉。

从已发现的矿床来看，矿床形成均受线性构造和环形构造控制，特别是在主干深大断裂线性构造之间或其与之斜交的次级线性构造交汇部位，附近有多期岩浆岩侵入形成的环形构造，该部位最有利于大型矿床形成。朱拉扎嘎金矿就处在这样的构造部位（图9-30）。金矿位于朱拉扎嘎毛道北部，F15-1 线性断裂构造以南，巴音诺尔公以东，巴彦西别山以西；区域性大断裂 F14、15、F16 在其西部 70km 左右处交汇；其南部有 R25、R26、R27、R28、R29、R30、R31 等花岗岩环形构造组成的大规模环形构造。

2. 矿床地质成矿特点分析

朱拉扎嘎金矿位于朱拉扎嘎近 NWW 向褶皱与近 SN 向断裂交汇处，主要出露中元古界长城系渣尔泰山群增隆昌组和渣尔泰山群阿古鲁沟组。金矿体主要赋存于阿古鲁沟组一岩段中部含钙质的浅变质碎屑岩中。研究区内出露的岩浆岩较少，以岩珠、岩脉的形式分布于研究区东侧和南部。

朱拉扎嘎矿带总体走向 30°～50°，与矿区地层产状基本一致，矿带长 570m，NE 向最宽处 80m。

地表氧化带矿石普遍发生褐铁矿化和高岭土化，受褐铁矿化、高岭土化影响，地表矿石普遍氧化成松散的土状、土块状，其中的硫化铁矿物几乎氧化成了褐铁矿，岩石颜色呈黄褐、红褐色。氧化带发育，有利于遥感蚀变矿物信息提取。

本区受海西期西伯利亚板块向华北板块俯冲的影响，有大量的海西期侵入岩浆活动（主要为花岗岩类）。矿石 Rb-Sr 等时线法测量结果表明，主成矿年龄为 275.16Ma，稍晚于矿区外围的花岗斑岩的形成年龄（291.11Ma），表明成矿事件与区域上的海西晚期构造-岩浆事件时间基本一致，暗示朱拉扎嘎金矿的形成与海西晚期的构造-岩浆活动具密切的联系（江思宏等，2001a,b）。

朱拉扎嘎金矿的形成可能经历了两个成矿期，即早期金在地层中的预富集，形成矿源层；晚期金在热液作用下再次富集成矿。

矿床具有明显的层控性，在数千米甚至近万米厚的含金建造中，矿体仅产在数百米甚至只有数十米厚的一定岩性段内。金矿区一般受区域性断裂和背斜、向斜轴部控制，区域构造和次级构造的交汇部位控制金矿床的分布，各种形态和性质的断层以及褶皱转折端控制金矿体分布。

3. 遥感影像地层色调、构造解译

地层、构造遥感影像及解译见图 9-31 和图 9-32。

(1)矿源层中元古界阿古鲁沟组地层色调为褐色，影纹粗糙，水系不发育，为平坦地貌。从色调上与其他地层区别。

(2)在阿古鲁沟组地层中解译出规则的网格状构造，网格状构造面积约 5km^2。网格状构造由 NE 向、NW 向、SN 向、EW 向、NNE 向断裂组成，每组断裂间呈平行等间距分布，每组断裂间距约 200m。矿区外北部存在背斜轴部，南部存在向斜轴部，矿区偏向向斜轴。

(3)金矿体分布于 NE 向断裂中，多条 NE 向平行矿体与解译处的 NE 向断裂吻合。

(4)朱扎拉嘎金矿受多条平行等间距的 NE 向断裂构造控制，矿源层形成后的强烈构造岩浆活动叠加使金矿体最后形成，金矿体赋存状态显示了层控型矿床受多次成矿作用。

从图 9-31 可以看出：①层控特征显著；②褶皱断裂、网格状构造控矿；③区域构造运动使矿源层上升到地表浅部，矿体在靠向斜部位存留。

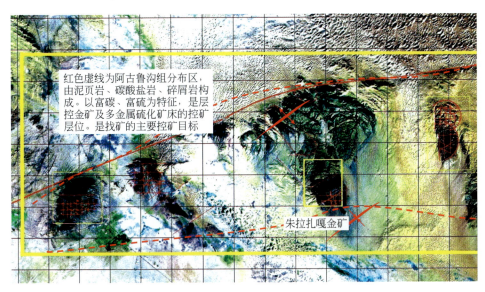

图 9-31 朱拉扎嘎金矿外围遥感解译影像图

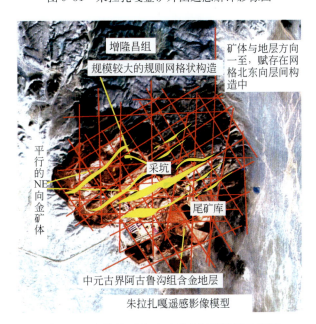

图 9-32 朱拉扎嘎金矿区遥感解译影像示意图

4. 蚀变异常提取与分析

朱拉扎嘎金矿区矿化蚀变带发育,为研究遥感蚀变找矿信息提供了基础。蚀变矿物有透辉石、绿帘石、绿泥石、菱镁矿、白云石、方解石等,地表氧化带为褐铁矿化和高岭土化。

1)蚀变矿物波谱特征

主要蚀变矿物在可见光-近红外的反射率光谱特征(表 9-3 和图 9-33)分为两类:①以包含 Fe^{3+} 为主的褐铁矿,具有典型的双峰波谱特征,Band 3、Band 5 位于高强反射区,蚀变异常在其图像上呈高亮区,在 Band 1、Band 2、Band 4 的图像亮度值偏低;②以含 OH^- 为特征的黏土、阳起石、绿帘石、绿泥石和含 CO_3^{2-} 成分的白云石、方解石、菱镁矿等蚀变矿物的异常包含两类蚀变矿物信息。

表 9-3 蚀变矿物中离子和基团的吸收谱带(丛丽娟等,2007)

离子基团	典型矿物及分子式	吸收谱中心对应 ETM+ 波段/mm	异常提取依据
Fe^{3+}	褐铁矿:$Fe_2O_3 \cdot nH_2O$	Band1(450~520) Band2(520~620) Band4(760~900)	Band3(630~690)、Band5(1550~1750)亮度值偏高,而 Band1、Band1、Band4 亮度值偏低
OH^-	阳起石:$Ca_2(Mg,Fe)_5[Si_4O_{11}]_2(OH)_2$ 绿帘石:$Ca_2(Al,Fe^{3+})Al_2[Si_2O_7][SiO_4]O(OH)$ 绿泥石:含 OH^- 的 Mg、Fe、Al 硅酸盐矿物 高岭土:$Al_2O_3 \cdot 2SiO_2 \cdot 2H_2O$	Band7(2080~2350)	Band5 高于 Band7
CO_3^{2-}	方解石:$CaCO_3$ 白云石:$CaMg(CO_3)_2$ 菱镁矿:$MgCO_3$	Band7(2080~2350)	Band5 高于 Band7

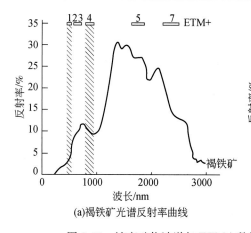
(a)褐铁矿光谱反射率曲线

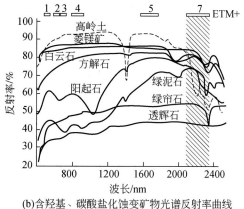
(b)含羟基、碳酸盐化蚀变矿物光谱反射率曲线

图 9-33 蚀变矿物波谱与 ETM+ 数据通道的对应关系(丛丽娟等,2007)

2)提取方法——图像掩膜

图像掩膜技术(丛丽娟等,2007;党安荣等,2000;马建文等,1994)易于剔除干扰区。ETM+图像采用像元 DN 值(0~255)反映地物的光谱反射强度。区内风成沙覆盖区的亮度值在各波段与矿区蚀变的亮度值最接近而且变化趋势相同(图 9-34),图像掩膜可从原始图像中去除风成沙覆盖区的像元,保留蚀变信息的剩余网像。剩余图像制作是给原始图像上风成沙覆盖区赋 0 值,剩余部分赋 1 值,再与 ETM+各波段相乘获得的(图 9-35)。

3)铁蚀变异常提取

主成分分析是在统计特征基础上进行多维正交线性变换,经过此变换后产生一组新组分多波段图像,新组分图像之间互不相关。Crosta 技术也是一种主成分分析,由 Band1、

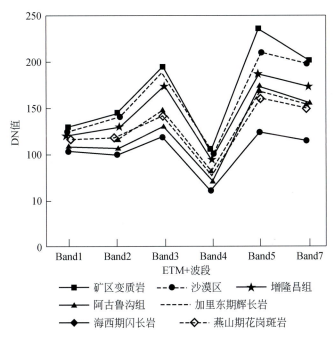

图 9-34 主要地层、岩石、沙区 ETM+图像波谱曲线图(丛丽娟等,2007)

(a) 铁、含羟基和碳酸盐化综合蚀变异常图

(b) 彩色综合合成图像

图 9-35 综合矿化蚀变异常合成图(丛丽娟等,2007)

Band3、Band4、Band5 作为输入波段组合进行正交线性变换,变换后某个新组分图像可以集中铁化蚀变信息。铁主分量 Crosta 方法如下。

(1)Band5/Band1 值扩大了 Band5 与 Band1 的光谱反差,具有增强铁蚀变周像亮度反差功能。

(2)Band1、Band2 在褐铁矿波谱曲线图[图 9-33(a)]上为低反射率特点,且 Band2 波长比 Band1 长,相对减少闪射光的干扰。据此,用 Band2 代替 Band1,用 Band5/Band1 代替 Band5,应用 Band2、Band3、Band4、Band5/Band1 作为输入波段组合进行主成分分析,主成分分析特征矩阵(表 9-4)表示 PC4 的信息量主要来自 Band3(-0.4839)与 Band4(0.8738),

参考图 9-33 和表 9-3，判断 PC4 增强了铁信息，由于主分量 PC4 具有负的 Band3 和正的 Band4，所以增强图像上蚀变异常区呈暗色区，为了用高亮度区反映蚀变异常区，对 PC4 取反，得到铁蚀变增强图像，图像中高亮度区代表蚀变强烈地区。

表 9-4 主成分分析特征向量（丛丽娟等，2007）

主分量	Band2	Band3	Band4	Band5/Band1
PC1	0.5004	0.6717	0.3479	0.4212
PC2	0.3220	0.2628	0.1270	−0.9015
PC3	0.8022	−0.4956	−0.3177	0.0996
PC4	0.0479	−0.4839	0.8738	−0.0069

异常分级采用阈值分割法，以铁化蚀变异常图的直方图统计资料为基础（表 9-5），异常下限以 +1.56 为基准，异常由弱到强，实际应用值设定为：−9.3～−8.0 设为一级异常；−8.0～−6.0 设为二级异常；大于 −6.0 设为三级异常。为了消除单点异常，异常图采取 3×3 滤波，得到蚀变异常图（图 9-35）。

表 9-5 铁化蚀变异常统计信息（丛丽娟等，2007）

图像亮度特征值	最小值	最大值	平均值(X)	标准离差(δ)
	−20.0000	−4.0000	−15.9487	3.9752
	统计值	理论值		应用值
异常统计值	$X+1.58$	−9.756		−9.3
异常统计值	$X+2.08$	−7.688		−8.0
异常统计值	$X+2.58$	−5.621		−6.0

4）羟基和碳酸盐化蚀变异常提取

丛丽娟等（2007）用 Crosta 法则提取含羟基和碳酸盐化蚀变的方法改进为用 Band2 代替 Band1，应用 Band2、Band4、Band5、Band7 进行主成分分析，依据主成分分析特征向量矩阵（表 9-6）分析，PC3 主要载荷 Band5（−0.7395）与 Band7（0.5823）符号相反，参考图 9-33 和表 9-3，判断 PC3 增强了含羟基和碳酸盐化蚀变异常信息，由于主分量 PC3 具有负的 Band5 和正的 Band7，所以增强图像上蚀变异常位于暗色区，为了用高亮区反映蚀变异常区，对 PC3 取反方程，得到包含羟基和碳酸盐化蚀变矿物的综合信息增强图像，图像中高亮度区代表蚀变强烈地区。

表 9-6 主成分分析特征向量（丛丽娟等，2007）

主分量	Band2	Band4	Band5	Band7
PC1	0.4382	0.3046	0.6275	0.5670
PC2	0.7255	0.3399	−0.1475	−0.5800
PC3	0.3351	−0.0426	−0.7395	0.5823
PC4	0.4115	−0.8888	0.1940	−0.0554

采用阈值分割法。异常由弱到强分为：10.1~10.8 为一级异常，10.8~12.0 为二级异常，12.0~17.9 为三级异常，得到含羟基和碳酸盐化蚀变异常分布图[图 9-35(a)]。

5) 蚀变综合异常

铁蚀变异常与羟基和碳酸盐化蚀变异常在朱拉扎嘎矿区范围内都有较好的反映，说明提取方法合理。为便于研究，对两类异常继续进行主成分分析提取综合异常，将铁化蚀变异常图像设为 V1，含羟基和碳酸盐化蚀变异常设为 V2，依据主成分分析特征向量矩阵（表 9-7）分析：PCI 7=0.65V1+0.76V2，PCI 综合了铁化蚀变异常、含羟基和碳酸盐化蚀变异常的正载荷分量，成为综合异常增强图像，采用阈值分割提取蚀变异常（图 9-35）。由于铁化蚀变异常与羟基、碳酸盐化蚀变异常具有较高的重合率，所以综合异常分布范围和强度基本与铁化、羟基和碳酸盐化蚀变异常一致[图 9-35(a)]。

表 9-7 V1、V2 主成分分析特征向量(丛丽娟等，2007)

主成分	V1	V2	信息量/%
PC1	0.65	0.76	95.63
PC2	−0.76	0.65	4.37

5. 蚀变异常的分布规律

将遥感蚀变异常与 1:50000 地质、矿产、化探异常图叠加（图 9-36），蚀变异常的分布规律性如下。

(1) 蚀变异常带主要分布在渣尔泰山群阿古鲁沟组地层中。

(2) 蚀变异常带主要分布在侵入岩体的外围。

(3) 蚀变异常受构造控制明显，带状分布。在朱拉扎嘎一带分布有最大的蚀变异常带，异常带沿区内最大的断层呈近 NW 向展布；在乌兰内哈沙北部分布有两条 NW 向异常带，异常带沿断层和推覆构造分布。

6. 找矿靶区预测

(1) 利用 ETM+数据在朱拉扎嘎金矿区进行蚀变异常提取方法研究，结果表明：主成分分析是提取技术的核心。图像经过掩膜技术处理，剔除了大面积风成砂覆盖区的干扰，然后通过主成分分析提取了信息量微弱的蚀变异常，最后采用阈值分割技术增强了异常强度分级。

(2) 利用 ETM+数据找矿注重解译矿源地层色调，注重褶皱、线性、网格状构造，蚀变分布解译。

(3) 图 9-37 中黄色线框表示该区域找矿靶区。

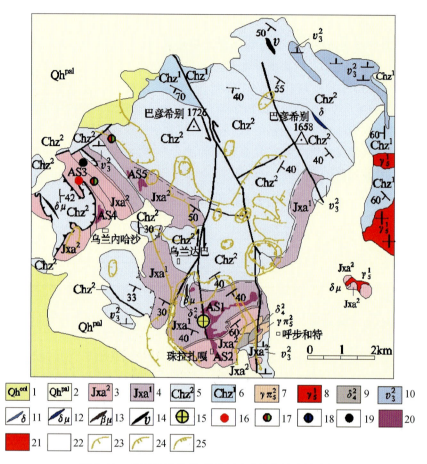

图 9-36 矿区外围地质、化探、遥感蚀变异常综合图

1. 第四系全新统风成砂;2. 第四系全新统冲洪积层;3. 渣尔泰群阿古鲁沟组二段;4. 渣尔泰群阿古鲁沟组一段;5. 渣尔泰群增隆昌组二段;6. 渣尔泰群增隆昌组一段;7. 燕山期刺花岗斑岩;8. 印支期花岗岩;9. 海西期闪长岩;10. 加里东期辉长岩;11. 闪长岩脉;12. 闪长玢岩脉;13. 辉绿岩脉;14. 辉长岩脉;15. 大型金矿;16. 铁矿点;17. 铁铜矿点;18. 铁锌矿化点;19. 铅矿化点;20. 一级蚀变异常;21. 二级蚀变异常;22. 三级蚀变异常;23. 一级金异常;24. 二级金异常;25. 三级金异常

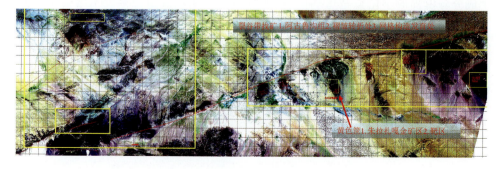

图 9-37 朱拉扎嘎区域多光谱遥感找矿预测靶区示意图

裂谷带找矿:地层色调特征,褶皱范围、蚀变分布特征、网格状构造区

第四节　金矿找矿中的物探方法

一、方法应用简述

内蒙古地区找矿勘查工作部署,需要研究勘查区域成矿的地质背景,研究成矿地质条件、可能存在的矿床的类型。针对性地采用不同的工作方法和手段,快速有效地取得结果。当然,不排除跳出区域前人的模式,摸索新的找矿思路,采用合理的手段方法,探索新的找矿途径。在当今地质工作覆盖面广、勘查程度高的状态下,后一点值得引起重视,它是一个地区往往取得找矿突破的思维方式。

内蒙古区域找矿重点是抓住五线二谷一裂隙槽一盆地(雷国伟,2014),在这样成矿找矿区域背景下,物探找矿针对性的矿床类型可大致分为:①造山型的蚀变岩、石英脉、构造破碎带、区域构造形成的矿化蚀变脉带类型含矿带;②裂谷、裂隙槽环境下形成的层状、层控面状、线状矿化体;③火山-次火山、岩浆岩条件下形成的脉状、块状、不规则状矿化地质体。显然,物探针对不同区域、不同类型矿床的找矿方法、参数是不同的。

目前,应用较流行的大地音频测量、设备 V8 实质是测量深度更深的电阻率变化,有效解决构造断裂的延深情况,当然利用其不同参数可以推测矿化体的延深情况。事实上,在有色金属找矿中,应用最广泛和有效的有三种方法:激发极化、电阻率和磁性测量法。本节重点阐述三种方法在有色金属找矿中的应用,这是多源地质找矿信息方法的组成部分,重点说明方法的应用,矿床矿区作了省略。

二、蚀变岩、石英脉、构造破碎带矿脉物探找矿方法研究

1. 脉带状银铅锌矿物探找矿方法研究

1)地质与物探方法特点分析

矿区出露的地层岩性为角闪斜长片麻岩、黑云斜长片麻岩和混合岩。构造以断裂为主,走向 NE-NNE 向的张剪性断裂构造为构造蚀变岩型银铅矿的主要赋矿构造,一般倾向 NW,倾角 $50°\sim80°$。矿脉为构造蚀变岩型,矿体主要赋存在 NE-NNE 向的断裂破碎带内,矿体形态以脉状、透镜状为主,次为囊状、鸡窝状及其他不规则状,矿脉沿走向和倾向均有分枝复合和膨缩现象。

矿区岩矿石物性参数统计结果说明(表9-8),该区除辉石岩、橄辉岩具有高磁特征外,其他岩矿石多为中低磁背景。通过构造岩、矿化蚀变岩与金属矿的密切关系寻找引起激电异常。方铅矿矿石、黄铁矿化石英脉型金矿石、多金属矿石是我们工作的目标物。

表 9-8 脉带状银铅锌矿相关地质体物性参数(张瑜麟,2001)

岩类	具有磁性块数	$K/(4\pi \times 10^{-6} ST)$	$Jr/(\times 10^{-3} A/m)$	$\eta/\%$
片麻岩	7	2974	1031	0.6
酸性岩	1	113	0	0.89
中性岩	1	2153	900	0.65
基性岩	6	574	106	1.3
辉石岩 橄辉岩	21	11143	4702	65.86
蚀变多金属矿	58	6548	1482	11.5
构造岩	0	—	—	4.01
黄铁矿化石英脉型金矿	7	—	—	54.98
方铅岩	—	—	—	91.57

从表 9-8 可以看出,辉长岩和橄辉岩具有独特的高磁、高极化物性,是主要干扰源,可以利用中低精度磁法工作将其排除,使得含金属地质体的异常更加直接和突出。此种情况下,电阻率工作的结果仅具参考价值。

2) 矿脉地球物理异常与验证

银铅矿区激电扫面和外围激电中梯剖面工作成果说明,区内的极化率背景值为 4% 以下,说明了区内硫化物矿化普遍较贫。选择异常下限为 5%,达到此值时,表明矿区内硫化物具有弱矿化。当极化率为 5%～6% 时,显示了硫化物已经富集矿化;当极化率大于 7% 时,对此异常需要用磁发排除是否是基性岩体引发的极化异常。排除干扰源后激电异常对应银铅矿(图 9-38),激电异常为寻找矿化体、大致明确矿化体(脉)的走倾向起到指导作用。

测区的激电异常可分为 10 个异常带。地表铅银金次生晕异常发育。激电异常带的走向基本和矿化蚀变破碎带的走向一致,异常带走向和宽度基本反映了矿(化)脉综合宽度(张瑜麟,2001),随着极化体埋深的增加,异常的强度会出现下降(图 9-39)。

D3-1 异常和 H14 号矿化破碎带对应,激电异常带长 1000m,宽一般为 200m,极化率极大值为 9.7%,中梯、联剖均有良导、高极化电子导体异常反映,异常梯度在平面等值线图上呈现 SE 大、NW 小的特点,显示了矿(化)体具有倾向 NW(地表倾向为 SE)的特征(图 9-40)。经过正演推算,该极化体的埋深为 19m,厚约 2.1m,延深 65m,倾向 NW。经过 ZK0002 钻孔验证,H15 脉倾向 NW,并在解释深度部位见到了厚约 1m 的银、铅矿体,证明了 H14 号脉沿倾向和走向均呈舒缓波状变化的特征,并具有分枝复合的现象。H14 号主矿体基本和 D3-1 异常相吻合,矿体长 1100m,垂深大于 400m,矿体厚 0.4～0.5m。

D3-2 异常位于 D3-1 异常 SE 向,长 500m,宽 100m,极化率最大值为 7.4%,走向和规模与 H17 和 H18 号银铅矿脉相对应,显示了较好的找矿前景,其异常北端 ZK1602、ZK1604、ZK16006 验证钻孔在异常解释部位见到了厚约 1m 的银铅矿体,进一步证实了物探异常的解释,并为矿区布设工程提供了依据(张瑜麟,2001)。

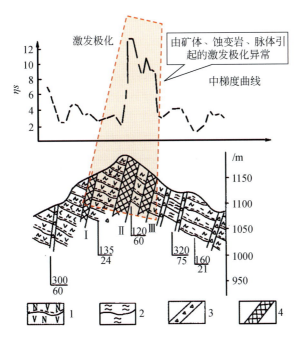

图 9-38 矿体、蚀变岩、脉体引起的激发极化异常(张瑜麟,2001)
1. 片麻岩;2. 绢英岩;3. 褐铁矿化破碎带;4. 矿脉

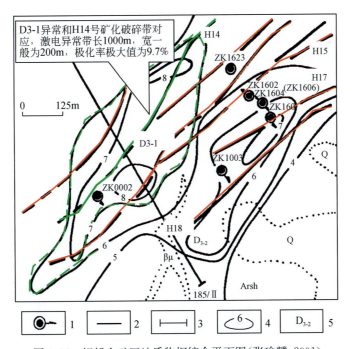

图 9-39 银铅金矿区地质物探综合平面图(张瑜麟,2001)
μ. 辉绿岩;Arsh. 黑云斜长片麻岩;Q. 第四系;1. 钻机;2. 矿脉;3. 剖面线;4. 激电异常;5. 异常编号

2. 脉带状金矿的物探找矿方法研究

1）脉带状金矿的地质特点分析

蚀变岩、石英脉带组成的金矿床，如包头哈德门沟、赤峰金厂沟梁、红花沟、吉林夹皮沟、河北金厂峪、河南小秦岭金矿床。蚀变岩、石英脉脉旁经常有线型蚀变，以硅化、绢云母化、绿泥石化、黄铁矿化最为普遍。含矿脉带体的宽度变化很大，宽度可从几厘米至几百米。脉带状矿体最大特点是含金脉带体晚于各种容矿围岩，具多期性和叠加性，一般可分为单脉型、复脉型和网脉型，可以成群、成带出现。金属矿物组合以金属硫化物最常见，主要金属矿物有黄铁矿、黄铜矿、方铅矿、闪锌矿、磁黄铁矿，也有白钨矿、辉钼矿等，主要的金银矿物有自然金、自然银、银金矿、碲金矿。金的矿物赋存于脉石和黄铁矿裂隙或其他金属矿物的裂隙、间隙中。

2）脉带状金矿体的激发极化特征

脉带状金矿的地球物理模型为具有电阻率和极化率异常的板状体，根据脉带状体的宽度可分为厚板或薄板。脉状金矿体的电阻率相对围岩可能是高阻体（石英脉型）也可能是低阻体（绢云母化或黄铁矿化强烈或黄铁矿化发育的蚀变岩），在脉带状金矿体的几何尺寸相对较小的情况下，加上地形等影响，脉状金矿体无法产生易于辨认的电阻率异常。但是，只要和围岩有一定的极化率差异，脉带带状金矿体可以显示出明显的极化率异常，尽管异常幅度相对较小，和其他金属硫化物矿床的异常幅度有很大的区别。脉带状金矿中的金属硫化物含量较低，在某些情况下只是相对富集，载金的金属硫化物呈浸染状分布在岩石中，矿体的极化率相对围岩差异很小，只是稍高于围岩。因此，会出现幅度不高但稳定存在的极化率异常。一般对于高阻脉状金矿体，采用激发极化中间梯度装置获得脉状体的分布范围，采用激发极化联合剖面或四极测深获得异常体的空间分布特征。

3）金矿物探找矿方法应用研究

（1）北山金矿。

北山金矿为脉状矿体，其蚀变类型主要有硅化、黄铁矿化和绢云母化，金与硫化物（黄铁矿）伴生。原生硫化物能够引起激发极化异常，异常的大小与硫化物的含量、体积有关。由于金与硫化物伴生，可以利用激发极化法间接寻找金矿。

对金矿体的极化率特征、含金矿脉大小与极化率异常的关系，在已知矿脉上进行了试验。为了获得可靠的异常，在开始工作之前，还在已知含金矿脉上做了测点间距、测量电极距等参数试验。

含金矿脉在地面上已确定的长度为250m，原生硫化物矿脉埋深约20m，脉宽约1m。垂直矿脉的走向布置测线，矿脉的顶部位于北山测线的130号点处。采用中间梯度装置获得视极化率和视电阻率探测结果（图9-40），根据测量结果可知矿脉位于高低阻岩性接触带上，接触带左侧视电阻率约为200Ω·m，右侧视电阻率约为30Ω·m，矿脉的视电阻率高于接触带两侧的岩石，在120～140号内有明显的视电阻率高异常，极大值为240Ω·m。

从极化率的测量可知，接触带两侧岩石的视极化率分别为0.4%和1.3%，在测线为100～200m时形成低缓的极化率异常，极大值为1.7%，相对围岩来说小型脉状矿体仅具有微弱的视极化率异常（程志平等，2007）。

研究表明，北山金矿的原生黄铁绢英岩型矿体能够产生激发极化异常，相对围岩金矿脉

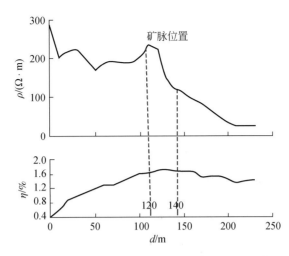

图 9-40　北山金矿电阻率、激发极化率剖面图(程志平等,2007)

为高阻高极化体。如果硫化物的含量高,矿脉埋深小,则可能产生明显的激发极化异常;而硫化物含量低,矿脉埋深较大,矿脉体积小,则在地表仅能测量出微弱的低缓异常。这些低缓异常是不应该被忽视的。

(2)泰富金矿。

泰富金矿矿体产于断裂硅化破碎带中,总体走向70°,倾向SE,倾角75°,矿体沿倾向上呈舒缓波状,矿体长60~150m,厚5~20m,品位为3.6~6.7g/t,平均为5.4g/t。

该矿体的矿石比较新鲜,矿石硅化较强,在矿体中对新鲜的矿石和半氧化矿石分别采样分析,前者含金品位为0.7g/t,后者为1.3g/t,反映了同一种矿石由于氧化强度不同,含金品位有所变化,当氧化较强时,含金品位有增强趋势。经过物性测量和分析,矿体为高阻高极化体。物探测量采用电阻率法和激发极化法中间梯度装置。

刘家远(2006)在测区布置了11条测线,测线距离也是50m,测线编号为3300~3800,各长600m,测点范围为0~600m。总计测线长度16.6km。供电极距AB长600~800m,测量电极距MN为20m,测点距为20m。

测区虽然已被废渣堆积弄得面目全非,崎岖不平,使物探结果受到很大影响,但仍然可以清楚看到已知矿体的极化率异常(图9-41)。测区3300~3500线470530m一带是一个已知矿体,对应矿体的北半部有幅度为2.0%~2.5%的高极化率异常,对应区域的视电阻率值在1000Ω·m左右。测区的视电阻率和视极化率测量的结果显得更有规律性。

东测区3650线350m到3800线450m一带有一个视极化率幅度为2.5%~3.0%、视电阻率在1000Ω·m左右的NEE走向的高阻高极化率异常,从异常的平面分布形态上看,是两个羽状排列的矿体的综合反映。根据上面两个已知矿体的情况,推断测区其他几个高极化率异常为矿体异常,在后续的地质工作中得到证实。

在测区某些区段存在低阻(<300Ω·m)高极化异常,对应区域的视电阻率为200~300Ω·m,结合地质情况,推断为含炭质地层引起异常(刘家远,2006)。

3. 隐伏矿体物探找矿方法研究

六高金矿为含金溶液沿构造脆弱部位贯入充填交代形成含金硫化物型金矿。

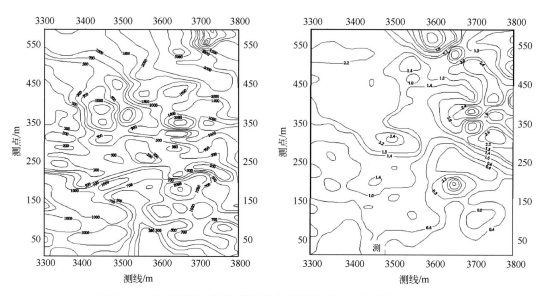

图 9-41　金矿区视电阻率、视极化率异常平面示意图(刘家远,2006)

金矿与原生硫化物矿化密切伴生,属中温热液矿床。其伴生硫化物的矿石矿物组合,主要有黄铜矿、黄铁矿、磁黄铁矿。含硫化物的金矿脉深度约 20m,宽约 2m。

测区 1 线布置在已知矿体的延伸方向上,含原生硫化物的部分埋深约 20m。从 1 线视极化率和视电阻率剖面图(图 9-42)上可以看到,在 225~245 号点处有一低缓的高极化异常,对应高极化率的视电阻率为 400Ω·m。如果以 100~150 号点处的视极化率(1.5%)为背景值,则矿体所对应的视极化率大于 2%,异常幅度仅比背景值稍高,但比较稳定。在该线 300 号点处的局部高异常为地面堆放的含硫化物矿石引起。

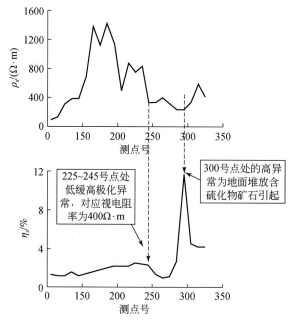

图 9-42　隐伏硫化物矿体电法异常(程培生等,2009)

测区 2 线布置在原生矿体出露的位置上,从 2 线视极化率和视电阻率剖面图(图 9-43)上可以看到,高极化异常分布在 95～175 号点处,视极化率达到 18.9%,矿体所对应的视极化率大于 8%,对应高极化率的视电阻率小于 100Ω·m。显然,矿体为低阻体。从这两条剖面的试验结果可知,与硫化物共生的金矿体,在金矿脉深度约 20m,宽约 2m 的情况下,可以产生大于区域背景的视极化率异常,如 1 线的低缓异常,可以推测如果埋深增大,类似 2m 宽度的脉状体就无法产生明显的异常了,而在埋深较小或出露地表的情况下可产生类似 2 线的幅度较高的突出异常(程培生等,2007)。

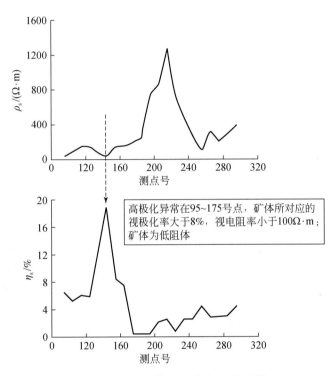

图 9-43　地表硫化物矿体电法异常(程培生等,2007)

4. 脉带状矿化体物探找矿方法小结

以上实例说明,由于硫化物的含量低,小型脉状金矿体往往只能引起微弱的激发极化异常。因此,在应用地球物理方法,主要是激发极化法探测金矿时,要注意研究低缓的、幅度较小但稳定连续的异常,这些异常有可能是脉状金矿体的反映。

由于成矿地质环境不同,金属矿体承载地质体不同,矿体可以表现为低阻高极化体,也可能表现为高阻高极化体。注意,电阻率法受地形影响大,不易分辨小型脉状体的异常,将电阻率作为评价和解释异常的参考信息。而激发极化法受地形影响小,是寻找含硫化物的小型脉状金矿体的有效方法,内蒙古、黑龙江含碳地层广布,常常引起极化率面积、带型性的假异常。判断的方法除注意对比电阻率与极化率关系、参考地质因素外,还可以开展高精度磁测,增加判定因素。

寻找脉状金矿体隐伏金矿时,要注意研究低缓的、幅度较小但稳定连续的异常,这些激发极化异常有可能是隐伏金矿体的反映。

三、大兴安岭斑岩型矿床物化探找矿方法研究

1. 成矿地质特点分析

异常区位于大兴安岭东坡,属森林沼泽景观、低山丘陵微景观。区内地形高差一般为100~200m,属低度切割地形。区内主要为次生林和灌木丛,部分为耕作地,植被覆盖严重,基岩露头较少。

勘查区位于NE走向复向斜东南翼,有多期次岩浆活动,海西期花岗杂岩体侵入,局部有元古界新华渡口群片岩呈捕虏体零星出露。以NW向张扭性断裂最发育,NE向压性断裂、NWW向张性断裂、EW向挤压破碎带等也较发育。

2. 化探异常

异常面积约16 km,呈椭圆形,NW走向(图9-44)。化探异常由Ag、Cd、As、Sb、Bi、Hg、Au、W、Sn、Mo、Cu等组成,各元素套合较好、浓集中心明显、异常规模中等。Mo、Bi异常强度较高,内、中、外带齐全。Ag、W处于中、外带,其他元素均处于外带。异常处于两条大断裂的交汇部位。东部出露古元古界新华渡口群石英云母片岩、斑状混合岩、斜长片麻岩,零星的燕山早期花岗岩、花岗斑岩,西部出露海西晚期花岗岩、花岗闪长岩。异常区有多组断裂(NE向、SN向、NW向)交汇,地层和岩体间为断层接触。

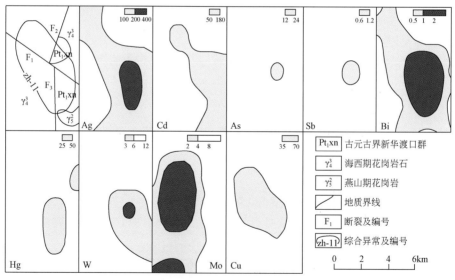

$\omega(Ag、Cd、Hg)/(\times 10^{-9})$, $\omega(其他元素)/(\times 10^{-6})$

图9-44 孙家屯钼多金属综合异常(李兆龙等,1986)

3. 面积性岩屑化探测量

该区采用100m×100m网格化(局部加密到50m×50m)岩石碎屑测量,圈定钼异常6个,综合分析认为,Mo3异常与黄铁矿化、辉钼矿化有关,进一步明确了找矿地段。面积性岩

屑测量有效缩小了找矿靶区。

4. 高精度磁法测量

李兆龙等(1986)为了解异常所处的地质背景特征,在该区布置了 100m×20m 的高精度磁法测量工作。在海西期花岗岩的背景上圈定两个局部磁异常(图 9-45),分析认为北部异常由隐伏的花岗闪长岩体引起,南部局部异常为花岗岩、花岗闪长岩和闪长玢岩、辉绿玢岩等岩性的综合反映。高精度磁法测量指示 Mo3、Mo4 区有多期次岩浆活动,是找矿的有利地段,确立了找矿靶区。

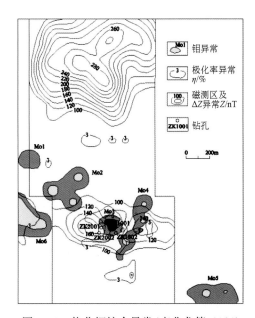

图 9-45　物化探综合异常(李兆龙等,1986)

5. 激电测量

李兆龙等(1986)在化探异常区布置了激电剖面测量和激电测深,以了解异常体的深部特征。剖面测量高阻、高极化异常区位于 Mo3、Mo4、Mo6 附近。在 Mo3 异常区布置的近 SN 向的测深剖面(图 9-46 和图 9-47)显示,高阻、高极化体呈向东南延伸的趋势。激电异常为黄铁矿化、辉钼矿化有关的硅化花岗岩或石英脉引起。

上述地质、地球化学、地球物理方法的应用分析对异常有了立体的认识,判断该异常为矿体所致,异常体埋深较浅。

6. 钻探验证

在 Mo3 异常区施工钻探工程找到了钼矿体。矿体沿花岗岩中微、细节理裂隙发育,以细脉状、薄膜状辉钼矿化为主,局部为浸染状;蚀变为硅化、黄铁矿化、绿帘石化、绿泥石化、碳酸盐化等中低温矿物组合,属斑岩型钼矿。

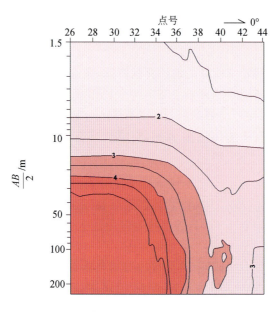

图 9-46　激电测深剖面图（李兆龙等，1986）

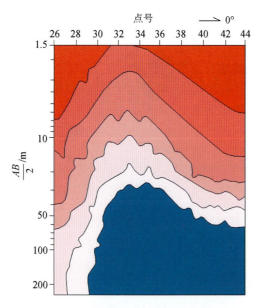

图 9-47　激电测深电阻率剖面图（李兆龙等，1986）

四、渣尔泰裂谷层控铜多金属矿床物化探找矿方法分析

1. 多金属矿赋存地层地质地球化学特点分析

渣尔泰群是一套冒地槽型的类复理石沉积建造。这套地层经历了三次构造变形及变质作用（雷国伟，2014）。受多期岩浆热液作用影响，为浅变质岩石。渣尔泰群划分为书记沟、增隆昌、阿古鲁沟三个岩组，具有三个含矿层位。阿古鲁沟组二、三岩段过渡带是最重要含矿层位。

铜矿主要赋存在炭质条带状石英岩、透辉石、透闪石石英岩、砂质白云石大理岩中;铅、锌矿主要赋存在炭质板岩、透闪石岩、泥炭质白云石大理岩中;黄铁矿主要赋存在白云石大理岩、炭质板岩中(李兆龙等,1986)。

金矿主要赋存在朱拉扎嘎阿古鲁沟组二、三岩段中,为浅变质砂岩、粉砂岩、岩屑石英砂岩、长石石英砂岩、杂砂岩、粉砂泥质岩夹薄层浅变质钙质粉砂岩,局部见透镜状结晶灰岩,厚约330 m。东部相变为浅变质钙质粉砂岩夹薄层砂质灰质大理岩。岩石中阳起石化最为普遍,其次是透闪石化、碳酸盐化和绿泥石化。薄片鉴定本段有变沉凝灰岩和酸性火山岩。

另外,本段地层中还见有原生沉积黄铁矿,主要呈立方体状,粒度为 0.5～5mm。说明矿床受地层控制,矿化类型、规模和富集程度与原始沉积物性质有成因和空间上的关系,因此,把整个含矿岩系作为隐伏矿床预测的目标物。

渣尔泰群含矿建造出现在碳酸盐岩、碎屑岩沉积和火山岩之中。含矿建造在特定的盆地环境中才能形成工业矿床。本区两组以上的断裂构造控制着断陷盆地或断陷带的形成,次级断陷盆地显示更易于聚集成矿。寻找隐伏矿床目标之一是寻找次级断陷盆地,它作为建立综合模型的基本地质构造背景和沉积环境背景。此外,勘探结果证实含矿建造和次级断陷盆地内矿体与地层产状基本一致,呈层状、似层状,形态比较规整简单,也是寻找隐伏矿床目标之一。

2. 航磁异常、布拉格重力异常与矿床

据张利真(1990)研究,甲生盘、对门山、东升庙、炭窑口4个矿床位于一个磁场区。甲生盘、东升庙两个矿床的背景场是稳定的负磁场,对门山、炭窑口两个矿床处于稳定的正磁场中。霍各乞4矿床位于另一个磁场区,它的磁场背景场为稳定的负磁场。

甲生盘、炭窑口的磁异常呈NE向"带状"分布(图 9-48 和图 9-49),东升庙、霍各乞的磁

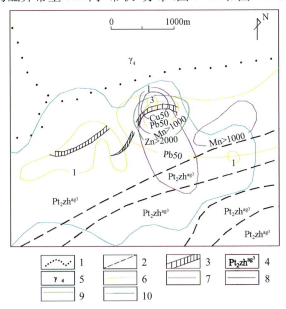

图 9-48 甲生盘航磁、化探、地质综合平面图(张利真,1990)

1. 地质界线;2. 断层;3. 矿产位置;4. 阿古鲁沟组变质板岩砂质灰岩;5. 花岗岩;6. 铅等值线;
7. 锰等值线;8. 铜等值线;9. 锌等值线;10. 航磁异常零直线

异常呈"等轴状"分布(图 9-50 和图 9-51)。磁异常形态和分布形式可以归纳两类,一类是"带状"异常,幅位、规模不等;另一类是"等轴状"异常。

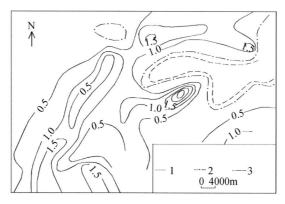

图 9-49　炭窑口 ΔT 平面图(张利真,1990)
1. 正值;2. 零值;3. 负值

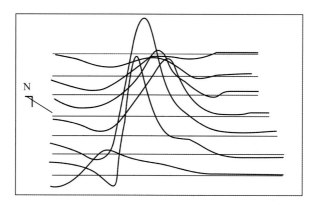

图 9-50　东升庙矿区 1∶5 万航磁异常图(张利真,1990)

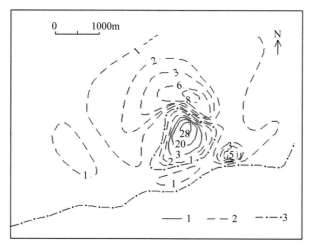

图 9-51　霍各乞矿区 ΔT 平面等值线图(张利真,1990)
等值线注记数×100nT 为实测值
1. 正值;2. 负值;3. 零值

1∶20万布拉格重力异常场的分布特征表明,炭窑口、东升庙矿床位于宽大NE向重力梯度带上,重力变化为$-(164\sim216)$mGal;甲生盘、对门山矿床也分别处于NE向重力梯度带上,重力变化为$-(150\sim156)$mGal,说明矿床的空间展布受大断裂构造制约。

3. 物、化探异常与矿床

霍各乞、炭窑口、甲生盘等物、化探异常与矿床的对应关系列于表9-9。分析表9-9可以得出,渣尔泰群铜、铅、锌等多金属成矿带可分为SN两个矿带。

表9-9 矿床地质、物探、化探对应关系表(张利真,1990)

矿床名称	控床岩性	物探异常特征	化探异常特征
霍各乞铜、铅、锌矿床	条带状炭质石英岩含黄铜矿或黄铜-磁黄铁矿。致密块状石英岩含黄铜-磁黄铁矿,局部有铅、锌。透辉石-透闪石岩含磁铁矿,炭质板岩含铅、锌矿	与铜矿对应的磁异常强度为100nT,自电异常为-300mV,联剖正交点,电阻率异常呈低阻带。与铅、锌矿对应,磁异常$\Delta Z_{max}>$1000nT,自电-150mV;与磁铁矿对应,磁异常$\Delta Z_{max}>10000$nT	与铜矿对应,次生Cu异常为1000ppm以上;与铅、锌矿对应,Pb异常为500ppm
炭窑口多金属矿床	矿床发育在石灰岩和炭质板岩互层带内,具多层性。铜矿产在SiO_2低的白云质灰岩中,闪锌矿赋存在炭质板岩、泥质灰岩或白云质灰岩与炭质板岩接触带附近,偏于岩质板岩中	矿化层有明显磁性,引起磁异常$\Delta Z_{max}>3000$nT,矿化层为良导、高极化率地质体;单一矿化灰岩可产生自电异常,强度为$-(100\sim200)$mV	铜矿异常:Cu、Ag、Co、Zn、Pb组合,晕延走向可达360m以上;锌矿异常:Cu、Ag、Co、Zn、Pb组合,Zo>Pb,Pb异常很窄。黄铁矿异常:Zn、Pb、Ag组合
甲生盘铅、锌等多金属矿床	主矿东段:地表见红柱石角岩化炭质板岩南部与含岩砂质灰岩接触,有铁帽	磁异常:$\Delta Z_{max}=1800$nT	次生Pb、Zn异常组合,Pb异常值800ppm,Zn异常值1000ppm;原生Pb、Zn异常组合,Pb、Zn异常值均大于1000ppm
	主矿西段:岩质板岩与砂质灰岩接触,岩质板岩上偶见褐铁矿化	磁异常为负异常:$\Delta Z_{min}=-1800$nT,钻孔岩心测定,30m以上为反磁化	次生Pb、Zn、Mn组合异常,异常值低,Pb一般为$100\sim200$ppm,异常连续性差

北矿带以霍各乞矿床为代表。霍各乞矿床是铜、铅、锌、铁,无硫矿体。含矿层是石英岩、透闪石岩和炭质板岩。磁异常由透辉石、透闪石岩中的磁铁矿引起,次由铜、铅、锌共生的磁黄铁矿引起。其原生化探异常和次生化探异常的铜、铅、锌含量都很高。霍各乞矿床所处的区域重、磁场相对单调,矿床就位在NE向布拉格重力异常的"马鞍"部位。

南矿带以炭窑口、东升庙、甲生盘等矿床为代表。矿床以硫为主,次为铅、锌、铜,无磁铁矿体。赋矿层是灰岩和炭质板岩互层带,磁异常主要由磁黄铁矿引起。铅、锌化探异常强度明显比霍各乞低。炭窑口、东升庙、甲生盘等矿床处于NE向布拉格重力异常梯度带上。

各矿床的铅锌异常宽度基本一致,并与矿体形态对应,铅异常强度低于锌异常强度。铅区域分布量相对稳定。自然电位异常、激电异常、电阻率异常对含矿岩系有不同强度的反映,表现为高极化、低电阻的异常特征。

南北两个矿带所处古地理环境有差异,北矿带位于广海边部洼地,南矿带位于封闭、半封闭海湾的次级断陷盆地内。

内蒙古中部区渣尔泰群内寻找铜、铅、锌多金属矿床的目标是找赋矿层,或找含矿岩系和矿源层以及断裂构造这三个控矿因素组合。为此,建立本区找矿预测的综合模型图(图9-52~图9-54)。

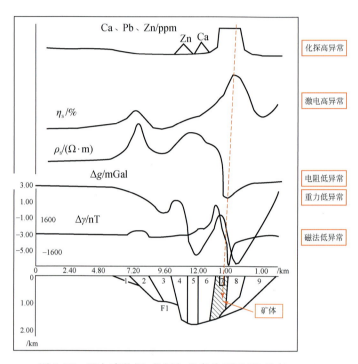

图 9-52　渣尔泰物探、化探与矿床关系图(张利真,1990)

1. 乌拉山群混合片麻岩类,密度$\sigma=2.70g/cm^3$,有效磁化强度$J_0=0.0003CGSM$,电阻率$\rho=1185\Omega \cdot m$,极化率$\eta=1.75\%$;2. 五台群绿泥石英片麻岩类,$\sigma=2.70g/cm^3$,$J_0=0.0016CGSM$,$\rho=3618\Omega \cdot m$,$\eta=2.21\%$;3. 渣尔泰群书记沟组石英岩、变质砂砾岩、变质长石石英砂岩、绢云片岩等,$\sigma=2.65g/cm^3$,$J_0=0$,$\rho=1685\Omega \cdot m$,$\eta=1.31\%$;4. 渣尔泰群增隆昌组灰岩、片岩夹板岩,$\sigma=2.80g/cm^3$,$J_0=0$,$\rho=2914\Omega \cdot m$,$\eta=2.45\%$;5. 渣尔泰群阿古鲁沟组一岩段:含碳板岩类,$\sigma=2.50g/cm^3$,$J_0=0$,$\rho=2539\Omega \cdot m$,$\eta=1.80\%$;6. 阿古鲁沟组二岩段:炭质板岩、薄纱灰岩,$\sigma=2.60g/cm^3$,$J_0=0.0006CGSM$,$\rho=1935\Omega \cdot m$,$\eta=2.2\%$;7. 阿古鲁沟组二、三段岩段赋存矿体,$\sigma=2.80g/cm^3$,$J_0=0.0006CGSM$,$\rho<1\Omega \cdot m$(钻孔中测定值),$\eta=70\%$(钻孔中测定值);8. 阿古鲁组三岩段:炭质板岩,$\sigma=2.45g/cm^3$,$J_0=0.0007CGSM$,$\rho=761\Omega \cdot m$,$\eta=5.69\%$(钻孔中测定值是65%);9. 花岗岩类或"类花岗岩",$\sigma=2.53g/cm^3$,$J_0=0$,$\rho=838\Omega \cdot m$,$\eta=2.05\%$;围岩密度$\sigma=2.75cm^3$,磁偏角$D=-4.5°$,地磁倾角$I=59°$,介质模型体水平延伸为10km

综合模型概述为,在富含有机质的碎屑岩和滨海至浅海相碳酸盐岩交互过渡的围岩环境中,磁黄铁矿伴生的多金属硫化物矿体呈层状或似层状赋存。找矿目标为:相对稳定磁场背景上的"带状"、"等轴状"磁异常、布格重力异常梯度带、与磁异常成正相关关系的高极化率异常、成负相关关系的低电阻率异常、自电异常、它们组合成物探找矿标志。地表岩石裸露区,铅锌银、铜铅锌银两组地球化学元素组合异常是直接的找矿目标。

图 9-52 和图 9-53 表明,当"矿床"掩埋很深时,直接找矿信息(某些地球化学元素的异常)不反应;自电异常、激电异常等会减弱甚至不反应。

4. 物探工作解译结果分析

(1)伴生磁黄铁矿的层状、似层状矿体,磁异常为规则的"带状"或"等轴状"平面形态。

(2)矿体位于碎屑岩与碳酸盐岩过渡部位,两类岩石有明显的密度差异,$\Delta\sigma=0.15\sim0.3\mathrm{g/cm^3}$,布格重力异常能反映出"梯度带"的特征。铜矿往往赋存在碎屑岩一侧,与重力异常"低值"区对应;铅、锌矿多数赋存在碳酸盐岩一侧,与重力异常"高值"区对应。

(3)矿床若与磁黄铁矿有关,用磁异常找矿圈定的异常往往反映磁黄铁矿富集状态,单用磁法找矿就带来局限性。

(4)矿体的围岩多为炭质板岩,激电异常、自然电位异常和电阻率异常无法将"矿体"与"围岩"区分开。然而,磁法却有效地排除碳的干扰,因为碳无磁效应。磁法异常对于整个含矿岩系的圈定会发挥很好的作用(图 9-53)。

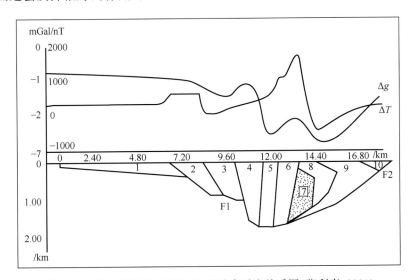

图 9-53 渣尔泰隐伏矿床与重、磁异常对应关系图(张利真,1990)

1. 乌拉山群混合片麻岩类,$\sigma=2.70\mathrm{g/cm^3}$,$J_0=0.003\mathrm{CGSM}$;2. 五台群绿泥石英片麻岩类,$\sigma=2.70\mathrm{g/cm^3}$,$J_0=0.0016\mathrm{CGSM}$;3. 渣尔泰群书记沟组石英岩、变质砂砾岩、变质长石石英砂岩、绢云片岩等,$\sigma=2.65\mathrm{g/cm^3}$,$J_0=0$;4. 渣尔泰群增隆冒组灰岩、灰岩夹板岩,$\sigma=2.80\mathrm{g/cm^3}$,$J_0=0$;5. 渣尔泰群阿古鲁沟组一岩段(含炭板岩类,$\sigma=2.50\mathrm{g/cm^3}$,$J_0=0$;6. 阿古鲁沟组二岩段:灰质板岩、薄质灰岩,$\sigma=2.60\mathrm{g/cm^3}$,$J_0=0.0006\mathrm{CGSM}$;7. 阿古鲁沟二、三岩段赋存矿体,$\sigma=2.8\mathrm{g/cm^3}$,$J_0=0.006\mathrm{CGSM}$;8. 阿古鲁沟组三岩段:炭质板岩,$\sigma=2.45\mathrm{g/cm^3}$,$J_0=0.0007\mathrm{CGSM}$;9. 花岗岩类或"类花岗岩",$\sigma=2.53\mathrm{g/cm^3}$,$J_0=0$;10. 阿古鲁沟组三岩段:变质板岩,$\sigma=2.50\mathrm{g/cm^3}$,$J_0=0$;围岩密度 $\sigma=2.75\mathrm{g/cm^3}$,磁偏角 $D=-4.5°$,地磁倾角 $I=59°$,介质模型体水平延伸为 10km

(5)磁测结果,玄武岩、辉长岩、闪长岩等中基性岩体或岩脉以及部分绿泥石英片岩、千枚岩等,其异常形态和强度与矿体异常难以区别;但是,用电法结果却能有效地将上述岩石中的矿体区分出来。

(6)采用找矿综合方法解决地质、地球物理、地球化学资料解释过程中的不唯一性。

(7)内蒙古中部区铜、铅、锌等多金属硫化物矿床预测的目标物是含矿岩系(赋矿层)、矿

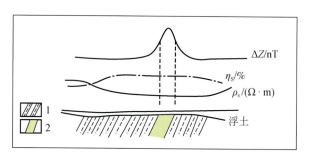

图 9-54　磁法从电阻、激发极化法剔除含碳岩层异常图解（张利真，1990）
1. 含炭碎屑岩；2. 碳酸盐岩沉积建造

源层、断裂构造。

（8）矿床位于碎屑岩与碳酸盐岩交互过渡带、重力梯度带，稳定磁场背景上的"带状"或"等轴状"磁异常，高极化率、低电阻率异常，铜、铅、锌、银、锰等元素地球化学组合异常。

第十章 多源地质信息技术在地质找矿工作中的应用

一、火山-次火山、岩浆型矿床找矿

1）找矿区域地质条件分析

以呼伦贝尔德尔布干成矿区找矿为例，该成矿带受塔源—乌奴耳断裂带控制，总体呈NE向展布。古生代时期属鄂伦春中海西期增生带，西北侧以德尔布干断裂带为界与额尔古纳地块毗邻，东北部分别与上黑龙江盆地和北兴安地块接壤，东南侧以头道桥—鄂伦春深断裂为界与伊尔施加里东增生带相邻。海西旋回早、中期，该带强烈活动发生裂陷作用。泥盆系由浅海碳酸盐岩建造、复理石建造和含放射硅质岩建造组成（大民山组）。早石炭世地壳复又裂陷沉降，早期沉积仅发育于乌奴耳地区，为浅海相碎屑岩、碳酸盐岩建造，地壳沉降扩展至根河地区，发生强烈的海底火山喷发，形成火山岩建造、细碧角斑岩建造（莫尔根河组）和碳酸盐岩及碎屑岩建造（红水泉组）。海底火山喷发的同时，形成了热水喷流沉积块状硫化物矿床，如六一含铜硫铁矿床和谢尔塔拉铁锌矿床等。该海槽向北东扩展至塔河、呼玛和兴隆地区，发育下石炭统泥岩、杂砂岩和灰岩。早石炭世末期的造山运动，使该区上升隆起成陆，仅在根河地区发育了中石炭统海陆交互相-陆相砂页岩建造的盖层沉积。同造山和造山晚期花岗岩浆活动强烈，形成了巨大的花岗岩-花岗闪长岩岩带，该期花岗岩类侵入大理岩围岩中发育夕卡岩，形成夕卡岩型铁多金属矿床。

中生代时期发生的广泛的大兴安岭火山岩浆喷发作用和强烈断块升降活动对本区进行了叠加和改造，使该成矿带的大部分地段被火山岩所覆盖，仅在根河、牙克石一线出露古生代地层。因此，塔源—乌奴耳海西期-燕山期铁多金属成矿带主体分布于海拉尔—额尔古纳右旗—额尔古纳左旗地区，大兴安岭火山岩已将该成矿带根河以北地区覆盖，向北直至兴隆隆起西南缘的塔河—干部河一带，形成了燕山期"塔源式"浅成低温热液型金铜（银）矿床。

从大范围看，该成矿带与东北部的多宝山中（晚）海西期、燕山期铜钼金成矿带和西南部东乌旗—梨子山中（晚）海西期、燕山期铜钼多金属成矿带连为一体，构成一个巨大的NE向海西期-燕山期铜钼金多金属成矿带。该成矿带可进一步划分为两个成矿亚带。

2）矿床空间分布特点分析

（1）本区域与燕山期火山-岩浆活动有关的矿床，一般都是多元素组合矿床，除主要成矿元素外，往往伴生其他元素，并因温度及其物理化学条件（包括围岩条件）不同而产生分带性特征，钼铜多处于中心较深部位，向上、向外以铅、锌、银为主。

燕山晚期成矿带的成矿特点是，中-中浅部为斑岩型铜（钼）矿床，中浅部为中温脉型银铅锌矿床，浅部为中温热液脉型矿床的成矿系列，成斑岩型-热液脉型矿床的组合模式。

控矿构造在浅部以构造破碎带、破碎蚀变带为主，向深部则以浅成火山斑岩体产生的环状裂隙系统为主。上述成矿系列总体上应属斑岩成矿、次火山岩系列。成矿带矿床按不同成矿深度为:额仁陶盖勒中温热液型银矿床处于较浅的剥蚀环境,向下或附近为中温热液脉型之甲乌拉、查干银铅锌矿床,再向下为中等剥蚀深度的乌奴克吐山铜钼矿床。通过不断地深入进行地质工作,额仁陶盖勒银矿向下发现了中温热液铅锌矿体,甲乌拉深部不断发现铜矿化,乌山外围也有脉状多金属矿化点的发现,这就是本区不同成矿类型归纳成为成矿系统,以综合考虑、预测矿化赋存位置以及布置找矿方案时的找矿思路。

(2)同一成矿带内矿种和矿床类型亦具有水平分带性。德尔布干成矿带从 NW 向 SE 方向,由隆起区、半隆起区过渡到隆起边缘和火山断陷盆地,其矿种具有金→铜、钼→铅、锌、银→金的分带规律,矿床类型具有造山型金矿→夕卡岩型铜矿→斑岩型铜钼矿→热液脉型铅、锌、银矿→浅成低温热液型金、银(铜)矿的变化规律。塔源—乌奴耳成矿带从 NW 向 SE 方向,其矿种由含铜硫铁矿和铁锌矿变为铁多金属矿,矿床类型由热水喷流沉积矿床变为夕卡岩型矿床。蒙古—鄂霍次克造山带东南缘成矿带由 NW 向 SE 其矿种变化规律是钨、锡、钼→金→铜、金,矿床类型由夕卡岩与中高温热液脉复合型矿床变为造山型金矿和斑岩型铜(金)矿。

(3)矿床空间分布的不均匀性。大兴安岭北部有色、贵金属矿床主要分布于德尔布干成矿带内,其他两个成矿带内发现的矿床较少,多数为矿点,这与中生代岩浆作用密切相关。德尔布干成矿带实际上是一个与大兴安岭中生代火山岩、次火山岩和浅成斑岩有关的成矿带,中生代火山岩浆作用在德尔布干成矿带表现得最为明显。同一成矿带内不同区段矿床的分布亦是不均匀的,目前已发现的大中型矿床多集中在德尔布干成矿带南段的满洲里—克鲁伦浅火山盆地区,而德尔布干成矿带北段的找矿工作一直没有突破,认为一是德尔布干成矿带北段属森林—沼泽地理景观区,找矿难度要大于满洲里地区,二是德尔布干成矿带北段的成矿地质条件与满洲里地区不完全一致,满洲里地区为浅火山盆地,古生代基底出露较多,对形成热液脉型矿床极为有利,而该成矿带北段的呼中地区火山盆地较深,而其 NW 侧的额尔古纳隆起又经历了强烈的剥蚀,广泛出露前寒武纪变质岩和花岗岩基,不利于矿床的形成。

3)呼伦贝尔塔源至乌奴耳找矿例

(1)地质背景:古生代时期属鄂伦春中海西期增生带,西北侧以德尔布干断裂带为界,东南侧以头道桥—鄂伦春深断裂为界与伊尔施加里东增生带相邻。塔源—乌奴耳海西期-燕山期铁多金属成矿带主体分布于海拉尔—额尔古纳右旗—额尔古纳左旗地区,形成了燕山期火山-次火山浅成低温热液型金、铜(银)、铅锌矿床。

(2)找矿区域位于北部德尔布干断裂带与南部头道桥—鄂伦春深断裂之间 NE 向次级断裂带区域,NE 向次级断裂带从周边出露岩体、地层关系看,断裂是燕山期形成,这一区域处于燕山期火山盆地之中。所找矿床应该以燕山期火山、次火山岩型多金属类矿床。

(3)从遥感影像图判读可知,NE 向断裂西侧为断裂上盘,东侧为下盘。西侧有五处环形构造区域,东侧有两处(图 10-1)。从该区域成矿特点可知,成矿多发生在次级断裂下盘,上盘一般不成矿。据此重点开展断裂下盘区域找矿。

(4)初步判断东侧环形构造更具有成矿前景。物探队因为设备仪器均拉到了现场,工作方便,将图中区域环形构造均做了物探及化探扫面工作,结果在东南部下盘遥感环形组合异常处发现了物探异常(图 10-2)。

(5)东南处环形组合,由大环、中环、小环组成,环的组合形式属中心式,代表了在大的岩

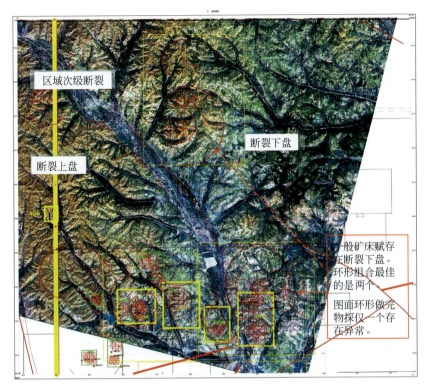

图 10-1　呼伦贝尔塔源—乌奴耳海西期、燕山期找矿遥感选择靶区影像图

基穹窿中分异几期岩体(株)。矿体一般成矿在后期分异的岩株内外。

二、内蒙古大青山绿岩(造山)型金矿找矿

1) 大青山-乌拉山绿岩金矿形成地质条件分析

(1) 地质背景分析。

大青山-乌拉山地区大地构造位置属华北地台内蒙古台隆阴山断隆三级构造单元。区内广泛分布太古界-下元界老变质岩系。中元古界在西北部零星分布。古生代地层只在局部断陷带上有石炭系、二叠系出露。中生代活动强烈产生了断陷盆地,沉积了中生代和新生代地层。

从北向南分布有临河—武川—尚义深断裂、包头—呼和浩特—集宁深断裂、NW 向西斗辅—土左旗深断裂、NE 向岱海—黄旗海深断裂。派生的 NE 向、NW 向、近 EW 向断裂和糜棱岩化带控矿明显,使金矿在构造交汇处和糜棱岩化带中形成小、中、大型金矿床。岩浆活动也受深断裂控制,沿岱海—黄旗海深断裂两侧出露太古代混合花岗岩。沿临河—武川—尚义深断裂及其两侧岩浆活动强烈。从元古代到燕山期的岩浆岩均有出露。包头—呼和浩特—集宁深断裂北侧海西期、印支期、燕山期岩浆岩有出露。

(2) 太古代成矿环境分析。

太古代地层主要分布于包头—呼和浩特—集宁深断裂 SN 两侧,南侧为早太古代集宁群,其岩性为斜长片麻岩、二辉麻粒岩、二长片麻岩夹斜长角闪岩及大理岩透镜体,原岩为中

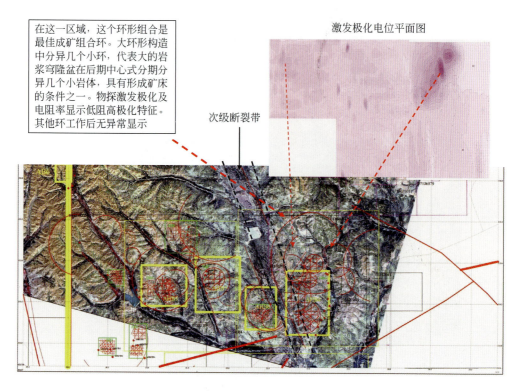

图10-2 呼伦贝尔塔源—乌奴耳海西期、燕山期找矿遥感靶区工作成果示意图

基性火山岩建造和富铝黏土岩、砂岩夹碳酸岩。深断裂北侧为晚太古代乌拉山群,其岩性为角闪斜长片麻岩、变粒岩、斜长角闪岩夹磁铁石英岩、大理岩和片麻岩夹大理岩,原岩为基性火山岩-中基性火山岩及其火山碎屑岩-硅铁质建造和砂岩-碳酸盐建造。这套地层变质程度较深,已达麻粒岩相和高角闪岩相。地层中发育韧性剪切带,对金矿的形成和分布有着重要的控制作用。

2)绿岩带地体成矿条件分析

绿岩带的形成时代有两期:一是太古宙乌拉山群绿岩带,主要分布在乌拉山和大青山南、北两麓,其变质岩石组合可分为基性麻粒岩夹片麻岩组合和片麻岩夹麻粒岩组合。原岩建造下部为大洋拉斑玄武岩建造,夹少量科马提岩;中部为钙碱系列火山岩建造;上部为沉积岩建造。二是早元古界二道洼群和马家店群绿岩带,主要分布在大青山东部。二道洼群的下段主要为绿片岩,岩性为糜棱岩化绿泥石英片岩、绢云石英片岩、绿泥片岩、黑云斜长片麻岩等;上岩组为大理岩和片岩,主要由黑云石英片岩、绿帘角闪片岩、二云石英钠长片岩,夹有多层大理岩和磁铁石英岩组成,其原岩建造:下部为陆源粗碎屑岩和碳酸盐岩磨拉石建造;上部为基性火山岩、碎屑岩和碳酸盐岩建造。变质程度属绿片岩相-低角闪岩相,在韧性剪切作用下多形成构造岩(徐国权,2001)。

研究区东西两段分别由乌拉山和大青山复背斜组成,古老的区域性韧性剪切带横贯研究区,由色尔腾山经固阳南—下湿壕—后石花—酒馆—武川—哈乐—察右中旗南,向东延出区外,近EW向展布,略向南凸,以具有糜棱岩系为特征。在航磁、重力和遥感影像图上均有清晰显示(张振法,1998),对本区沉积建造、岩浆活动和金矿成矿有重要的控制作用,是内蒙古中部地区一条重要的金成矿带(图 10-3)。

图 10-3　大青山西段(哈德门沟金矿北)多光谱遥感找矿靶区影像图

区内后期脆性断裂构造极极为发育。区域性断裂有 3 条：一是山前断裂(乌拉特前旗—呼和浩特大断裂)，主要由 NE 向、NW 向、NEE 向 3 组断裂连接而成，呈锯齿状分布，东西长约 300 km；二是山后断裂，由西山嘴以北经酒馆至察右中旗南，总体走向为 NEE，实际走向变化呈折线形，长大于 300km，空间分布与古老的韧性剪切带重叠；三是土左旗—固阳断裂，NW 走向，长 200 km，是一条典型的走滑断裂，走滑距可达 10km(陈纪明，1996)。

区内次一级断裂主要为近 EW、NW 和 NE 向 3 组。西部多为断裂束，非常密集，东部主要为逆断层，控制大青山隆起东段的中生代菱形山间和山缘盆地。

中生代大青山地区由 SN 向对冲形成的小推覆体较发育，如东段盘羊山—乌兰哈雅冲断带由北向南推挤；苏勒图—黄花圪洞冲断带由南向北推挤，对冲推挤形式造成十几千米宽的糜棱岩带，是主要的金矿赋矿场所。

3)绿岩型金矿分布的地质特点

(1)金矿床主要分布在地台基底的老变质岩系，主要分布在乌拉山群、色尔腾山群、二道凹群中。岩石变质程度达角闪岩相(角闪质绿岩相)，混合岩化普遍，与初始海底火山喷发金矿源层有关。

(2)金矿床多集中分布在韧性剪切带内及其两侧，十八倾壕—固阳—察右中旗韧性剪切变形带分布有一批金矿床；哈达门—呼和浩特—集宁韧脆性剪切变形带也分布有一批金矿床。

(3)晚太古代-早元古代变质岩系中的退化变质带也分布一批金矿床(点)，它们的形成与变质作用产生的流体把围岩中的金萃取出来有关。

(4)中酸性重融花岗岩体边部分布金矿床。此外，金矿区内中酸性的脉岩尤其是长英质脉岩、伟晶岩脉发育。

4）造山型金矿床的找矿标志

(1)韧性剪切带标志：近 EW 向构造是导矿构造次级 NE 向、NW 向、近 EW 向的断裂、裂隙和韧性剪切带是储矿构造。特别是在韧性剪切带两侧，老变质岩系金矿源层与燕山晚期岩体接触部，出现 Au、Ag、As、Sb、Hg 组合异常，如此化探异常组合发现哈达不气金矿。

(2)围岩蚀变标志：金矿的近矿围岩蚀变主要为硅化、钾长石化、钠长石化、黄铁矿化、绢云母化、碳酸盐化和绿泥石化等，除硅化外，其他蚀变较弱分带性差。

(3)黄铁矿等硫化物找矿标志：金在黄铁矿中呈类质同象，在一些银、铜、铅、锌矿物中，金也能置换它们。所以金与金属硫化物一同在热液中运移，在有利的成矿地段富集成矿。该区金属矿化物矿点沿断裂带分布较多，它们是找金矿的标志。

5）在已知矿床(点)的矿脉或周围查找金的矿化寻找隐伏金矿体

(1)地层条件：太古界乌拉山群和早元古界二道洼群绿岩带是主要赋金地层和主要控矿围岩，太古界绿岩带和元古界绿岩带是内蒙古中部寻找绿岩型金矿的有利层位。

(2)断裂条件：注重深大断裂侧；注重韧性剪切带；褶皱构造核部和转折端、破碎带、片理化带、断层交汇处等构造复合部位。

(3)岩浆岩条件：中酸性重熔岩浆岩是区内与金矿成矿关系密切的岩体，注重重熔岩浆岩。

(4)围岩蚀变：多期次强烈挤压形成的蚀变片理化带，伴随有褐铁矿化、黄铁矿化、孔雀石化、方铅矿化、银矿化，是寻找金矿的最重要标志；退变质现象明显，新生矿物绢云母增多，也是找矿的标志。它们是遥感蚀变侵染的找矿标志之一。

(5)地球物理：在重力梯级带、重力低缓斜坡、重力异常等值线同向扭曲部位，是有利成矿部位；在正负磁异常过渡带，负磁场区局部升高，正磁异常边部；在高视极化率、中低视电阻率激电异常和低缓磁异常；化探金异常；它们都是矿床存在显示出的特征。

(6)地球化学：内蒙古中部绿岩带金矿的地球化学标志如下。

①成矿元素异常：Au；②直接指示元素异常组合：Au-Ag-Cu-Ca；③间接指示元素异常组合：Hg-As-Sb-Bi-Mo；④成矿环境元素异常组合：Fe-Mg-V-Ti-Co-Mn-Bi-F、La-Y-Zr、K-Si-U-Li-Nb。

值得注意的是，过去只重视强度高、面积大、元素组合齐全的化探异常，忽视低、缓、弱化探异常(丙类和乙 2 类、乙 3 类异常)。注重低、缓、弱化探异常是寻找隐伏矿床重要方法。

(7)注重片理化带、破碎带、褶皱的层间滑脱构造和转折端、断层交汇处等构造复合部位是最佳成矿部位。60 多处金矿床(点)就分布在上述构造位置。

6）遥感在大青山造山型(绿岩)金矿应用

内蒙古造山型金矿找矿要素：①在俯冲带上盘区域韧性剪切带附近成矿为造山型金矿；②太古界绿岩、断裂构造、重熔岩浆岩为找造山型金矿目标条件；③找矿手段，地层、重熔岩浆岩、遥感、化探、物探组合。

图 10-3 中红直线为断裂，红线为网格构造与环形构造，绿线为遥感解译靶区。图中西部靶区为大环中组合几个小环，代表岩基盆形成后分异多个岩浆体(重熔花岗岩)，绿框为遥感选择出的找矿目标区。图 10-4 是大青山西段化探异常与遥感解译目标区的叠合，绿框区是下一步大比例尺遥感解译区域。图 10-5 是大比例尺解译的目标区域，存在大的火山穹窿(大环)、成线性排列的次级多个多期次岩浆分异体、与化探异常叠合的找矿靶区。

第十章 多源地质信息技术在地质找矿工作中的应用

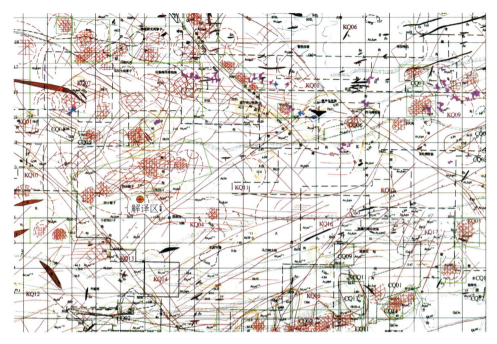

图 10-4 大青山西段遥感、化探综合找矿区域预测示意图

图 10-5 大青山西段多光谱遥感找矿靶区解译影像图
岩基盆形成后分异多个岩浆体(重融花岗岩),矿体赋存在小环形构造中 NE 向构造中

三、内蒙古白云鄂博、渣尔泰裂谷金矿找矿

1) 裂谷的找矿地质条件分析

华北地台北缘西段的渣尔泰—白云鄂博裂谷系。中元古代早期，由于异常地幔的持续活动，破坏了绿岩带相对稳定的平衡状态，继承基底的构造线方位，沿构造薄弱带产生近EW向延伸的线型破裂，形成地堑-地垒式凹陷和隆起，并堆积了巨厚的以碎屑岩、黏土岩为主，碳酸盐岩次之，夹有超基性-碳酸岩、碱性火山岩的白云鄂博群和渣尔泰群。

白云鄂博、渣尔泰裂谷系堆积了一套浅海相碎屑岩-碳酸盐岩建造的白云鄂博群、渣尔泰群(图10-6)，早期有碱性火山岩喷发，并含有钠闪石的正长岩侵入。岩相古地理研究表示，裂谷由受断裂控制、规模不一的断陷盆地构成，而且往往在断陷盆地中有喷流沉积的矿床。古生代以来白云鄂博、渣尔泰群地层受到三次大的构造影响，发生变形褶皱，第二世代变形褶皱奠定了区域性EW向的褶皱构造格局，裂谷带主要沉积变质矿床均赋存在由此形成或经改造的背斜、向斜之中，裂谷系几经后期地壳的构造运动、升降剥蚀，现今较为完整的原生矿床多在向斜部位发现，而在背斜部位多招剥蚀，往往砂矿富集。例如，乌拉特中旗超大型长山壕金矿、阿拉善的朱拉扎嘎金矿、白云鄂博铁矿等。

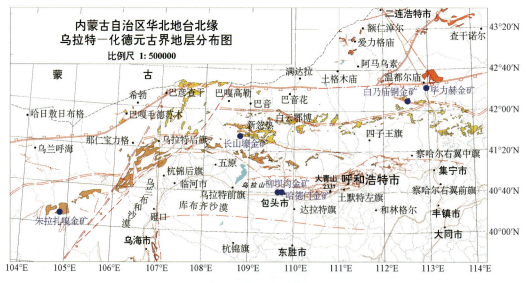

图10-6 白云鄂博、渣尔泰群地层分布图

内蒙古狼山地区的层控变质型矿床特点是，在前期矿源层形成后，矿床经区域地质变质改造，强度轻微中等、基本未发生成矿物质的叠加、保存不少同生沉积成岩成矿特征。

内蒙古层控多金属硫化矿主要分布在渣尔泰山裂谷带，在长400km的裂谷带内，矿床(点)成群出现，分段集中。集中区有狼山、乌加河、什布温格、白音布拉沟、各少沟、甲生盘、书记沟和康兔沟等。已发现和探明了霍各乞、炭窑口、东升庙、甲生盘、朱拉扎嘎五处大型矿床和对门山中型矿床，发现矿点、矿化点近百处。五个大型矿床均赋存于渣尔泰群阿古鲁沟组。矿体呈层状、似层状、透镜状产出，与围岩产状一致。

2)层控变质型矿床特征

(1)成矿物质来源有陆源风化产物、海底火山喷发物、地下水溶解物质或海水海底热液中溶解物。

(2)成矿物质初步富集(矿源层的形成)是通过同生沉积、成岩作用实现的。

(3)成矿物质的叠加改造作用。对矿源层的活化、转移、再改造、再富集包括热液叠加改造作用和变质叠加改造作用。

(4)矿床受地层层位和岩性控制,其矿体多局限于一个或几个层位内。

(5)矿体形态多样,层状、似层状、脉状、囊状或其他不规则形态的矿体,形态复杂的富矿体多出现在地质构造复杂的地段,说明层控矿床不等于层状矿床。

(6)矿床沿岩性成群、成带、成区分布。

3)成因探讨

渣尔泰区域南、北两个成矿亚带中的主要矿床和大部分矿点属层控变质类型,矿床主要形成于沉积成岩阶段,后期的区域变质作用、褶皱、断裂构造及火山活动等未发生带入或带出成矿物质作用,只起到就地富集改造作用。渣尔泰山裂谷带层控多金属硫化矿床中已经探明朱拉扎嘎为特大型金矿床、大脑包、公种渠等有进一步工作和研究价值的金矿点。已知炭窑口、霍各乞矿床有伴生金。

矿床形成的时间控制特点。据冶金天津地质调查所在东升庙、岩窑口矿床采集的方铅矿可知,"正常铅"的单阶段模式年龄测定都在15亿~16亿年,与地层的沉积年龄相同。

古裂谷系已发现多处金矿床、矿点、矿化点。白云鄂博裂谷带已探明长山壕特大型矿床、赛乌苏中型矿床。之后,还相继发现了浩牙日呼都格、千温敖包、乌兰敖包矿点。

4)找矿标志

(1)赋矿层位标志:中元古界白云鄂博群尖山组、比鲁特组,渣尔泰群阿古鲁沟组地层是主要的赋矿层位,长山壕金矿就赋存在白云鄂博群尖山、比鲁特组地层中,朱拉扎嘎金矿赋存在渣尔泰群阿古鲁沟组地层中。

(2)围岩蚀变标志:有较强的围岩蚀变现象,岩体有云英岩化、绢云母化、绿泥石化等,变质岩地层有硅化、绢云母化、绿泥石化等,是开展遥感蚀变侵染找矿的依据。

(3)物化探标志:物探、化探异常吻合,且1∶5万、1∶20万化探多元素异常浓集中心重合是找矿有望地区,如长山壕、朱拉扎嘎金矿。

(4)岩浆岩标志:加里东中晚期、海西中晚期的侵入岩与金矿有着密切的关系,其岩性为石英闪长岩、黑云母花岗闪长岩和花岗岩等,与地层的接触带是金成矿再富集的有利地带。

5)多光谱遥感找矿

(1)遥感影像色调色差寻找目标地层(图10-7)。

(2)寻找褶皱尤其是背斜、向斜区域(图10-7)。

(3)寻找环形构造、网格状构造。

(4)利用羟基、离子蚀变侵染寻找面性蚀变区域(图10-8)。

化探异常(图10-9)与目标地层比鲁特组、褶皱向斜(图10-7),加上遥感蚀变区域(图10-8)完成遥感找矿选区,见图10-10。

图 10-7　白云鄂博长山壕区遥感找矿目标区域影像图
绿线框为找矿目标区，划分目标区：一是比鲁特地层，二是褶皱

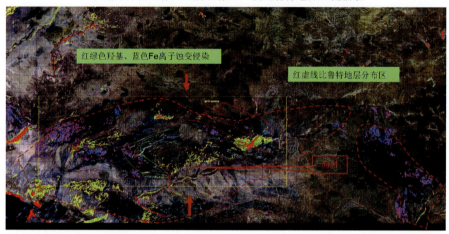

图 10-8　白云鄂博裂谷固阳县中段比鲁特地层、羟基、Fe^{3+} 蚀变侵染分布多光谱遥感影像图
绿色框为比鲁特地层、向斜褶皱、蚀变侵染合成找矿靶区

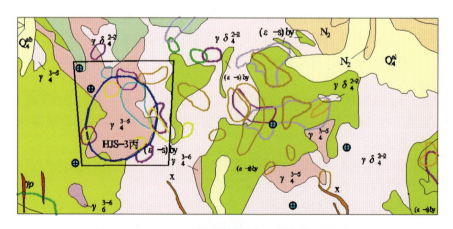

图 10-9　白云鄂博裂谷固阳县中段化探异常示意图
图中红线框为化探异常，是图 10-8 的遥感预测区域，区域内存在比鲁特地层（ε）；
左黑线框是研究人员设计找岩体（γ）相关矿产区域

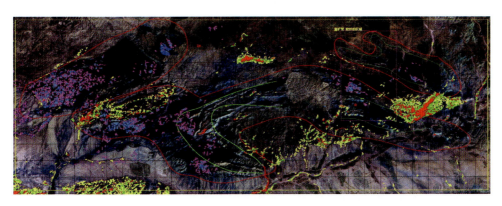

图 10-10　固阳县中段遥感找矿选择靶区影像图

Fe^{3+}蚀变侵染明显、含水蚀变矿物明显它们分布在褶皱转折端,黄色框为找矿靶区

6) 金矿化探找矿

(1) 成矿元素异常:Au。

(2) 直接指示元素异常组合:Au-Ag-Cu-Ca。

(3) 间接指示元素异常组合:Hg-As-Sb-Bi-Mo。

(4) 成矿环境元素异常组合:Fe-Mg-V-Ti-Co-Mn-Bi-F、La-Y-Zr、K-Si-U-Li-Nb。

除了强度高、面积大、元素组合齐全的化探异常,注意深部隐伏矿床所反映的低、缓、弱化探异常是寻找隐伏矿床重要方法。

7) 物探找矿

注意高视极化率、中低视电阻率激电异常和低缓磁异常。

四、两个举例

1. 某矿区找矿例

矿区处于切深地壳大断裂构造旁的火山-次火山岩分布区域,矿区及附近铜蚀变矿化成带成片展布。

矿区投入化探、物探扫面工作 200 多平方千米,此前投入槽探、钻探、坑道平巷工程近 2 亿元探矿费用。

找矿工作程序如下。

(1) 分析地质成矿条件及此前的找矿工作结果后判定,以前按脉状矿床找矿的技术思路是不符合矿床实际赋存状况的,推断是不正确的。

(2) 根据地质资料分析以及现场地质景况分析,初步认为该区域应该存在火山-次火山岩型矿床,岩石类型应该是闪长岩类、爆破角砾岩等。注意寻找几十米至 1000m 深范围隐伏矿体。

(3) 卫星遥感解译以线性、环形构造解译为重点。因矿区范围已经确定,铜蚀变矿化普遍,开展遥感蚀变侵染、化探工作其结果的指导找矿作用不明显。

(4) 深部找矿在遥感结果判断找矿靶区,在此指导下以物探电法、磁法为前期手段,钻探验证。

(5) 以前沿沟谷分布的物探结果据地质资料对比分析存在偏差,决定放弃不用。否则,安排勘查方案时要产生混乱。

工作结果如下。

(1) 卫星遥感解译最佳环形组合在矿区东南部(原来勘查工作施工区域在矿区东南部)。

(2) 按遥感选择靶区,在矿区东南部布设物探工作,在此区域存在异常。

(3) 按物探成果,400m×400m 工程间距布置钻探验证,矿体几米至二十几米厚的几层铜矿体品位一般为 1‰～10‰,成矿围岩为花岗闪长岩、闪长玢岩。初步判断为次火山岩型成因矿床。

找矿过程及结果见图 10-11。

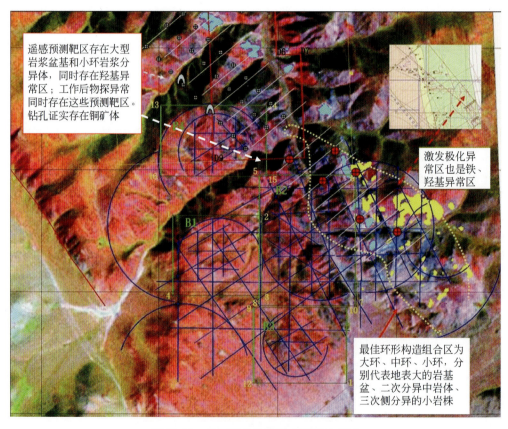

图 10-11　矿区找矿结果综合影像示意图
图中黄色虚线区为物探异常范围,红色钻孔表示见矿

2. 某某矿区找矿例

矿区由一个采矿权、几个探矿权区组成。位于两个板块次级地体结合部的北东向深断裂东侧。地层多为太古界绿岩型老地层,但地层层序混乱呈块体分布。矿区处于大小兴安岭火山盆地中。大型金矿床矿山,开采多年,资源危机,已经开展多年的找矿工作。

找矿工作程序如下。

(1)遥感选区 5 个。

(2)根据区域、矿区资料及现场地质情况分析,矿区处在板块次级地块镶嵌俯冲地块一侧,造山型脉状绿岩金矿成矿可能性太小(地块另一侧才存在此类金矿床);矿区处在燕山期火山岩盆地,应该以找火山-次火山型矿床为目标。仔细研究矿山开采矿床后认为,其矿床成因不是一般文献提出的斑岩型矿床,因其地理位置不具备斑岩矿床形成的大地构造条件,探明的矿床爆破角砾岩及次火山岩体中,矿床应该属于次火山岩类矿床。更加增添了以找火山-次火山型矿床为目标的支持因素。

(3)以遥感选定靶区开展化探、物探电法磁法扫面。注意物探结合化探及磁法排除地层含碳干扰。注意金矿种物探不可能出现高异常重点注意低异常的分析判断。

工作初步结果如下。

(1)东北部遥感环形构造组合较佳是理想的选区。

(2)化探金异常存在。

(3)物探异常存在。

(4)在上述异常叠合部位,选择存在磁异常区布设槽探、钻探。槽探、钻探见到矿体几段,最大见矿厚度 2m 多,金品位为 1~6g/t。

工作结果见图 10-12~图 10-14。

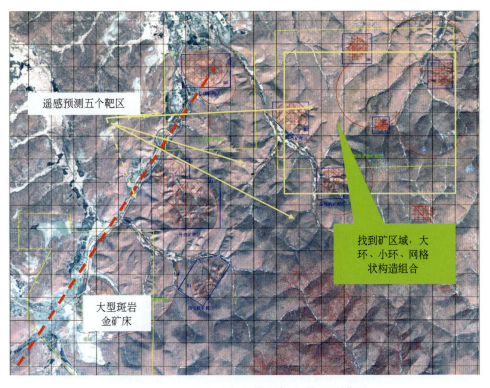

图 10-12　金矿找矿多光谱遥感预测靶区影像图

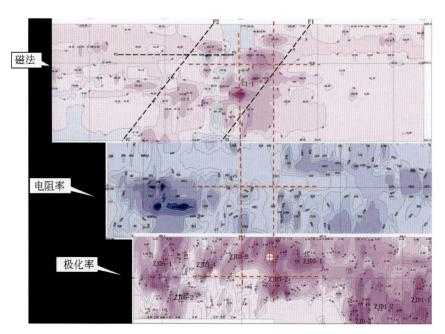

图 10-13　电法、磁法扫面平面示意图

图中红色圆圈为见矿钻孔

图 10-14　遥感影像、物探、地表矿体综合景观图

参 考 文 献

白登海,蒋邦本.1993.内蒙古东部古生代块体碰撞区的大地电磁测深研究.地球物理学报,36(3):326-336.

包志伟,陈森煌,张桢堂.1994.内蒙古贺根山地区蛇绿岩稀土元素和 Sr-Nd 同位素研究.地球化学,23(4):339-349.

芮宗瑶,李光明,张立生,等.2004.西藏斑岩铜矿对重大地质事件的响应.地学前缘,11(1):145-152.

蔡瑞清.2011.内蒙古中部韧性剪切带与金矿的成矿关系.现代农业,(9):97-98.

曹从周.1983.内蒙古贺根山地区蛇绿岩和中朝板块和西伯利亚板块的缝合带位置.中国北方板块构造论文集(第1集).

曹从周.1987.内蒙古索伦山—贺根山蛇绿岩带中席状岩墙群及其地质意义.中国北方板块构造论文集(第2集).

陈斌.2011.内蒙古兴安地区二叠系沉积特征及构造背景.北京:中国科学院博士学位论文.

陈德潜.1995.论小坝梁铜矿床的海底火山热液成因.地球学报,(2):190-203.

陈会军,刘世伟,付占荣,等.2012.内蒙古赤峰市官地银金矿床地质特征及成矿分析.地质与勘探,21(1):11-15.

陈纪明.1996.内蒙古乌拉山—大青山绿岩型金矿地质.北京:地质出版社,1-148.

陈纪明,刘刚.1995.内蒙古乌拉山—大青山绿岩型金矿地质研究报告.廊坊:武警黄金研究所.

陈江,王安建,黄妙芬.2007.多种类植被覆盖地区 ASTER 影像岩石、土壤信息提取方法研究.地球学报,28(1):86-91.

陈军强,孙景贵,朴寿成,等.2005.金厂沟梁金矿区暗色脉岩的成因和意义.吉林大学学报:地球科学版,35(6):707-713.

陈伟军,刘红涛.2007.内蒙古红花沟金矿床地质特征与原生晕深部预测.金属矿山,(4):44-48.

陈祥.2000.内蒙古额仁陶勒盖银矿床稳定同位素研究.内蒙古地质,(1):5-6.

陈祥志,陈洪涛,冯峰岐,等.2008.内蒙古赤峰雁翅沟金矿床地质特征及成因分析.黄金,29(9):11-14.

陈衍景.2002.中国区域成矿研究的若干问题及其与陆陆碰撞的关系.地学前缘,9(4):319-328.

陈衍景.2006.造山型金矿床、成矿模式及找矿潜力.中国地质,33(6):1181-1196.

陈衍景.2009.大陆碰撞成矿理论及应用.岩石学报,29(1),1-17.

陈衍景,郭辉,李欣.1998.华北克拉通花岗绿岩地体中中生代金矿床的成矿地球动力学背景.中国科学(D),28(1),35-40.

陈毓川,叶天竺.2003.中国重要成矿带矿产资源远景评价.北京:中国地质科学院矿产资源研究所.

程培生,汤正江.2009.综合物化探技术在大兴安岭地区区域化探异常查证工作中的应用.物探与化探,33(5):497-500.

程裕淇.1979.初论矿床的成矿系列问题.中国地质科学院院报,1(1):32-58.

程志平,单娜琳.2007.隐伏脉状金矿体的激发极化异常特征.物探与化探,31:85-88.

褚金锁,贾洪杰.2000.金厂沟梁金矿床地质特征及成因.矿产与地质,14(3):155-157.

丛丽娟,胡凤翔,杨俊才,等.2007.内蒙古朱拉扎嘎金矿 ETM+数据提取蚀变异常方法研究.现代地质,21(4):725-732.

崔文元,王长秋,张承志,等.1991.辽西—赤峰一带太古代变质岩中锆石 U-Pb 年龄.北京大学学报,27(2):229-237.

党安荣.2000.RED ASAGNE 遥感瞄像处理方法.北京:清华大学出版社,194-195.

董学斌.1993.内蒙古东部古生代块体碰撞区的大地电磁测深研究.地球物理学报,36(3):326-337.

都城秋穗,1977.消减带蛇绿岩和岛弧蛇绿岩.国外地质,(9):7-16.

都城秋穗.1979.变质作用与变质带.周云生译.北京:地质出版社.
段明.2009.内蒙古贺根山地区蛇绿岩的类型及其成矿作用.长春:吉林大学硕士学位论文.
范书义,毛华人,张晓东,等.1997.大兴安岭中段二叠系地球化学特征及其成矿意义.中国区域地质,16(1):89-97.
费红彩.2004.内蒙古霍各乞铜多金属矿床的含矿建造及矿床成因分析.现代地质,18(1):32-38.
高德臻,李龙,张维杰.2001.内蒙古临河—集宁断裂带中段构造特征及其演化.中国区域地质,20(4):21-25.
高计元,王一先,裘愉卓,等.2001.内蒙古中西部多岛海构造演化.大地构造与成矿学,25(4):397-404.
高坪仙.2000.蛇绿岩及蛇绿岩构造侵位.前寒武纪研究进展,23(4):250-256.
葛文春,吴福元,周长勇,等.2005.大兴安岭中部乌兰浩特地区中生代花岗岩的锆石 U-Pb 年龄及地质意义.岩石学报,21(3):749-762.
龚全德,徐桓,陈满,等.2004.内蒙古巴彦温多尔金矿床构造演化及成矿特征.现代矿业,50(4):65-67.
郭令智,施央申,马瑞士.1981.板块构造与成矿作用.地质与勘探,(9):1-6.
韩国安.1989.内蒙古乌拉山地区石英-钾长石脉的金矿化地质特征及成因初探.黄金地质科技,(3):48-54.
洪大卫.2000.兴蒙造山带 ε(Nd,t)值花岗岩的成因和大陆地壳增长.地学前缘,7(2):441-456.
洪大卫,黄怀曾,肖宜君,等.1994.内蒙古中部二叠纪碱性花岗岩及其地球动力学意义.地质学报,68(3):219-230.
侯万荣.2011.内蒙古哈达门沟金矿床与金厂沟梁金矿床对比研究.北京:中国地质大学博士学位论文.
侯增谦.2010.翟裕生教授从事地质事业60年报告.北京:中国地质科学院.
侯宗林.1989.白云鄂博铁-铌-稀土矿床基本地质特征、成矿作用、成矿模式.地质与勘探,25(7):1～5.
胡凤翔,黄占起,李四娃,等.2002.内蒙古中部地区绿岩及绿岩型金矿成矿地质特征.前寒武纪研究进展,25(3～4):190-198.
胡受奚,叶瑛,越懿英,等.1995.华北地台中生代热液成矿的构造环境.高校地质学报,1(1):58-66.
胡晓,许传诗,牛树根.1991.华北地台北缘早古生代大陆边缘演化.北京:北京大学出版社,91-223.
黄本宏.1983.天山—兴安内蒙古东部古生代末植物地理区系及其地质意义.中国北方板块构造文集(第1集).
黄汲清,任纪舜,姜春发.1977.中国大地构造基本轮廓.地质学报,(2):117-135.
黄美如.1984.东升庙多金属矿床特征及其成因.内蒙古冶金地质,(2):11-12.
黄再兴,王治华,常春郊,等.2003.内蒙东乌珠穆沁旗成矿带多金属成矿规律与找矿方向.地质调查与研究,36(3):205-212.
黄占起,沈存利,王守光.2002.内蒙古狼山—渣尔泰山地区与黑色岩系有关的铂族元素矿床找矿前景.地质通报,(10):663-667.
贾文.1994.内蒙古中部地区太古宙绿岩带金矿找矿标志.内蒙古地质,79(1):54-63.
贾和义,许立权,张玉清,等.2003.1/25万内蒙古白云鄂博幅区域地质调查报告.呼和浩特:内蒙古地矿局,15-230.
江思宏,杨岳清,聂凤军,等.2001a.内蒙古西部朱拉扎嘎金矿硫、铅同位素地质学研究.地质论评,47(4):438-445.
江思宏,杨岳清,聂凤军,等.2001b.内蒙古朱拉扎嘎金矿床地质特征.矿床地质,20(3):234-243.
金性春.1982.板块构造学基础.上海:上海科学技术出版社.
荆风.2005.内蒙古大兴安岭南段多金属成矿带遥感多源信息综合研究.北京:中国地质大学硕士学位论文.
科瓦列夫.1980.板块与找矿.锁林译.北京:地质出版社.

参 考 文 献

朗殿有,白秀英.1994.内蒙古乌拉山金矿带中大桦背花岗岩体与金矿床成因联系探讨.内蒙古地质,79(1):24-34.

雷国伟.1987.河北崇礼一带的层控金矿床.地质找矿论丛,2(3):6-12.

雷国伟.1989.论中国东部地壳中某些金属元素的地球化学分区性.沈阳黄金学院学报,89(1):1-10.

雷国伟.1990.某些金属元素的地球化学分区及在普查找矿中的意义.地质与勘探,26(9):46-49.

雷国伟.2014.内蒙古重要成矿带的划分、矿床类型及找矿问题思考(演讲稿).海拉尔:大兴安岭北部找矿战略研讨会文集.

雷国伟,宋文亚,韩国安,等.2013.内蒙古哈德门沟金矿床储量核实报告.呼和浩特:中国黄金集团内蒙古金盛矿业公司.

雷国伟,杨旭升,韩国安,等.2009.内蒙古自治区兴安盟、阿拉善地区多金属矿产遥感调查靶区及验证报告.呼和浩特:中国黄金集团内蒙古金盛矿业公司.

雷国伟,杨旭升,汪振涌,等.2012.内蒙古有色金属重要矿床.北京:科学出版社.

雷寿刚.1984.内蒙古达茂旗赛乌素金矿32号脉群初步勘探地质报告.呼和浩特:内蒙古地矿局.

李长江,张春华,房继山.2004.河北金厂峪——金厂沟梁遥感信息与金矿.黄金地质,10(4):75-80.

李春昱,王荃.1983.我国北部边陲及邻区的古板块构造与欧亚大陆的形成//中国北方板块文集(1).北京:地质出版社.

李春昱,王荃,刘雪亚.1981.中国的内生成矿与板块构造.地质学报,55(3):195-204.

李春昱,王荃,刘雪亚,等.1982.亚洲大地构造图说明书.北京:地质出版社.

李大鹏,陈岳龙,王忠,等.2009.内蒙古乌拉山地区大桦背岩体中锆石 LA-ICPMS 研究与成岩过程模拟.自然科学进展,19(4):400-411.

李冬田.1988.遥感地质学.北京:地质出版社.

李洪喜,徐士银,张庆龙,等.2008.内蒙古大青山地区地质构造与成矿.资源调查与环境,29(3):204-211.

李鹤年,范国传.1990.对应因子分析在谢尔塔铁矿中应用.吉林大学学报,42(1):23-28.

李锦铁.1986.内蒙古东部中朝板块与西伯利亚板块之间古缝合带的初步研究.科学通报,(14):7-10.

李进文,张德全,赵士宝,等.2006.得尔布干成矿带西南段金属成矿规律及找矿方向.矿床地质,25:19-22.

李俊建.2006.内蒙古阿拉善地块区域成矿系统.北京:中国地质大学博士学位论文.

李立军,李玉芹,王保国.2008.杏树园金矿床的地质特征及成因初步分析.西部探矿工程,20(2):83-85.

李楠,肖克炎,陈析璆,等.2010.基于 Hyperion 高光谱数据的矿物蚀变提取.地质通报,29(10):1558-1563.

李鹏武,高锐,管烨,等.2006.内蒙古中部索伦-林西缝合带封闭时代的古地磁分析.吉林大学学报,36(5):744-758.

李强之.1990.金厂沟梁——二道沟金矿田地质地球化学特征及成因认识.黄金地质科技,26(4):44-49.

李述靖,高德臻.1995.内蒙古苏尼特左旗地区若干地质构造的新发现及其构造属性的初步探讨.现代地质,9(2):131-141.

李树勋.1995.内蒙古色尔腾山地区花岗岩-绿岩的地质特征.长春地质学院学报(变质地质学年辑),7(198):119-121.

李双林,欧阳自远.1998.兴蒙造山带及邻区的构造格局与构造演化.海洋地质与第四纪地质,18(3):45-54.

黎彤.1994.中国陆壳及其沉积层化学元素丰度.地球化学,(2):140-145.

李文渊,汤中立,郭周平,等.2004.阿拉善地块南缘镁铁-超镁铁岩形成时代及地球化学特征.岩石矿物学杂志,23(2):117-126.

李献华,苏犁,宋彪,等.2004.金川超镁铁质侵入岩 SHRIMP 锆石 U-Pb 年龄及其地质意义.科学通报,

49(4):5-7.

李延河,丁悌平.1990.内蒙古赤峰红花沟金矿稳定同位素研究.矿床地质,(3):257-269.

李永刚,翟明国,杨进辉,等.2003.内蒙古赤峰安家营子金矿成矿时代以及对华北中生代爆发成矿的意义.中国科学,33(10):960-966.

李兆龙,许文斗,庞文忠.1986.内蒙古中部区层控多金属矿床硫、铅、碳和氧同位素组成及矿床成因.地球化学,(1):13-22.

李之彤.1986.我国东部中(新)生代火山热液型金矿的地质特征//金矿地质论文集.北京:地质出版社,5-14.

李之彤,赵春荆.1987.内蒙古中部古生代花岗岩类的成因类型及其产出的构造环境.中国地质科学院沈阳地质矿产研究所文集.

李忠军.1995.闹牛山铜矿床次火山岩及与成矿的关系.矿产与地质,(3):153-159

梁一鸿,张宏颖.2004.十八倾壕金矿床硫同位素组成的构造学意义.地质与勘探,40(6):1-4.

林宝钦,沈而述.1992.华北陆台辽西隆起冰长石-绢云母型低温浅成热液金矿床.沈阳:东北工学院出版社,119-125.

刘本培,全秋琦.2003.地史学教程.3版.北京:地质出版社,278.

刘长安,单际彩.1979.试谈蒙古—鄂霍茨克海带古板块构造的基本特征.长安地质学院学报,(2):35-37.

刘敦一,伍家善,沈其韩.1994.中朝克拉通老于38亿年的残余陆壳-离子探针质谱锆石微区U-Pb年代学证据.地球学报,(21):1-2.

刘纲.1991.赤峰地区金矿床铅同位素特征及矿床成因.地质找矿论丛,6(2):91-98.

刘海山.1987.内蒙二叠纪古地磁研究初步结果.北京:第三次全国古地磁学术讨论会论文摘要.

刘家义.1983.内蒙古贺根山地区蛇绿岩研究及其构造意义.中国北方板块构造文集(第1集),23-31.

刘家远.2006.隐伏矿床预测的理论和方法.北京:冶金工业出版社.

刘建明,沈洁,赵善仁,等.1998.金属矿床同位素精确定年的方法和意义.有色金属矿产与勘查,7(2):107-113.

刘建明,张锐,张庆洲.2004.大兴安岭地区的区域成矿特征.地学前缘,11(1):269-277.

刘建明,叶杰,刘家军,等.2009.SEDEX型和VHMS型矿床及其成矿地球动力学背景的对比.矿床地质,(21):28-31.

刘伟,邓军,储雪蕾.2000.华北北部大型-超大型矿床的特征及其形成的宏观地质背景.地球物理学进展,15(2):67-78.

刘喜山.1989.韧性剪切变质带与金矿的成矿关系.北京:内部交流、地质矿产部秦巴协调领导小组.

刘妍,杨岳清.2002.内蒙古朱拉扎嘎金矿火山岩岩(矿)相学及成矿意义.矿床地质,21(3):304-310.

刘玉英,郝福江.2010.遥感地质学.北京:地质出版社.

刘志刚.2000.内蒙古乌拉山—大青山地区金矿成矿地质条件及成矿规律.矿产与地质,14(4):230-233.

刘宗秀.2002.金厂沟梁—二道沟金矿田地质地球化学特征及成因探讨.世界地质,21(1):13-18.

卢造勋,夏怀宽.1993.内蒙古东乌珠穆沁旗—辽宁东沟地学断面.地球物理学报,(36)6:765-772.

陆松年,杨春亮.1995.华北地台变质基底的同位素地质信息.华北地质矿产杂志,(2):143.

鲁颖淮,李文博,赖勇.2009.内蒙古镶黄旗哈达庙金矿床含矿斑岩体形成时代和成矿构造背景.岩石学报,25(10):2615-2620.

吕凤军,邢立新,范继璋,等.2006.基于蚀变信息场的遥感蚀变信息提取.地质与勘探,42(2):65-68.

吕召恒.2011.内蒙古苏尼特右旗干觉岭金矿床地质特征及成矿条件分析.西部资源,(2):74-77.

吕志成,段国正,郝立彼,等.2002.大兴安岭南段早二叠系大石寨组细碧岩岩石学地球化学特征及成因探讨.岩石学报,18(2):212-222.

罗镇宽,苗来成,关康.2000.华北地台北缘金矿床成矿时代讨论.黄金地质,6(2):70-76.

马建文,张齐道.1994.利用TM数据在多种环境目素干扰条件下填制蚀变岩方法.地质找矿论丛,9(2):84-88.

马醒华.1993.中国三大板块的碰撞拼合与欧亚大陆的重建.地球物理学报,(4):476-487.

马杏恒,白津,索书田,等.1987.中国前寒武纪构造格架及研究方法.北京:地质出版社.

马润.2001.内蒙朱拉扎嘎金矿详查报告.呼和浩特:内蒙古地矿局.

毛晓长,刘文灿,林建国,等.2005.ETM+和ASTER数据在遥感矿化蚀变信息提取应用中的比较——以安徽铜陵凤凰山矿田为例.现代地质,19(2):309-314.

孟二根,张有宽,陈旺.2002.内蒙朱拉扎嘎金矿成矿地质条件及找矿方向初探.矿产与地质,16(3):168-173.

孟小明,付庆,王刚,等.2007.建平地区太古宙建平群小塔子沟组变质岩地质特征.有色矿冶,23(2):8-11.

苗来成.2000.华北克拉通北缘花岗岩类时空演化及与金矿关系.北京:中国地质大学博士学位论文.

苗来成,范蔚茗,翟明国,等.2003.金厂沟梁—二道沟金矿田内花岗岩类侵入体锆石的离子探针U-Pb年代学.岩石学报,19(1):71-80.

苗来成,Qiu Y M,关康,等.2000.哈达门沟金矿床成岩成矿时代的定点定年研究.矿床地质,19(2):182-190.

内蒙古105地质队.1985.内蒙巴盟甲生盘地区层控多金属矿成矿规律研究.包头:内蒙古地矿局.

内蒙古第一地质调查院.1983.白云鄂博地区1:5万区调片区总结地质报告.包头:内蒙古地矿局.

内蒙古自治区地质矿产局.1991.内蒙古区域地质志.北京:地质出版社.

内蒙古自治区地质研究队.1991.内蒙古与蒙苏边境两侧主要金属成矿带对比及成矿条件研究.呼和浩特:内蒙古地质矿产局科技成果,1-325.

聂凤军,裴荣富,吴良士,等.1994.内蒙古乌拉山石英-钾长石脉金矿床铅和硫同位素研究.矿床地质,13(2):106-117.

聂凤军,江思宏,侯万荣,等.2010.内蒙古中西部浅变质岩为容矿围岩的金矿床地质特征及形成过程.矿床地质,29(1):58-70.

聂凤军,江思宏,刘妍,等.2005.再论内蒙古哈达门沟金矿床的成矿时限问题.岩石学报,21(6):1719-1728.

聂凤军,江思宏,张义,等.2007.中蒙边境中东段金属矿床成矿规律和找矿方向.北京:地质出版社,1-574.

聂凤军,张洪涛.1989a.内蒙古哈达庙含金侵入杂岩体的基本地质特征及岩体成因问题.地质论评,35(4):297-305.

聂凤军,张洪涛,孙浩,等.1989b.内蒙古哈达庙金矿床地质特征及矿床成因探讨.矿床地质,6(2):51-59.

潘兆橹.1985.结晶学与矿物学.北京:地质出版社,185-205.

庞奖励.1999.二道沟矿床绢云母的$^{39}Ar/^{40}Ar$年龄及其地质意义.陕西师范大学学报:自然科学版,27(1):442-447.

裴荣富.1998.华北地块北缘及其北侧金属矿床成矿系列与勘查.北京:地质出版社.

彭丽娜.2011.内蒙古赤峰市金蟾山金矿床成矿机制与成矿构造背景研究.北京:中国地质大学硕士学位论文.

彭润民,翟裕生,王志刚.2000.内蒙古东升庙、甲生盘中元古代SEDEX矿床同生断裂活动及其控矿特征.地球科学,25(4):404-409.

彭向东,张梅生,张松海,等.1998.吉黑造山带二叠纪生物古地理区划及特征.长春科技大学学报,28(4):361-365.

彭振安,李红红,曲文静,等.2010.内蒙古北山地区小狐狸山钼矿床辉钼Re-Os同位素年龄及其地质意义.

矿床地质,(29):3.
濮静娟.1992.遥感图像目视解译原理与方法.北京:中国科学技术出版社.
秦克章,王之田,潘龙驹.1990.满洲里—新巴尔虎右旗铜、钼、铅、锌、银带成矿条件与斑岩体含矿性评价标志.地质论评,36(6):479-488.
权恒,张炯飞,武广.2002.德尔布干成矿区矿产资源远景评价.地质与资源,11(1):43-47.
任纪舜.1991.论中国大陆岩石圈构造的基本特征.中国区域地质,(4):289-293.
任纪舜,陈庭宇,牛宝贵,等.1991.中国东部及邻区大陆岩石圈的构造演化与成矿.北京:科学出版社.
任纪舜,牛宝贵,刘志刚,等.1999.软碰撞、叠覆造山和多旋回缝合作用.地学前缘,6(3):85-293.
任收麦,黄宝春.2002.晚古生代以来古亚洲洋构造域主要块体运动学特征初探.地球物理学进展,17(1):113-120.
任耀武,曹倩雯.1996.内蒙古驼峰山铜金矿床成矿地质特征.黑龙江地质,7(1):33-40.
任英忱,赵景德,张宗清.1994.白云鄂博稀土超大型矿床的成矿时代及其主要地质热事件.地球学报,(1-2):95-101.
芮宗瑶.1994.华北陆块北缘及邻区有色金属矿床地质.北京:地质出版社.
芮宗瑶,黄崇轲,齐国明,等.2002.国内外斑岩型铜矿研究新进展.北京:中国地质调查局.
邵济安.1991.中朝板块北缘中段地壳演化.北京:北京大学出版社.
邵积东.1998.内蒙古大地构造分区及其特征.内蒙古地质,2:1-5.
佘宏全,张桂兰,张德全,等.2005.赤峰陈家杖子隐爆角砾岩型金矿床地质地球化学特征与成因.矿床地质,24(4):373-387.
沈保丰,翟安民,陈文明,等,2006.中国前寒武纪成矿作用.北京:地质出版社,1-362.
沈能平.2008.南岭中段中生代花岗岩成岩成矿时限.地质评论,54(5):617-625.
沈其韩,张荫芳.1990.内蒙古中南部太古宙变质岩.北京:地质出版社.
沈逸民.2014.内蒙古中东部两类花岗岩地质化学特征.矿物岩石,34(1):78-80.
施炜,刘建民,王润生.2007.内蒙古东部喀喇沁旗地区金矿围岩蚀变遥感信息提取及成矿预测.地球学报,28(3):291-298.
石光荣.1988.Archbold地区二叠纪海洋生物地理区系的演化.地球科学,23(1):1-8.
宋明辉.2007.内蒙苏尼特左旗地区蚀变遥感信息提取研究.长春:吉林大学硕士学位论文.
宋维民,邢德和,郭胜哲,等.2009.内蒙古金厂沟梁西对面沟岩体岩石地球化学特征及意义.地质与资源,18(2):134-139.
孙德有,吴福元,张艳斌,等.2004.西拉木伦河—长春—延吉板块缝合带的最后闭合时间——来自吉林大玉山花岗岩体的证据.吉林大学学报:地球科学版,34(2):174-181.
孙德有,吴福元,张艳斌,等.1987.内蒙固阳西花岗岩、绿岩地体韧性剪切带特征.世界地质,(6):3-6.
孙丽娜.1990.金厂沟梁金矿成矿物质来源及矿床成因讨论.辽宁地质学报,(2):69-80.
孙丽娜.1992.金厂沟梁金矿成矿物理化学条件和成矿过程分析.华北地台北缘金矿地质科研讨论会论文选编.沈阳:东北工学院出版社,320-325.
孙艳霞,张达,张寿庭,等.2009.内蒙古小坝梁铜金矿床的硫、铅同位素特征和喷流沉积成因.地质找矿论丛,24(4):282-285.
汤中立,等.2002.华北古陆西南缘(龙首山—祁连山)成矿系统及成矿构造动力学.北京:地质出版社.
唐克东.1992.中朝板块北侧褶皱带构造演化及成矿规律.北京:北京大学出版社,96-243.
唐克东,张允平.1991.内蒙古缝合带的构造演化//肖序常,汤褶庆.古中亚夏合巨型缝合带南缘构造演化.北京:北京科学技术出版社.
陶继雄,白立兵,宝音乌力吉,等.2003.内蒙古满都拉地区二叠纪俯冲造山过程的岩石记录.地质调查与研究,26(4):241-249.

参考文献

田世良,全力夫,双宝.1995.额尔古纳成矿带脉状银(铅锌)矿床与塔木兰沟组火山岩的成矿关系.有色金属矿产与勘查,4(6):12-16.

万良国.1986.内蒙古狼山—尔泰山地区层伏多金属硫化矿床研究报告.呼和浩特:内蒙古地质研究队内部资料.

王长明.2006.大兴安岭中南段构造演化与成矿.博士生学术论坛论文集.北京:地质出版社,199-204.

王长顺.2009.大兴安岭中南段喷流-沉积成矿特征与成矿预测.北京:中国科学院博士学位论文.

王长尧.1993.白云鄂博地区地质构造特征.天津:中国地质科学院天津地质矿产研究所所刊.

王道永,王成善.1998.内蒙古东北部及周边地区前中生代构造发展演化史.成都理工大学学报,(25)4:529-536.

王登红,李华芹,应立娟,等.2009.新疆伊吾琼河坝地区铜、金矿成矿时代及其找矿前景.矿床地质,28(1):73-82.

王东方.1993.中朝陆台北缘大陆构造地质.北京:地震出版社.

王东方.1986.内蒙古温都尔庙—白乃庙地区古板块会聚带的成矿作用及金属矿带的初步划分.区域地质,(1):8-11.

王海坡,张永正,张炯飞,等.2007.与埃达克岩有关的白音宝力道金矿床.地质与资源,16(1):34-37.

王鸿祯.1981.从活动论观点论中国大地构造分区.地球科学,3(1):42-66.

王鸿祯,莫宣学.1996.中国地质构造述要.中国地质,(8):4-9.

王辑,王保良,徐成海.1989.狼山—白云鄂博裂谷系.北京:北京大学出版社.

王建平.1992.内蒙古金厂沟梁金矿构造控矿分析.北京:地质出版社,1-120.

王建平,贾洪杰.1998.次火山岩型金矿床构造物理过程研究——以内蒙古金厂沟梁金矿为例.地质力学学报,4(2):5-13.

王建平,贾玉峰,刘国军,等.2002.内蒙中部金矿类型成矿地质特征及找矿方向.矿床地质,21:666-669.

王荃.1986.内蒙古中部中朝与西北利亚古板块向缝合的确定.地质学报,(1):30-43.

王荃,刘雪亚.1981.中国蛇绿岩带与板块构造.长春地质学院学报,(1):72-81.

王荃,刘雪亚,李锦铁.1991.中国华夏与安加拉古陆间的板块构造.北京:北京大学出版社,1-151.

王时麒,孙承志,崔文元.1994.内蒙古赤峰地区金矿地质.北京:地质出版社.

王守光,王存贤,郑宝军,等.2004.内蒙古新地沟绿岩型金矿床地球化学特征.地质调查与研究,27(2):112-117.

王文旭,宋建中,曹晓盛,等.2013.内蒙古蓬勃山金矿床地质特征及矿床成因.世界地质,31(1):35-44.

王希斌.1995.中国蛇绿岩中变质橄榄岩的稀土元素地球化学.岩石学报,11(增刊):24-41.

王义文.1995.赤峰市喀喇沁旗安家营子金矿田矿体赋存规律及成矿预测.吉林:科研成果报告.

王瑜.1994.中国东部内蒙古燕山地区晚古生代晚期-中生代的造山作用过程.北京:中国地质科学研究院博士学位论文.

王玉荣,胡受奚.2000.钾交代蚀变过程中的金活化转移实验研究——以华北地台为例.中国科学(D辑),30(5):499-508.

王之田,秦克章.1991.中国大型铜矿床类型、成矿环境与成矿集中区的潜力.矿床地质,10(2):119-130.

王之田,张树文,孙树人,等.1992.大兴安岭东南缘成矿集中区成矿演化特征与找矿潜力.有色金属矿产与勘查,(6):6-12.

王忠.2004.内蒙古陈家杖子隐爆角砾岩型金矿床地质特征与找矿方向.中国地质,31(2):206-212.

武殿英.1999.额尔古纳成矿带找矿目标类型.有色金属矿产与勘查,8(6):690-691.

武广,李忠权,李之彤.2003.辽西地区早中生代火山岩地球化学特征及成因探讨.矿物岩石,23(3):44-50.

武广,朱群,张炯飞,等.2004.得尔布干成矿带勘查技术研究与综合找矿评价.地质调查项目,内蒙古地质矿产勘查局.

肖娥,邱检生,徐夕生,等.2007.浙江瑶坑碱性花岗岩体的年代学、地球化学及其成因与构造指示意义.岩石学报,23(6):1431-440.

肖伟,聂凤军,刘翼飞,等.2012.内蒙古长山壕金矿区花岗岩同位素年代学研究及地质意义.岩石学报,28(2):342-345.

肖序常,汤耀庆,李锦轶.1991.古中亚复合巨型缝合带南缘构造演化.北京:北京科学技术出版社,1-29.

谢锡才,王义文.1997.安家营子金矿田矿床及同源岩体同位素地球化学.地质与资源,6(3):171-182.

徐备,陈斌,张臣,等.1994.华北板块北缘中段含铁变质岩系的时代和构造环境初探.地质论评,40(4):307-311.

徐备,陈斌.1997.内蒙古北部华北板块与西伯利亚板块之间中古生代造山带的结构和演化.中国科学,27(3):227-232.

徐备,陈斌,张臣,等.1994.中朝板块北缘乌华敖包地块Sm-Nd同位素等时线年龄及其意义.矿床地质,(2):168-172.

徐备,田峰.2000.内蒙古西北部宝音图群Sr-Nd和Rb-Sr地质年代学研究.地质论评,(46)1:86-90.

徐冬葵.1987.古火山岛弧岩系-包尔汗图群地层、岩石化学特征及其成因探讨//中国北方板块构造论文集,第2集.北京:地质出版社.

徐国权.2001.内蒙古中部地区大青山东段二道洼群分布区金矿找矿方向.内蒙古地质,8(1):12-16.

徐九华,谢玉玲,1998.内蒙古大青山地区主要金矿床矿化特征及成因.地质与勘探,34(6):14-20

徐雁军,杜尔为.1991.内蒙古包头白云鄂博地区金矿床稳定同位素研究.长春地质学院学报,20(2):183-190.

徐毅,赵鹏大,张寿庭,等.2008.内蒙古小坝梁铜金矿地质特征与综合找矿模型.黄金,1(29):12-16.

徐志刚.1993.内蒙古东南部铜多金属矿床成矿构造背景.大兴安岭及邻区铜多金属矿床论文集.北京:地震出版社.

徐志刚.1997.大兴安岭及其邻区构造演化及控矿作用.北京:地震出版社.

许东清.2008.内蒙古苏莫查干大型萤石矿床地质特征及成因.矿床地质,27(1):1-13.

许保良,阎国翰,路凤香,等.2001.北山——阿拉善地区二叠-三叠纪富碱侵入岩的岩石学特征.岩石矿物学杂志,20(3):263-272.

许文良,孙德有,尹秀英.1999.大兴安岭海西期造山带的演化来自花岗质岩石的证据.长春科技大学学报,29(4):319-323.

阎国翰,牟保磊,许保良,等.2002.燕辽——阴山三叠纪碱性侵入岩年代学和Sr、Nd、Pb同位素特征.岩石矿物学杂志,20(5):383-387.

杨进辉,周新华.2000.胶东地区玲珑金矿矿石和载金矿物Rb-Sr等时线年龄与成矿时代.科学通报,45(14):1547-1552.

杨旭升.1992.应用卫星照片上进行大型破火山口的圈定.国土资源遥感,(3):74-75.

杨志达.1997.甘珠尔庙地区多金属矿床地质地球化学:大兴安岭及其邻区多金属矿床成矿规律与远景评价.北京:地震出版社.

冶金天津地调所有色组.1981.内蒙古狼山多金属矿床矿化特征和成矿控制条件.天津:冶金天津地调所.

叶伯丹,朱家平,李志昌,等.1986.全国同位素地质年龄数据汇编(第四集).北京:地质出版社.

殷鸿福,吴时国,赖旭龙,等.1988.中国古生物地理学.北京:中国地质大学出版社.

应汉龙,陆德复.1997.国外超大型浅变质细碎屑岩型金矿床的地质特征.贵金属地质,(1):296-304.

余宏全,李红.2009.内蒙古大兴安岭中北段铜铅锌银多金属矿床成矿规律与找矿方向.地质学报,83(10):1457-1469.

袁士松,葛良胜,郭晓东,等.2009.内蒙古苏尼特左旗地区韧性剪切带及其控矿作用研究.西北地质,42

(4):11-19.

翟裕生. 2010. 成矿系统论. 北京:地质出版社.

翟裕生,苗来成,向运川,等. 2002. 华北克拉通绿岩带型金成矿系统初析. 地球科学:中国地质大学学报, 27(5):522-531.

张百胜. 2001. 红花沟金矿床地质特征及矿床成因研究. 矿床地质,15(5):311-314.

张长春,王时麒,张韬. 2002. 内蒙古金厂沟梁金矿床稳定同位素组成和矿床成因讨论. 地质力学学报,8(2):156-164.

张春雷. 1999. 内蒙古赛乌素金矿成矿地质特征及其找矿方向. 黄金,20(10):8-12.

张德全. 1993. 大兴安岭地区与铜多金属成矿有关的侵入岩//张德全. 大兴安岭及邻区铜多金属矿床论文集. 北京:地震出版社.

张泓. 1988. 安加拉古陆外围晚二叠世混生植物群特征及形成机制的讨论. 地质论评,34(4):343-350.

张炯飞,朱群,武广,等. 2002. 大兴安岭热液矿床成矿时代. 矿床地质,21(增刊):309-311.

张理刚. 1995. 东亚岩石圈块体地质——上地幔、基底和花岗岩同位素地球化学及其动力学. 北京:中国科学院地质所.

张理刚. 1985. 稳定同位素在地质科学中的应用-金属活化热液成矿作用及找矿. 西安:陕西科学技术出版社,51-185.

张利真. 1990. 内蒙古渣尔泰群铜、铅、锌等多金属硫化物矿床综合模型的建立及应用. 物探与化探,14(4).

张履桥,刘喜山,李树勋,等. 1986. 内蒙古中部东五分子—朱拉沟地区太古宙地质特征与含矿性. 北京:中国科学院地质所.

张旗,周国庆. 2001. 中国蛇绿岩. 北京:科学出版社.

张泰,刘运纪. 2002. 内蒙古驼峰山含铜硫化物矿床地质特征及成因初探. 化工矿产地质,24(1):39-47.

张万益,聂凤军,江思宏,等. 2009. 内蒙古东乌珠穆沁旗岩浆活动与金属成矿作用. 北京:地质出版社, 1-120.

张秀琴,刘萍. 2012. 内蒙古狼山—白云鄂博成矿带金及多金属成矿特征分析. 甘肃冶金,34(1):74-78.

张学权,胡鸿飞,刘萍. 2007. 内蒙古赛乌素金矿床成矿地质特征及找矿预测. 地质与勘探,43(4):36-40.

张义,聂凤军,江宏思,等. 2003. 中蒙边境欧玉陶勒盖大型铜-金矿床的发现及对找矿勘查工作的启示. 地质通报,22(9):708-712.

张瑜麟. 2001. 熊耳山银铅成矿区物探找矿方法应用研究. 物探与化探,37(6):46-50.

张玉君,杨建民,陈薇. 2002. ETM+(TM)蚀变遥感异常提取方法研究与应用——地质依据和波谱前提. 国土资源遥感,(4):30-36.

张玉君,杨建民,姚佛军. 2007. 多光谱遥感技术预测矿产资源的潜能——以蒙古国欧玉陶勒盖铜金矿床为例. 地学前缘,(5):63-70.

张振法. 1998. 内蒙古地轴中段新地沟金异常区综合找矿模式. 内蒙古地质,86(1):1-24.

张振法,姜建利,秦增刚,等. 2001. 关于华北地台与兴蒙古生代地槽褶皱系界线的划分. 中国地质,29(9): 1-12.

章咏梅. 2008. 内蒙古柳坝沟金矿床地质特征及成因探讨. 第九届全国矿床会议论文集. 北京:地质出版社.

章咏梅. 2012. 内蒙古柳坝沟-哈德门沟金矿田成因、控矿因素与找矿方向. 北京:中国地质大学博士学位论文.

章咏梅,顾雪祥,程文斌,等. 2010. 内蒙古柳坝沟金矿床同位素年代学研究. 矿床地质,29(S):551-552.

朱炳泉,李献华,戴橦谟,等. 1998. 地球科学中同位素体系理论与应用——兼论中日大陆壳幔演化. 北京:科学出版社,216-230.

赵百胜,刘家军,王建平,等.2011.内蒙古长山壕金矿矿床地球化学特征与成因研究.现代地质,25(6):1077-1087.

赵国春.1995.内蒙古苏尼特左旗巴润萨拉北东向强变形带的构造特征及其形成环境.现代地质,9(2):226-233.

赵国龙,杨桂林,王忠,等.1989.大兴安岭中南段中生代火山岩.北京:北京科学技术出版社.

赵同阳.2008.准噶尔—巴尔喀什褶皱系典型斑岩铜矿床的遥感地质特征分析及成矿预测.乌鲁木齐:新疆大学硕士学位论文.

赵一鸣,张德全.1997.大兴安岭及其邻区铜多金属矿床成矿规律与远景评价.北京:地震出版社.

赵一鸣,林文蔚.1994.内蒙古东南部铜多金属成矿地质条件及找矿模式.北京:地震出版社.

赵庆英,李刚,刘正宏,等.2009.内蒙古大青山地区沙德盖岩体特征及成因.吉林大学学报,39(6):1073-1079.

郑翻身,徐国权,冯贞,等 2005.内蒙古中部地区绿岩型金矿地质特征及成矿远景预测.地质学报,79(2):232-248.

郑学正,1995.东喀喇沁金矿同位素地球化学.黄金科学,(3):26-32.

中国科学院地球化学研究所.1988.白云鄂博旷床地球化学.北京:科学出版社.

中国科学院地质研究所,国家地震局地质研究所.1980.华北断块区的形成与发展.北京:科学出版社.

中国人民武装警察部队黄金指挥部.1995.内蒙古哈达门沟伟晶岩金矿地质.北京:地震出版社,1-227.

周乃武.2000.金厂沟梁金(铜)矿田成矿时代的理顺.黄金学报,2(3):180-185.

周新华,张国辉,杨进辉,等.2001.华北克拉通北缘晚中生代火山岩 Sr-Nd-Pb 同位素填图及其构造意义.地球化学,(1):10-23.

周建波,郑永飞,杨晓勇,等.2002.白云鄂博地区构造格局与古板块构造演.2002,高校地质学报,8(1):46-61.

朱炳泉,李献华,戴樟谟,等.1998.地球科学中同位素体系理论与应用——兼论中日大陆壳幔演化.北京:科学出版社.

祝洪臣,张炯飞,权恒,等.2005.大兴安岭中生代两期成岩成矿作用的元素、同位素特征及其形成环境.吉林大学学报:地球科学版,35(4):436-442.

曾俊杰.2013.内蒙固阳晚古生代埃达克花岗岩特征及其地质意义.北京:中国地质大学硕士学位论文.

左文彬.1984.内蒙古乌拉特中旗炭窑口铜多金属矿床地质详查报告.呼和浩特:内蒙古地矿局.

Faure G. 1986. 同位素地质学原理. 北京:科学出版社,300-351.

Bai B, Trumbull R B. 1996. Gold deposits and mesozoic granites in NE China. Economic and Applied Geology, 14: 325-328.

Bostrom K. 1983. Genesis of ferromanganese deposits- diagnosis criteria for recent and old deposits//Rona P A. Hydro-thermal Processes at Sea Floor Spreading Centers. New York: Plenum Press, 1-473.

Chappell B W. 1999. Aluminium saturation in I-type and S-type granites and the characterization offractionated haplogranites. Lithos, 46(3): 535-551.

Coleman R G. 1977. Ophiolites-Ancient Oceanic Lithosphere. New York: Springer Verlag Berlin Heideberg.

Groves D J, Goldfarb R J, Gebre-Mariam M, et al. 1998. Orogenic gold deposits: A proposed classification in the context of their crustal distribution and relationship to other gold deosit types. Ore Geology Reviews, 13(1), 7-27.

Groves D J, Bierlein F P. 2007. Geodynamicsettings of mineral deposit system. Journal of Geological Society, 164(1): 19-30.

Kerrich R, Goldfarb R, Richards J P. 2005. Metallogenices in an evolving geodynamic framework. Economic Geology, 100: 1097-1136.

Kerrich R, Goldfarb R, Groves D, et al. 2000. The characteristics origins and geodynamic settings of supergiant gold metallogenic provinces. Science in China, 43(1): 1-68.

Kirwin D J. 2005. Unidirectional solidificational textures associated with instrusive-related Mongolian mineraldeposites. CERCAMS: Geodynamics and Metallogeny of Mongolia with a Special Emphasis on Copper and Gold deposits, 63-84.

Kovalenko V I, Yarmolyuk V V. 1990. Evolution of magmastism in geological structures of Mongolia. Evolution of Geological Processes. Moscow, Nauka, 1(3): 23-54.

Lamb M A, Cox D. 1998. New Ar^{40}/Ar^{39} age data and implications for porphyry copper deposits of Mongolia. Economic Geology, 93(4), 524-529.

Li J Y. 2006. Permian geodynamic setting of Northeast China and adjacent regions: Closure of the Paleo-Asian Ocean and subduction of the Paleo-Pacific Plate. Journal of Asian EarthSciences, 26(3-4): 207-224.

Miller M L, NgY Q, Liu Y Q. 1998. North gold a Produetofmulti Pleorogens. Economic Geological Society New Letters, 33: 1-12.

Pearce J A, Harris N B W, Tindle A G. 1984. Trace element discrimination diagrams for the tectonicinterpretation of granitic rocks. Journal of Petrology, 25(4): 956-983.

Perello, Yarmolyuk V. 1962. OyU Tolgoi, Mongolia: Siluro-Dvonian Pohyry Cu-Au(Mo) And High sulfidation//Runcorn S K. Contincntal Drift. New Yorks: Academic Press.

Perello, Dennis C. 2001. OyU Tolgoi, Mongolia: Siluro-Dvonian Pohyry Cu-Au(Mo) and high sulfidation cu neralization with a cretaceous a chalcocite blanket. Economic Geology, 96: 1407-1428.

Sangster D F, Scott S D. 1976. Precambrian stratabound. Massive Cu-Zn-Pb sulfide ores of North America//Wolf K H. Handbkook of Strata—bound and Stratifortn Ore Depostis. Am-terdam: Elsevier, 129-222.

Sawkins F J. 1983. Relrotogy and ceochemistory of continental. Rifts, 4(13): 51-54.

Shao J A. 1989. Continental crust accretion and tectonic magmatic activity at the northern margin of the Sino-Korean Plate. Journal of Southeast Asian Earth Scicnces, 3(1-4): 57-62.

Staecy J S, Kramers J D. 1975. Approximation of terrestrial lead isotope evolution by a two stage model. Earth and Planetary Science Letters, 26(2): 207-221.

Taylor S R, McLennan S M. 1985. The Continental Crust: Its Composition and Evolution. Oxford: Blackwell Scientific Publication.

Trumbrll R B. 1996. Grnitoid hosted gold deposits in the Njiayingzi district of inner mongolia, peoples republic of china. Economic Geology, 91: 875-895.

Turekian K K, Wedepohl K H. 1961. Distribution of the elements in some major units of the Earth's crust. Geological Society of America Bulletin, 72: 175-192.

Wan B, Hegner E, Zhang L C, et al. 1961. Rb-Sr geochronology of chalcopyrite from the Chehugou porphyry Mo-Cu deposit(Norheast China) and geochemical constraints on the origin of hosting granites. Economic Geology, 104(3), 351-363.

Watson E B, Harrison T M. 1983. Zircon saturation revisited: temperature and composition effects in a variety of crustal magma types. Earth and Planetary Science Letters, 64(2): 295-304.

Wolf M B, London D. 1994. Apatite dissolution into peraluminous haplogranitic melts: an experimental study of solubilities and mechanism. Geochimica et Cosmochimica Acta, 58(19): 4127-4145.

Wu F Y, Jahn B M, Wilde S A, et al. 2003. Highly fractionated I-type granites in NE China (I): Geochronology and petrogenesis. Lithos, 66(3-4): 241-273.

Xiao W, Hou Z Q. 2009. End-Permiantomid-Triassietermination of the accretion Proeesses of the southern Altalds: Plieations for the geodynamic evolutio Phanerozoicontinental growth, and metallogeny of Central Asia. Int J Erth Sei(Geol Rundseh), 98: 1189-1217.

Xiao W, Windley B F, Hao J. 2003. Accretion leading to collision and the Permian Solonker suture, Inner Mongolia, China: Termination of the central Asian orogenic belt. Tectonics, 22(6): 8-10.

Zhang Y P, Tang K D. 1989. Pre-Jurassic tectonic evolution of intercontinental region and the suture zone between the North China and Siberian Platforms. Journal of Southeast Asian Earth Sciences, 3(1-4): 47-55.

Zhao X X, Coe R S, Zhou Y X, et al. 1990. New paleomagnetic results from North China: Collision and suturing with Siberia and Kazakstan. Tectonopysics, 181(1-4): 3-81.